新文京開發出版股份有限公司

NEW WCDP 新世紀·新視野·新文京 — 精選教科書·考試用書·專業參考書

New Wun Ching Developmental Publishing Co., Ltd.

New Age · New Choice · The Best Selected Educational Publications—NEW WCDP

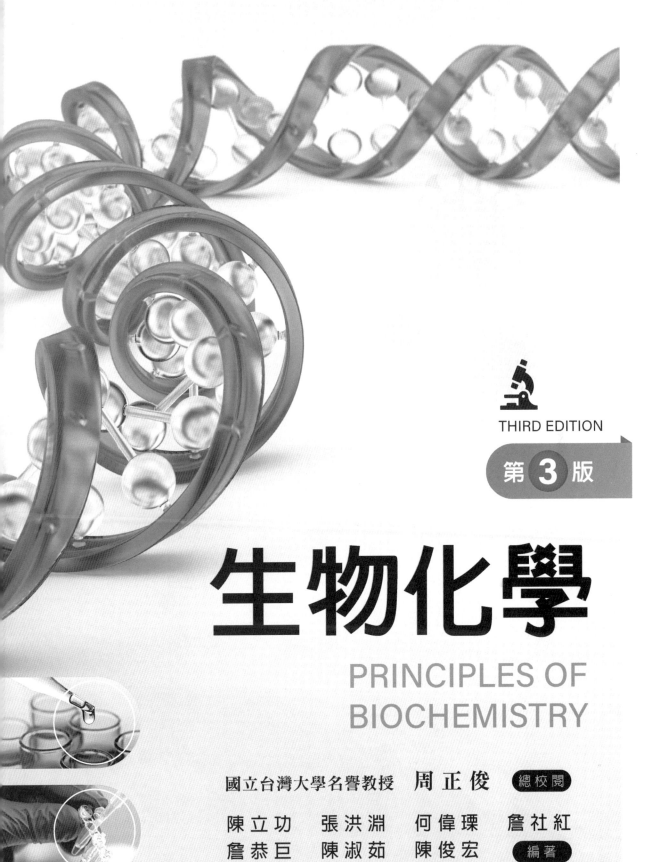

THIRD EDITION

第 3 版

生物化學

PRINCIPLES OF BIOCHEMISTRY

國立台灣大學名譽教授　**周 正 俊**　總校閱

陳立功　　張洪淵　　何偉瑮　　詹社紅

詹恭巨　　陳淑茹　　陳俊宏　　編著

　　本書的編排採系統性論述、層次清晰、簡明扼要；著重於各篇章之連貫性；除以適當圖表輔助內文說明，更將相關應用概念以「專欄」呈現，以利讀者清楚了解生物化學的重要基礎概念。於章節最末並以「摘要」協助讀者重點整理，幫助學習者融會貫通。全書分為四篇共 23 個章節，內容包括：

- 第一篇：緒論－從簡介生物化學的領域與演進，使讀者認識生物化學的重要性，並藉由生物體中水與酸鹼作用的基本概念和生物體的基本結構－細胞，讓讀者能初步認識生物細胞內的組成與功能。

- 第二篇：生物巨分子的結構與功能－延續前一篇讀者對細胞組成的概念，開始進一步專章介紹在生物體系統中各個執行生化反應的要角與其之間的關聯性，包括醣類、脂質、蛋白質、對遺傳具重大貢獻的核酸，以及參與生化反應最為活躍的酶與輔酶系統；從其結構、功能與重要性，引領讀者一步步領略生物體中各種化學變化的奧秘。

- 第三篇：生物能量與代謝－在熟悉了前篇化學系統於生物體中的運作方式之後，讀者將在此篇的內容中，更深入了解這些系統如何在生物細胞中建構出一連串複雜的網絡，以及如何協助生物體中能量運用與代謝機制的合作制衡。

- 第四篇：遺傳訊息的表現與傳遞－此篇有兩大主軸，一者是介紹遺傳訊息－基因－的相關基礎概念，藉此讓讀者深切體會生物化學在遺傳性狀與物種延續上的影響力與重要性；二者是簡單介紹生物化學的科技應用層面，包括研究生物分子的多種技術，以及充滿許多未知領域而尚待進一步挖掘的生物工程發展；期能鼓勵及吸引讀者加入一探生化浩瀚領域之行列！

　　此次改版特別邀請靜宜大學化粧品科學系詹社紅、陳俊宏老師，及靜宜大學食品營養學系詹恭巨、陳淑茹老師，進行修訂，並依現況更新目前最新生物技術、勘誤補漏。本書不僅適用於臺灣各專技院校生物化學課程使用，亦為大學生物化學基礎授課的絕佳入門教材！期許能提供修習生物化學或有興趣的讀者，更高品質的書籍選擇。

　　書雖付梓，仍恐有疏漏之處，期望各界先進能不吝指教，謝謝！

新文京編輯部

作者序

　　這是本好書！縱觀古往今來，作者寫序不外是要傳達這個信念，而我們這麼說是有理由的。近二十年來，科技領域的快速整合，讓生物化學不再純屬生命科學的範疇，相關應用科技領域如食品科學、醫藥護理以及農漁等科系逐漸將生化科學列為重要的基礎修習科目，因此，如何為這些科系編輯一本深淺適中的專業書籍，可供課堂修習、課餘查閱以及工作參考之用，煞費生化領域專業教師之苦心。

　　目前市面上生物化學教科書種類繁多，部分來自國內大專院校教師因應課程之需要自行編寫，或直接譯自國外生物化學名著。前者自以淺顯易讀為主，後者則各有其偏重之專業性，因而學校教師在教材之選擇上，常有顧此失彼之憾；而莘莘學子面對浩瀚書海，也有無從下手之困擾。

　　近年筆者有幸獲新文京開發出版股份有限公司之邀，與四川大學教授張洪淵老師、經國管理暨健康學院何偉瑛老師合力新編「生物化學」一書，希望能達解決上述困境之目標。編撰中不僅參閱國外生物化學重要著作，選材亦以大學及技職校院相關科系學生應當掌握之生物化學知識為主，再延伸至相關理論。對於重要觀念或專業名詞則另闢專欄逐一闡述。本次改版主要針對內文疏誤之處加以修改及更新資料，以期能在範疇的拿捏上兼顧深度與廣度，由淺入深，力求邏輯性與連貫性，使讀者能循序漸進的認識生物化學領域的迷人之處。本書極適合一般大學及技職校院相關科系作為生物化學教材之用，或提供學生課餘自習的第二本參考書。

　　此書得以出版實有賴新文京開發出版股份有限公司編輯部諸位同仁的鼎力協助，特此致謝！然團隊同仁雖全力投入，務求盡善盡美，我們仍不敢自滿於毫無疏漏，必虛心接受各界先進之指正，並深表謝意！

陳立功　謹識

⚙ 目錄

CONTENTS

PART

01

緒　論

PRINCIPLES OF BIOCHEMISTRY

M E M O

01
CHAPTER

PRINCIPLES OF
BIOCHEMISTRY

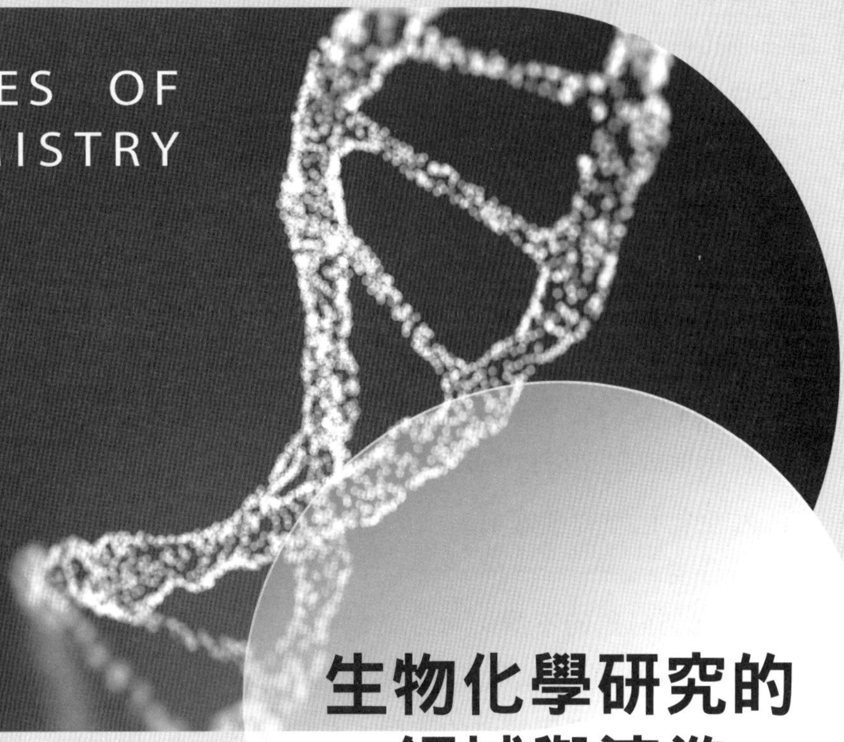

生物化學研究的
領域與演進

生物學(biology)或稱生命科學(science of life)，如物理學、化學和數學統稱為基礎科學。隨著科學的發展，由基礎科學互相融會而衍生出一些應用科學，其中生物學和物理學融會產生生物物理學(biophysics)；生物學與化學融會產生生物化學(biochemistry)。因此生物化學是一門應用科學，主要是應用化學的理論和技術來研究生物，又可稱為生命化學(chemistry of life)。

1.1　生物化學的涵義

　　生物化學是一門以生物體（包括：病毒、微生物、動物、植物和人體等）為對象，研究生命本質的科學。其應用物理、化學和生物學的理論和方法研究生物體內各種物質的化學組成、結構及變化的規律性，並從分子結構探索生命的奧祕，從而促成生物科技的發展。

　　在生物化學的發展中，由於是從不同角度或不同對象中進行研究，於是產生了若干分支。

1. **依據研究對象的不同**：可分為動物生化(animal biochemistry)、植物生化(plant biochemistry)和微生物生化(microbial biochemistry)等。

2. **依據生物化學應用領域的不同**：分為工業生化(industry biochemistry)、農業生化(agriculture biochemistry)、醫學生化(medicine biochemistry)、食品生化(food biochemistry)等。

3. **依據生命科學研究領域的不同**：以分子結構研究為基礎發展新的分支，如從分子結構探討有機體與免疫關係的免疫學，或稱免疫生物化學 (immuno-biochemistry)；以生物不同進化階段的化學特徵為研究對象者為進化生物化學(evolutionary biochemistry)或稱比較生物化學(comparative biochemistry)；以細胞和組織器官發育的分子基礎為研究內容，則為發育生物化學(biochemistry of development)等。

1.2　生物化學的研究內容

　　本書所涉及的研究對象是整個生物界，包括：動物、植物、微生物和人體等，因此稱為普通生物化學(Ordinary Biochemistry)或基礎生物化學(Basic Biochemistry)，內容包括下列三個主要方面：

1. **構成生物有機體的物質基礎**：即構成生物有機體各種物質（稱生命物質）的化學組成、分子結構和性質，以及它們在生物有機體內的分布和作用。

2. **生命物質在生物有機體中的運動規律**：即生命物質在生物有機體內的化學變化及相互關係，即是生物的基本特徵── 新陳代謝(metabolism)，包括：物質代謝和能量代謝，以及與環境進行物質和能量交換的規律性。

3. **生命物質的結構、功能與生命現象的關係**：即生命活動過程中，物質的組成關係或稱結構與功能的關係，包括：各種生命物質的作用、運動規律和相互關係，以及由這些生命物質所構成的細胞、胞器、器官、組織在生命活動中的功能，並以分子結構來闡明一些生命現象和探索生命的奧祕。

　　以上述內容為研究核心，可將普通生物化學分成有機生物化學（靜態生化）、代謝生物化學（動態生化）和功能生物化學（機能生化）。在學習生物化學時應注意這三個方面的相互關係。

1.3 生物化學與其他生命科學的關係

　　從 1940 年以來，生命科學從組織器官及細胞的研究深入到分子結構的探討，其成就鼓舞並促進了其他生命科學向分子結構研究邁進，於是出現了諸如分子分類學(molecular taxonomy)、分子遺傳學(molecular genetics)、分子免疫學(molecular immunology)、分子生理學(molecular physiology)、分子病理學(molecular pathology)、分子細胞生物學(molecular cell biology)等，在各經典生物學科前均加上「分子」二字。順應這種發展趨勢，生物學科中的一些分支又互相融會衍生出一門嶄新的學科── 分子生物學(molecular biology)，其是以生物化學為基礎，結合了細胞生物學、遺傳學和微生物學的最新研究成果而發展成的獨立學科，主要內容是從分子結構來闡明生命現象和生物學規律。因此，從廣義而言，生物化學主要研究內容包含蛋白質和核酸等生物大分子的結構和功能，也囊括分子生物學的研究範疇，因此生物化學與分子生物學二者關係非常密切很難將他們分開。國際生物化學協會(The International Union of Biochemistry)為因應時代脈動，現已更名為「國際生物化學與分子生物學協會(The International Union of Biochemistry and Molecular Biology)」。

由此可見，生物化學既是現代各門生物學科的基礎，亦是其發展的前身。說它是基礎，是由於生命科學發展到分子結構等，必須借助於生物化學的理論和方法來探討各種生命現象，包括：生長、繁殖、遺傳、變異、生理、病理、生命起源和進化等，因此生物化學是各學科的共同語言。說它是前身，是因為各學科的進一步發展，欲取得較大的進步與突破，須有賴於生物化學研究的進展和所取得的成果。事實上，沒有生物化學對大分子（核酸和蛋白質）結構與功能的闡明，或沒有遺傳密碼(genetic code)以及訊息傳遞途徑的發現，就沒有今天的分子生物學與分子遺傳學；沒有生物化學對限制性核酸內切酶(restriction endonuclease)的發現及純化，也就沒有今天的生物技術(biotechnology)。由此可見，生物化學與各門生物學科的關係是非常密切的，其在生物學科中占有重要的地位。

1.4 生物化學與現代工業和技術的關係

生物化學不僅是一門理論性科學，也是一門重要的技術性學科。其發展不僅在對生命現象及生物進化等理論問題上成就顯著，且隨著生物化學技術和設備的不斷創新和進步，應用於工業、農業和醫學實務領域上所取得的成就和創造的價值也令人矚目。

由於許多酵素被分離純化，已逐步應用於皮革、紡織、印染、日用化工、釀造等輕化工工業；蛋白質（含酵素）、醣類、脂肪、核酸等生命物質的研究成就及應用，已使傳統食品、醫藥工業發生了根本性的變化。例如：利用固定化技術(immobilization technique)將酵素、細胞或原生質體(protoplast)固定在具化學惰性高分子的載體(carrier)上，這樣既可使酵素能夠多次使用，又具有一定的強度，不易被破壞，此技術已應用於生產胺基酸(amino acid)、核苷酸(nucleotide)、轉化糖(invert surgar)、青黴素(penicillin)等。並可應用生物化學的技術（如基因工程(gene engineering)和蛋白質工程(protein engineering)），大量生產胰島素(insulin)、生長激素(growth hormone)、干擾素(interferon)等重要藥物，不斷研製具有高效性的新藥，或改造現有藥物的療效，並減少副作用。在食品生物化學方面，可作為開發食品資源、研究食品工業、品質管理和儲藏技術的理論基礎。如此必將促進和滿足人類的營養需要、適應人類的生理特徵、感官，使高品質的新型食品生產有極大的發展。

1970 年代以來，在新技術革命中崛起的生物技術是生物化學、分子生物學、微生物學、遺傳學等生命科學發展的必然產物。由這些學科發展的新成就與現代工業、農業、醫學實務緊密結合在一起，開創了一個新的經濟技術革命的嶄新時代。生物工程學的發展，使人們有可能超越物種、屬種間或更遠親緣關係進行遠緣雜交、定向改造和建立新的生物品種或新的生物機能，使生命科學發揮更大效益、更高層次的水準為人類服務。由於生物化學的理論和技術的發展速度影響生物工程，尤其是基因工程(gene engineering)與酵素工程(enzyme engineering)的發展速度。因此，為迎接新技術革命的到來及促進 21 世紀生物經濟的崛起，大力促進生物工程的發展，也是生物化學責無旁貸的任務。

MEMO

02
CHAPTER

PRINCIPLES OF
BIOCHEMISTRY

水、酸鹼與
緩衝溶液

水 是生物體的重要成分，在人體血漿(blood plasma)中有 90%以上的水在細胞內，水分則占細胞重量的 70%。水不僅為細胞生化反應提供良好的介質(intermediate)，亦參與了細胞代謝反應，例如：水在光合作用(photosynthesis)中被分解並釋放出氧，在呼吸作用(respiration)中則由氧與有機物質的氫結合生成水。水的許多性質也在生物體內發揮極重要的影響，例如：水解離產生 H^+ 和 OH^- 作為代謝作用的反應物，或維持細胞內 pH 值的恆定。水分子的結構特性讓許多物質能夠溶解於水，並方便代謝反應的進行。

2.1 水的性質

一、物理性質

水與一些常見溶劑在某些性質上的比較，皆具有其獨特的性質，因此決定了水對生物體的重要性（表 2-1）。這些特殊性質使水成為理想的生化反應介質。

▶ 表 2-1　水與常見溶劑在物理性質上的比較

溶　劑	沸點(°C)	熔點(°C)	汽化熱(cal/g)	比熱(cal/g)	熔解熱(cal/g)
水	100	0	540	1.000	80
乙醇	78	−114	204	0.581	25
甲醇	65	−98	263	0.600	22
丙酮	56	−95	125	0.528	23
乙酸乙酯	77	−84	102	0.459	—
氯仿	61	−63	59	0.226	—

1. **比熱**：係指 1 克物質由 15°C升至 16°C所需熱量的比值。在表 2-1 中，水的比熱高於其他溶劑，顯示水在吸收一定的熱量後，溫度卻上升很少，明顯地有利於維持生物體體溫之恆定。

2. **汽化熱**：係指每克水汽化時所吸收之熱量。水的溫度越低，所需之汽化熱越高，而在沸點時其汽化熱為 540 卡。在 37°C體溫時，1 克水從皮膚表面蒸發需要從體表吸收 580 卡熱量。因此，在高溫環境下，高汽化熱有助於快速散發體內高溫，以維持體溫之恆定。

3. **熔解熱（融化熱）**：係指 1 克固態物質轉變成液態時所吸收之熱量。熔解熱越大，液體凍結時所需釋放的熱量也越大。例如：1 克水凍結成冰所放出的熱量高達 80 卡，是水溫由 1℃ 降至 0℃ 時所需熱量（約為 1 cal/g）的 80 倍。高熔解熱使得生物體即使在零下幾十度的環境中，細胞中的水分也不容易凍結。

二、密　度

　　水在 4℃ 時的密度最大，而冰的密度略小於水，此一特性對水生生物非常有利。在寒冷的環境中，較輕的冰漂浮於湖泊表面，湖下的水因冰的隔絕而保持液態，如此使得湖表的低溫不致影響湖下水生生物的正常活動。

三、極　性

　　水的極性使其成為極佳的溶劑。所謂極性係指電子在一個化學鍵兩端的原子間分配的不均衡性。有些原子（如氧、氮、氟）對電子具有較強的吸引力，稱為電負度(electronegativity)。構成水分子的氧和氫中，由於氧是電負性強的原子，H-O 鍵的電子強烈地偏向於氧原子，使其帶負電荷（用δ－表示），氫原子因而成為裸露的原子核而帶正電荷（用δ＋表示），因此水分子被稱為極性分子；在甲烷中，C-H 鍵則不具有這種性質，稱為非極性分子（圖 2-1）。

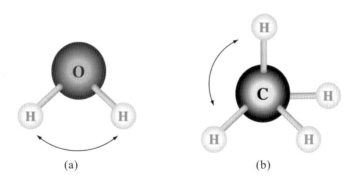

(a)　　　　　　　　　(b)

圖2-1　水分子和甲烷分子模型(Zubay, Parson, & Vance, 2007)
(a)水分子，具有極性鍵；(b)甲烷分子，具有非極性鍵

　　水的極性使一些極性生命物質（如蛋白質、核酸、胺基酸、醣類等）便於溶解在水中，也有利於一些非極性生命物質發揮其特有的生理功能，如脂質構成生物膜（詳見第 9 章）。

2.2 非共價作用力

在生化反應或生物分子結構中，非共價作用力扮演著極重要的角色，蛋白質的立體結構主要靠這些非共價作用力來維繫。相對於一般共價鍵結，非共價作用力是分子間一些可逆性的相互作用力，包括：氫鍵、離子鍵、凡得瓦力、疏水作用等。

1. **氫鍵**(hydrogen bonds)：當氫原子與一個陰電性極強的原子（如 F、O、N）以共價結合後，還可與第二個強陰電性原子相互吸引形成另一個弱鍵，稱為氫鍵。與氫原子共價結合的原子稱為氫供體(hydrogen donor)，形成氫鍵的第二個原子稱為氫受體(hydrogen receptor)，因此，氫鍵是具有方向性的。當氫供體原子、氫原子和氫受體原子在空間中處於一直線時，所形成的氫鍵最強；有一定交角時，則會減弱氫鍵的作用力。

   氫鍵與上述水的各項特性有極密切的關係。不同水分子的氫、氧原子間也會形成大量的氫鍵，這些氫鍵大幅提高了水分子間的作用力，使得水分子擁有極高的沸點、熔點與汽化熱。在酵素催化反應中，氫鍵也是極重要的作用力之一。

2. **離子鍵**(ionic bonds)：又稱為鹽鍵(salt linkage)，是一種具有相反電荷的兩個基團之間的靜電引力，此種作用力的大小取決於兩個基團所帶的電荷量，而與它們的距離成反比。

3. **凡得瓦力**(Van der Waal's forces)：係指原子、基團或分子之間的一種弱相互作用力。任何兩個原子（基團、分子）之間相距約 0.3~0.4 nm 時，即存在一種非專一性的吸引力，這種相互作用力稱為凡得瓦力。其強度與兩個原子（基團、分子）間的距離平方成反比，是蛋白質分子內部非極性結構與維繫立體結構中非常重要的作用力。有三種表現形式：

   (1) 取向力：極性基團之間，偶極(dipole)與偶極之間的相互吸引。

   (2) 誘導力：極性基團的偶極與非極性基團的誘導偶極(induced dipole)之間的相互吸引。

   (3) 色散力：非極性基團暫態偶極之間的相互吸引。

4. **疏水鍵**(hydrophobic bonds)：當非極性基團處於水溶液等極性環境中，為避開水相而彼此靠攏所產生的一種作用力，其本質也是凡得瓦力。主要是一種較弱且無方向性的作用力。

2.3 酸與鹼

一、水的解離

　　水在生物體內除了扮演溶劑的角色外，也因解離所產生的酸鹼作用發揮很重要的功能。水的解離方程式及平衡常數(equilibrium constant, K_{eq})為：

$$H_2O \rightleftharpoons H^+ + OH^-$$

$$K_{eq} = \frac{[H^+][OH^-]}{[H_2O]}$$

　　水的濃度等於 1 公升純水中的莫耳數，即 $1,000/18 = 55.5$ mol/L。在 25℃ 時，水的解離非常微弱，H^+ 和 OH^- 的濃度十分低，為 1×10^{-7} mol/L。

$$K_{eq} = \frac{[H^+][OH^-]}{55.5}$$

$$55.5\ K_{eq} = [H^+][OH^-]$$

　　在 25℃時，從水的電導度可測定 K_{eq} 為 1.8×10^{-16}，代入上式可得：

$$(55.5)(1.8 \times 10^{-16}) = [H^+][OH^-]$$

$$99.9 \times 10^{-16} = [H^+][OH^-]$$

$$1 \times 10^{-14} = [H^+][OH^-]$$

　　用符號 K_w 代表乘積 $55.5\ K_{eq}$，得：

$$K_w = 1 \times 10^{-14} = [H^+][OH^-]$$

專欄 BOX

2.1　H^+ 與 H_3O^+

　　當水分子解離時，其中一個極性 H-O 鍵斷裂，結果產生 H^+ 和 OH^-。H^+（質子）作為游離顆粒的壽命很短，它與一個水分子形成水合氫離子 H_3O^+。我們習慣於稱氫離子濃度[H^+]，實際上是水合氫離子濃度[H_3O^+]。

表示 K_w 為水的離子積(ion product)。

純水中，$[H^+]=[OH^-]$ 時，稱溶液為中性。此時：

$$K_w = [H^+][OH^-] = [H^+]^2$$
$$[H^+] = [OH^-] = \sqrt{K_w} = \sqrt{1 \times 10^{-14}} = 10^{-7} \text{mol/L}$$

二、酸鹼的解離

(一) 韓德森－哈塞爾巴赫方程式(Henderson-Hasselbalch Equation)

酸鹼反應中，酸是經過解離(dissociation)後能提供質子（氫離子）的一類物質，而鹼則是經過解離後能接受質子的一類物質。酸鹼失去或獲得質子的難易程度是由其化學性質來決定。酸的強度是指酸在水中解離所釋放出的氫離子量，通常用解離常數(dissociation constant, K_a)來表示。

$$HA \rightleftharpoons H^+ + A^-$$

酸(acid)　　　　　共軛鹼(conjugate base)

$$K_a = \frac{[H^+][A^-]}{[HA]}$$

式中的方括號[　]表示莫耳濃度(mol/L)。將上式變為：

$$[H^+] = \frac{K_a[HA]}{[A^-]}$$

依據 Bronsted (1909)所倡導的 pH 一詞來表示溶液中的氫離子濃度。pH 定義為氫離子活度的對數負值。在稀溶液中，大多數情況下活度趨近於濃度，故習慣上將 pH 視為氫離子濃度的對數負值（即 $pH = -\log[H^+]$）。

專欄 BOX

2.2　pK 與 pK'

1. pH 表示氫離子濃度指數（即氫離子濃度的對數負值）。其中 p 代表指數，是法文 Puissance（指數）的第一個字母。因為用 pH 這個符號發表的首篇論文是用法文發表的，所以用了 Puissance 這個字的頭一個字母。同樣地，解離常數的對數負值也用 pK 表示。

2. 在生物化學上，常常是在特定條件下測定解離常數（如一定濃度和離子強度），因此，稱為「表觀解離常數(apparent dissociation constant)」，用符號 K' 表示，以便與物理化學上真實的解離常數 K 相區別。後者是對濃度、離子強度等造成的偏差進行校正後的值。

將上式兩邊取對數負值：

$$-\log[H^+] = -\log K_a - \log[HA] + \log[A^-]$$

得出　　$$pH = pK_a + \log \frac{[A^-]}{[HA]}$$

或　　　$$pH = pK_a + \log \frac{[質子受體]（共軛鹼）}{[質子供體]（酸）}$$

此式稱為韓德森－哈塞爾巴赫方程式(Henderson-Hasselbalch Equation)。式中 pK_a 稱為酸解離指數(dissociation index)，為解離常數的對數負值。但實際上用 pK_a 來表示酸鹼的解離強度比 K_a 更方便，所以習慣上將 pK_a 也稱為解離常數，pK_a 值越小（K_a 值越大），表示酸性越強。

由韓德森－哈塞爾巴赫方程式可以看出，當[A$^-$] = [HA]時，K_a = pH。即當某一電解質中（能解離產生帶解離子之物質）某一基團解離一半時的 pH，即為該基團的 pK_a 值。

(二) 酸鹼度(pH)

pH 是生物體內各種體液的重要性質之一，不同組織液其 pH 值有所不同（表 2-2）。在一般細胞內，細胞質液(cytosol)的 pH 值約為 7.2，但在溶酶體 (lysosome)（一種消化營養物質的胞器）中的 pH 值卻相當低，約為 5，即其氫離子濃度比細胞質高 100 倍，主要是因為溶酶體含有許多消化酶(digestive enzyme)，這些酶只有在這種酸性環境中才具有最大活性，相反的，細胞質液的

中性環境反而抑制其活性。因此，維持特定的 pH 值對確保細胞結構或功能十分重要。同樣的，由於胃酸(gastric acid)的存在，胃液 pH 值也相當低；小腸(small intestine)腸液 pH 值則偏鹼性，以應胰液和腸液消化酶所需。然而細胞內 pH 值也並非永遠不變，例如：未受精的海膽卵(echinoidea)其細胞質 pH 值為 6.6，受精後 1 分鐘內 pH 值升至 7.2，pH 值的變化間接地觸發了卵細胞的分裂與生長。

▶ 表 2-2　體液和分泌物的 pH 值（鹼→酸）

體液和分泌物	pH 值	體液和分泌物	pH 值
胰液(pancreatic juice)	8.0	水樣液(aqueous humor)	7.2
腸液(intestinal juice)	7.7	靜止肌肉細胞內(resting muscular cell)（37℃，細胞外 pH 值為 7.4 時）	約 7.1
肝膽汁(liver bile)	7.4~8.5	糞便(feces)	7.0~7.5
母乳(breast milk)	7.4	膽囊膽汁(gell bladder bile)	5.4~6.9
腦脊髓液(cerebrospinal fluid)	7.4	正常尿液(normal urine)	4.8~8.4
血液(blood)	7.35~7.45	病態尿液(disease state urine)	4.8~7.5
唾液(saliva)	7.2	胃液(gastric juice)	0.87

2.4　緩衝溶液

當酸或鹼加入弱酸與其共軛鹽，或弱鹼與其共軛鹽所構成的溶液中時，pH 值僅會產生極小的變化，此種溶液稱為緩衝溶液(buffer solution)。

緩衝溶液的主要原理在於溶液中所含的共軛酸鹼對在溶液 pH 值接近 pK_a 時，可以釋出足夠的 H^+ 中和加入的 OH^-，也有足夠的 OH^- 中和所加入的 H^+。在緩衝溶液中加入適量的強酸（或強鹼）時，其弱鹼（或弱酸）及鹽的總濃度並不會改變，因而僅引起 pH 值微小的變化。當加入的 OH^- 足以轉化大多數的酸為鹽時，則溶液不再具有緩衝作用，可知緩衝溶液之緩衝能力取決於兩個因素：

1. **緩衝成分之莫耳濃度**：緩衝溶液的濃度為弱酸及其共軛鹼濃度之和。

2. **弱酸濃度與其共軛鹼濃度之比例**：當二者濃度相等時，該緩衝液具有最大吸收 H^+ 或 OH^- 的能力。

生物化學研究中常用的緩衝溶液有甘胺酸－鹽酸緩衝液(0.05M, pH 2.2~3.6)、檸檬酸－檸檬酸鈉緩衝液(0.1M, pH 3.0~6.6)、乙酸－乙酸鈉緩衝液(0.2M, pH 3.6~5.8)、磷酸氫二鈉－磷酸二氫鈉緩衝液(0.2M, pH 5.8~8.0)、巴比妥鈉－鹽酸緩衝液(pH 6.8~9.6)、Tris－鹽酸緩衝液(0.05M, pH 7.1~8.9)、硼酸－硼砂緩衝液(0.2M, pH 9.16~10.83)等。研究人員必須根據實驗對 pH 值的實際要求而選用不同的緩衝溶液。

2.5 生物體的緩衝系統

生物體的代謝活動大都由酵素所推動，這些活動均受到氫離子濃度的影響，因此要保證體內正常的代謝活動，必須維持生物體各部分 pH 值的相對恆定。對於代謝過程所產生，或伴隨食物進入體內的酸性或鹼性物質（如碳酸、乳酸、酮體、HCO_3^-、HPO_4^{2-} 等）所引起體內 pH 值的變化，有機體必須透過一套調節機制，維持體內 pH 值的相對恆定。這種能夠調節體內酸鹼性物質的比例，進而維持體液 pH 值的恆定，稱為**酸鹼平衡**(acid-base balance)。

血液的酸鹼平衡在體液酸鹼平衡中具有重要的意義。一般來說，血漿的 pH 值多維持在 7.35~7.45 之間，主要是透過血液緩衝系統、肺(lung)與腎臟(kidney)的調節作用三者間相互協調，維持血液酸鹼平衡。如果調節失靈，使血液 pH 值低於 7.35，即可能引起酸中毒(acidosis)；使血液 pH 值高於 7.45，即可能引起鹼中毒(alkalosis)。

血液緩衝系統具有多元化形式，主要分為血漿緩衝系統和紅血球緩衝系統。

一、血漿緩衝系統

$$\frac{NaHCO_3}{H_2CO_3} \ , \ \frac{Na_2HPO_4}{NaH_2PO_4} \ , \ \frac{Na-蛋白質}{H-蛋白質}$$

血漿緩衝系統是以碳酸氫鹽緩衝系統為主，兩種緩衝系統中又以碳酸氫鹽緩衝對含量最多，緩衝能力也最強。在醣類、脂肪和蛋白質等物質經氧化分解產生大量 CO_2，再與水作用後生成碳酸，並在水中解離釋出 H^+ 和 HCO_3^-。即 $CO_2 + H_2O \rightarrow H_2CO_3 \rightarrow H^+ + HCO_3^-$。正常人血漿中[$NaHCO_3$]約為 24 meq/L，[$H_2CO_3$]約為

1.2 meq/L，二者比值為 $\dfrac{24}{1.2} = \dfrac{20}{1}$。血漿中 pH 值可由韓德森－哈塞爾巴赫方程式求出：

$$pH = pK_a + \log \frac{[HCO_3^-]}{[H_2CO_3]}$$

37℃時，pK_a 為 6.1。所以：

$$pH = 6.1 + \log \frac{20}{1} = 6.1 + 1.3 = 7.4$$

pH 值在 7.4 左右時，$[HCO_3^-]/[H_2CO_3]$ 比值維持在 20：1，即此系統可接受較多的 H^+（HCO_3^- 濃度高），顯示此一緩衝系統對酸的緩衝能力極強，這與體內代謝產生的酸遠多於鹼的情況是相呼應的。

在碳酸氫鹽緩衝系統中，$NaHCO_3$ 有中和、固定酸的作用，而 H_2CO_3 則有中和鹼的作用。例如，在醣類分解代謝中產生的乳酸(lactic acid)進入血液後，首先會與 $NaHCO_3$ 中和，產生乳酸鈉及碳酸，即：

$$H\text{-}乳酸 + NaHCO_3 \quad \rightarrow \quad Na\text{-}乳酸 + H_2CO_3$$

碳酸雖也是酸，但較乳酸為弱，對血液 pH 值改變的影響遠較乳酸小。如果產生的乳酸量不是很大，血液 pH 值不會有很大的改變。但由於此一中和作用使得$[NaHCO_3]$降低，而$[H_2CO_3]$升高，破壞了上述 20：1 的關係，因此腎臟透過回收 $NaHCO_3$ 以及肺呼出大量 CO_2，使血中$[H_2CO_3]$降低，恢復 20：1 的比例關係，確保血漿中 pH 的恆定。

二、紅血球緩衝系統

$$\frac{KHCO_3}{H_2CO_3} \ , \ \frac{K_2HPO_4}{KH_2PO_4} \ , \ \frac{KHb}{HHb} \ , \ \frac{KHbO_2}{HHbO_2}$$

Hb：為血紅素(hemoglobin)

紅血球緩衝系統則是以血紅素及氧合血紅素(oxyhemoglobin)緩衝，是緩衝系統中最為重要的一種。

1. 水是強極性溶劑，使許多極性物質能溶解於水中。在細胞內成為良好的生化反應環境；在細胞外的組織液（尤其是血液）成為運輸各種極性物質的介質。水的極性可使非極性物質彼此聚合，或生物大分子的不同疏水部分互相靠攏形成特定的空間結構。不同疏水分子相互聚集可形成像生物膜這樣重要的細胞結構。水具有較高的熔解熱、汽化熱、比熱和密度，這些特性使它成為生化反應的理想介質，不僅有利於生化反應的進行，也是生物體本身賴以生存的必要條件。

2. 水解離所產生的 H^+ 和 OH^- 對生化系統具有很重要的酸鹼作用。雖然在生物體內 H^+ 和 OH^- 的濃度很低（約為 $10^{-7}M$），但是保持它的相對恆定性對人體卻是極為重要。H^+ 濃度通常用 pH 值來表示，其決定於一種酸[HA]和其共軛鹼（鹽）[A^-]濃度，可用下式來計算（式中 pK_a 稱為該酸的解離常數。pK_a 越大，表示酸性越弱）：

$$pH = pK_a + \log \frac{[A^-]}{[HA]}$$

3. 弱酸（或弱鹼）與其鹽能夠構成一個緩衝系統，在一定量的強酸（或強鹼）加入此一系統中並不會或僅引起些微的 pH 值變化。生物體內存在一些天然的緩衝系統，例如：血液中的 $NaHCO_3/H_2CO_3$ 緩衝系統，可以使血液的 pH 值維持在 7.4 左右，以維持血漿中生化反應的正常進行，以及生物體良好的生理狀態。

MEMO

PRINCIPLES OF
BIOCHEMISTRY

PRINCIPLES OF
BIOCHEMISTRY

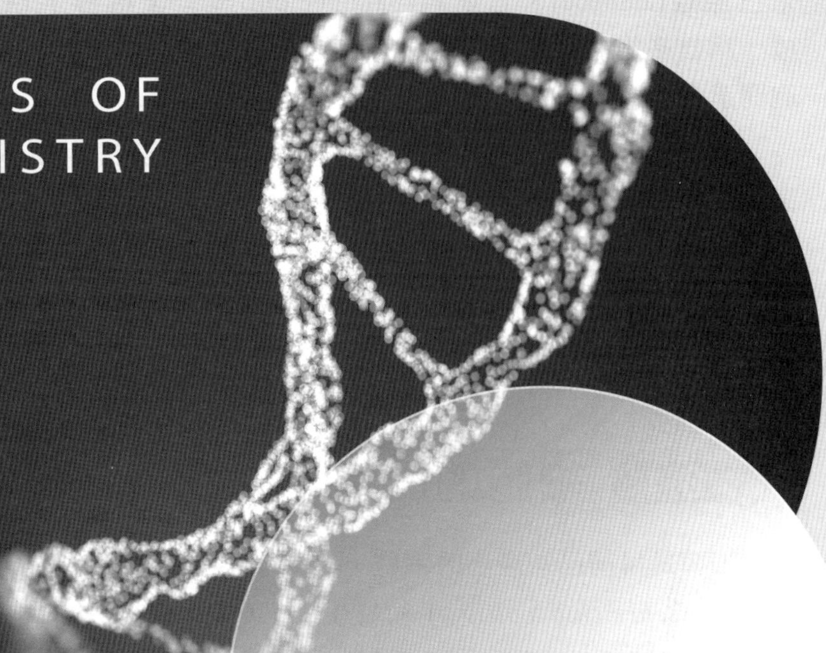

生物體的基本結構—細胞

除 了病毒以外，目前已知的生物都以細胞作為基本結構單位。有些生物僅由單一細胞所構成，稱為單細胞生物，如細菌(bacteria)、酵母菌(yeast)、阿米巴原蟲(amoeoa)、草履蟲(paramccium)等。大多數生物則是由多個細胞所構成，稱為多細胞生物。細胞是一個自給自足的自主單位，但在多細胞生物中，細胞間還會透過協調機制達到分工合作的目的。

依據細胞結構的複雜性，細胞生物可分為原核生物與真核生物，前者如細菌、藍綠藻等。其餘原生動物、動植物均為真核生物。病毒(virus)則由於沒有細胞結構，僅由外殼蛋白包裹核酸(nucleic acid)所構成，無法獨立地行使營養與繁殖，必須寄生於其他動物、植物或微生物細胞中。此外，病毒的個體也十分小，最大的病毒也不過 500 nm (0.5 μm)，一般均小於 150 nm。

3.1 細胞的結構

細菌是目前已知最小的細胞，其大小不到 1 μm，其中生物化學研究常見的大腸桿菌(*Escherichia coli*)大小約為 1 μm 左右，酵母菌則在 5 μm 左右。一般動物細胞平均大小為 10~30 μm，其中最大的細胞是鴕鳥蛋，其直徑可達 5 cm，而哺乳類動物(mammal)某些神經細胞長度可達 1 m。除少數植物細胞可藉著液泡(vacuole)儲存水分改變細胞之大小外，一般細胞發育成熟後其大小很少改變。

細胞藉由細胞膜與外界隔離，細胞內部結構一般可分為細胞核與細胞質(cytoplasm)兩部分，細胞質包含各種不同功能的次細胞結構，與細胞核合稱為胞器(organelle)；細胞內除了胞器以外的可溶性部分稱為細胞質液(cytosol)。一個典型的細胞具有的基本結構詳見（圖 3-1、圖 3-2）。

1. **細胞膜**(cell membrane)：或稱原生質膜(plasma membrane)，是包裹在細胞外面的一層薄膜，由雙層磷脂質層和蛋白質構成。細胞膜主要功能是將細胞與外界環境隔開，並藉由其半通透性進行細胞內外之物質的運輸與訊息傳遞等。

2. **細胞核**(nucleus)：一般位於細胞中央，多呈球形或橢圓形，是由核膜(nuclear membrane)、核仁(nucleolus)、染色質(chromatin)等 3 種明顯構造所組成。主要功能為儲存遺傳訊息，並調節細胞代謝、分化與繁殖等。

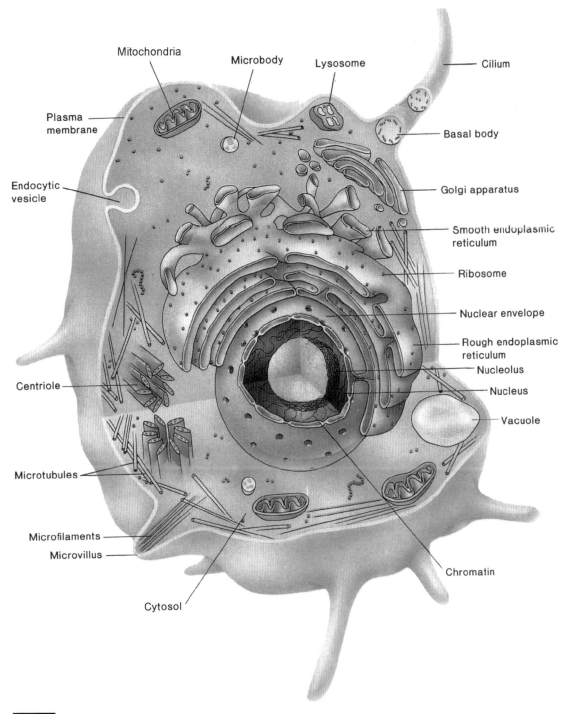

Mitochondria
Microbody
Lysosome
Cilium
Plasma membrane
Basal body
Endocytic vesicle
Golgi apparatus
Smooth endoplasmic reticulum
Ribosome
Nuclear envelope
Rough endoplasmic reticulum
Nucleolus
Centriole
Nucleus
Vacuole
Microtubules
Microfilaments
Microvillus
Chromatin
Cytosol

圖3-1　細胞結構圖（動物細胞）(Zubay, Parson, & Vance, 2007)

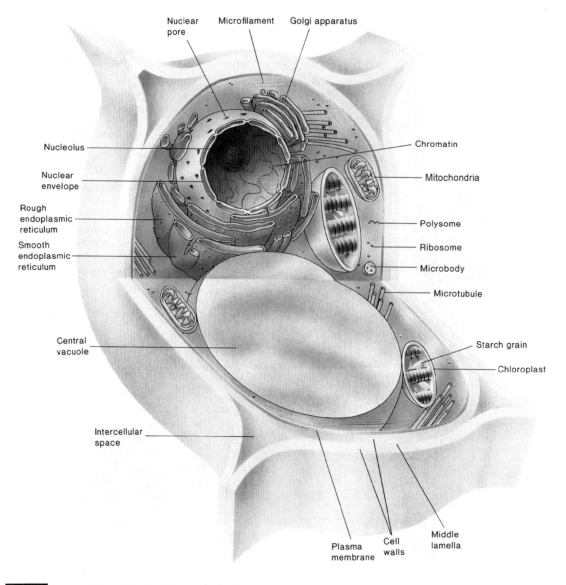

圖3-2　細胞結構圖（植物細胞）(Zubay et al., 2007)

3. **粒線體**(mitochondria)：為細胞中較大的胞器(organelles)，直徑約 1~2 μm，相當於一個細菌細胞的大小。外表由膜包裹，分為外膜(outer membrane)和內膜(inner membrane)，內膜向內凹陷形成嵴(cristae)，其內腔充滿的可溶性成分稱為基質(matrix)。粒線體內膜與基質中散布著與呼吸作用有關的酶，因而被稱為細胞發電廠。

4. **內質網**(endoplasmic reticulum, ER)：是分布於整個細胞質的膜狀通道系統，分為平滑內質網(smooth ER)和粗糙內質網(rough ER)兩種。平滑內質網表面與物

質的代謝和細胞解毒功能有關，如肝細胞擁有豐富的平滑內質網，將有毒化學物質轉變成易水解的產物以便排除。粗糙內質網的表面附著許多顆粒狀核糖體，可合成細胞結構性與分泌性蛋白，如胰腺腺泡細胞合成消化酶(digestive enzyme)、漿細胞(plasmacyte)產生抗體(antibody)等。生物化學中常見的微粒體(microsome)，基本上不是一個獨立的胞器，而是在細胞製備過程中由內質網斷裂產生的片段。

5. **高基氏體**(Golgi apparatus)：是用來聚集、濃縮與儲存新合成蛋白質的囊泡狀結構，位於細胞核附近的細胞質中。在不同生理情況下，形狀可變為顆粒狀、囊泡狀、桿狀或其他形狀（圖 3-3）。在功能上與內質網密不可分，其另一功能是將蛋白質加以修飾與加工，以便引導他們至細胞內或細胞膜等最終目的地。

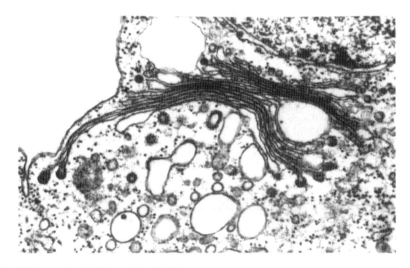

圖3-3 高基氏體(Joseph, & Kenneth, 1997)

6. **溶酶體**(lysosome)：為一種具有單層膜的囊泡狀結構，內含許多酸性水解酶，能夠分解許多外來性營養物質。這些酸性水解酶在溶酶體內 pH 4.8 以下的酸性環境中具有較大活性；在細胞質 pH 7.0~7.3 環境中則不能發揮很好的作用。除了外來性營養物質外，對於侵入體內的有害細胞，溶酶體也可將其殺死；此外，它還可用來分解衰老的胞器使其結構不斷更新。

7. **核糖體**(ribosome)：由幾種核糖核酸（稱為核糖體 RNA）和幾十種蛋白質所構成，外層沒有膜包裹，是細胞內蛋白質合成的場所。有的游離於細胞質中，有的附著於粗糙內質網上。

8. **葉綠體**(chloroplast)：是綠色植物和藻類(algae)才有的胞器，長 5~10 μm，直徑 2~3 μm。具有發達的類囊膜狀結構，外面包裹雙層磷脂質膜，其內有許多類囊膜重疊堆積成類囊體，稱為葉綠餅(grana)。葉綠體是植物進行光合作用(photosynthesis)的場所，而在能夠進行光合作用的光合細菌中，則是由色素細胞(chromatophore)取代葉綠體（圖 3-4）。

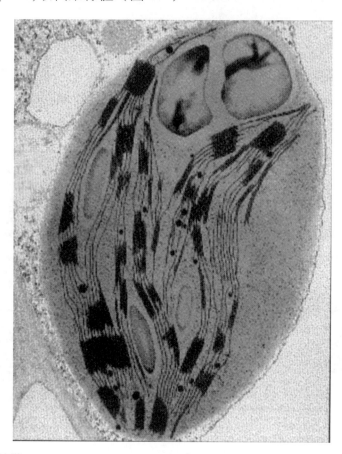

圖3-4 葉綠體的結構

9. **微小體**(microbody)：包括動物肝、腎細胞中的過氧化體(peroxisome)和植物細胞中的乙醛酸循環體(glyoxysome)等胞器。前者與細胞內過氧化物 H_2O_2 的生成與處理有關；後者則是植物和某些微生物中存在一種特殊醣代謝途徑的小胞器與醋酸代謝有關。

　　除上述次細胞結構外，在細胞質中還存在一些其他次細胞結構。包括：微小管(microtubule)與微絲(microfilament)可構成細胞骨架；中心粒(centriole)是在細胞分裂期間出現的一種管狀結構。

3.2 原核細胞與真核細胞

近代科學研究已經證實細菌、藍綠藻等細胞在結構上不同於其他生物細胞，兩者在 10 億年以前即已分途演化。其中細菌、藍綠藻等構造較簡單之細胞稱為**原核細胞**(prokaryotic cells)或**原核生物**(prokaryotes)；其他具有真核細胞(eukaryotic cells)之生物則稱為**真核生物**(eukaryotes)，諸如酵母菌(yeast)、真菌(fungi)、藻類、原生動物和所有動植物等。

一、原核細胞

原核細胞最典型的特徵是沒有核膜，因此沒有明顯的細胞核。遺傳核酸集中的區域稱為核區(nuclear region)。除了核糖體外，沒有其他胞器。原核細胞表面具有鞭毛(flagella)和纖毛(cilia)，雖然在形態上差異很大，卻有著相似的構造。鞭毛是一種長的管狀突起物，由鞭毛蛋白(flagellin)所構成，具有運動的功能。纖毛或稱為菌毛是一種短的絲狀物，由纖毛蛋白(cilin)所構成，其與菌體運動無關，但能幫助細菌吸附在其他表面。有些纖毛還具有在細胞間傳遞遺傳物質的功能。

二、真核細胞

真核細胞的構造普遍較原核細胞複雜，具有細胞核及各種胞器，動物細胞和植物細胞之構造極為相似，但植物細胞在細胞膜外另有一層由多醣類所構成的細胞壁(cell wall)，用以抵抗細胞吸收水分後產生之膨脹壓力；葉綠體則是植物細胞進行光合作用的場所；乙醛酸循環體可將乙酸(acetic acid)轉化成琥珀酸(succinic acid)，並進一步轉化成多種活性物質。此外，植物細胞中還有大小不等的液泡，其能儲藏細胞的一些代謝物，並參與細胞質組成的更新(turnover)，與植物組織的水分關係（膨脹壓力、緊張性、生長伸長、抗寒性）十分密切。

真核細胞粒線體已被發現另含有一套獨立的遺傳物質，其結構與細菌類似，均為環狀雙股 DNA，而與真核細胞染色體之線狀 DNA 不同。此外，粒線體也有自己獨立的核糖體。因此，真核細胞粒線體是否來自於原始之寄生性原核細胞，成為生物科學上有趣的研究議題。

專欄 BOX

3.1 真核細胞的膜狀結構與非膜狀結構

在電子顯微鏡觀察下，真核細胞的內部結構可以區分為膜狀結構(membranous structure)和非膜狀結構(non-membranous structure)兩大類，膜狀結構互相聯繫、相互貫通；非膜狀結構處於膜狀結構的間隙。

膜狀結構：
- 細胞膜（質膜）
- 內質網
- 高基氏體
- 核膜
- 粒線體
- 溶酶體
- 葉綠體
- 過氧化體
- 液泡

非膜狀結構：
- 中心體
- 微小管
- 微絲
- 細胞質基質
- 核仁
- 染色質

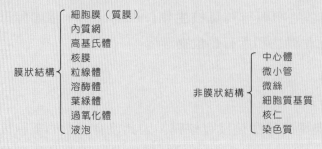

3.3 細胞的組成元素

依據細胞對組成元素需要量的不同，可將細胞內的組成元素分為生物分子所需元素、主要元素和微量元素三類（表 3-1）。一般細胞需要的微量元素有 9~18 種，其中至少有 14 種是人類所需要的。

表 3-1 生物有機體所需元素及其功能

分類	元素	符號	功能
生物分子所需元素	碳	C	有機化合物組成成分
	氫	H	水、有機化合物的組成成分
	氧	O	水、有機化合物的組成成分
	氮	N	蛋白質、核酸等有機化合物的組成成分
	磷	P	核酸、部分蛋白質的組成成分，參與生物合成能量代謝
	硫	S	蛋白質及部分多醣的組成成分

▶表 3-1　生物有機體所需元素及其功能（續）

分　類	元　素	符　號	功　能
主要元素	鈉	Na	細胞外的主要陽離子，維持細胞內外滲透壓
	鉀	K	細胞內的主要陽離子，維持細胞內外滲透壓
	鈣	Ca	骨骼、牙齒的成分，神經傳遞物質和肌肉收縮必需物質
	鐵	Fe	血紅素、細胞色素、鐵－硫蛋白等重要成分
	鎂	Mg	葉綠素、骨骼的組成成分，酶的活化劑
	錳	Mn	酶的活化劑，光合作用中參與水的光分解
	鋅	Zn	組成許多酶的活性中心，胰島素的組成成分
	鈷	Co	維生素 B_{12} 的組成成分
	銅	Cu	銅蛋白的組成成分，鐵的吸收和利用，細胞色素氧化酶的組成成分
	氯	Cl	細胞外重要的陰離子
微量元素	氟	F	生長因子（鼠），人類骨骼生長所必需
	碘	I	甲狀腺素的組成成分
	硼	B	植物生長因子
	硒	Se	肝功能必需（高等動物），生長因子（植物）
	鉬	Mo	黃素氧化酶、醛氧化酶、固氮酶等必需
	錫	Sn	生長因子（大鼠）
	釩	V	生長因子（鼠、綠藻）
	鉻	Cr	促進葡萄糖的利用（高等動物）
	矽	Si	骨骼、軟骨的形成

　　從下一章起，我們將開始討論細胞內一系列的生物大分子。這些大分子通常由特定的小分子單體(monomer)所構成，包括：蛋白質、醣類、脂質、核酸等。其種類繁多且結構複雜，作為建構細胞的材料、推動生化反應的酵素以及儲存能量的物質。大多數生物無法直接利用大自然無機形式的碳，必須依賴有機化合物作為碳的來源，稱為**異營性生物**(heterotrophs)。植物細胞及少數光合細菌等可藉由進行光合作用將空氣中的 CO_2 轉化為有機碳源；在氮源方面，則可依賴少數細菌（如豆類植物之根瘤菌）的**固氮作用**(nitrogen fixation)直接利用無機氮鹽形成有機氮化合物，稱為**自營性生物**(autotrophs)。

　　此外，在主要元素和微量元素中，除鈉、鉀離子外，多數元素在細胞活動中扮演著輔酶的角色，協助蛋白質酵素推動生化反應的進行。細胞內的各種生物分子依據其功能的不同，可分為下列幾個類別：

1. **基礎物質**(basal substance)：如蛋白質(protein)和核酸(nucleic acid)等。其中蛋白質是所有生物性狀的表現者，核酸則是決定遺傳變異的物質。

2. **能源物質**(energy source substance)：如醣類(saccharides)和脂質(lipids)等，其分解後能提供有機體必須的能量。

3. **活性物質**(active substance)：如酶(enzyme)、維生素(vitamin)和荷爾蒙(hormone)等，其可決定細胞內代謝的活性，包括：代謝速度和代謝強度。

4. **次級代謝物質**(submetabolic substance)：如微生物產生的抗生素(antibiotic)和植物產生的生物鹼(alkaloid)等。

摘要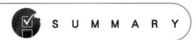

1. 細胞是生命活動的基本單位。低等生物中只具有一個細胞者，稱為單細胞生物，如細菌、草履蟲等；其餘由多細胞構成的生物，則稱為多細胞生物。除了病毒不具有細胞結構外，其他生物都具有細胞結構。

2. 從進化角度和結構的複雜程度不同，將細胞分為原核細胞和真核細胞兩大類。原核細胞沒有核膜，因此沒有明顯的細胞核；真核細胞除了具有細胞核外，還具有若干特異分化的胞器，包括：粒線體、核糖體、內質網、溶酶體、高基氏體等，植物細胞則另有葉綠體、乙醛酸循環體與液泡等。無論真核細胞還是原核細胞，其表面都具有細胞膜。細菌和植物在其細胞膜外還具有一層堅固的細胞壁。有的細胞表面還有一些附屬物。

3. 細胞內含有幾十種元素，其中如碳、氫、氧、氮、磷、硫等皆是構成生物分子所需。其他主要元素及微量元素（除鈉、鉀離子外）則多數扮演輔酶的角色，在細胞內含量雖然較少，但都是不可或缺的。

4. 細胞中的生物分子多為有機化合物，其在細胞活動中執行各種功能，如建構細胞的材料、推動生化反應的酵素、儲存能量的物質等。

MEMO

生物巨分子的
結構與功能

PRINCIPLES OF BIOCHEMISTRY

MEMO

04
CHAPTER

PRINCIPLES OF
BIOCHEMISTRY

胺基酸與胜肽

蛋白質是大家在日常生活中耳熟能詳的營養物質，雞蛋蛋白遇熱凝結成塊且不溶於水即是其中白蛋白變性的結果。在生物化學中，蛋白質是一種結構複雜的生物巨分子，通常由數十個以上的胺基酸所構成，在細胞的結構與代謝上扮演極重要的角色。

碳、氫、氧、氮與硫為胺基酸的主要組成元素，常見的胺基酸則約有 20 種。由於胺基酸在組成胜肽鏈後有時會受到共價修飾，在某些胜肽鏈或蛋白質中，我們也會發現 20 種常見胺基酸以外的胺基酸單元。胜肽依其所含胺基數目可分為雙胜肽、三胜肽、四胜肽等，一般而言，胜肽鏈之胺基酸數目在 2~11 個之間，稱為寡胜肽鏈 (oligopeptide chain)；11 個以上，稱為多胜肽鏈 (polypeptide chain)。蛋白質則泛指含有 50 個以上的胺基酸，並具有特殊構型與生物活性的多胜肽鏈。

4.1 胺基酸的結構

一、基本胺基酸

胺基酸(amino acid, AA)同時具有胺基(amino group)與羧酸基(carboxylic group)兩種官能基（圖 4-1）。理論上，當胺基酸的胺基位於其羧酸基旁第一個碳原子（α-碳原子）時，稱之為α-胺基酸，從第二個碳原子開始依序稱為β-, γ-, δ-等胺基酸，但我們可由圖 4-1 而知，所有的胺基酸皆為α-胺基酸(Zubay, Parson, & Vance, 2007)。

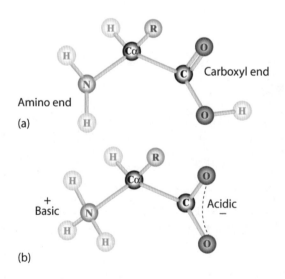

圖4-1 胺基酸結構式

　　表 4-1 式中 R 基稱為側鏈基團，不同胺基酸擁有不同的側鏈基團。甘胺酸 (glycine)的側鏈僅為一個氫原子，是自然界中最簡單的胺基酸。除甘胺酸外，其餘α-胺基酸的α-碳原子共連接了 4 個完全不同的原子基團，此時α-碳原子稱為不對稱碳原子，根據各原子基團彼此相對位置的不同，具有光學與構型等異構物。胺基酸的構型是根據α-胺基的排列位置來規定，α-胺基在左邊稱為 L-型，在右邊稱為 D-型。絕大多數蛋白質的胺基酸都是 L-型。自然界中 D-型胺基酸僅存在於細菌細胞壁和某些抗生素(antibiotic)中。旋光性方面，L-型胺基酸大多具左旋性，極少數為右旋性。

　　構成蛋白質的胺基酸有 20 幾種，其中 20 種稱為**基本胺基酸**（表 4-1）。

▶ 表 4-1　基本胺基酸(Zubay et al., 2007)

Group I. Amino Acids with Apolar R Groups	Group II. Amino Acids with Uncharged Polar R Groups	Group III. Amino Acids with Charged R Groups
Alanine Ala A 丙胺酸 M_r 89[a]	Glycine Gly G 甘胺酸 M_r 75	Aspartic acid Asp D 天門冬胺酸 M_r 133
Valine Val V 纈胺酸 M_r 117	Serine Ser S 絲胺酸 M_r 105	Glutamic acid Glu E 麩胺酸 M_r 147
Leucine Leu L 白胺酸 M_r 131	Threonine Thr T 酥胺酸 M_r 119	Lysine Lys K 離胺酸 M_r 146
Isoleucine Ile I 異白胺酸 M_r 131	Cysteine Cys C 半胱胺酸 M_r 121	Arginine Arg R 精胺酸 M_r 174
Proline Pro P 脯胺酸 M_r 115	Tyrosine Tyr Y 酪胺酸 M_r 181	Histidine (at pH 6.0) His H 組胺酸 M_r 155
Phenylalanine Phe F 苯丙胺酸 M_r 165	Asparagine Asn N 天門冬醯胺 M_r 132	
Tryptophan Trp W 色胺酸 M_r 204	Glutamine Gln Q 麩胺醯胺 M_r 146	
Methionine Met M 甲硫胺酸 M_r 149		

[a] Molecular weights (M_r)

二、胺基酸衍生物

某些胺基酸在組成蛋白質後會受到共價修飾，形成胺基酸之衍生物：

1. **羥基脯胺酸**(hydroxyproline, Hyp)：脯胺酸(proline)經過羥化反應(hydroxylating)
   生成。常見於膠原蛋白(collagen)，約占 14%，一般蛋白質則少見。

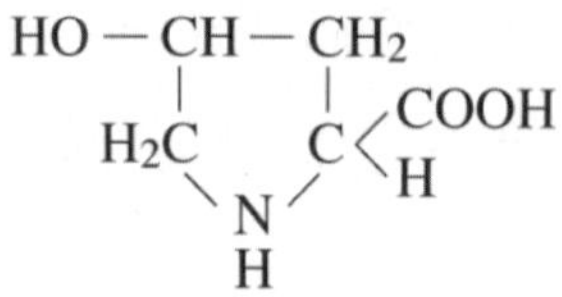

羥基脯胺酸 (Hydroxyproline)

2. **羥基離胺酸**(hydroxylysine, Hyl)：由離胺酸(lysine)經過羥化反應生成，為動物
   組織蛋白成分之一。

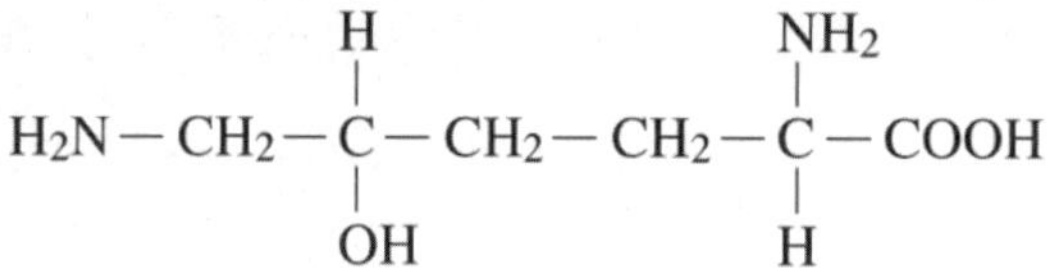

羥基離胺酸 (Hydroxylysine)

3. **胱胺酸**(cystine, Cys)：由兩個半胱胺酸經氧化後生成，在毛髮、角、蹄等角質
   蛋白中含量最豐富。

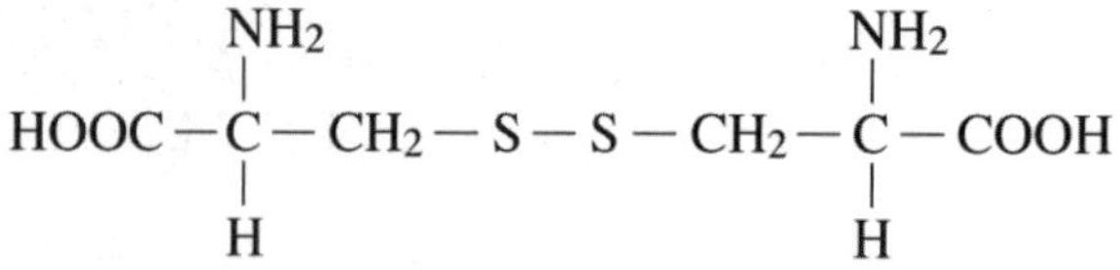

胱胺酸 (Cystine)

4.2　胺基酸的分類

側鏈基團對胺基酸分子的化學特性有著極重要的影響，這些化學特性讓各個
胺基酸在蛋白質的結構與功能中扮演著不同的角色。以下即根據這些側鏈基團的
分子結構、酸鹼特性、極性與否等方面，將胺基酸作一分類。

一、根據分子結構

1. **脂肪族胺基酸：**

    (1) 胺基一羧酸（甘胺酸、丙胺酸、纈胺酸、白胺酸、異白胺酸）。

    (2) 胺基二羧酸（天門冬胺酸、麩胺酸）。

    (3) 胺基一羧酸（精胺酸、離胺酸、天門冬醯胺、麩胺醯胺）。

    (4) 含羥基胺基酸（絲胺酸、酥胺酸）。

    (5) 含硫胺基酸（半胱胺酸、甲硫胺酸）。

2. **芳香族胺基酸：** 苯丙胺酸、酪胺酸。

3. **環狀胺基酸：** 色胺酸、組胺酸、脯胺酸。

二、根據酸鹼特性

1. **酸性胺基酸：** 天門冬胺酸、麩胺酸。

2. **鹼性胺基酸：** 精胺酸、離胺酸、組胺酸。

3. **中性胺基酸：** 其餘十五種胺基酸。

三、根據極性特性

1. **非極性胺基酸（疏水性）：** 丙胺酸、纈胺酸、白胺酸、異白胺酸、苯丙胺酸、色胺酸、脯胺酸、甲硫胺酸。

2. **極性胺基酸（親水性）：**

    (1) 不帶電胺基酸：甘胺酸、絲胺酸、酥胺酸、半胱胺酸、酪胺酸、天門冬醯胺、麩胺醯胺。

    (2) 帶正電荷胺基酸：離胺酸、精胺酸、組胺酸。

    (3) 帶負電荷胺基酸：麩胺酸、天門冬胺酸。

4.3 胺基酸的重要性質

一、光吸收性質

一般來說，胺基酸無法吸收可見光，但芳香族胺基酸具有吸收紫外光的特性，其中酪胺酸(Tyr)最大吸收波長(λ max)為 278 nm，色胺酸(Trp)為 279 nm，苯丙胺酸(Phe)為 259 nm。由於一般蛋白質多多少少都含有 Tyr 和 Trp，故科學家常利用 280 nm 波長的吸光率來推算某一蛋白質的胺基酸含量。推算公式為：

$$C = \frac{A}{\varepsilon \cdot L}$$

式中：C 為莫耳濃度；A 為在λ max 的吸光率；L 為光程，即比色管的內徑 (cm)；ε 為消光係數，即 1 莫耳的吸光率(molar absorptivity)。

二、電荷性質

由於胺基酸的胺基和羧基都屬於弱電解質，在酸性環境中，羧基將結合質子而使胺基酸帶正電荷；反之，鹼性環境迫使胺基解離而使胺基酸帶負電荷，因此，胺基酸為一種兩性電解質(amphoteric electrolyte)。因此當各個胺基酸在某 pH 定值，其所帶正電荷與負電荷相等，淨電荷等於零，則此時的 pH 值就稱為該胺基酸的等電點(isoelectric point)，用 pI 表示。胺基酸在等電點時是以偶極離子 (dipolar ion)形式存在。

$$\underset{\text{（正離子）pH}<\text{pI}}{\overset{\displaystyle \text{COOH}}{\underset{\displaystyle NH_3^+}{R-CH}}} \quad \underset{+H^+}{\overset{-H^+}{\rightleftharpoons}} \quad \underset{\text{（偶極離子）pH}=\text{pI}}{\overset{\displaystyle COO^-}{\underset{\displaystyle NH_3^+}{R-CH}}} \quad \underset{+H^+}{\overset{-H^+}{\rightleftharpoons}} \quad \underset{\text{（負離子）pH}>\text{pI}}{\overset{\displaystyle COO^-}{\underset{\displaystyle NH_2}{R-CH}}}$$

在酸性溶液中，胺基酸可視為一個二元酸發生下列解離：

$$
\underset{\text{AA}^+}{\overset{\overset{\displaystyle NH_3^+}{|}}{R-CH-COOH}} \underset{}{\overset{k_1}{\rightleftharpoons}} \underset{\text{AA}^\pm}{\overset{\overset{\displaystyle NH_3^+}{|}}{R-CH-COO^-}} + H^+ \qquad （一級解離）
$$

$$
\underset{\text{AA}^\pm}{\overset{\overset{\displaystyle NH_3^+}{|}}{R-CH-COO^-}} \underset{}{\overset{k_2}{\rightleftharpoons}} \underset{\text{AA}^-}{\overset{\overset{\displaystyle NH_2}{|}}{R-CH-COO^-}} + H^+ \qquad （二級解離）
$$

在稀溶液中，達平衡時：

$$K_1' = \frac{[\text{AA}^\pm][\text{H}^+]}{[\text{AA}^+]} \quad \therefore pK_1' = pH - \log\frac{[\text{AA}^\pm]}{[\text{AA}^+]} \quad （\alpha\text{-羧基解離}）$$

$$K_2' = K_1' = \frac{[\text{AA}^-][\text{H}^+]}{[\text{AA}^\pm]} \quad \therefore pK_2' = pH - \log\frac{[\text{AA}^-]}{[\text{AA}^\pm]} \quad （\alpha\text{-胺基解離}）$$

此時，如果胺基酸的側鏈基團也可以解離，則還會有一個解離常數 pK_3'。因此，多數中性胺基酸具有兩個 pK 值，酸性胺基酸、鹼性胺基酸和少數中性胺基酸則會有三個 pK 值（表 4-2）。

由上述酸鹼滴定可以求出胺基酸的 pK 值，對酸性胺基酸及中性胺基酸可依據其 pK 值，經由下式求得等電點 pI 值：

$$pI = \frac{1}{2}(pK_1' + pK_2')$$

鹼性胺基酸則由下式求 pI：

$$pI = \frac{1}{2}(pK_2' + pK_3')$$

　　圖 4-2 為甘胺酸水溶液分別以標準酸鹼溶液滴定所得的標準滴定曲線。pH＝5.97 為甘胺酸的等電點，其淨電荷為 0。以酸性標準溶液滴定時，曲線向左延伸，此時甘胺酸的羧基作為 H^+ 的受體，pH＝2.34 處出現一個轉折點，顯示已有半數羧基被中和掉了，稱為甘胺酸 pK_1' (2.34)。滴定曲線的右段則是以標準鹼性滴定，使溶液 pH 值逐漸升高，出現了另一個轉折點($pK_2' = 9.6$)，此時，半數甘胺酸的胺基已被鹼性中和。

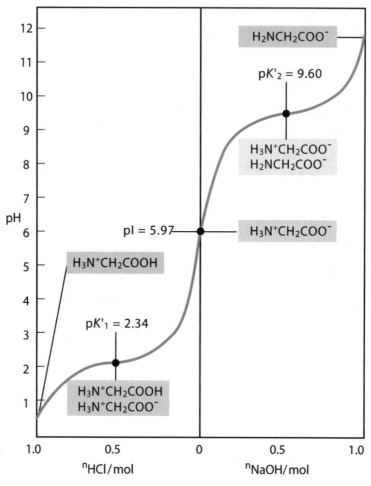

圖4-2 甘胺酸標準的滴定曲線

▶ 表 4-2　胺基酸的解離常數及等電點

胺基酸	pK'_1(COOH)	pK'_2(N$^+$H$_3$)	pK'_3(R)	pI
甘胺酸	2.34	9.60		5.97
丙胺酸	2.34	9.69		6.02
纈胺酸	2.32	9.62		5.97
白胺酸	2.36	9.60		5.98
異白胺酸	2.36	9.68		6.02
絲胺酸	2.21	9.15		5.68
酥胺酸	2.63	10.43		6.53
天門冬胺酸	2.09	3.86 (β-COOH)	9.82 (NH$_3^+$)	2.98
天門冬醯胺	2.02	8.8		5.41
麩胺酸	2.19	4.25 (γ-COOH)	9.67 (NH$_3^+$)	3.22
麩胺醯胺	2.17	9.13		5.65
精胺酸	2.17	9.04 (NH$_3^+$)	12.48（胍基）	10.76
離胺酸	2.18	8.95 (α-NH$_3^+$)	10.58 (ε-NH$_3^+$)	9.74
組胺酸	1.82	6.00（吡唑基）	9.17 (NH$_3^+$)	7.59
半胱胺酸	1.71	8.33 (NH$_3^+$)	10.78 (SH)	5.02
甲硫胺酸	2.28	9.21		5.75
苯丙胺酸	1.83	9.13		5.48
酪胺酸	2.20	9.11 (NH$_3^+$)	10.07 (OH)	5.66
色胺酸	2.38	9.39		5.89
脯胺酸	1.19	10.60		6.30

 專欄 BOX

4.1　胺基酸的解離

　　已知 Lys 的 ε-胺基的 pK'_R 為 10.5，問在 pH=9.5 時，Lys 的 ε-NH$_3^+$ 基團可解離多少百分比(%)質子？

解：-NH$_3^+$ ⇌ -NH$_2$ + H$^+$

$$pH = pK' + \log\frac{[\text{質子受體}]}{[\text{質子供體}]}$$

$$9.5 = 10.5 + \log\frac{[-NH_2]}{[-NH_3^+]} \qquad 1 = \log\frac{[-NH_2]}{[-NH_3^+]} \qquad 10^{-1} = \frac{[-NH_2]}{[-NH_3^+]} \text{ 或 } \frac{[-NH_2]}{[-NH_3^+]} = \frac{1}{10}$$

　　因此，在 pH=9.5 時，Lys 的 ε-NH$_3^+$ 基團可解離的質子百分比(%)為：

$$\frac{10}{10+1} \times 100\% = \frac{10}{11} \times 100\% = 91\%$$

專欄 BOX

4.2 胺基酸的化學反應

胺基酸的某些化學反應，在生物化學和工業上具有重要性。

1. **亞硝酸(nitrous acid)反應**：除脯胺酸外，胺基酸具有一級胺的性質，可與亞硝酸 (nitrous acid)作用，生成羥基酸(hydroxy-acid)和氮氣。工業上常根據氮氣生成量推算蛋白質的水解程度，稱為 Van Slyke 定氮法。

$$\underset{\overset{|}{R-CH-COOH}}{NH_2} + HNO_2 \longrightarrow \underset{\overset{|}{R-CH-COOH}}{OH} + N_2\uparrow + H_2O$$

2. **二硝基氟苯反應**：在弱鹼性溶液中，胺基酸容易與 2,4-二硝基氟苯(2,4-dinitrofluorobenzene, DNFB)反應，生成黃色的二硝基苯胺基酸(dinitrophenyl amino acid, DNP-AA)。Sanger 首先將反應用於蛋白質結構的測定，稱為 Sanger 試劑（見第 5 章）。

$$\underset{\overset{|}{COOH}}{R-CH-NH_2} + F-\!\!\!\!\bigcirc\!\!\!\!-NO_2 \xrightarrow{pH\ 8\sim9} \underset{\overset{|}{COOH}}{R-CH}-\overset{H}{N}-\!\!\!\!\bigcirc\!\!\!\!-NO_2 + HF$$

DNFB　　　　　　　　　　dnp-胺基酸

3. **醯化反應(acylation)**：胺基酸與醯氯(acyl chloride)或酸酐(acid anhydride)作用時，胺基中有一個氫原子或甚至兩個氫原子被醯基取代而被醯化(acylate)。

$$\underset{\overset{|}{NH_2}}{R-CH-COOH} \xrightarrow{R'-\overset{\overset{O}{\|}}{C}-Cl} \underset{\overset{|}{NH-\overset{}{\underset{\overset{\|}{O}}{C}}-R'}}{R-CH-COOH} + HCl$$

4. **Schiff 鹼反應(Schiff's base reaction)**：胺基酸的α-胺基能與醛類化合物反應生成弱鹼，稱為 Schiff 鹼，其反應為胺基酸代謝的中間產物：

$$R'-\overset{\overset{O}{\|}}{C}-H + H_2N-\underset{\overset{|}{R}}{CH}-COOH \rightleftharpoons R'-\overset{\overset{H}{|}}{C}=N-\underset{\overset{|}{R}}{CH}-COOH + H_2O$$

醛　　　　　　　　　　　　　　　　　Schiff's base

　　食品工業中極重要的褐變作用(browning)則是另一種非酵素反應，胺基酸與葡萄糖經由羰胺反應(carbonyl-amino reaction)，生成 Schiff 鹼，再進一步轉變成有色物質。

5. **酯化反應**(esterification)：在乾燥氯化氫氣體存在下，胺基酸可與醇形成相對應的酯(ester)。如：

$$R-\underset{\underset{NH_2}{|}}{CH}-COOH + C_2H_5OH \xrightarrow{\ HCl（氣）\ } R-\underset{\underset{NH_2}{|}}{CH}-COOC_2H_5 + H_2O$$

乙醇　　　　　　　　　　　　　　　胺基酸乙酯

　　由於各種胺基酸與醇所生成的酯的沸點不同，故可用於胺基酸的分離純化。在酒類釀造中，也由於不同胺基酸所生成的酯而產生不同的芳香味。

6. **茚三酮反應**(ninhydrin reaction)：在微酸性溶液中，α-胺基和α-羧基同時與茚三酮(ninhydrin)反應，生成藍紫色化合物。

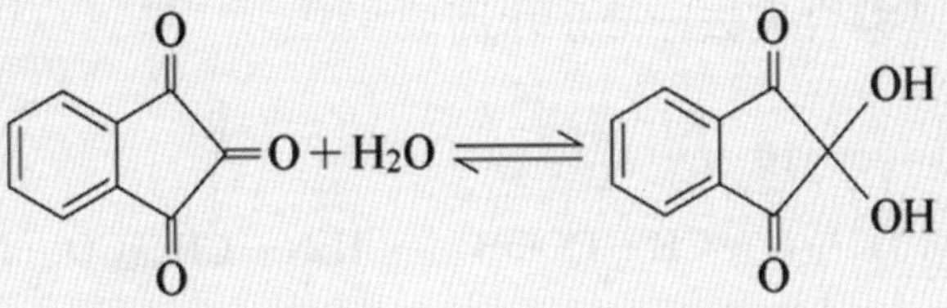

茚三酮　　　　　　　　　水合茚三酮

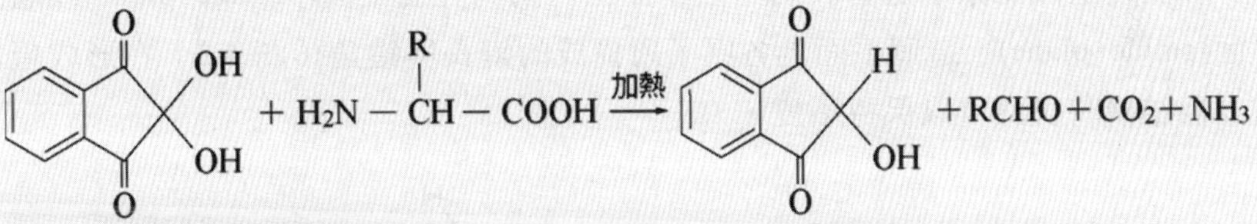

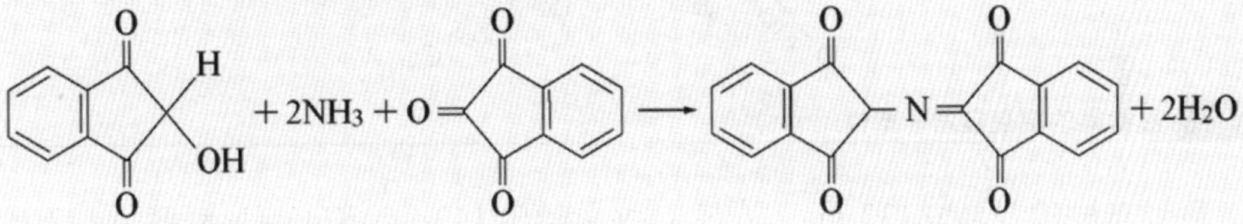

還原茚三酮　　　　　　　茚三酮　　　　　　　藍紫色物質

　　脯胺酸和羥基脯胺酸則與茚三酮反應生成黃色化合物，但不釋放 NH_3。常用於胺基酸的定量測定，所產生的藍紫色化合物在 570 nm 波長下具有吸光性，可以定量出胺基酸的含量（見第 7 章）。

　　對於只含一胺基一羧基的胺基酸而言，其 pI 之所以不為絕對中性(pH＝7.0)，而是偏酸（一般為 pH＝6 左右），是因羧基的解離程度大於胺基的解離程度，因此在 pH＝7.0 的純水中，含一胺基一羧基的胺基酸略呈酸性，只有在略呈

酸性的溶液中它才能呈中性，即等電的性質。含一胺基二羧基的胺基酸，其 pI 值要小些；含一羧基二胺基的胺基酸，pI 值要大些。

4.4 胜肽鏈結構

一、胜肽的結構

胜肽(peptide)是由兩個以上胺基酸以胜肽鍵(peptide bond)連接，胜肽鍵則分別以α-胺基與α-羧基縮合失去一分子水而成。

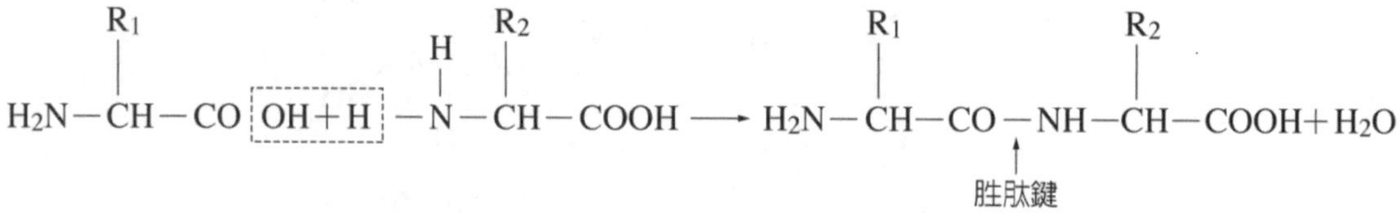
R1
R2
H
H2N－CH－CO OH＋H －N－CH－COOH
R1
R2
H2N－CH－CO－NH－CH－COOH＋H2O
胜肽鍵

胜肽鍵上四個原子是處於同一個平面上，稱為胜肽平面(peptide plane)或醯胺平面(amide plane)。這個平面上各原子所構成的鍵長與鍵角（圖 4-3）在形成蛋白質立體結構時仍然可以保持不變。

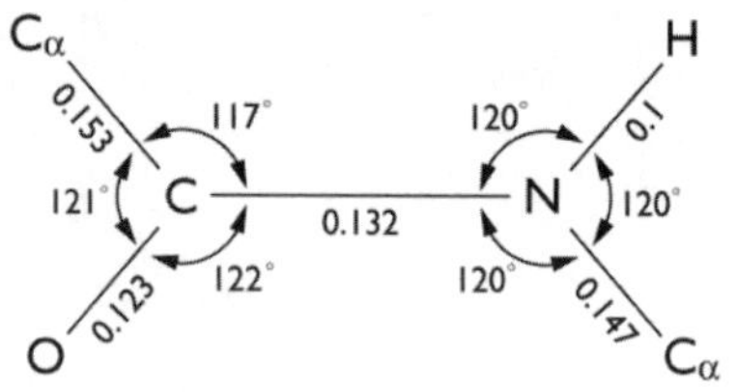
Cα
0.153
117°
121°
C
122°
0.123
O
0.132
H
0.1
120°
N
120°
120°
0.147
Cα

圖4-3 胜肽鍵的鍵長鍵角（單位：nm）

胜肽鍵的鍵長為 0.132 nm，介於 C-N 單鍵(0.149 nm)和 C＝N 雙鍵(0.127 nm)之間，因此，胜肽鍵具有部分雙鍵的性質，即胜肽平面不能沿著 C-N 鍵旋轉。H 和 O 分布在胜肽鍵的兩邊，成反式排列，而且在生理 pH 條件下，胜肽鍵的 H 也是不解離的。

一個α-碳原子相連的兩個胜肽平面，由於 N_1-C_α和 C_α-C_2（羰基碳）兩個鍵為單鍵，胜肽平面可以分別圍繞這兩個鍵旋轉，形成不同的立體結構（圖 4-4）。一個胜肽平面圍繞 N_1-C_α旋轉的角度，用“ϕ (phi)”表示；另一胜肽平面圍繞 C_α-C_2 旋轉的角度，用“ψ (psi)”表示。這兩個旋轉角度叫**二面角**(dihydral angle)。一對二面角(ϕ, ψ)決定了與一個α-碳原子相連的兩個胜肽平面的相對位置。

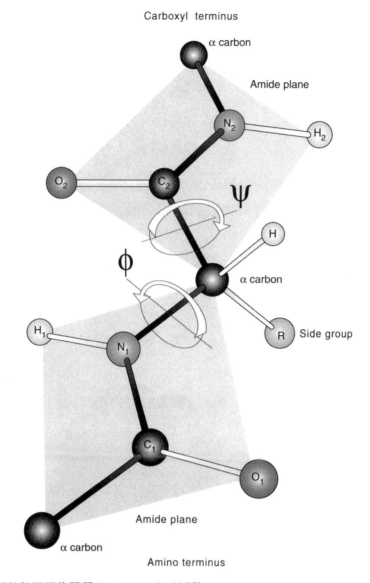

Carboxyl terminus

α carbon

Amide plane

Amino terminus

α carbon

Side group

圖4-4 兩個相鄰胜肽平面的關係(Zubay et al., 2007)

　　胜肽鏈具游離α-胺基的一端稱為**胺基端**(amino terminus)或 **N 端**；具游離的α-羧基的一端則稱為**羧基端**(carboxyl terminus)或 **C 端**。胜肽鏈上的胺基酸單位由於縮合時已失去一分子水，一般稱之為胺基酸**殘基**(residue)。習慣上，由胺基端開始依次編號，在每一個胺基酸名稱後加「－」即成。如下列三胜肽被命名為絲胺酸(Ser)－甘胺酸(Gly)－酪胺酸(Tyr)。

$$\begin{array}{c}
\hspace{5.5em}OH\hspace{9em}OH \\
\hspace{5.5em}|\hspace{12em}| \\
\hspace{4.7em}CH_2\hspace{1em}O\hspace{0.3em}H\hspace{1em}H\hspace{1.3em}O\hspace{0.3em}H\hspace{1em}CH_2 \\
\hspace{4.7em}|\hspace{2.3em}\|\hspace{1em}|\hspace{2em}|\hspace{1.3em}\|\hspace{1em}|\hspace{2em}| \\
H_2N-CH-C-N-CH-C-N-CH-COOH
\end{array}$$

N–末端　　　　Ser　　　　　　Gly　　　　　　Tyr　　　　C–末端

　　胜肽的酸鹼性質主要取決於組成胺基酸的側鏈 R 基。胜肽鏈兩端的α-COOH 與α-NH$_2$ 基團，則因其間距離受到胜肽鏈大小的影響，可離子化程度較一般游離胺基酸低，大胜肽鏈的可離子化程度也比小胜肽鏈低。因此，胜肽中 N–末端的 α-NH$_3^+$ pK'值要比游離胺基酸小一些，而 C-末端的α-COOH pK'值則比游離胺基酸大一些，但側鏈 R 基的 pK'值則差別不大。

二、自然界常見的胜肽

(一) 麩胱甘肽(Glutathione, GSH)

　　麩胱甘肽是由 L-麩胺酸、L-半胱胺酸和甘胺酸所構成的三胜肽。其中麩胺酸形成胜肽鏈的方式不同於其他胜肽鏈，是由γ-羧基參與形成，如下所示：

$$\begin{array}{c}
\hspace{17em}\boxed{SH} \\
\hspace{17em}| \\
\hspace{3em}COOH\hspace{8em}O\hspace{0.5em}H\hspace{0.5em}CH_2\hspace{0.5em}O\hspace{0.5em}H \\
\hspace{3em}|\hspace{13em}\|\hspace{1em}|\hspace{1.5em}|\hspace{1.5em}\|\hspace{1em}| \\
H_2N-CH-CH_2-CH_2-C-N-CH-C-N-CH_2-COOH
\end{array}$$

　　　　Glu　　　　　　　　　　C$_{SH}$　　　　　　Gly

麩胱甘胜肽

　　麩胱甘肽廣泛存在於動、植物和微生物中，是極重要的天然還原劑，以保護含硫氫基(sulfhydryl grop)的蛋白質和酶。

$$2GSH \underset{+2H}{\overset{-2H}{\rightleftharpoons}} G-S-S-G$$

(二) 神經胜肽

主要存在於中樞神經系統的胜肽，包括腦啡肽、腦內啡、強啡肽和 P 物質。

1. **腦啡肽**(enkephalin)：為豬腦分離出來的五胜肽，共有兩種；兩者都具有鎮痛作用，來自於同一前驅物──前腦啡肽原(preproenkephalin)（含 267 個殘基）。

> Tyr•Gly•Gly•Phe•Met 甲硫胺酸腦啡肽(Met-enkephalin)
> Tyr•Gly•Gly•Phe•Leu 白胺酸腦啡肽(Leu-enkephalin)

2. **腦內啡**(endorphin)：分為 α、β、γ 三種。β-腦內啡（31 胜肽）的鎮痛作用最強。α-腦內啡（16 胜肽）和 γ-腦內啡（17 胜肽）除具有鎮痛作用外，兩者對動物行為亦具有調節作用，但效應剛好相反。

3. **強啡肽**(dynorphin)：從豬腦下垂體(hypophysis)萃取出的幾個具有強力鎮痛作用的活性胜肽中，強啡肽 A（17 胜肽）比白胺酸腦啡肽的活性強 700 倍，比 β-腦內啡的活性強 50 倍。

4. **P 物質**(substance P)：1931 年首先在馬腸中發現，命名為 P 物質，能引起腸平滑肌收縮、血管舒張與血壓下降。P 物質為 11 胜肽，其結構為：

> Arg•Pro•Lys•Pro•Gln•Gln•Phe•Phe•Gly•Leu•Met•NH_2

P 物質是一種神經傳導物質(neurotransmitter)，與痛覺和調節血壓有一定關係，而且參與控制呼吸、心臟跳動等非隨意活動，還可以刺激腦下垂體分泌催乳激素(luteotropic hormone)和生長激素(growth hormone)。

(三) 胜肽類抗生素(Peptide Antibiotic)

短桿菌胜肽(gramicidin)和**短桿菌酪胜肽**(tyrocidine)都是環狀 10 胜肽，在（圖 4-5）中，環狀胜肽的胺基酸次序以箭頭表示，其中鳥胺酸(ornithine)為胺基酸代謝的中間產物。環狀抗生素對革蘭氏陰性菌生長有抑制作用，主要作用於細胞膜，也會破壞真核細胞的粒線體膜。

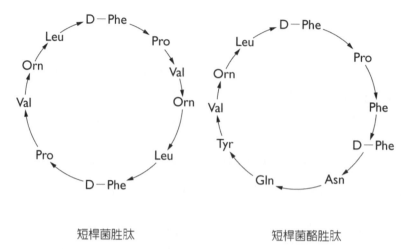

短桿菌胜肽　　　　　　　短桿菌酪胜肽

 圖4-5 兩種環狀抗生素胜肽

專欄 BOX

4.3 Aspartame—有甜味的胜肽

　　1960 年代，日本帝國化學工業等幾家公司在研究合成促胃泌素(gastrin)（為一種 17 胜肽激素，可刺激胃液的分泌）時，先合成一種雙胜肽中間物，這個雙胜肽的結晶粉末「不小心」落入了研究人員的口中而被發現有顯著的甜味，於是研製出了甜味劑 Aspartame（L-天門冬胺醯-L 苯丙胺醯甲酯(L-Aspartyl-L-phenylalanyl methyl ester)，商品名為 Nutra-Sweet），其甜味是一般單醣的 100~200 倍，適合用於糖尿病等需要「低熱量」食品的甜味劑。

$$
\begin{array}{c}
\text{COOH} \qquad \qquad \qquad \bigcirc \\
| \qquad \qquad \qquad \quad | \\
\text{CH}_2 \quad \text{O} \qquad \text{CH}_2 \quad \text{O} \\
| \qquad \ \ \, \| \qquad \quad | \qquad \ \ \, \| \\
\text{H}_2\text{N}-\text{CH}-\text{C}-\text{N}-\text{CH}-\text{CO}-\text{CH}_3 \\
| \\
\text{H}
\end{array}
$$

4.5　蛋白質結構層次

　　蛋白質結構依其複雜程度可分為四個層次來探討，分別是一級結構、二級結構、三級結構與四級結構（圖 4-6），四個層次間彼此相關。

一、一級結構

　　一級結構(primary structure)係指蛋白質由胺基酸以胜肽鍵連結的排列順序。對 20 種基本胺基酸而言，其可能的組合方式極多。以一個 100 個胺基酸長度的蛋白質為例，組合就有 20,100 種！

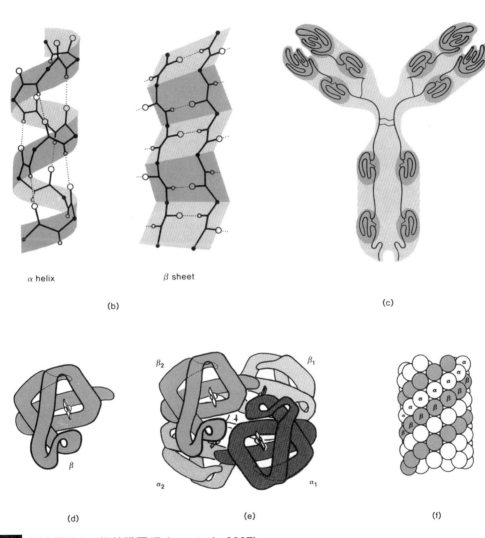

圖4-6 蛋白質的1~4級結構圖(Zubay et al., 2007)

(a)一級結構，蛋白質鏈中的胺基酸序列；(b)二級結構；
(c)免疫抗體分子（黑色部分）的二級結構；
(d)三級結構，一個完整的蛋白質鏈（血紅素的β鏈）；(e)、(f)皆為四級結構。

二、二級結構

　　胜肽鏈受到一級結構的影響，在局部的胺基酸序列會形成旋轉或摺疊等規則的結構，稱為二級結構(secondary structure)。常見的二級結構有α-螺旋(α-helix)、β-摺板(β-sheet)、β-轉角(β-turn)和一些無規則捲曲；前二者常呈週期性，後二者則非週期性結構。但胺基酸側鏈並未參與二級結構的形成。

(一) α-螺旋(α-Helix)

　　Linus Pauling 和 Robert Corey (1897~1971)運用 X-射線繞射(X-ray diffration)技術對角質蛋白(keratin)進行研究，於 1951 年提出了α-螺旋模型（圖4-7）。

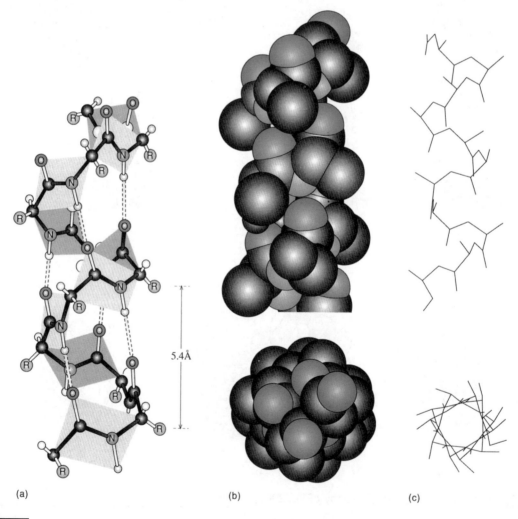

5.4Å

(a)   (b)   (c)

圖4-7　胜肽鏈α-螺旋的三種表示方法(Zubay et al., 2007)

α-螺旋有左手螺旋和右手螺旋（圖 4-8），因為右手螺旋比左手螺旋穩定，因此天然蛋白質的α-螺旋都是右手螺旋（極少數例外）。每個胜肽平面共同圍繞著一個軸向右旋轉，旋轉的螺距為 0.54 nm，包含 3.6 個胺基酸殘基，因此相鄰兩個胺基酸殘基在軸向上的距離為 0.15 nm (0.54/3.6)，每個胺基酸扭轉 100°的角度。

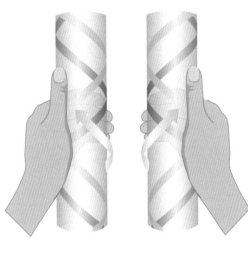

左手螺旋　　　右手螺旋

圖4-8　左手螺旋與右手螺旋

維繫α-螺旋結構的作用力是氫鍵。從 N 端數起，每個胺基酸殘基胜肽鍵上 CO 的氧原子與第四個胺基酸殘基胜肽鍵上 NH 的氫原子形成氫鍵，其大致上與軸平行。如果氫鍵被破壞，則螺旋結構解體。

螺旋結構通常用符號 "S_N" 來表示，S 為螺旋每旋轉一圈所含殘基數，N 是形成氫鍵的 O 與 N 原子間在主鏈上的原子數。如典型的α-螺旋中 O 與 N 之間（包括 O 和 N）共有 13 個原子（圖 4-9），因此典型的α-螺旋可用 3.6_{13} 表示。除此之外，α-螺旋還有 2.2_7、3_{10}、4.4_{16} 等螺旋構型。

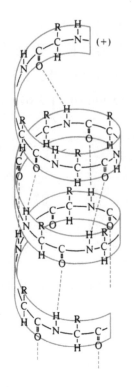

圖4-9　典型的α-螺旋（徐、劉、方、魏、張，2007）

　　不同蛋白質具有α-螺旋結構的情況不同。有的全部（如α-角質蛋白）或大部分由α-螺旋（如肌球素(myoglobin)）構成，有的僅含有一部分α-螺旋（如溶菌酶(lysozyme)），而有的蛋白質完全不具有α-螺旋結構（如絲蛋白(silk fiboin)、鐵氧化還原蛋白(ferredoxin)）。

（二）β-摺板(β-Sheet)

　　Pauling 在研究絲蛋白 X-射線繞射時，又提出了β-摺板結構模型，以解釋絲蛋白的結構。與α-螺旋結構比較，β-摺板結構具有下列特點：

1. **胜肽鏈構型**：α-螺旋結構的胜肽鏈是捲曲的棒狀結構，而β-摺板結構的胜肽鏈幾乎是完全伸展的，整個胜肽鏈構成一種摺疊的形式（圖 4-10）。β-摺板結構是比α-螺旋結構更堅硬的一種結構形式。

2. **胜肽鏈角**：在β-摺板結構中，胜肽平面上胜肽鍵的結構與α-螺旋一樣，鍵長與鍵角不改變。相鄰兩個胜肽平面交界的棱角上為α-碳原子，所連的側鏈 R 基與棱角垂直。兩個相鄰胺基酸的軸心距為 0.35 nm（α-螺旋為 0.15 nm）。

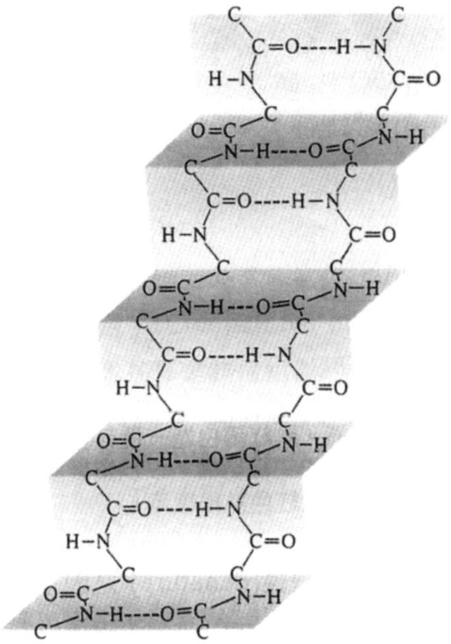

圖4-10 β-摺板結構示意圖（徐等，2007）

3. **氫鍵**：α-螺旋是鏈內形成氫鍵，而β-摺板則是鏈間形成氫鍵，即在胜肽鏈與胜肽鏈之間或一條胜肽鏈的不同胜肽片段間形成氫鍵。氫鍵與鏈的長軸接近垂直。

4. **結構類型**：β-摺板結構有兩種類型，一為平行式(parallel)，即所有胜肽鏈的 N-末端都在同一方向；另一類型為反平行式(antiparallel)，即相鄰兩條胜肽鏈的方向相反，一條為 N 端，另一條則為 C 端（圖 4-11）。如 α-角質蛋白伸展後形成的β-角質蛋白都是平行式，而絲蛋白則是反平行式。

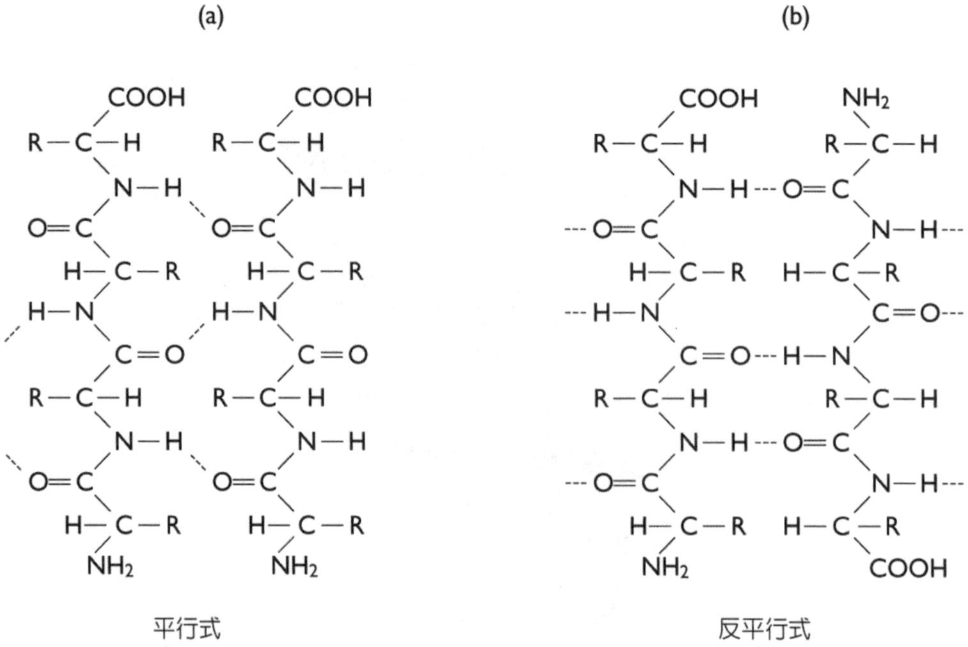

(a)   (b)

平行式   反平行式

圖4-11 β-摺板結構的鏈間氫鍵交聯形式

(三) β-轉角(β-Turn)

在蛋白質分子的立體結構中，胜肽鏈經常出現 180°的回摺或轉彎，這種回摺結構即稱為β-轉角。它由 4 個連續的胺基酸殘基組成，第一個殘基的 CO 基與第 4 個殘基的 NH 基形成氫鍵（但與α-螺旋不同，這裡每個殘基並不扭曲成 100°的偏角）。β-轉角有幾種類型：有的第 3 個殘基總是 Gly；有的甚至不依靠氫鍵，而只單純依靠鄰近殘基側鏈基團間的相互作用來維繫這種結構的穩定性。β-轉角較大量地存在於球狀蛋白質分子中。

α-螺旋、β-摺板和β-轉角是構成蛋白質空間結構的基本形式，為蛋白質的立體結構單元(structure element)。一級結構往往影響二級結構的形成，如側鏈小且不帶電荷的聚丙胺酸在 pH7 的水溶液中能自發形成α-螺旋的二級結構。聚離胺酸、聚麩胺酸或聚天門冬胺酸則因為側鏈在 pH7 的水溶液中帶正電荷，彼此靜電相斥作用，無法在鏈內形成氫鍵進而形成α-螺旋，而是以不規則地捲曲形式存在。

除電荷之外，胺基酸側鏈的大小也會影響螺旋的形成。如具有較大側鏈的異白胺酸與白胺酸連續排列，會由於側鏈所產生立體效應(steric effect)而不能形成α-螺旋。

脯胺酸和羥脯胺酸這兩種亞胺基酸，因在胜肽鍵上少一個氫原子，不能形成氫鍵。因此，多胜肽鏈上只要出現脯胺酸或者羥脯胺酸，α-螺旋就被中斷，在三級結構中產生折疊。由於甘胺酸的側鏈較小，僅有一個氫原子，常在胜肽鏈的轉折處出現。

三、三級結構

不同區段的螺旋鏈（二級結構）其胺基酸側鏈相互作用，胜肽鏈進一步地折疊或捲曲，使整個蛋白質分子成球狀或顆粒狀，稱為蛋白質的三級結構(tertiary structure)，包括胜肽鏈中一切原子的空間排列方式。在一級結構上相距甚遠的殘基可以因為三級結構的形成而相互靠近，這對於蛋白質的功能是很重要的。

纖維狀蛋白的三級結構呈簡單的平行或有規律的排列，整個分子為線狀或棒狀，與二級結構很相似。球狀蛋白由α-螺旋鏈在三度空間沿多個方向，並具有一定形式的（但並不依據幾何形狀）捲曲、折疊、盤繞，使整個分子成為近似球狀或顆粒狀，蛋白質分子內部為厭水性，表面則為親水性。維繫這種特定結構的化學鍵除氫鍵外，更有厭水作用、鹽鍵和凡得瓦力等作用力，因為在形成三級結構時，胜肽鏈中的一些非極性胺基酸殘基為避開水相，而被包裹到分子內部中，因而可穩定蛋白質的立體結構。

以肌球素(myoglobin)為例，1959 年英國康橋大學 John Kendrew 等首先利用 X-射線繞射研究鯨肌球素的三級結構，這是第一個被闡明三級結構的蛋白質。鯨肌球素由一條胜肽鏈構成，含有 153 個胺基酸殘基，呈α-螺旋的胜肽鏈，再進一步折疊盤繞，經過多次轉彎，使整個分子呈球狀（圖 4-12），內部厭水、外部親水。胜肽鏈可分成八段長度為 7~24 個胺基酸殘基組成的α-螺旋區，分別命名為 A、B、C、D、E、F、G、H 區，轉折處有 1~8 個胺基酸殘基，結構鬆散，不形成α-螺旋。這些轉角處的胺基酸有 4 個是脯胺酸；另 4 個轉角處分別為 Ser、Thr、Asn、Ile。整個分子約有 77% 為α-螺旋，結構相當緊密。肌球素分子內部有一個可容納 4 個水分子的空間。具有極性側鏈基團的胺基酸殘基幾乎全部分布於分子表面，非極性胺基酸殘基則被埋在分子內部。

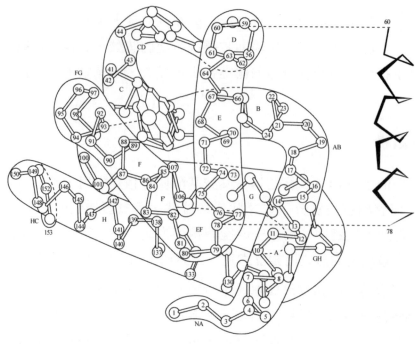

圖4-12　肌球素的三級結構

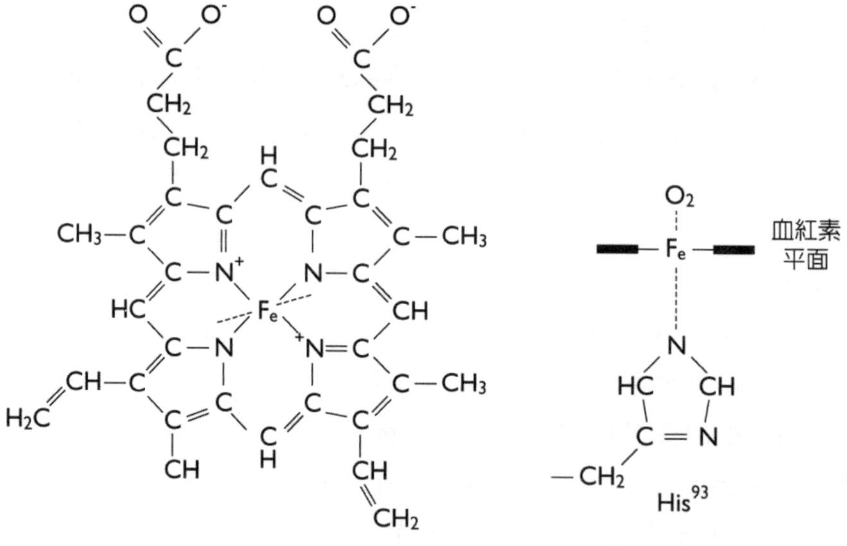

血基質
（Fe^{2+} － 原紫質IX）

血紅素平面

His[93]

圖4-13　血基質

　　肌球素是一種結合蛋白質，它的輔基稱為血基質(heme)或稱鐵紫質(iron-porphyrin)，血基質是由原紫質IX (protoporphyrin IX)和一個二價鐵離子（亞鐵，Fe^{2+}）組成（圖 4-13）。紫質環由 4 個五原子的吡咯(pyrrole)環所構成，4 個吡咯環以橋基(bridging group)-CH-相連接，形成一個四方平面結構。Fe^{2+}位於環的中央，略高出紫質環平面 0.075 nm。血基質的鐵必須是二價(Fe^{2+})才能發揮攜帶氧的功能，如果被氧化成三價(Fe^{3+})，則失去功能。Fe^{2+}具有 6 個配位鍵(dative bonds)，其中四個分別與吡咯環上氮原子相接，另兩個配位鍵垂直於紫質環平面，其中一個與第 93 位 His 殘基（位於 F8）的異吡唑環 N 結合，另一個（第 6 個）處於「開放」狀態，可與氧結合，因而具有攜帶氧的能力。這個位置也可與 CO 結合，其結合能力比氧大 200 倍。第 6 個配位鍵附近的第 64 位的 His (E7)，提供了一個剛好容納氧分子的空隙。

四、四級結構

　　由兩條或兩條以上多胜肽鏈構成的蛋白質分子，每一條胜肽鏈都各自具有一、二、三級結構，每一胜肽鏈為一個次單元(subunit)，彼此間藉由非共價鍵連結，包括厭水作用、氫鍵、凡得瓦力等作用力。次單元通常用希臘字母α (alpha)、β (beta)、γ (gamma)、δ (delta)來表示。四級結構(quaternary structure)即是指這些次單元的空間結合關係。

4.6 血紅素

一、結　構

　　血紅素(hemoglobin)是一種具有四級結構的結合蛋白質，同樣也利用血基質作為輔基。其次單元分別由 4 條胜肽鏈所構成，有兩條α鏈與兩條β鏈($\alpha_2\beta_2$)。α鏈由 141 個胺基酸殘基組成，β鏈由 146 個胺基酸殘基組成。每條胜肽鏈含有一個亞鐵血基質，因此，一個血紅素分子含有 4 個亞鐵離子。血基質結構與肌球素一樣，但 Fe^{2+}的第 5 個配位鍵是與α鏈 87 位或β鏈 92 位的 His 吡唑基相連。血紅素四個次單元以非共價鍵結合成球狀分子（圖 4-14），4 個氧的結合部位相隔較遠，兩個鄰近鐵原子間的距離為 2.5 nm。每一個α鏈與兩個β鏈相接觸，兩個α鏈或兩個β鏈之間的相互作用反而較弱。

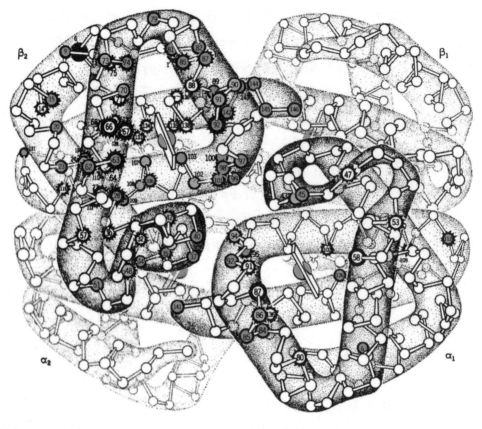

圖4-14 血紅素的四級結構(Zubay et al., 2007)

　　血紅素的血基質第 6 個配位鍵垂直於紫質平面，但與第 5 個配位鍵方向相反。在無氧情況下，與水結合成去氧血紅素(Hb)；有氧存在時，此鍵與氧(O_2)結合而形成氧合血紅素(oxyhemoglobin)，以 HbO_2 表示。血紅素與氧結合後，其Fe^{2+}的價數不變。血紅素與氧的配位結合並不牢固，很容易解離。HbO_2 的形成和解離受到氧分壓(partial pressure of oxygen, PO_2)、pH 等因素的影響。血紅素與氧的結合程度稱為氧飽和度(O_2 saturation)，其與氧分壓的關係見（圖 4-15）。由圖中可見血紅素達到氧飽和的模式與肌球素不同，血紅素呈 S 形曲線，而肌球素則為一簡單雙曲線。這兩種結合氧的方式與它們的結構不同有關。

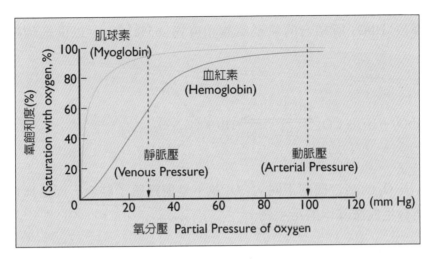

圖4-15 血紅素和肌球素的氧合曲線(Zubay et al., 2007)

1. **異位作用**：血紅素具有 4 個次單元，當第一個次單元與氧結合後，增加了其餘次單元對氧的親和力；反之，氧釋放時也具有同樣效應。這種效應是由血紅素立體結構的變化所引起的。血紅素具有兩種立體結構，其中一種對氧的親和力很高，另一種對氧的親和力則相對較低。當血紅素的一個次單元與氧結合後，使整個分子立體結構隨之改變，對氧的親和力也急劇增加，這種現象稱為異位作用(allosterism)，在蛋白質的生物功能上相當普遍而重要。

2. **氧分壓和 pH 值**：在一定氧分壓下，血紅素的氧飽和度隨 pH 的升高而升高。產生這種效應的原因是因為血紅素與氧結合時，由於次單元的相互關係而發生解離，每結合一分子氧就釋放出一個質子(H^+)：

$$HbH^+ + O_2 \rightleftharpoons HbO_2 + H^+$$

由於這個反應是可逆的，增加 H^+ 濃度將引起平衡向左移動，即向降低氧飽和度方向移動；相反地，降低 H^+ 濃度時，平衡向右移動，血紅素的氧飽和度隨之增加。pH 對氧—血紅素平衡的影響（即對氧飽和度的影響）稱為波耳效應(Bohr effect)，以紀念物理學之父 Niels Bohr 發現此一現象。

肺部氧分壓較高（約 13kP$_a$）、pH 值也較高(pH7.6)時，有利於血紅素與氧結合，使氧飽和度達到最大值（約 96%）。在其他組織裡（如肌肉），由於呼吸作用產生的 CO_2，大多數以碳酸根(HCO_3^-)的形式存在，碳酸的 pK_a 值為 6.35，氧分壓低（約 6kP$_a$），pH 也較低（pH 7.2），血紅素的氧合能力減弱，

有利於釋放 HbO_2 所結合的氧至氧飽和度達 65%為止,以供細胞呼吸作用所需。

$$HbO_2 + H^+ + CO_2 \underset{pH7.2\,(肺)}{\overset{pH\,7.2\,(肌肉)}{\rightleftharpoons}} Hb + \begin{cases} H^+ \\ O_2 \\ CO_2 \end{cases}$$

CO_2 與 O_2 的結合機制不同,CO_2 並不是與鐵離子結合,而是與血紅素的自由胺基結合生成胺基甲酸衍生物。

$$Hb(\text{-NH}_2) + CO_2 \rightleftharpoons Hb(\text{-NHCOOH})$$

由於 CO_2 的結合不在血基質的鐵離子上,因此氧合血紅素也能與 CO_2 結合,不過 HbO_2 結合 CO_2 的量要少得多。例如,每公克 Hb 可結合 0.44 毫升 CO_2,而每公克 HbO_2 僅能結合 0.13 毫升 CO_2,二者相差約 3.4 倍。

3. **二磷酸甘油酸**(diphosphoglyceric acid, DPG):影響血紅素與氧結合的能力除 H^+ 和 CO_2 外,還有一個重要影響因素是二磷酸甘油酸(DPG)。DPG 是醣類代謝的中間產物(見第 12 章),可由葡萄糖分解產生。DPG 帶負電荷可與帶正電荷的血基質結合,二者結合時會降低血紅素與氧的親和力。DPG 不僅可與去氧血紅素結合,而且也可與氧合血紅素結合,不過 DPG 對氧合血紅素的親和力比對去氧血紅素的親和力至少低一個數量級。在氧分壓低的組織裡,DPG 可增強氧合血紅素釋放氧的效率。

DPG 在供應胎兒氧氣中具有重要意義。胎兒經由胎盤從母體血液中獲得氧氣,胎兒血紅素(HbF)與氧親和力比成人血紅素(HbA)高。這是因為 HbF 的次單元組成為 $\alpha_2\gamma_2$,即 HbF 的γ鏈代替了成人 HbA 的β鏈,二者的區別在於γ鏈 143 位置的絲胺酸取代了β鏈的組胺酸,使血紅素的正電性降低,與 DPG 的親和力也降低,進而提高了與氧的親和力。

摘要

1. 蛋白質是生物界普遍存在而重要的生命物質，蛋白質和核酸一起構成了生命的基礎物質。

2. 蛋白質是一類含氮元素的有機化合物。依據其形狀有纖維狀蛋白與球狀蛋白之分，依據其組成有簡單蛋白和結合蛋白之分，依據其在生物體內所產生的作用有結構蛋白和功能蛋白之分。可以說在所有生命物質中，蛋白質的功能是最複雜多樣的，且是生命現象的表現者。

3. 構成蛋白質的基本單位是胺基酸，即α-碳原子上有一胺基取代的羧酸。構成蛋白質的基本胺基酸有 20 種。從不同角度可區分為酸性、鹼性和中性胺基酸；或極性胺基酸與非極性胺基酸；或脂肪族胺基酸、芳香族胺基酸、雜環胺基酸、含羥基胺基酸和含硫胺基酸。構成蛋白質的胺基酸都是 L-型，D-型胺基酸主要存在於細菌細胞壁和一些抗生素中。

4. 由幾個或幾十個胺基酸縮合的產物稱為胜肽。自然界有些天然存在的胜肽具有重要生理活性。如麩胱甘肽、激素胜肽、神經胜肽等，常常是調節多種生理活動的活性物質。

5. 由胺基酸構成的蛋白質通常是大分子，其結構可分為四級。一級結構指一條胜肽鏈上胺基酸之排列順序；二級結構指線性胜肽鏈有規律的重複螺旋及摺疊，側鏈 R 基不參與二級結構；三級結構是指螺旋的再摺疊或捲曲，使分子成為顆粒狀或球狀，內部厭水，外部親水；四級結構則指寡聚蛋白中次單元與次單元的相互關係，或次單元與輔基的結合。蛋白質的一級結構稱為共價結構或初級結構，二級以上結構稱為高級結構或立體結構。維持一級結構的化學鍵為共價鍵－胜肽鍵，維持高級結構的是次級鍵，包括：維持二級結構的氫鍵、維持三級結構的厭水作用，以及維持三、四級結構的鹽鍵、凡德瓦力等。測定一級結構的方法主要是化學法－片段重疊法；而測定高級結構的方法主要是物理方法（目前主要是用 X-射線繞射）。

MEMO

05
CHAPTER

PRINCIPLES OF
BIOCHEMISTRY

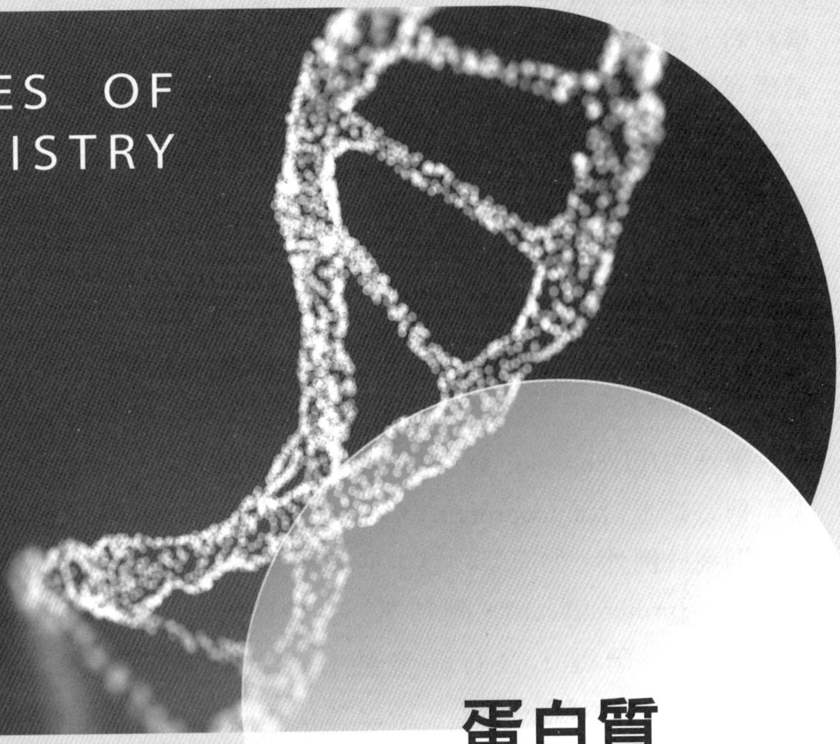

蛋白質

胺 基酸以胜肽鍵連接而成一條長線性的胜肽鏈(peptide chain)。蛋白質是由一條或多條胜肽鏈所組合而成，有些蛋白質上含有一些非胺基酸的小分子。在體內蛋白質具有特定的功能，包括：催化生物化學反應，或作為生物細胞的建構材料。這些功能往往與其結構具有密不可分的關係，在上一章所學的胺基酸的結構與性質，將應用於本章對蛋白質結構的探討上。

5.1 幾種典型蛋白質

一、醣蛋白

(一) 結　構

醣蛋白(glycoproteins)是糖與蛋白質的複合物。一般以含糖量較多的（4%以上）稱為黏蛋白(mucoprotein)，含糖量較少的（4%以下）則稱為醣蛋白。但其中一些則屬於例外，如血型物質中的一些醣蛋白，其含糖量可高達 85%。黏蛋白即蛋白聚糖(proteoglycan)，醣基部分為**糖胺聚醣**(glycosaminoglycan)，是一種長而不分支的多醣鏈，含有許多酸性基團，大多具有黏性，故稱為黏多醣(mucopolysaccharide)。黏蛋白廣泛地存在於哺乳動物各種組織中，其中尤以結締組織含量最為豐富，是細胞間隙的主要成分。醣蛋白所含較短且分支的寡醣鏈，在大多數情況下，其所占比例較小。不同醣蛋白中寡醣鏈所含糖分子數目並不一致，有的醣基僅為一個單醣，如在膠原蛋白(collagen)中有時僅有一個半乳糖殘基；複雜的寡醣鏈可含 12~15 個醣殘基，甚至可達 20~30 個醣殘基。有的寡醣鏈是同聚糖，有的則是雜聚糖。

(二) 種　類

醣蛋白中糖的種類只有十來種，主要是六碳糖（hexose，又稱為己糖），其次是五碳糖（pentose，又稱為戊糖），包括 D-半乳糖(galactose)、D-甘露糖(mannose)、D-葡萄糖(glucose)、D-木糖(xylose)、L-阿拉伯糖(arabinose)、L-岩藻糖 (fucose)、N-乙醯葡萄糖胺(N-acetylglucosamine)、N-乙醯半乳糖胺(N-acetylgalactosamine)和唾液酸（sialic acid，又稱為 N-乙醯神經胺酸）等。醣基與蛋白質是以糖苷鍵相連接的。有五種胺基酸可與醣基生成糖苷鍵，包括：天門冬胺酸（及其醯胺）、絲胺酸、酥胺酸、羥脯胺酸及羥離胺酸。糖苷鍵連接方式大多為 O-酯鍵，少數為 N-胜肽鍵（如圖 5-1）。

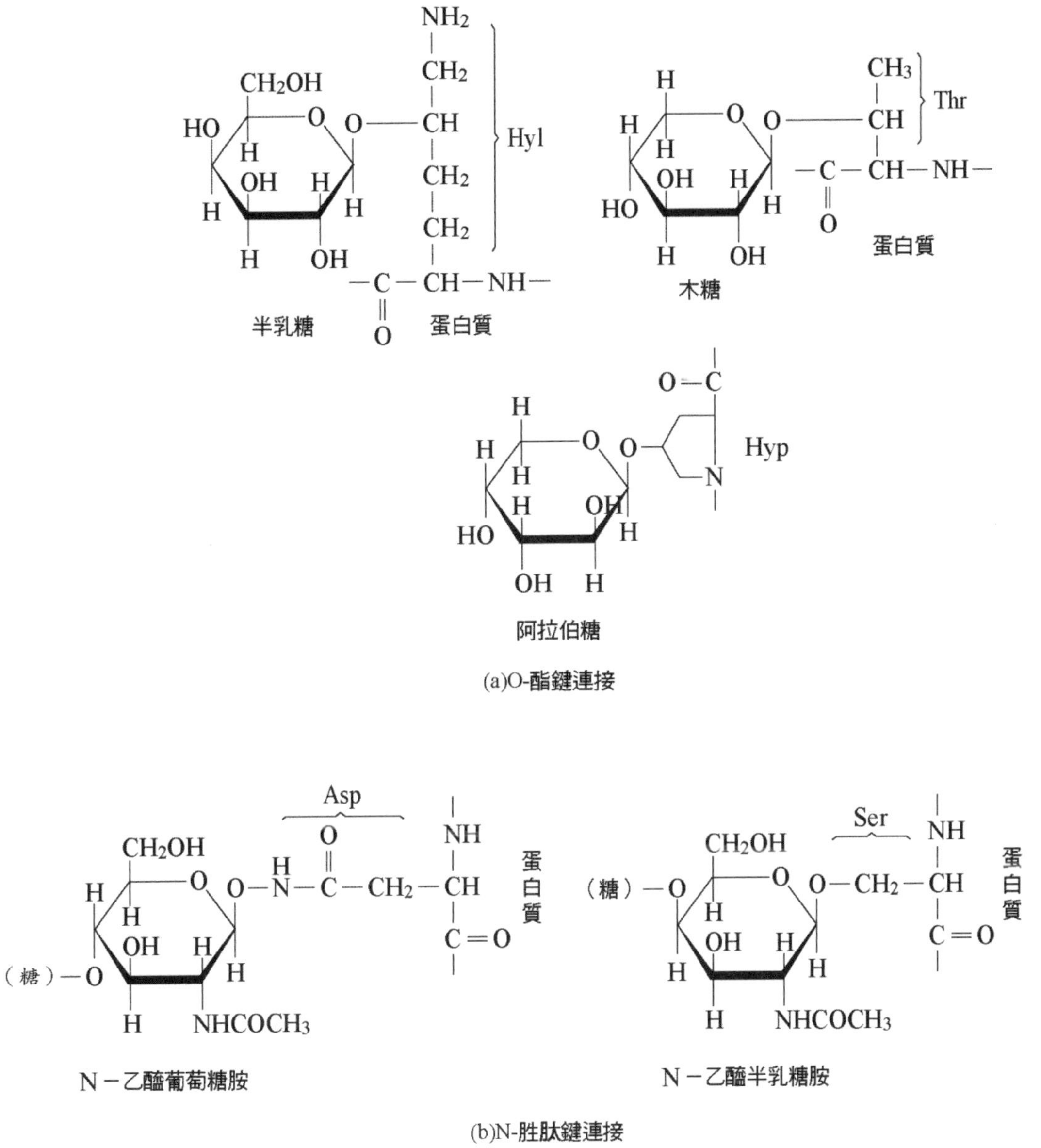

圖5-1 醣蛋白中糖與多胜肽鏈的連接方式

　　醣蛋白在自然界分布十分廣泛，包括：存在動物、植物、微生物和病毒。不同來源的醣蛋白具有屬種特異性，一種蛋白質在某種動物中是以醣蛋白形式存在，但在另一種動物中就不一定。即使同為醣蛋白，它們的糖成分、與含量也不盡相同。如牛、綿羊和豬的胰核糖核酸酶(ribonuclease)都是醣蛋白，但糖的含量分別為 9.4%、9.8%和 38%，而大鼠的此種酶卻不含有糖。所以在描述醣蛋白時需註明其屬種來源。

(三) 功 能

醣蛋白中扮演不同的生物功能。例如：病毒外膜所含有的表面醣蛋白與其對寄主的**吸附作用**有關；酵母菌和植物細胞壁的醣蛋白則是一種結構成分；在高等動物上皮細胞(epithelial cell)所分泌的醣蛋白具有**保護和潤滑**作用；膠原蛋白與其他可溶性醣蛋白和蛋白聚糖構成大部分細胞基質，具有醣蛋白結構的**酶類和荷爾蒙**(hormone)，分別行使生物催化和荷爾蒙的功能；血液中的許多醣蛋白負責**運輸、血液凝固和免疫**等功能。細胞表面醣蛋白涉及許多重要生理功能，包括：荷爾蒙受體、外源凝集素受體、訊息傳遞受體等；許多**抗原**(antigen)也是醣蛋白，如淋巴球細胞表面的免疫球蛋白抗原(immunoglobin antigen)、各種組織細胞的相容性抗原(histocompatibility antigen)、決定**血型**的物質等均與膜上的醣蛋白有關。

二、脂蛋白

(一) 結 構

脂蛋白(lipoproteins)是由脂質和蛋白質結合而成。兩者間有非共價性結合，也有共價性結合。非共價性結合主要是疏水性作用和凡得瓦力；共價性結合則至少有三種方式：

1. **酯鍵**：在大多數情況下，脂肪酸的羧基與多胜肽鏈的羥基形成酯鍵。
2. **醯胺鍵**：脂肪酸的羧基與多胜肽鏈的胺基形成醯胺鍵。
3. **硫醚鍵**：雙醯甘油的羥基與半胱胺酸的-SH 基形成硫醚鍵(thioether bond)。

脂蛋白中的蛋白質部分稱為脫輔基蛋白(apoprotein)，脫輔基蛋白富含疏水性胺基酸區域，易於與脂質結合。脫輔基蛋白質除使高度疏水性脂質易於溶解外；蛋白本身還攜帶一種訊號，以調節特定脂質進出某些細胞。脂質部分則包含磷脂質，其次是三醯基甘油和膽固醇等。

(二) 生物體中的脂蛋白

脂蛋白廣泛存在於細胞和血液中；細胞脂蛋白的脂質主要是磷脂，其次是醣脂。磷脂中包括：磷脂醯膽鹼(phosphatidyl cholines)、磷脂醯乙醇胺(phosphatidyl ethanolamines)、磷脂醯絲胺酸(phosphatidyl serines)、心磷脂(cardiolipin)等。不同屬種細胞脂蛋白的蛋白質和脂質在質和量上都有較大差異。

　　細胞脂蛋白主要存在於細胞膜（少量存在於細胞核內），它們往往又含有糖，因此也是醣蛋白。像是紅血球細胞膜的主要蛋白質——唾液酸糖蛋白 A (glycophorin A)是由紅血球膜醣胜肽(glycopeptide)所組成，約占血球唾液酸醣胜肽總量的 75%。紅血球膜醣胜肽是一種含唾液酸的醣胜肽，由 131 個胺基酸殘基組成的單鏈糖胜肽，胜肽鏈上帶有 16 個低聚寡醣單位。

　　血漿脂蛋白是存在於動物血液中的一類可溶性脂蛋白，可溶解於血漿中。脂蛋白的主要功能是運輸脂肪及固醇類脂質。細胞膜內外、細胞間以及器官之間脂質的運輸都需要與蛋白質結合成脂蛋白才能完成。根據密度大小，血漿脂蛋白可分為幾種不同類型：

1. **乳糜微粒**(chylomicron, CM)：含脂質 99%以上、蛋白質 0.2~0.5%。脂質主要是三酸甘油酯，而脫醯基蛋白主要為 A-1、A-2 和 A-4，由小腸上皮細胞所合成。由腸壁細胞吸收的脂質先行合成脂肪，再與脫輔基蛋白結合成乳糜微粒。由於它的脂肪來自食物，所以乳糜微粒的功能是運輸外源性脂肪。

2. **極低密度脂蛋白**(very low density lipoprotein, VLDL)：含蛋白質 5~10%、脂質約 90%。脂質主要是三酸甘油酯，脫醯基蛋白為 B-100、C、E，由肝臟細胞所合成。脂肪來自於糖或其他儲存性脂質，所以它是運輸內源性脂肪的。

3. **低密度脂蛋白**(low density lipoprotein, LDL)：含蛋白質 25%、脂質 75%。脂質主要是膽固醇，脫醯基蛋白主要是 B-100 和 E。由極低密度脂蛋白經脂蛋白解脂酶(lipoprotein lipase)和蛋白酶水解掉部分脂肪及蛋白質後所形成，使得血液中膽固醇及磷脂比例升高。LDL 的主要功能是將肝內膽固醇運輸到肝外組織。

4. **高密度脂蛋白**(high density lipoprotein, HDL)：所含蛋白質和脂質大約各占一半。脂質主要是磷脂（占 30%）和膽固醇（占 20%），脫輔基蛋白質主要是 B-100。肝臟合成，分泌入血液。它的功能是將肝外組織的膽固醇及磷脂運輸入肝內。

5. **極高密度脂蛋白**(very high density lipoprotein, VHDL)：蛋白質占 99%，脂質占 1%。脂質為游離脂肪酸，脫輔基蛋白質主要是 A-1 和 A-2，它的功能是運輸游離脂肪酸。

 專欄 BOX

5.1 高膽固醇血症與動脈粥樣硬化

　　膽固醇是一切真核生物細胞質膜的組成，它對細胞的生長和正常生理活動都是必需的。但是膽固醇過多可引起動脈粥狀硬化(atherosclerosis)。肝是合成膽固醇的主要部位。肝和腸以外的細胞從血漿獲得膽固醇，它們的主要來源是低密度脂蛋白(LDL)。家族性膽固醇血症這種遺傳性疾病的病人血液中，LDL 和膽固醇濃度明顯升高，血漿膽固醇比正常人高 1.7~4 倍。這是由於家族性高膽固醇血症患者是沒有或缺乏功能完善的 LDL 受體。進而使 LDL 不能正常進入非肝細胞，使血漿的 LDL 濃度升高，膽固醇無法運輸到非肝細胞內加以利用，容易在血管內形成膽固醇粥樣沉積，導致動脈粥狀硬化。

三、膠原蛋白

　　所有多細胞生物都含有膠原蛋白(collagen)，是哺乳動物最為豐富的一種蛋白質，約占其總量的 25%，是皮膚、軟骨、動脈管壁以及結締組織的主要成分。膠原蛋白是一種可抗高張強度的不溶性蛋白質。

(一) 膠原蛋白的胺基酸組成和排列

　　在膠原蛋白原的胺基酸組成上，除類似於β-角蛋白含有約 35%的甘胺酸(glycine, Gly)和 11%丙胺酸(alanine, Ala)外，還含有約 12%的脯胺酸(proline, Pro)和 9%的羥脯胺酸(hudroxyproline, Hyp)以及少量的羥離胺酸(hydroxylysine, Hyl)。後兩種胺基酸在其他蛋白質中比較少見。羥脯胺酸是由脯胺酸經脯胺酸羥化酶(proline hydroxylase)轉化而來。膠原蛋白含有醣，最少的僅連接一個半乳糖，通常含有由α-葡萄糖和β-半乳糖構成的雙糖單位。葡萄糖以α (1→2)糖苷鍵與半乳糖連接，半乳糖再與膠原蛋白的羥離胺酸羥基縮合成β-苷鍵與膠原連接。

　　膠原蛋白的胺基酸排列是以每三個胺基酸為一個重複單位，X-Pro-Gly 或 X-Hyp-Gly，X 可以是任一種胺基酸，但通常是 Pro 或 Hyp，第三個胺基酸總是甘胺酸，因為膠原蛋白是一種三股螺旋結構，每個重複單位的第三個殘基剛好位於螺旋內，只有甘胺酸能小到位於螺旋內。其他兩個殘基的 R 基處於螺旋的外部（圖 5-2）。

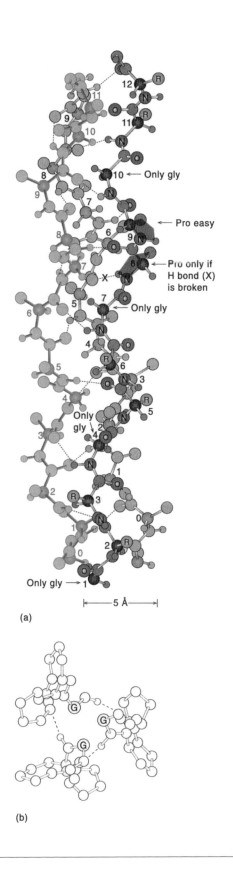

(a)

(b)

圖5-2　膠原蛋白結構

(二) 膠原蛋白的基本結構單位

膠原蛋白基本結構單位稱為原膠原(tropocollagen)。原膠原分子定向排列整齊，分子之間通過共價交聯，形成穩定的膠原微纖維，再由許多微纖維聚集成膠原蛋白。原膠原分子中每隔 64~70 nm 距離（稱為 D）就有易於染色的極性部位存在，而在膠原微纖維中又是階梯式定向排列，故在染色的膠原蛋白上可看到顏色較深的橫紋。

原膠原蛋白分子是直徑為 1.4 nm、長約 300 nm 的棒狀物，分子量約360,000。它由三條多胜肽鏈組成，每條胜肽鏈含有大約 1,000 個胺基酸殘基，其分子量約 120,000。每條胜肽鏈略微向左扭成左手螺旋，三條胜肽鏈互相纏繞成右手螺旋。胜肽鏈間靠氫鍵聯繫，由甘胺酸殘基的胜肽鍵 NH 基，與另一條鏈上甘胺酸殘基的胜肽鍵 CO 基形成氫鍵。此外，羥脯胺酸的羥基和水分子也參與使三股螺旋穩定的氫鍵。

四、免疫球蛋白

當生物受到外來抗原(antigen)的刺激而產生抗體(antibody)，抗體與抗原會進行免疫反應，以排除外來抗原，抗體就是一種醣蛋白，又稱之為免疫球蛋白(immunoglobulin)。抗原則包括：一些外源性的大分子蛋白質、核酸、多醣、微生物和病毒體。

(一) 免疫球蛋白的生成

免疫球蛋白是由漿細胞(plasma cell)產生的，而漿細胞是由淋巴細胞(lymphocyte)轉變而來。淋巴細胞有兩大類：T 淋巴細胞和 B 淋巴細胞，這兩類淋巴細胞均起源於骨髓。一部分來自骨髓的細胞在發育時受到胸腺(thymus)的控制，轉變成**胸腺依賴性淋巴細胞**，簡稱 **T 細胞**；另一部分細胞在鳥類受到法氏囊(Bursa Fabricii)所控制，轉變成**囊依賴性淋巴細胞**(dependence of lymphocyte on bursa)，簡稱 **B 細胞**。B 細胞在抗原的刺激下轉變成漿細胞，漿細胞合成並分泌出抗體。T 細胞所產生的免疫球蛋白則分布於細胞膜表面。因此，T 細胞主要負責細胞性免疫(cellular immunity)作用，B 細胞則是體液性免疫(humoral immunity)作用。

(二) 種類與結構

　　Ig 是體內一類變異性相當大的蛋白質，在人的血漿中的免疫球蛋白雖然種類繁多，但都具有相同的基本結構單位。每一個免疫球蛋白分子由四條胜肽鏈所構成，兩條相同的長鏈稱**重鏈**(heavy chain)或 **H 鏈**，兩條相同的短鏈稱**輕鏈**(light chain)或 **L 鏈**。各鏈間透過雙硫鍵連接成一個 Y 字形（圖 5-3）。無論重鏈或輕鏈，都各有兩個特化的區域：可變區（variable region，簡稱 V 區）和恆定區（constant region，簡稱 C 區）。

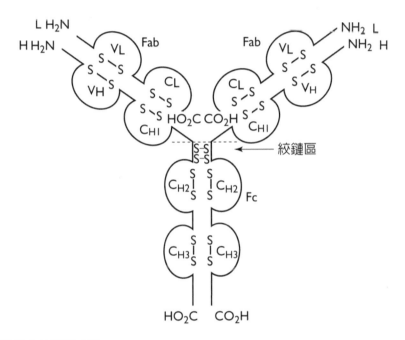

圖5-3　免疫球蛋白結構模式圖

　　根據重鏈恆定區結構的不同，以及物理化學性質和免疫學特性的不同，將 Ig 分為五類：IgG、IgA、IgM、IgD、IgE（依據正常人血漿濃度遞減順序）。根據輕鏈恆定區抗原特異性的不同，則可分為 κ (kappa)和 λ (lambda)兩型。在可變區不同 Ig 之間的胺基酸順序是可變的，恆定區內 Ig 之間的胺基酸順序幾乎不變。在可變區內有所謂高度可變區(hyper variable region)，幾乎所有的順序變化都發生在此區域內。各種抗體的特異性即取決於輕鏈和重鏈的高度可變區內之胺基酸順序。

5.2 蛋白質結構與功能

一、鐮刀形紅血球貧血症

蛋白質的結構與功能具有密切的關係,蛋白質結構一旦發生關鍵性改變,功能也會受到影響。鐮刀形紅血球貧血症(sickle cell anemia)即因紅血球變為鐮刀狀而得名。這種病在 1910 年被發現,經過將近 40 年才釐清它的病因來自於血紅素蛋白(hemoglobin, Hb)結構的改變。和正常人的血紅素蛋白(HbA)相比,鐮刀形貧血症病人血紅素蛋白在β鏈第六位的麩胺酸(glutamine, Glu)被纈胺酸(Valine, Val)所取代,此胺基酸在穩定血紅素蛋白的空間結構占有很重要的地位,因此這種「病變的」血紅素蛋白在紅血球表面聚集時,降低了細胞膜的穩定性,使得紅血球變成彎月狀(鐮刀形),攜帶氧的能力也大大降低,導致貧血的現象。

目前已知因胺基酸的取代而造成血紅素蛋白異常的已超過 400 種,不同部位的取代對血紅素蛋白功能的影響不盡相同,也不一定都會引起貧血症。例如:亞洲國家中約有 10% 的人其血紅素蛋白是一種異常血紅素蛋白 HbE,這是β鏈的第 26 位 Glu 被 Lys 所取代,但這個被取代部位處於分子表面,並不影響血紅素蛋白立體結構的穩定性,因此並不會引起貧血症。

美國國立癌症研究所的 Barbacid 和麻省理工學院的 Weinberg 發現:膀胱癌細胞中的 P_{21} 蛋白(因分子量為 21,000 而得名),與正常細胞比較,僅一個胺基酸的差異,即在 12 位上正常的 Gly,在癌細胞變為 Val,一個胺基酸的取代導致細胞癌變。

由此可見,在蛋白質一級結構中,胺基酸的改變(哪怕只是一個胺基酸的改變)通常會使蛋白質的功能隨之變化。對功能變化影響的大小取決於被取代的胺基酸在維繫蛋白質結構以及蛋白質功能所發揮的作用。

 專欄 BOX

5.2 同功蛋白質與演化

物種間功能相同的蛋白質,其基本結構也大致相同,彼此間的些微差異,可視為物種間的特異性(species specificity)。例如:牛、豬、羊、鯨、人等動物的胰島素具有相同的功能,其一級結構也幾乎完全相同,只在 A 鏈的第八、九、十位置上的三個胺基酸有差異,這些差異並不影響胰島素功能。

細胞色素 *c* (cytochrome *c*)是一種廣泛存在於生物體內、具有鐵紫質的色素蛋白，在呼吸作用(respiration)中扮演傳遞電子的角色。大多數生物的細胞色素 *c* 由 104 個胺基酸殘基所組成。不同生物的細胞色素 *c*，其一級結構在物種間存在一定的差異。物種親緣關係越近，其結構越相似；親緣關係越遠，結構上的差異越大。因此，根據物種同功能蛋白質結構上的差異，可以推斷它們親緣關係的遠近，也可以推衍出生物系統演化的途徑。以細胞色素 *c* 而言，大約每隔 2,640 年有一個胺基酸發生變異。動物、植物和黴菌在演化上的分歧點大約發生在 20 億年前，由此也可推斷出粒線體的年齡也大致如此。

二、蛋白質酵素的活化

有一些蛋白質在細胞內剛合成時並無活性，它必須經過特定作用產生剪切修飾才會具有活性，這個過程叫做活化作用(activation)。例如：負責血液凝固的纖維蛋白原(fibrinogen)和凝血酶原(prothrombin)、消化作用的蛋白水解酶原(prohydrolase)都需經過活化的程序。

(一) 凝血與溶血作用

在血液中存在與血液凝固有關的兩個系統：凝血系統和溶血系統。這兩個系統相互協調、相互制約，既保證血液在血管內暢通無阻，不致形成血栓(clots)，又要保證在受到創傷時，在傷口處的血液局部產生凝固，避免血液外流。這兩套系統是由多種蛋白質的活化系統來實現的。

血液凝固過程有兩個主要環節：一是血漿中的**凝血酶原**(prothrombin)受到血小板(platelet)中一些因子的活化而形成凝血酶(thrombin)；二是血漿中的**纖維蛋白原**(fibrinogen)在凝血酶活化下轉變成不溶性纖維蛋白(fibrin)網狀結構，使血液變為凝膠狀，使血液在創傷處不致外流，產生保護作用。由於凝血過程是在一系列控制下進行的，若這種機制失調，會在血管內形成凝血而堵塞血管（血栓）。此外，血液中還存在另一套系統，即**纖維蛋白溶解酶原**(profibrinolysin)，它被活化後轉變成纖維蛋白溶解酶(fibrinolysin)，可將纖維蛋白溶解。上述三種蛋白質的活化過程都是專一性很高的一級結構局部水解作用，藉著胜肽鏈的局部剪切使蛋白質表現其正常生物功能。

凝血酶原是一種醣蛋白(glycoprotein)，分子量約為 96,000。在血液中活化因子及鈣離子的作用下，凝血酶原被活化，胜肽鏈局部剪切，形成分子量約為 34,000 的凝血酶。

在凝血酶的作用下，纖維蛋白原轉變成纖維蛋白的過程為：

纖維蛋白原 F $\xrightarrow{\text{凝血}}$ 纖維蛋白 f＋多胜肽 P

n 纖維蛋白 f $\xrightarrow{\text{聚合}}$ 纖維蛋白 fn

m 纖維蛋白 fn $\xrightarrow{\text{凝聚}}$ 纖維蛋白 mfn（尿素溶）

$\xrightarrow{\text{血漿因子, } Ca^{2+}}$ 纖維蛋白（尿素不溶）

纖維蛋白原有 6 條胜肽鏈，凝血酶即是從四條胜肽鏈的 N 端切斷一個特定的胜肽鏈($-\text{Arg} \uparrow \text{Gly}-$)，釋放出兩個 A 胜肽和兩個 B 胜肽。另兩條 N 端為酪胺酸的胜肽鏈沒有變化。人類的 A 胜肽是一個 19 胜肽，B 胜肽是一個 21 胜肽，它們都含有較多的酸性胺基酸殘基。纖維蛋白原在轉變成纖維蛋白的過程中，釋放出酸性多胜肽，使得纖維蛋白容易聚合。

(二) 胰島素原的活化(Proinsulin Activation)

胰島素(insulin)含有 A、B 兩條胜肽鏈，但它的前驅物(precursor)——胰島素原(proinsulin)卻是單一條胜肽鏈。人類胰臟β細胞分泌的胰島素原含有 86 個胺基酸殘基，由三段所構成：一個 A 鏈、一個 B 鏈和一個位於 A 鏈和 B 鏈間的連接胜肽（C 胜肽）。胰島素原在體內被類胰蛋白酶(tryptic analogue)活化，切去 C 胜肽後轉變成有活性的胰島素（圖 5-4）。

(三) 異位調節作用(Allosteric Regulation)

一些蛋白質利用其主體結構的改變來調節其生物活性，使蛋白質能配合生理環境的需求發揮其功效，完成複雜的生物機能，稱之為異位作用；前面介紹的血紅蛋白就是一個典型的例子。通過異位作用(allosterism)使血紅素蛋白在肺部能有效的與氧結合，而在其他組織，氧合血紅素蛋白能有效地釋放氧。在代謝(metabolism)過程中，有一些異位酶(allosteric enzyme)，利用立體結構的改變來調節酶的活性，以控制代謝速度（見第 20 章）。

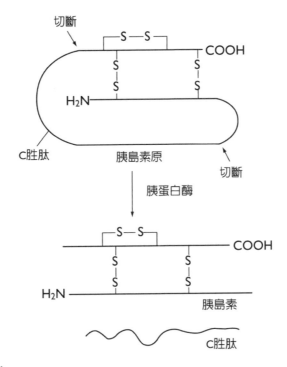

圖5-4 胰島素原的活化

三、蛋白質的變性

　　蛋白質在某些外在因子影響下，可引起其物理化學性質的改變，乃至喪失生物功能，稱之為蛋白質變性。引起蛋白質變性的因素有：溫度、紫外線、X-射線、超音波、電離輻射、強酸鹼、尿素、乙醇、三氯乙酸等。

　　蛋白質變性後，最明顯的改變是溶解度降低，黏度增大，分子擴散速度減小，滲透壓降低以及某些顏色反應增強。此外，變性蛋白質很容易被酶所水解。

　　蛋白質的變性來自於外在因子破壞了維繫蛋白質高級結構的化學鍵，進而影響蛋白質的生理功能，不同的變性因素對蛋白質高級結構的影響機制不盡相同。

1. **溫度**：加熱使蛋白質變性稱為熱變性(thermal denaturation)。分為可逆性與不可逆性，多數熱變性是不可逆性。由於溫度升高，使得蛋白質分子內的振動增強，破壞了氫鍵與雙硫鍵，蛋白質因而發生凝集(agglutination)和沉澱(precipitation)

2. **尿素和胍**(urea and guanido)：尿素和鹽酸胍是常用的蛋白質變性劑。二者的結構如下：

$$H_2N-\overset{\overset{\displaystyle O}{\|}}{C}-NH_2 \qquad\qquad H_2N-\overset{\overset{\displaystyle NH_2}{|}}{C}=NH_2^+Cl^-$$

鹽酸胍

6M 以上的鹽酸胍可使多數蛋白質分子由緊縮的立體結構變得鬆散、四級結構解離成次單元，發生凝集和沉澱。尿素和胍在研究蛋白質結構時，特別是闡明聚合體中次單元的大小和數目時，十分有用。此外，也常常用於了解未知結構的蛋白質分子內部的基團情況。例如：測定埋藏在分子內部的酪胺酸殘基的數目以及可交換的氫原子數目等。

3. **表面活性劑**(surface-active agent)：通常同時具有疏水性與親水性基團的兩性分子(amphipathic)，例如：常用作蛋白質變性劑的十二烷基硫酸鈉(sodium dodecyl sulfate, SDS)有一個非脂肪酸長鏈（非極性部分）和一個帶負電荷的硫酸根（極性部分），即$[CH_3(CH_2)_{11}\text{-}SO_4^- Na^+]$。不像尿素和胍，SDS 為一種陰離子表面活性劑，即使在很低的濃度下，也能與蛋白質高度結合，每克蛋白質可結合 1.4 克 SDS。SDS 的非極性部分與蛋白質分子內部的疏水基團相互作用，而硫酸根與蛋白質分子表面的親水基團或水分子作用，致使蛋白質分子立體結構發生很大變化：寡聚體解離成次單元；分子（或次單元）由球狀變為細桿狀，螺旋度大大增加。桿狀的 SDS-蛋白質複合體，其表面上分布著大量的SDS 負電荷基團，因此此複合物易溶於水，以便進行蛋白質研究（如分子量測定）。此外，常用的陽離子表面活性劑有十六烷基三甲基溴化物(certyl trimethyl ammaonium bromide)，以及中性表面活性劑 Triton X-100；表面活性劑常用來破壞蛋白質的四級結構，或用於去除生物細胞膜的膜蛋白。

4. **有機溶劑**(organic solvent)：可以影響靜電力、氫鍵和疏水作用力，進而導致蛋白質的立體結構變化，主要表現為螺旋度的增加。

5.3 蛋白質性質的測定

一、分子量的推測

蛋白質是大分子物質，分子量較大，從一萬到幾百萬，無法用測定一般小分子分子量的方法。目前所採用的測定蛋白質分子量的方法，都只能得到相對的近似值，而且各種測定方法都有大小不同程度的差異。

(一) 分析化學法

定量測定蛋白質中某一特殊元素的含量，可以測得蛋白質的最低分子量。例如：用分析化學方法測得血紅素蛋白中含鐵量為 0.34%，則血紅素蛋白的最低分子量為：

$$55.84 \times \frac{100}{0.34} = 16,700 \text{（55.84 為鐵的原子量）}$$

用其他方法測定的血紅素蛋白分子量為 67,000，即 16,700 的四倍。由此可知，血紅素蛋白不是含一個鐵原子，而是含四個鐵原子。類似的方法，也可用於測定某種胺基酸的含量，來推測蛋白質的分子量。假設某胺基酸在蛋白質分子中只含一個或少數幾個。例如：牛血清白蛋白(serum albumin)含色胺酸 0.58%，計算所得的最低分子量為 35,000，用其他方法測得的分子量是 69,000，所以，每一分子牛血清白蛋白含有兩個色胺酸殘基。這些例子都說明用化學方法測得的蛋白質最低分子量只有和別的物理化學方法配合使用時，才能得出真實的分子量。但根據最低分子量算出的真實分子量是比較精確的。

(二) 超高速離心法(Ultracentrifugation)

利用離心力作用可將懸浮溶液中的各種成分加以分離。如果在液體中懸浮的粒子質量，其比重大於液體的比重時，就會因重力作用而移向容器底端，稱之為**沉降作用**(sedimentation)。沉降的速度與粒子質量的大小成正比。另一方面，浮在液體中的粒子質量因**擴散作用**(diffusion)，由高濃度向低濃度運動，這是抗拒沉降的力量。擴散作用與沉降作用的方向相反，較小粒子質量的擴散速度較大，沉降速度則較小；較大的粒子質量（如蛋白質顆粒）則相反。在一定離心力下，依據粒子質量的大小與離心時間，可將分子量大小不同的粒子質量先後沉降而加以分離。

對於一個純化的蛋白質，在強大的離心力下，根據它的沉降時間即可測定它的分子量。進行蛋白質分子量測定時，通常用每分鐘 6~8 萬轉的速度使其產生強大的離心力（相當於地球重力 g 的 40~50 萬倍），所以稱為超高速離心法(ultracentrifugation)。離心管中的蛋白質分子在強大的離心力下，由於沉降作用而產生介面，由於介面處折光(refraction)性質不同，可借助光學系統觀察到這種介面的移動。在離心場中，蛋白質分子所受到的淨離心力（離心力減去浮力）與溶

劑的摩擦阻力平衡時，單位離心力場下的沉降速度為一定值，稱為沉降常數或沉降係數(sedimentation coefficient)：

$$s = \frac{dx/dt}{\omega^2 x}$$

上式：x 為離心介面與轉子中心之間的距離（釐米）；t 是離心時間（秒）；dx/dt 為離心速度；ω為轉頭的角速度（弧度・秒^{CC1}）；$\omega^2 x$ 即相當於離心力場下的加速度。因為速度÷加速度＝時間（或速度＝加速度×時間），所以沉降係數的單位為秒。

蛋白質分子的沉降係數為 $1 \times 10^{-13} \sim 200 \times 10^{-13}$ 秒的範圍。在實際應用中為了方便起見，將係數 10^{-13} 省去，而用另一符號 S（大寫）表示，稱為 S 單位(S unit)。這是為了紀念超高速離心法創始人瑞典化學家 Svedberg。沉降係數 s（小寫）與 S（大寫）單位的關係如下：

$$s = S \times 10^{-13}$$

用 S 值來表示蛋白質或其他生物高分子時，S 值越大，分子量越大；S 值越小，則分子量越小。用超高速離心法測得蛋白質的沉降係數 S（秒），即可由 Svedberg 公式計算其分子量：

$$Mr = \frac{RTS}{D(1-v\rho)}$$

上式：Mr 為分子量；R 為氣體常數（8.31×10^7耳格・莫耳$^{-1}$・度$^{-1}$）；T 為絕對溫度(°K)；D 為擴散係數（釐米 2・秒$^{-1}$，如果蛋白質分子量很大，而離心機轉速又很快，則 D 的影響很小，可略而不計）；ρ為溶劑的密度；V 為大分子物質的部分比容(partial specific volume)（為其密度的倒數，即每克蛋白質加於溶劑中所增加的體積。蛋白質在水中的部分比容約為 0.74 毫升・克$^{-1}$）。用超高速離心法測得的蛋白質的分子量請見表 5-1。

▶ 表 5-1　部分蛋白質的分子量（超高速離心法）

蛋白質	分 子 量
鮭精蛋白(salmine)	5,600
胰島素(insulin)	5,700
核糖核酸酶（牛）(ribonuclease)	12,700
細胞色素C（馬心）(cytochrome C)	13,700
溶菌酶（卵清）(lysozyme)	13,900
肌球素（馬心）(myoglobin)	16,900
卵白蛋白(ovalbumin)	44,000
血紅素蛋白（人）(hemoglobin)	64,000
α-澱粉酶(α-amylase)	97,000
己糖激酶（酵母）(hexokinase)	102,000
醇脫氫酶（酵母）(alcohol dehydrogenase)	150,000
天門冬醯胺酶(E. coli)(asparaginase)	255,000
肝醣磷酸化酶（牛肝）(glycogen phosphorylase)	370,000
尿素酶(urease)	480,000
甲狀腺球蛋白(thyroglobin)	650,000
菸草斑紋病毒蛋白(tobacco mosaic virus protein)	40,000,000

陽離子　　　　　　　兼性離子　　　　　　陰離子
(pH<pI)　　　　　　　(pH=pI)　　　　　　(pH>pI)

二、沉澱作用

　　天然蛋白質溶液是穩定的親水膠體狀態，這種穩定性乃由兩個因素所決定：其一為**水合作用**(hydration)。此乃由於蛋白質分子表面分布著極性 R 基（如胺基、羧基、羥基等），它們與水分子作用，在蛋白質分子表面形成一層水合殼(hydration shell)，對蛋白質分子具有保護作用，分子之間就不易因相互碰撞而聚集；其二為**電荷排斥作用**(charge repel)，蛋白質是兩性離子，顆粒表面具有可解離基團，在酸性溶液中帶正電荷，在鹼性溶液中帶負電荷。在一定 pH 值時，同種蛋白質分子總是帶相同的電荷，由於同性電荷互相排斥，蛋白質顆粒就不能聚集成更大的顆粒。

　　蛋白質的穩定性對於生物有機體來說是必要的，它保證了新陳代謝和各種生理活動的正常進行。但是，這種穩定性是相對的，當其改變條件時，這種穩定性就會被破壞，使蛋白質從溶液中沉澱出來。沉澱作用(precipitatrion)常用於蛋白質的製備。沉澱蛋白質的方法有很多種，主要就是破壞水合殼和電荷效應這兩個穩定因子。

1. **中性鹽溶液**：中性鹽對蛋白質的溶解度有雙重影響：低濃度的中性鹽可以提高蛋白質的溶解度，這種現象稱為鹽溶作用(salting-in)，高濃度的中性鹽則降低蛋白質的溶解度，可使蛋白質沉澱，稱為鹽析作用(salting-out)；高濃度的中性鹽之所以能使蛋白質沉澱，是因為中性鹽（常用硫酸銨）破壞了蛋白質溶液的兩個穩定因素。一方面中性鹽是強極性物質，它可與蛋白質分子外層的水分子結合，破壞水合殼；另一方面中性鹽又是強電解質，可以完全解離成帶電離子（如 NH_4^+ 和 SO_4^{2-}），無論蛋白質分子表面是帶正電荷還是帶負電荷，都能被由中性鹽解離產生的相反電荷所中和，破壞了蛋白質的表面電荷，蛋白質分子因熱運動碰撞、聚集而沉澱。

　　由於不同蛋白質表面的水化程度及帶電荷量不同，在製備蛋白質時，通常用不同濃度的中性鹽來分別沉澱各種不同蛋白質，這種方法謂之**分段鹽析**(fractional salting-out)。用鹽析法製備蛋白質，一般不會破壞蛋白質的生物活性。

2. **有機溶劑**：用一些極性有機溶劑（如乙醇、丙酮等）加入蛋白質溶液中，由於這些有機溶劑與水分子有較大親和力，它們也可以破壞蛋白質的水合殼，使蛋白質聚集而沉澱。由於有機溶劑往往能使蛋白質變性失去活性，因此宜用稀濃度的有機溶劑，並要攪拌均勻，在低溫下操作。

3. **重金屬鹽類**：當 pH 值大於蛋白質的等電點時，蛋白質分子帶負電荷，此時加入 Ag^+、Hg^{2+}、Pb^{2+} 等重金屬時，即可與蛋白質結合成不溶性的鹽。

4. **酸性試劑**：生物鹼如苦味酸(picric acid)、單寧酸(tannic acid)、鎢酸(tungstic acid)等，以及三氯醋酸(trichloroacetic acid)、磺醯水楊酸(sulfonyl salicylic acid)等酸類試劑，使溶液 pH 值小於蛋白質的等電點，蛋白質分子淨電荷為正，進而與試劑結合生成不溶性沉澱。

　　用重金屬和酸性試劑沉澱的蛋白質往往失去活性，而無法用於製備活性蛋白。

三、胺基酸的組成與序列分析

(一) 預處理

在進行胺基酸序列分析前，必須先行除去胜肽鏈間或鏈內的氫鍵、雙硫鍵等作用力以解構分子的主體結構。

1. **氧化雙硫鍵**：利用過氧甲酸(performic acid)，使雙硫鍵氧化成磺酸基：

2. **防止再氧化**：氫硫基乙醇(mercaptoethanol)使雙硫鍵還原成氫硫，再用碘乙酸(iodoacetate)保護還原生成的氫硫，以防它再度被氧化：

3. **還原雙硫鍵**：雙硫蘇糖醇(dithiothreitol)或雙硫氫赤蘚糖醇(dithioerythritol)可以還原雙硫鍵，本身生成環狀化合物而使還原性硫基穩定。

二硫蘇糖醇

(二) 胺基酸組成分析

1. **胺基酸組成分析**(amino acid composition analysis)：將蛋白質樣品用 6M HCl 在 110°C下封管水解 24 小時，然後用胺基酸分析儀(amino acid analyzer)測出胺基酸的種類，以及每種胺基酸的相對百分比含量。再計算每種胺基酸的殘基數。例如：由胺基酸分析儀測得胰島素分子中 Phe 占 8.6%。Phe 的分子量為 165，殘基分子量為 $165-18=147$。則殘基占 $8.6 \times \dfrac{441.5}{147} = 7.7$（克）。胰島素的分子量為 5,734，其中 Phe 占 $5,734 \times \dfrac{7.7}{1,000} = 441.5$。故 Phe 殘基數為 $\dfrac{441.5}{147} = 3$。

2. **胜肽鏈末端分析**(peptide chain end-group analysis)：

(1) N-端測定(N-end determination)：

A. DNFB 法（Sanger 法，dinitrofluorobenzene method）：對蛋白質分子胺基酸順序研究，首先感興趣的是英國劍橋的 Fredrick Sanger，他和他的同事差不多花了十年時間解決了第一個蛋白質－胰島素(insulin)的胺基酸線性序列問題。現在簡單介紹解決這一問題的方法。胜肽鏈 N-端的游離胺基，可與鹵素化合物發生取代反應。2,4-二硝基氟苯(2,4-dinitro-fluorobenzene, DNFB)與胜肽鏈末端游離胺基反應，生成 2,4-二硝基苯衍生物，即 DNP-胜肽鏈(2,4-dinitrophenyl-peptide chain)。新生成的 DNP-胜肽鏈中苯核與胺基之間的鍵比胜肽鍵穩定，不易被酸水解。因此，用酸水解 DNP-胜肽鏈後，使胜肽鏈中的所有胜肽鍵斷裂，產生一個二硝基苯胺基酸（dinitrophenyl amino acid，DNP-胺基酸）和組成該胜肽鏈的所有胺基酸的混合物。反應如下：

$$O_2N-\langle\bigcirc\rangle-F + H_2N-\underset{R_1}{CH}-CO-NH-\underset{R_2}{CH}-CO-NH-\underset{R_3}{CH}-CO \sim\sim\sim$$

$$NO_2$$
（DNFB）　　　pH 8.5～9 弱鹼　（胜肽鏈）
　　　　　　　　　 $-HF$

$$O_2N-\langle\bigcirc\rangle-NH-\underset{R_1}{CH}-CO-NH-\underset{R_2}{CH}-CO-NH-\underset{R_3}{CH}-CO \sim\sim\sim$$

$$NO_2$$
　　　　　　　　　水解 CHl　　（DNP－胜肽鏈）

$$O_2N-\langle\bigcirc\rangle-NH-\underset{R_1}{CH}-COOH + H_2N-\underset{R_2}{CH}-COOH + \cdots\cdots$$

$$NO_2$$
（DNP－胺基酸）　　　　　（胺基酸）　　　（胺基酸）

　　所生成的 DNP-胺基酸為黃色化合物。與標準 DNP-胺基酸比較即可鑑定胜肽鏈的 N-端是什麼胺基酸。

B. 苯異硫氰酸鹽法（Edman 法，phenylisothiocyanate method）：胜肽鏈的末端胺基也可與苯異硫氰酸鹽(phenylisothiocyanate, PITC)作用，生成苯胺基硫甲醯衍生物，即 PTC-胜肽鏈(phenylthiocarbamyl-peptide chain)。在溫和酸性條件下，末端胺基酸環化並釋放出來，為苯乙內醯硫尿素胺基酸，即 PTH-胺基酸(phenylthiohydantion amino acid)。反應如下：

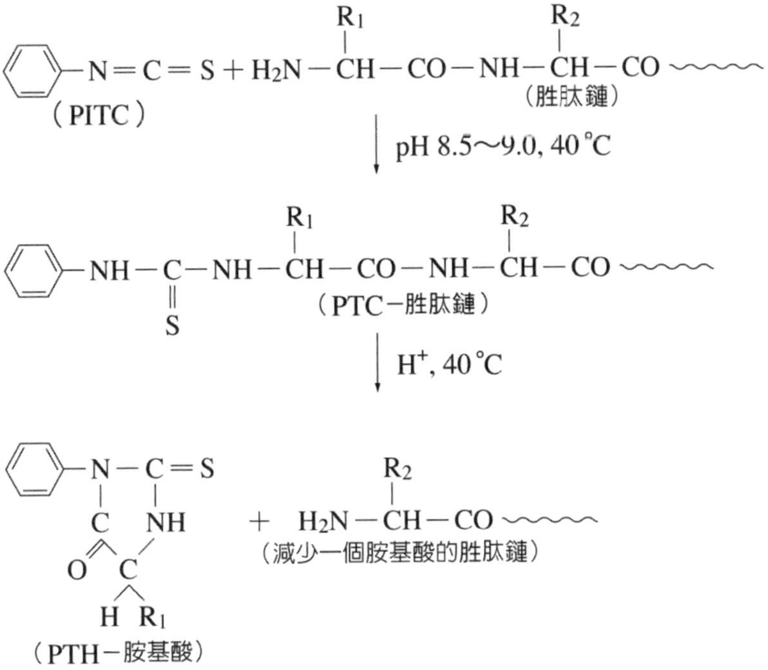

所生成的 PTH-胺基酸用乙酸乙酯抽提後，再進行鑑定。此方法的優點是鑑定 N-端胺基酸，餘下一條少一個殘基的胜肽鏈，可再重複進行，從而一個一個地測定 N-端的胺基酸序列。現有測定胺基酸序列的胺基酸順序儀(amino acid sequencer)基本上都是根據此原理設計的。

C. 丹磺醯氯法（DNS 法，dansyl chloride method）：丹磺醯氯(dansyl chloride)，即二甲基胺基奈磺醯氯(dimethylaminonaphtalene sulfonyl chloride, DNS)與胜肽鏈 N-端作用，生成 DNS-胜肽鏈，再用酸水解可得到 DNS-胺基酸，可用螢光檢測法進行鑑定，因為 DNS-胺基酸有螢光。此法靈敏度高，比 DNFB 法靈敏度高 100 倍。

(DNS－Cl)　　　　　　　　　　(DNS－胜肽鏈)　　　　　　　(DNS－胺基酸)

D. 胺基胜肽酶法(aminopeptidase method)：胺基胜肽酶(aminopeptidase)是專門水解胜肽鏈 N-端胺基酸的酶。可在控制酶作用的條件下取出產物分析，也可作胜肽鏈 N-端測定。

(2) **C-端測定**(C-end-group determination)：

A. 胼解法(hydrazinolysis method)：多胜肽與胼（hydrazine，又稱為聯胺）在無水條件下加熱可以斷裂所有的胜肽鍵，除 C-端胺基酸外，其他胺基酸都轉變成醯胼化合物(hydrazide compound)。胼解下來的 C-端胺基酸可藉 DNFB 法、DNS 法進行鑑定。

$$\sim\sim\ CH - \underset{R_{n-2}}{\overset{O}{\underset{|}{C}}} - N - \underset{R_{n-1}}{\overset{H}{\underset{|}{CH}}} - \underset{}{\overset{O}{\underset{|}{C}}} - N - \underset{R_n}{\overset{H}{\underset{|}{CH}}} - COOH + NH_2 \cdot NH_2$$

（胜肽鏈）　　　　　　　　　　　　　　　（胼）

$$\downarrow$$

$$\cdots + H_2N - \underset{R_{n-2}}{\overset{O}{\underset{|}{CH}}} - \overset{O}{\underset{|}{C}} - NH_2 \cdot NH_2 + H_2N - \underset{R_{n-1}}{\overset{O}{\underset{|}{CH}}} - \overset{O}{\underset{|}{C}} - NH_2 \cdot NH_2 + H_2N - \underset{R_n}{\overset{}{\underset{|}{CH}}} - COOH$$

（胺基酸醯胼衍生物）　　　　　　　　　　　　　　　（C－末端胺基酸）

B. 羧基胜肽酶法(carboxypeptidase method)：羧基胜肽酶(carboxypeptidase)能從胜肽鏈 C-端逐一水解胺基酸的蛋白水解酶。已發現有 A、B、C、Y 等幾種，它們對 C-端的胺基酸有不同的要求。將多胜肽或蛋白質在 pH 8.0、30℃時與羧基胜肽酶作用，依據一定的時間間隔取樣分析，測定所釋放出來的胺基酸的種類和數量，即可知道 C-端的胺基酸排列順序。圖 5-5 為用羧基胜肽酶 A 處理促腎上腺皮質素(adrenocorticotropic hormone)所得到的胺基酸含量的時間曲線，由圖 5-5 可推測其 C-端順序為：- Leu · Glu · Phe · COOH。

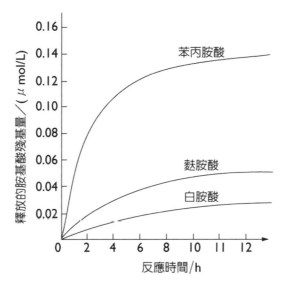

圖5-5 羧基胜肽酶 A 作用於促腎上腺皮質激素測 C-端

 專欄 BOX

5.3 片段重疊法測序

如果有一個八胜肽,從下列資訊推斷此八胜肽的胺基酸順序。

1. 酸水解得 Ala,Arg,Leu,Met,Phe,Thr,2Val。
2. DNFB 處理得 DNP-Ala。
3. 胰蛋白酶處理得 Ala,Arg,Thr 和 Leu,Met,Phe,2Val,當用 DNFB 處理時分別得 DNP-Ala 和 DNP-Val。
4. 以溴化氰處理得 Ala,Arg,Thr,Met,2Val 和 Leu,Phe,當用 DNFB 處理時分別得 DNP-Ala 和 DNP-Leu。根據上述資訊作如下分析:

	1	2	3	4	5	6	7	8
由(b)知:	Ala							
由(b), (c)知:	Ala		Arg	Val			Leu	Phe
由(b), (c)和(d)知:	Ala		Arg	Val		Met	Leu	Phe
將(c)和(d)聯繫即得:	Ala	Thr	Arg	Val	Val	Met	Leu	Phe

故此八胜肽鏈胺基酸順序是:Ala・Thr・Arg・Val・Val・Met・Leu・Phe

(三) 裂解成較小片段

為便於順序分析，需將一條長的多胜肽鏈裂解成約含 10~15 個殘基的小片段 (small fragment)，這些小片段很容易用 Edman 法進行序列分析。產生小片段的方法有化學方法和酶裂解法。

1. **化學方法**：最常用的是用溴化氰(CNBr)處理。溴化氰(cyanogen bromide)能特異性地斷裂胜肽鏈中甲硫胺酸(Met)羧基端。因此，用溴化氰處理胜肽鏈，將產生一些 C-端為甲硫胺酸的小片段。

2. **酶裂解法**：常用胰蛋白酶(trypsin)和胰凝乳蛋白酶(chymotrypsin)。胰蛋白酶作用於胜肽鏈，特異性地斷裂鹼性胺基酸羧基端的胜肽鏈，產生以 Arg 或 Lys 為 C-末端的片段；胰凝乳蛋白酶特異斷裂芳香族胺基酸（Phe、Tyr 和 Trp）羧基端。

用上述方法得到小片段後，將小片段分離（方法見第 7 章），然後即可用 Edman 降解或利用胺基酸定序儀測定每個小片段的胺基酸順序，最後將所有已知順序的小片段進行重疊比較，確定整個胜肽鏈的胺基酸順序。應用這種所謂片段重疊法(fragment overlapping method)，Sanger 等人(1955)首先確定了牛胰島素 (insulin)的結構。胰島素是由兩條胜肽鏈組合而成的，一條含有 21 個胺基酸殘基，稱為 A 鏈，另一條含有 30 個胺基酸殘基，稱為 B 鏈，整個分子共 51 個殘基。兩條鏈以兩個雙硫鍵連接，同時 A 鏈還有一個鏈內雙硫鍵（圖 5-6）。

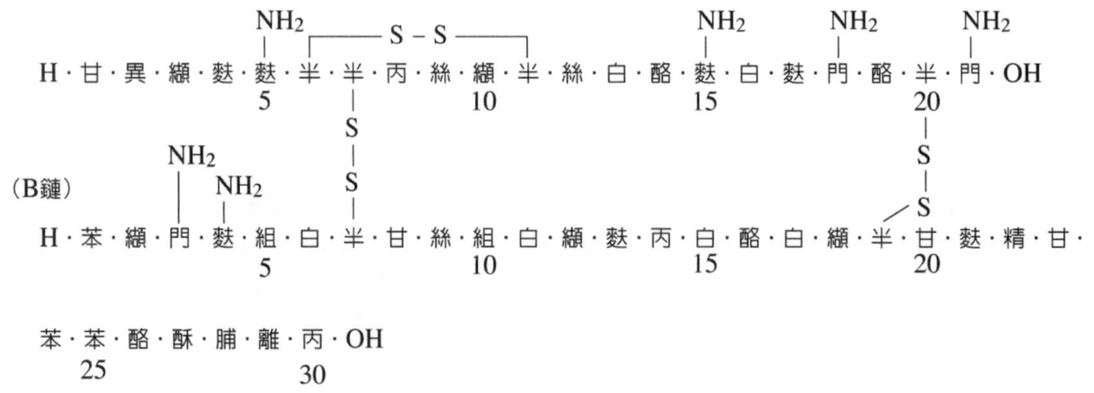

圖5-6 牛胰島素的一級結構

　　對於蛋白質一級結構的測定，現已做到自動化，即採用根據 Edman 降解法設計的胺基酸定序儀進行測定，這種儀器已有多種規格和型號的商品出售。有液相定序儀（如美國的 Bekman 和 Illitro、日本的 JEOL 47K）、固相定序儀（如美國的 Sequemat、英國的 LKB、法國的 Socosi）、氣相定序儀（如美國的 Applied Biosystems），美國 Perkin-Elmer 公司生產的 Procise^{TM} 490A 型蛋白定序儀既適用於氣相，也適用於液相，並由電腦全自動控制，大大提高了工作效率。用這些先進的定序儀已測定了 1500 多種蛋白質的一級結構，並利用電腦建立了蛋白質序列庫，為結構研究提供了更方便的方法。

摘 要 SUMMARY

1. 酸鹼性質是蛋白質和胺基酸的重要性質，凡有一個可解離基團就可有一個 p*K* 值，因此，胺基酸有兩個或三個 p*K* 值，它們分別代表α-胺基、α-羧基及側鏈 R 基的解離。

2. 蛋白質主要是側鏈基團的解離，有許多個 p*K* 值，是多價解離。蛋白質和胺基酸都是兩性電解質，因而都有等電點。在等電點時蛋白質具有特定性質。

3. 蛋白質和芳香族胺基酸具有特徵紫外吸收性質，可用於蛋白質的定性與定量測定。它們都具有特定的吸光值反應，可用於測定及結構分析。

4. 蛋白質的變性作用及沉澱作用也是重要的特性，在實驗中經常用到。

5. 蛋白質的結構與功能是統一的。功能相同的蛋白質結構基本相同。在一級結構上的少許差異可以反映屬種間的差異與進化上的相關性。結構改變導致功能改變。

6. 以膠原蛋白、醣蛋白、脂蛋白和免疫球蛋白為代表，了解纖維狀蛋白與球狀蛋白的結構特點，以及結構與功能的關係。

06
CHAPTER

PRINCIPLES OF
BIOCHEMISTRY

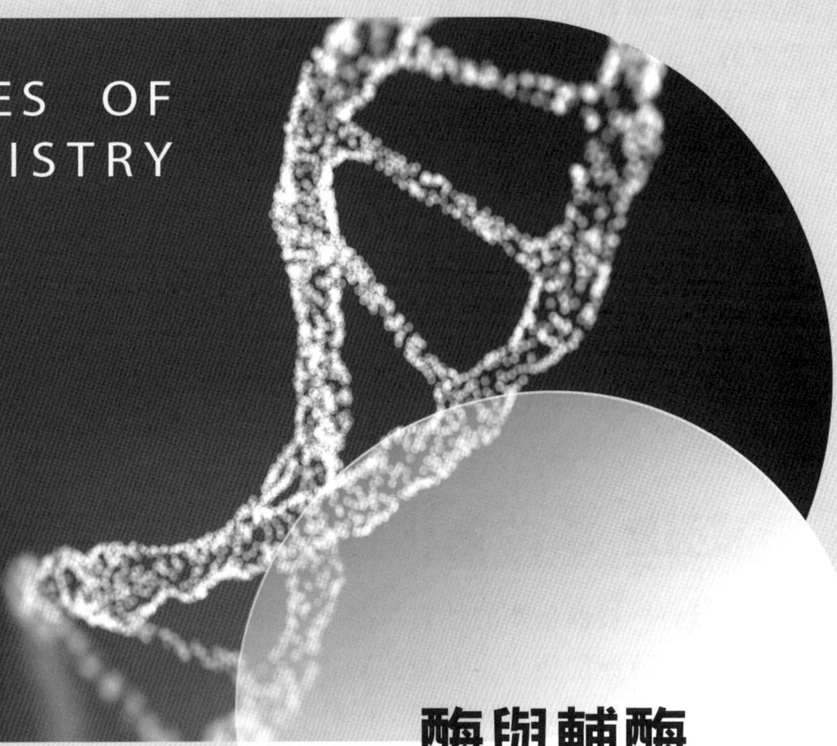

酶與輔酶

生物有機體（或活細胞）的最重要特徵就是具有新陳代謝(metabolism)，即能使體內的物質不斷更新。這涉及到有機物質的不斷分解和有機新物質的不斷合成。物質的分解代謝(catabolism)和合成代謝(anabolism)是由許多化學反應完成的，這都有賴於體內存在的特殊催化劑(catalyst)——酶(enzyme)，使得這些反應得以快速進行。

酶是活細胞所產生的生物催化劑(biological catalyst)，具有很強的催化能力，可使化學反應速度比沒有酶存在時高 10^{20} 倍！這種能力受到它的結構所影響。大多數酶都是蛋白質所構成，具有複雜的結構，尤其是空間結構與催化活性的關係更為密切。許多酶的活性(activity)並不是一成不變的，而是隨著環境條件而改變，因此在細胞內是可以被調節的。使得體內各種物質的分解與合成變得有條不紊，具有高度的協調性和統一性。

6.1 酶的催化特點

酶具有一般催化劑的性質。酶只能加速反應的進行，但對反應物不具任何作用，因此在反應前後不含有量的變化。酶只能改變反應速度，但不能改變反應的平衡常數(equilibrium constant)。此外，酶也有與一般催化劑不同的特點：

1. **效率高**(efficiency)：酶的催化效率比一般催化劑（無機催化劑）高 $10^6 \sim 10^{13}$ 倍，而比無催化劑存在時高 $10^8 \sim 10^{20}$ 倍。例如：在 $2H_2O_2 \rightarrow 2H_2O + O_2$ 的反應中，1 莫耳鐵離子(Fe^{2+})每秒鐘可催化 10^{-5} 莫耳 H_2O_2 分解，而 1 莫耳過氧化氫酶(catalase)每秒鐘可催化 10^5 莫耳 H_2O_2 分解。過氧化氫酶比鐵離子的催化效率高 10^{10} 倍。血中碳酸酐酶(carbonic anhydrase)催化碳酸分解：

$$H_2CO_3 \rightarrow CO_2 + H_2O$$

1 分鐘 1 莫耳酶可催化 9,600 萬個 H_2CO_3 分子分解。正因為如此，才能迅速調節血液的酸鹼平衡。

2. **專一性強**(specificity)：一般催化劑在催化化學反應時，對反應物幾乎沒有什麼選擇性。但酶這種生物催化劑卻不同，酶催化反應的反應物(reactant)稱為受質(substrate)，一種酶通常只作用於結構相似的一類受質或一種受質，稱之為酶專一性（或特異性）。

專欄 BOX

6.1 酶的專一性

對於酶的專一性雖然有許多不同的描述名詞，彼此間其實是密切相關的：

1. **絕對專一性**(absolute specificity)：酶對受質的要求非常嚴格，只作用於唯一的受質。如尿素酶(urease)只能催化尿素(urea)分解，對其他具尿素結構相似的任何物質（如胍，guanidine）則不具任何作用。其他如精胺酸酶（arginase，一種催化精胺酸水解的酶）、碳酸酐酶(carbonic anhydrase)等也都具有絕對專一性。

2. **相對專一性**(relative specificity)：酶對受質的專一性相對較低，能作用於和受質結構類似的一系列化合物，很多水解酶類(hydrolases)屬於這種情況。例如脂肪酶(lipase)能水解具有酯鍵的化合物，它不僅能水解三酸甘油酯(triacylglycerol)，也能水解二酸甘油酯(diacylglycerol)和單酸甘油酯(monoacylglycerol)。相對專一性根據對受質選擇程度的差異，還可進一步分為族專一性(group specificity)和鍵專一性兩種情況。

3. **光學專一性**(optical specificity)：生物代謝反應產生的物質大多具有光學特性(optical rotation)，分為於 D-型或 L-型，很少酶可以同時作用於 D-型和 L-型的。例如：作用於醣類的酶都只作用於 D-型醣，而不作用於 L-型醣；作用於蛋白質的酶都是作用於 L-型胺基酸，而不作用於 D-型胺基酸。

4. **幾何專一性**(geometrical specificity)：帶有雙鍵的受質，有順式與反式兩種異構物(cis-trans isomerism)，酶往往只作用於其中一種異構體。例如：延胡索酸酶(fumarase)只作用於反丁烯二酸（或稱延胡索酸(fumaric acid)）水合(hydration)生成蘋果酸(malic acid)（見11.5 節），而不作用於順丁烯二酸（maleic acid，又稱馬來酸）。

5. **立體結構專一性**(conformation specificity)：酶對於受質分子立體結構的對稱性也具有專一性。例如：在甘油(glycerol)分子中有兩個-CH₂OH，這兩個-CH₂OH 在分子內的相對位置，對於酶來說是不同的。用同位素標記實驗(isotopic label)證明，在 ATP 存在下，甘油激酶(glycerol kinase)僅催化甘油的 C1 位磷酸化(phosphorylation)，生成甘油-1-磷酸(glycerol-1-phosphate)，而不生成甘油-3-磷酸(glycerol-3-phosphate)。這是由甘油的空間結構決定的。

$$
\begin{array}{l}
1\ \mathrm{CH_2OH} \\
\ \ | \\
2\ \mathrm{CHOH} \quad +\ \mathrm{ATP} \\
\ \ | \\
3\ \mathrm{CH_2OH}
\end{array}
\longrightarrow
\begin{array}{l}
1\ \mathrm{CH_2OPO_3H_2} \\
\ \ | \\
2\ \mathrm{CHOH} \quad +\ \mathrm{ATP} \\
\ \ | \\
3\ \mathrm{CH_2OH}
\end{array}
$$

甘油　　　　　　　　　　甘油－1－磷酸

3. **酶活性具有可調節性**：在體內酶的活性受到多種機制的調節控制，使得生物體內代謝活動具有協調性和統一性。

4. **酶催化反應僅需溫和的條件**：酶在接近生物體溫及接近中性的環境下能發揮很好的作用。這一特點使酶在工業上的應用具有很好的前景。因為用酶來生產某些產品可以免去現在化學工業上常用的耐高壓和耐腐蝕的設備，結合酶活性的可調節性，更有利於生產的程式化和自動化。

6.2 酶的組成及分類

一、絕大多數的酶是蛋白質

1926 年 Sumner (1887~1955)從刀豆中萃取出尿素酶(urease)的結晶，證實酶為蛋白質，可知酶具有蛋白質的特性，如分子量很大，表 6-1 中麩胺酸脫氫酶可達一百萬道爾吞(daltons)。酶也具兩性性質，在一些變性因子存在時，會產生可逆或不可逆的變性作用。

近年對於酶本質又有新的一層認識。1982 年美國科羅拉多大學的 Cech 發現原生動物四膜蟲(terahymena)的 26S rRNA 前驅物(precursor)經修飾轉變成為 L_{19} RNA，具有自我剪接(self-splicing)的催化能力，它可以把多餘的寡核苷酸片段切掉，再把剩餘的片段連接起來。1983 年 Altman 又發現核糖核酸酶 P（RNase P，

▌▶ 表 6-1　一些結晶酶的分子量及等電點

酶	分 子 量	等電點
核糖核酸酶(ribonulease)	14,000	7.8
胰蛋白酶(trypsin)	23,000	7.0~8.0
碳酸酐酶(carbonic anhydrase)	30,000	5.3
胃蛋白酶(pepsin)	36,000	1.5
過氧化酶(peroxidase)	40,000	7.2
α-澱粉酶(α-amylase)	45,000	5.2~5.6
去氧核糖核酸酶(deoxyribonuclease)	60,000	4.7~5.0
β-澱粉酶(β-amylase)	152,000	4.7
過氧化氫酶(catalase)	248,000	5.7
木瓜蛋白酶(papain)	420,000	9.0
尿素酶(urease)	480,000	5.0
磷酸化酶 a(phosphorylase a)	495,000	6.8
L-麩胺酸脫氫酶(glutamate dehydrogenase)	1,000,000	4.0

一種修飾 tRNA 前驅物的酶）的催化能力是在 RNA 的部分，而不是蛋白質（該酶由約 20%蛋白質和 80%的 RNA 組成），此後又陸續發現一些 RNA 具有催化化學反應的能力。1989 年諾貝爾化學獎得主 Cech 給這類 RNA 取名為 "ribozyme"，它現有多個中文譯名：核酶、核糖酶、酶性 RNA、類酶 RNA 等，尚未統一。

90 年代以來的研究顯示，這類 RNA 本質的酶，其受質不僅限於 RNA，還可催化 DNA 分子斷裂與直鏈澱粉的分支反應(branching reaction)。在蛋白質生物合成的胺醯-tRNA 合成酶（aminoacyl-tRNA synthetase，催化胺基酸與它相對應的 tRNA 連接）及胜肽基轉移酶(peptidyl transferase)（見第 18 章）中的 RNA 也具有催化作用。這些新發現及新的催化機制，擴展和豐富酶學的內涵。

二、酶的組成

(一) 單純酶與結合酶

酶根據所含蛋白質分為單純酶和結合酶：

1. **單純酶**(simple enzyme)：由簡單蛋白質所構成，如澱粉酶(amylase)、蛋白酶(protease)、脂肪酶(lipase)、核酸酶(nuclease)、尿素酶(urease)等水解酶類(hydrolases)都是單純酶。

2. **結合酶**(conjungated enzyme)：由結合蛋白質所構成。這類酶通常含有兩個部分，一為蛋白質部分，稱為**脫輔基酶**(apoenzyme)；另一為非蛋白部分，稱為**輔助因子**(cofactor)。脫輔基酶的極性基團，以共價鍵(covalent bond)、配位鍵(dative bond)或離子鍵(ionic bond)與輔助因子相結合。單獨的脫輔基酶或輔助因子是沒有活性的，只有衍蛋白與輔助因子結合構成**全酶**(hole enzyme)的形式才具有活性。像脫氫酶(dehydrogenase)、氧化酶(oxidase)等氧化還原酶類(oxidoreductases)都是結合酶。

(二) 結合酶的輔助因子

輔助因子有**輔酶**(coenzyme)和**輔基**(prosthetic group)兩種，這是根據脫輔基酶與輔助因子結合的緊密程度來區分。一般而言，結合時比較疏鬆、可用透析(dialysis)方法除去的稱為輔酶；結合時比較牢固、不能用透析方法除去的稱為輔基。但一般並沒有嚴格的界限，通常統稱為輔酶（用簡寫符號 Co 表示）。

　　輔助因子從其化學本質來看主要是兩類物質：一類為無機金屬元素，稱為**金屬酶**(metalloenzyme)；另一類為小分子有機物，主要是維生素(vitamin)的衍生物(derivative)，此外還有鐵紫質(iron-porphyrin)或血基質(heme)等。

　　在由結合酶所催化的酵素反應中，脫輔基酶與輔助因子的作用是不同的，**脫輔基酶決定酶作用的專一性**，而**輔酶或輔基**在酵素反應中常參與化學反應，它們**決定酵素反應的類型或性質**。輔酶和輔基在酵素反應中主要是在酶與受質之間傳遞氫、電子、原子、化學基團，以及某些金屬元素，扮演「橋梁」的角色。

三、酶的分類

(一) 依蛋白質結構分類

1. **單體酶**(monomeric enzymes)：僅由一條胜肽鏈構成，這類的酶較少，大多是催化水解反應。分子量約為 13,000~35,000。如核糖核酸酶(ribonuclease)、溶菌酶(lysozyme)和胰蛋白酶(trypsin)等。

2. **寡聚酶**(oligomeric enzymes)：由幾條至幾十條多胜肽鏈組成，這些多胜肽鏈或相同或不同。多胜肽鏈之間為非共價結合。寡聚酶的分子量從 35,000 到幾百萬。如乳酸脫氫酶(lactate dehydrogenase)或己糖激酶(hexokinase)。

3. **多酶系統**(multienzyme system)：由幾種酶彼此嵌合形成的複合體，有利於代謝中幾個相關反應的連續進行。這類酶複合體的分子量很大，一般都在幾百萬以上，多酶系統和寡聚酶雖然都是由幾個獨立的成分結合而成，但兩者明顯不同：多酶系統中每個獨立成分都具有催化活性，寡聚酶的每個獨立成分則不具催化活性。三羧酸循環的丙酮酸脫氫酶系統(pyruvate dehydrogenase system)就是一個多酶系統，由三種酶六種輔因子構成（見 12.5 節）。

(二) 依酶催化反應特點分類

　　酶的名稱有習慣命名和系統命名兩種。習慣命名是多年所習慣沿用，通常根據受質的名稱和反應類型，比較簡潔但並不精確，例如：催化蛋白質水解反應的酶，稱蛋白水解酶；催化澱粉水解的酶，稱澱粉水解酶，但通常省略「水解」兩字，或加上酶的來源，如胃蛋白酶(pepsin)，表示來自胃的蛋白水解酶；胰蛋白酶(trypsin)，表示來自胰臟的蛋白水解酶。

習慣名稱要求簡短、使用方便，但不夠系統化與準確，因為習慣名稱大多由發現者命名，有時會出現一酶數名或一名數酶的混亂情況。為此，1961 年國際酶學委員會(Enzyme Commision, EC)提出了系統命名和分類的原則。系統名稱包括兩部分：受質名稱和反應類型。如有多個受質，則每個受質都需寫出（水解反應中的「水」可以省去），受質名稱間用「：」隔開；如果受質有構型，亦需表明。例如：麩胺酸丙酮酸轉胺酶(glutamate-pyruvate transaminase)（習慣名稱）的系統名稱為 L-丙胺酸：α-酮戊二酸胺基轉移酶(L-alanine:α-ketoglutarate aminotransferase)。

在國際系統分類系統中，根據酶所催化的反應類型，將酶分為六大類：氧化還原酶類、轉移酶類、水解酶類、裂解酶類、異構酶類及合成酶類。現將這六大類酶的特點及分類原則簡述如下：

1. **氧化還原酶類**(oxidoreductases)：催化受質的氧化還原反應(oxidation-reduction reaction)。包括：**脫氫酶**(dehydrogenase)和**氧化酶**(oxidase)。這類酶都是結合酶，與細胞內能量代謝緊密相關。細胞內普遍存在的脫氫作用即由脫氫酶所催化（下列式中 A 和 B 代表兩種不同的代謝受質）。

$$A \cdot 2H + B \rightleftharpoons A + B \cdot 2H$$

2. **轉移酶類**(transferases)：催化受質之間官能基團轉移反應(group transfer reaction)。被轉移的基團有很多種，因此有不同的轉移酶。如胺基轉移酶(amino group transferase)、磷酸基轉移酶(phosphate group transferase)與甲基轉移酶(methyl group transferase)等。

$$A \cdot X + B \rightleftharpoons A + B \cdot X$$

3. **水解酶類**(hydrolases)：催化受質的水解反應(hydrolytic reaction)。水解酶類為單純酶，依據斷裂的化學鍵不同，再分為若干亞類。如水解胜肽鍵的有蛋白酶(protease)、胜肽酶(peptidase)等；水解酯鍵的有脂肪酶(lipase)、磷酸酶(phosphatase)等；水解糖苷鍵的有澱粉酶(amylase)、蔗糖酶(sucrase)、纖維素酶(cellulase)、溶菌酶(lysozyme)與果膠酶(pectate lyase)等。

$$A - B + H_2O \rightleftharpoons A \cdot H + B \cdot OH$$

4. **裂解酶類**(lyases)：催化一種化合物分裂為幾種化合物或其逆反應。此類逆反應不同於第六類合成酶催化之合成反應。催化裂解反應時，大多是從受質上移去一個基團而留下含雙鍵的化合物。裂解酶包括：脫水酶(dehydratase)、脫胺酶(deaminase)、脫羧酶(decarboxylase)、醛縮酶(aldolase)等。這類酶催化的通式為：

$$A - B \rightleftharpoons A + B$$

5. **異構酶類**(isomerases)：催化同分異構體間的相互轉變，包括：醛酮異構反應(aldolketo isomeric reaction)、基團易向反應(group change directional reaction)和基團易位反應(group change place reaction)。醛酮異構物的轉變如磷酸己糖異構酶(phosphohexoisomerase)所催化的反應：

$$6\text{-磷酸葡萄糖} \rightleftharpoons 6\text{-磷酸果糖}$$

基團易向反應如：

$$\alpha\text{-D-葡萄糖} \rightleftharpoons \beta\text{-D-葡萄糖}$$

基團易位反應如：

$$1\text{-磷酸葡萄糖} \rightleftharpoons 6\text{-磷酸葡萄糖}$$

6. **合成酶類**(synthetases)：催化兩種分子合成一種分子的反應。這種合成反應一般是吸能過程，因而通常有 ATP 等高能物質提供能量（如受質之一本身為高能化合物也可提供反應所需能量）。第 4 類裂解酶類所催化的逆反應，則不需要 ATP 提供能量。反應通式可寫為：

$$A + B + ATP \rightleftharpoons A - B + ADP + Pi$$

每一種酶除了可按上述分類標準歸屬於一類外，還有一個系統編號。一個酶只有一個編號，因此不會混淆。酶的系統編號由四個阿拉伯數字組成，每個數字之間用一圓點隔開，這四個數字的含義分別為：

1. **第一個數字**：代表大類(main class)，即前述六大類（表 6-2）。

2. **第二個數字**：亞類(subclass)。每一大類中再根據受質中被作用的基團或鍵的特點分成若干亞類（表 6-3）。

3. **第三個數字**：次亞類(sub-subclass)。更精確的表示受質和產物的性質（表 6-4）。

4. **第四個數字**：在次亞類中再給予的序號(series number)。

例如：核糖核酸酶 T_1 (RNase T_1)，它的編號為 EC3·1·4·8（EC 為國際酶學委員會縮寫）。第一個數字 "3" 為水解酶類；第二個數字 "1" 在水解酶類的亞類中表示斷酯鍵，第三個數字 "4" 為次亞類，表示斷磷酸二酯鍵；第四個數字 "8" 為該酶在次亞類中的序號。

▶ 表 6-2　EC 酶類編碼－第一個數字（大類）

數 字	類 別	意 義
EC1	氧化還原酶類	受質中發生氧化還原的基團的類別
EC2	轉移酶類	受質中被轉移的基團
EC3	水解酶類	被水解的鍵
EC4	裂解酶類	被裂解的基團間的鍵結性質
EC5	異構酶類	同分異構體的類型
EC6	合成酶類	合成的鍵結類型

▶ 表 6-3　EC 酶類編碼－第二個數字（亞類）

數字／意義	
1.1　受質上的—CH—OH 被氧化	2.1　轉移一碳基團
1.2　被氧化受質的醛基或酮基被氧化	2.2　轉移醛基或酮基
1.3　被氧化基團為—CH—CH—	2.3　轉移醯基
1.4　被氧化基團為—CH—NH₂	2.4　轉移醣基
1.5　被氧化基團為—CH—NH	2.5　轉移除甲基之外的烴基或醯基
1.6　NADH 及 NADPH 的氧化	2.6　轉移含氮的基團
1.7　其他含氮化合物的氧化	2.7　轉移磷酸基團
1.8　含硫基團的氧化	2.8　轉移含硫基團
1.9　H₂O₂ 的氧化	
1.10 被氧化基團為—CH₂—CH₂—	

▶ 表 6-3　EC 酶類編碼－第二個數字（亞類）（續）

數字／意義			
3.1	水解酯鍵	4.1	裂解 C–C 鍵
3.2	水解糖苷鍵	4.2	裂解 C–O 鍵
3.3	水解醚鍵	4.3	裂解 C–N 鍵
3.4	水解胜肽鍵	4.4	裂解 C–S 鍵
3.5	非胜肽鍵的其他 C–N 鍵斷裂	4.5	裂解 C–鹵素鍵
3.6	水解酸酐鍵	4.6	裂解 P–O 鍵
3.7	水解 C–C 鍵		
3.8	作用於鹵素的鍵		
3.9	水解 P–N 鍵		
3.10	水解 S–N 鍵		
3.11	水解 C–P 鍵		
5.1	消旋酶及表構酶	6.1	形成 C–O 鍵
5.2	順反異構酶	6.2	形成 C–S 鍵
5.3	分子內氧化還原酶	6.3	形成 C–N 鍵
5.4	分子內轉移酶	6.4	形成 C–C 鍵
5.5	分子內裂解酶		

▶ 表 6-4　EC 酶類編碼－第三個數字（次亞類）

數　字	意　義
1	以 NAD^+ 或 $NADP^+$ 為受體
2	以細胞色素為受體
3	以 O_2 為受體
4	以二硫化物為受體
5	以醌及其有關化合物為受體
6	以含氮量基團為受體
7	以鐵硫蛋白為受體

6.3 酶的結構與功能的關係

一、活性中心

酶分子都是大分子，而其作用的受質常常是小分子。如過氧化氫酶(catalase)的分子量為 248,000，但它的受質 H_2O_2 分子量僅有 34，二者相差 7,294 倍！因此，受質不可能與整個酶分子結合，也不可能整個酶分子都參與催化作用。

木瓜蛋白酶(papain)是一種來自亞熱帶植物番木瓜(*Papaya latex*)的蛋白水解酶，由 212 個胺基酸殘基組成。當用胺基胜肽酶(aminopeptidase)水解其 N-末端的三分之二時，餘下的三分之一仍具有原活性的 99%，顯示木瓜蛋白酶的活性集中在 C-末端的 70 個左右的胺基酸殘基上。事實上，進一步的研究證明其活性僅與幾個胺基酸有關。胃蛋白酶(pepsin)當其被水解成小片段後，有些片段小到幾乎可以通過半透膜，但其酶活性也依然存在。由此可見，酶活性僅僅存在於酶分子一個很小的結構區域，這些結構區域稱為酶的**活性中心**(active center)或**活性部位**(active site)。但這並不意味著酶分子的其餘結構部分並不重要，事實上，酶蛋白結構的完整性對酶活性仍是十分重要的。酶活性中心的特點如下：

1. **活性中心是酶分子直接與受質結合，催化反應進行的部位**：對單純酶而言，它僅僅包括幾個胺基酸殘基。這些殘基在一級結構上往往相距甚遠，但透過胜肽鏈的捲曲、折疊而彼此靠近，並形成一個特殊部位；對於需要輔酶的結合酶而言，輔酶分子或輔酶分子的某一部分結構，往往就是活性中心的一部分。

2. **活性中心位於酶分子表面的厭水性裂隙中，具有一定立體結構**：它的立體結構受到酶分子的整個立體結構的影響。活性中心包括：**結合中心**(binding center)和**催化中心**(catalytic center)兩個特定部位。前者與受質特異性性結合，決定酶的專一性；後者參加反應，決定酶所催化的反應的類別或性質。一般來說，一個酶只有一個催化中心，卻有一個或數個結合中心。催化中心包括幾個催化基團（幾個胺基酸的側鏈基或輔酶基團）；結合中心包括幾個結合亞位點(subsite)，一個亞位點包括幾個結合基團（胺基酸側鏈 R 基）。

3. **活性中心的立體結構具有柔性和可塑性**：結合中心和催化中心的基團在空間結構上的位置必須相當精確，但也可以作彈性改變。酶活性的提高與增大酶活性中心立體結構的柔性有關。

二、必需基團

酶分子中有各種官能基團，如 $-NH_2$、$-COOH$、$-SH$、$-OH$ 等，但並不一定都與酶的活性有關，而只有衍蛋白某些部位的官能基團才與催化作用有關，這種與酶催化活性有關的化學基團稱為酶的**必需基團**(essential group)。

Koshland 曾將酶分子中胺基酸殘基分成四類，前三類即屬於必需基團：

1. **接觸殘基**(contact residues)：直接與受質接觸的基團，如圖 6-1 中的 R_1、R_2、R_6、R_8、R_9、R_{163}、R_{164}、R_{165}。它們參與受質的化學轉變，是活性中心的主要必需基團。這些基團中，有的直接參與催化受質的化學反應，稱為催化基團 (catalytic group)；有的是特異與受質結合，稱為結合基團(binding group)。在有的酶分子中，也有同時兼備這兩種功能的基團。

2. **輔助殘基**(auxiliary residues)：既不直接結合受質，也不直接催化受質化學反應，但具有間接的促進作用。即它促進結合基團對受質的結合，促進催化基團對受質的催化反應。它也是活性中心不可缺少的組成部分，如圖 6-1 中的 R_4。

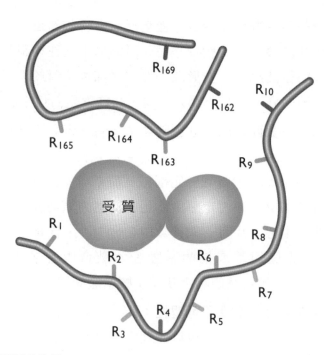

圖6-1　酶分子各種殘基的作用

3. **結構殘基**(structure residue)：這是活性中心以外的必需基團，它們與酶的活性沒有直接的關係，但它們可穩定酶的分子立體結構，從而也穩定活性中心的立體結構，對酶活性有間接的作用。如圖 6-1 中的 R_{10}、R_{162}、R_{169}。

4. **非貢獻殘基**(noncontribution residue)：除了上述三類必需基團外，酶分子的其他所有殘基，對酶的活性沒有「貢獻」，也稱為非必需殘基 (nonessential residue)，如圖 6-1 中的 R_3、R_5、R_7。這些殘基對酶活性的發揮似乎沒有作用。它們可以被其他的胺基酸殘基取代，甚至可以去掉，都不會影響酶的催化活性。那麼這些殘基是不是多餘的呢？據目前所知，這也不是生物進化的「錯誤」，推測它們可能在系統發育的物種專一性、免疫方面，或者在體內的運輸轉移、分泌、防止蛋白質降解等方面，有著一定的作用。如果沒有這些殘基，酶在壽命及其在細胞內的分布等方面會受到限制。此外，這些殘基的存在也可能是該酶迄今未發現的另一活性中心，因為目前確實發現某些酶是多功能酶 (polyfunctional enzyme)，能夠催化兩種以上不同的反應。

 專欄 BOX

6.2　活性中心必需基團的鑑定

　　了解酶必需基團的種類與性質，對於研究酶的結構與功能、提高酶的活性、改造和設計新酶，以及探討酶的催化機制等各方面具有重要的意義。在現有的鑑定方法中，除用 X-射線繞射法(X-ray diffraction)直接檢測受質（或抑制劑）在酶分子上的結合位點外，也可採用化學修飾(chemical modification)方法探討酶活性中心的必需基團。

1. **共價修飾**(covalent modification)：應用一些化學修飾劑與某些胺基酸側鏈基團結合、或進行氧化或還原反應，形成共價修飾物，如果酶被修飾後未失去活性，表示被修飾的胺基酸側鏈基團不是必需基團；如果修飾後完全失去活性，則表示它是酶活性中心的必需基團；如果部分失活，說明這個胺基酸側鏈可能是位於結合中心，而非催化中心，或為活性中心外的必需基團。

　　由於修飾劑並非對某一胺基酸的側鏈基團具有專一性，有的修飾劑則可造成整個酶分子空間立體結構的改變；處於酶分子不同部位的相同基團也可能對修飾劑有不同的反應等原因，因此對修飾結果的解釋必須十分謹慎。但若注意下列兩點，則可提高鑑別必需基團的準確性。第一，酶活性的喪失程度與修飾劑的濃度成一定比例關係。因此，可用一系列濃度的修飾劑處理酶，再測定酶活性，觀察其活性喪失的情況，作出判斷；第二，受質或競爭性抑制劑（見 6.6 節）可保護共價修飾劑的抑制作用。即先用受質或抑制劑與酶結合，再用修飾劑處理，然後透析除去保護的受質或抑制劑，可使酶活性不致喪失。用這種方法不但可以肯定某基團是否是必需基團，而且可確定此基團是否位於活性中心。

2. **親和標記(affinity labeling)**：利用酶對某些受質具有特殊的親和力(affinity)，人工合成與這些受質結構相似的修飾劑，藉由活性中心的結合基團與這種修飾劑的結合，可以提高修飾作用的專一性，以確定活性中心的必需基團。這種修飾劑有兩個特點：一是可以較專一地引入酶的活性中心，接近受質結合位點；二是具有很活潑的化學基團（如鹵素，helogen），可以與活性中心的某一基團形成穩定的共價鍵。

3. **差示標記(differential labling)**：先用過量受質與酶結合，此時用某種修飾劑處理時，酶結合中心的必需基團應被受質保護而不被修飾。然後除去受質，再用同位素標記(isotopic label)同一種修飾試劑作用，則原來被保護的基團即可帶上同位素標記。最後將酶水解，分離出這個帶標記的胺基酸，即可判斷活性中心的這個胺基酸。

▶ 表 6-5　某些酶的活性中心殘基

酶名稱	總胺基酸殘基數	活性中心殘基
牛胰核糖核酸酶(ribonuclease)	124	His_{12}，His_{119}，Lys_{41}
溶菌酶(lysozyme)	129	Asp_{52}，Glu_{35}
胰凝乳蛋白酶(chymotrypsin)	241	His_{57}，Asp_{102}，Ser_{195}
胰蛋白酶(trypsin)	238	His_{46}，Asp_{90}，Ser_{183}
木瓜蛋白酶(papain)	212	Cys_{25}，His_{159}
彈性蛋白酶(elastase)	240	His_{45}，Asp_{93}，Ser_{188}
枯腸桿菌蛋白酶(subtilisin)	275	His_{64}，Ser_{221}
碳酸酐酶(carbonic anhydrase)	258	His_{93}，$Zn-His_{95}$，His_{117} ↓ His_{117}
羧胜肽酶(carboxypeptidase)	307	Glu_{270}，Tyr_{245}，$His_{196}-Zn-His_{89}$ ↓ Glu_{72}

三、酶活性中心的一級結構

　　利用化學修飾法研究多種酶的活性中心，發現有 7 個胺基酸較常出現於酶活性中心：His、Ser、Asp、Glu、Try、Lys 和 Cys（表 6-5）。如果用同位素將活性中心標記後，將酶部分水解和分離後，再對帶同位素標記的片段作胺基酸順序測定，即可了解酶活性中心的結構。

　　分析酶活性中心的一級結構發現，在同一類酶中，其活性中心一級結構的胺基酸順序具有驚人的相似性（表 6-6），這就可以解釋同一類酶為什麼能催化類似的化學反應（即專一性）。

酶	活性中心的胺基酸順序
胰蛋白酶（牛）(trypsin)(ox)	—Asp·Ser·Cys·Gln·Gly·Asp·Ser·Gly·Gly·Pro·Val—
胰凝乳蛋白酶（牛）(chymotrypsin)(ox)	—Ser·Ser·Cys·Met·Gly·Asp·Ser·Gly·Gly·Pro·Leu—
彈性蛋白酶（豬）(elastase)(pig)	—Ser··Gly·Cys·Gln·Gly·Asp·Ser·Gly·Gly·Pro·Leu—
凝血酶（牛）(thrombin)(ox)	—Asp·Ala·Cys·Glu·Gly·Asp·Ser·Gly·Gly·Pro·Phe—
蛋白酶(protease)(*S. griseus*)	—Thr·Cys·Glu·Gly·Asp·Ser·Gly·Gly·Pro·Met—

▶表 6-6　一些蛋白水解酶活性中心（絲胺酸）附近的一級結構

表 6-6 中所列蛋白水解酶其活性中心的主要殘基都是絲胺酸殘基，稱為絲胺酸蛋白酶，從微生物到哺乳類動物在這個絲胺酸附近 5~6 個胺基酸順序都是一樣的，說明了蛋白質活性中心在種系進化上具有嚴格的保守性。

活性中心的形成要求酶蛋白分子具有一定的立體結構，因此酶分子中的其他部分的作用對酶之催化活性來說可能是次要的，但絕不是毫無意義，因為它至少對活性中心提供了結構的基礎，確保活性中心結構的穩定性。

四、酶活性與其高級結構

酶活性不僅與一級結構有關，甚至與其高級結構有密切的關係。在某些程度上，對於決定酶活性高級結構顯得比一級結構還重要，主要是活性中心必須有特定的立體結構。Anfinsen 的牛胰核糖核酸酶折合實驗對此提供極好的證明。

牛胰核糖核酸酶（ribonuclease，即 RNase I）的活性中心最主要的必需基團是 His_{12} 和 His_{119}，這兩個殘基在一級結構上相距 107 個胺基酸殘基，但它們在形成高級結構後卻相距很近，兩個殘基的咪唑基之間只有 0.5 nm，這對酶的活性是必需的。

Anfinsen 用枯草桿菌(*Bacillus subtilis*)蛋白酶(subtilisin)水解 RNase I 分子中的 Ala_{20}-Ser_{21} 間的胜肽鍵，其產物仍具有活性，稱為 RNase S。產物中含有兩個片段：一個小片段，含有 20 個胺基酸殘基(1~20)，稱為 S 胜肽(peptide S)；一個大片段，含有 104 個胺基酸殘基(21~124)，稱為 S 蛋白(protein S)。S 胜肽含有 His_{12}，S 蛋白含有 His_{119}。S 胜肽和 S 蛋白單獨存在時，均無活性，但若將二者按 1：1 的比例混合，在中性 pH 條件下，則能恢復酶活性，雖然此時第 20 與第 21 位之間的胜肽鍵並未恢復。這是因為 S 胜肽和 S 蛋白以氫鍵、厭水作用等化學鍵形成了一定的立體結構，使 His_{12} 和 His_{119} 這兩個殘基相互靠近，從而重新形成了活性中心（圖 6-2）。此外，如果用羧基胜肽酶(carboxypeptidase)將 S 胜肽的 C-

末端切去 7 胜肽（保留 1~13），將餘下的部分與 S 蛋白按 1：1 混合，仍可表現活性，說明 14~20 殘基與催化活性無關。

由此可見，只要酶分子保持一定的空間的立體結構，使得活性中心必需基團的相對位置保持恆定，一級結構中個別胜肽鍵的斷裂，乃至某些區域的小片段的去除，並不影響酶的活性。

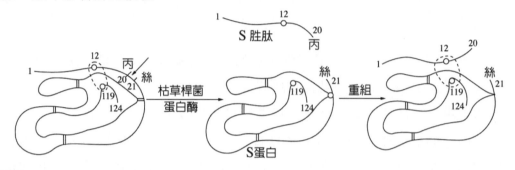

圖6-2 RNase I 的剪切與重組

五、酶原活化

許多水解酶類(hydrolases)，剛從細胞中分泌出來時是無活性的，它們是酶的前驅物(precursor)，稱為**酶原**（zymogen 或 proenzyme）。經過另一種酶的作用，使之變成有活性的酶，稱為**酶原活化**(zymogen activation)。例如：胰蛋白酶(trypsin)是多種胰臟蛋白酶原(proprotease)的活化劑(activator)。活化過程中切去酶原的一定片段，引起空間結構的改變，形成有活性的酶。其機制主要有兩種：一是切去酶原的一定片段後，形成活性中心，如胰蛋白酶原(trypsinogen)的活化；另一種則在切去一定片段後，使隱蔽的活性中心曝露出來，如胃蛋白酶原(pepsinogen)的活化。

(一) 胰蛋白酶原的活化

胰蛋白酶原(trypsinogen)是由胰腺細胞合成，分泌到腸腔內活化(activation)。活化劑是腸液中的腸激酶(enterokinase)或胰蛋白酶(trypsin)。如果是胰蛋白酶活化即稱為自體活化(autoactivation)。其活化機制是切去 N-末端一個六胜肽（為一酸性六胜肽，含四個天門冬胺酸），由於電荷的改變，使胜肽鏈收縮和捲曲，立體結構發生變化，第 46 位的組胺酸(His)和第 183 位的絲胺酸(Ser)因而得以靠近，進而形成酶的活性中心（圖 6-3）。

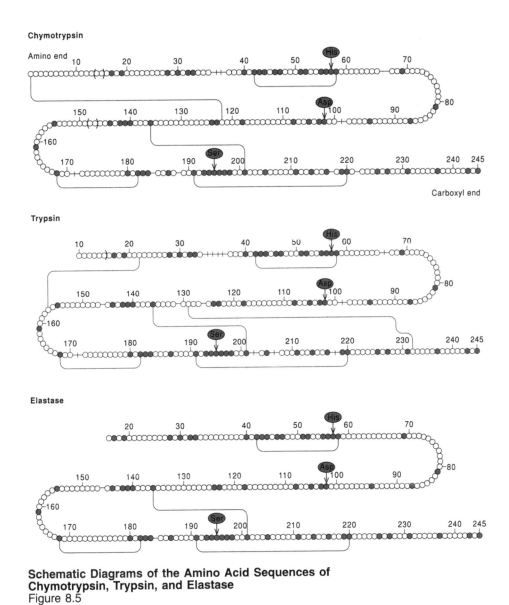

Schematic Diagrams of the Amino Acid Sequences of
Chymotrypsin, Trypsin, and Elastase
Figure 8.5

圖6-3 胰蛋白酶原的活化(Zubay, Parson, & Vance, 2007)

(二) 胰凝乳蛋白酶原的活化

　　胰凝乳蛋白酶原(chymotrypsinogen)由一條含 245 個胺基酸殘基的胜肽鏈，自胰臟分泌出來後，在腸腔中受胰蛋白酶的活化。其機制是先切斷胜肽鏈中的 Arg_{15}-Ile_{16} 之間的胜肽鍵，形成有活性的 π-胰凝乳蛋白酶(π-chymotrypsin)，後者再作用於其他的 **π-胰凝乳蛋白酶**（自體活化），使另一分子的 π-胰凝乳蛋白酶的 Leu_{13}-Ser_{14}、Tyr_{146}-Thr_{147} 和 Asn_{148}-Ala_{149} 三個胜肽鍵斷裂，游離出兩個二胜肽（Ser_{14}-Arg_{15} 和 Thr_{147}-Asn_{148}），形成**α-胰凝乳蛋白酶**（圖 6-4）。

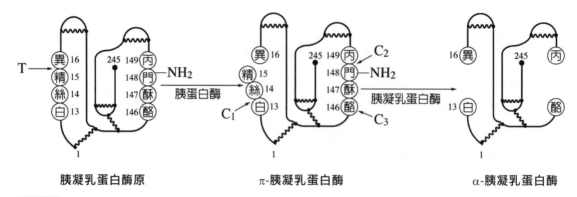

圖6-4　胰凝乳蛋白酶原活化過程

〰 表示雙硫鍵；T 表示胰蛋白酶作用點；C_1、C_2、C_3為胰凝乳蛋白酶自體活化作用點

　　α-胰凝乳蛋白酶就是這個酶的活性形式，它由三條胜肽鏈構成（酶原為一條胜肽鏈），互相間以 5 個雙硫鍵連接。在活化過程中，當第 16 位的 Ile 的胺基游離出來後，這個新末端的胺基在與第 194 位的 Asp 的羧基發生靜電作用而形成鹽鍵(salt linkage)，進而觸發一系列的立體結構變化，使第 195 的 Ser 和第 57 位的 His 轉到活性中心，而第 192 位的 Met 從分子內部轉向表面，最後形成有活性的胰凝乳蛋白酶。

　　在生物體內，水解酶等酶類以酶原形式合成，並在一定條件下活化。此一機制具有重要的生物學意義，藉以保護組織細胞不致發生自體消化或遭到破壞。胰腺細胞分泌的大多數水解酶都以酶原的形式存在，分泌到消化道後才被活化而發生作用，保護胰腺細胞不被這些酶作用。

6.4　酶催化反應的機制

　　酶具有很高的效率，且能在常溫常壓以及近中性溶液中進行催化反應，對受質又有一定的選擇性，以及不發生副反應等優點。探討酶催化反應的機制，成為一個有趣的課題。

一、酶可降低活化能

　　在一個化學反應中，並不是所有反應物(reactant)分子都能參加反應，因為各個反應物分子所含能量不同，只有那些所含能量達到或超過一定限度的分子，才能參加反應，這些分子稱為活化分子(activated molecule)。活化分子足以推動反應

所需的能量稱為**活化能**(activation energy)。換言之，**分子進行反應所必須取得的最低限度的能量謂之活化能**，其數值為：在一定溫度下，1 莫耳(mol)反應物全部進入活化狀態或全部轉變為活化分子所需要的自由能(free energy)。**活化分子含有能參加化學反應的最低限度之能量**，稱之**能域**或**能量障壁**(energy barrier)。

在一個化學系統中，活化分子越多，反應就越快。因此，增加活化分子數，就能提高反應速度。要使活化分子數增多有兩種可能途徑：一種是加熱或光照射，使其一部分所含能量較低的分子獲得能量而轉變成活化分子，這是增加活化分子的絕對數；另一種是利用降低活化能，可相對地增加活化分子的數目。催化劑(catalyst)的作用就是用來降低反應的活化能。活化能越低，反應也就越容易進行（圖 6-5）。

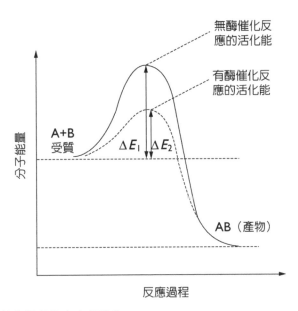

圖6-5 非催化過程與催化過程的自由能變化

酶之所以能催化化學反應，就是在於它能降低化學反應的活化能，使反應在較低能量狀態下進行。

有無催化劑存在下，酶與無機催化劑比較，其反應的活化能有很大的差別。例如：以過氧化氫的分解為例，無催化劑存在時，其活化能為 18,000 cal/mol；用鉑或鈀作為催化劑時，活化能為 11,700 cal/mol；而當過氧化氫酶（catalase 催化酶）存在時，其活化能為 2,000 cal/mol。又如蔗糖的分解，無催化劑時活化能為 32,000 cal/mol，以 H^+ 作催化劑時，為 25,600 cal/mol，而用蔗糖酶(sucrase)催化時，活化能為 9,400 cal/mol。

二、酶催化化學反應的方法

　　利用酶降低活化能，從而使反應加速。然而，酶是怎樣降低活化能的？比較公認的解釋是認為，酶在催化反應過程中反應物不是直接轉變成產物，而是要經過中間過渡狀態(transition state)。1902 年 Henri 在研究蔗糖酶的催化反應時，首先提出了這一假說。

$$S+E \rightleftharpoons ES \rightarrow E+P$$

　　上式 S 代表受質(substrate)；E 代表酶(enzyme)；ES 即為中間過渡狀態物質，是由酶和受質結合後產生的中間物；P 為反應的產物(product)。

　　受質具有一定的活化能，當受質和酶結合成過渡態的中間物時，要釋放一部分結合能，這部分能量的釋放，使得過渡態的中間物處於比 E＋S 更低的能階，因此整個反應的活化能降低，使反應大大加速。這便是**中間產物理論**(intermediate theory)的基本涵義。

　　在形成中間產物時，酶同受質的結合是一種非共價結合，依靠氫鍵、離子鍵、凡得瓦力等次級鍵維繫。

三、酶作用高效率的機制

(一) 鄰近效應與定向效應

　　所謂**鄰近效應**(approximation)是指酶與受質結合形成中間物以後，使受質和受質（如雙分子反應）、酶的活性基團與受質結合於同一分子大幅地提高有效濃度，進而提升反應速度。由於化學反應速度與反應物濃度成正比，在反應的某一局部區域反應物濃度增高，反應速度也會隨之增大。酵素反應就是使受質分子聚集於酶的活性中心，以提高這個區域受質之有效濃度。例如：在體內生理條件下，受質濃度一般約 0.001 M，而在酶的活性中心部位曾測定出受質濃度為 100 M，比溶液中高 10^5 倍，十分有利於分子的相互碰撞而發生反應，所以在酶的活性中心區域反應速度必定是極高的。

　　所謂**定向效應**(orientation)是指反應物的反應基團之間、酶的催化基團與受質的反應基團之間的正確定向所發生的效應。在酵素反應中，受質向酶活性中心「靠近」，除了形成局部區域高濃度外，還使受質及酶的反應基團在反應中彼此

正確地定向。如圖 6-6 (a)表示酶與受質（或受質與受質）雖然鄰近，但二者的反應基團卻未靠近，也未定向；(b)表示反應基團鄰近，但不定向，仍不利於反應；只有(c)兩個反應基團既鄰近，又正確定向有利於受質形成轉變態，使反應加速地進行。

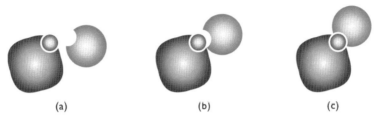

| | (a) | (b) | (c) |

圖6-6 受質與酶的鄰近與定向

　　當受質未與酶結合時，活性中心的催化基團並未能與受質十分靠近。酶活性中心的結構極具可塑性（適應性），當特定的受質與活性中心結合時，酶蛋白立體結構會發生一定的改變，使酶結合基團及催化基團正確地排列並定位，以便能與受質作很好的結合，使受質分子得以「靠近」和「定向」於酶。這樣，活性中心局部的受質濃度也才能大大提高。酶立體結構發生這種改變是反應速度增高很重要的原因之一。反應後釋放出產物，酶的立體結構再度逆轉，回到初始狀態。由 X-射線繞射分析證明，溶菌酶(lysozyme)和羧基胜肽酶(carboxypeptidase)即具有這樣的機制。

(二) 共價催化

　　共價催化(covalent catalysis)又稱親核催化(nucleophilic catalysis)或親電子催化(electrophilic catalysis)。在催化時，親核催化劑或親電子催化劑能分別放出電子或吸取電子，並作用於受質的缺電子中心或負電中心，迅速形成不穩定的共價中間複合物，降低反應活化能，從而使反應加速。

　　發生共價催化的酶，其活性中心都含有親核基團，如 Ser 的羥基、Cys 的硫氫基、His 的咪唑基等。這些基團都有剩餘的電子對作為電子的供體和受質的親電子基團（如脂肪酸中羧基之碳原子和磷酸基中之磷原子）以共價鍵結合。此外，一些輔酶也有親核中心。

　　以醯基轉移反應(acyltransfer reaction)為例來說明共價催化的原理。酶分子活性中心的親核基團首先與含醯基的受質（如脂肪分子）以共價結合，形成醯化酶(acylation enzyme)中間產物，接著醯基從中間產物轉移到另一醯基受體（如醇或

水）分子中，這可用下列反應式表示。含親核基團的酶 E 催化的反應（R 為醯基）：

$$第一步：RX + E \xrightarrow{\text{快}\atop\text{酶}} RE + X^-$$
$$\underset{\substack{\text{醯基供體}\\(\text{受質})}}{} \qquad\qquad \underset{\text{醯化酶}}{}$$

$$+ \quad 第二步：RX + H_2O \xrightarrow{\text{快}} ROH + E + H^+$$
$$\underset{\substack{\text{最終醯基供體}\\(\text{受質})}}{}$$

$$總反應：RX + H_2O \xrightarrow{(\text{酶}) \cdot \text{快}} ROH + X^- + H^+$$
$$非催化反應：RX + H_2O \xrightarrow{\text{慢}} ROH + X^- + H^+$$

　　在酶催化的反應中，第一步是有酶參加的反應，因而比沒有酶時對受質與醯基受體(acyl group receptor)的反應快一些；第二步反應，因酶含有易變的親核基團，因而所形成的醯化酶與最終的醯基受體的反應，也必然要比無酶的最初受質與醯基受體的反應要快一些。合併兩步催化的總速度要比非催化反應大得多，因此形成不穩定的共價中間物可以大大加速反應。

　　具共價催化機制的酶較多，如胰蛋白酶(trypsin)、木瓜蛋白酶(papain)、鹼性磷酸酶(alkaline phosphatase)、醛縮酶(aldolase)等都是運用此方式進行催化的。

(三) 酸鹼催化

　　酸鹼催化劑(acid-base catalysis)是催化有機反應的最普通、最有效的催化劑。酸鹼催化劑有兩種，一種是狹義的酸鹼催化劑，即 H^+ 和 OH^-，由於酶反應的最適 pH 值一般接近於中性，因此 H^+ 和 OH^- 的催化在酶反應中並不重要；另一種是廣義的酸鹼催化劑，即質子受體(proton receptor)和質子供體(proton donor)的催化，即反應物在反應中失去或接受質子以穩定過渡狀態，加速反應進行，這種廣義的酸鹼催化在酵素反應中相當普遍。

▶表 6-7　酶蛋白的功能基

	廣義酸基團（質子供體）	廣義鹼基團（質子受體）
功能基結構式	—COOH —NH$_3^+$ —SH 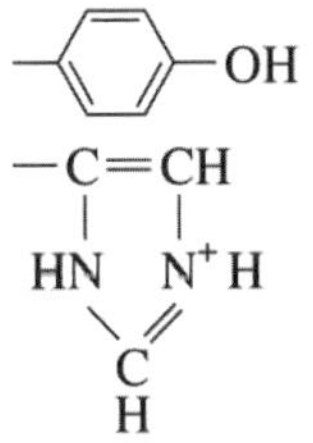 〇—OH —C=CH HN　N$^+$H 　　C 　　H	—COO$^-$ —NH$_2$ —S$^-$ 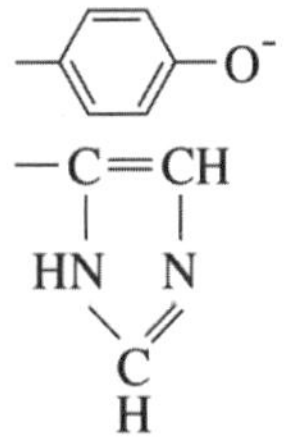 〇—O$^-$ —C=CH HN　N 　　C 　　H

　　酶蛋白中含有好幾種可以發生廣泛地酸鹼催化作用的功能基，如胺基、羧基、硫氫基、酚羥基及咪唑基等（表 6-7）。其中組胺酸(histidine)的咪唑基尤其重要，因為它既是一個很強的親核基團，又是一個有效的廣義酸鹼功能基。咪唑基影響酸鹼催化反應速度的因素有兩個：

1. **酸鹼的強度**：在這些功能基中，His 咪唑基的 pK_a 約為 6.0，這意味著由咪唑基解離下來的質子濃度與水中的氫離子濃度相近。因此，它在接近於生理體液 pH 值的條件下（即在中性條件下），有一半以酸形式存在（可提供質子），另一半以鹼形式存在（可接受質子），亦即咪唑基既可以作為質子供體，又可以作為質子受體在酵素反應中發揮催化作用。因此，咪唑基是催化中最有效、最活潑的一個催化功能基。

2. **官能基團提供質子和接受質子的速度**：咪唑基有其優越性，它提供質子或接受質子的速度十分迅速，其半衰期(half-life)小於 10^{-10} 秒，且提供質子或接受質子的速度幾乎相等。

　　由於咪唑基上述優點，因此組胺酸在大多數蛋白質中雖然含量很少卻很重要，推測可能是生物進化過程中，它不作為一般的結構蛋白成分，而是被選作為酶分子中的催化成員保留下來。事實上，組胺酸是許多酶活性中心的構成成分（表 6-5）。

不同催化機制對反應的加速程度不盡相同。如依靠酶將受質固定於其表面並使之靠近與定向，可加速反應 10^8 倍，而以共價結合及酸鹼催化反應則加速並不多，僅 10^3 倍。但實際上，酶在催化一個化學反應時，常常是在多種機制的多元催化下，大幅提高催化效率。

四、酶作用的專一性

對於酶作用的專一性有多種學說論述，其共同點為：酶活性中心是酶作用專一性的基礎，有結合基團與催化基團的存在，這些基團均需有特定的立體結構(conformation)；酶要表現其作用專一性則必須和受質結合。

(一) 鎖鑰學說

早在 1894 年，Fischer 就提出了鎖鑰學說(Lock and Key Theory)來解釋酶對受質的專一性。此學說認為整個酶分子的立體結構完美無缺，具有剛性，酶表面具有特定的形狀，只有特定的化合物才能嵌合得上，即酶與受質表面結構的特定部位形狀互補，一定的酶只能與一定的受質結合，就好像一把鑰匙對一把鎖一樣（圖6-7）。

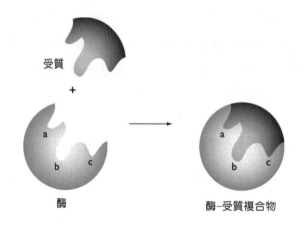

受質
+
酶
酶–受質複合物

圖6-7 鎖鑰學說

(二) 誘導嵌合學說

Koshland (1964)在鎖鑰學說的基礎上提出誘導嵌合學說(Induced-fit Theory)，此學說與鎖鑰學說比較，最重要的區別在於：酶的活性部位是柔性的，具有可塑性和彈性。在未接觸受質時，酶活性中心的立體結構與受質並不一定互補，一旦與受質接觸，酶隨即發生立體結構的變化，與受質具有互補性。

誘導嵌合學說可用圖 6-8 來說明。圖中 A、B 為酶分子活性中心的催化基團，C 為結合基團。I 表示酶分子的原有立體結構，II 表示受質誘導酶分子發生了立體結構變化，使催化基團 A、B 並列，有利於與受質結合，形成酶－受質複合物（中間產物）。但如果導入了不正常的、非專一性的受質，情況就不同了。III 和 IV 分別表示導入一個比受質大或小的分子，在這兩種情況下都不能使 A、B 並列，妨礙酶－受質中間複合物的形成，無法引起催化作用。由 X-射線繞射及旋光測定，證明許多酵素反應中確有立體結構的變化，為誘導嵌合學說提供了有力證據。

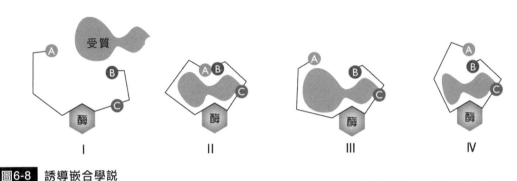

圖6-8　誘導嵌合學說

(三) 結構性質互補假說

從酶是蛋白質、會產生立體結構變化以及某些物理性質等角度，認為酶同受質結合的專一性，與受質結構和酶活性中心的空間結構相關，二者的結構具有互補性；由此衍生出結構性質互補假說(Structure-property Complemention Theory)，即如果受質是解離帶電荷的，則酶的活性中心必然帶相反電荷才能很好的結合；而且受質同活性中心的極性也必然相同。

例如：各種動物蛋白酶具有不同的專一性。胰蛋白酶(trypsin)水解由鹼性胺基酸（Lys 和 Arg）的羧基所形成的胜肽鍵；胰凝乳蛋白酶(chymotrypsin)水解由芳香族胺基酸（Phe、Tyr 和 Trp）的羧基所形成的胜肽鍵；而彈性蛋白酶(elastase)則是水解一些具有小側鏈胺基酸（Ala、Ser 等）羧基所形成的胜肽鍵。這些特異性是由酶的活性中心的立體結構所決定。X-射線繞射顯示，在胰凝乳蛋白酶活性中心的 Ser_{195} 近側有一深的凹陷區域，凹陷區域的四壁由非極性胺基酸的側鏈組成，當受質蛋白質與酶蛋白接觸時，受質分子中的芳香族側鏈藉分子引力正好嵌入凹陷區域內，而使受質固定於酶的活性中心（圖 6-9）。

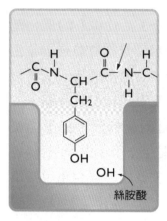
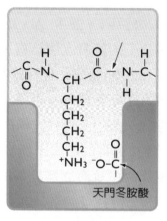
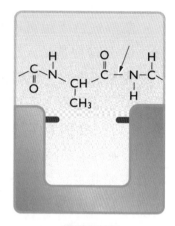

絲胺酸

胰凝乳蛋白酶
(Chymotrypsin; Phe)

天門冬胺酸

胰蛋白酶
(Trypsin; Lys)

彈性蛋白酶
(Elastase; Gly)

圖6-9 三種胰臟蛋白酶的受質結合部位

胰蛋白酶、彈性蛋白酶等的活性中心也有一個類似胰凝乳蛋白酶的凹陷區域，由非極性胺基酸側鏈組成。但是三者在結構上有微細的區別：胰凝乳蛋白酶的凹陷區域底部是 Ser 殘基；胰蛋白酶是 Asp 殘基，它剛好與伸入其內、帶正電荷的 Lys 或 Arg 側鏈形成一個較強的靜電作用；彈性蛋白酶的凹陷區域較淺，而且其上部有兩個較大的胺基酸（Val 和 Thr）擋住，且不像胰凝乳蛋白酶，凹陷區域上方是兩個 Gly，因此只能讓 Ala 這樣的小 R 基進入。

(四)「三點附著」假說

具有立體專一性的酶對受質異構體的識別也是由活性中心的立體結構決定的。前面提到的甘油激酶(glycerol kinase)能夠識別甘油的 C_1 並使其磷酸化 (phosphorylation)，而不能使 C_3 磷酸化，Ogster 提出「三點附著」假說(Tthree-point Attachment Theory)來解釋這種機制。他認為受質甘油(glycerol)分子具有立體結構，它的三個基團都同時附著於甘油激酶分子表面的特異結合位點上（稱為三點附著或三點結合），這三個部位之一是催化部位，使受質發生磷酸化反應。三點附著有一定的順序，因此甘油與甘油激酶只有一種結合方式（圖 6-10）。

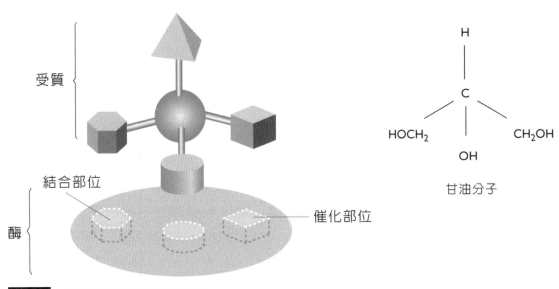

圖6-10 甘油與甘油激酶的三點附著

在醣類的代謝中，烏頭酸酶(aconitase)與受質檸檬酸(citric acid)的結合也可用這種機制來解釋。

乳酸脫氫酶(lactate dehydrogenase)是具有光學異構的酶，它與受質乳酸(lactic acid)的結合與上述情形類似，在結合位點上涉及三個基團（圖 6-11）。L(＋)-乳酸透過不對稱碳原子上的-CH₃、-COOH 及-OH 分別與乳酸脫氫酶上活性中心的 A、B、C 三個特異部位結合，故可由 L-乳酸脫氫酶催化轉變為丙酮酸(pyruvic acid)。D(－)-乳酸由於-OH 和-COOH 的位置與 L(＋)-乳酸剛好相反，與 L-乳酸脫氫酶三個結合部位不能完全吻合，因而不能被催化轉變成丙酮酸，它只能與 D-乳酸脫氫酶結合，並被其催化。

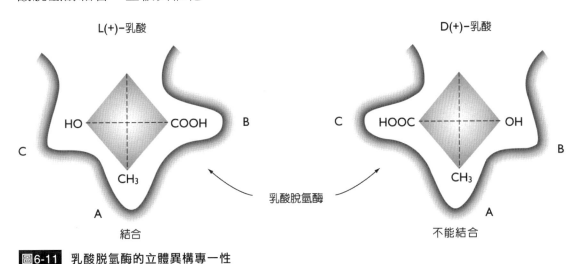

圖6-11 乳酸脫氫酶的立體異構專一性

6.5 酵素反應動力學

所謂動力學(kinetics)乃指反應速度與影響反應速度的各種因素之關係，其中受質濃度占首要地位，受質濃度變化，反應速度亦隨之變化。

一、米－曼氏平衡學說

1902 年，Henri 在研究蔗糖酶(sucrase)催化蔗糖分解時，即發現酶催化反應對受質有飽和現象。酶在催化一個反應時，隨著受質濃度的增加反應速度亦增大，但並非是成比例的線性關係，而是一個雙曲線(hyperbola)關係（圖 6-12）。

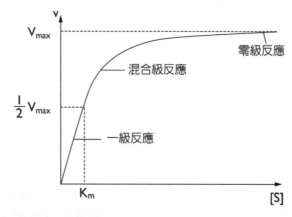

圖6-12 酵素反應速度與受質濃度的關係

由圖 6-12 可見，最初受質濃度較低時，反應速度隨受質濃度增加而急劇增加，反應速度與受質濃度成正比，表現為一級反應；當受質濃度較高時，反應速度雖隨受質濃度增加而增加，但增加的速度不如受質濃度低時那樣顯著，表現為混合級反應；當受質濃度達到某一定值後，再增加受質濃度，反應速度不再增加而趨於恆定，即反應速度與受質濃度無關，表現為零級反應。此時的速度為最大反應速度，用 V_{max} 表示。達到最大反應速度時，受質濃度即出現飽和現象(saturation phenomenon)。

為了解釋這種現象，Michaelis 和 Menten 對於圖 6-12 提出了米－曼氏平衡學說：

$$v = \frac{V_{max}}{K_m + [S]}$$

式中：v 為反應速度；V_{max} 為最大反應速度；[S]為受質濃度；K_m 稱為**米氏常數**(Michaelis Constant)。Michaelis 和 Menten 的運算式，基於下列三個假設：

1. **受質的濃度[S]遠遠超過酶的濃度[E]**：表示中間物 ES 的形成不會明顯地降低 [S]。即使所有的酶都轉變成 ES，而這時[S]的降低量仍可忽略不計。

2. **測定的速度為反應之初速度**：表示此時受質 S 的消耗很少，只占原始濃度的極少部分。故在測定反應速度所需的時間內，產物 P 的生成極少，由 P＋E 逆轉而重新生成中間物 ES 的可能性可以不予考慮。

3. **解離成 E＋S 的速度顯著快於 ES 形成的速度**：也或者可說 E＋S ⇌ ES 的可逆反應在測定初速度的時間內已達平衡，而小量 P 的生成不影響這個平衡，這就是平衡學說(Equilibrium Theory)或**快速平衡學說**(Quick Equilibrium Theory)。

二、米－曼氏方程式(Michaelis-Menten Equation)

1925 年，Briggs 和 Haldane 對米－曼氏平衡學說作了些修改。他們認為，因為酶有很高的催化效率，當 ES 形成後，隨即迅速地轉變成產物而釋放出 E，因此 Michaelis 和 Menten 所謂的快速平衡不一定能成立，而提出了一個**穩定狀態（恆態）學說**(Steady-state Thoery)，認為在測定初速度的過程中，[S]減少，[P]增加，而中間複合物 ES 在一開始增高後，可在相當一段時間內保持濃度的恆定，在這段時間內，ES 生成的速度和 ES 消失（包括分解成 E＋S 和 E＋P）的速度相等，達到動態平衡，即所謂穩定狀態。根據上述假設，對米－曼氏方程式推導如下。由中間產物理論，酵素反應可依據下列兩步驟進行：

$$E + S \underset{k_{-1}}{\overset{k_1}{\rightleftharpoons}} ES \underset{k_{-2}}{\overset{k_2}{\rightleftharpoons}} E + P \tag{1}$$

　　每一步反應有各自的速度常數：由酶和受質生成不穩定中間物複合物 ES 的速度常數為 k_1，反向為 k_{-1}；由 ES 轉變為產物的速度常數為 k_2，反向為 k_{-2}。由於 P＋E 形成 ES 的速度極小（特別是在反應處於初速度階段時，產物 P 的量很少），故 k_{-2} 可忽略不計。根據質量作用定律，由 E＋S 形成 ES 的速度為：

$$v = \frac{d[ES]}{dt} = k_1([E]-[ES])[S] \qquad (2)$$

　　上式中：[E]為酶的總濃度（游離酶與結合酶之和）；[ES]為酶與受質形成的中間複合物的濃度；[E]－[ES]即為游離酶的濃度；[S]為受質濃度；通常受質濃度比酶濃度過量得多，即[S]>>[E]，因而在任何時間內，與酶結合的受質量與受質總量相比可以忽略不計。

　　同理，ES 複合物的分解速度，即[ES]的減少率可用下式表明：

$$-v = \frac{-d[ES]}{dt} = k_{-1}[ES]+k_2[ES] \qquad (3)$$

　　當處於平衡狀態時，ES 複合物的生成速度與分解速度相等，即：

$$k_1([E]-[ES])[S] = k_{-1}[ES]+k_2[ES] \qquad (4)$$

　　將(4)式移項整理，可得到：

$$\frac{[S]([E]-[ES])}{[ES]} = \frac{k_{-1}+k_2}{k_1} = K_m \qquad (5)$$

　　K_m 稱為米氏常數。從式(5)中解出[ES]，即可得到 ES 複合物的穩定態濃度：

$$[ES] = \frac{[E][S]}{K_m+[S]} \qquad (6)$$

　　因為酵素反應的初速度與 ES 複合物的濃度成正比，所以可以寫成：

$$v = k_2[ES] \qquad (7)$$

當受質濃度達到能使這個反應系統中所有的酶都與其結合形成 ES 複合物時，反應速度即達到最大速度 V_{max}。[E]為酶的總濃度，因為此時[E]已相當於[ES]，(7)式可以寫成：

$$V_{max} = k_2[ES] \tag{8}$$

將(6)式的[ES]值代入(7)式，得：

$$v = k_2 \frac{[E][S]}{K_m + [S]} \tag{9}$$

以(8)式除(9)式，則可得：

$$\frac{v}{V_{max}} = \frac{k_2 \dfrac{[E][S]}{K_m + [S]}}{k_2[E]}$$

故 $\quad v = \dfrac{V_{max}[S]}{K_m + [S]} \tag{10}$

這就是**米－曼氏方程式**(Michaelis-Menten Equation)。如果 K_m 和 V_{max} 均為已知，便能夠確定酵素反應速度與受質濃度之間的定量關係。米氏常數(K_m)的意義，是當酵素反應處於 $v = \dfrac{1}{2}V_{max}$ 的特殊情況時，則米－曼氏方程式可寫為：

$$\frac{V_{max}}{2} = \frac{V_{max}[S]}{K_m + [S]}$$

$$(K_m + [S]) \times V_{max} = 2V_{max}[S]$$

$$K_m + [S] = 2[S]$$

故 $\quad K_m = [S]$

亦即：**當反應速度(v)是最大反應速度(V_{max})的一半時，受質濃度($[S]$)即為米氏常數(K_m)。**因此，K_m 的單位為莫耳濃度（莫耳·升$^{-1}$）。

 專欄 BOX

6.3 米氏常數(K_m)的重要性

米氏常數(K_m)是酶學研究中的一個極重要的資料，在生物化學上有極實際的應用價值：

1. K_m **是酶的特徵常數**：K_m 在特定的反應與條件下，對特定的酶是一個特徵常數。它只與酶的性質有關而與酶的濃度無關。不同的酶具有不同的 K_m 值；同一種酶，對不同的受質也具有不同的 K_m 值，一般在 $10^{-2} \sim 10^{-6}$ M 數量及範圍內（見表 6-8）。

2. K_m **可以用來表示酶對受質的親和力**：由於 K_m 可以看作是中間複合物的解離常數。K_m 越大說明中間物越容易解離，或者說反應速度達到最大反應速度一半時所需的受質濃度越高，就表示酶對受質的親和力越小；反之，K_m 越小，酶對受質的親和力越大。

3. **鑑定酶**：催化相同反應的酶，在不同生物或同種生物在不同發育階段或生理條件下，可利用 K_m 測定來判斷它們是否屬於同一種酶。

4. **判斷酶的最適受質**：一種酶如果可以作用於幾個受質，就有幾個 K_m 值。測定各種受質的 K_m 值，K_m 值最小（或 V_{max}/K_m 最大）的受質就是最適受質(optimum substrate)。

5. **計算受質濃度**：由 K_m 值及米－曼氏方程式，可決定在所要求的反應速度下應加入的受質濃度，或者已知受質濃度來求該條件下的反應速度（估計產物生成量）。例如：假設要求反應速度達到 V_{max} 的 99%，則受質濃度應為：

$$99\% = \frac{100\%[S]}{K_m + [S]}$$

$$99\%K_m + 99\%[S] = 100\%[S]$$

故：$[S] = 99K_m$

如果要將反應速度達到 V_{max} 的 90%，其受質濃度應為：

$$90\% = \frac{100\%[S]}{K_m + [S]}$$

$$90\%K_m + 90\%[S] = 100\%[S]$$

故：$[S] = 9K_m$

若要求反應速度達到 V_{max} 的 x%，則其受質濃度為：

$$[S] = \frac{x}{100 - x} K_m$$

6. **了解受質在體內的濃度**：一般而言，作為酶的天然受質，它在體內的濃度應接近它的 K_m 值，因為如果$[S]_{體內} \ll K_m$，那麼 $v \ll V_{max}$，大部分酶處於「浪費」狀態；相反，如果$[S]_{體內} \gg K_m$，那麼 v 始終接近於 V_{max}，則這種受質濃度會失去其生理意義，也不符合實際情況。

7. **判斷反應方向和趨勢**：催化可逆反應(reversible reaction)的酶，對正、逆兩向的 K_m 值常常是不同的，測定這些 K_m 值的大小及細胞內正、逆兩向的受質濃度，可以大致推測該酶催化正、逆兩向的反應效率。這對了解酶在細胞內的主要催化方向、研究代謝途徑(metabolic pathway)和其他生理功能具有重要意義。

8. **判斷抑制劑類型**：測定不同抑制劑(inhibitor)對某個酶的 K_m 及 V_{max} 影響，可以判斷該抑制劑的類型（見 6.6 節）。

▶ 表 6-8　一些酶的米氏常數(K_m)

酶	受 質	K_m (M)
蔗糖酶(sucrase)	蔗糖(sucrose)	2.8×10^{-2}
蔗糖酶(sucrase)	棉籽糖(raffinose)	35×10^{-2}
α-澱粉酶(α-amylase)	澱粉(starch)	6×10^{-4}
麥芽糖酶(maltase)	麥芽糖(maltose)	2.1×10^{-1}
尿素酶(urease)	尿素(urea)	2.5×10^{-2}
己糖激酶(hexokinase)	葡萄糖(glucose)	1.5×10^{-4}
己糖激酶(hexokinase)	果糖(fructose)	1.5×10^{-3}
胰凝乳蛋白酶(chymotrypsin)	N-苯甲醯酪胺醯胺(N-benzoyl-tyrosylamine)	2.5×10^{-3}
胰凝乳蛋白酶(chymotrypsin)	N-甲醯酪胺醯胺(N-formyl-tyrosylamine)	1.2×10^{-2}
胰凝乳蛋白酶(chymotrypsin)	N-乙醯酪胺醯胺(N-acetyl-tyrosylamine)	3.2×10^{-2}
過氧化氫酶(catalase)	H_2O_2	2.5×10^{-2}
琥珀酸脫氫酶(succinate dehydrogenase)	琥珀酸鹽(succinate)	5×10^{-7}
碳酸酐酶(carbonic anhydrase)	HCO_3^-	9×10^{-3}
乳酸脫氫酶(lactate dehydrogenase)	丙酮酸(pyruvic acid)	1.7×10^{-5}

6.6　酵素反應的影響因素

除酶與受質本身性質之外，外界條件對酶反應速度的影響也很重要，這些條件包括：溫度、pH、酶濃度、產物濃度、活化劑和抑制劑等方面。

一、溫　度

酵素反應與其他大多數化學反應一樣，反應速度隨溫度的升高而加快。溫度每升高 10℃所增加的反應速度稱為溫度係數（temperature coefficient，一般用 Q_{10} 表示）。一般化學反應的 Q_{10} 為 2~3（提高 2~3 倍），但酵素反應的 Q_{10} 僅 1~2。

在溫度升高之初，反應速度隨之加大。但當溫度升至一定程度後，反應速度開始下降。使反應速度達到最大時的溫度，稱為酶的最適溫度(optimum temperature)（圖 6-13），不同酶具有不同的最適溫度。

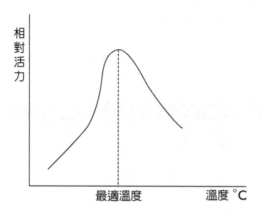

圖6-13 溫度對酶活性的影響

在溫度上升的最初階段，酶蛋白變性尚未表現出來，反應的初速度隨溫度的升高而增加（此時活化分子數增加是主要因素）；但是，當反應時間延長，溫度繼續上升時，酶蛋白逐漸明顯變性，反應速度升高的效率將逐漸被酶蛋白變性所抵消。

二、酸鹼度

在一定 pH 條件下，酶表現出最大的活性，高於或低於此值，活性均降低。酶表現最大活性的 pH 值稱為酶的**最適 pH 值**。典型的 pH 對酶活性影響曲線呈鐘形，但也有其他型式（圖 6-14）。

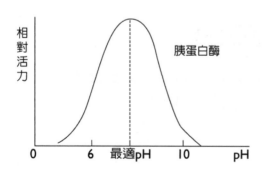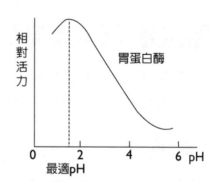

圖6-14 pH 對酶活性的影響

酶在一定條件下都有一定的最適 pH 值。一般而言，酶的最適 pH 值大多在 5~8 之間，植物和微生物酶的最適 pH 值多在 4.5~6.5 左右，動物體內的酶其最適 pH 值在 6.5~8.0 左右。胃蛋白酶(pepsin)最適 pH 值則是 1.5，肝中精胺酸酶 (arginase)的最適 pH 值為 9.8。一些酶的最適 pH 值請見表 6-9。須注意，最適 pH 值因受到受質的性質及濃度、緩衝液(buffer)的性質及濃度、介質的離子強度、溫度和作用時間等因素的影響，它不是一個特徵常數。而且，多數酶最適 pH 值與它的等電點(pI)並不完全一致。

過去認為，pH 值影響酶活性之根本原因在於影響整個酶分子的解離狀態。但深入研究發現下列特性：

1. **最適 pH 值與等電點**：酶反應都有其各自的最適 pH 值，這種最適 pH 值往往和它的等電點不一致（表 6-9）。而且同一種酶作用於不同的受質，其最適 pH 值也有差異。

2. **最適 pH 值與修飾後酶**：經過修飾的酶，其最適 pH 值通常不變。

3. **最適 pH 值與酶活性中心**：某些酶的活性中心已經很清楚，它們的最適 pH 值主要和活性中心側鏈基團的解離有直接相關。

▮▶ 表 6-9　一些酶的最適 pH 值和等電點

酶	受 質	最適 pH 值	等電點
胃蛋白酶(pepsin)	蛋白質(protein)	1.5~2.5	3.8
蔗糖酶(sucrase)	蔗糖(sucrose)	4.5	5.0
α-澱粉酶(α-amylase)（麥芽）	澱粉(starch)	4.7~5.4	5.7
β-澱粉酶(β-amylase)（麥芽）	澱粉(starch)	5.2	6.0
木瓜蛋白酶(papain)	蛋白質(protein)	5.0~5.5	9.0
麥芽糖酶(maltase)（腸）	麥芽糖(maltose)	6.1	
尿素酶(urease)	尿素(urea)	6.4~7.6	5.0
脫羧酶(decarboxylase)（酵母）	丙酮酸(pyruvic acid)	6.0	5.1
胰蛋白酶(trypsin)	蛋白質(protein)	7.5	7.8
過氧化氫酶(catalase)	H_2O_2	7.6	
醛縮酶(aldolase)（兔肌）	果糖二磷酸(frucose-iphosphate)	7.5~8.5	6.0
胰凝乳蛋白酶(chymotrypsin)	蛋白質(protein)	8~9	8.1~8.6
己糖激酶(hexokinase)（酵母）	葡萄糖(glucose)、ATP	8~9	4.5~4.8
延胡索酸酶(fumarase)	蘋果酸(malic acid)	8.0	5.0~5.4
鹼性磷酸酶(alkaline phosphatase)	磷酸甘油(glycerophosphate)	9.5	
精胺酸酶(arginase)	精胺酸(arginine)	9.8	

以溶菌酶(lysozyme)為例，從 X-射線繞射分析表顯示，該酶的活性中心包括兩個關鍵性側鏈基團：Glu_{35} 和 Asp_{52}，而且 35 位置的 Glu 必須是 COOH 狀態，52 位置的 Asp 必須是 COO^- 狀態才有活性，也就是說，Glu_{35} 必須是質子供體，而 Asp_{52} 必須是質子受體。如果溶液中的 pH 值影響了活性中心這兩個酸性胺基酸殘基的解離狀態，必然影響它們的酶活性。

研究顯示，pH 值對酶活性的影響可能不只是對酶整個蛋白質分子的影響，最重要的是它們改變了酶的活性中心或與之有關基團的解離狀態，也就是說，酶要表現活性，它的活性中心有關基團必須具有一定的解離形式。

三、受質與酶的濃度

在酶催化反應中，酶要與受質先形成中間複合物，當受質濃度大大超過酶濃度時，反應速度隨酶濃度的增加而增加（當溫度和 pH 值不變時），兩者成正比例關係。酶反應的這種性質是酶活性測定的基礎之一，在酶的分離純化上常被應用。例如：要比較兩種酶活性的大小，可用同樣濃度的受質和相同體積的 A、B 兩種酶製劑一起保溫一定時間，然後測定產物的量。如果 A 作用之產物為 0.2 mg，B 作用之產物為 0.6 mg，這就說明 B 製劑的活性比 A 製劑的活性大三倍。

四、活化劑

凡能提高酶的活性，加速酵素反應進行的物質都稱為**活化劑**(activator)。酶的活化與酶原活化不同，酶活化是使已具活性的酶的活化增高，使活性由小變大；酶原活化是使本來無活性的酶原變成有活性的酶。

有些酶的活化劑是金屬離子和某些陰離子，如許多激酶(kinase)需要 Mg^{2+}，精胺酸酶(arginase)需要 Mn^{2+}，羧基胜肽酶(carboxypeptidase)需要 Zn^{2+}，唾液澱粉酶(ptyalin)需要 Cl^- 等；有些酶的活化劑是半胱胺酸、硫氫乙醇、麩胱甘胜肽(glutathione)、維生素 C (vitamin C)等小分子有機物；有的酶還需要其他蛋白質活化。活化劑的作用是相對的，一種酶的活化劑對另一種酶來說，也可能是一種抑制劑。不同濃度的活化劑對酶活性的影響也不同。

五、抑制劑

　　研究抑制劑對酶的作用，對於研究生物有機體代謝途徑、酶活性中心官能基團的性質、酶作用的專一性、某些藥物的作用機制以及酶作用的機制等方面都具有十分重要的意義。

(一) 抑制劑的作用

　　某些物質能夠降低酶的活性，使酵素反應速度減慢。但不同物質降低酶活性的機制是不一樣，可分為下列三種情況：

1. **去活化作用**(inactivation)：酶蛋白分子受到物理和化學因素的影響，改變了酶分子部分或全部的立體結構，進而引起酶活性的降低或喪失，這是酶蛋白變性的結果。蛋白質變性劑(denaturant)均可使各種酶失去活性，對酶沒有選擇性。

2. **抑制作用**(inhibition)：酶的必需基團（包括輔助因子）性質受到某種化學物質的影響而發生阻斷或改變，導致酶活性降低或喪失。此時，酶蛋白一般並未變性，有時可用物理或化學方法使酶恢復活性，這就是抑制作用。能引起酶抑制作用的物質稱為抑制劑(inhibitor)。抑制劑對酶有一定的選擇性，一種抑制劑只能引起某一類或某幾類酶的活性降低或喪失，不像變性劑那樣幾乎可使所有酶都喪失活性。

3. **去活性作用**(deactivation)：某些酶只在金屬離子的存在下才能表現其活性，如果用金屬螯合劑(metal chelating agents)去除金屬離子，則會使酶活性降低或喪失。常見的例子是用乙二胺四乙酸鹽(EDTA)去除二價金屬離子 Mg^{2+}、Mn^{2+} 等後，可降低某些胜肽酶(peptidase)或激酶(kinase)的活性。但這並不是抑制作用，抑制作用是指化學物質對酶蛋白或其輔基的直接作用，EDTA 等去活性劑(deactivator)並不和酶直接結合，而是利用去除金屬離子而間接地影響酶的活性，因為金屬離子大多是酶的活化劑，所以將這類對酶活性的影響稱為去活性作用，有別於抑制作用。

(二) 抑制劑的類型

　　根據抑制劑(inhibitor)與酶作用的方式不同，可把抑制劑分為不可逆抑制與可逆抑制兩類：

1. **不可逆抑制**(irreversible inhibition)：通常指抑制劑與酶活性中心必需基團以共價鍵結合，引起酶活性喪失。由於抑制劑與酶分子結合牢固，故不能用透析、超過濾、凝膠過濾等物理方法去除。根據抑制劑對酶的選擇性不同，又可分為非專一性不可逆抑制與專一性不可逆抑制兩類。前者是指一種抑制劑可作用於同一酶蛋白分子上的不同基團或幾類不同的酶，屬於這一類的有烷化劑（碘乙酸、DNFB 等）、醯化劑（如酸酐、磺醯氯等）等；後者是指一種抑制劑通常只作用於酶蛋白分子中的一種胺基酸側鏈基團或僅作用於一類酶，如有機汞（對氯汞苯甲酸）可專一性的作用於硫氫基，二異丙基氟磷酸(DFP)和有機磷農藥專一作用於絲胺酸羥基等。

2. **可逆抑制**(reversible inhibition)：是抑制劑與酶蛋白以非共價鍵結合，具有可逆性，可用透析、超過濾、凝膠過濾等方法將抑制劑除去。這類抑制劑與酶蛋白分子的結合部位可以是活性中心，也可以是非活性中心。根據抑制劑與酶結合的關係，可逆抑制作用可分為競爭性抑制、非競爭性抑制和無競爭性抑制等類型。

(1) **競爭性抑制**(competitive inhibition)：某些抑制劑的化學結構與受質相似，因而和受質競爭與酶結合的機會。當抑制劑與酶結合後，酶就不能再與受質結合；反之，如果酶已與受質結合，則抑制劑也不能與酶結合。所以，這種抑制作用的強弱取決於抑制劑與受質濃度的相對比例，而不取決於二者的絕對量。競爭性抑制通常可用增加受質濃度來消除。

 專欄 BOX

6.4　競爭性抑制劑的應用

1. 乙醇(alcohol, C_2H_5OH)可被體內正常代謝途徑所分解。比它少一個碳原子的甲醇(methanol, CH_3OH)如果進入體內，中劑量可引起失明，高劑量則會致死。這是因為甲醇是乙醇代謝中所需的醇脫氫酶(alcohol dehydrogenase)的競爭性抑制劑。當有甲醇和乙醇同時存在時，反應產生甲醛(formaldehyde)，甲醛就是引起失明或死亡的毒物。根據競爭性抑制的原理，增大受質濃度可以消除抑制。因此，在治療甲醛中毒時，可以注射大量乙醇，以便將這種抑制作用降到最低。

2. 磺胺(sulfonamide)藥物的結構類似於對胺基苯甲酸(p-aminobenzoic acid, PABA)，PABA是合成葉酸(folic acid)的原料。葉酸在蛋白質代謝和核酸代謝中有非常重要的作用。由於磺胺是葉酸合成酶(folic acid synthetase)的競爭性抑制劑，於是細菌就不能正常合成葉酸，進一步干擾了它的核酸代謝和蛋白質代謝。但人體內沒有這種酶，不能自行合成葉酸。

在競爭性抑制中，酶與抑制劑或受質的結合都是可逆的，可用下式表示（I 表示抑制劑）：

$$E + S \underset{k_2}{\overset{k_1}{\rightleftharpoons}} ES \xrightarrow{k_3} E + P$$

$$\overset{+}{I} \underset{k_{i2}}{\overset{k_{i1}}{\rightleftharpoons}} EI$$

在競爭性抑制中，酶與抑制劑結合成複合物 EI，即不能再與受質結合。因此，下列方程式是不存在的：

$$EI + S \xrightarrow{\quad\quad} ESI$$

式中 k_i 為抑制常數，$k_i = \dfrac{k_{i2}}{k_{i1}}$ 因此 k_i 是 EI 複合物的解離常數，可寫成：

$$k_i = \frac{[E][I]}{[EI]}$$

按照米－曼氏方程式推導的方法，可推演競爭性抑制劑、受質濃度與酶反應的動力學方程式：

$$\frac{1}{v} = \frac{K_m}{V_{max}} \left(1 + \frac{[I]}{k_i}\right) \frac{1}{[S]} + \frac{1}{V_{max}}$$

依據此方程式，則可得到如（圖 6-15）的特徵曲線：

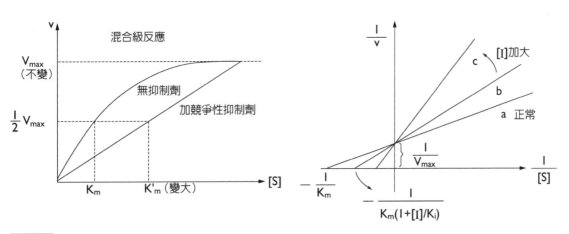

圖6-15 競爭性抑制作用的特徵曲線

圖 6-15 中，a 為沒有抑制劑的曲線，b 和 c 為存在抑制劑的曲線，[I]濃度 c＞b。由圖可見，V_{max} 沒有改變，說明酶同受質的結合部位沒有改變，在增加受質濃度的情況下，可達到同一個最大反應速度。在有競爭性抑制劑存在的情況下，K_m 值增大，$K_m' ＞ K_m$。這說明酶同受質結合的能力（親和力）降低，其原因是酶的某些部位被抑制劑占領，而且抑制劑濃度越高(c ＞b)，受質與酶結合的能力越低。

(2) **非競爭性抑制**(noncompetitive inhibition)：酶可以同時與受質及抑制劑結合，兩者沒有競爭作用。酶與抑制劑結合後，還可與受質結合；相反地，酶與受質結合後，也還可以與抑制劑結合。不管抑制劑先與酶結合還是後結合，只要抑制劑先與酶結合後，酶－受質複合物就再也不能轉化為產物。非競爭性抑制劑通常與酶的非活性中心部位結合，這種結合引起酶分子立體結構變化，致使活性中心的催化作用降低。

非競爭性抑制作用的強弱取決於抑制劑的絕對濃度，因此不能用增加受質濃度來消除抑制作用。在非競爭性抑制作用中，存在著下列的平衡：

$$
\begin{array}{ccccc}
E + S & \underset{}{\overset{k_m}{\rightleftharpoons}} & ES & \longrightarrow & P \\
+ & & + & & \\
I & & I & & \\
\updownarrow k_i & & \updownarrow k_i & & \\
EI & \underset{-S}{\overset{+S}{\rightleftharpoons}} & EIS & &
\end{array}
$$

酶與受質結合後，可再與抑制劑結合，酶與抑制劑結合後，也可再與受質結合。

$$ES + I \rightleftharpoons EIS：k_i = \frac{[ES] \cdot [I]}{[EIS]}$$

$$或\ EI + S \rightleftharpoons EIS：k_i = \frac{[ES] \cdot [I]}{[EIS]}$$

經過類似的推導，可得出非競爭性抑制作用的動力學方程式及其特徵曲線（圖 6-16）：

$$\frac{1}{v} = \frac{K_m}{V_{max}}(1 + \frac{[I]}{k_i})\frac{1}{[S]} + \frac{1}{V_{max}}(1 + \frac{[I]}{k_i})$$

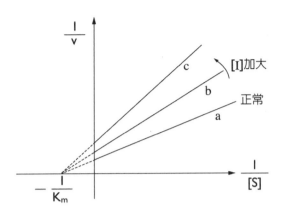
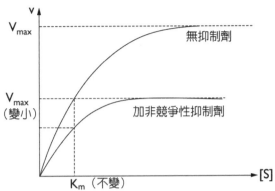

圖6-16 非競爭性抑制作用特徵曲線

　　由圖 6-16 可見，在非競爭性抑制劑（b 和 c）存在的情況下，增加受質濃度不能達到沒有抑制劑存在時(a)的最大速度(V_{max})。有非競爭性抑制劑存在時，雖然最大反應速度減小，但 K_m 不變。

(3) **無競爭性抑制**(uncompetitive inhibition)：相對於競爭性抑制與非競爭性抑制，無競爭性抑制存在著下列平衡，抑制劑只能與酶－受質中間複合物結合：

$$E + S \; \underset{}{\overset{k_m}{\rightleftharpoons}} \; ES \; \longrightarrow \; P$$
$$+$$
$$I$$
$$\updownarrow k_i$$
$$ESI$$

酶蛋白必須先與受質結合，然後才與抑制劑結合：

$$E + I \; \cancel{\rightleftharpoons} \; EI \qquad ES + I \; \rightleftharpoons \; ESI$$

其動力學方程式為：

$$\frac{1}{v} = \left(\frac{K_m}{V_{max}} \right) \frac{1}{[S]} + \frac{1}{V_{max}} \left(1 + \frac{[I]}{k_i} \right)$$

在無競爭性抑制作用下，K_m 及 V_{max} 都變小（如圖 6-17）：

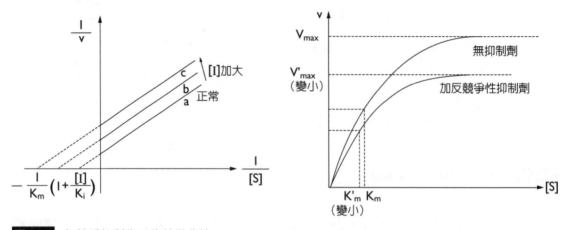

圖6-17 無競爭抑制作用的特徵曲線

酵素反應與抑制劑的關係總結於表 6-10。

▶ 表 6-10　酵素反應與抑制劑的關係

類　型	反應式	速度方程式	V_{max}	K_m
無抑制劑	$E+S \rightleftharpoons ES \rightarrow E+P$	$v = \dfrac{V_{max} \cdot [S]}{K_m + [S]}$	V_{max}	K_m
競爭性抑制	$E+S \rightleftharpoons ES \rightarrow E+P$ $E+I \rightleftharpoons EI$	$v = \dfrac{V_{max} \cdot [S]}{K_m(1+\dfrac{[I]}{K_i}) + [S]}$	不變	增大
非競爭性抑制	$E+S \rightleftharpoons ES \rightarrow E+P$ $E+I \rightleftharpoons EI$ $ES+I \rightleftharpoons ESI$	$v = \dfrac{V_{max} \cdot [S]}{K_m(1+\dfrac{[I]}{K_i}) + (K_m + [S])}$	減小	不變
無競爭性抑制	$E+S \rightleftharpoons ES \rightarrow E+P$ $ES+I \rightleftharpoons ESI$	$v = \dfrac{V_{max} \cdot [S]}{K_m(1+\dfrac{[I]}{K_i}) + [S]}$	減小	減小

6.7 酶的活性

一、酶活性之定義

所謂**酶活性**(enzyme activity)就是酶催化化學反應的能力，這個能力以反應速度來表示。酶的定量測定，不是測定酶製劑中含多少蛋白質，而是要測定酶製劑中含有多少具有催化能力的蛋白質，不具有催化能力的蛋白質稱為異質蛋白(heteroprotein)，在酶的純化過程中主要就是去除異質蛋白。測定「具有催化能力的蛋白質量」實際上就是測定酶活性。

二、酶活性單位標準

(一) 酶活性單位的意義

酶活性的大小用活性單位(active unit)來表示，常用符號"U"(unit)。所謂活性單位是針對不同的酶，在特定條件下來規定，不同的酶其活性單位的規定不完全相同。一般乃指「在酶作用的最適條件下，單位時間內被酶作用的受質的減少量或產物的生成量。」例如：土麴菌(*Aspergillus terreus*)蛋白酶(protease)的活性單位規定為：在 40℃、pH 7.2 的條件下，以每分鐘分解酪蛋白(casein)產生相當於 1 μg 酪胺酸的酶量為 1U；α-澱粉酶(α-amylase)的活性單位規定為：在 60℃、pH 6.2 的條件下，以每小時可催化 1 g 可溶性澱粉液化所需要的酶量為 1U。由此可見，各種酶的活性單位是不同的，即使同一種酶也有不同的活性單位標準。

(二) 國際單位(IU)

為了便於比較和統一活性標準，1961 年國際酶學委員會(Enzyme Commission)曾做過統一規定：「在標準條件下，1 分鐘內催化 1 微莫耳(μmol)受質轉化的酶量定義為一個酶活性單位(1U)，亦即國際單位(international unit, IU)」。如果受質有一個以上可被作用的鍵，則一個活性單位是指 1 分鐘內使 1 微莫耳有關基團轉化的酶量。上述「標準條件」是指溫度 25℃，以及被測酶的最適條件，特別是最適 pH 值及最適受質濃度。

　　1972 年國際酶學委員會又推薦一個新的酶活性國際單位，即「Katal (Kat)單位」。1Kat 單位定義為：「在最適條件下，每秒鐘可使 1 莫耳(mole)受質轉化的酶量」；同理，可使 1 微莫耳(μmole)受質轉化的酶量即稱為 μKat 單位。以此類推則有 nKat（毫微，nano）和 pKat（微微，pico）等單位。

1. **酶的比活性**：比活性(specific activity)是指每毫克酶蛋白（或每毫克蛋白氮）所含的酶活性單位數；酶製劑的純度一般都用比活性大小來表示。比活性越高，表示酶越純。因此，比活性亦是表示酶製劑純度的指標之一。計算法如下：

$$比活性 = \frac{酶活性單位數(U)}{酶蛋白（蛋白氮）(mg)}$$

　　在酶學研究和純化酶的過程時，除了要測定一定體積或一定重量的酶製劑中含有多少活性單位外，往往還需要測定酶製劑的純度如何；以求能得到一定量且要不含或盡量少含其他異質蛋白的酶製品。

2. **酶活性中心的轉換數**(turnover number of active center)：酶的轉換數(turnover number, k_{cat})表示酶的催化中心的活性，它是指單位時間（如每秒）內每一催化中心（或活性中心）所能轉換的受質分子數，或每莫耳酶活性中心單位時間轉換受質的莫耳數。米－曼氏方程式推導中的 k_3 即為轉換數($ES \xrightarrow{k_3} E + P$)。當受質濃度過量時，因為 $V_{max} = k_3[E_0]$，故轉換數可用下式計算：

$$轉換數(k_{cat}) = K_3 = \frac{V_{max}}{[E_0]}$$

摘要

1. 酶是生物催化劑(biological catalyst)，它由活細胞產生，在體內、體外都能引起催化作用。酶的化學本質是蛋白質，儘管八十年代以來發現了 Ribozyme 這種 RNA 也具有催化作用，但仍可肯定酶是具有催化作用的特殊蛋白質。

2. 酶有單純酶與結合酶之分。結合酶是酶蛋白與非蛋白的輔助因子構成的結合蛋白質，這種酶只有兩者結合後才表現活性。輔助因子有輔酶和輔基質之分，統稱為輔酶 (coenzyme)。主要是維生素的衍生物，此外還有鐵紫質 (iron-porphyrin)、金屬離子等。酶蛋白決定酶反應的專一性，輔助因子決定反應的性質或類別。

3. 酶分為六大類。每一種酶都有一個系統名稱，並有一個統一編號。

4. 與酶的活性直接相關的是活性中心和必需基團。活性中心具有一定的空間結構，可以發生改變。酶的一級結構和高級結構對酶的活性都有影響。立體結構改變可調節酶的活性。酶原活化時透過切除部分胜肽片段後，使活性中心的立體結構形成或穩定。

5. 酶作用對反應物（受質）具有選擇性，稱為專一性，不同酶的專一性不同。酶具有很高的催化效率。專一性和高效性都與酶活性中心結構和受質結構有關，有多種假說來說明酶的這些主要特性的機制。酶之所以能催化化學反應，是因為酶可大大降低反應的活化能。

6. 酶反應速度與各種影響因素的關係謂之反應動力學，其中受質濃度的影響稱為基本動力學。受質濃度增加，反應速度亦增加，呈矩形雙曲線。其數學關係為米－曼氏方程式。其中 K_m 為米氏常數，在實際應用中是非常重要的一個參數。此外，溫度、pH、酶濃度、活化劑、抑制劑等對酶反應速度都有較大影響。其中抑制作用尤為重要，有幾種不同的抑制類型。

7. 酶催化化學反應的能力稱為酶活性，其大小用活性單位表示，而酶的純度用比活性或轉換數表示。在實際應用中，經常要作酶的活性測定，用化學方法或物理方法測定酶反應速度來代表酶活性。

MEMO

PRINCIPLES OF
BIOCHEMISTRY

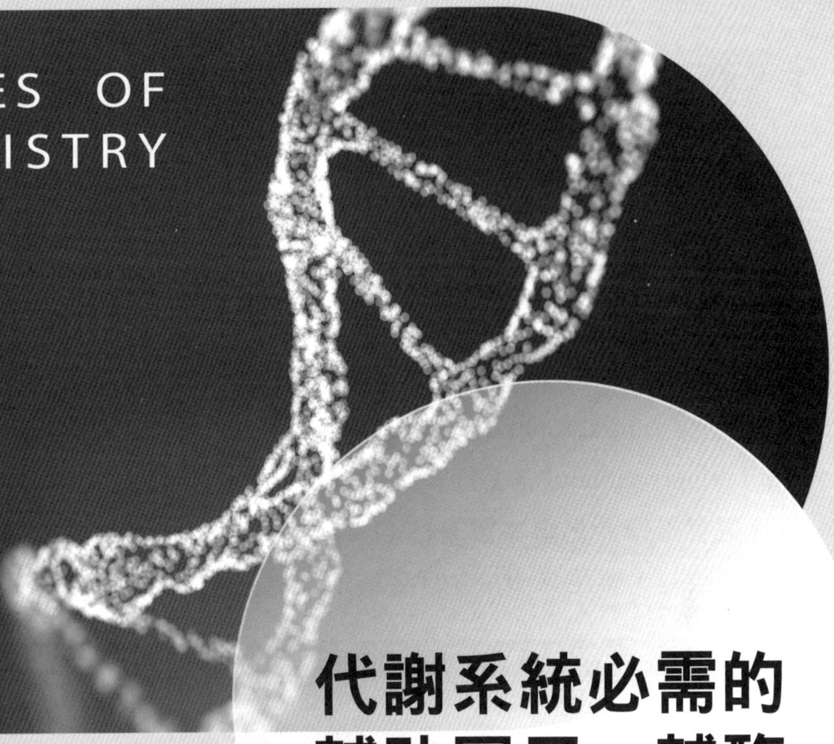

代謝系統必需的
輔助因子一輔酶

在 代謝過程中，許多酶的催化作用，需要輔酶的參與。大部分輔酶為維生素 (vitamin)或其衍生物，少數為有機金屬離子。

7.1 維生素的命名及分類

維生素(vitamin)在體內含量少，但不可或缺，只有植物和少數微生物可以合成。大多數微生物和動物都不能自行合成，只能從環境和食物中攝取。

維生素種類極為繁雜，包括有胺類、酸類、醇、醛、芳香族、脂肪族、雜環化合物等。目前維生素並無統一的系統命名，有的依據**英文字母**命名，如維生素 A、B、C、D、E、K 等；有的依其**生理功能**命名，例如維生素 A 又稱為抗乾眼病維生素(antixerophthalmia vitamin)，維生素 B_1 又稱為抗腳氣病維生素(antiberiberi vitamin)，維生素 C 又稱為抗壞血病維生素(antiscurvy vitamin)等；此外，還有根據其**化學本質**來命名，如維生素 B_1 又叫硫胺素(thiamine)，因為它含有硫和胺基，維生素 B_{12} 含有金屬鈷，故又叫鈷胺素(cobalamin)。

▶ 表 7-1　維生素的分類及名稱（張、彭，2007）

分類	維生素	功　能
水溶性維生素	硫胺素(B_1)	硫胺素焦磷酸輔酶的前驅物，缺乏時會產生腳氣病
	核黃素(B_2)	是黃素單核苷酸及黃素腺嘌呤雙核苷酸的前驅物，缺乏時會導致生長遲緩
	吡哆醇(B_6)	吡哆醇磷酸輔酶的前驅物，在大鼠身上缺乏時會造成皮膚炎
	菸鹼酸	是菸鹼醯胺腺嘌呤單核苷酸與菸鹼醯胺腺嘌呤雙核苷酸輔酶的前驅物，缺乏時會造成癩皮病
	泛酸	輔酶 A 的前驅物，在雞身上缺乏時會造成皮膚炎
	生物素	生物胞素(biocytin)輔酶的前驅物，缺乏時在人體上會造成皮膚炎
	葉酸	四氫葉酸輔酶的前驅物，缺乏時易造成巨球性貧血
	維生素 B_{12}	去氧腺核苷鈷胺素(deoxyadenosy cobalamin)輔酶的前驅物，缺乏時會造成巨球性貧血
	維生素 C	膠原蛋白上脯胺酸的羥基化共同受質，缺乏時容易產生壞血病

分類	維生素	功　能
脂溶性維生素	維生素 A	與視力、細胞分化、生長及生殖能力有關
	維生素 D	調節血鈣與血磷濃度，維持骨骼與牙齒健康
	維生素 E	大鼠中的抗不孕因子，脂溶性抗氧化劑
	維生素 K	活化凝血因子，對於血液凝固很重要
類維生素的營養素	肌醇(inositol)	荷爾蒙作用的媒介物
	膽鹼(choline)	維持細胞膜的穩固與脂質的運送
	肉鹼(carnitine)	將長鏈脂肪酸運送到粒線體氧化的必需物
	α-硫辛酸(α-lipoic acid)	酮酸類氧化脫羧反應的輔酶
	對胺基苯甲酸 (p-aminobenzoate, PABA)	合成葉酸的成分之一
	輔酶 Q；泛醌 (ubiqunones)	粒線體中負責電子傳遞的重要分子

▶ 表 7-1　維生素的分類及名稱（張、彭，2007）（續）

　　根據維生素的溶解性可將之分為脂溶性維生素(lipid-soluble vitamin)和水溶性維生素(water-soluble vitamin)兩大類（表 7-1）。水溶性維生素及其衍生物大部分是已知的輔酶。脂溶性維生素有多種生理效應，多數尚未發現其實際的作用。

7.2　水溶性維生素

一、菸鹼醯胺、菸鹼酸

　　菸鹼酸(nicotinic acid)和菸鹼醯胺(nicotinamide)兩者都是吡啶(pyridine)的衍生物，且都有生物活性，但在體內主要以醯胺形式存在。它們的結構式如下：

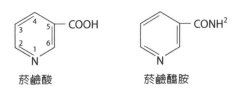

菸鹼酸　　　　　　菸鹼醯胺

菸鹼醯胺與體內兩種輔酶有關。一種是**菸鹼醯胺腺嘌呤二核苷酸**(nicotineamide adenine dinucleotide, NAD)，另一種則是**菸鹼醯胺腺嘌呤二核苷酸磷酸**(nicotineamide adenine dinucleotide phosphate, NADP)。其結構式如下：

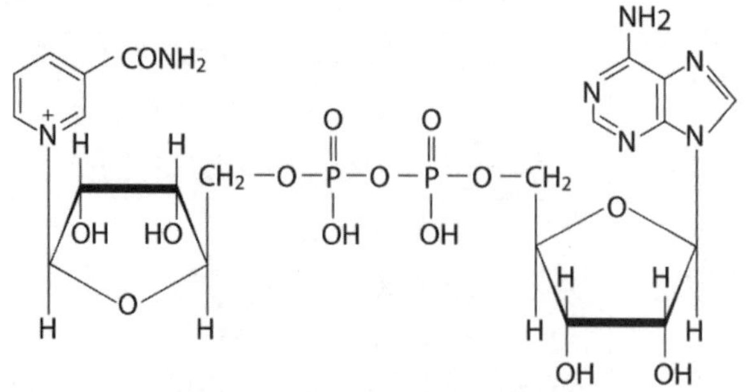

NAD^+（菸鹼醯胺腺嘌呤二核苷酸）

NAD 及 NADP 都是脫氫酶(dehydrogenase)的輔酶，它們在催化受質脫氫時，以氧化態與還原態兩種型式互變並傳遞氫原子。氧化態胺的氮為五價，帶正電荷，故用 NAD^+ 及 $NADP^+$ 表示。脫氫酶接受來自受質的 2 個 H 原子，其中一個 H 原子加到氮對位，另一個 H 原子分裂成一個 H^+ 和一個電子，電子用來中和氮的正電荷，使氮由五價變為三價。還原態用 $NADH+H^+$ 及 $NADPH+H^+$ 表示（有時也可簡化表示為 NADH 及 NADPH）。如下：

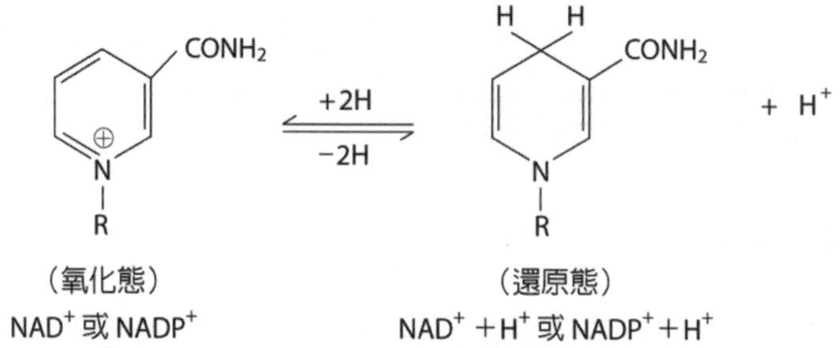

（氧化態）
NAD^+ 或 $NADP^+$

（還原態）
$NAD^+ +H^+$ 或 $NADP^+ +H^+$

$+ H^+$

菸鹼醯胺在生物氧化過程中扮演著重要的角色，在維持神經組織的健康，尤其是中樞及交感神經系統具有維護作用。缺乏時則產生神經性營養障礙，如皮膚發炎，又稱為癩皮病(pellagra)，但在一般情況下很少發生，目前僅有長期單食玉米可引起缺乏症例子。高劑量菸鹼酸可用作血管擴張藥，並具有降低血膽固醇和脂肪的作用。

二、維生素 B_2 和黃素輔酶

維生素 B_2 (vitamin B_2)又名核黃素(riboflavin)，因其溶液呈黃色而得名。核黃素分子由核糖醇(ribitol)和 6,7-二甲基異咯肼(dimethylisoalloxazine)兩部分組成，其結構如下：

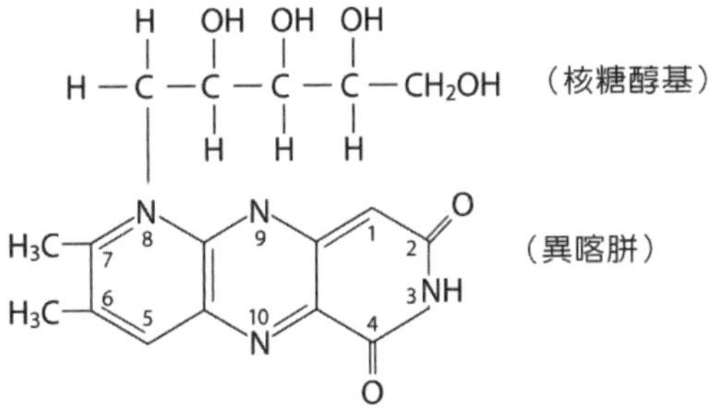

核黃素

在有機體內，核黃素主要以兩種形式存在：**黃素單核苷酸**(flavin mononucleotide, FMN)和**黃素腺嘌呤二核苷酸**(flavin adenine dinucleotide, FAD)。

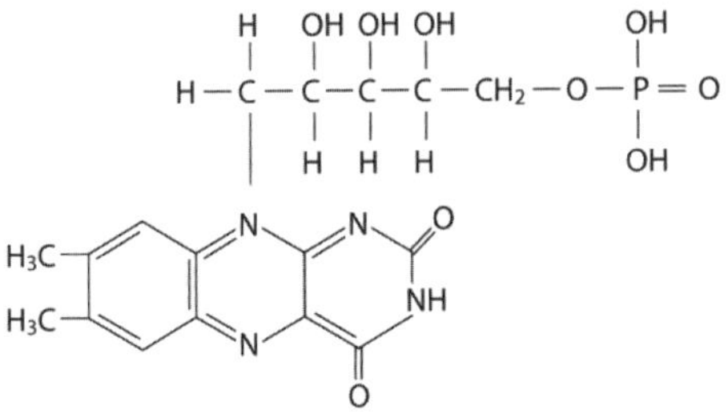

黃素單核苷酸(FMN) 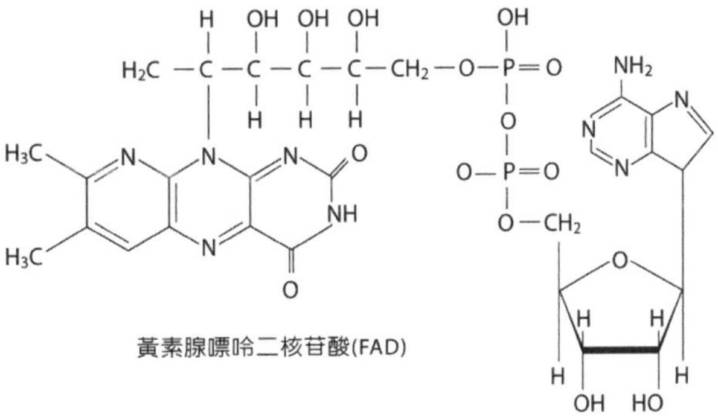　　　　　黃素腺嘌呤二核苷酸(FAD)

在細胞內，FMN 及 FAD 為黃素酶(flavoenzyme)的輔基（故又稱黃素輔酶(flavin coenzyme)），接受受質所傳遞來的氫，在氧化態與還原態兩種型式間互變。氧化態的 FAD 或 FMN 接受來自受質的兩個 H 原子，其中一個 H 加到異咯肼環的第 1 位置 N 上，另一個 H 原子加到第 10 位 N 上，變為還原態（用 $FMNH_2$ 或 $FADH_2$ 表示）。

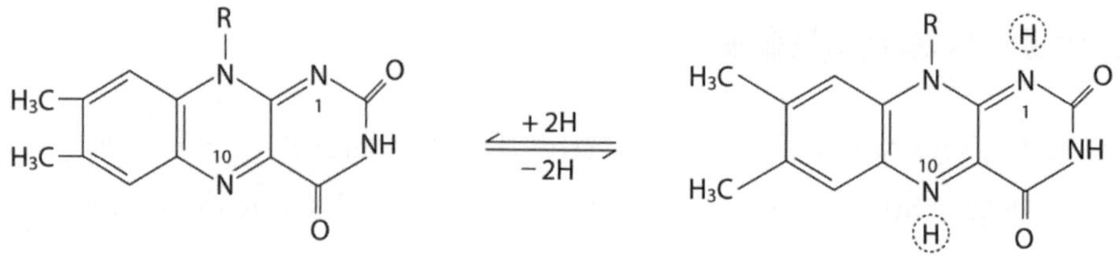

氧化態　　　　　　　　　　　　　　　　　　　還原態

　　由於核黃素廣泛參與體內多種氧化還原反應，能促進醣類、脂肪和蛋白質代謝，維持眼睛的正常視覺機能。缺乏時組織呼吸減弱、代謝能力降低，產生的症狀包括口腔發炎、眼皮紅腫、角膜發炎、癩皮病等。臨床上用於治療結膜炎、角膜炎、角膜潰瘍及口角炎等。

三、焦磷酸硫胺素與維生素 B_1

　　維生素 B_1 又稱硫胺素(thiamine)，是由一個嘧啶環和一個咪唑環結合而成的化合物，分子中含有硫和胺基。其純化後通常以鹽酸鹽的形式存在。其結構如下：

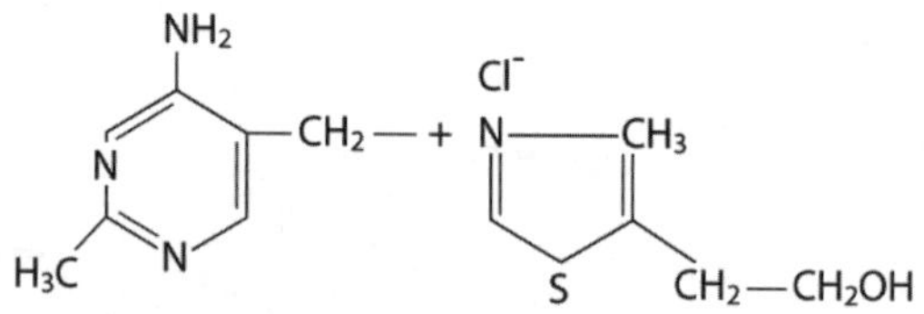

硫胺素

　　焦磷酸硫胺素(thiamine pyrophosphate, TPP)是硫胺素的衍生物，其結構如下：

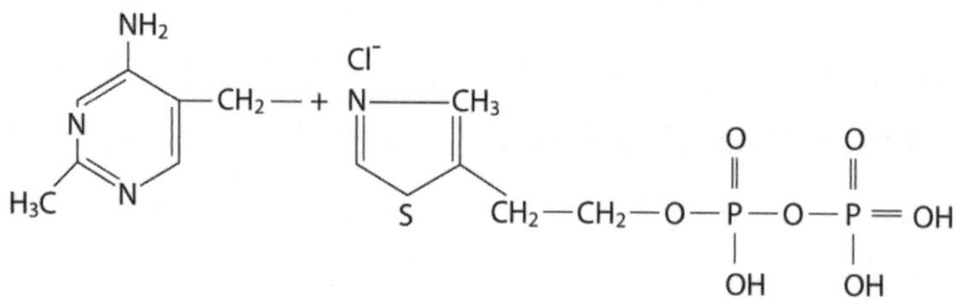

焦磷酸硫胺素(TPP)

在有機體內 TPP 是脫羧酶(decarboxylase)和轉酮酶(transketolase)的輔酶，由硫胺素在硫胺素激酶(thiamine kinase)催化轉變而來。

$$硫胺素＋ATP \xrightarrow[Mg^{2+}]{硫胺素激酶} 焦磷酸硫胺素＋AMP$$

在細胞內 TPP 經由脫羧酶及轉酮酶的反應而參與醣類的代謝。當有機體缺乏硫胺素時，醣類代謝受阻，導致丙酮酸、乳酸在血液和腦組織中含量升高，從而影響心血管和神經組織的正常功能，產生多發性神經炎、皮膚麻木、心力衰竭、心跳加快、四肢無力、下肢水腫等腳氣病(beriberi)症狀。

此外，硫胺素能抑制膽鹼酯酶(choline sterase)的活性，減少乙醯膽鹼(acetylcholine)的水解。乙醯膽鹼有增加腸胃蠕動和腺體分泌的作用，有助於消化。當硫胺素缺乏時，消化液分泌減少，腸胃蠕動變弱，出現食慾不振、消化不良等症狀。因此，臨床上常用硫胺素或酵母片為輔助藥物治療神經炎、心肌炎、食慾不振、消化不良等疾病。

人體對硫胺素的需要量常與醣類食物消耗量有關，醣類消耗量大，對硫胺素的需要量也增大。高燒、甲狀腺機能亢進，或大量輸給葡萄糖的病人，都必須適當補充硫胺素。

四、泛酸和輔酶

泛酸(pantothenic acid)，因它在自然界分布很廣而得名。泛酸是由一個有取代基的丁酸（α, γ-二羥-β-二甲基丁酸(α, γ-dihydroxyl-β-dimethyl butyric acid)）和一分子β-丙胺酸(β-alanine)藉醯胺鍵而連接成的。

$$HOCH_2 - \underset{\underset{CH_3}{|}}{\overset{\overset{CH_3}{|}}{C}} - \underset{}{\overset{\overset{OH}{|}}{CH}} - \underset{}{\overset{\overset{O}{\|}}{C}} \ \vdots \ NH - CH_2 - CH_2 - HOOH$$

（β-丙胺酸）

泛酸在體內主要以**輔酶 A** (coenzyme A, CoA)的形式參加代謝反應。CoA 由泛酸、磷酸、AMP 和硫氫基乙胺(mercaptoethylamine)構成，其結構如下：

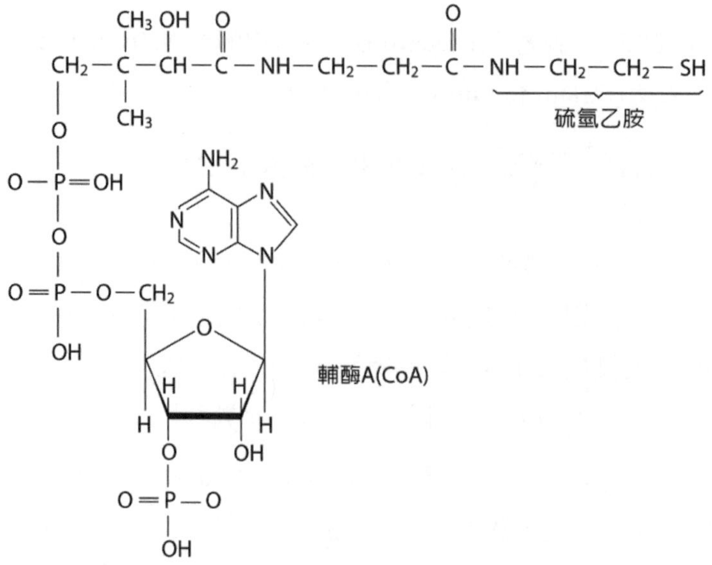

$CH_2-\overset{\overset{\displaystyle CH_3}{|}}{\underset{\underset{\displaystyle CH_3}{|}}{C}}-\overset{\overset{\displaystyle OH}{|}}{CH}-\overset{\overset{\displaystyle O}{\|}}{C}-NH-CH_2-CH_2-\overset{\overset{\displaystyle O}{\|}}{C}-NH-CH_2-CH_2-SH$

硫氫乙胺

輔酶A(CoA)

CoA 是一個很重要的輔酶，與醣類、脂質、蛋白質代謝均有密切關係。CoA 含有硫氫基(sulfhydryl group)，因此常可寫成 CoA_{SH} 或 $_{HS}CoA$，可與醯基(acyl group)形成硫酯(thioester)，在代謝中用來作轉移醯基。

五、生物素

生物素(biotin)是含硫環狀化合物，由噻吩環和咪唑環結合而成化合物，側鏈上有一個戊酸(pentoic acid)。

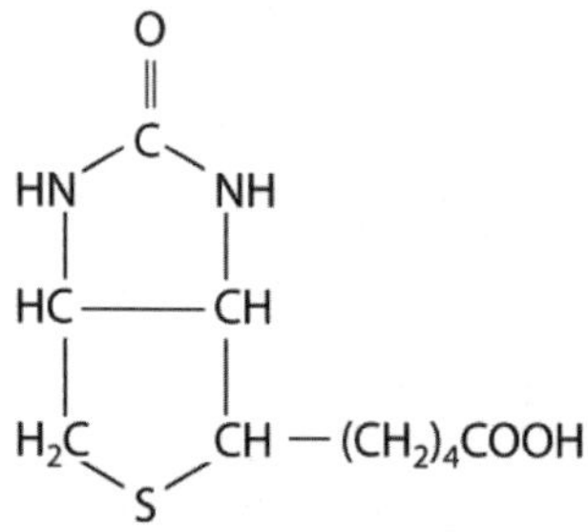

生物素（維生素A）

生物素參與羧化酶(carboxylase)反應，在固定二氧化碳過程中扮演極重要的角色。動物缺乏生物素時，造成毛髮脫落、皮膚發炎等症狀。雞蛋蛋白中被發現含有抗生物素蛋白(avidin)，可與生物素結合，使生物素不能發揮作用，因此生吃過多雞蛋，會造成生物素缺乏症狀。

六、吡哆素與維生素 B_6

維生素 B_6 又名吡哆素(pyridoxine)，包括吡哆醇(pyridoxol)、吡哆醛(pyridoxal)和吡哆胺(pyridoxamine)三種化合物，它們都是吡啶(pyridine)的衍生物。其結構如下：

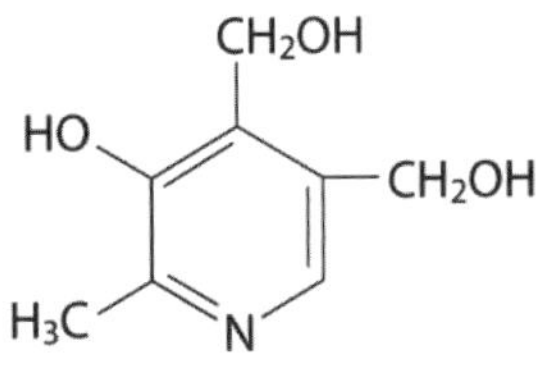

吡哆醇

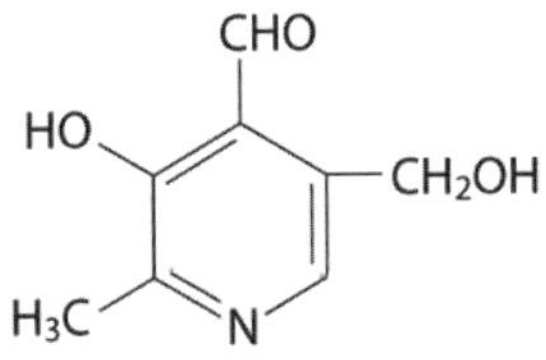

吡哆醛

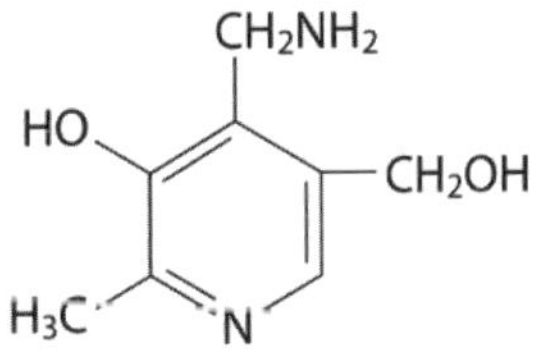

吡哆胺

維生素 B_6 的磷酸酯－**磷酸吡哆醛**(pyridoxal phosphate)和**磷酸吡哆胺**(pyridoxamine phosphate)是轉胺酶(transaminase)和胺基酸脫羧酶(amino acid decarboxylase)的輔酶。

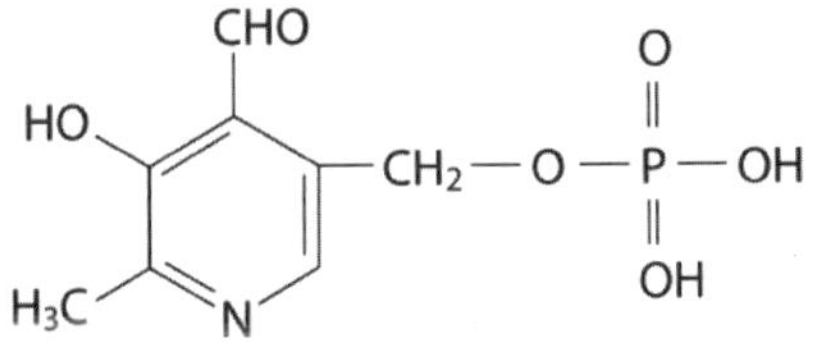

磷酸吡哆醛

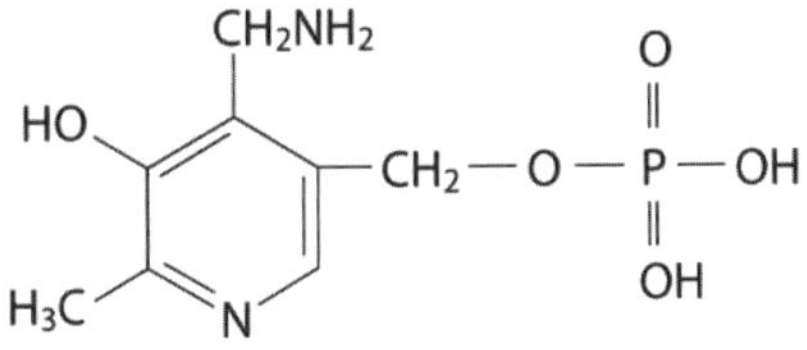

磷酸吡哆胺

維生素 B_6 在生物體內主要以輔酶形式參與代謝，特別是胺基酸代謝，主要是參與胺基酸的轉胺(transamination)、脫羧(decarboxylation)、內消旋(mesomeric reaction)等反應。不飽和脂肪酸的代謝也需維生素 B_6。

七、葉　酸

葉酸(folic acid; folacin)又稱蝶醯麩胺酸(pteroyl glutamic acid, PGA)，其結構由蝶啶(pteridine)、對胺基苯甲酸(*p*-aminobezoic acid)及 L-麩胺酸(L-glutamic acid)三個部分組成。

葉酸在體內主要以四氫葉酸（代號為 FH_4 或 THFA；THFA 是 tetrahydrofolic acid 的縮寫）形式存在。四氫葉酸又稱輔酶 F (CoF)。它是葉酸分子蝶啶的 5、6、7、8 位各加一個氫形成的。這種加氫作用由葉酸還原酶(folic acid reductase)所催化，由 NADPH 提供氫。

四氫葉酸(FH₄)

四氫葉酸在體內為一碳基團轉移酶系的輔酶，是一碳基團的載體(carrier)。一碳基團包括甲基 (methyl group)、甲醯基 (formyl group)、亞甲基 (methylene group)、次甲基(methenyl group)等。這些一碳基團主要連接於四氫葉酸的 N5 位和 N10 位。結合的一碳基團及連接部位不同，名稱也不同，見表 7-2。

葉酸輔酶作為一碳基團載體參與核苷酸、某些胺基酸等的合成代謝。人體缺乏時會出現貧血症狀，為巨球性貧血的一種。

▶ 表 7-2　一碳基團載體輔酶

葉酸輔酶	一碳基團
N^5 - 甲醯基 FH_4 (N^5 - formyl FH_4)	—CHO
N^{10} - 甲醯基 FH_4 (N^{10} - formyl FH_4)	—CHO
N^5 - 亞甲胺基 FH_4 (N^5 - formimino FH_4)	—CH＝NH
N^5 - 甲基 FH_4 (N^5 - methyl FH_4)	—CH₃
$N^{5,10}$ - 亞甲基 FH_4 (N^5 - methylene FH_4)	＝CH₂
$N^{5,10}$ - 次甲基 FH_4 (N^5 - methenyl FH_4)	＝CH—

八、維生素 B₁₂

維生素 B_{12} 是一種含鈷化合物，所以又稱為鈷胺素(cobalamine)。它是維生素中結構最複雜的環系化合物，其結構如下：

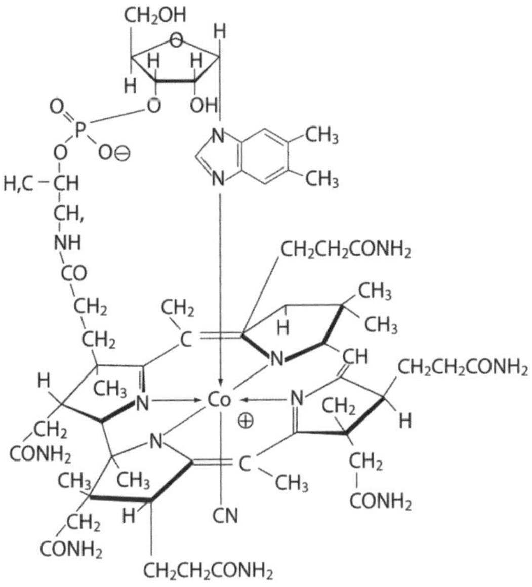

維生素 B₁₂   輔酶 B₁₂

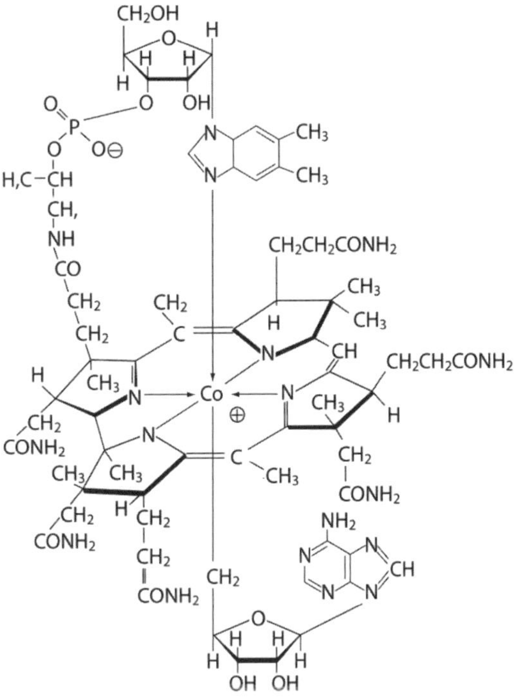

維生素 B_{12} 主體結構由一個類似紫質的咕啉核(corrin)和一個擬核苷酸(pseudonucleotide)兩部分組成。咕啉核中心有一個三價鈷原子，鈷原子上有一個鍵可以連接不同的基團。上述結構中連接的是 CN 基，稱為氰鈷素(cyanocobalamine)，此外，還可連接 OH 基、CH_3 等（表 7-3）。如果鈷與腺苷的5′位連接，就稱為 5′-去氧腺苷鈷素或輔酶 B₁₂ (coenzyme B₁₂)，又稱鈷胺輔酶(cobalamine coenzyme)。

輔酶 B₁₂ 在代謝中有很重要的影響。迄今發現，在哺乳動物中至少有六種反應需要 CoB₁₂，包括麩胺酸變位酶(glutamate mutase)、甘油脫水酶(glycerol dehydratase)、二醇脫水酶(dialcohol dehydratase)、乙醇胺脫胺酶(ethanolamine deaminase)、甲基丙二醯 CoA 變位酶(methylmalonyl-CoA mutase)和 β-離胺酸變位酶(β-lysine mutase)。在這些酶催化的反應中有一個共同特點，都是一個 X 基團和氫原子直接交換位置，並不需要與介質（水分子）交換氫原子，如下圖：

$$-\overset{|}{\underset{X}{C}}-\overset{|}{\underset{H}{C}}- \rightleftharpoons -\overset{|}{\underset{H}{C}}-\overset{|}{\underset{X}{C}}-$$

▶ 表 7-3　維生素 B_{12} 及其類似物

與鈷連接的基團	鈷物素名稱
Co－CN	維生素 B_{12}（氰鈷素，cyanocobalamine）
Co－OH	維生素 B（羥鈷素，hydroxycobalamine）
Co－H_2O	維生素 B（水化鈷素，aquocobalamine）
Co－NO_2	維生素 B（亞硝基鈷素，nitrilocobalamine）
Co－CH_3	甲基鈷素(methyl cobalamine)
Co－去氧腺苷	輔酶 B_{12} (coenzyme B_{12})

　　維生素 B_{12} 及其類似物對維持動物的營養與正常生長、上皮組織細胞以及紅血球的更新和成熟都很重要。它以輔酶的形式參與體內一碳基團代謝（見第 14 章），是生物合成核酸和蛋白質所必需的因素。

　　維生素 B_{12} 與葉酸的作用有時是互相關聯的，當缺乏 B_{12} 時，核酸和蛋白質合成發生障礙，表現出惡性貧血的症狀，屬巨球性貧血的一種。

九、抗壞血酸與維生素 C

　　維生素 C (Vitamin C)可預防壞血病(scurvy)，故又稱**抗壞血酸**(ascorbic acid)。維生素 C 是一種酸性的己糖衍生物，是烯醇式己糖酸內酯。立體結構與醣類相似，有 D-型和 L-型兩種異構體，但只有 L-型有生理功效，可發生氧化態與還原態互變。氧化態和還原態同時具有生物活性。

　　分子中第 2、3 兩位碳上的烯醇羥基上的氫容易以 H^+ 形成釋出，故抗壞血酸雖然不含自由羥基，仍具有有機酸的性質。

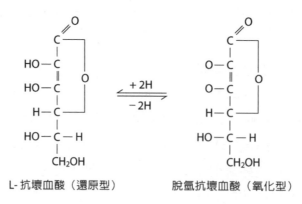

L- 抗壞血酸（還原型）　　　　脫氫抗壞血酸（氧化型）

維生素 C 在體內參與氧化還原反應，是一些氧化還原酶的輔酶，能保護酶中的-SH 基使之不受氧化。維生素 C 還可作為供氫體。此外，也參與一些羥化反應(hydroxylation reaction)，如脯胺酸的羥化、類固醇的羥化等。

抗壞血酸在體內能促進膠原蛋白和黏多糖的合成，增加微血管的緻密性，降低其通透性及脆性，增加有機體抵抗力。缺乏時，引起造血機能障礙、貧血、微血管壁通透性增加、血管變脆而易破裂出血，嚴重時，肌肉、內臟出血死亡，這些症狀在臨床上通常稱為壞血病(scurvy)。除人體、靈長類動物、蝙蝠及豚鼠不能自行合成抗壞血酸外，其他生物體都能合成。

7.3 脂溶性維生素

除上述維生素 B 群和維生素 C 等水溶性維生素外，也有一些維生素不溶於水而溶於脂溶劑，稱為脂溶性維生素(lipid-soluble vitamin)。這類維生素通常和脂肪共存，除硫辛酸外，其他幾種脂溶性維生素至今尚未發現其作為輔酶的功能，但它們各自具有獨特的生理活性，對維護有機體的健康也是不可缺乏的。

一、硫辛酸

硫辛酸(lipoic acid)是一種含硫的八碳羧酸，因為它含有一個較長的烴鏈，因此是脂溶性的。硫辛酸含一個雙硫鍵(disulfide bond)，還原後為兩個硫氫基(sulfhydryl group)，成為二氫硫辛酸(dihydrolipoic acid)。

$$
\begin{array}{ccc}
CH_2-CH_2-CH(CH_2)_4COOH + 2H & \rightleftharpoons & CH_2-CH_2-CH(CH_2)_4COOH \\
| \qquad\quad | & & | \qquad\quad | \\
S \rule{1.5cm}{0.4pt} S & & SH \qquad SH \\
\text{硫辛酸} & & \text{二氫硫辛酸}
\end{array}
$$

硫辛酸透過羧基以醯胺鍵(amide bond)與蛋白質共價連接成為硫辛醯胺(lipoamide)，作為酶的輔基。主要有兩種酶以硫辛酸作為輔基。一個是硫辛酸轉乙醯酶(lipoate transacetylase)，催化轉移乙醯基的反應；另一個是二氫硫辛酸脫氫酶(dihydrolipoyl dehydrogenase)，催化二氫硫辛酸氧化脫氫為硫辛酸，脫下來的氫將 FAD 還原為 $FADH_2$，再傳遞給 NAD^+ 而生成 $NADH+H^+$。這兩個酶在丙酮酸的氧化脫羧(oxidative decarboxylation)中具有重要作用（見 11.4 節）。

二、維生素 A

(一) 結　構

　　維生素 A (vitamin A)的化學本質是不飽和一元醇類，分為 A_1 和 A_2 兩種。其分子組成為β-白芷香酮(β-ionone)、兩個異戊二烯單位和一個羥甲基。維生素 A_1 又稱視黃醇(retinol)，A_2 又稱脫氫視黃醇(dehydroretinol)。

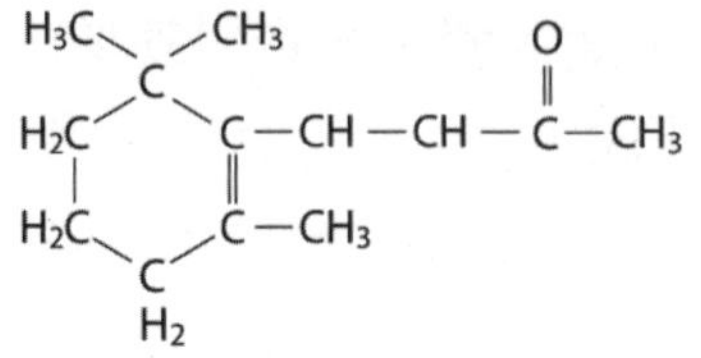

β-白芷香酮

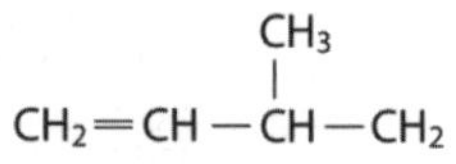

異戊二烯

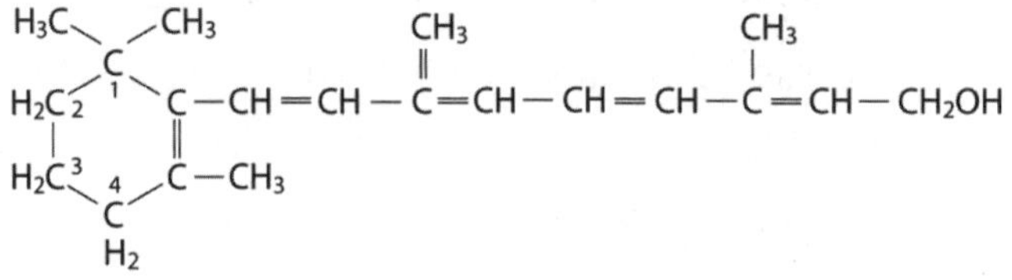

維生素A_1（視黃醇）

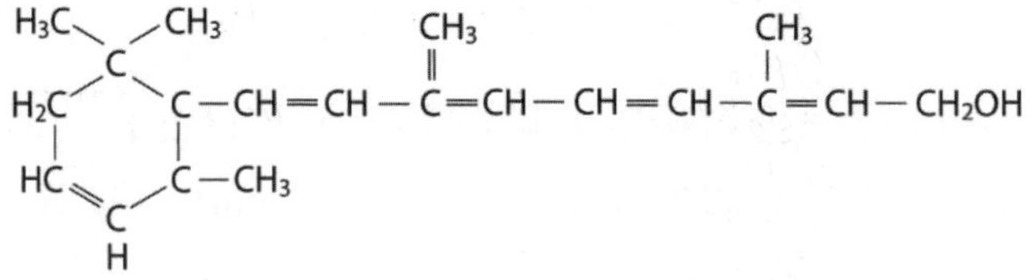

　　上兩式可簡寫為：

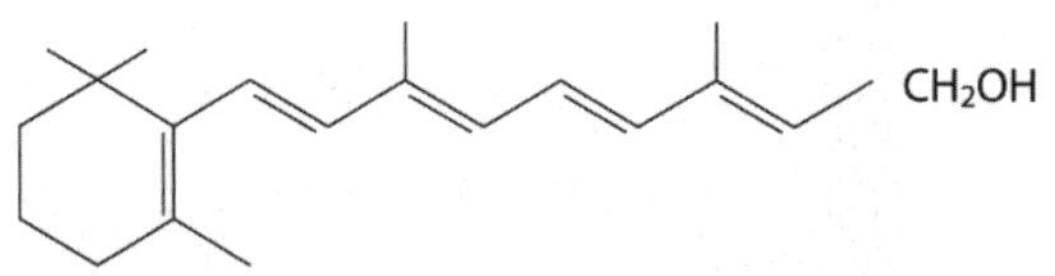

A₁

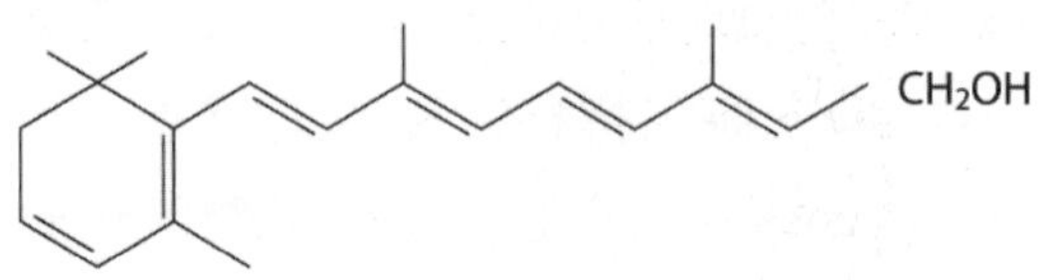

A₂

維生素 A_2 只比 A_1 多一個雙鍵（位於芷香酮環 3、4 位置間）。二者的生理功能相同，但其生理活性 A_2 只有 A_1 的 40%。維生素 A_1 為淡黃色黏性油狀物，純 A_1 可結晶成黃色三稜晶體，A_2 尚未製成晶體。維生素 A 不溶於水，而溶於油脂和乙醇，易氧化，在無氧存在時耐熱。維生素 A 具有紫外線吸收特性，A_1 在 325 nm 處有一最大吸收帶，A_2 在 345 nm 及 352 nm 處各有一特定吸收帶。

在乙醇溶液中，維生素 A 與三氯化銻作用呈藍色反應，可以此作定量測定。A_1 最大吸收波長為 620 nm；A_2 為 693 nm 和 697 nm。維生素 A 的主要功能是維持上皮組織的健康和正常視覺。

(二) 來　源

維生素 A 存在於動物性食物中，A_1 和 A_2 的來源不同。A_1 存在於哺乳動物及海水魚的肝臟中，A_2 存在於淡水魚肝臟中。植物組織中尚未發現維生素 A，但植物中存在一些色素具有類似於維生素 A 的結構，稱為維生素 A 原(provitamin A)。維生素 A 原包括α、β、γ-胡蘿蔔素(carotene)和玉米黃素(zeaxanthin)。其中最重要的是β-胡蘿蔔素，它在動物體內，受腸壁分泌的胡蘿蔔素酶(carotinase)的作用，將β-胡蘿蔔素裂解變成維生素 A_1。α、γ-胡蘿蔔素、玉米黃素與β-胡蘿蔔素的差異僅在第 II 環略有不同，其餘部分（以 R 代表）相同。

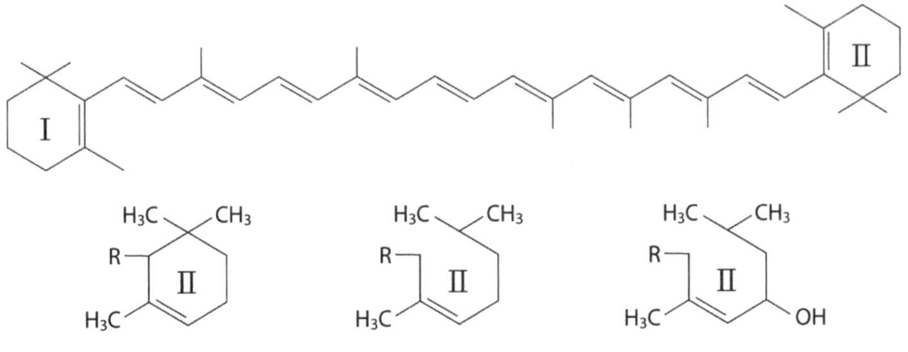

α-胡蘿蔔素　　　　γ-胡蘿蔔素　　　　玉米黃素

胡蘿蔔素在胡蘿蔔、菠菜、番茄、辣椒等植物中含量較豐富，人體和動物利用維生素 A 原的能力並不相同，人體能將α、β、γ胡蘿蔔素轉化為維生素 A，但三者的轉化效率不同，β-胡蘿蔔素轉化率最高，α-胡蘿蔔素的轉化率次之，γ-胡蘿蔔素的轉變率最低。各種動物對維生素 A 原的利用能力也不同，魚、鼠的利用能力較高，雞、兔、豬、豚鼠次之，而貓完全不能利用。

(三) 功　能

1. **維生素 A 與正常視覺的關係**：眼球的視網膜上有錐細胞和桿細胞兩類感覺細胞。錐細胞可在強光下接受各種波長的可見光刺激，而感覺到顏色，桿細胞則負責微弱光線下的暗視覺，兩種細胞各含有一類感光物質——視色素(visual pigment)，錐細胞所含能感受強光和色覺的是**視紫藍質** (visual violet; porphyropsin)，桿細胞中所含的感受弱光的是**視紫紅質** (visual purple; rhodopsin)。這兩類視色素都是由**視質**(opsin)和**視黃醛**(retinal)結合成的色素質。桿細胞中所含的視紫紅質在光中分解，在暗中再合成。視紫紅質在光下分解成反視黃醛和視質，反視黃醛在暗條件下轉化成順視黃醛，並和視質結合重新形成視紫紅質，從而出現暗視覺。視黃醛的產生和補充都需要維生素 A 為原料（維生素 A 氧化脫氫即產生視黃醛）（圖 7-1）。

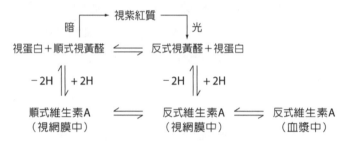

圖7-1　維生素 A 與視紫紅質的相互轉化

若維生素 A 供應不足，即導致視紫紅質恢復緩慢，因而造成暗視覺障礙，此即夜盲症(night blindness)。兩種視黃醛結構如下：

反式視黃醛　　　　　　　　　　順式視黃醛

2. **維持上皮組織結構的完整與健全**：維生素 A 是維持一切上皮組織健全所必需的物質，缺乏時上皮乾燥，增生及角質化。其中以眼、呼吸道、消化道、泌尿道及生殖系統等的上皮受影響最為顯著。在眼部，由於淚腺上皮角質化，淚腺分泌受阻，以至角膜乾燥而產生乾眼病(xerophthalmia)，所以維生素 A 又稱為抗乾眼病維生素(antixerophthalmia vitamin)。皮脂腺及汗腺角質化後，皮膚乾燥，毛囊周圍角質化過度，使毛髮脫落。上皮組織的不健全會導致生物體抵抗微生物侵襲的能力降低，容易感染疾病，補充維生素 A，可促進上皮細胞的再生。

3. **其他**：維生素 A 還與糖胺聚醣、醣蛋白及核酸合成有關，因而促進生物體生長發育。

三、維生素 D

(一) 結　構

　　維生素 D (vitamin D)是固醇類(sterols)化合物，即環戊烷多氫菲(cyclopentano-perhydrophenanthrene)的衍生物。現已知的維生素 D 主要有 D_2、D_3、D_4 和 D_5，它們在結構上很相似，具有相同的核心結構，其區別僅在側鏈上。過去認為的 D_1，實際上是 D_2 與感光固醇的混合物。它們的結構差異，主要在側鏈上，如下所示：

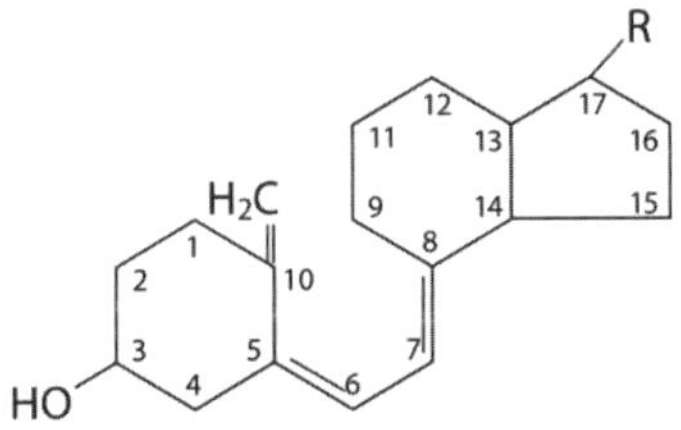

維生素D的結構通式（R為側鏈基因）

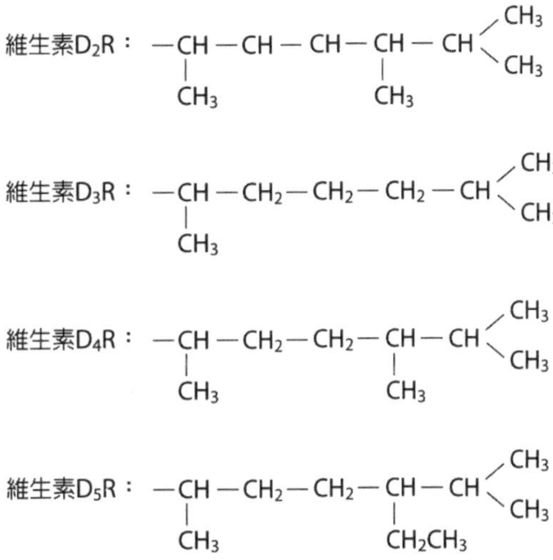

$$維生素D_2R: \ -CH-CH-CH-CH-CH\begin{matrix}CH_3\\CH_3\end{matrix}$$
（下方：CH_3、CH_3）

$$維生素D_3R: \ -CH-CH_2-CH_2-CH_2-CH\begin{matrix}CH_3\\CH_3\end{matrix}$$
（下方：CH_3）

$$維生素D_4R: \ -CH-CH_2-CH_2-CH-CH\begin{matrix}CH_3\\CH_3\end{matrix}$$
（下方：CH_3、CH_3）

$$維生素D_5R: \ -CH-CH_2-CH_2-CH-CH\begin{matrix}CH_3\\CH_3\end{matrix}$$
（下方：CH_3、CH_2CH_3）

　　四種維生素 D 中，以 D_2 和 D_3 的活性較高。維生素 D_2 又稱為麥角鈣化醇(ergocalciferol)，維生素 D_3 又稱為膽鈣化醇(cholecalciferol)。幾種維生素 D 都是由相對應的維生素 D 原經紫外線照射轉變來的。其轉變關係如下（維生素 D 原的結構見 4.4 節）：

麥角固醇　→　維生素 D_2

7-脫氫膽固醇　→　維生素 D_3

22-雙氫麥角固醇　→　維生素 D_4

7-脫氫穀固醇　→　維生素 D_5

在體內，不論維生素 D_2 或 D_3，本身並不具有生物活性，它們必須經過一定的代謝變化後才能生成具有活性的化合物，稱為活性維生素 D。這種代謝變化主要是在肝臟及腎臟中進行羥化反應(hydroxylation reaction)，生成 1,25-二羥維生素 D_3 (1,25-dihydroxycholecalciferol)。1,25-二羥維生素 D_3 [1,25-$(OH)_2 \cdot D_3$]是迄今已知的維生素 D 衍生物中活性最強的一種，其轉變過程如下：

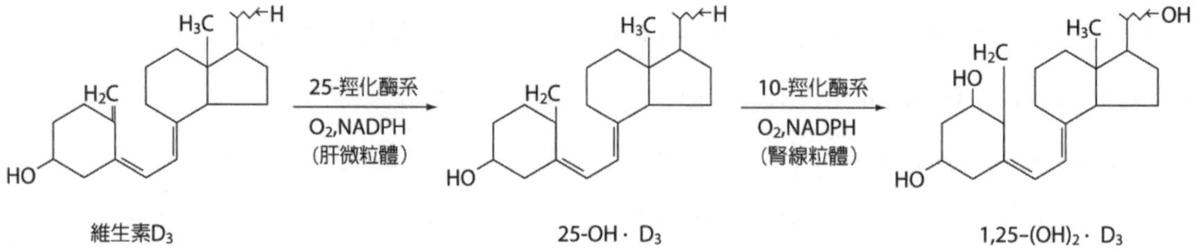

（二）功　能

維生素 D 在體內主要以 1,25-$(OH)_2 \cdot D_3$ 的形式發揮作用。1,25-$(OH)_2 \cdot D_3$ 在體內的主要功能是促進腸壁對鈣和磷的吸收，調節鈣磷代謝，有助於骨骼鈣化和牙齒形成。腸黏膜細胞具有鈣結合蛋白(calcium-binding protein)，它能將鈣運輸入細胞。鈣結合蛋白的合成受 1,25-$(OH)_2 \cdot D_3$ 的控制，1,25-$(OH)_2 \cdot D_3$ 能刺激鈣結合蛋白的合成，促進鈣的吸收。

小孩缺乏維生素 D 時，鈣和磷吸收不足，骨骼鈣化不全，骨骼變軟，軟骨層增加、脹大，結果兩腿因受體重的影響而形成彎曲或畸形，這種疾病稱為佝僂病(rickets)或軟骨病，故維生素 D 又稱為抗軟骨病維生素(antirickets vitamin)。若維生素 D 吸收過多，可出現表皮脫屑，內臟有鈣鹽沉澱，還可使腎功能受損。

四、維生素 E

維生素 E (vitamin E)又稱生育酚(tocopherol)。現在發現的生育酚有六種，其中α、β、γ、δ四種有生理活性。生育酚的化學結構（圖 7-2）都是苯丙二氫吡喃

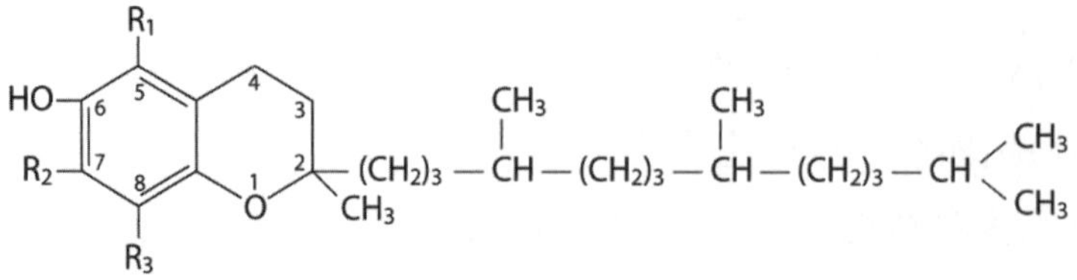

圖7-2　生育酚結構通式

的衍生物，側鏈相同，只是苯環上甲基的數量及位置不同。不同的生育酚，其 R_1、R_2、R_3 基團不同（表 7-4）。

▶ 表 7-4　各種生育酚的基團差異

種類	R_1	R_2	R_3
α-生育酚	-CH₃	-CH₃	-CH₃
β-生育酚	-CH₃	-H	-CH₃
γ-生育酚	-H	-CH₃	-CH₃
δ-生育酚	-H	-H	-CH₃
ζ-生育酚	CH₃	-CH₃	-H
η-生育酚	-H	-CH₃	-H

　　維生素 E 能抗動物不孕症。實驗動物缺乏維生素 E 會因生殖器官受損而不育，雄性睪丸萎縮，不能產生精子，雌性動物則因胚胎及胎盤萎縮而引起流產。人類雖尚未發現因缺乏維生素 E 所引起的不孕症，但在臨床上常用維生素 E 治療先兆流產和習慣性流產。

　　最近發現，用維生素 E 治療營養性巨紅血球貧血能收到一定的療效。這可能是由於維生素 E 具有抗氧化劑功能，保護了紅血球膜中的不飽和脂肪酸不被氧化破壞，從而防止了紅血球因破裂而引起的溶血。

五、維生素 K

　　維生素 K (vitamin K)有 K_1、K_2 和 K_3 三種，K_1 和 K_2 是天然存在的維生素 K，K_3 是人工合成的產物。它們都是 2-甲基萘醌(menadione)的衍生物，K_3 無側鏈，K_1 和 K_2 只是側鏈基團不同，其結構如下：

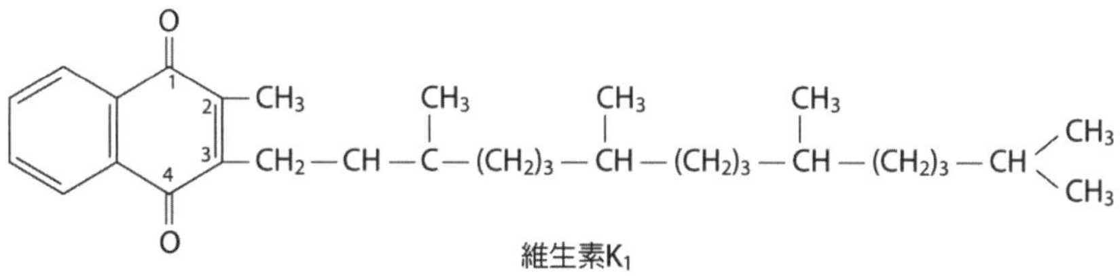

維生素K₁

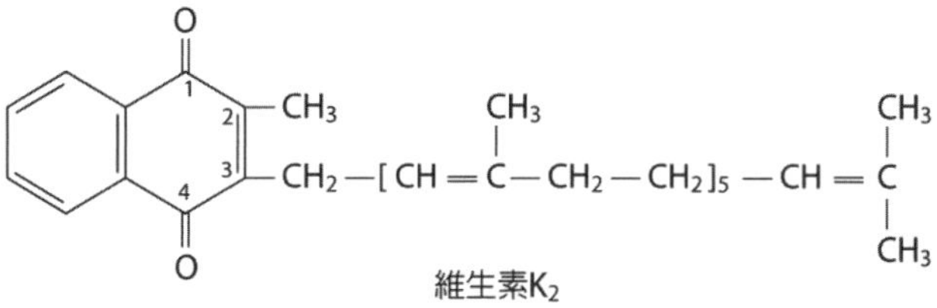

維生素K₂

維生素K₃

維生素 K 能促進血液凝固，其作用是促進肝臟合成凝血酶原(prothrombin)。如果缺乏維生素 K，血液中凝血酶原含量降低，凝血時間延長，因而導致皮下、肌肉及腸胃道出血，或者因為受傷後血流不凝固或難凝固，因此維生素 K 又稱為凝血維生素或抗出血維生素。

一般說來人體不會缺乏維生素 K，因為在自然界綠色植物中含量豐富，而且人和哺乳動物腸道中的某些細菌可以合成維生素 K，供給寄主，只有當長期服用抗生素或磺胺藥物使腸道細菌生長受到抑制或脂肪吸收受阻，或者食物中缺乏綠色蔬菜時，才會發生維生素 K 的缺乏症。新生嬰兒因為腸道中還缺乏細菌，可能出現暫時性缺乏症。

7.4 金屬酶與金屬活化酶

依據目前所知，細胞內約有三分之一的酶需要金屬離子，有的金屬離子是酶結構的組成部分，稱為**金屬酶**(metalloenzyme)；另一些則是加入金屬離子後才有活性或活性提高，這類酶稱為**金屬活化酶**(metal-activated enzymes)，但兩者有時很難明確地劃分。金屬酶中的金屬離子在酶的分離純化中不易與酶蛋白分離，而金屬活化酶在純化過程中往往失去金屬離子，主要是因為這兩類酶中金屬離子與酶蛋白結合的緊密程度不同。

金屬酶中的金屬離子大多處於元素周期表中第一過渡系後半部的微量元素，如錳、鐵、鈷、銅、鋅、鎳等，此外還有鉬。這些金屬離子容易形成穩定的化合物(coordination compound)。不同的金屬酶所需要的金屬不同，同一類酶所需金屬種類可以相同（表 7-5）。

 **專欄 BOX**

7.1 鐵紫質

　　紫質類化合物的基本骨架結構是卟吩(porphine)，它是由四個吡咯(pyrrole)構成，吡咯間由次甲基(methenyl)(–CH＝)所構成的橋基(bridging group)連接成一個大環系統。卟吩的衍生物稱為吡咯紫質(porphyrin)，即卟吩分子上被一些側鏈基團取代。四個吡咯氮原子對位的兩個碳原子依次編號為 1~8 號，若 1、3、5、8 位連甲基(–CH₃)，2、4 位連乙烯基(–CH＝CH₂)，6、7 位連丙酸基(–CH₂CH₂COOH)的紫質，則稱為原紫質(protoporphyrin)。

　　金屬與紫質形成的配位化合物，稱為金屬紫質(metalloporphyrin)。金屬紫質是許多酶的輔基，也是一些色素蛋白(chromoprotein)的輔基。原紫質的鐵配位化合物為血紅素（見圖 4-14），為紅色；紫質的鎂配位化合物為葉綠素(chlorophyll)（見 12.1 節），為綠色。這些紫質衍生物，也可以把紫質看成金屬的**螯合物**(chelate)。金屬螯合物除紫質外，還有維生素 B₂ 的異喀胖(isoalloxazine)和維生素 B₁₂ 的咕啉(corrin)，這些金屬螯合物都有極重要的輔酶作用。

▶ 表 7-5　一些有代表性的金屬酶

金屬	酶	主要生物學功能
鐵	鐵氧還蛋白(ferredoxin)	參與光合作用及固氮作用
	琥珀酸脫氫酶(succinate dehydrogenase)	醣類有氧氧化
鐵（在血紅素中）	醛氧化酶(aldehyde oxidase)	醛類的氧化
	細胞色素(cytochrome)	電子轉移（呼吸作用）
	過氧化氫酶(catalase)	過氧化氫分解
	過氧化物酶(peroxidase)	過氧化氫分解
銅	血漿銅藍蛋白(hemocyamin)	氧載體，鐵的利用
	細胞色素氧化酶(cytochrome oxidase)	電子遞體（呼吸作用）
	酪胺酸酶(tyrosinase)	黑色素形成
	質藍素(plastocyanin)	電子轉移（光合作用）
鋅	碳酸酐酶(carbonic anhydrase)	碳酸分解與合成
	羧肽酶(carboxy peptidase)	水解蛋白質
	醇脫氫酶(alcohol dehydrogenase)	醇代謝
	中性蛋白酶(neutral protease)	水解蛋白質
鈷	核苷酸還原酶(nucleotide reductase)	去氧核苷酸合成
	麩胺酸變位酶(glutamate mutase)	麩胺酸代謝

金屬	酶	主要生物學功能
錳	精胺酸酶(arginase)	尿素生成
	丙酮酸脫羧酶(pyruvate decarboxylase)	丙酮酸分解
鎂	激酶類(kinases)	受質共價連接磷酸
	檸檬酸裂合酶(citrate lyase)	檸檬酸代謝
鉬	黃嘌呤氧化酶(xanthine oxidase)	嘌呤代謝
	硝酸鹽還原酶(nitrate reductase)	硝酸鹽的利用
鎳	尿素酶(urease)	尿素分解

表 7-5　一些有代表性的金屬酶（續）

摘要 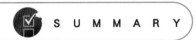 **S U M M A R Y**

1. 除了水、蛋白質、醣類和脂肪外，人體所必需的營養要素還有維生素和礦物質。這兩種營養要素主要提供酶的輔酶及輔助因子，並有其他一些特有的生理功能，缺乏或不足均會帶來特定的疾病。

2. 維生素分為水溶性維生素和脂溶性維生素兩大類。水溶性維生素包括 B 族維生素和維生素 C。脂溶性維生素有維生素 A、D、E、K 和硫辛酸。水溶性維生素主要是構成輔酶的成分，大多數脂溶性維生素至今未發現其輔酶作用。

3. B 族維生素是輔酶的主要成分。B_1 的衍生物 TPP 是 α-酮酸脫羧酶及轉酮酶的輔酶；B_2 衍生物 FMN 和 FAD 是一類脫氫酶的輔酶；B_3 的衍生物 NAD 及 NADP 是另一類脫氫酶的輔酶；B_6 的衍生物磷酸吡哆醛和磷酸吡哆胺是轉胺酶的輔酶；泛酸是構成輔酶 A 的成分，作為醯基載體參與脂肪酸代謝和某些胺基酸代謝；生物素是羧化酶的輔酶；葉酸的還原產物四氫葉酸是一碳基團載體，參與蛋白質合成及核酸合成；B_{12} 的衍生物輔酶 B_{12} 是六種酶的輔酶，參與蛋白質代謝。

4. 脂溶性維生素各自具有一些特異生理效應。維生素 A 與維持暗視覺和上皮細胞健康有關；維生素 D 與鈣磷代謝有關，維持骨骼及軟骨的生長發育；維生素 E 具有抗氧化作用，並與生育有關；維生素 K 與凝血有關，是一種凝血因子；硫辛酸作為輔酶，參與醣類的代謝。

5. 金屬酶和被金屬活化的酶都需要金屬離子。有的是游離的金屬離子與酶結合，有的是與紫質或咕啉以配位結合，作為酶的輔酶。

生物化學

MEMO

PRINCIPLES OF
BIOCHEMISTRY

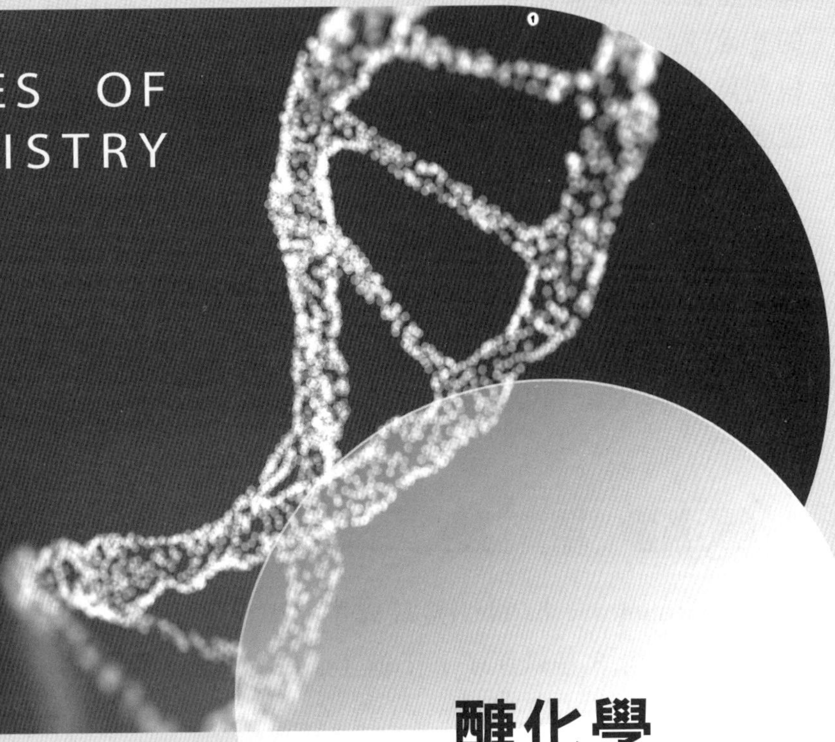

醣化學

醣類是自然界最豐富的有機物質，其量大約比其他有機化合物加在一起還要多。地球上一半以上的有機碳都儲存於兩種醣分子裡——澱粉和纖維素。這兩種醣類物質都是綠色植物透過光合作用(photosynthesis)利用太陽的能量合成的。地球上綠色植物每年同化的醣類物質達 4,500 億噸。但植物本身和其他生物只利用其中很小一部分。澱粉為植物的能量來源，纖維素卻是構成植物細胞壁的主要成分。

肝醣是動物的能量來源，動物將澱粉分解為葡萄糖後，在肝臟或肌肉細胞中合成肝醣儲存，當需要的時候再分解成葡萄糖以供利用。

除了作為能源外，醣類物質還有一些重要的作用。例如，醣與蛋白質結合成醣蛋白(glycoprotein)，它決定有機體的免疫、動物的血型、細胞訊息、細胞識別等；醣與脂質結合成醣脂(glycolipid)可以成為某些毒素的受體(receptor)。

8.1 單 醣

單醣(monosaccharides)是最簡單的醣類結構。根據所含碳原子的多少分為丙糖（triose，含 3 個碳原子）丁糖（butose，含 4 個碳原子）、戊糖（pentose，含 5 個碳原子），己糖（hexose，含 6 個碳原子）和庚糖（heptose，含 7 個碳原子）。自然界存在最多的單醣是戊糖和己糖。

1. **戊糖**：有阿拉伯糖(arabinose)、核糖(ribose)、去氧核糖(deoxyribose)等。

2. **己糖**：有葡萄糖(glucose)、果糖(fructose)、半乳糖(galactose)等。

3. **中間產物**：丙醣、丁醣和庚醣為醣代謝過程的中間產物。

因為單醣都是含羰基的化合物，如果羰基是在碳鏈的末端，這種單醣稱為**醛糖**(aldose)；如果羰基在其他位置（常在 C_2 位），此單醣，稱為**酮糖**(ketose)。

一、單醣的結構

(一) 開鏈結構

三碳糖 (trioses)是最簡單的單醣，其中**甘油醛** (glyceraldehyde)為丙醛糖(aldotriose)；**二羥基丙酮**(dihydroxyacetone)為丙酮糖(ketotriose)。

$$
\begin{array}{c}
\overset{\displaystyle O}{\underset{\displaystyle |}{\|}} \\
C-H \\
| \\
H-C-OH \\
| \\
CH_2OH
\end{array}
\qquad\qquad
\begin{array}{c}
CH_2OH \\
| \\
C=O \\
| \\
CH_2OH
\end{array}
$$

甘油醛（醛糖）　　　　　　　　二羥基丙酮（酮糖）

在甘油醛的結構中，中間的碳原子連接了四個不同的基團，醛基(-CHO)、羥甲基(-CH₂OH)羥基和氫原子等，稱為**不對稱碳原子**(asymmetric carbon atoms)，其中羥基在左邊或右邊時，分別形成兩種異構體，稱為**光學異構體**(optical isomer)。這兩種異構體互為鏡像(mirror image)，因此又稱為**鏡像對稱異構物**(enantiomorphic isomer)。羥基在右邊稱為 D-型，在左邊稱為 L-型（圖 8-1 的 Glyceraldehyde 結構），自然界存在的醣類多為 D-型。

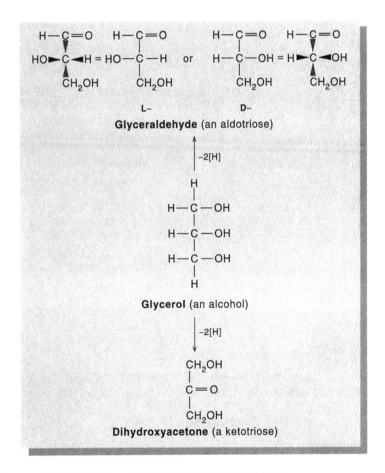

圖8-1　甘油(Glycerol)失去2個 H⁺，可轉化為甘油醛或二羥基丙酮

　　L-型和 D-型稱為**構型**(configuration)，分別來自於拉丁文 Laevus（左）和 Dexter（右），是由人為所規定的。旋光性則是另一種實際以偏光儀(polarmeter)所測出來的結構特性。＋(*d*)代表右旋性(dextrorotatory)，表示能使偏振光的偏振平面向右邊旋轉一定角度；－(λ)為左旋性(levorotatory)，即表示能使偏振平面向左邊旋轉一定角度。一個具有旋光性物質的構型（D 或 L）與它的實際旋光性（*d* 或λ）無關。

　　四碳以上的醛糖有兩個以上不對稱碳原子，習慣上將以靠近羥甲基的不對稱碳原子為準（或距醛基最遠的不對稱碳原子）。在這個碳原子上，羥基在右邊的為 D-型，羥基在左邊的為 L-型。

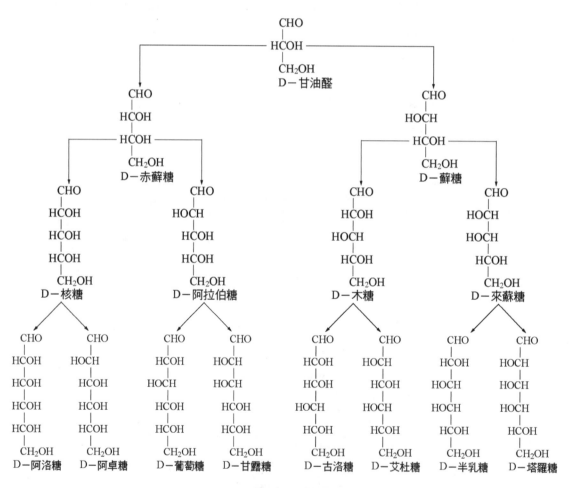

（L－型醛糖是D－型的對映體）

圖8-2 D-系醛糖的開鏈結構

　　圖 8-2 為 D-型每一個醣的鏡像對稱異構物，即為 L-系醛糖，丙醣含有一個不對稱的碳原子，具有兩個鏡像對稱異構物；丁醣含有兩個不對稱的碳原子，具有四個(2^2)鏡像對稱異構物；戊醣含有三個不對稱的碳原子，具有八個(2^3)鏡像對稱異構物，以此類推。含有 n 個不對稱碳原子的，可產生 2^n 個鏡像對稱異構物。

$$
\begin{array}{ccc}
\text{CH}_2\text{OH} & \text{CH}_2\text{OH} & \text{CH}_2\text{OH} \\
| & | & | \\
\text{C}=\text{O} & \text{C}=\text{O} & \text{C}=\text{O} \\
| & | & | \\
\text{HO}-\text{C*}\quad\text{II} & \text{H}-\text{C*}-\text{OH} & \text{HO}-\text{C*}-\text{H} \\
| & | & | \\
\text{H}-\text{C*}-\text{OH} & \text{H}-\text{C*}-\text{OH} & \text{H}-\text{C*}-\text{OH} \\
| & | & | \\
\text{CH}_2\text{OH} & \text{CH}_2\text{OH} & \text{H}-\text{C*}-\text{OH} \\
& & | \\
& & \text{CH}_2\text{OH}
\end{array}
$$

D－木酮糖	D－核酮糖	D－果糖
（戊酮糖）	（戊酮糖）	（己酮糖）
(Xylulose)	(Ribulose)	(Fructose)

　　酮醣的結構與上述醛醣類似，但因酮醣少一個不對稱碳原子，相同碳原子數的酮醣具有較少的鏡像對稱異構物，上面是自然界中常見的戊酮糖(ketopentoses)和己酮糖(ketohexoses)。

(二) 環狀結構

　　由於單醣有一些性質無法用開鏈結構來解釋，例如葡萄糖(glucose)的醛基不如一般醛類的醛基活潑，它並不能與亞硫酸氫鈉發生加成反應，故 Fischer 提出了葡萄糖的環狀結構。葡萄糖的 C_1 可與 C_5 或 C_4 發生半縮醛反應(hemiacetal reaction)，果糖(fructose)C_2 可與 C_5 或 C_6 發生半縮酮反應(hemiketal reaction)。葡萄糖的 C_1-C_5 縮合後，形成一個環狀醣，相當於吡喃(pyran)的結構，稱為吡喃葡萄糖(glucopyranose)，C_1-C_4 縮合後，相當於呋喃(furan)的結構，稱為呋喃葡萄糖(glucofuranose)。葡萄糖成環後，C_1 上新出現一個羥基，稱為**半縮醛羥基**(hemiacetal hydroxyl group)，這時 C_1 也成為一個不對稱碳原子，形成新的構型：α-型和β-型。**半縮醛羥基與決定直鏈構型（D 與 L）的羥基處在碳鏈同一邊的，稱為α-型；處於不同邊者，稱為β-型。**

α-D-吡喃葡萄糖和β-D-吡喃葡萄糖，只是 C_1 上的結構不同。這種只是在醛基碳原子上的構型不同的單醣同分異構體，稱為**異頭物**(anomer)（注意：它們不是鏡像對稱異構物），決定異頭現象的碳原子，稱為異頭碳(anomeric carbon)。

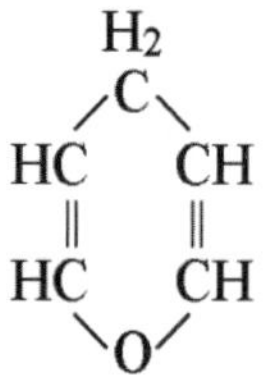

吡喃 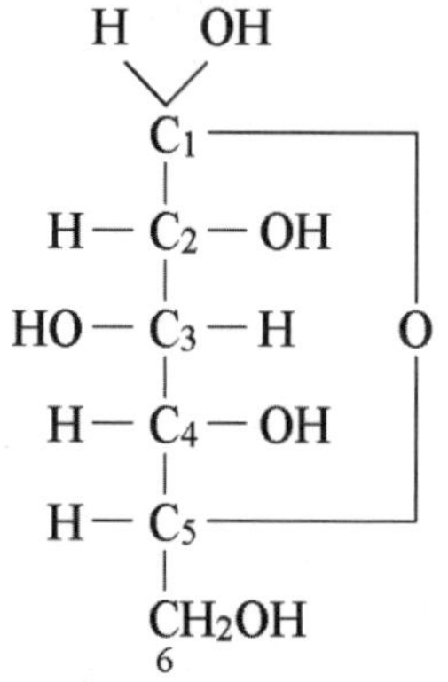 　　　 α–D–吡喃葡萄糖 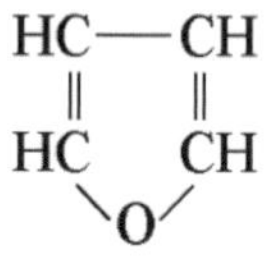 　　　 呋喃 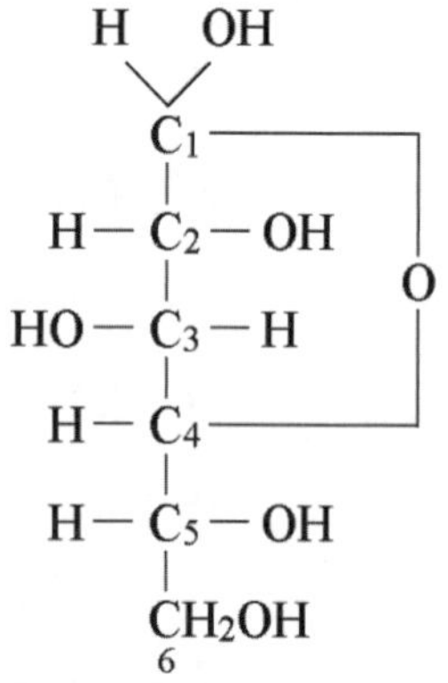 　　　 α–D–呋喃葡萄糖

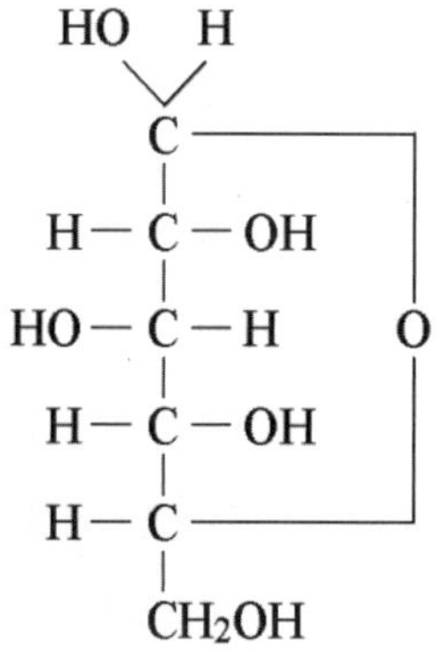

α–D–吡喃葡萄糖 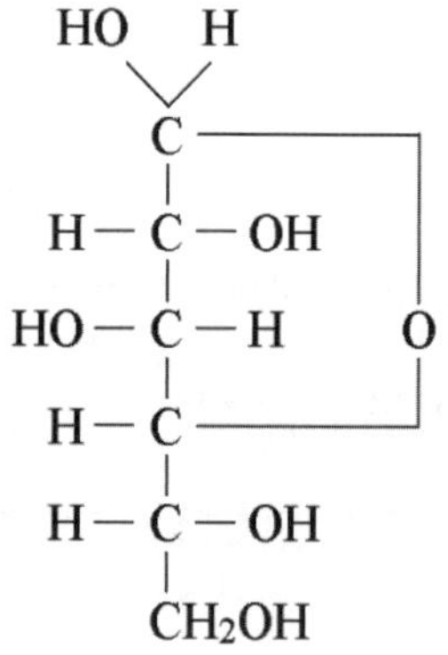 　　　 β–D–呋喃葡萄糖

初期化學結構的表達方式是由德國化學家 Fischer (1852-1919)所提出的，稱為「Fischer **投影式**(projection formula)」，將連接在不對稱碳原子上四個不同基團投影到一個平面上，水平鍵伸出紙平面之前，垂直鍵則在紙平面之後；但葡萄糖的碳鏈所構成的鍵角並不等於 180°；所以 Fischer 的環狀結構（投影式）並不能代表葡萄糖的真實結構。為了表示葡萄糖的環狀結構，目前多採用英國化學家 Haworth，於 1926 年提出來的結構模型，稱為 Haworth **透視式**（粗線代表靠近讀者一邊）：

α－D－吡喃葡萄糖

β－D－呋喃葡萄糖

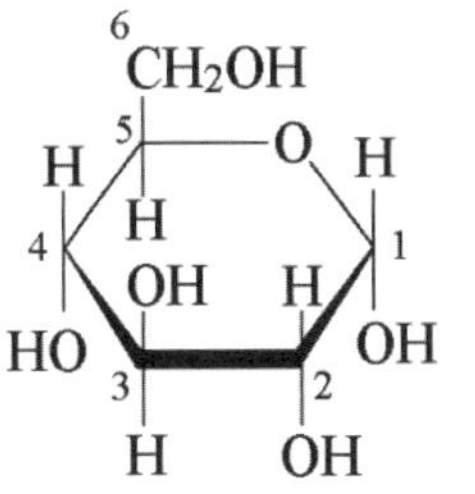

由 Fischer 式書寫成 Haworth 式時有兩條規定（如下圖示）：

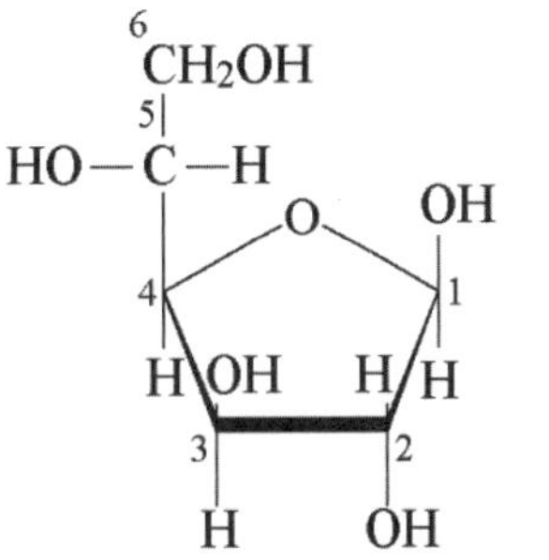

1. **羥基寫法**：將直鏈碳鏈（Fischer 式）右邊的羥基寫在 Haworth 環的下面，左邊的羥基寫在環的上面。
2. **未成環碳原子**：當醣的環形成後，還有多餘未成環的碳原子時，如果直鏈環（Fischer 式中的氧橋）是在碳鏈右邊的，則這些碳原子（包括所帶的基團）規定寫在 Haworth 環之上，反之則寫在環之下（酮糖的第一位碳例外）。

α－D－吡喃葡萄糖

β－D－吡喃葡萄糖

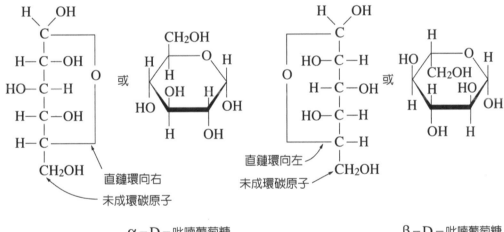

至目前為止，對於單醣（例如 D-葡萄糖）的討論，有開鏈式、環狀式，環狀式分為α-型、β-型，和呋喃式、吡喃式等，因此一種單醣在溶液中至少有五種形式存在並處於平衡中（圖 8-3）。但各種結構形式在溶液中的比例不同。吡喃醛糖比呋喃醛糖穩定得多，在己醛糖溶液中是以吡喃型為主；開鏈式的己醣僅是微量，它們是α-型與β-型互相轉變時的中間產物。

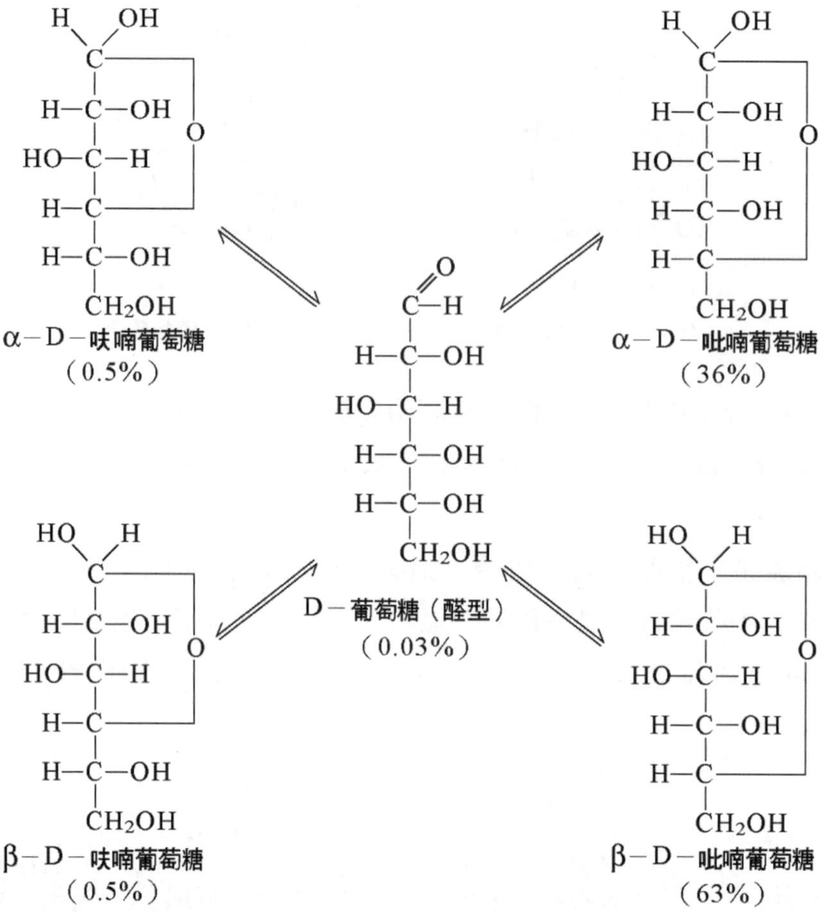

α－D－呋喃葡萄糖
（0.5%）

α－D－吡喃葡萄糖
（36%）

D－葡萄糖（醛型）
（0.03%）

β－D－呋喃葡萄糖
（0.5%）

β－D－吡喃葡萄糖
（63%）

圖8-3 葡萄糖在溶液中結構形式

　　果糖在成環時，是 C_2 與 C_5 或 C_2 與 C_6 成環，成環後 C_2 上新出現一個**半縮酮羥基**(hemiketal hydroxyl group)，這個羥基與決定直鏈構型的羥基(C_5)在碳鏈的同邊者為α-型，各在一邊者為β-型。果糖在游離狀態時，其環狀結構為吡喃型（C_2-C_6 成環）；在結合狀態時為呋喃型（C_2-C_5 成環）。

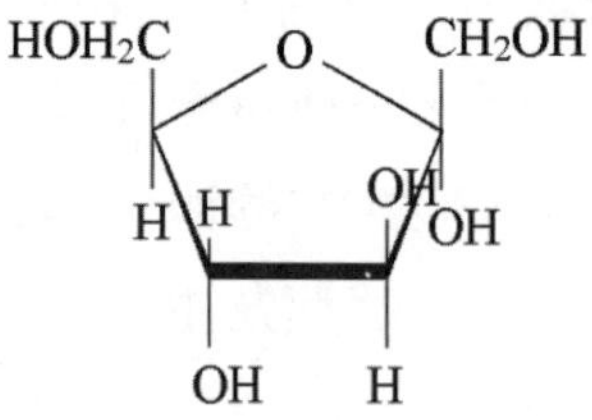

α-D-呋喃果糖 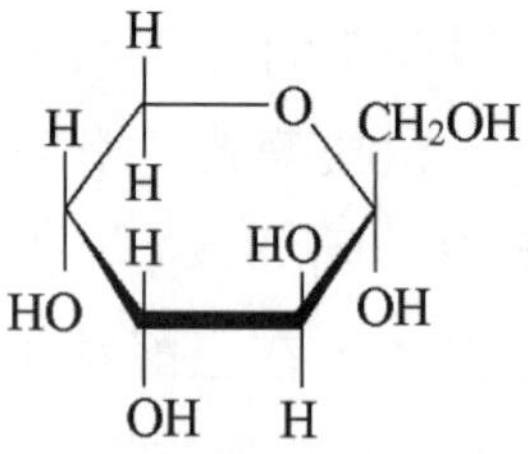　　　　　α-D-吡喃果糖

(三) 立體結構

　　Haworth 氏所設計的透視式葡萄糖環狀結構是將呋喃環或吡喃環假設為一個平面，C－O－C 鍵為 109°28'，但實際為 111°，接近於環己烷(cyclo-hexane)的環角，故應為折角，而不是平面。這樣形成一種立體結構(conformation)。葡萄糖有兩種立體結構：船式和椅式（圖 8-4）。椅式立體結構比船式穩定，故在溶液中己糖以椅式占優勢。

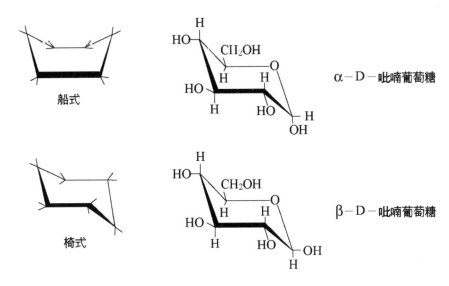

船式

椅式

$\alpha-D-$吡喃葡萄糖

$\beta-D-$吡喃葡萄糖

圖8-4 葡萄糖的兩種立體結構

　　立體結構表達了氧環中六個原子的相對位置，它們並不在同一個平面上。每個碳原子所連接的原子或基團在幾何學上和化學上都是不等同的，可將它們分為軸向和赤道兩類。分別稱為軸鍵（a 鍵或直立鍵）和赤道鍵（e 鍵或平行鍵）。這兩種鍵穩定性不同，一般說來，赤道鍵比軸鍵穩定一些。因為相鄰兩個軸鍵間的距離小，二鍵上兩個基團排斥力大；赤道鍵間兩個基團間的斥力或位阻效應小。β-型葡萄糖 C_1 羥基在赤道鍵上，α-型在軸鍵，因此β-葡萄糖比α-葡萄糖穩定。這也說明在葡萄糖的平衡液中，β-葡萄糖占的比例大些(63%)。

 專欄 BOX

8.1 D-型與 L-型醣

在書寫鏡像對稱異構物時，每一個不對稱碳原子上的結構都要逐一對映，正像照鏡子一樣，不能左手有鏡像而右手沒有鏡像。你能判斷下列結構中哪一個是 D-葡萄糖的 L-異構體嗎？

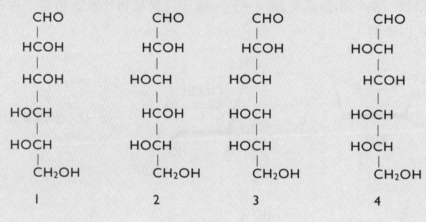

二、單醣的還原能力

單醣的醛基具有還原能力，能還原許多金屬化合物。常作為醣定量測定的斐林(Fehling)法，即是利用醣的還原性使兩價銅離子(Cu^{2+})還原成一價亞銅離子(Cu^{+})，根據產生亞銅離子的量來計算醣的量。

酮醣的還原能力並不是來自酮基，而是酮醣在鹼性溶液中經烯醇化作用(enolization)變成烯二醇而具有還原能力。這一類的醣通稱為還原醣(reducing sugar)。

8.2 雙 醣

雙醣(disaccharides)是由兩分子單醣所構成，常見的雙醣有蔗糖(sucrose)、麥芽糖(maltose)、乳糖(lactose)等。

一、蔗 糖

蔗糖(sucrose)是由一分子α-D-吡喃葡萄糖和一分子β-D-呋喃果糖脫水構成的，由αβ (1→2)醣苷鍵連接。存在於甘蔗、甜菜和水果中。

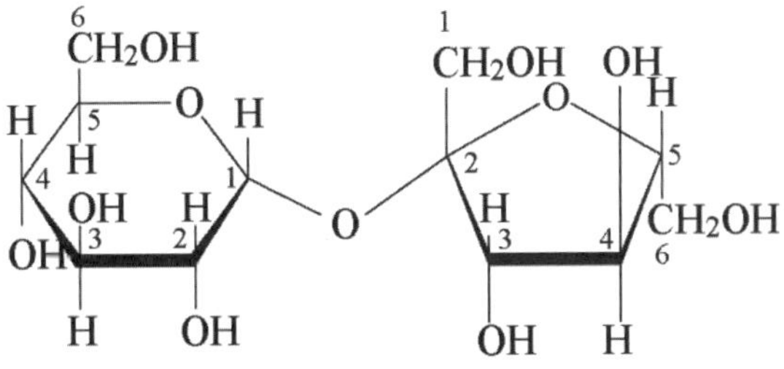

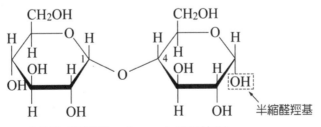

蔗糖〔葡萄糖 αβ（1→2）果糖苷〕

蔗糖為右旋醣，$[\alpha]_D^{20} = +66.5°$。蔗糖受稀酸或蔗糖酶(sucrase)作用時，可以水解成等量的葡萄糖和果糖的混合物。果糖的左旋性（$[\alpha]_D^{20}$ 為 $-92.4°$）比葡萄糖的右旋性（$[\alpha]_D^{20}$ 為 $+52.5°$）強，因此，蔗糖水解後所得的等量葡萄糖和果糖的混合物具有左旋性，$[\alpha]$ 為 $-19.95°$。在水解過程中蔗糖這種由右旋變為左旋的過程，稱為轉化(inversion)，轉化作用所生成的等量葡萄糖和果糖的混合物叫轉化醣(invert sugar)。

因為葡萄糖和果糖結合成蔗糖後其醛基和酮基都先全喪失，因此蔗糖不是還原醣。蔗糖在甘蔗及甜菜中含量最高，是製糖工業的重要原料。

二、麥芽糖

麥芽糖(maltose)是由兩分子葡萄糖構成，由α (1→4)醣苷鍵連接。存在於發芽的種子，或澱粉水解的產物。

麥芽糖〔葡萄糖 α（1→4）葡萄糖苷〕

半縮醛羥基

麥芽糖的配基葡萄糖具有半縮醛羥基，因此具有還原性及變旋性。α-麥芽糖的 $[\alpha]_D^{20} = +168°$，β-麥芽糖的 $[\alpha]_D^{20} = +112°$，變旋達到平衡時的 $[\alpha]_D^{20}$ 為 $+136°$。自然界中以β-式異構體占優勢，醛式麥芽糖的量甚微。

各種穀物發芽的種子中含有麥芽糖，澱粉水解後大多也得到麥芽糖。麥芽糖是食品飴醣的主要成分。

三、乳　糖

乳糖(lactose)是由一分子葡萄糖和一分子半乳糖縮合而成的。其連接方式為半乳糖 C_1 上的半縮醛羥基與葡萄糖上 C_4 上的羥基以β-方式連接。

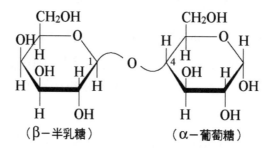

乳糖〔葡萄糖 β（1→4）半乳糖苷〕

專欄 BOX

8.2　乳糖不耐症

營養學家早已發現牛乳和母乳對兒童有不同的營養價值。原因之一是母乳含有一種刺激素，能刺激嬰兒腸道中的雙叉乳桿菌（*Lactobacillus bifidus*，比菲德氏乳酸桿菌）的生長，這種細菌對兒童健康有幫助。這種刺激素是可溶性乳糖類（牛乳中沒有），包括胺基乳四醣(lacto-N-tetraose)、胺基乳五醣(lacto-N-pentaose)等。

另一種情況是兒童甚至成年人攝取乳糖和含乳糖的乳製品後出現腹部不適、腹瀉和酸性便等症狀，稱為乳糖不耐症(lactose malabsorption)。大約占嬰兒人口的 0.5~1.0%。這與腸中一種稱為乳糖酶(lactase)的酵素有關。絕大多數的喝奶嬰兒，其腸黏膜中有大量的乳糖酶，而斷奶後這種酶的濃度大大降低。有乳糖不耐症的人就是先天性的或繼發性的缺乏這種酶，或其含量過少。大多數有北歐血統的人群，有幾千年的飲牛奶史，其乳糖不耐症的發病率很低；而在非洲、南歐、近東、印度和遠東國家的人，其發病率卻較高。

8.3 多　醣

　　多醣(polysaccharides)是由 20 個以上單醣聚合而成。僅由一種單醣構成的稱為**同質多醣**(homopolysaccharide)，由幾種單醣構成的稱為**異質多醣**(heteropolysaccharide)。葡萄糖是最常見的組成單位，由葡萄糖聚合成的多醣稱為葡萄聚醣(glucan)，其他還有甘露聚醣(mannan)、半乳聚醣(galactan)、木聚醣(xylan)等（表 8-1）。

▶ 表 8-1　常見的同質多醣

名　稱		醣　鍵	來　源
葡聚糖	纖維素(cellulose)	β(1→4)	植物
	直鏈澱粉(amylose)	α(1→4)	植物
	支鏈澱粉(amylopectin)	α(1→4)，含 0.5% α(1→6)	植物
	肝醣(glycogen)	α(1→4)，含 12~18% α(1→6)	動物
	右旋醣酐（直鏈）(dextran, linear chain)	α(1→6)，含 8% α(1→3)(1→4)	微生物
	右旋醣酐（支鏈）(dextran, branch chain)	α(1→6)	微生物
	香菇多醣(lentinan)	β(1→3)	香菇
	茯苓多醣(pachyman)	β(1→3)，含β(1→6)	茯苓
	昆布多醣(laminarin)	β(1→3)	海帶
果聚醣（菊粉）(fructan, inulin)		β(2→1)	菊科、牡丹、蒲公英等
甘露聚醣（直鏈）(mannan, linear chain)		β(1→4)	穀類作物桿、蘭科球根
甘露聚醣（支鏈）(mannan, branch chain)		(1→6)，含(1→2)(1→3)	酵母
半乳聚醣（直鏈）(galactan, linear chain)		β(1→4)	果膠質
半乳聚醣（支鏈）(galactan, branch chain)		β(1→6)，含β(1→3)	蝸牛
阿拉伯聚醣(arabinan)		(1→5)，含(1→2)	花生米、甜菜乾
木聚醣(xylan)		β(1→4)	玉米蕊、麻、蘆葦

一、同質多醣

(一) 澱　粉

　　澱粉(starch)是由葡萄糖聚合而成，可分為直鏈澱粉(amylose)和支鏈澱粉(amylopectin)，前者不分支，後者具有分支結構。直鏈澱粉由幾百個葡萄糖以α(1→4)醣苷鏈連接，一個分子具有兩個末端，一端具有 C_1 半縮醛羥基，具有還原性，稱為**還原端**(reducing end)，另一端具有葡萄糖 C_4 位羥基，稱為**非還原端**(nonreducing end)。天然直鏈澱粉並不是一條拉伸的線性結構，而是形成大小不等的螺旋圈（圖 8-5），一個直鏈澱粉分子大約含有 200~980 個葡萄糖單位。

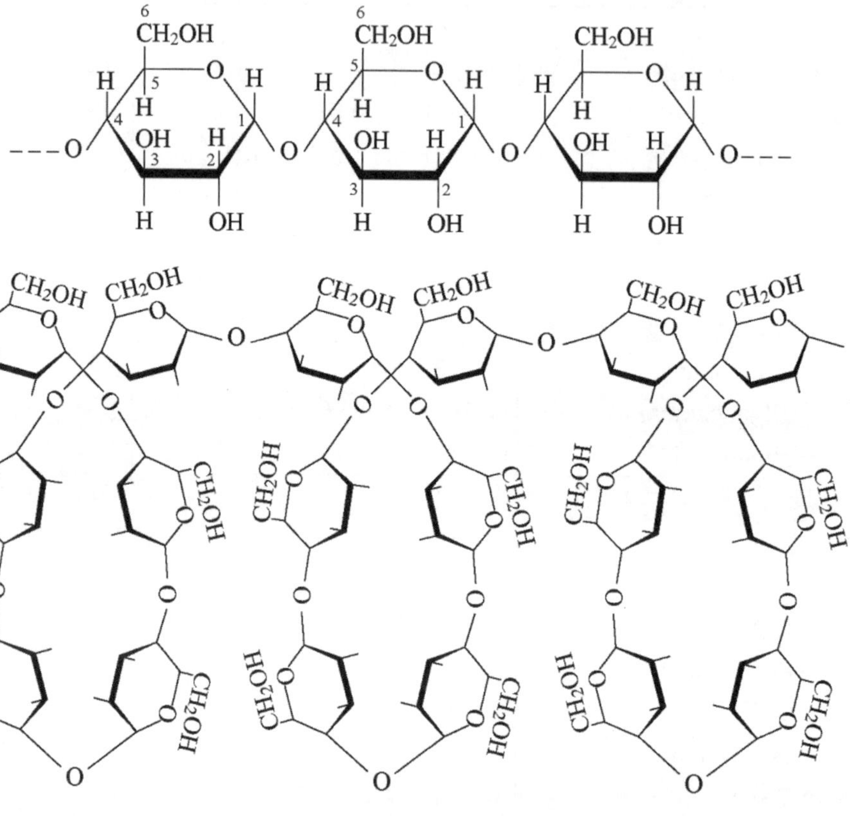

圖8-5　直鏈澱粉的結構

　　支鏈澱粉具有許多分支，主鏈及支鏈上葡萄糖基之間仍以α(1→4)醣苷鏈連接，支鏈與主鏈的連接則是α(1→6)醣苷鏈（圖 8-6）。每個支鏈平均具有 24~30 個葡萄糖基，在主鏈上兩個分支點的距離平均約為 11~12 個葡萄糖基。支鏈的數目 50~70 個。每個支鏈仍然形成螺旋圈。一個支鏈澱粉分子有一個還原端和 n＋1 個非還原端，n 為分支數。一個支鏈澱粉分子大約含有 600~6,000 個葡萄糖基。

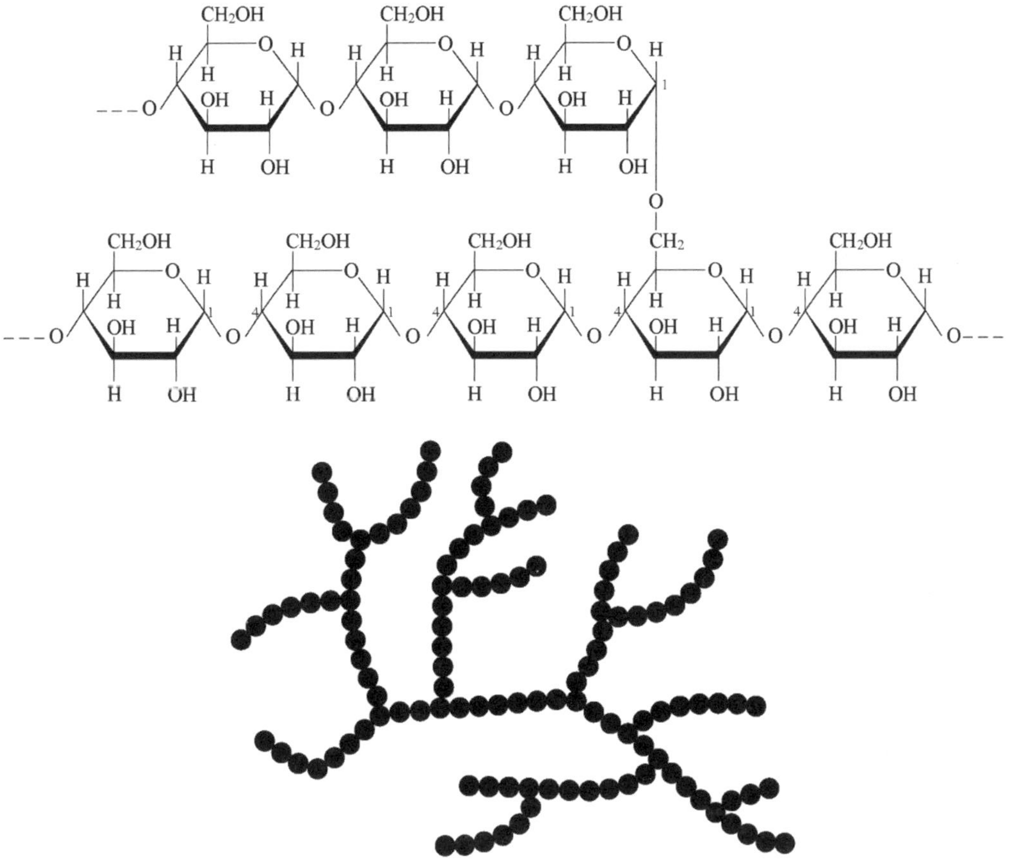

圖8-6 支鏈澱粉的結構

澱粉的一個重要性質是與碘的反應，直鏈澱粉遇碘產生藍色，支鏈澱粉遇碘產生紫紅色。澱粉在水解過程中產生一系列分子大小不等的複異質多醣，稱為糊精(dextrins)，根據與碘反應的顏色變化可以判斷水解程度：

澱粉（藍色）→澱粉糊精（紫紅）→紅糊精（紅色）
→無色糊精（無色）→麥芽糖（無色）→葡萄糖（無色）

澱粉一般不溶於水，但將澱粉用 7.5% HCl 處理幾天即成為可溶性，這就是實驗室用的「可溶性澱粉」。食品及工業上除直接利用天然澱粉外，還常使用經過改造的變性澱粉(denatured starch)，即指澱粉經過物理、化學和生物化學（酶）方法改變其天然性質，增強某些機能和引進新的特性而製備的澱粉產品。這種產品是根據澱粉本身的固有特性，利用加熱、酸、鹼、氧化劑、酶製劑等改變澱粉的部分性質，以擴大澱粉的應用範圍。常用的變性澱粉有酸變性澱粉、氧化澱粉、磷酸澱粉等，廣泛用於食品、醫藥、紡織、印染、造紙、化工等行業。

(二) 肝 醣

肝醣(glycogen)分布於人和動物的肝臟、肌肉和腎臟，其結構類似於支鏈澱粉，含有α(1→4)和α(1→6)醣苷鏈。但比支鏈澱粉分子量更大，分支更多。主鏈上每隔 3~5 個醣基即有一個分支，支鏈長約 10~14 個葡萄糖單位，整個分子呈顆粒狀，一個分子大約含有 3 萬個葡萄糖單位。肝醣同澱粉一樣無還原性，為非還原醣，遇碘顯紅色，可溶於水及三氯醋酸。

(三) 纖維素

纖維素(cellulose)是構成植物細胞壁和支撐組織的重要成分。木質部內纖維素的含量達 50%以上，棉花纖維素的含量達 90% 以上。纖維素是β-D-葡萄糖聚合物，以β(1→4)醣苷鏈連接，為一長的線性結構（圖 8-7）。

人和動物不能直接利用纖維素作為食物，因為人體內沒有能水解纖維素的纖維素酶(cellulase)，但食草動物如牛、羊和一些昆蟲的腸道細菌能夠產生這種酶，所以能夠消化纖維素。纖維素在性質上與其他醣類的最大區別在於它的難溶解性。

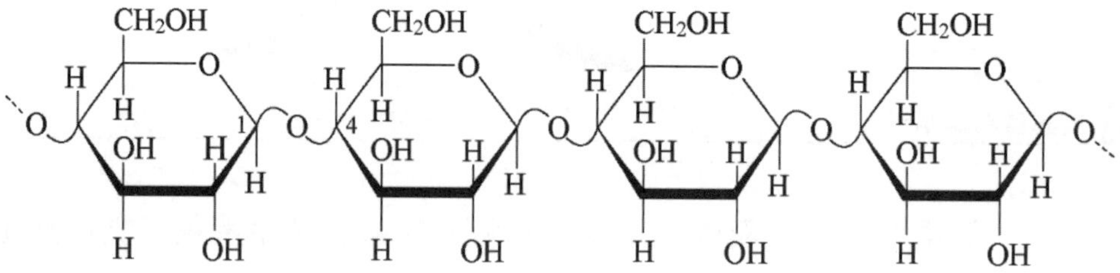

圖8-7 纖維素的結構

(四) 幾丁質

幾丁質(chitin)又名殼多醣、甲殼素，是昆蟲、甲殼類動物硬殼的主要成分，一些黴菌、酵母和蕈類也含有幾丁質。它的基本單位是 N-乙醯葡萄糖胺(N-acetylglucosamine)，以β(1→4)醣苷鏈連接成一線性結構。

幾丁質用鹼處理去掉乙醯基後得到去乙醯幾丁質。幾丁質和去乙醯幾丁質有廣泛的用途。可製成透析膜、超濾膜、農用膜，可作藥物載體，製成手術縫合線、人造皮膚、人造血管、人工腎等，是良好的生物醫學工程材料。去乙醯幾丁質還可作為藥物，用於抑制胃潰瘍、降低血脂及膽固醇。

(五) 菊　糖

菊糖(inulin)又稱菊粉，主要存在於向日葵屬的菊芋(*Helianthus thberasaa*)和多種菊科植物中。在這些植物中，菊糖代替了澱粉成為儲藏能源物質。菊糖約 34 個果糖及一個葡萄糖組成，其結構為：

$$α\text{-吡喃葡萄糖}(1→2)[β\text{-4 呋喃果糖}]_{33}(1→2)β\text{-呋喃果糖}$$

菊糖溶於水，加酒精便從水中析出，加酸則水解生成果糖及少量葡萄糖。菊糖由靜脈注射入人體，不能被生物體吸收，完全由腎臟排出。菊糖分子具有通過腎小球膜的特性，在臨床上可用於測定腎功能及腎生理學之研究。

(六) 半纖維素

半纖維素(hemicellulose)最早是在 1891 年由 Schulze 提出這個詞的，當時以為這些多醣是合成纖維素的前驅物質，故名半纖維素。實際上纖維素並不是由半纖維素合成的。但它們與纖維素一樣，是植物細胞壁的成分。半纖維素是一些聚戊醣和聚己醣的總稱。在被稱為半纖維素的多醣中有些屬於同質多醣，有些屬於異質多醣。多以 β(1→4)、β(1→3)醣苷鍵連接。

二、異質多醣

由兩種或幾種不同單醣構成的多醣稱為異質多醣(heteropolysaccharide)。有的還含有硫酸等非醣組成分。

(一) 糖胺聚醣

糖胺聚醣(glycosaminoglycan)是一類含氮的異質多醣，大多呈現黏性，故稱為黏多醣(mucopolysaccharide)。有些多醣與蛋白質構成**醣蛋白**(glycoprotein)另在第 5 章討論。糖胺聚醣是脊椎動物結締組織基質和細胞外基質成分（表 8-2），特別是軟骨、筋、腱等含量尤高。

▶ 表 8-2　糖胺聚醣的組成及分布

名　稱	組成成分	分子量($\times 10^3$)	雙醣分子數	主要存在部位
透明質酸(HA)	N-乙醯基葡萄糖胺，葡萄糖醛酸	4,000~8,000	500~2,500	眼球玻璃體、臍帶、關節
4-硫酸軟骨素 (Ch-4-s)	4-硫酸-N-乙醯基半乳糖胺，葡萄糖醛酸	5~50	60	骨、軟骨、皮膚、血管、角膜
6-硫酸軟骨素 (Ch-6-s)	6-硫酸-N-乙醯基半乳糖胺，葡萄糖醛酸	5~50	60	骨、軟骨、皮膚、血管、角膜
硫酸皮膚素(DS)	4-硫酸-乙醯基半乳糖胺，艾杜糖醛酸	15~40	40~60	皮膚、韌帶、動脈壁
硫酸角質素(KS)	6-硫酸-N-乙醯基半乳糖胺，半乳糖	4~19	10~20	角膜、軟骨
肝素(Hp)	6-硫酸-N-硫酸半乳糖胺，2-硫酸-艾杜糖醛酸，葡萄糖醛酸，6-硫酸-N-乙醯基葡萄糖胺	6~25	10~20	肺、肝、腎、腸黏膜
硫酸乙醯基肝素（硫酸類肝素）(Hs)	6-硫酸-N-乙醯基半乳糖胺，艾杜糖醛酸，N-乙醯基葡萄糖胺，葡萄糖醛酸	50	10~20	肺、肝、動脈、細胞膜

　　糖胺聚醣類物質具有多種生理效應及用途。肝素是天然的抗凝血劑，它還可以加速血漿中三醯基甘油(triacylglycerol)的清除，防止血栓形成；透明質酸可以增加關節間的潤性，是良好的潤滑劑，在劇烈運動時起減震作用；硫酸軟骨素的作用更為廣泛，它不僅具有特殊的免疫抑制作用，還能減少局部膽固醇的沉積，及抗動脈粥樣硬化的作用。在臨床上，硫酸軟骨素用於治療神經痛、偏頭痛、關節炎、多種中毒、預防手術後沾黏、鏈黴素引起的聽覺障礙等。此外，硫酸軟骨素具有吸濕保水、改善皮膚細胞代謝的功能，已用於化妝品。

(二) 瓊　脂

　　瓊脂(agar)是一類海藻多醣的總稱，以石花菜科(Gelidiaceae)幾個屬的海藻中含量較高。瓊脂是醣瓊脂(agarose)和膠瓊脂(agaropectin)的混合物。醣瓊脂為聚半乳糖，每 9 個 D-半乳糖（互相以β(1→3)苷鍵連接）與一個 L-半乳糖以β(1→4)苷鍵連接起來；膠瓊脂則是醣瓊脂的硫酸酯（大約每 53 個醣單位有一個-SO_3H 基，磺酸酯化位置在 L-半乳糖的 C_6 上）。瓊脂的 L-半乳糖不是一個完整的半乳糖分

子，而是 3,6-失水-L-半乳糖，即 C_3 上羥基與 C_6 上的羥甲基失去一分子水後相連接。另外，瓊脂水解後還得到大約 2% 的丙酮酸，膠瓊脂就是含有硫酸酯和丙酮酸的醣瓊脂。丙酮酸是與 D-半乳糖的 C_4 和 C_6 縮合成為縮醛化合物。

瓊脂在醫藥、食品工業中廣泛用作凝固劑、賦形劑、濁度穩定劑等，它還常做為微生物培養基的介質，此外，醣瓊脂在生化實驗中還常用作電泳支援介質。

(三) 果膠類

果膠類(pectin)是植物細胞壁的成分，它的基本結構是**多聚半乳糖醛酸**(polygalacturonic acid)或稱**半乳糖醛酸聚醣**(galacturonan)。果膠可分為原果膠(protopectin)、**果膠酸**(pectic acid)和**果膠酯酸**(pectinic acid)。原果膠是指水不溶性的果膠；果膠酸是基本上不含甲氧基的果膠類物質；果膠酸酯是果膠酸的羥基被甲基酯化的產物。

果膠的基本結構為聚半乳糖醛酸，純的果膠酸就是以α(1→4)苷鍵連接的主要為 D-吡喃半乳糖醛酸(GalUA)，少量的 L-鼠李糖(Rha)組成的沒有分支的線性分子。L-鼠李糖與半乳糖醛酸之間是α(1→2)苷鍵連接。原果膠是具有分支的複雜結構，支鏈上有半乳糖(Gal)、木糖(Xyl)、甘露糖(Man)、阿拉伯糖(Ara)和 L-鼠李糖(Rha)等構成的寡醣鏈，支鏈與主鏈的連接，若是連接在半乳糖醛酸上，為 1→3 連接；若是連接在 L-鼠李糖上，則是 1→4 連接（圖 8-8）。

在植物成熟過程中，側鏈寡醣逐漸降解下來。不同植物、不同的組織部位，果膠的側鏈寡醣組成有所不同。

果膠類物質的一個特性是可以形成凝膠和膠凍。果膠水溶液（pH 約 2~3.5）與醣共沸，冷卻後形成果膠－醣－酸固體膠凍，因此果膠廣泛用於製糖、飲料、麵包、蜜餞、奶品等食品加工業。此外，果膠還用於製藥、化妝品等工業。

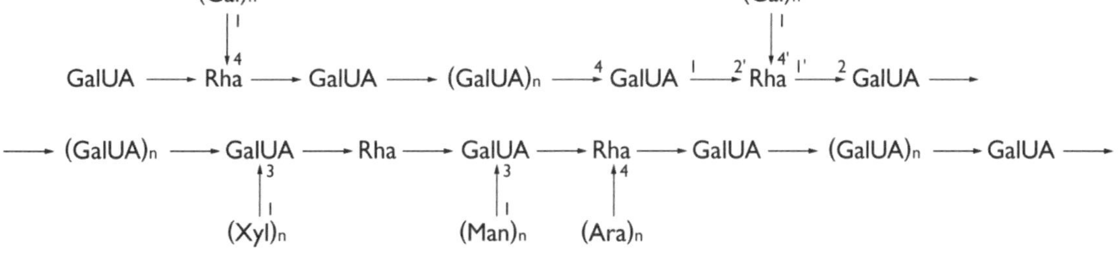

圖8-8 果膠的結構

8.4 醣類在生物學上的重要性

1. **能量來源**：醣類物質分解後所產生的能量能為生物體所利用。在種子萌發或生長發育時，植物細胞將它所儲藏的澱粉降解以提供能量。肝醣則是動物所儲藏的能源物質，動物依靠食物中的醣類或分解肝醣提供能量，人體所需能量的大約 70%來自於醣類物質。

2. **結構成分**(structural component)：纖維素、半纖維素、果膠是構成植物細胞壁的成分，細菌多醣則是構成細菌細胞壁的主要成分，而幾丁質則是形成蝦、蟹、甲殼動物的甲殼所必不可缺少的。這些多醣不僅使生物體和細胞具有一定的形狀，並且具有保護作用。

3. **細胞識別**(cellular distinguish)：細胞表面的識別作用包括細胞與分子、細胞與病毒以及細胞與細胞間的相互作用。這些識別作用涉及細胞增殖的調控、受精、分化、免疫與血型等，這些都與醣有關。腫瘤細胞的抑制、癌細胞的浸潤與轉移，都與癌細胞表面醣鏈結構的細微變化有關；細胞與細胞間的黏著，如酵母菌的有性生殖、黏菌的凝聚、海綿細胞再團聚，都是以醣為識別標記的；細菌和病毒感染宿主，宿主黏膜細胞表面的醣是細菌和病毒識別的標記；血清醣蛋白在循環系統中的「壽命」，也取決於醣蛋白分子上的醣鏈結構。例如，血漿中的銅蛋白(cuprein)，只要除去兩個唾液酸基（一個銅蛋白質分子上大約有 10 個唾液酸基），可使這一醣蛋白在血液循環中的半衰期從 54 小時減到 3~5 分鐘；血型取決於紅血球表面寡醣鏈末端的一個或幾個醣基的不同，如果用酶去除末端醣基後，血型可以發生改變。例如 A 型血寡醣鏈末端為：GalNAcα(1→3)Galβ(1→3)GlcNAC……，而 B 型血寡醣鏈末端為：Galα(1→3)Galβ(1→3)GlcNAC……。二者比較，A 型血寡醣鏈末端僅僅是半乳糖胺被乙醯化。

從以上幾個例子可見，醣在細胞識別、細胞訊息、訊息傳遞以及細胞免疫等方面均扮演著重要的角色，從某種意義上說來，醣的生物功能並不亞於蛋白質和核酸。

摘要  SUMMARY

1. 醣類物質舊稱碳水化合物，這是從多數單醣的分子組成或依據習慣來命名。從分子結構的概念出發，將醣類定義為「多羥醛或多羥酮的聚合物及其衍生物」比較確切。

2. 除二羥基丙酮外，所有單醣都有對掌性碳原子，因而都有旋光性，並具有 D- 或 L-構型。構型是人為規定的，旋光性是實際測定的。直鏈構型由靠近羥甲基的不對稱碳原子上羥基的分布來確定。環狀單醣由於半縮醛（或半縮酮）羥基的出現，分為兩種構型 α-和 β-，這取決於異頭碳及靠近羥甲基不對稱碳原子這兩個碳原子上羥基的相對位置來確定。環狀單醣由於有異頭現象，因而有變旋性。

3. 寡醣有還原性寡醣與非還原性寡醣之分，這取決於是否有游離半縮醛（或半縮酮）羥基。寡醣除游離存在的外，寡醣主要作為蛋白聚醣和醣蛋白的醣鏈部分，並發揮重要的作用。

4. 多醣按來源區分為動物多醣、植物多醣及微生物多醣；按組成成分來區分，則分為同質多醣和異質多醣。同質多醣大多作為生物的儲藏能源和結構成分，異質多醣則有各式各樣的生理功能。

5. 醣類物質除了作為能源及結構成分外，更具有細胞識別、細胞訊息、訊息傳遞等重要生物學功能，實現這些生物功能的主要是己糖或己糖衍生物構成的寡醣鏈，尤其是胺基己糖和乙醯化的胺基己糖，在實現這些特殊生物學功能中扮演著十分重要的角色。

MEMO

PRINCIPLES OF
BIOCHEMISTRY

PRINCIPLES OF
BIOCHEMISTRY

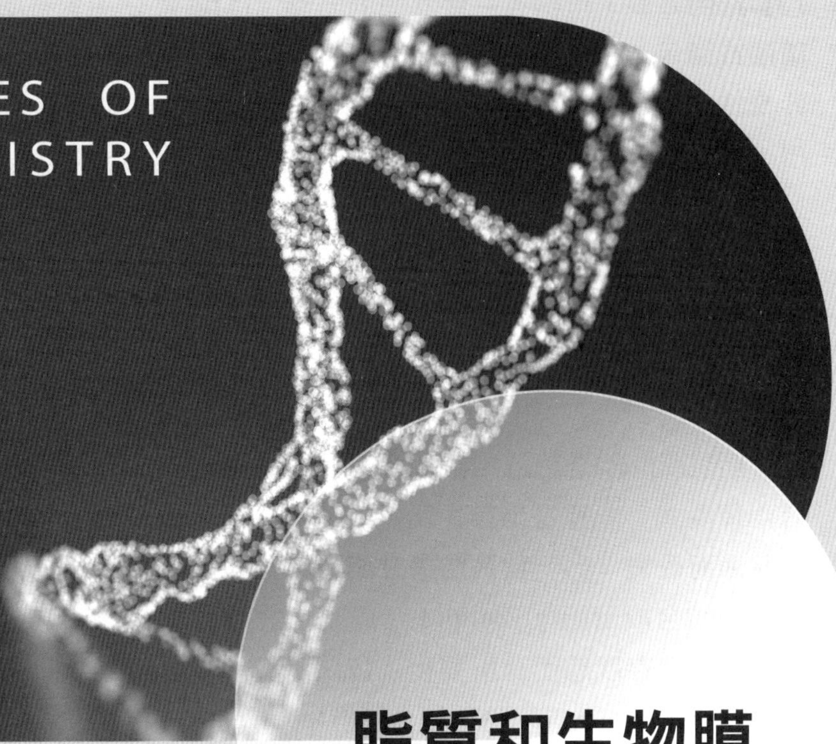

脂質和生物膜

脂 質由脂肪酸(fatty acid)和醇類(alcohol)所構成，雖然在化學結構上有很大的差異，但仍有一些共同的特點：(1)脂質分子含有脂肪酸和醇，有些則有磷酸或鹼等；(2)與醣類比較，脂質的碳氫比例較高；(3)脂質不溶於水，而溶於非極性有機溶劑，像氯仿(chloroform)、丙酮(acetone)等；(4)脂質能被生物所利用，分解後可提供為生物體活動所需之能量。

9.1 脂質與常見脂肪酸

一、脂 質

脂質(lipids)是一群不溶於水但溶於有機溶劑的分子之總稱。脂質在生物體內有兩種型式：一種是儲存性脂質，是作為能量儲存之用，其含量會隨體內能量儲存狀態而改變；另一種是**結構性脂質**，常與蛋白質結合成脂蛋白(lipoprotein)，或與醣類結合成醣脂(glycolipid)，成為生物膜的一部分，這類脂質含量恆定，不隨體內能量儲存狀態而有所變化。按照脂質組成，可分為簡單脂質(simple lipids)、複合脂質(complex lipids)和結合脂質(conjugated lipids)。

1. **簡單脂質**：其成分只含脂肪酸和醇類。例如：由脂肪酸和甘油(glycerol)所構成；固醇酯是脂肪酸和固醇(sterol)所構成；蠟(waxes)則是分子量較大的脂肪酸與一元醇所構成。

2. **複合脂質**：又稱類脂質(lipoids)，其成分除了含脂肪酸和醇外，還含有磷酸(phosphate)和含氮化合物等。磷脂質(phospholipids)是含磷酸的脂質，它的醇為甘油和神經胺基醇(sphingosine)。許多磷脂質還含有含氮化合物。

3. **結合脂質**：是脂質與醣或蛋白質結合成的複雜性脂質。脂質與醣結合構成醣脂質(glycolipids)，與蛋白質結合則構成脂蛋白(lipoproteins)。醣蛋白另在第 8 章討論，脂蛋白則在第 5 章討論過。

二、常見脂肪酸

　　常見脂肪酸為一元羧酸，即僅有一個羧基(carboxyl group)的有機酸，常見脂肪酸結構具有以下特點：

1. **碳原子數**：碳原子數在 12~22 個之間。12 碳以下的短中鏈脂肪酸主要存在於奶油中。多數脂肪酸的碳原子數為偶數，如棕櫚酸(palmitic acid)含 16 個碳原子，用 C_{16} 表示。硬脂酸(stearic acid)含 18 個碳原子，用 C_{18} 表示。油酸(oleic acid)含 18 個碳原子，一個不飽和雙鍵，用 $C_{18:1}$ 表示等。

2. **烴鏈**：分為飽和（不含雙鍵）、不飽和（含一個以上雙鍵），或含有取代基和分支等。

3. **雙鍵**：不飽和脂肪酸所含雙鍵在 1~6 個之間。含一個雙鍵的稱為單烯酸，雙鍵位置多在第 9 位置，用 Δ^9 表示。含兩個以上雙鍵的多烯酸(polyenoic fatty acid)，一般是每隔 3 個碳原子有一個雙鍵，如亞油酸：$\Delta^{9,12}$-$C_{18:2}$。

4. **異構體**：不飽和脂肪酸理論上可產生許多異構體，如十八碳一烯酸，可以有 16 個異構體，自然界僅發現 4 個異構體。常見的油酸有兩種異構體：

$$HC-(CH_2)_7-CH_3$$
$$\|$$
$$HC-(CH_2)_7-COOH$$

順油酸(cis-oleic acid)

（熔點14℃）

$$CH_3-(CH_2)_7-CH$$
$$\|$$
$$HC-(CH_2)_7-COOH$$

反油酸(trans-oleic acid)

（熔點51℃）

　　細菌的不飽和脂肪酸多為單烯酸，動植物則有單烯酸和多烯酸。重要的天然脂肪酸見（表 9-1）。

▶表 9-1 重要的天然脂肪酸

脂 肪 酸	結 構
飽和脂肪酸：	
月桂酸（十二酸）(lauric acid)	$CH_3(CH_2)_{10}COOH$
豆蔻酸（十四酸）(myristic acid)	$CH_3(CH_2)_{12}COOH$
棕櫚酸（十六酸）(palmitic acid)	$CH_3(CH_2)_{14}COOH$
硬脂酸（十八酸）(stearic acid)	$CH_3(CH_2)_{16}COOH$
花生酸（二十酸）(arachidic acid)	$CH_3(CH_2)_{18}COOH$
結核硬脂酸（10－甲基硬脂酸）(tuberoulostearic acid)	$CH_3(CH_2)_7CH(CH_2)_8COOH$ $\quad\quad\quad\quad\quad \mid$ $\quad\quad\quad\quad\quad CH_3$
結核酸（3,13,19－三甲基二十三酸）(phthioic acid)	$CH_3(CH_2)_3CH(CH_2)_5CH(CH_2)_9CHCH_2COOH$ $\quad\quad\quad \mid \quad\quad\quad \mid \quad\quad\quad \mid$ $\quad\quad\quad CH_3 \quad\quad CH_3 \quad\quad CH_3$
不飽和脂肪酸：	
油酸（Δ^9－十八烯酸）(oleic acid)	$CH_3(CH_2)_7-CH=CH-(CH_2)_7COOH$
神經油酸（Δ^{15}－二十四烯酸）(nervonic acid)	$CH_3(CH_2)_7-CH=CH-(CH_2)_{13}COOH$
亞油酸（$\Delta^{9,12}$－十八（二）烯酸）(linoleic acid)	
	$CH_3(CH_2)_4-CH=CH-CH_2-CH=CH-(CH_2)_7COOH$
次亞油酸（$\Delta^{9,12,15}$－十八（三）烯酸）(linolenic acid)	
	$CH_3CH_2-CH=CH-CH_2-CH=CH-CH_2-CH=CH-(CH_2)_7COOH$
桐油酸（$\Delta^{9,11,13}$－十八（三）烯酸）(tungic acid)	
	$CH_3(CH_2)_3-CH=CH-CH=CH-CH=CH-(CH_2)_7COOH$
花生烯酸（$\Delta^{5,8,11,14}$－二十（四）烯酸）(arachidonic acid)	
	$CH_3(CH_2)_4-CH=CH-CH_2-CH=CH-CH_2-CH=CH-CH_2-CH=CH-(CH_2)_3COOH$
環狀脂肪酸：	
大楓子酸(chaulmoogric acid)	$CH\text{-}CH$ $\quad\mid\quad\quad\rangle CH(CH_2)_{12}COOH$ $CH\text{-}CH$
乾酪乳酸(lactobacic acid)	$CH_3(CH_2)_5CH-CH(CH_2)_9COOH$ $\quad\quad\quad\quad\quad \diagdown\diagup$ $\quad\quad\quad\quad\quad CH_2$
含羥基脂肪酸：	
腦羥脂酸(cerebronic acid)	$CH_3(CH_2)_{21}CHOHCOOH$
蓖麻子酸（Δ^9－12羥－十八烯酸）(ricinoleic acid)	
	$CH_3(CH_2)_5CHOHCH_2-CH=CH-(CH_2)_7COOH$
α－羥二十四烯酸（Δ^{15}）(hydroxynervonic acid)	
	$CH_3(CH_2)_7-CH=CH(CH_2)_{12}-CHOH-COOH$

9.2 油 脂

一、油脂的結構

油脂又稱為醯化甘油或醯化甘油酯(acyl glycerides)，是油(oils)和脂肪的總稱。習慣上把在室溫下呈液態的稱為油，呈固態的稱為脂。這種稱呼沒有嚴格的界限，例如，牛油、豬油是固態，習慣上仍稱油。從化學結構來看，油脂都是**三醯甘油**(triacylglycerol)。結構通式為：

$$
\begin{array}{c}
R_2-\overset{\displaystyle O}{\overset{\|}{C}}-O-CH \begin{array}{c} CH_2-O-\overset{\displaystyle O}{\overset{\|}{C}}-R_1 \\[2mm] \\[2mm] CH_2-O-\overset{\displaystyle O}{\overset{\|}{C}}-R_3 \end{array}
\end{array}
$$

式中 R_1、R_2、R_3 為各種脂肪酸。脂肪酸相同時，稱為**單純三醯甘油**(simple triacylglycerol)；有兩個或三個不同者，稱為**混合三醯甘油**(mixed triacylglycerol)。三醯甘油在分解過程中，去掉一個脂肪酸後，稱為**二醯甘油**(diacylglycerol)，如果一個甘油只接一個脂肪酸基，則稱為**單醯甘油**(monoacylglycerol)。

二、三醯甘油的性質

在食品和化學工業上，**三醯甘油**具有一些極**重要的物理和化學性質**，簡述如下。

(一) 溶解性(Solubility)

三醯甘油不溶於水，但可溶於乙醚、丙酮、氯仿等非極性溶劑。二醯甘油和單醯甘油則因為存在游離羥基，可在溶液形成小微粒，稱為微胞(micelle)。

(二) 乳化作用(Emulsification)

脂肪雖不溶於水，但在乳化劑(emulsifying agent)作用下，可變成很小的顆粒，均勻地分散在水裏面，而形成穩定的乳狀液，此即稱為乳化作用。所謂乳化劑是一種表面活性物質，能降低水和油兩相交界處的表面張力(surface tension)。

在動物和人的脂肪代謝中，對未分解的脂肪，可在膽鹽(bile salt)的作用下，乳化成細小顆粒而被腸壁細胞吸收。膽鹽即為一種乳化劑。在日常生活中，用肥皂洗去油汙也是一種乳化作用，以肥皂作乳化劑，把衣物上的油汙變成細小的顆粒，使之均勻地分布在水中，以達到去汙的目的。

(三) 熔點(Melting Point)

脂肪的熔點取決於所含脂肪酸成分，脂肪酸熔點則與其所含碳原子數有關。若飽和度相同，脂肪酸熔點隨碳原子數的增加而升高；當碳原子數相等時，不飽和脂肪酸的熔點比相對應的飽和脂肪酸低。例如十八碳的硬脂酸熔點為 70℃，但同樣含十八個碳的油酸熔點為 14℃，因為油酸有一個雙鍵。雙鍵越多，熔點越低。

(四) 皂化作用(Saponification)

所有三醯基甘油都能被酸或鹼水解，水解產物為甘油和脂肪酸。酸性水解是可逆的，鹼性水解則是不可逆的。因為過量的鹼會使分解下來的脂肪酸生成鹽。因此，鹼性水解的最終產物是甘油和各種高級脂肪酸鹽，後者可作為肥皂(soap)。所以，油脂的鹼性水解過程稱之為皂化作用(saponification)。反應式如下：

$$C_3H_5(OCOR)_3 + 3H_2O \longrightarrow 3RCOOH + C_3H_5(OH)_3$$
脂肪　　　　　　　　　脂肪酸　　甘油

$$RCOOH + NaOH \longrightarrow RCOONa + H_2O$$
脂肪酸　　　　　肥皂

利用油脂的皂化作用可以測定油脂的水解程度和油脂的含量。在肥皂工業中將油脂轉化為肥皂所需的鹼量可以用皂化值來量度。**皂化值**(saponification number)是指**完全皂化 1 克油脂所需氫氧化鉀的毫克數**。從皂化值的大小可以推知脂肪中所含脂肪酸的平均分子量。1 克油脂完全水解後得到的脂肪酸的分子數越少，則所需的氫氧化鉀量也越少，即皂化值越小，組成這種油脂的脂肪酸之平均分子量越大；反之，皂化值越大，脂肪酸的平均分子量越小。

(五) 加成作用(Addition)

不飽和脂肪酸中的雙鍵可與氫或鹵素進行加成作用，鹵素的加成，稱之為鹵化作用(halogenation)，而氫的加成，稱之為氫化作用(hydrogenation)。

$$
\underset{\displaystyle-C=C-}{\overset{\displaystyle H\quad H}{}} + I_2 \xrightarrow{\text{鹵化}} \underset{\displaystyle-C-C-}{\overset{\displaystyle H\quad H}{\underset{\displaystyle I\quad I}{}}}
$$

$$
\underset{\displaystyle-C=C-}{\overset{\displaystyle H\quad H}{}} + H_2 \xrightarrow{\text{氫化}} \underset{\displaystyle-C-C-}{\overset{\displaystyle H\quad H}{\underset{\displaystyle H\quad H}{}}}
$$

在食品工業和油脂工業常利用氫化作用將不飽和脂肪酸轉變為飽和脂肪酸。脂肪酸的不飽和程度可用碘值來測定。**碘值**(iodine number)是指**每 100 克油脂進行碘加成時所需的碘克數**。

(六) 氧化作用(Oxidation)

油脂在空氣中暴露過久，就會產生一種難聞的臭味，這種現象稱為酸敗(rancidity)。酸敗的原因一方面來自於不飽和脂肪酸的雙鍵在空氣中經氧化作用成為過氧化物(peroxide)，過氧化物繼續分解生成具有臭味的醛、酮、羧酸及其衍生物的小分子；另一個原因則是黴菌等微生物將油脂水解成小分子量的脂肪酸，然後再進一步分解成醛類。油脂的酸敗程度一般用酸值來表示。**酸值**(acid number)是**指中和 1 克油脂中的游離脂肪酸所需要的氫氧化鉀毫克數**。如果酸值越大，表示油脂的酸敗程度越高。

油脂的酸敗對油脂及食品品質有重要的影響。因此，在油脂的儲藏和運輸，以及食品的加工和儲藏時應防止油脂的自行氧化，主要是注意保持低溫、乾燥、避光，以及防止微生物的作用。油脂的氧化作用也有其實際的應用面。含有高度不飽和脂肪酸的油脂經空氣氧化後，可在物體表面形成一層堅硬而富於彈性的氧化薄膜。脂肪酸的不飽和程度越高，就越容易形成氧化膜。油漆即是根據此一原理。

9.3 磷脂質

　　磷脂質(phospholipids)是含有磷酸的複合脂質,是構成生物膜的重要成分。根據所含醇類的不同分為磷酸甘油酯(phosphoglycerides)和鞘髓磷脂質(sphigomyelin)等兩類。

一、磷酸甘油酯

　　磷酸甘油酯(phosphoglycerides)或稱磷脂醯基甘油(phosphacylglycerols),是含有甘油的磷脂。這類磷脂質的基本結構是磷脂酸(phosphatidic acid)。

$$
\begin{array}{c}
R_1-飽和脂肪酸 \\
R_2-不飽和脂肪酸
\end{array}
\qquad
\begin{array}{l}
\quad\quad\quad\quad\quad\quad O \\
\quad\quad\quad\quad\quad\quad \parallel \\
\quad\quad O \quad H_2C-O-C-R_1 \\
\quad\quad \parallel \quad\quad\; | \\
R_2-C-O-CH \quad O \\
\quad\quad\quad\quad\quad | \quad\quad \parallel \\
\quad\quad H_2C-O-P-OH \\
\quad\quad\quad\quad\quad\quad | \\
\quad\quad\quad\quad\quad\quad O^-
\end{array}
$$

L-α-磷酸脂酸

　　磷脂酸分子的磷酸基與**膽鹼**(choline)連接即構成**磷脂醯膽鹼**（phosphatidyl choline,或稱**卵磷脂**(lecithin)）；與**乙醇胺**(ethanolamine)連接,即構成**磷脂醯乙醇胺**（phosphatidyl ethanolamine,或稱**腦磷脂** cephalin）；與**絲胺酸**(serine)連接,即為**磷脂醯絲胺酸**(phosphatidyl serine);與**肌醇**(inositol)連接,構成磷脂醯肌醇(phosphatidyl inositol)等。存在於細菌、藍綠藻細胞膜以及動物細胞粒線體膜上的**心磷脂**(cardiolipin),則是唯一同時帶有兩個負電荷的磷脂質（圖 9-1）。

　　磷脂分子中 R 基是脂肪酸的烴基鏈。R_1 通常為飽和脂肪酸,R_2 為不飽和脂肪酸,這兩個脂肪酸二者缺一,尤其是甘油 C_2 位上缺不飽和脂肪酸的磷脂,稱為**溶血磷脂**(lysophospholipid),因為它有溶血的作用。動物的腦、細胞膜、卵黃含有豐富的卵磷脂和腦磷脂。大豆中含磷脂質豐富,大豆磷脂質是卵磷脂、腦磷脂和心磷脂等的混合物,其親水性狀大於三醯基甘油,可在水中形成膠乳,因而在食品工業中常作為乳化劑用於製造人造黃油、巧克力、霜淇淋等。

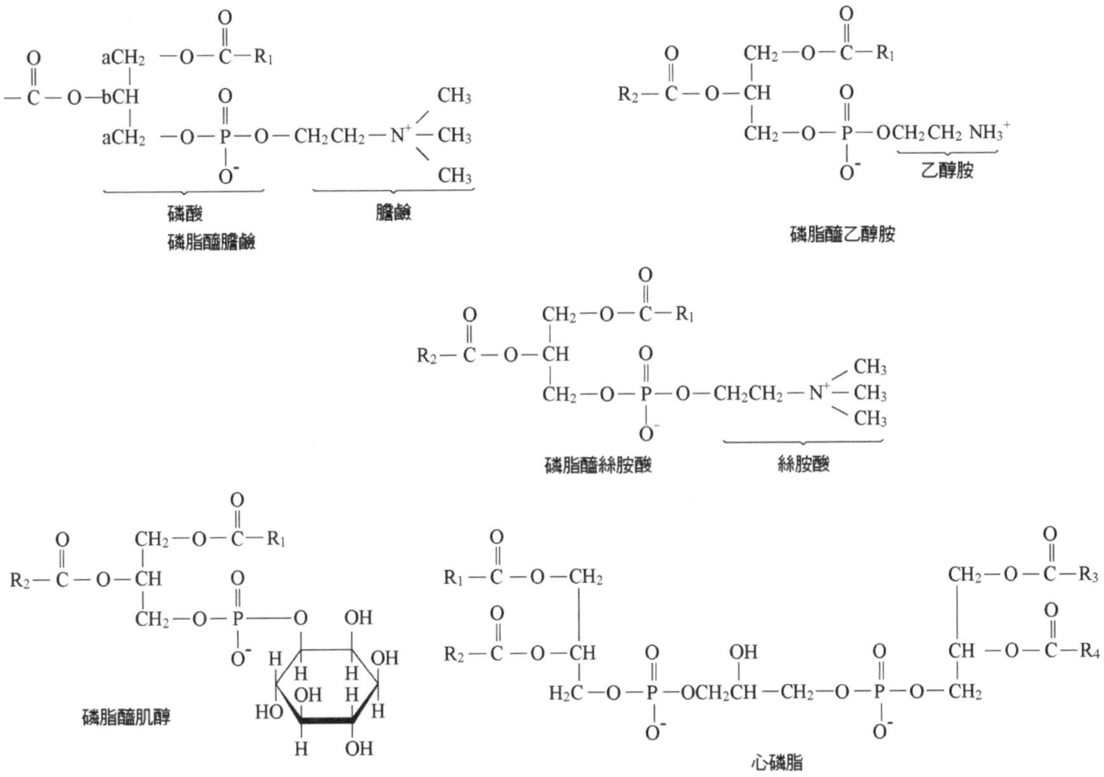

圖9-1 磷酸甘油酯的結構

二、鞘髓磷脂質

　　鞘髓磷脂質(sphingomyelin)或稱**神經鞘磷脂**(sphingophospholipids)，主要分布於動物的腦、神經組織和紅血球膜中。它的醇的成分不是甘油，而是一種十八碳不飽和胺基醇，稱為**神經胺基醇**(sphingosine)和**二氫神經胺基醇**(dihydrosphingosine)。

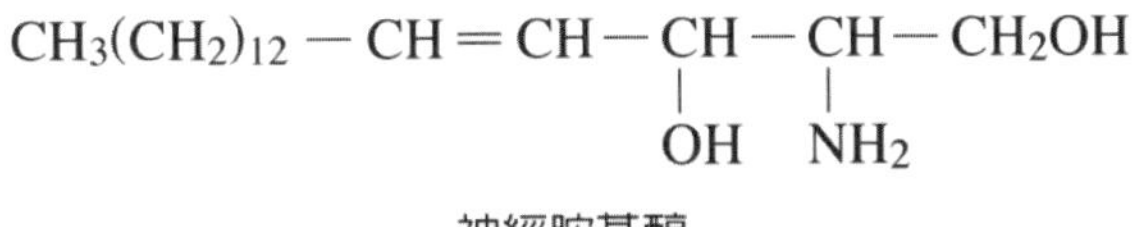

$$CH_3(CH_2)_{12} - CH = CH - CH - CH - CH_2OH$$

$$OH \quad NH_2$$

神經胺基醇

$$CH_3(CH_2)_{14} - CH - CH - CH_2OH$$

$$OH \quad NH_2$$

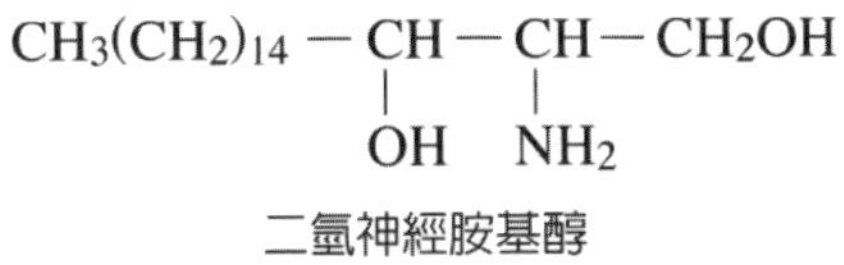

二氫神經胺基醇

在植物和酵母含植物神經胺基醇(phytosphingosine)，而海生無脊椎動物常含有 4,8-雙烯神經胺基醇(4,8-sphingadiene)等。

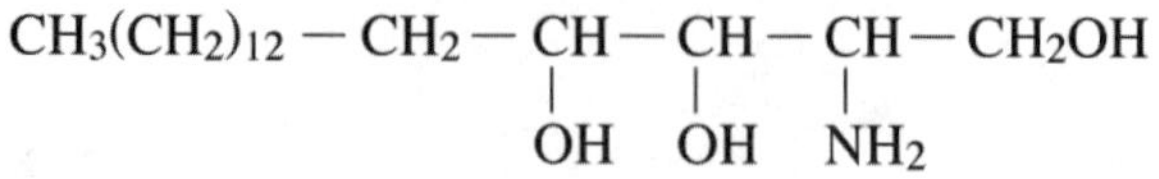

$$CH_3(CH_2)_{12} - CH_2 - \underset{|}{\underset{OH}{CH}} - \underset{|}{\underset{OH}{CH}} - \underset{|}{\underset{NH_2}{CH}} - CH_2OH$$

植物神經胺基醇

$$CH_3(CH_2)_8 - CH = CH - CH_2 - CH_2 - CH = CH - \underset{|}{\underset{OH}{CH}} - \underset{|}{\underset{NH_2}{CH}} - CH_2OH$$

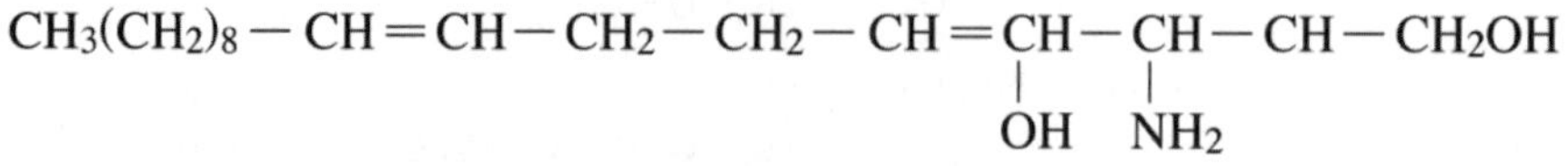

4, 8-雙烯神經胺基醇

神經磷脂質中，神經胺基醇的胺基以醯胺鍵與一個脂肪酸相連，稱為**腦脂醯胺**(ceramide)，它是神經磷脂質的基本結構。神經胺基醇的羥基再以酯鍵與磷酸膽鹼相連，即構成神經磷脂質（圖 9-2）。

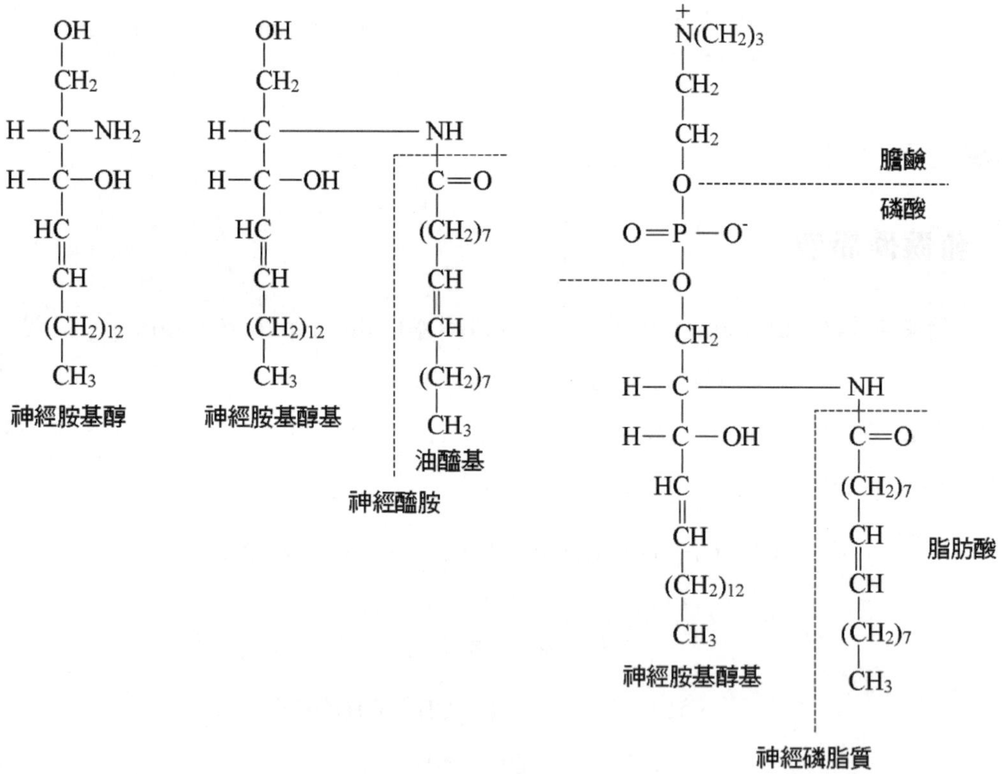

圖9-2 神經磷脂質結構

9.4 固醇類

固醇類(Sterols)是因為在有機溶劑中容易結晶而得名，其化學結構是環戊烷多氫菲(cyclopentanoper hydrophenathrene)（圖 9-3）的衍生物。

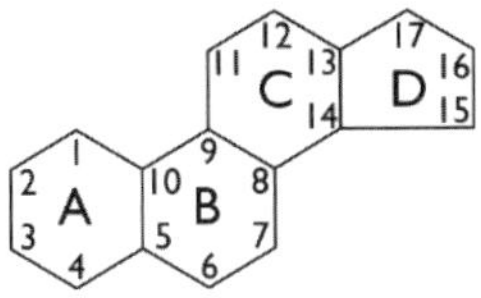

圖9-3 環戊烷多氫菲

自然界各種環戊烷多氫菲的衍生物，不但基本碳環相同，而且所含側鏈的位置也往往相同。固醇類的特點：C_3 上有一個羥基，C_{10} 和 C_{13} 位各有一個角甲基（分別編號 18、19），C_{17} 上有一個側鏈。環上的取代基若在環平面以上的稱為β，用實線表示，在環平面以下的稱為α，用虛線表示。

各種固醇物質都具有上述共同骨架，差別只是在 B 環中的雙鍵位置、雙鍵數目及 C_{17} 上側鏈的結構不相同。一般天然固醇 $C_5{\sim}C_6$ 間有雙鍵。在生物體中，它可以游離狀態或以與脂肪酸結合成酯的形式存在。脂肪酸與 C_3 位羥基縮合成酯。

一、動物性固醇

動物性固醇(zoosterols)包括膽固醇、膽固醇酯、7-脫氫膽固醇和糞固醇。

(一) 膽固醇(Cholesterol)

是最重要的動物固醇，是細胞膜的成分。在神經組織、腎上腺、腦組織含量都很豐富。血漿中 60~80% 的膽固醇與脂肪酸結合成**膽固醇酯**(cholesterol ester)。膽固醇為側鏈含八個碳原子的飽和烴鏈之固醇衍生物（圖 9-4）。

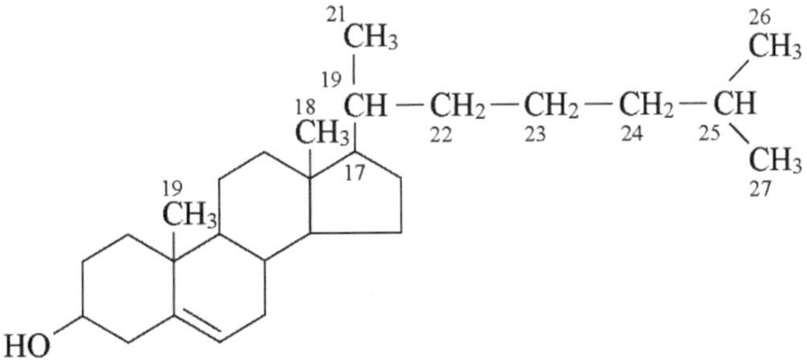

圖9-4 膽固醇結構

　　膽固醇不僅是細胞膜的結構成分，而且與神經興奮傳導、血漿脂蛋白合成、並與脂質代謝有關，它還是合成多種激素(hormone)的原料。

(二) 7-脫氫膽固醇(7-Dehydrocholesterol)

　　將之與膽固醇比較，在 $C_7 \sim C_8$ 位多一個雙鍵，它由膽固醇脫氫轉變而來。存在於皮膚和毛髮中，經陽光或紫外線照射後可轉變為維生素 D_3 (vitamin D_3)。因此，7-脫氫膽固醇又稱為維生素 D_3 原。

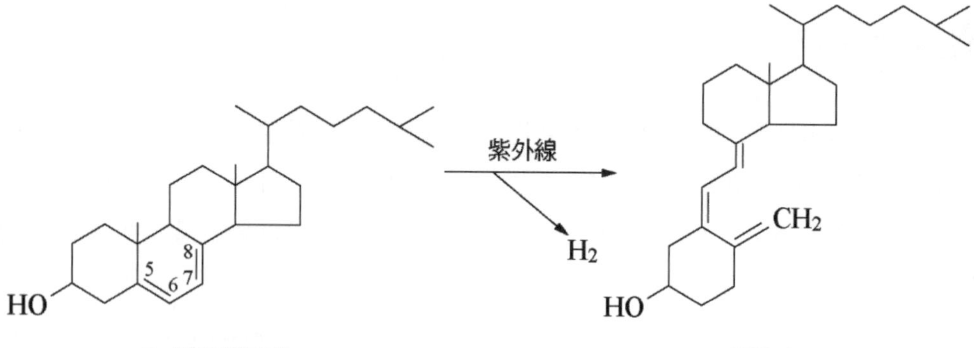

紫外線 → H₂

7-脫氫膽固醇　　　　　　　　　維生素 D_3

(三) 糞固醇(Coprostanol)

　　此為膽固醇經腸道微生物作用轉變而來的，隨糞便排出。它比膽固醇少一個雙鍵，即 $C_5 \sim C_6$ 間沒有雙鍵。

二、固醇衍生物

　　固醇的衍生物包括膽酸及膽汁酸和固醇激素。

(一) 膽酸(Cholic Acid)和膽汁酸(Bile Acid)

　　膽汁酸(bile acid)是含 24 個碳原子的固醇衍生物，因含有羧基而顯酸性。在動物的膽汁(bile)中除膽酸(cholic acid)外，還含有去氧膽酸(deoxycholic acid)、鵝去氧膽酸(chenodeoxycholic acid)和石膽酸(lithocholic acid)等，它們統稱為**膽汁酸**(bile acid)（圖 9-5）。

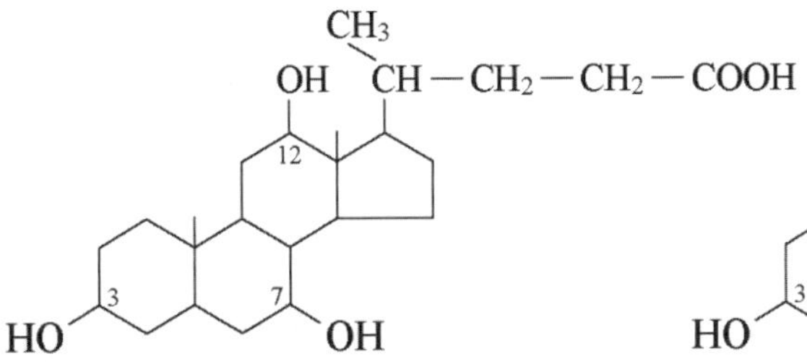

膽酸

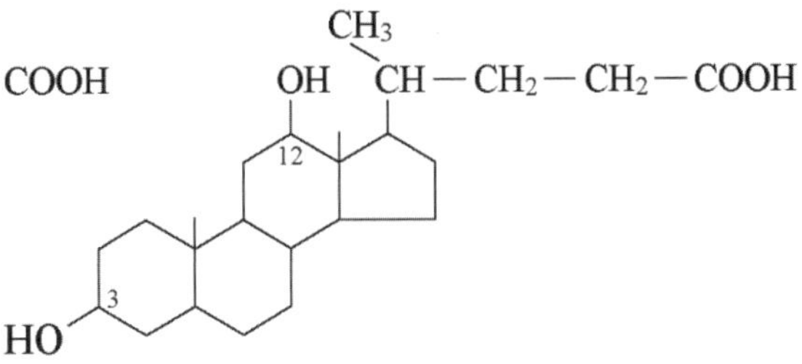

去氧膽酸

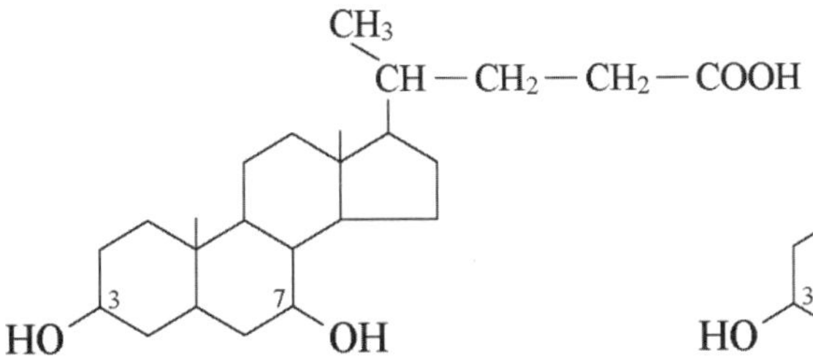

鵝去氧膽酸

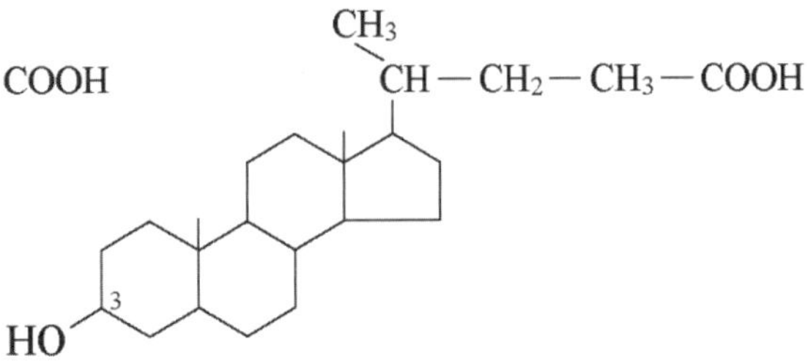

石膽酸

圖9-5 幾種膽汁酸結構

上面幾種固醇酸一般都不是以游離狀態存在於人及動物體內，而是分別與甘胺酸(glycine, H_2NCH_2COOH)或牛磺酸(taurine, $H_2NCH_2CH_2SO_3H$)結合成**甘胺膽酸**(glycocholic acid)或**牛磺膽酸**(taurocholic acid)，也可生成鹽，稱**膽鹽**(bile salt)，並以不同比例存在於各種動物膽汁中。膽鹽是水溶性的，作為一種乳化劑可使脂肪乳化，或者與脂肪酸結合，以利於這些脂質的吸收。

(二) 固醇激素(Steroid Hormone)

包括腎上腺皮質激素(adrenocorticotrophin)和性激素(sex hormone)兩類。在結構上與一般固醇比較，C_3 上除少數為羥基外，多數為酮基；有的在 C_{11} 位有酮基；側鏈基團小，為一個酮基或酮羥甲基(-$COCH_2OH$)；A 環上的雙鍵位置有變化。它們的結構見第 19 章。

9.5 其他脂類

一、萜 類

萜類(terpenes)是一種長鏈烴類化合物，常常與脂類物質一起被提取。萜類和固醇類一般都不與鹼皂化，稱為非皂化脂類(nonsaponifiable lipids)。

萜類是由異戊二烯(isoprene)構成的化合物。兩個異戊二烯連接（含十個碳原子）構成單萜(monoterpenes)，如檸檬苦素(limonene)；三個異戊二烯結合的化合物稱倍半萜(sesguiterpenes)，如法尼醇(farnesol)；四個異戊二烯構成二萜(diterpenes)，如葉綠醇(phytol)；六個異戊二烯構成三萜(triterpenes)，如鯊烯(squalene)等。

$$H_3C-\underset{\underset{CH_3}{|}}{C}=CH-CH_2-CH_2-\underset{\underset{CH_3}{|}}{C}=CH-CH_2-CH_2-\underset{\underset{CH_3}{|}}{C}=CH-CH_2OH$$

法尼醇（倍半萜）

$$H_3C-\underset{\underset{CH_3}{|}}{C}-(CH_2)_3-\underset{\underset{CH_3}{|}}{C}-(CH_2)_3-\underset{\underset{CH_3}{|}}{C}-(CH_2)_3-\underset{\underset{CH_3}{|}}{C}=CH-CH_2OH$$

葉綠醇(二萜)

二、蠟

蠟(waxes)是與脂肪性質上很相似的一類脂質，它們常常與脂肪共存。蠟是由大分子量一元醇和大分子量脂肪酸（24~36 個碳原子）構成的酯。

天然蠟依據其來源可分為動物蠟和植物蠟兩類。動物蠟多半是昆蟲的分泌物，如蜂蠟(bees wax)，由棕櫚酸與 31 碳醇所成的酯。它是蜜蜂的分泌物，用以建築它的蜂巢。植物蠟廣泛存在於植物體內，許多植物的葉、莖和果實表皮上常有蠟質覆蓋，以防止水分蒸發，防止細菌及某些藥物的侵蝕。蠟是工業原料，也可作為食品保鮮劑。

三、醣脂質

醣脂質(glycolipids)是含有單醣或寡醣基的結合脂質，包括神經醣脂和甘油醣脂。**神經醣脂**(glycosphingolipids)以腦脂醯胺(ceramide)為基本結構。由神經胺基

醇(sphingosine)、脂肪酸、單醣或寡糖構成。主要包括**腦苷脂類**（cerebroside，中性糖苷脂）和**神經節苷脂**（ganglioside，酸性糖苷脂）類。

(一) 腦苷脂(Cerebrosides)

　　腦苷脂是由β-己糖（葡萄糖或半乳糖）、脂肪酸（22~26 碳，其中最普遍的是α-羥基二十四烷酸）和神經胺基醇各一分子組成。重要的代表是：葡萄糖腦苷脂 (glucocerebroside)、半乳糖腦苷脂 (galactocerebroside) 和硫酸腦苷脂 (sulfatidate)。腦苷脂主要存在於腦及神經組織中，在神經的髓鞘(myelin sheath)中最為豐富。它們的結構如下：

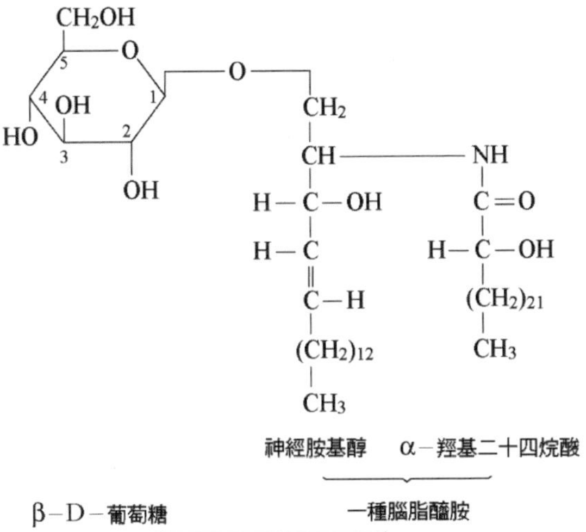

神經胺基醇　　α－羥基二十四烷酸

β－D－葡萄糖　　　　一種腦脂醯胺

葡萄糖腦苷脂

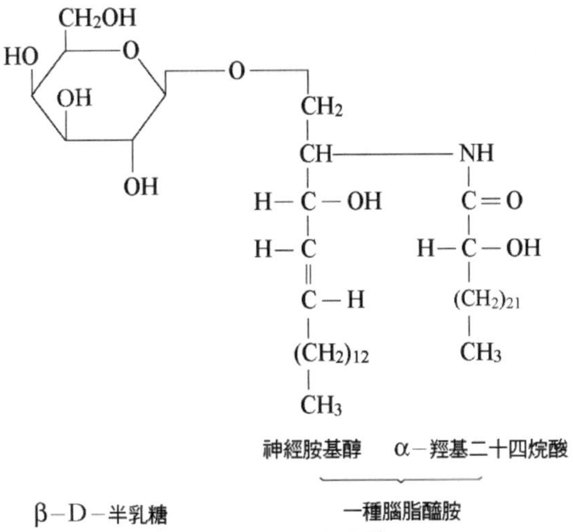

神經胺基醇　　α－羥基二十四烷酸

β－D－半乳糖　　　　一種腦脂醯胺

半乳糖腦苷脂

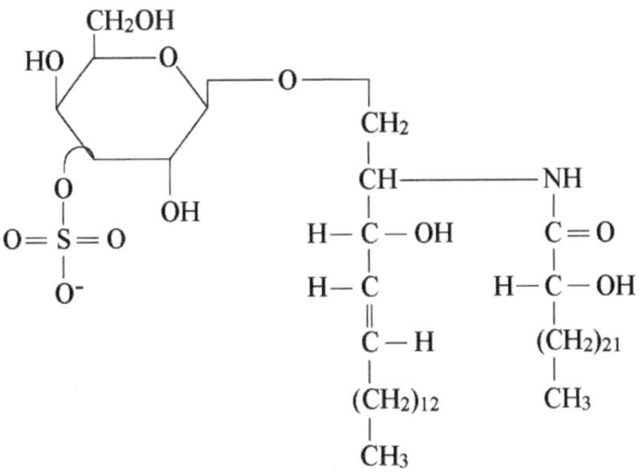

硫酸腦苷脂

(二) 神經節苷脂(Ganglioside)

神經節苷脂是存在於神經組織的另一類醣脂，也存在於其他組織如脾中。神經節苷脂的醇也是神經胺基醇，往往含有數分子的醣類，多為胺基己糖。因醣分子末端常是唾液酸(sialic acid)，因而呈酸性。各種神經節苷脂的結構不同，各成分的連接方式也各異。但幾乎所有已知的神經節苷脂都有一個葡萄糖基以糖苷鍵與腦脂醯胺相連。下列結構為一種神經節苷脂各成分的連接方式（圖9-6）。

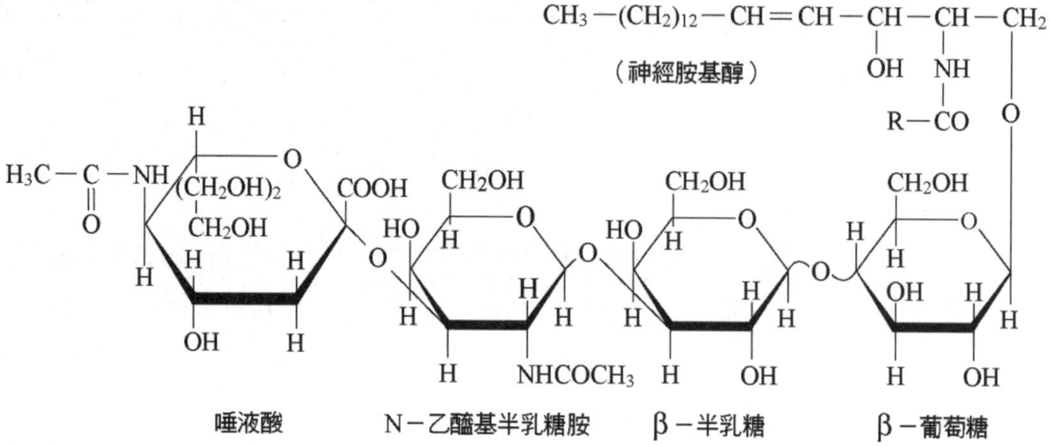

$$CH_3-(CH_2)_{12}-CH=CH-CH-CH-CH_2$$

（神經胺基醇）

唾液酸　　　　N－乙醯基半乳糖胺　　　β－半乳糖　　　β－葡萄糖

圖9-6 一種神經節苷脂的結構

已經鑑定出的神經節苷脂有二十多種，它們大量存在於腦灰質，約占大腦灰質脂肪總量的 6%。神經節苷脂在神經突觸(synapse)的傳導中有很重要的作用。此外，還可能與血型的專一性、組織器官的專一性、組織免疫、細胞識別等功能有關係。

9.6 生物膜

一、生物膜的結構

(一) 起　源

1925 年荷蘭 Gorter 等經由紅血球膜的研究，提出生物膜是由雙分子層的脂質所構成的概念。1935 年 Danielli 和 Davson 認為在脂質雙層的內外表面覆蓋一層蛋白質，提出蛋白質－脂質－蛋白質這種「三明治」模型。脂質烴鏈伸向膜內部，極性端位於膜兩側表面水相，脂質雙層連續排列。1950 年代末期 Robertson

應用電子顯微鏡觀察到生物膜具有三層結構：兩層高電子密度層，中間夾一個低電子密度層，因而支持「三明治結構」模型，並在此基礎上提出了單位膜(unit membrane)的概念，認為膜上蛋白質的分布是不均勻的、不對稱的。但是單位膜模型並不符合一些實驗事實，例如，實驗證明幾乎所有生物膜的脂質層排列是不連續的，而不是連續的。

在陸續對生物膜的流動性和膜成分分布的不對稱性等研究成果上，美國Singer 和 Nicolson 於 1972 年提出了**流體鑲嵌模型**(Fluid Mosaic Model)，這是至今公認的生物膜結構模型（見圖9-7）。

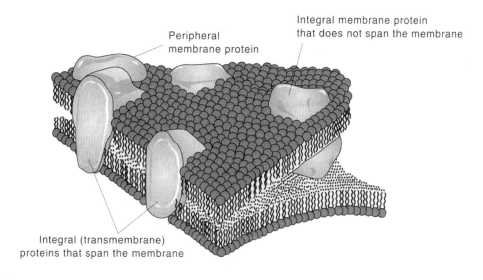

圖9-7 生物膜流體鑲嵌模型（張、彭，2007）

(二) 流體鑲嵌模型

流體鑲嵌模型將膜描述為由蛋白質鑲嵌在黏滯的流體狀脂質雙層中所形成。該模型強調以下幾點：

1. **磷脂質的組成**：具有極性端和非極性端的磷脂質分子在水相中會自發性形成封閉的膜系統，兩分子磷脂質以厭水性端相對，處於膜內部（因而膜內部是厭水的）；極性端轉向膜外表面水相（因而膜內外表面是親水的）。這種磷脂雙分子層即構成膜的基本骨架，且具有一定的流動性。

2. **蛋白質的鑲嵌方式**：蛋白質分子以不同的方式鑲嵌在這種流動的結構中。有的全部鑲嵌在脂雙層的內部，有的則部分鑲嵌在膜內部，而親水性部分暴露於膜的表面。有些蛋白質還可以穿過膜，把兩端暴露在膜兩側的水介質中，包括通

道蛋白(channel proteins)和載體蛋白(carrier proteins)。膜蛋白分子可以側向移動和運輸，但不能翻轉滾動。

3. **生物膜與流動性**：生物膜可看成是蛋白質在雙層脂質分子中的二維結構。但膜蛋白與膜脂之間、膜蛋白與膜蛋白之間，以及膜兩側其他生物大分子間的複雜相互作用，在不同程度上限制了膜蛋白與膜脂的流動性。

在流體鑲嵌模型的基礎上，1975 年 Wallach 又提出了**晶格鑲嵌模型**(Lattice Mosaic Model)，更補充了流體鑲嵌模型的不足。晶格鑲嵌模型認為，生物膜並非完全處於自由流動態，而是流動態與晶態可逆地相互轉變，脂質雙層既非液態，也非晶態，而是處於二者之間動態的**液晶態**(liquid crystal state)，因此處於脂質層上的蛋白質既可發生運動，而這種運動又受到限制。

(三) 磷脂質和膜蛋白

不同生物膜上脂質和蛋白質的比例不同，從 1：4 到 4：1 的範圍變化。比如神經髓鞘(neuromyelin sheath)蛋白質 18%，脂質占 79%；而粒線體內膜(inner mitochondrial membrane)蛋白質占 75%，脂質占 25%。一般而論，功能越複雜，蛋白質相對含量越高。

膜的脂質成分主要是磷脂質，其次為醣脂質和膽固醇。但不同膜間仍有極大變化（表 9-2）。

▶ 表 9-2　一些生物膜的化學組成

組　成	占膜總乾重的%					
	髓磷脂（牛）	視網膜桿細胞	漿膜（人紅血球）	粒線體膜（肝）	大腸桿菌（質膜）	葉綠體類囊體膜（波菜）
總脂肪量	78	41	40	24	25	52
總磷脂質（占總脂量%）	33 (42)	27 (66)	24 (60)	22.5 (94)	25 (>90)	4.7 (9)
磷脂醯膽鹼	7.5	13.0	6.9	8.8	—	—
磷脂醯乙醇胺	11.7	6.5	6.5	8.4	18	—
磷脂醯絲胺酸	7.1	2.5	3.1	—	—	—
磷脂醯肌醇	0.6	0.4	0.3	0.75	—	—
心磷脂質	—	0.4	—	4.3	3	—

▶ 表 9-2　一些生物膜的化學組成（續）

組　成	占膜總乾重的%					
	髓磷脂 （牛）	視網膜 桿細胞	漿膜（人 紅血球）	粒線體膜 （肝）	大腸桿菌 （質膜）	葉綠體類囊體 膜（波菜）
神經磷脂質	6.4	0.5	6.5	—	—	—
膽固醇	17.0	2.0	9.2	0.24	—	1
醣脂質	22.0	9.5	微	微	—	23
蛋白質	22	59	60	76	75	48

　　生物膜中的膽固醇具有重要的作用，可以調節膜的流動性，增加膜的穩定性，降低水溶性物質的通透性。

　　生物膜的蛋白質有的分布在膜的表面，稱為**周邊蛋白**(peripheral protein)，有的埋在膜內，或部分嵌入膜內，稱為**嵌入性蛋白**(integral protein)。這些膜蛋白質對生物膜的功能是十分重要的。

　　無論膜脂還是膜蛋白，在膜的兩邊分布都是不對稱的，這種不對稱性導致膜內外兩側的電荷數量、流動性等均有所差異，對於膜的功能有很重要的影響。

二、生物膜的功能

　　生物膜的功能是多方面的，包括物質運輸、能量轉換、訊息傳遞、細胞識別、細胞免疫、神經傳導、藥物作用、反應催化、代謝調控等。

(一) 物質運輸(Substance Transport)

　　細胞質膜是一種半通透性膜，它是細胞與環境進行物質交換的通透性屏障。代謝所需要的營養物質以及代謝的產物都要通過這種膜而進出細胞。生物膜對物質的運輸方式有**被動運輸**(passive transport)和**主動運輸**(active transport)。

1. **被動運輸**：是物質從高濃度一側向低濃度一側運輸，即是一種順濃度梯度方向的跨膜運輸過程，這種運輸無需提供能量。被動運輸又有**簡單擴散**(simple diffusion)和**促進擴散**(facilitated diffusion)兩種方式。

   (1) 簡單擴散：物質透過膜上的「孔」（通道），順濃度梯度從高濃度一側運輸到低濃度一側。擴散的速度取決於膜兩側物質的濃度差和分子的大小。運輸過程既不需要提供能量，也無需膜蛋白的協助。水、酒精、尿素、丙酮等物質可透過這種方式進入細胞。

(2) 促進擴散：又稱**協助擴散**、易化擴散，物質順濃度梯度的跨膜運輸，不需細胞提供能量，擴散過程中有特異的膜蛋白──**載體蛋白**(carrier proteins)及**通道蛋白**(channel proteins)「協助」運輸，其對物質的運輸具有專一性(specificity)，即一定載體蛋白及通道蛋白只能運輸一定的物質。運輸的速度隨被運輸物質濃度的增加而減小，最後達到飽和。例如葡萄糖、胺基酸的運輸。

2. **主動運輸**：物質逆濃度梯度或電荷梯度的跨膜運輸方式，運輸過程中需要 ATP（腺苷三磷酸）分解提供能量及特異膜蛋白參與，例如 K^+ 和 Na^+。K^+ 濃度細胞內高外低，Na^+ 濃度則外高內低，但膜上的一種特異蛋白──Na^+-K^+ 幫浦(sodium-potassium pump)能像幫浦將水從低處向高處運輸一般，將 K^+ 和 Na^+ 從低濃度向高濃度運輸。Na^+-K^+ 幫浦在質膜內側與 Na^+ 結合引起蛋白結構改變，送出 Na^+，又與細胞外的 K^+ 結合，變回原來的空間結構，打入 K^+（圖 9-8）。「幫浦」抽水過程耗電能，Na^+-K^+ 幫浦透過催化 ATP 水解產生能量，因此又被稱為 Na^+-K^+-ATP 酶(Na^+-K^+-ATPase)，每水解 1 分子 ATP 可打出 2 個 K^+，打入 3 個 Na^+。此酶受烏苯苷(ouabain)抑制。

在主動運輸過程中，載體蛋白是多種多樣的，有的載體蛋白只能簡單地把物質從膜的一側，運輸到另一側，稱為**單向運輸**(uniport)；有的在運輸一種物質時，同時運輸另一種物質，稱為**協同運輸**(cortransport)，協同運輸中，又分為**同向運輸**(symport)和**反向運輸**(antiport)。前者是指兩種物質運輸的方向相同（從外到內），後者是兩種物質運輸的方向相反（圖 9-9）。在協同運輸中比較常見的是一種物質為主動運輸，另一種物質為被動運輸。

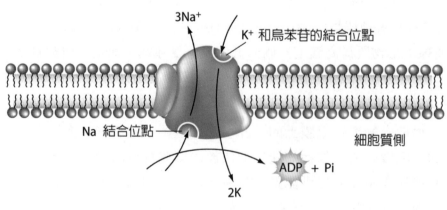

3Na$^+$

K$^+$ 和烏苯苷的結合位點

Na 結合位點

細胞質側

ADP + Pi

2K

圖9-8　Na^+ - K^+-ATPase 運輸 Na^+ 和 K^+

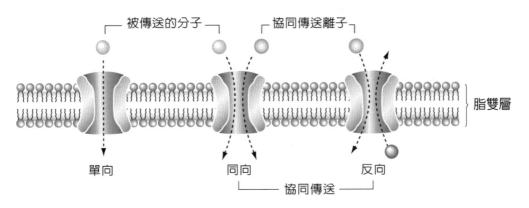

圖9-9 不同載體蛋白運輸物質的方式

(二) 能量轉換(Energy Transition)

生物膜的另一重要功能是能量轉換，以粒線體膜為典型代表。粒線體(mitochondria)能夠將儲存於有機物中的化學能直接轉變為細胞可利用的能量，是提供細胞活動能量的場所，這種轉換作用在粒線體膜上進行。粒線體內膜上分布著許多酶及其他特異蛋白，構成有次序的電子傳遞鏈以合成 ATP，它們將有機物（醣、脂等）分解所釋放的能量，以合成 ATP 的形式搜集起來，以供細胞利用。詳細轉換過程將在第 10 章討論。

(三) 訊息傳導(Signal Transduction)

細胞可以接受外界刺激或者某種訊息(signal)，包括激素(hormone)、神經傳遞物質(neurotransmitter)、細胞生長因子(cell growth factor)等，這些信號經由結合在細胞膜表面的特異膜蛋白——**受體**(receptor)將其傳入細胞內，啟動一系列生化過程，並產生多種生物效應。膜表面的受體有的與膜上通道蛋白(channel proteins)相偶聯，有的與膜上一種稱為 G 蛋白(G proteins)的特異蛋白質相偶聯，而有的受體本身就具有酶活性（如動物細胞生長因子受體）。通過膜上這些受體的轉換，將細胞外的訊息轉變為細胞內的訊息，然後引發細胞內多種生化反應，導致物質的分解或合成，或改變一些細胞行為。

除了上述幾種重要的生理功能外，還有許多細胞活動，如細胞分裂、神經訊息的傳遞、葉綠體(chloroplast)的光合作用等都與生物膜緊密相關。

摘要

1. 將醇和脂肪酸所構成的一類不溶於水而溶於非極性有機溶劑的生命物質,歸入脂質類,而同樣不溶於水,但能與脂肪相溶的一些活性物質,把它們叫做脂溶性(fat-soluble)的物質,如一些維生素和植物色素。

2. 脂質分為儲存性脂質和結構性脂質。儲存性脂質主要是三醯基甘油(脂肪),它們完全氧化後,能為有機體提供大量能量。結構性脂質主要是磷脂質,其次是固醇類,它們是構成生物膜的基本成分。醣脂和脂蛋白則有著多種生理活性。

3. 磷脂質的基本結構是磷脂酸,由它衍生出磷脂醯膽鹼、磷脂醯乙醇胺、磷脂醯肌醇、磷脂醯絲胺酸和心磷脂等,這些磷脂質分子都含有一個極性端和一個非極性端,非極性端由脂肪酸的烴鏈形成,一般含兩條,而心磷脂含四條;極性端則由磷酸、膽鹼、乙醇胺(膽胺)、絲胺酸、肌醇等構成。由於不同磷脂質所含極性端的成分不同,所帶電荷也不同,就使得細胞生物膜的不同部分具有不同的電荷。

4. 生物膜是由脂質和蛋白質構成的。兩分子磷脂非極性端相對形成雙分子磷脂層,膜的內外表面則是親水性,內部是厭水性。在這種脂質骨架中鑲嵌著各種膜蛋白質。這些膜蛋白有的全埋在膜內部,有的露出一部分在膜表面,有的甚至可以貫穿整個膜。這些蛋白質有的是運輸物質的載體,有的是傳導訊息的受體,有的是傳遞具能量的電子,有的是催化一定反應的酶,它們行使生物膜的所有功能。

5. 無論脂質還是蛋白質在生物膜的兩側分布是不對稱的,這種不對稱性(包括種類和數量)保證了生物膜在物質運輸、訊息傳導、能量轉換等生理功能中具有方向性。營養物質、細胞外信號、K^+等只能由細胞外向細胞內傳遞,而代謝產物、Na^+等由細胞內向細胞外傳送。這也保證了細胞內多種代謝的協調性與整體性。

PRINCIPLES OF
BIOCHEMISTRY

核酸化學

俗話說種豆得豆，種瓜得瓜，龍生龍，鳳生鳳，指生命利用遺傳將性狀在世代間延續。在一個族群中，生物個體間仍存在著差異，稱為變異。世界上找不出兩個完全一樣的人，即使是雙胞胎也存在著某些性狀上的差異。

在本章，將討論遺傳性和變異性這兩個生物體生命屬性的物質基礎－核酸(nucleic acid)。

10.1 核酸研究的起源

1869 年瑞士的 Miescher (1844-1895)從外科診所遺棄的繃帶上的膿細胞中分離出一種含磷豐富的物質，稱之為核素(nuclein)，實際上是含有蛋白質的核酸製品。後來 Altmann 亦從酵母和動物中分離出同樣的物質，1889 年才正式定名為核酸(nucleic acid)，意指含於細胞核中的酸性物質。

十九世紀末到二十世紀初不到三十年的時間，不少人把注意力集中到核酸研究。其中貢獻最大的是德國 Kossel 和他的學生們，以及美國的 Levene 和他的同事。Kossel 發現了構成核酸的四種鹼基（因此獲得了 1910 年諾貝爾化學獎）。Levene 等則對核糖(ribose)、2-去氧核糖(2-deoxyribose)、核苷(nucleoside)和核苷酸(nucleotide)的鑑定等有所貢獻。Levene 於 1934 年提出了「核苷酸是核酸的結構單位」的基本概念，之後越來越多的證據顯示，核酸就是引起生物遺傳和變異的物質。

1928 年，英國細菌學家 Griffith 醫師發現了肺炎球菌 (*Streptococcus pneumoniae*)的轉化作用(transformation)。光滑型的肺炎球菌（S 型或 III 型）有莢膜，具有致病力；粗糙型（R 型或 II 型）不具莢膜，無致病力。Griffith 做了的三組實驗，從第三組實驗結果，Griffith 認為 R 型菌轉變成了 S 型，稱為轉化作用（圖 10-1）。轉化作用是外源 DNA（S 型）插入到受體細胞（R 型）DNA，使得受體細胞獲得了新的遺傳性狀。

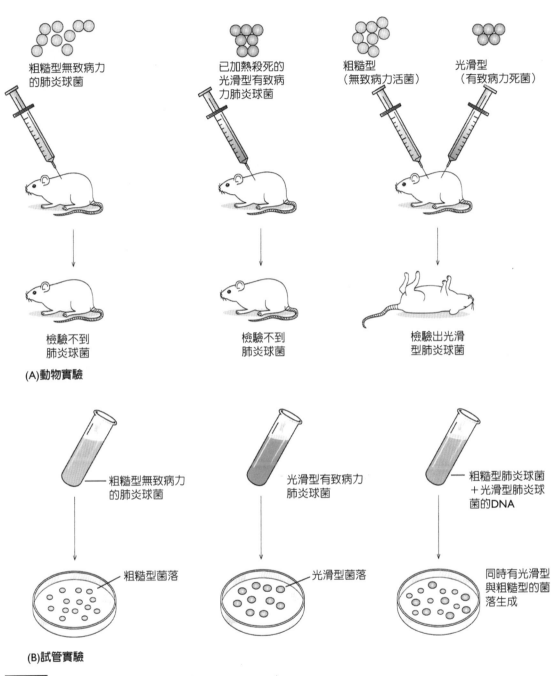

(A)動物實驗

(B)試管實驗

圖10-1 Griffith 的肺炎球菌實驗（張、彭，2007）

　　1952 年 Hershey 和 Chase 對噬菌體(phage) T_2 的雙標記實驗更進一步證實了核酸在遺傳中的作用。他們用放射性元素 ^{35}S 和 ^{32}P 標記了噬菌體 T_2 的蛋白質和核酸（稱為雙標記），然後用這種帶放射性的雙標記 T_2 感染大腸桿菌(*Escherichia coli*)，結果發現帶 ^{32}P 的核酸進入細菌內，並分布到新繁殖的子代噬菌體，而帶 ^{35}S 的蛋白質並未進入細菌內。

　　至今，核酸是生物遺傳與變異的物質基礎已是公認的事實。核酸不僅與種族繁衍、生長發育、細胞分化等正常生命活動有著密切的關係，它也與生命的異常活動，如腫瘤發生、輻射損傷、遺傳疾病、代謝疾病等息息相關。遺傳工程(genetic engineering)也是針對核酸進行操作，增進人類對大自然的了解與利用。因此，核酸是現代生物化學、分子生物學、遺傳學及醫學的重點課題，了解核酸的結構與功能在這些領域中已變得十分重要。

10.2 核酸的化學組成

　　與蛋白質、脂肪、醣類一樣，核酸也是屬於大分子，經過不同程度的水解，可以得到一系列產物：多核苷酸(polynucleotide)、寡核苷酸(oligonucleotide)、核苷酸(nucleotide)，核苷酸是核酸的基本結構單位，它由醣基、含氮鹼基和磷酸組成。

一、戊糖基

　　組成核酸的醣主要是兩種戊糖，即核糖 (ribose) 和 2-去氧核糖 (2-deoxyribose)，兩者都是β-構型。

β−D−核糖　　　　　　β−D−2−去氧核糖

　　兩類核酸分別含有上述兩種戊糖。含核糖的核酸稱為**核糖核酸**(ribose nucleic acid, RNA)，含 2-去氧核糖的核酸稱為**去氧核糖核酸**(deoxyribose nucleic acid, DNA)。在某些噬菌體(phage)的核酸中，也有含葡萄糖(glucose)、甘露糖(mannose)和半乳糖(galactose)等己糖(hexose)。

二、鹼　基

　　組成核酸的鹼基主要是嘌呤和嘧啶兩種衍生物。核酸中的嘧啶(pyrimidine, Py)主要有三種：胞嘧啶(cytosine, Cyt)、尿嘧啶(uracil, Ura)和胸腺嘧啶(thymine, Thy)。

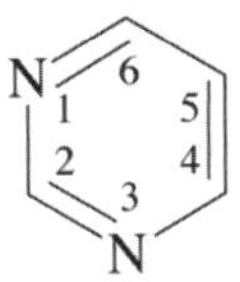

Beilstein系統 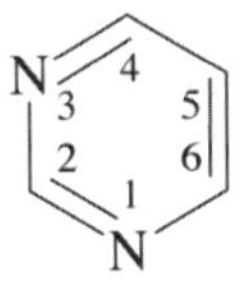　　　　　　　應用化學協會系統

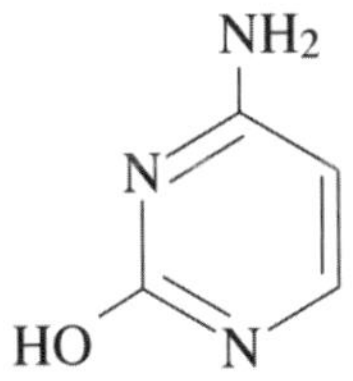

胞嘧啶 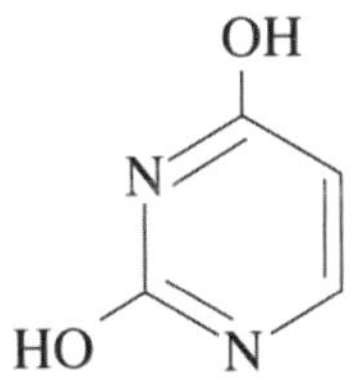　　　　　　尿嘧啶 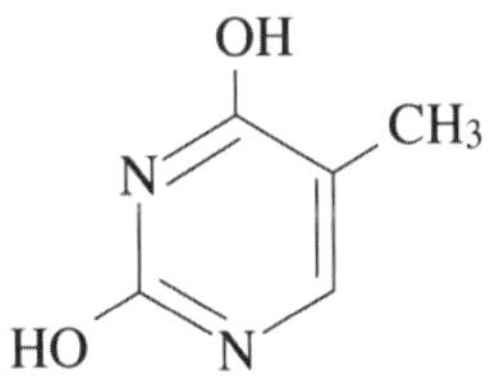　　　　　　胸線嘧啶

　　除上述三種嘧啶衍生物外，在某些核酸中也存在一些稀有嘧啶衍生物，如植物細胞 DNA 中的 5-甲基胞嘧啶(5-methyl cytosine)，某些噬菌體中的 5-羥甲基胞嘧啶(5-hydroxymethyl cytosine)和 5-羥甲基尿嘧啶(5-hydroxymethyl uracil)等。

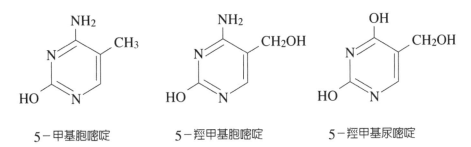

5－甲基胞嘧啶　　　　5－羥甲基胞嘧啶　　　　5－羥甲基尿嘧啶

核酸中的嘌呤 (purine, Pu) 則有兩種：腺嘌呤 (adenine, Ade) 和鳥糞嘌呤 (guanine, Gua)。

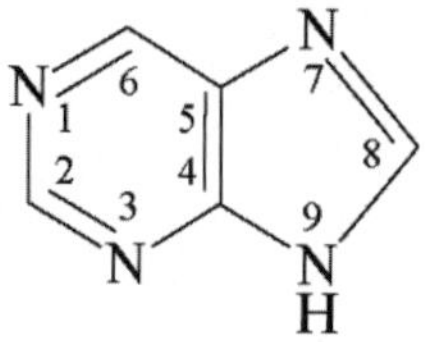

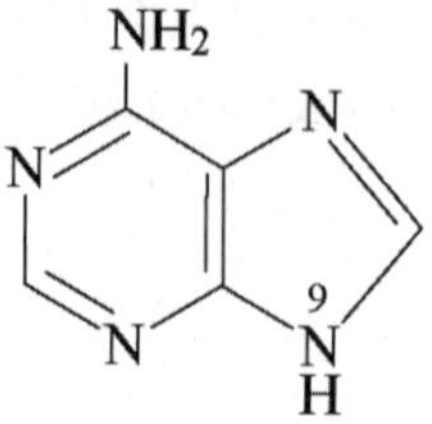

腺嘌呤

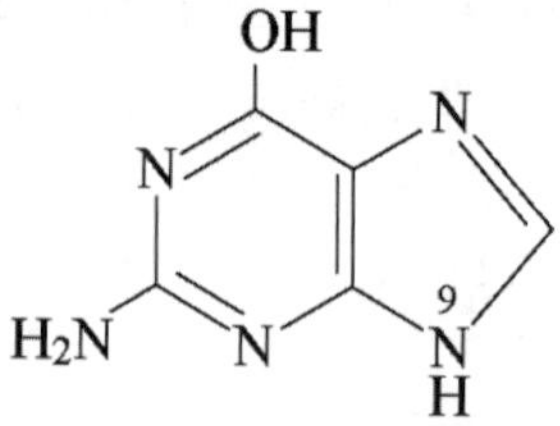

鳥糞嘌呤

除了兩種嘌呤外，其他嘌呤衍生物，如次黃嘌呤(hypoxanthine, Hyp)、黃嘌呤 (xanthine, Xan)、尿酸(uric acid)等，它們都是腺嘌呤和鳥糞嘌呤的代謝產物。

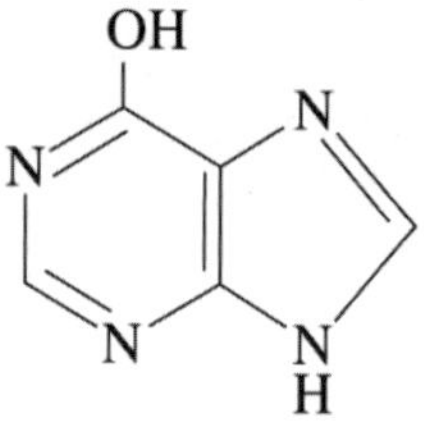

次黃嘌呤

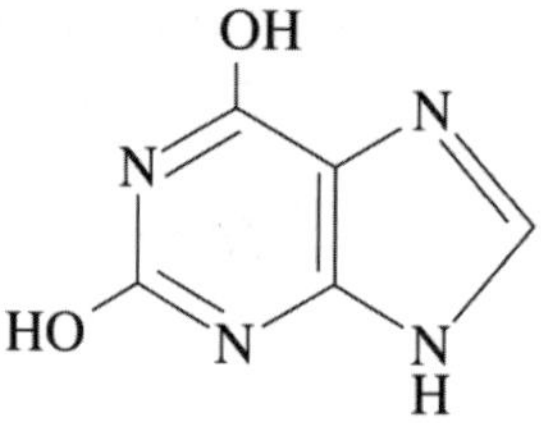

黃嘌呤

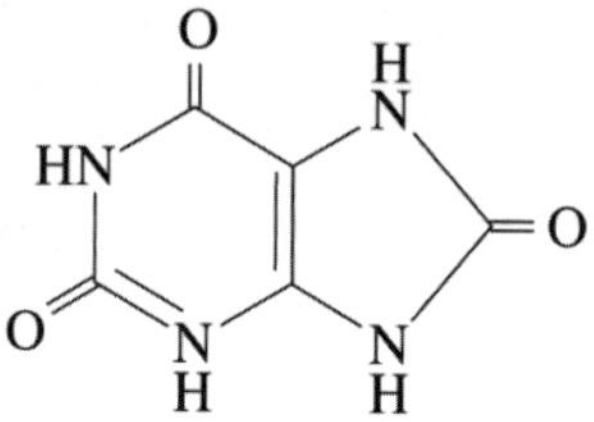

尿酸

三、核　苷

核糖與鹼基以 N-糖苷鍵連接即構成核苷(nucleoside)。連接的方式是核糖的 C1 與嘌呤的第 9 位置連接，構成嘌呤核苷，與嘧啶的第 1 位置連接，構成嘧啶核苷。核苷中的鹼基平面與糖環平面互相垂直。理論上，鹼基環應可以沿 N-苷鍵自由旋轉，但事實上由於空間障礙，限制了這種轉動。因此，鹼基的排列有順式 (syn)和反式(trans)兩種（圖 10-2）。在天然核酸中，核酸分子結構以反式為主。在核苷中，為了區別鹼基和醣基上各原子的編號，將醣基的編號上加一撇，如 1′ 2′等。

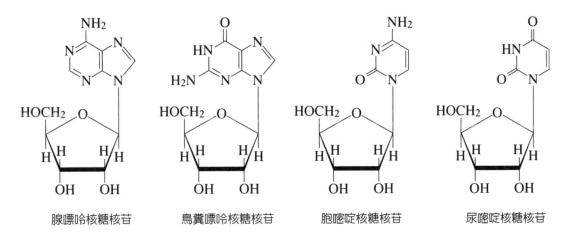

圖10-2　嘌呤核苷的兩種排列方式

　　RNA 的核糖苷有四種：腺嘌呤核糖核苷(adenosine, A)、鳥糞嘌呤核糖核苷(guanosine, G)、胞嘧啶核糖核苷(cytidine, C)和尿嘧啶核糖核苷(uridine, U)，分別簡稱腺苷、鳥糞苷、胞苷和尿苷。其結構如下：

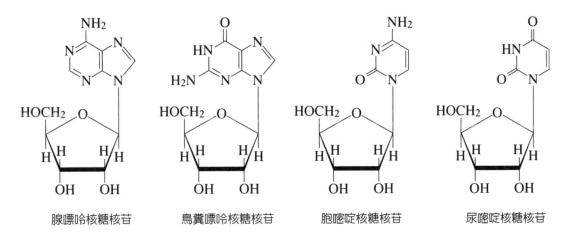

腺嘌呤核糖核苷　　　鳥糞嘌呤核糖核苷　　　胞嘧啶核糖核苷　　　尿嘧啶核糖核苷

　　DNA 的核苷為去氧核糖核苷(deoxynucleoside)，為了與核糖核苷區別，在核苷縮寫字母前加 "d"。構成 DNA 的四種去氧核苷為：去氧腺苷(deoxyadenosine, dA)、去氧鳥糞苷(deoxyguanosine, dG)、去氧胞苷(deoxycytidine, dC)和去氧胸苷(deoxythymidine, dT)。其結構如下：

去氧腺苷　　　　　去氧鳥糞苷　　　　　去氧胞苷　　　　　去氧胸苷

核酸分子中除了上述主要的核苷外，還有一些稀有成分，稱為修飾核苷，如一些甲基化核苷、假尿嘧啶核苷(pseudouridne, Ψ)等。

N^2, N^2－二甲基鳥糞苷(m_2^2G)　　　N^6－（Δ^2）－異戊烯腺苷(i^6A)　　　假尿嘧啶苷（Ψ）

(N^2, N^2－Dimethylguanosine)　　（N^6－（Δ^2）－ Isopentenyladenine)　　(Pseudouridenosine)

四、核苷酸

　　核苷與磷酸形成的磷酸酯叫核苷酸(nucleotide)，核苷酸是構成核酸的基本結構單位。核苷中的核糖有三個游離羥基（2'、3'和 5'位），而去氧核糖只有 3'位和 5' 位兩個游離羥基。實驗證明，無論在 RNA 還是在 DNA 中，核苷酸之間都是以 3',5'-磷酸二酯鍵(3',5'-phosphodiester bond)連接起來的，即磷酸分子的一個酸性基團與一個核苷糖的 3' 位羥基縮合成酯鍵，磷酸的另一酸性基團與相鄰的另一個核苷糖的 5'位羥基縮合成酯鍵。因此，核酸降解後由一種鹼基構成的核苷酸只有四種，並不存在 2'-核苷酸。

核酸除了可與一個磷酸基連接構成核苷酸（也叫一磷酸核苷）外，還可與兩個磷酸連接，稱為二磷酸核苷。或與三個磷酸連接，稱為三磷酸核苷。二磷酸腺苷(adenosine diphosphate, ADP)和三磷酸腺苷(adenosine triphosphate, ATP)的結構如下：

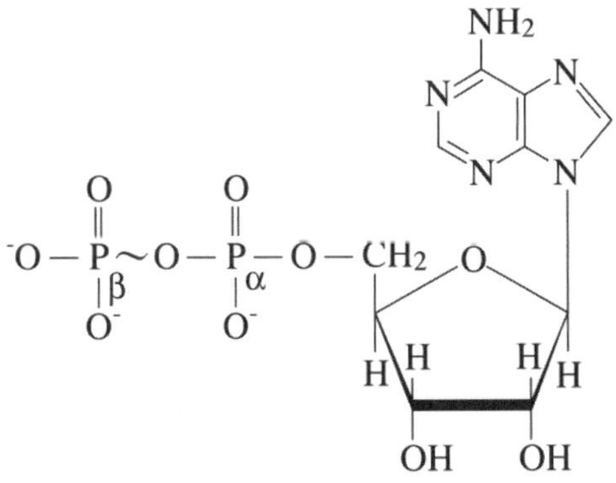

二磷酸腺苷 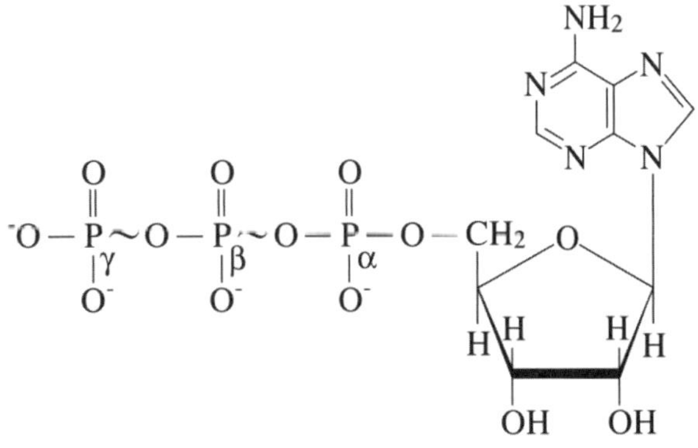　　　　　　　　　　三磷酸腺苷

上式結構中的"～"稱為高能磷酸鍵(high-energy phosphate bond)，水解時比普通化學鍵所釋放的能量高得多（見第 11 章），可為體內代謝活動提供能量，因此三磷酸核苷常作體內能量的攜帶者，參與許多代謝反應。三磷酸核苷具有三個磷酸基，靠近核糖 C-5′位置的為α磷酸基，順次為β、γ磷酸基。

除了上述構成核酸的核苷酸外，生物體內還存在一些特殊的核苷酸，它們雖然不形成核酸，在體內含量也很少，但卻有著極重要的功能。其中最重要的是兩種環核苷酸：**環腺苷酸**(cyclic adenosine monophosphate, cAMP)和**環鳥糞苷酸**(3′,5′-cyclic guanosine monophosphate, cGMP)。其結構為：

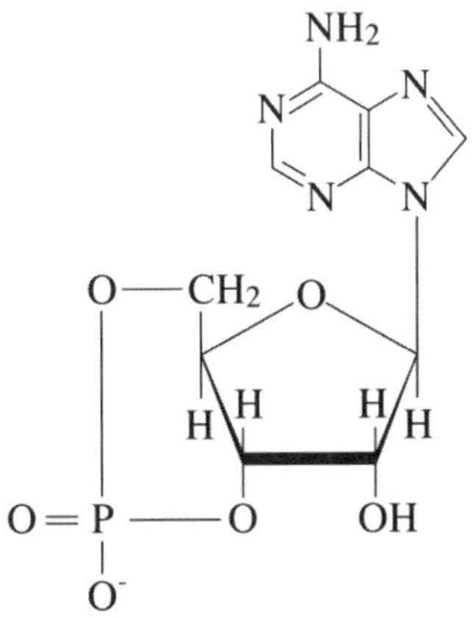

環腺苷酸 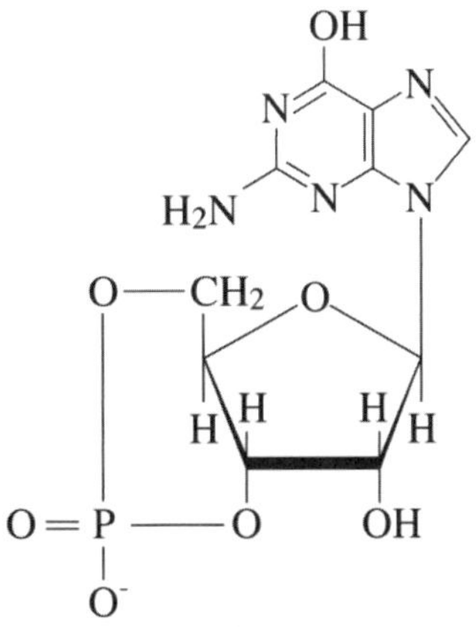　　　　　　　　　　　環鳥糞苷酸

10.3 RNA 結構

一、RNA 的類別

RNA 主要存在於細胞質中，但細胞核中亦有少數 RNA 存在。細胞質 RNA 與蛋白質合成直接相關，主要有三類：

1. **核糖體 RNA** (ribosomal RNA, rRNA)：這是細胞內最多且分子量最大的一類 RNA，約占細胞總 RNA 的 80%。**核糖體**(ribosome)是分布在細胞質和內質網 (endoplasmic reticulum)上的一種胞器(organelle)，它是蛋白質合成的場所。核糖體含有 60% 的 RNA 和 40% 的蛋白質，這些 RNA 稱為 rRNA。核糖體具有兩個次單元(subunit)。大腸桿菌(*E. coli*)核糖體的大次單元(50S)含有 5S rRNA 和 23S rRNA，34 種蛋白質（命名為 $L_{1\sim34}$）；小次單元(30S)含有 16S rRNA 和 21 種蛋白質($S_{1\sim21}$)。哺乳動物核糖體大次單元(60S)含有三種 rRNA，即 5S rRNA、5.8S rRNA、28S rRNA 和 40~54 種蛋白質；小次單元(40S)含有一種 18S rRNA 和 30 種蛋白質。"S"代表沉降常數，直接與其分子量大小成正比（見 5.11 節）。

2. **轉移 RNA** (transfer RNA, tRNA)：這是細胞質中分子量最小的一種 RNA (4S)，含 75~90 個核苷酸，分子量 23,000~28,000，tRNA 占細胞總 RNA15%。tRNA 在蛋白質合成中扮演「搬運工」的角色，將胺基酸從細胞質搬到核糖體內組裝成多胜肽鏈。不同的胺基酸都有專門搬運它的特定 tRNA。

3. **訊息 RNA** (messenger RNA, mRNA)：細胞質中含量最少、代謝最活躍的一種 RNA，僅占總 RNA 的 5%。mRNA 在蛋白質合成中扮演模板(template)的作用，負責複製 DNA 內的遺傳訊息，作為合成蛋白質的模板。

4. **細胞核 RNA** (nuclear RNA, nRNA)：真核細胞的細胞核內也存在一些 RNA。有些是細胞質 RNA 的前驅物(precursor)，如 rRNA 及 tRNA 的前驅物，及異質核 RNA (heterogeneous nuclear RNA, hnRNA)，它是 mRNA 的前體。這些 RNA 經過處理過程變成「成熟的」細胞質 RNA 後，再轉移到細胞質內。另外，還有一些 RNA 始終留在核內，如染色質 RNA (chromosomal RNA, chRNA)，是與染色質結合在一起的小分子 RNA，它們對基因(gene)的活性有一定調節作用。

在細胞質內的一些胞器，如粒線體(mitochondria)和葉綠體(chloroplast)中則有其自身獨立的 RNA。

 專欄 BOX

10.1　核糖核酸酶與去氧核糖核酸酶

　　RNA 的 C-2′位並未結合磷酸，用 0.3 M NaOH 在 37℃處理 16 小時，RNA 會被完全降解，產生 2′-核苷酸和 3′-核苷酸，工業和實驗室常用此法製備單核苷酸。由於在烯鹼水解過程中，先形成一個中間產物，2′,3′-環狀核苷酸，這個中間產物很不穩定，再進一步水解而得到 2′-核苷酸和 3′-核苷酸（二者比例為 4：6）。DNA 則因 C-2′位是去氧的，不會形成中間環狀物。因而不能被鹼水解產生去氧單核苷酸。

　　核酸的酶水解在核酸功能之研究方面具有極重要意義。核酸酶是專一水解 RNA 和 DNA 的一類酶。依其受質可分為核糖核酸酶(ribonuclease, RNase)和去氧核糖核酸酶(deoxyribonuclease, DNase)；依其作用方式可分為內切核酸酶(endonuclease)和外切核酸酶(exonuclease)；依其作用的化學鍵可分為磷酸二酯酶(phosphodiesterase, PDase)和磷酸單酯酶(phosphomonoesterase, PMase)。以下介紹幾類重要的核酸酶(nuclease)作用特點。

1. 核糖核酸酶：

　(1) 牛胰核糖核酸酶(pancreatic ribonuclease, RNase I)：此酶因首先從牛胰臟中提取出來而得名。它作用的專一性用—Py↓N—表示，即專一作用於多核苷酸中嘧啶核苷酸的 C-3′位磷酸與其相鄰核苷酸 C-5′位所成的磷酸酯鍵。其產物主要是以嘧啶核苷酸為末端的寡核苷酸。例如：

$$\text{G C C A U U} \xrightarrow{\text{RNase I}} \text{G C} + \text{A U} + \text{C} + \text{U}$$

（箭頭表示酶的作用部位）

　(2) 核糖核酸酶 T₁ (RNase T₁)：它首先從寄生麴黴(*Aspergillus oryzae*)中製得。其作用特點為—G↓N—，即專一作用於 RNA 鏈中鳥糞嘌呤核苷酸的 C-3′位磷酸與其相鄰核苷酸 C-5′位所成的磷酸酯鍵。其主要產物為以鳥糞嘌呤核苷酸為末端的片段及鳥糞嘌呤核苷酸。例如：

$$\text{U A G C G A} \xrightarrow{\text{RNase T}_1} \text{U A G} + \text{C G} + \text{A}$$

(3) 核糖核酸酶 U₂ (RNase U₂)：這是從一種黑粉菌(*Ustilagosphrogena*)的培養液中提取的具有嘌呤專一性的 RNA 內切酶，即它的作用剛好與 RNase I 相反，作用於相鄰核苷酸 C-3′位磷酸與其相鄰核苷酸 C-5′位磷酸所成的酯鍵，即－Pu↓N－。

(4) 核酸酶 S₁ (nuclease S₁)：這是從一種寄生麴菌(*Aspergillus oryzae*)提取的一種單鏈核酸酶，即它水解單鏈核酸，而不與雙鏈核酸作用。它有時雖也寫作 RNase S₁，但它對 RNA 和 DNA 都作用，產物都是 5′-核苷酸。

(5) 磷酸單酯酶(phosphomonoesterase, PMase)：這是水解磷酸單酯鍵(phosphormono-ester bond)的一類酶。它們可以水解單核苷酸的磷酸酯鍵，也可以水解多核苷酸鏈的末端磷酸酯鍵。根據作用時對 pH 的要求分為鹼性磷酸酶(alkaline phosphatase)和酸性磷酸酶(acid phosphatase)。不同的酶對受質的專一性不一樣。大腸桿菌鹼性磷酸酶是一種非專一性磷酸單酯酶，可作用於多種不同受質的磷酸單酯鍵，產生無機磷酸，哺乳動物的鹼性磷酸酶也是非專一性磷酸單酯酶。另有一些磷酸單酯酶則是具有專一性的，如大腸桿菌 5′核苷酸酶(5′-nucleotidase)和蛇毒 5′核苷酸酶，它們只能水解 RNA 或 DNA 的 5′-末端磷酸單酯鍵，而不能水解 3′-末端磷酸單酯鍵。

2. 去氧核糖核酸酶：

(1) 牛胰去氧核糖核酸酶(pancreatic deoxyribonuclease, DNase I)：作用於 DNA，既作用於雙鏈 DNA，也作用於單鏈 DNA。其專一性不強，產生平均長度含四個去氧核苷酸的片段。

(2) 牛脾去氧核糖核酸酶(spleen deoxyribonuclease, PNase)：與 DNase I 一樣，作用於 DNA 的專一性不強，產生平均含六個去氧核苷酸長度的片段。鎂離子抑制此酶活性，但對 DNase I，鎂離子卻有活化作用。

(3) 限制性內切核酸酶(restriction endonuclease)：這是細菌作用於雙鏈 DNA 的特殊水解酶。它可水解外源性 DNA（稱為限制，rectriction），但不作用細菌本身的 DNA，因為它自身 DNA 可被酶作用的部位均經過了化學修飾(modification)。這類酶在基因工程 (Genetic Engineering)中很有用處，我們將在第 22 章中介紹。

二、RNA 的結構

RNA 分子大多數為一條單鏈，少數為雙鏈。兩個核苷酸由 **3′,5′-磷酸二酯鏈** (3′,5′-phosphodiester bond)連接，形成一條長鏈，稱多核苷酸鏈(polynucleotide chain)。多核苷酸鏈有兩個末端，一個是有醣的游離 C-3′位存在，稱為 3′-末端(3′-terminal)；另一端有醣的 C-5′位存在，稱為 **5′-末端**(5′-terminal)。無論 3′-末端或 5′-末端，都可以磷酸化（接一個磷酸基），或非磷酸化（接一個游離羥基）。

核酸的一級結構就是指一條多核苷酸鏈中核苷酸的**排列序列**(sequence)，因為每一個核苷酸中核糖和磷酸基都相同，只是鹼基不同。因此，一級結構也就是鹼基序列不同（圖 10-3）。

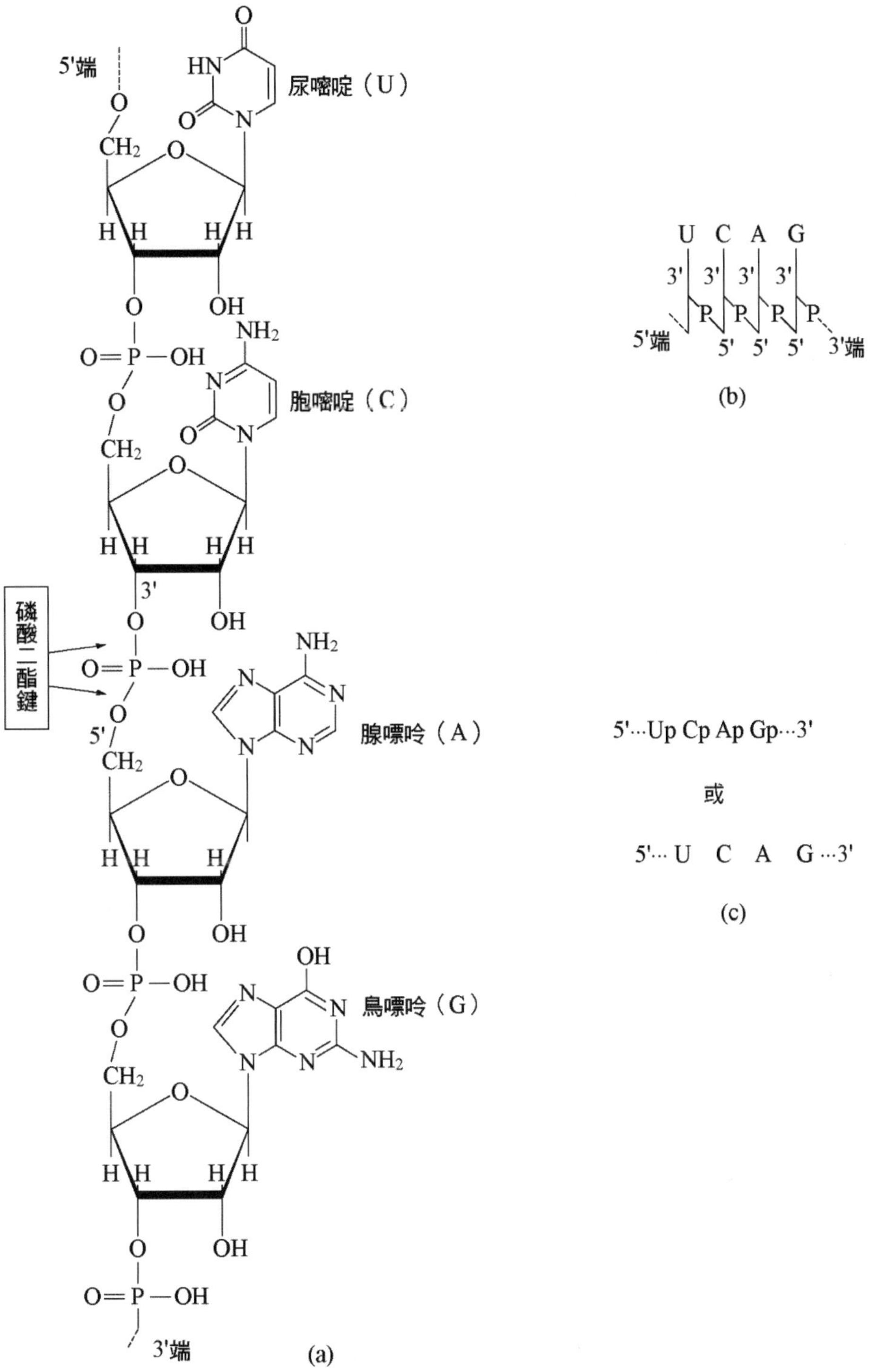

圖10-3 RNA 結構（部分）的三種方式

(a)為結構式，表示出了核苷酸鏈中磷酸二酯鍵的連接方式；(b)為線條式；

(c)為更簡化的形式以便於書寫。磷酸基在核苷符號左邊的，表示接於 C-5′位，在右邊的表示接在醣的 C-3′位。

5S rRNA 由 120 個核苷酸構成，不含修飾成分。大腸桿菌 5S rRNA 的 5'-端通常為 pppU，3'-端為 U_{OH}（非磷酸化，為尿苷）。

真核細胞 mRNA 與原核細胞比較，其一級結構上的一個主要特點，是其 3'-末端有一個尾(tail)結構，為多聚腺苷酸(poly A)，其長度可達 250 個腺苷酸殘基；5'-末端有一個帽(cap)結構，是個甲基化鳥糞苷酸。表示為 $m^7G^{5'}ppp^{5'}XmY$。其結構如下：

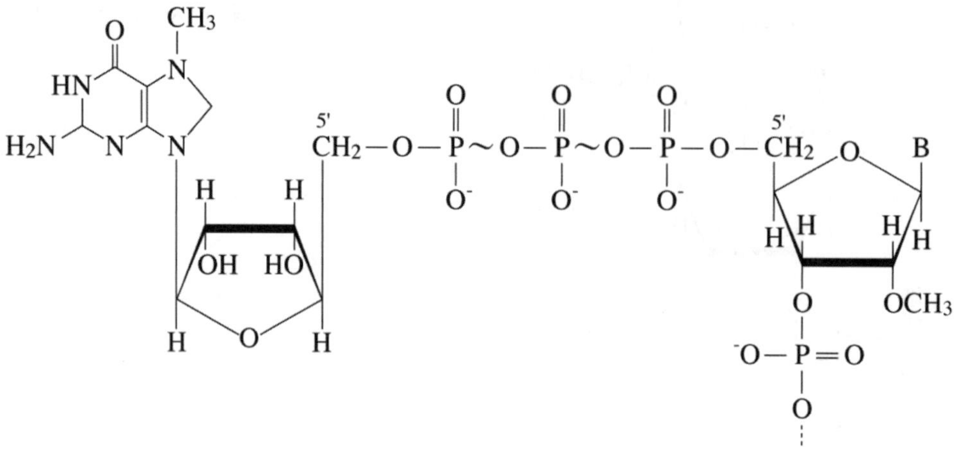

tRNA 的結構則被研究得較完整，下面以 tRNA 的二、三級結構為例，說明 RNA 的高級結構的特點。

一條線性的多核苷酸鏈，在 A、U 間，G、C 間可以形成氫鍵而發生自身回折，形成髮夾(hairpin)式螺旋結構，並可更進一步形成更複雜的立體結構。

第一個 RNA 分子的二級結構是康乃爾大學的 Holley 於 1965 年提出的酵母丙胺酸 tRNA（$tRNA^{Ala}$，在蛋白質生物合成中負責攜帶丙胺酸的 tRNA）的二級結構。Holley 等在測定了 $tRNA^{Ala}$ 的一級結構之後，根據其鹼基排列情況，以及鹼基的可能配對(pairing)形式，提出 tRNA 多核苷酸鏈發生自身回折，能夠形成氫鍵的部分稱為柄(stem)，不能形成氫鍵的部分稱為環(loop)。整個分子形成苜蓿葉形狀(cloverleaf model)，從現已研究的 tRNA 看來，其二級結構都能形成這種形狀。各種 tRNA 在二級結構上有些共同之處，可將其分為五個結構區域（圖 10-4）。

1. **胺基酸接受區**：這個區域只有一個柄，沒有環。包括 tRNA 的兩個末端，其中 3'-末端最後三個殘基總是 CCA_{OH}，A 為核苷（非磷酸化）。這個部位是與 tRNA 所攜帶胺基酸的連接部位，胺基酸的α-羧基與這個腺苷的 C-3'羥基縮合成酯鍵。這個區域有 5~7 個鹼基對(base pair)。

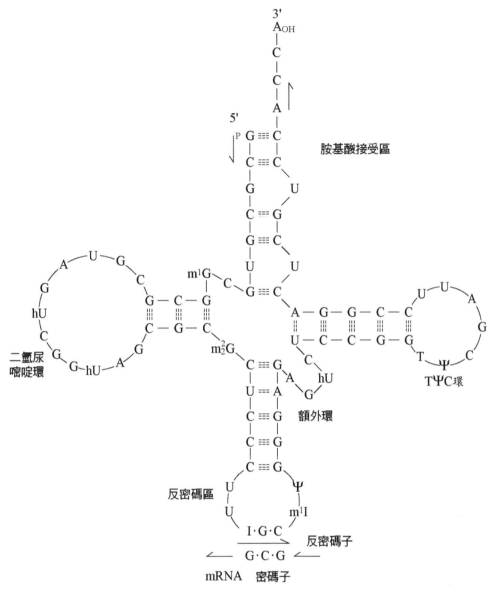

圖10-4 酵母 tRNA^{Ala} 的二級結構

2. **反密碼區**：與胺基酸接受區相對的一個區域，有一個柄與一個環。環一般含有 7 個核苷酸殘基，其正中的三個殘基稱為**反密碼**(anticode)，這是對應於 mRNA 鏈上的**遺傳密碼**(genetic code)而言。mRNA 上每三個核苷酸構成一組密碼，每一組密碼代表一特定的胺基酸。在蛋白質合成時，tRNA 上的反密碼剛好與 mRNA 上的密碼形成鹼基對。此區的柄有五個鹼基對。

3. **二氫尿嘧啶區**：因為該區總含有二氫尿嘧啶（用 hU 或 D 表示）而得名。此區有一柄與一環。柄具有 3~4 個鹼基對，環含有 8~12 個核苷酸殘基。

生物化學

4. **TψC 區**：與二氫尿嘧啶區相對，此區總具有 TψC 這種序列。T 為胸腺核苷，與 DNA 所含的鹼基相似，但在 DNA 中為去氧胸腺核苷。這個區也是一柄與一環，柄有 5 個鹼基對，環含有 7 個核苷酸。

5. **可變區**：或稱附加區、額外區。是位於反密碼區與 TψC 區之間的一個區域。這個區的長度變化較大，小的僅 3~5 個核苷酸，多的可達 20~30 個核苷酸，因而有人建議以此區作為 tRNA 分類的標準。

　　在三葉草狀的二級結構上各個突環上未配對鹼基還可以彼此形成氫鍵，例如 D 環上的 A 可以和 TψC 環上的 U 配對，以致分子內折疊或扭曲而形成立體的**三級結構**(tertiary structure)。第一個 tRNA 三級結構模型是由 Kim(1973)及 Robertus (1974)提出來的。他們藉由研究蛋白質高級結構的方法，用 X-射線繞射研究 tRNA 結晶，根據繞射圖譜提出了酵母苯丙胺酸 tRNA (tRNA^Phe)的三級結構模型（圖 10-5）。

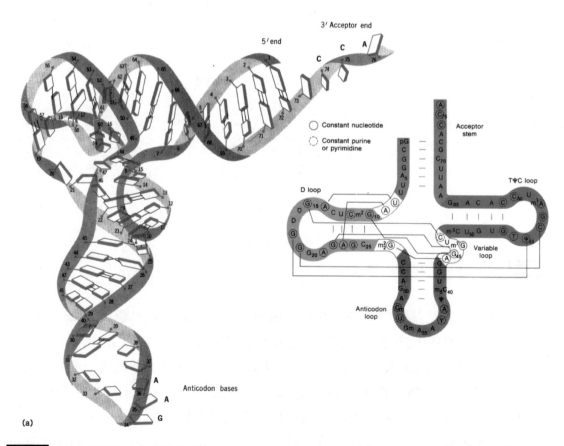

圖10-5 酵母 tRNAPhe 三級結構模型

酵母苯丙胺酸 tRNA 的三級結構為一倒 "L" 型，其大小為 $6.5 \times 7.5 \times 2.5$ nm。有兩個雙螺旋區，一個是胺基酸臂與 TψC 臂形成的，另一個是二氫尿嘧啶臂和反密碼臂形成的。這種雙螺旋為反平行右手螺旋。TψC 環和二氫尿嘧啶環構成倒 L 的拐角。倒 L 的一端含有 3' 端和 5' 端，另一端是反密碼環。反密碼子暴露在外。

10.4 DNA 結構

一、DNA 的大小及類別

一般來說，DNA 攜帶著細胞重要的遺傳訊息，其分子量極大，且因生物種類而有所不同，例如多瘤病毒(polyoma virus) DNA 分子量為 3×10^6，含有 4.6×10^3 個鹼基對(base pair, bp)；大腸桿菌(*E. coli*)染色質 DNA，分子量 2.8×10^9，含 3.4×10^6 bp；果蠅(drosophila)染色質 DNA，分子量 4.3×10^{10}，含 6.2×10^7 bp；而人的染色質 DNA，分子量 2.1×10^{12}，含 3×10^9 bp。一般生物細胞所含 DNA 是以雙鏈 DNA (double-stranded DNA, dsDNA)為主。真核細胞為線性雙鏈，許多原核細胞或真核的某些胞器 DNA 如葉綠體、粒線體則含有環狀雙鏈。**單鏈 DNA** (single-stranded DNA, ssDNA)則是某些昆蟲傳播病毒或噬菌體所特有。

二、DNA 的一級結構

如 RNA 一樣，DNA 一級結構是指去氧多核苷酸鏈中去氧核苷酸的排列序列。細胞內的去氧多核苷酸鏈上有許多決定蛋白質或 RNA 結構的單位，稱為基因(gene)，一個基因大約含 1,000~2,000 個去氧核苷酸。一個基因內的去氧核苷酸序列，以及各個基因在整個 DNA 分子上的排列序列，稱為**基因圖**(genetic map)，這些都屬於一級結構的範疇。一個生物細胞的全套基因稱為**基因組**(genome)。目前，許多生物的基因組已經被完全測定出來，如人類、老鼠、果蠅、水稻等，對於生物資源的開發與利用提供了強有力的工具。

1975 年，Sanger 在他第一個發表蛋白質（胰島素）一級結構研究方法的二十年後，又第一個公布了 DNA 一級結構研究方法，並以噬菌體 Φx174 為對象。這個單鏈 DNA 病毒含有 5,386 個核苷酸。在這項研究中，Sanger 並發現了重疊基因(overlapping gene)的現象，兩個相鄰基因間可以共用一段去氧核苷酸序列。此

後，陸續發表了一系列 DNA 的一級結構，包括病毒 SV$_{40}$（5,226 個去氧核苷酸），噬菌體 G (5,577)、fd (6,408)、人粒線體 DNA (16,569)、噬菌體 λ DNA (48,502)、菸草葉綠體 DNA (155,844)、人細胞巨大病毒(gigantic virus) (230,000)等。2002 年 4 月，以美國為首的跨國性人類基因組計畫研究計畫，正式完成人類基因組的定序工作，這項研究結果推動了新一波的生命科學和醫學的研究熱潮。

三、DNA 的二級結構

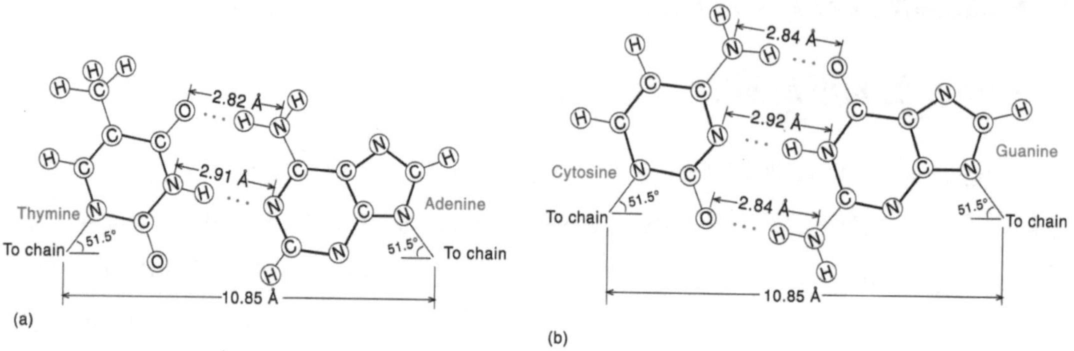

圖10-6 ▌DNA 的鹼基配對（圖中長度單位 nm）

Watson 和 Crick 於 1953 年提出了 DNA 二級結構模型(secondary structure of DNA)（圖 10-7）。其要點如下：

1. **兩條多核苷酸鏈**：DNA 由兩條多核苷酸鏈構成：每一條鏈為右手螺旋，兩條鏈互相平行纏繞，形成雙螺旋(double helix)。每一條鏈的骨架(framework)是去氧核糖和磷酸，它們處於雙螺旋的外側。兩條鏈的磷酸二酯鍵方向相反，即一條為 5′→3′，另一條為 3′→5′。習慣上將 3′→5′ 方向定為正向。

2. **厭水鹼基位置**：DNA 每一條鏈的厭水鹼基處於雙螺旋結構的內部，相鄰兩個去氧核苷酸的鹼基平面互相平行，並都垂直於螺旋軸。兩個鹼基在中心軸向的距離為 0.34 nm，雙螺旋的螺距（即螺旋一圈在軸向上升的距離）為 3.4 nm，含 10 個鹼基對。因此，每個鹼基沿軸扭轉 36°（即偏角）。

3. **穩定結構的鹼基**：兩條鏈之間以鹼基與鹼基之間的氫鍵維繫其結構穩定性。整個 DNA 分子各處的直徑相同，為 2 nm。這是因為一條鏈的嘌呤（含兩個環）總是和另一條鏈的嘧啶（一個環）配對，而且 A 與 T 配對，G 與 C 配對，因而兩條鏈是互補的。

4. **大溝與小溝**：沿螺旋軸向觀察，配對的鹼基並未充滿雙螺旋的全部空間。由於鹼基對的方向性，使得鹼基對占據的空間不對稱，因而在雙螺旋的表面形成兩個凹下去的槽，一個大些（寬 1.2 nm，深 0.85 nm），稱為**大溝**(major groove)；另一個小些（寬 0.6 nm，深 0.75 nm），稱為**小溝**(minor groove)。這兩個溝易與蛋白質、藥物等附著。

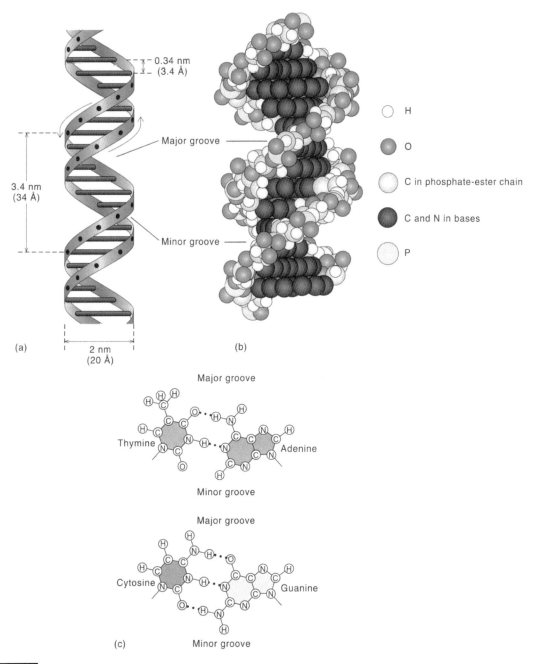

圖10-7　DNA 雙螺旋結構模型

　　維繫 DNA 二級結構的作用力有三種。一是**氫鍵**，使兩條鏈互相連接；其二是**鹼基堆積作用**(base stacking action)，這是一條鏈上相鄰的兩個鹼基環之間產生的相互作用力（圖 10-6、10-7）。因為鹼基環平面是互相平行的，而且距離相等，所以這是相對強的一個作用力。其本質是一種凡得瓦作用力；第三，由於在生理 pH 條件下，每一個去氧核苷酸的磷酸基團解離，帶一個負電荷，使整個 DNA 分子為一多陰離子，可與金屬離子（原核細胞）和組織蛋白（真核細胞）形成**鹽鍵**（離子鍵）。這也是維繫 DNA 分子穩定性的一種作用力。

　　Watson 和 Crick 提出來的 DNA 結構模型實際上只是 DNA 二級結構的一種類型，稱為 B 型。Wilkins 等根據天然 DNA 在不同溫度、不同鹽溶液結晶的 X-射線繞射所得結果，提出 DNA 二級結構有 A、B、C 三種類型（表 10-1）。

▶ 表 10-1　DNA 雙螺旋結構類型

類　型	結晶狀態	螺　距	堆積距離	每轉鹼基對數	鹼基夾角
A	75%相對濕度，鈉鹽	28 Å	2.56 Å	11	32.7°
B	92%相對濕度，鈉鹽	34 Å	3.4 Å	10	36°
C	66%相對濕度，鋰鹽	31 Å	3.32 Å	9.3	38°

　　Watson 和 Crick 的 DNA 雙螺旋結構模型能夠解釋許多重要生命現象，如 DNA 複製(DNA replication)、蛋白質合成(protein synthesis)、遺傳與變異(heredity and variation)等，因此是目前公認的一個模型。這個模型的提出，被認為是二十世紀在自然科學方面的重大突破之一，它揭開了分子生物學研究的序幕，為分子遺傳學的發展奠定了基礎。

　　上述幾種 DNA 螺旋結構，都是右手螺旋，這是 DNA 的主要結構形式。但在某些特定情況下也存在左手螺旋。1979 年，Rich 等用 X-射線繞射分析了人工合成的 d (CGCGCG)這樣一個去氧六核苷酸片段，發現形成的是左手螺旋。由於左手螺旋結構呈 "Z" 字形，故又稱 Z-DNA。

　　Watson-Crick 右手螺旋 DNA 模型是平滑旋轉梯形螺旋結構，而左旋 DNA，雖也是雙股螺旋，但旋轉方向相反，並在旋轉的同時作 Z 字形扭曲，磷酸基在骨架上的分布呈 Z 字（圖 10-8）。

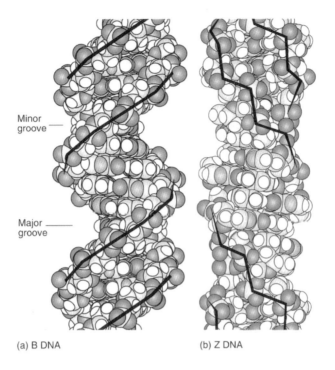

Minor groove ———

Major groove ———

(a) B DNA   (b) Z DNA

圖10-8　Z-DNA 與 B-DNA 模型

　　Z-DNA 中的兩條糖磷酸骨架比 B-DNA 中靠得更近，因而鹼基對位於螺旋的外側，而不是內側。B-DNA 具有兩個槽（大溝和小溝），而 Z-DNA 只有一個槽（大溝）。此外，許多資料均與 B-DNA 不同（表 10-2）。

▶表 10-2　B-DNA 與 Z-DNA 的比較

類　　型	旋轉方向	每圈殘基數	直　　徑	鹼基堆積距離	螺　　距	每個鹼基旋轉角度
B-DNA	右旋	10	2.37 nm	0.34 nm	3.4 nm	36°
Z-DNA	左旋	12	1.84 nm	0.38 nm	4.5 nm	−60°

四、DNA 的三級結構

　　DNA 的二級結構指雙螺旋結構。雙螺旋鏈的扭曲或再次螺旋(supercoiling)就構成了 DNA 的三級結構(tertiary structure of DNA)。超螺旋(superhelix)是 DNA 三級結構的一種形式，超螺旋是由除氫鍵和鹼基堆積以外的力所維持的立體結構。除超螺旋外，DNA 三級結構還具有其他形式的分子立體結構。

　　無論是線狀 DNA 分子還是環狀 DNA 分子都可形成超螺旋。原核生物的染色質基本上是環狀的。對一個線狀 DNA 雙螺旋，當將兩條鏈的兩端對接成環之前，如果先把右手螺旋作左手螺旋旋轉，那麼 DNA 分子必然會先被鬆開

(unwinding)，然後再對接成閉合環，環狀將會形成右手扭曲的超螺旋，由於這個再扭曲過程中有「鬆開」，故將這種立體結構稱為**負超螺旋**(negatively superhelix)；相反，若在對接成環之前，將右手螺旋 DNA 進一步作右手螺旋，則此 DNA 越轉越緊(overwinding)，這個閉合環會向左扭曲成左手超螺旋，稱為**正超螺旋**(positively superhelix)。超螺旋扭曲的程度稱為超螺旋的密度，一般為每 200~250 個鹼基對產生一個扭曲，亦即雙螺旋每旋轉 20~25 圈，超螺旋才扭曲一次。（圖 10-9）是 DNA 的雙螺旋與超螺旋結構示意圖。

自然界存在的超螺旋 DNA 分子多數是由於纏繞不足，因而形成負超螺旋。在 DNA 複製(replication)時則形成正超螺旋。在原核生物，這種鬆開或旋緊（形成負超螺旋與正超螺旋）是受兩種稱為拓撲異構酶(topoisomerase)所控制的。

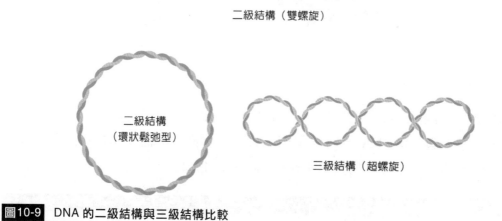

二級結構（雙螺旋）

二級結構
（環狀鬆弛型）

三級結構（超螺旋）

圖10-9 DNA 的二級結構與三級結構比較

五、真核細胞染色質

(一) 結　構

在像動物和植物等真核細胞中，DNA 是與稱為組織蛋白(histone)的鹼性蛋白質以 1：1 的比例結合在一起的，這種核蛋白(nucleoprotein)的複合物稱為染色質(chromatin)。染色質中的組織蛋白有五種，分別稱為 H_1、H_2a、H_2b、H_3、H_4，它們都是鹼性蛋白質，因為它們富含鹼性胺基酸離胺酸(lysine)和精胺酸(arginine)。所以在生理 pH 條件下組織蛋白帶正電荷，正好與帶負電荷的 DNA 結合。

在染色質中，其基本結構單位稱為染色質單體(nucleosomes)，是由組織蛋白 H_2a、H_2b、H_3 和 H_4 以各兩分子構成八聚體球並與約 200 個左右去氧核苷酸(bp)構成的一段 DNA 一同組成。DNA 圍繞組織蛋白八聚體核心旋轉 1 又 3/4 圈，形成

正超螺旋結構。染色質單體與染色質單體之間的線狀間隙區(spacer regions)，含有 30~50 bp 的 DNA、組織蛋白 H_1 和非組織蛋白(nonhistones)。一個個的染色質單體連接成一串「珠子」一樣（圖 10-10），再螺旋成為管，使染色質進一步壓縮，最後形成染色體(chromosomes)。

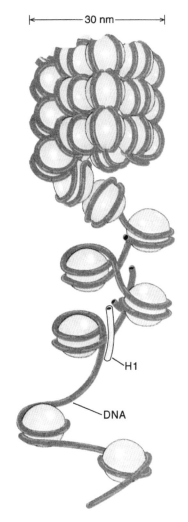

圖10-10 DNA-組織蛋白構成染色質單體

(二) 真核細胞與原核細胞結構的比較

真核細胞染色質(chromatin)包含 DNA、RNA、組織蛋白(histone)和非組織蛋白(nonhistone)等。而原核細胞染色質只含 DNA。不僅如此，真核細胞染色質 DNA 與原核細胞比較，在結構上也有其顯著特點。

1. **重複序列**(repeated sequences)：真核細胞染色質 DNA 具有不同程度的重複排列的核苷酸序列，稱為重複序列。根據重複程度的不同又可以分為幾種不同類別。

   (1) **高度重複序列**(high repeated sequences)：迄今發現的真核細胞染色質 DNA 幾乎都含有高度重複序列。重複片段較短，約 5~100 bp，重複次數可高達幾百萬次(10^6~10^7)。這種結構占總 DNA 的 1~50%不等，平均 15%。

   (2) **中度重複序列**(moderately repeated sequences)：重複片段較長，可達 100~300 bp 或更長。重複次數從幾百到幾千不等。大多為 rRNA 基因(rDNA)、tRNA 基因(tDNA)，少數為組織蛋白(histone)、肌動蛋白(actin)基因。

   (3) **單一序列**(unique sequences)：又稱單拷貝(unique copy)。在真核細胞中，除組織蛋白等少數幾種蛋白質外，其他所有蛋白質都是由 DNA 中單一序列決定的。這種序列的大小不等，每一段序列決定一個蛋白質結構。兩個蛋白基因之間常常夾有重複序列。

2. **間隔序列**(intermediary sequences)**和插入序列**(intervening sequences)：在 DNA 分子中，除了蛋白質和 RNA 密碼（基因）的段落外，還有一些不含任何密碼的段落，它們可以存在於基因與基因之間，也可以出現於基因內，後者將一個基因分成幾段。如卵白蛋白基因(ovalbumin gene) (1,730 bp)內有兩個插入序列，把基因分成三段。插入序列稱為**內含子**(intron)，而其他決定蛋白質結構（胺基酸序列）的部分稱為外顯子(exon)。

3. **迴文結構**(palindromic structure)：所謂迴文結構就是 DNA 的兩條鏈中去氧核苷酸排列序列順讀倒讀都是一樣的（圖 10-11），這種結構圍繞一個假想的中軸在同一平面上旋轉 180° 兩部分結構能完全重合。這種結構具有特定的生物功能。

$$5' - T - A - G - C - T - A - : - T - A - G - C - T - A - 3'$$
$$3' - A - T - C - G - A - T - : - A - T - C - G - A - T - 5'$$

旋轉軸

圖10-11 迴文結構去氧核苷酸序列

10.5 核酸及核苷酸的性質

一、紫外光吸收特性

凡具有共軛雙鍵的（即單雙鍵交替的系統，即－C=C－C=C－）有機分子，都能對 200~390 nm 波長的紫外線 (ultraviolet) 具有吸收特性 (characteristic absorption)。核酸分子中的嘌呤與嘧啶正好具有這種共軛雙鍵(conjugated double bond)，特別對 240~290 nm 波長的紫外線有強吸收。一般在 260 nm 左右有最大吸收峰（圖 10-12）。紫外吸收光譜與分子中可解離基團的解離狀態、pH、光波長等因素有關。

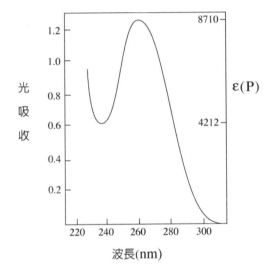

圖10-12 酵母 RNA 鈉鹽溶液的紫外吸收光譜

特定組成的物質具有特定的最大吸收波長(λ_{max})、最小吸收波長(λ_{min})，以及特定的**消光係數**(extinction coefficient)（又稱為吸光係數(absorptivity)，用符號 ε 表示）。所謂消光係數乃指在一定波長下單位濃度的**吸光率**(absorbance)。例如，ε_{max}、ε_{min}、ε_{260} 分別表示在最大吸收波長、最小吸收波長、260 nm 波長下的消光係數。同一鹼基所構成的核苷、核苷酸其吸光特性有一定的差異（表 10-3），根據這些特性可作核酸組成的定性分析。

▶ 表 10-3　常見核酸、核苷和核苷酸的光譜資料（J. N. Davidson，1972）

組成成分	pH	λ_{max} (nm)	ε_{max} ($\times10^{-3}$)	ε_{260} ($\times10^{-3}$)	λ_{min} (nm)	ε_{min} ($\times10^{-3}$)	250/260	280/260	290/260
腺嘌呤	1~3	262.5	13.13	13.0	229	2.55	0.76	0.375	0.035
鳥糞嘌呤	1~2	275.5	7.35	8.0	267	7.15	1.37	0.84	0.495
胞嘧啶	1~3	276	10.00	6.0	238		0.48	1.53	0.78
尿嘧啶	2~7	259.5	8.2	8.2	227	1.80	0.84	1.173	0.01
腺　苷	1~2	257	14.6	14.3	230	3.5	0.84	0.215	0.03
鳥糞苷	1	256.5	12.2	11.72	228	2.4	0.94	0.695	0.50
胞　苷	1~2	280	13.4	6.4	241		0.45	2.10	1.58
尿　苷	1~7	260	10.1	9.55	231	2.0	0.74	0.35	0.03
AMP	2	257	15.0	14.5	230	3.5	0.84	0.22	0.038
ATP	2	257	14.7	14.3	230	3.5	0.85	0.22	0.027
GMP	1	256	11.2	11.6	223		0.96	0.67	
CMP	1~2	280	13.2	6.3	240		0.45	2.10	1.55
UMP	2~7	262	10.0	9.9	230		0.73	0.39	0.03

對於核苷酸的定量測定，只要在該核苷酸的最大吸收波長下（一般也可在 260 nm 波長）測得**吸收值**(absorption number)，即可由下式計算其含量。

$$核苷酸(\%) = \frac{Mr \cdot A_{260}}{\varepsilon_{260} \cdot C} \times 100$$

式中：Mr 為核苷酸的分子量；ε_{260} 為 260 nm 下的消光係數；A_{260} 為 260 nm 下的吸收值；C 為樣品濃度(mg/ml)。如果已知鹼基、核酸或核苷酸的莫耳消光係數，即可求得這些組成的莫耳濃度（L 為比色槽的長度(cm)）：

$$C = A_{260} / \varepsilon \cdot L$$

也可用比消光係數(specific extinction coefficient)，它是指在一定重量濃度（mg/ml、μg/ml 或 g %）的核酸或核苷酸溶液在 260 nm 下的吸收值，這是非常有用的光吸收值。如天然狀態的 DNA 的比消光係數為 0.020，是指濃度為 1μg/ml 的天然 DNA 水溶液在 260 nm 處的吸收值。也就是說，當測得 A_{260} 為 1 時，就相當於含 DNA 50 μg/ml。RNA 的比消光係數為 0.025，測得 A_{260} 為 1 時，即表示含 RNA 40 μg/ml。

　　對於大分子核酸含量測定，因其分子量難以確定，不宜用莫耳消光係數法。可採用磷原子消光係數法。所謂磷原子消光係數 $\varepsilon(P)$，是指含磷為 1M 濃度時的核酸水溶液在 260 nm 處的吸收值。在 pH = 7.0 時，天然 DNA 的 $\varepsilon(P)$ 為 6,000~8,000，RNA 為 7,000~10,000。當核酸變性或降解時，$\varepsilon(P)$ 值大大升高，變性 DNA 為 8,800，變性 RNA 為 11,000。

二、變性與復性

(一) 原　理

　　核酸和蛋白質一樣，分子都具有一定的空間結構，維持空間結構的作用力氫鍵、鹼基堆積力等被破壞時，其空間結構解體。DNA 受到某些理化因素的影響，或在細胞內由酶的作用，其二、三級結構解體，分子由雙鏈(dsDNA)變為單鏈(ssDNA)的過程稱為變性(denaturation)。像蛋白質一樣，DNA 變性後其次級鍵被破壞，但維持一級結構的共價鍵並不斷裂。

　　加熱、極端的 pH 值、有機溶劑、尿素、甲醯胺等因素可引起 DNA 變性 (denaturation)。在細胞內由酶的作用下，DNA 可發生局部變性，即 DNA 局部由雙鏈變為單鏈，這種變性是 DNA 行使其功能所必需的。

　　DNA 變性後，引起一系列性質發生變化，如黏度降低，沉降速度增加，分子由具有一定剛性變為無規則線團。但最顯著而又特別重要的是紫外線吸收增加。例如，天然狀態的 DNA 在完全變性後，吸收 260 nm 波長紫外光的能力增加 25~40%，而 RNA 變性後約增加 1.1%。這種由於核酸的變性（或降解）而引起對紫外線吸收增加的現象稱為**增色效應**或**高色效應**(hyperchromicity)。相反，某些變性是可逆的，如在一定條件下，變性 DNA（單鏈）又可以相互結合成雙鏈，這個過程稱為**復性**(renaturation)。復性時紫外光吸收減少，稱為**減色效應**或**低色效應**(hypochromicity)。

(二) 熱變性的應用

　　在實際應用中，通常用加熱的辦法來研究核酸的變性過程，稱為熱變性 (thermal denaturation)。DNA 在升溫的情況下，可以破壞氫鍵，使雙螺旋解開，由雙鏈變為單鏈。在 DNA 加熱變性過程中，以 A_{260} 對溫度作圖，可得到一條 S 形曲線（圖 10-13）。

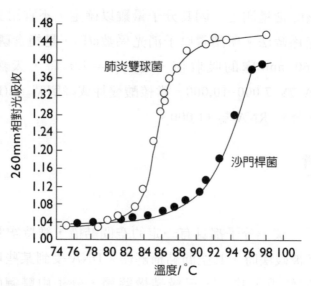

圖10-13 兩種細菌 DNA 的熱變性曲線

　　由圖可知，DNA 的熱變性過程不是一種「漸變」，而是一種「躍變」過程，即變性作用不是隨溫度的升高徐徐發生，而是在一個很狹窄的臨界溫度範圍內突然引起並急劇完成，就像固體的結晶、物質在其熔點時突然融化一樣。因此，現在一般將引起 DNA 變性的溫度稱為**融熔溫度**，用 T_m（為 "melting temperature" 的縮寫）表示。DNA 的變性過程通常用測定紫外線吸收的增加來表示。**融熔溫度 (T_m)即指增色效應達 50%時的溫度。**

　　不同來源的 DNA 其 T_m 值不相同，一般在 70~85℃之間，少數可超過 90℃。如果 DNA 是均一的（如病毒 DNA 和某些細菌 DNA），其 T_m 值的範圍較窄；如果是不均一的（如動植物細胞的 DNA），其 T_m 值的範圍則較寬。T_m 值的高低與 DNA 鹼基組成有關。因為 G-C 對有三個氫鍵，A-T 對有兩個氫鍵，所以斷裂不同的鹼基對所需能量不一樣。故 G、C 含量高的 DNA 其 T_m 值高；G、C 含量低，則 T_m 值低。利用測定 DNA 的 T_m 值，可用以推測 DNA 的鹼基組成。依據下式計算 G、C 含量（Marmur 經驗式）。

$$(G+C)\% = (T_m - 69.3) \times 2.44$$

　　式中 69.3 為 poly d(A-T)的 T_m 值(℃)，2.44 為 T_m 每升高 1℃時增加的(G+C)%含量。加熱後的 DNA 溶液，若迅速冷卻，DNA 的兩條鏈各自捲曲成無規線團，不能重新形成雙螺旋；但若緩慢冷卻（稱為降溫，annealing），則兩條互補

鏈會重新結合成雙鏈，並自發形成雙螺旋，這就是復性(renaturation)。這種熱變性與復性是基因工程(gene engineering)中常用的操作方法。

DNA 的熱變性與 DNA 的均一性、G、C 含量和溶液的離子強度有關。而復性則取決於濃度、DNA 片段的大小及離子強度。在一定條件下復性速度用 C_0t 表示，C_0 為變性 DNA（即復性前）的原始濃度（以莫耳濃度表示），t 為復性時間（以秒表示）。$C_0t_{1/2}$ 值（即變性 DNA 原始濃度乘以復性完成一半所需的時間）與該 DNA 的序列複雜程度成正比。也就是說每種生物的 DNA 復性所用的 DNA 濃度和所需的時間的乘積，能表示該生物基因組的複雜程度。$C_0t_{1/2}$ 值越小，也就是復性所需的時間越短，這種 DNA 片段的複雜程度就越低，或序列重複的程度越高。

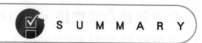

摘要

1. 經實驗證明，核酸是遺傳變異的物質基礎。核酸是遺傳訊息的載體，是基因的載體。大多數生物的遺傳訊息儲存在 DNA 分子上，只有少數病毒的遺傳訊息儲存於 RNA。

2. 核苷酸(nucleotide)是構成核酸的基本結構單位。構成 RNA 的稱為核糖核苷酸 (ribonucleatide)，有四種：AMP、GMP、CMP 和 UMP；構成 DNA 的稱為去氧核糖核苷酸 (deoxyribonucleotide)，也是四種：dAMP、dGMP、dCMP 和 dTMP。除了這八種基本成分外，還有一些所謂稀有成分(rare component)，主要是對鹼基上一定基團的修飾(modification)，少數為核糖 C-2'位的甲基化。

3. 核苷酸可以進一步磷酸化(phosphorylation)而生成二磷酸核苷(NDP)和三磷酸核苷(NTP)，NTP（或 dNTP）是合成 RNA（及 DNA）的直接原料。

4. 核酸一級結構為共價結構，是由 3',5'-磷酸二酯鍵維繫的多核苷酸鏈上的核苷酸（或去氧核苷酸）的排列序列。除此以外，在分子中還包括基因的排列序列（DNA 序列組織）。

5. tRNA 的二級結構為苜蓿葉形，三級結構為倒 L 狀。二級結構和三級結構都由氫鍵維繫。

6. DNA 的二級結構為雙螺旋，主要為右手雙螺旋。這是 Watson 和 Crick 於 1953 年提出來的，並因此而創建了分子生物學(molecular biology)。此後，在七十年代末又發現了左旋 DNA (Z-DNA)，並越來越呈現，生物體內 DNA 立體結構具有多態性和變異性。維繫 DNA 二級結構的作用力主要是氫鍵、鹼基堆積力 (base stacking action)和鹽鍵。DNA 的三級結構主要是超螺旋結構(superhelix structure)，分為正超螺旋和負超螺旋，以後者為主。在特定條件下可互相轉變。

7. 核酸和核苷酸都是兩性電解質，因而具有等電點，在不同 pH 條件下可帶不同電荷。這是製備、分離核酸組成之基礎。在生理條件下 DNA 為多陰離子態，便於與金屬離子（原核）或組織蛋白（真核）結合。

8. 核酸及其組成因嘌呤和嘧啶具有紫外光吸收特性，成為定性、定量及核酸研究的有力工具。核酸的變性與復性在核酸的功能及 DNA 人工重組(recombination)中具有重要意義。

11

CHAPTER

PRINCIPLES OF BIOCHEMISTRY

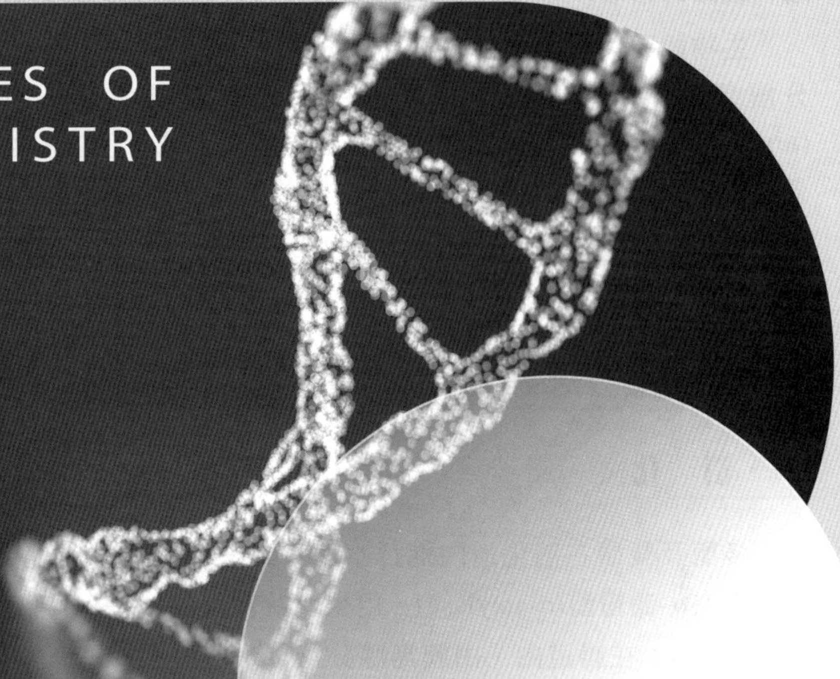

醣類的分解

碳 是有機化合物的基本元素，異營生物自外界攝取有機物質，經過體內的代謝作用，以 CO_2 等無機形式排出體外，CO_2 又為自營生物所利用，從而形成一個碳的循環(carbon cycle)。醣的分解與合成正是碳循環的核心。

生物體將大分子物質降解為小分子，將有機分子轉變成無機分子的過程稱為分解代謝 (catabolism)；相反，由小分子合成大分子的過程稱為合成代謝 (anabolism)。生物體就是透過物質的分解與合成，使體內物質得到不斷更新，與外界環境進行物質交換。所以，生命物質的分解代謝與合成代謝稱為新陳代謝 (metabolism)。

11.1 醣類的消化吸收

一、消 化

多醣及雙醣在消化道內進行水解，為一種醣類的消化(digesttion)作用。在唾液裡含有α-澱粉酶(α-amylase)，用來水解澱粉的α(1→4)糖苷鍵，使澱粉水解成糊精(dextrin)；在腸道內，由胰島腺分泌β-澱粉酶和γ-澱粉酶，二者均可作用於α(1→4)糖苷鍵，從澱粉的非還原末端開始，β-澱粉酶每次切下一個麥芽糖，γ-澱粉酶每次切下一個葡萄糖。γ-澱粉酶還能作用於α(1→6)糖苷鍵，α-澱粉酶和β-澱粉酶則不能，因此，β-澱粉酶用來分解有支鏈的澱粉時，除產生大量麥芽糖外，還產生核心糊精(core dextrin)。

牛和羊等生物能夠消化草料中的纖維素，是因為牛羊的腸道細菌能夠分泌**纖維素酶**(cellulase)，這種酶能作用於β(1→4)**糖苷鍵**，將纖維素水解成纖維二糖(cellobiose)和葡萄糖。

在小腸中還存在一些水解雙醣的酶，將雙醣水解成單醣。如麥芽糖酶(maltase)將麥芽糖水解成兩分子葡萄糖；蔗糖酶(sucrase)將蔗糖水解成果糖和葡萄糖；乳糖酶(lactase)將乳糖水解成半乳糖和葡萄糖等。

二、吸 收

腸黏膜細胞對單醣的吸收(absorption)是一種消耗能量的主動運動，有需要 Na^+ 的運輸和不需要 Na^+ 的運輸兩種機制。在小腸黏膜上，有一種具專一性的運輸蛋白(transport protein)，運輸蛋白經與 Na^+、單醣結合後，立體結構因而改變，

並將葡萄糖等單醣運輸至細胞內，Na^+ 則另由需 ATP 供能的鈉幫浦(sodium pump)再送出細胞。這種運輸蛋白與單醣的結合或分離，受到醣濃度的影響，並且對葡萄糖和半乳糖的吸收速率遠高於其他單醣。這種需 Na^+ 運輸蛋白可被根皮苷(phlorhizin)所抑制。不需要 Na^+ 的運輸蛋白則以運輸果糖為主，並受到細胞鬆弛素(cytochalasin)所抑制。

三、血　糖

葡萄糖進入細胞後，即被激酶(kinase)所催化，生成葡萄糖 6-磷酸(glucose-6-phosphate)。在回到微血管前，再以磷酸酶(phosphatase)作用切下磷酸基後，葡萄糖即可進入血液，構成血糖(blood sugar)。醣在體內主要是以葡萄糖的形式進行運輸，血糖含量是體內醣代謝的一項重要指標。正常人血糖濃度為 3.9~5.6 mM（每 100 ml 血含 70~100 mg）。血糖濃度高於 8.88 mM (160 mg / 100 ml)稱為高血糖(hyperglycemia)，低於 3.9 mM (70 mg / 100 ml)稱為低血糖(hypoglycemia)。這兩種情況都是由代謝異常所引起。在正常情況下，透過體內調節，可以維持血糖的恆定。當血糖過高時，可促進血中葡萄糖合成肝臟肝醣或肌肉肝醣而儲存；反之，當血糖過低時，又可由肝臟肝醣及肌肉肝醣的分解以補充。

11.2 糖解作用 I：產生兩個三碳糖

細胞氧化葡萄糖由糖解作用開始，在細胞質中由酵素催化一連串反應，將一分子含六個碳糖轉換成兩分子的丙酮酸。糖解作用(glycolysis)源起於希臘文字 "glykys"，是甜的意思，而 "lysis" 是裂解的意思。為了紀念三位最傑出的科學家，又稱之為 Embden-meyerhof 反應。

糖解作用是醣類利用的共同途徑，從葡萄糖分解到丙酮酸的生成，共有九個酶催化十個反應步驟，可分為兩個階段，第一階段是將六碳的葡萄糖裂解為兩個三碳糖。

1. **生成葡萄糖-6-磷酸**：在細胞質中，葡萄糖的磷酸化是由己糖激酶(hexokinase)所催化，生成葡萄糖-6-磷酸(glucose-6-phosphate, G-6-P)：

$$\Delta G^{0'} = -16.8 \, KJ／mol$$

這是個不可逆反應。除己糖激酶外，在肝細胞中存在的葡萄糖激酶(glucokinase)也能催化此反應。己糖激酶除催化葡萄糖磷酸化外，還可催化果糖、甘露糖、半乳糖等己醣的磷酸化。

己糖激酶催化的這個反應，實際上是細胞的一種保醣機制，因為單醣磷酸化後，由於磷酸基的解離而帶負電荷，因而不容易透過細胞膜。這就能保證細胞外的醣不斷向細胞內運輸。

2. **轉變為果糖-6-磷酸**：葡萄糖-6-磷酸經由磷酸己糖異構酶(phosphor-hexoisomerase)催化，轉變為果糖-6-磷酸(fructose-6-phosphate, F-6-P)。此一反應具可逆性，但反應速度很快，$\Delta G^{0'} = +1.68 \, KJ \cdot mol^{-1}$（或 0.4 Kcal·mol^{-1}）。果糖則由己糖激酶催化下轉變為果糖-6-磷酸，直接由此進入代謝途徑。

3. **果糖-6-磷酸再次磷酸化**：F-6-P 在磷酸果糖激酶(phosphofructokinase)催化下，進一步磷酸化生成果糖-1,6-二磷酸(fructose-1,6-diphosphate, F-1,6-P$_2$)。此一反應為不可逆反應，為需能反應，伴隨著 ATP 的水解。

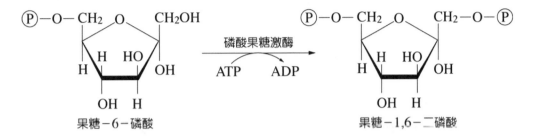

$$\Delta G^{0'} = -14.2kJ/mol$$

4. **裂解成兩個磷酸丙糖**：F-1,6-P$_2$ 在醛縮酶(aldolase)的催化下，裂解成兩個三碳糖：3-磷酸甘油醛(3-phosphoglyceraldehyde)和磷酸二羥丙酮(dihydroxyacetone phosphate)。

$$\Delta G^{0'} = +24kJ/mol$$

　　這個反應是從果糖-1,6-二磷酸的 C$_3$ 和 C$_4$ 間斷裂，C$_1$、C$_2$、C$_3$ 形成磷酸二羥丙酮，C$_4$、C$_5$、C$_6$ 形成 3-磷酸甘油醛，為一可逆反應，由於其逆反應為醇醛縮合反應(aldol condensation reaction)，因此催化此反應的酶稱為醇醛縮合酶，簡稱醛縮酶。

　　兩個磷酸丙醣在磷酸丙糖異構酶(phosphotriose isomerase)催化下可以互變（$\triangle G^{o'} = +7.66$ KJ·mol^{-1} 或 1.83 Kcal·mol^{-1}），達平衡時，磷酸二羥丙酮占96%，3-磷酸甘油醛占 4%，但後續反應不斷消耗 3-磷酸甘油醛，迫使磷酸二羥丙酮繼續轉變為 3-磷酸甘油醛。

　　糖解作用至此已消耗兩分子 ATP，使一個六碳糖（葡萄糖）裂解成了兩個三碳糖，但沒有能量產生。

11.3 糖解作用 II：由醛氧化至酸

一、氧化生成 1,3-二磷酸甘油酸

　　3-磷酸甘油醛在磷酸甘油醛脫氫酶(phosphoglyceraldehyde dehydrogenase)催化下脫氫生成 1,3-二磷酸甘油酸(1,3-diphosphoglyceric acid, 1,3-DPG)。這是糖解作用第一次氧化作用。其反應過程是由 3-磷酸甘油醛先和酶結合形成一個活性中間產物，此一中間產物脫氫時，在第一位碳原子上形成一個高能硫酯鍵(high-energy thioether bond)，此一高能鍵裂解後，與磷酸結合生成 1,3-二磷酸甘油酸。脫下的氫則被輔酶 NAD$^+$ 接收，生成 NADH。因此，這個反應包含了一個氧化反應（$\Delta G^{o'} = -43.1$ KJ·mol^{-1} 或 $\Delta G^{o'} = 10.3$ Kcal·mol^{-1}）和一個醯基磷酸化反應（$\Delta G^{o'} = +49.4$ KJ·mol^{-1} 或 $\triangle G^{o'} = +11.8$ Kcal·mol^{-1}），總自由能變化為$\Delta G^{o'} = +49.4 - 43.1 = +6.3$ KJ·mol^{-1}（或 1.5 Kcal·mol^{-1}）。

二、生成 ATP 及 3-磷酸甘油酸

在 1,3-二磷酸甘油酸分子中，C_1 的高能磷酸鍵在**磷酸甘油酸激酶**(phosphoglycerate kinase)催化下，可將高能移轉給 ADP，生成一分子 ATP 及 3-磷酸甘油酸(3-phosphoglyceric acid)。此為可逆反應，磷酸甘油酸激酶即根據其逆反應命名。

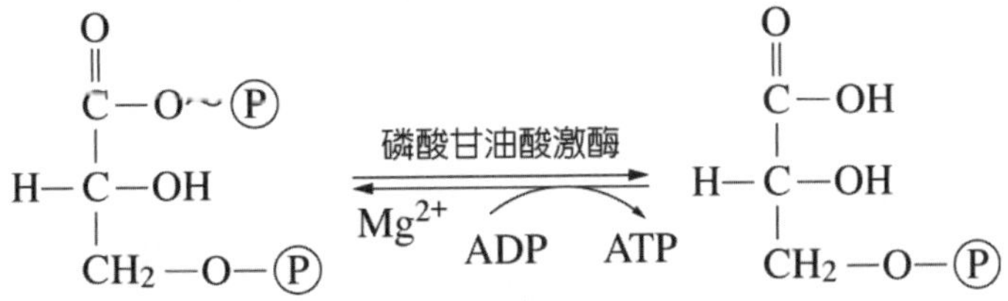

三、2-磷酸甘油酸的生成

磷酸甘油酸變位酶(phosphoglycerate mutase)可將 3-磷酸甘油酸的磷酸基由 C_3 位轉移到 C_2 位，形成 2-磷酸甘油酸(2-phosphoglyceric acid)；但並非一種直接轉移，而是透過磷酸甘油酸變位酶的短暫磷酸化，與 2,3-二磷酸甘油酸(2,3-diphosphoglyceric acid)互換磷酸基。

四、高能 2-磷酸烯醇丙酮酸的生成

2-磷酸甘油酸的 C_2 磷酸酯鍵並非高能鍵，但在此一反應步驟中，經由**烯醇化酶**(enolase)的催化，脫去一分子水時，分子內部的能量發生重分配，將部分能量集中於 C_2 磷酸鍵，使其變為高能磷酸鍵，形成富含能量的 2-磷酸烯醇丙酮酸(2-phosphoenolpyruvic acid, PEP)。烯醇化酶的活性會受到氟化物(fluorinated compound)的抑制。

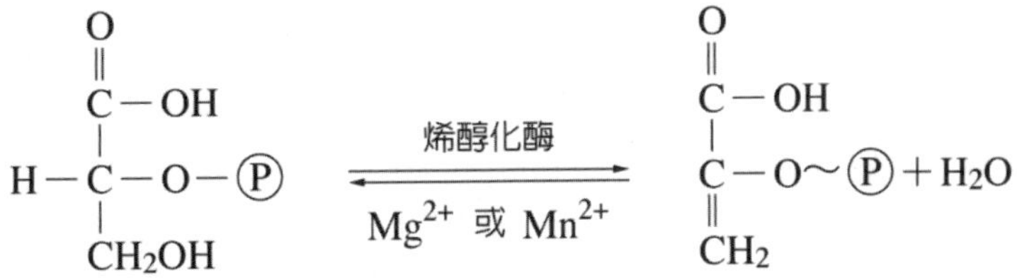

五、生成 ATP 與丙酮酸

　　磷酸烯醇丙酮酸(PEP)是一個高能化合物，所含高能磷酸鍵可在**丙酮酸激酶**(pyruvate kinase)催化下，轉移給 ADP 而生成 ATP 與烯醇丙酮酸(enolpyruvic acid)，為一不可逆反應。丙酮酸激酶很容易受到長鏈脂肪酸和乙醯輔酶 A (acetyl coenzyme A)所抑制。烯醇丙酮酸並不穩定，不需要酶的催化，很容易自發地轉變為丙酮酸(pyruvic acid)。表 11-1 為糖解作用所涉及的酵素，其途徑則總結於圖 11-1。

▶ 表 11-1　糖解作用酶類

步驟	酶　　類	分子量	輔酶和輔助因子	K_{eq} (pH＝7.0)
1	己糖激酶	52,000	Mg^{2+}, ATP	650
	葡萄糖激酶	15×10^5		
2	磷酸己醣異構酶	130,000（橫紋肌）		0.5
3	碳酸果醣激酶	360,000	Mg^{2+}, ATP	220
4	醛縮酶	160,000	Mg^{2+}	10^{-4}
	磷酸丙醣異構酶	56,000		0.075
5	磷酸甘油醛脫氫酶	140,000	NAD^+, H_3PO_4	0.08
6	磷酸甘油酸激酶	50,000	Mg^{2+}, ATP	1,500
7	磷酸甘油酸變位酶	112,000（酵母）	2,3-二磷酸甘油酸	0.02
8	烯醇化酶	88,000	Mg^{2+} 或 Mn^{2+}	0.5
9	丙酮酸激酶	165,000	Mg^{2+}, K^+, ADP	2×15^5

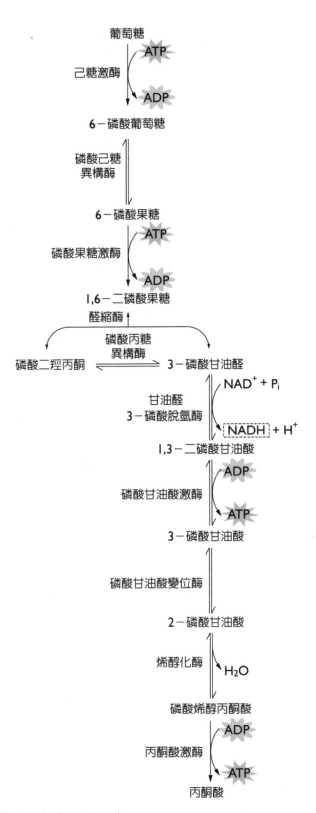

圖11-1 糖解作用途徑(glycolysis pathway)

11.4 有氧呼吸與無氧呼吸

一、有氧呼吸

在氧氣供應充足，丙酮酸可被徹底分解為 CO_2 和水。在被完全分解之前，丙酮酸由細胞質被運輸到粒線體的基質，進行氧化脫羧作用 (oxidative decarboxylation)，脫下羧基，生成含兩個碳原子的乙醯輔酶 A (acetyl CoA)。這是一個比較複雜的過程，由一個多酶複合體(multienzyme complex)催化，這個多酶複合體稱為**丙酮酸氧化脫羧酶系統**(pyruvate oxidative decarboxylase system)或稱丙酮酸脫氫酶系統(pyruvate dehydrogenase system)，包括三種酶與六種輔助因子（圖 11-2）。分別是**丙酮酸脫羧酶**(pyruvate decarboxylase)、**硫辛酸乙醯轉移酶**(lipoate acetyl transferase)和**二氫硫辛酸脫氫酶**(dihydrolipoyl dehydrogenase)。六種輔助因子是焦磷酸硫胺素(TPP)、輔酶 A (CoA_{SH})、FAD、NAD^+、硫辛酸(lipoic acid)和 Mg^{2+}。

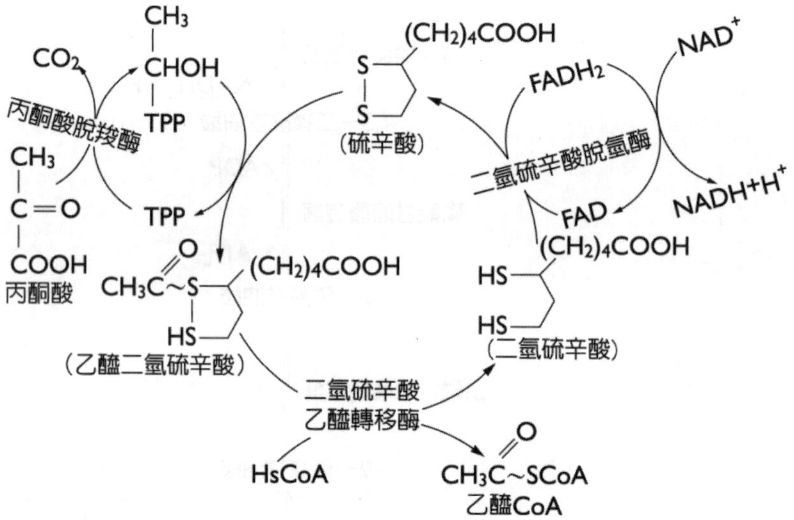

圖11-2　丙酮酸氧化脫羧酶系統

丙酮酸首先在丙酮酸脫羧酶催化下脫下 CO_2，餘下的二碳單位與該酶的輔酶焦磷酸硫胺素(TPP)結合，很快又將其二碳單位轉交給氧化態的硫辛酸，生成乙醯硫辛酸(acetyl lipoic acid)。乙醯硫辛酸再在第二個酶硫辛酸乙醯轉移酶催化下，將乙醯基轉移給 CoA 而生成乙醯輔酶 A (acetyl CoA)，同時生成二氫硫辛酸（還原態硫辛酸），它再在第三個酶二氫硫辛酸脫氫酶的催化下氧化脫氫成氧化態硫

辛酸。這個酶是個雙輔助因子酶，脫下的氫先由 FAD 接受，然後再轉交給 NAD^+ 而生成 $NADH+H^+$。

整個反應可簡化表示如下（$\Delta G^{o'} \cong 33.4$ KJ·mol^{-1} 或 8 Kcal·mol^{-1}）：

$$CH_3COCOOH+CoA_{SH} \xrightarrow{\text{丙酮酸氧化脫羧酶系統}} CH_3CO{\sim}SCoA+CO_2$$

丙酮酸　　　　　　　　NAD^+　　　　$NADH+H^+$　　　乙醯輔酶A

因而，在有氧條件下，絕大多數生物可將葡萄糖完全氧化分解：

$$C_6H_{12}O_6+6O_2 \rightarrow 6CO_2+6H_2O$$

這是一種類似完全燃燒的過程，生物體以氧作為氫的最終受體，因此放出的能量也最多。1 莫耳葡萄糖完全氧化後，可產生 2,870 KJ（或 686 Kcal）的能量，這些能量的一部分轉化為生物體可利用的自由能（如 ATP 等）。這種分解方式在生物化學上稱之為有氧呼吸(aerobic respiration)。

二、無氧呼吸

在缺氧的條件下，例如運動中的肌肉，糖解作用產生的丙酮酸將以其他代謝產物作為受氫體。由**乳酸脫氫酶**(lactate dehydrogenase)催化，還原為乳酸(lactic acid)（圖 11-1）。釋放出部分能量（$\Delta G^{o'} = -6$ Kcal·mol^{-1}），和 NAD^+，繼續參與其他氧化還原反應。

乳酸桿菌屬(*Lactobacillus*)等細菌在無氧條件下，則是將葡萄糖分解產生乳酸(lactic acid)，其葡萄糖分解亦不徹底，釋放能量也較低。$\Delta G^{o'} = -196.6$ KJ·mol^{-1}（或 -47 Kcal·mol^{-1}）。

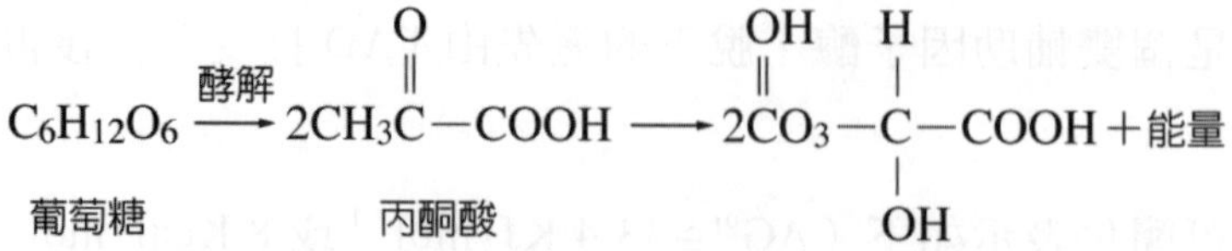

$$C_6H_{12}O_6 \xrightarrow{\text{酵解}} 2CH_3\overset{\overset{\displaystyle O}{\|}}{C}-COOH \longrightarrow 2CO_3-\overset{\overset{\displaystyle OH}{|}}{\underset{\underset{\displaystyle OH}{|}}{C}}-COOH + 能量$$

葡萄糖　　　　　　　丙酮酸

　　酵母菌(yeast)等微生物在無氧的條件下，將葡萄糖分解成乙醇(alcohol)，並產生 CO_2，稱為**乙醇發酵**(alcoholic fermentation)，在乙醇發酵中，丙酮酸在丙酮酸脫羧酶(pyruvate decarboxylase)催化下脫下羧基，生成乙醛，再由醇脫氫酶(alcohol dehydrogenase)催化，還原為乙醇（如下圖）。糖在此一途徑中並未完全被分解，其 $\Delta G^{o'} = -217.6\ KJ \cdot mol^{-1}$（或 $-52\ Kcal \cdot mol^{-1}$）：

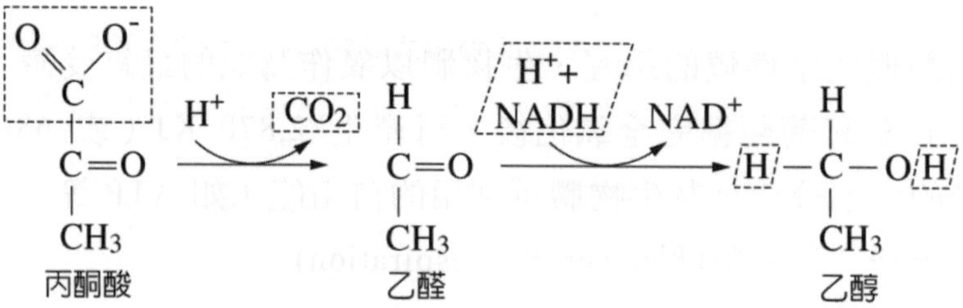

丙酮酸　　　　　　　　　乙醛　　　　　　　　　乙醇

專欄 BOX

11.1　酒精發酵

　　工業上用發酵法生產酒精(alcohol)，是利用微生物在無氧條件下的糖分解代謝，其過程包括幾個階段。

$$原料 \rightarrow 液化 \rightarrow 糖化 \rightarrow 發酵 \rightarrow 分餾 \rightarrow 產品$$

　　原料一般採用澱粉質原料，主要是糧食，也可用如糖蜜之類的醣質原料。原料經過蒸煮後加入液化酶(liquefying amylase)，也就是α-澱粉酶(α-amylase)，將澱粉進行部分水解，打斷醣鏈，黏度降低，所以稱為液化(liquation)。然後再加入醣化酶(saccharogenic amylase)，主要含有β-澱粉酶和γ-澱粉酶，將澱粉進一步水解成葡萄糖和麥芽糖。發酵(fermentation)就是利用酒精酵母(*Sacchararomyces cererisiae*)在缺氧條件下，將葡萄糖分解產生乙醇：

$$葡萄糖 \xrightarrow{EMP} 丙酮酸 \xrightarrow{脫羧} 乙醛 \xrightarrow{還原} 乙醇$$

　　經過發酵後的液體，再做分餾(fractional distillation)，即進入分級蒸餾，使在發酵中產生的不同成分，根據其沸點不同在不同溫度下分離，收集乙醇部分，即得到產品。

在一些厭氧微生物中，還存在一種特殊的無氧呼吸作用，它們既不以氧作為最終氫受體，也不以醣代謝的中間產物為氫受體，而是以無機物為最終受氫體 (hydrogen acceptor)。例如，硫細菌(sulfur bacteria)以無機硫作為氫受體，硝酸鹽還原菌(nitrate reduction bacteria)以硝酸鹽或亞硝酸鹽為氫受體，這些細菌在醣的分解中獲取部分能量。

11.5 三羧酸循環

在有氧呼吸途徑中，乙醯輔酶 A 要完全氧化成 CO_2 和水，必須經過一個環式代謝途徑。因為這個途徑中有四個三羧酸，而將其稱之為**三羧酸循環** (tricarboxylic acid cycle, TCA cycle)，又因第一個產物為檸檬酸，也稱**檸檬酸循環** (citrate cycle)。這個環式代謝途徑是英國科學家 Krebs 於 1937 年發現，因此又稱為 Krebs 循環。從葡萄糖到丙酮酸生成的糖解途徑是在細胞質中進行，三羧酸循環途徑則在粒線體的基質進行，共包括十個反應步驟。

一、檸檬酸的生成

丙酮酸經氧化脫羧產生的乙醯輔酶 A，在此與草醯乙酸(oxaloacetic acid)結合，生成檸檬酸(citric acid)，這由**檸檬酸合成酶**(citrate synthetase)催化。

$$CH_3-\overset{O}{\overset{\|}{C}}\sim SCoA + HO-\overset{CH-COOH}{\overset{\|}{C}}-COOH + H_2O \xrightarrow{\text{檸檬酸合成}} HO-\overset{CH_2-COOH}{\underset{CH_2-COOH}{\overset{|}{\underset{|}{C}}}}-COOH + CoA_{SH}$$

乙醯輔酶 A　　　　草醯乙酸　　　　　　　　　　　檸檬酸

$$\Delta G^{o'} = -32.2 \text{ KJ} \cdot \text{mol}^{-1} \quad (-7.7 \text{ Kcal} \cdot \text{mol}^{-1})$$

這步反應為強烈的放熱反應，因此為不可逆反應。合成所需能量來自乙醯 CoA 高能硫酯鍵的水解。這個反應是乙醯 CoA 的「甲基」（來自葡萄糖的 C_3 和 C_6）插到草醯乙酸的 α-碳上，這和其他乙醯化反應(acetylation reaction)不同。檸檬酸合成酶受高濃度 NADH、ATP 及琥珀醯輔酶 A (succinyl CoA)的抑制。

二、烏頭酸的生成

檸檬酸由**順烏頭酸酶**(aconitase)催化，脫水生成順烏頭酸(cis-aconitic acid)。

$$
\begin{array}{c}
\text{H—CH—COOH} \\
\text{HO—C—COOH} \\
\text{CH}_2\text{—COOH} \\
\text{檸檬酸}
\end{array}
\xrightleftharpoons{\text{順烏頭酸酶}}
\begin{array}{c}
\text{CH—COOH} \\
\text{C—COOH} \\
\text{CH}_2\text{—COOH} \\
\text{順烏頭酸}
\end{array}
\;+\; \text{H}_2\text{O}
$$

$$\Delta G^{o'} = +8.4\ \text{KJ} \cdot \text{mol}^{-1} \quad (+2\ \text{Kcal} \cdot \text{mol}^{-1})$$

三、異檸檬酸的生成

順烏頭酸是一個不穩定的化合物，很容易在同一個順烏頭酸酶的催化下轉變成異檸檬酸(isocitric acid)。在離體實驗中，由順烏頭酸酶催化的反應，當達平衡時，檸檬酸占 91%，異檸檬酸占 6%，順烏頭酸僅占 3%。

$$
\begin{array}{c}
\text{CH—COOH} \\
\text{C—COOH} \\
\text{CH}_2\text{—COOH} \\
\text{順烏頭酸}
\end{array}
\xrightleftharpoons{\text{順烏頭酸酶}}
\begin{array}{c}
\text{HO—CH—COOH} \\
\text{CH—COOH} \\
\text{CH}_2\text{—COOH} \\
\text{異檸檬酸}
\end{array}
\;+\; \text{H}_2\text{O}
$$

四、草醯琥珀酸的生成

異檸檬酸在**異檸檬酸脫氫酶**(isocitrate dehydrogenase)催化下，脫氫氧化生成草醯琥珀酸(oxalosuccinic acid)，脫下來的氫由輔酶 NAD$^+$接受，生成 NADH＋H$^+$。

$$
\begin{array}{c}
\text{HO—CH—COOH} \\
\text{CH—COOH} \\
\text{CH}_2\text{—COOH} \\
\text{異檸檬酸}
\end{array}
\xrightleftharpoons[\text{NAD}^+ \quad \text{NADH＋H}^+]{\text{異檸檬酸脫氫酶}}
\begin{array}{c}
\text{O＝C—COOH} \\
\text{CH—COOH} \\
\text{CH}_2\text{—COOH} \\
\text{草醯琥珀酸}
\end{array}
$$

$$\Delta G^{o'} = -8.4\ \text{KJ} \cdot \text{mol}^{-1} \quad (-2\ \text{Kcal} \cdot \text{mol}^{-1})$$

細胞有兩種異檸檬酸脫氫酶，一種以 NAD^+ 為輔酶，存在於粒線體內，另一種以 $NADP^+$ 為輔酶，大部分存在於細胞質中，少部分存在於粒線體內。ADP 和 NAD^+ 對此酶有活化作用，ATP 和 NADH 則有抑制作用。因此，這個酶可依細胞內能量狀態加以調節，即細胞內處於高能量狀態時（ATP/ADP，NADH/NAD^+ 比值高），酶活性被抑制；處於低能量狀態時被啟動。

五、α-酮戊二酸的生成

上步反應當異檸檬酸脫氫後，所生成的草醯琥珀酸並不離開異檸檬酸脫氫酶分子，它與酶結合成的複合物形式即自發地脫羧形成α-酮戊二酸(α-ketoglutaric acid)。因此，草醯琥珀酸只是個不穩定的中間物。

$$O=CH-COOH \\ CH-COOH \quad \xrightarrow{\text{異檸檬酸脫氫酶}} \quad O=C-COOH \\ CH_2 \quad + \quad CO_2 \\ CH_2-COOH \qquad\qquad\qquad CH_2-COOH$$

草醯琥珀酸　　　　　　　　　　　　　　　α–酮戊二酸

六、琥珀醯輔酶 A 的生成

α-酮戊二酸在 α-酮戊二酸氧化脫羧酶系統(α-ketoglutarate oxidative decarboxylase system)催化下，發生脫氫、脫羧生成琥珀醯輔酶 A(succinyl CoA)。

$$O=C-COOH \\ CH_2 \quad \xrightarrow{\text{α–酮戊二酸氧化脫羧酶系統}} \quad \overset{O}{\overset{\|}{CH_2-C}}\sim SCoA \quad + \quad CO_2 \\ CH_2-COOH \qquad \text{CoASH} \quad NAD^+ \quad NADH+H^+ \qquad CH_2-COOH$$

α–酮戊二酸　　　　　　　　　　　　　　　琥珀醯輔酶 A

$$\Delta G^{o'} = -33.4\ KJ \cdot mol^{-1}\ (-8\ Kcal \cdot mol^{-1})$$

α-酮戊二酸氧化脫羧酶系統，又稱為α-酮戊二酸脫氫酶系統(α-ketoglutarate dehydrogenase system)，其作用機制與丙酮酸氧化脫羧酶系統十分相似，包括三種酶：α-酮戊二酸脫羧酶(α-ketoglutarate decarboxylase)、硫辛酸琥珀醯基轉移酶(lipoate succinyl transferase)和二氫硫辛酸脫氫酶(dihydrolipoyl dehydrogenase)，六

種輔助因子（TPP、NAD^+、CoA_{SH}、FAD、硫辛酸和 Mg^{2+}）。氧化脫羧後產生的琥珀醯輔酶 A 是個高能化合物，具有高能硫酯鍵。反應不可逆，受 ATP、NADH 的抑制。

七、琥珀酸的生成

琥珀醯輔酶 A 在 **琥珀酸硫激酶**(succinate thiokinase)的催化下，高能硫酯鍵斷裂，將能量轉給 GDP 而生成 GTP。琥珀醯輔酶 A 即轉變成琥珀酸(succinic acid)。

$$\Delta G^{o'} = -3.4\ KJ \cdot mol^{-1} \quad (-0.8\ Kcal \cdot mol^{-1})$$

所生成的 GTP 可在二磷酸核苷酸激酶(nucleoside diphasphate kinase)催化下，將高能磷酸鍵轉移給 ATP。這是三羧酸循環中唯一的一次受質水平磷酸化。

八、延胡索酸的生成

在琥珀酸脫氫酶(succinate dehydrogenase)的催化下，琥珀酸脫氫生成延胡索酸(fumatic acid)。琥珀酸脫氫酶含有兩個亞基，一個亞基含 FAD 和鐵，另一個亞基含鐵硫中心。琥珀酸脫下的氫由 FAD 接受，生成 $FADH_2$。

$$\Delta G^{o'} \approx 0\ KJ \cdot mol^{-1} \quad (0\ Kcal \cdot mol^{-1})$$

九、蘋果酸的生成

延胡索酸在**延胡索酸酶**(fumarase)催化下，加水生成蘋果酸(malic acid)。在延胡索酸分子上加水，H^+ 和 OH^- 以反式加成，因而生成的蘋果酸為 L-構型。

$$
\begin{array}{c}
\text{CH} - \text{COOH} \\
\parallel \\
\text{HOOC} - \text{CH}
\end{array}
+ \text{H}_2\text{O}
\xrightleftharpoons{\quad\text{延胡索酸酶}\quad}
\begin{array}{c}
\text{CH}_2 - \text{COOH} \\
\mid \\
\text{CHOH} - \text{COOH}
\end{array}
$$

延胡索酸 　　　　　　　　　　　　　　　　　　　蘋果酸

$$\Delta G^{o'} = -3.76 \text{ KJ} \cdot \text{mol}^{-1} \quad (-0.9 \text{Kcal} \cdot \text{mol}^{-1})$$

十、草醯乙酸的生成

在蘋果酸脫氫酶(malate dehydrogenase)的催化下，蘋果酸脫氫生成草醯乙酸(oxaloacetic acid)。雖然在離體標準條件下，反應有利於蘋果酸的生成，但在細胞內草醯乙酸的含量很低，它與乙醯輔酶 A 的縮合反應是較強的放能反應，趨向於檸檬酸的合成，因此總反應趨勢還是有利於由蘋果酸轉變為草醯乙酸。

$$
\begin{array}{c}
\text{CH}_2 - \text{COOH} \\
\mid \\
\text{CHOH} - \text{COOH}
\end{array}
\xrightleftharpoons[\text{NAD}^+ \quad \text{NADH} + \text{H}^+]{\text{蘋果酸脫氫酶}}
\begin{array}{c}
\text{CH}_2 - \text{COOH} \\
\mid \\
\text{O} = \text{C} - \text{COOH}
\end{array}
$$

蘋果酸 　　　　　　　　　　　　　　　　　　　　草醯乙酸

$$\Delta G^{o'} = +29.7 \text{ KJ} \cdot \text{mol}^{-1} \quad (+7.1 \text{ Kcal} \cdot \text{mol}^{-1})$$

草醯乙酸經烯醇化作用(enolization)，形成烯醇式草醯乙酸，又可參加上述第一步反應，與另一分子乙醯輔酶 A 縮合生成檸檬酸。這就是三羧酸循環全部歷程（圖 11-3），每循環一次，發生兩次脫羧，產生兩分子 CO_2，用同位素標記(isotopic label)表示，雖然這兩個 CO_2 來自草醯乙酸，但從總體代謝來看，相當於一分子乙醯輔酶 A 被徹底分解。

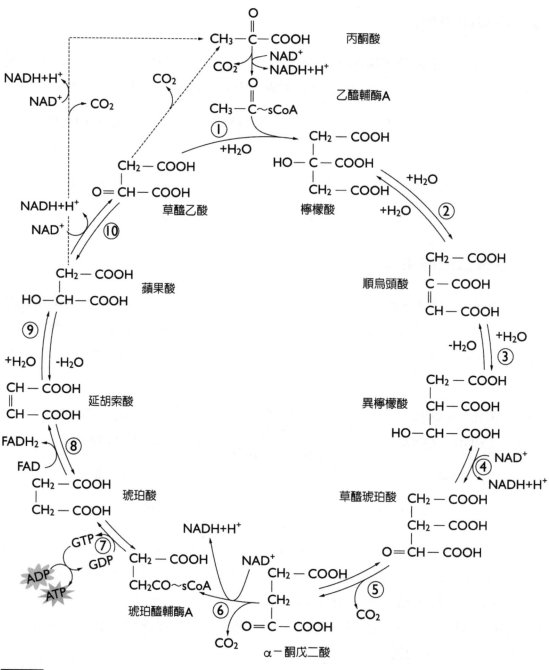

圖11-3 三羧酸循環(TCA)

①檸檬酸合成酶；②③順烏頭酸酶；④⑤異檸檬酸脫氫酶；⑥α-酮戊二酸氧化脫羧酶系統；
⑦琥珀酸硫激酶；⑧琥珀酸脫氫酶；⑨延胡索酸酶；⑩蘋果酸脫氫酶

11.6 己糖單磷酸途徑

從糖解作用到三羧酸循環是主要的糖分解途徑，但卻不是唯一的途徑，生物體還存在一些其他的分解途徑，稱為**分解代謝路徑**或**旁路**(catabolism shunt)。己糖單磷酸途徑(hexose monophosphate pathway, HMP)是這些支路中較為重要的一個，動物體內約有 30% 的葡萄糖透過此途徑分解。因為途徑中有多種戊糖中間物，故又稱**磷酸戊糖途徑**(phosphopentose pathway)。其不同於糖解作用和 TCA 循環之處在於一開始就進行氧化，所產生的還原輔酶主要是 NADPH，而不是 NADH。此途徑包括下列幾個步驟。

一、6-磷酸葡萄糖酸的生成

此途徑由葡萄糖-6-磷酸(glucose-6-phosphate)作為起始物質，經葡萄糖-6-磷酸脫氫酶(glucose-6-phosphate dehydrogenase)催化，氧化脫氫生成一個中間物葡萄糖-6-磷酸內酯(6-phosphogluconolactone)，然後再水解生成葡萄糖酸-6-磷酸(6-phosphogluconic acid)。脫下來的氫由輔酶 $NADP^+$ 接受，生成 $NADPH + H^+$。

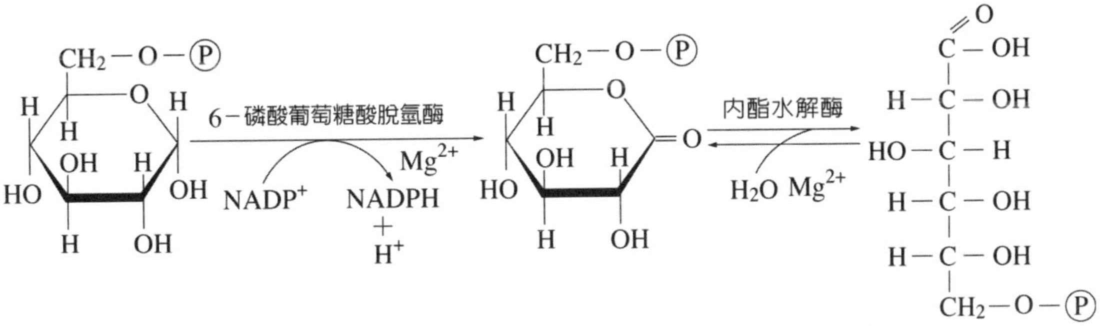

二、核酮糖-5-磷酸的生成

葡萄糖-6-磷酸在**葡萄糖-6-磷酸脫氫酶**(phosphgluconate-6-dehydrogenase)催化下，發生脫氫和脫羧，生成核酮糖-5-磷酸(ribulose-5-phosphate)。脫下的氫由 $NADP^+$ 接受，生成 $NADPH + H^+$。

$$\begin{array}{l}
\text{COOH} \\
\text{H—C—OH} \\
\text{HO—C—H} \\
\text{H—C—OH} \\
\text{H—C—OH} \\
\text{CH}_2\text{O—}\textcircled{P}
\end{array}
\xrightarrow[\text{NADP}^+ \quad \text{NADPH}+\text{H}^+]{\text{6－磷酸葡萄糖酸脫氫酶}}
\begin{array}{l}
\text{CH}_2\text{OH} \\
\text{C=O} \\
\text{H—C—OH} \\
\text{H—C—OH} \\
\text{CH}_2\text{O—}\textcircled{P}
\end{array}
+ \text{CO}_2$$

6－磷酸葡萄糖酸　　　　　　　　　　　　　　　　　5－磷酸核酮糖

三、核糖-5-磷酸的生成

由核酮糖-5-磷酸轉變為核糖-5-磷酸(ribose-5-phosphate)是一個醛酮異構化反應 (aldos-ketose isomerization reaction)，由磷酸核糖異構酶 (phosphoribose isomerase)催化。

$$\begin{array}{l}
\text{H}_2\text{C—OH} \\
\boxed{\text{C=O}} \\
\text{H—C—OH} \\
\text{H—C—OH} \\
\text{H}_2\text{C—O—}\textcircled{P}
\end{array}
\underset{\text{磷酸核糖異構酶}}{\rightleftharpoons}
\begin{array}{l}
\boxed{\begin{array}{c}\text{O} \quad \text{H} \\ \text{C}\end{array}} \\
\text{H—C—OH} \\
\text{H—C—OH} \\
\text{H—C—OH} \\
\text{H}_2\text{C—O—}\textcircled{P}
\end{array}$$

5－磷酸核酮糖　　　　　　　　　　　　　　　5－磷酸核糖

四、木酮糖-5-磷酸的生成

第二步反應生成的核酮糖-5-磷酸還可生成另一種產物，異構化為木酮糖-5-磷酸(xylulose-5-phosphate)，這兩種戊酮糖只是 C_3 上羥基的分布不同，其餘部分結構相同，因此是一個差向異構反應(epimerization reaction)，由**磷酸戊酮糖差向異構酶**或稱**表構酶**(phosphoketopento epimerase)催化。

$$
\begin{array}{ccc}
\text{CH}_2\text{OH} & & \text{CH}_2\text{OH} \\
| & & | \\
\text{C}=\text{O} & & \text{C}=\text{O} \\
| & \xrightarrow{\text{磷酸戊酮糖表構酶}} & | \\
\boxed{\text{H}}-\text{C}-\boxed{\text{OH}} & \rightleftharpoons & \boxed{\text{HO}}-\text{C}-\boxed{\text{H}} \\
| & & | \\
\text{H}-\text{C}-\text{OH} & & \text{H}-\text{C}-\text{OH} \\
| & & | \\
\text{CH}_2-\text{O}-\textcircled{P} & & \text{CH}_2-\text{O}-\textcircled{P}
\end{array}
$$

核酮糖－5－磷酸　　　　　　　　　　　　　木酮糖－5－磷酸

五、庚酮糖-7-磷酸及 3-磷酸甘油醛的生成

在轉酮酶(transketolase)作用下，將上步反應生成的木酮糖-5-磷酸的 C_1、C_2（含有酮基）轉移到第三步反應生成的核糖 5-磷酸 C_1 位上，生成含 7 個碳原子的庚酮糖-7-磷酸或稱景天庚酮糖-7-磷酸(sedoheptulose-7-phosphate)，原核糖-5-磷酸轉變為 3-磷酸甘油醛(3-phosphoglyceraldehyde)。這個反應是一種轉酮作用，是將酮糖的二碳單位（羥乙醛基）轉移到醛糖的 C_1 上（由轉酮酶的輔酶 TPP 介導），生成一新的酮糖。轉酮酶要求二碳單位的供體酮糖及產物酮糖的 C_3 位都應是 L-構型。

 專欄 BOX

11.2　檸檬酸發酵

工業上生產檸檬酸(citric acid)，是由黑麴黴(*Aspergillus niger*)的醣代謝及其調節，累積檸檬酸。涉及糖解(EMP)、磷酸己糖途徑(HMP)和三羧酸循環(TCA)途徑。在這個途徑中磷酸果糖激酶(PFK)是個重要的調節酶(regulatory enzyme)，它受 ATP 及檸檬酸的抑制，AMP 及 NH_4^+ 有活化作用。在由葡萄糖生產檸檬酸中，當黑麴黴生長旺盛時，EMP 與 HMP 的比率為 2：1，而當生產檸檬酸時，為 4：1。在限制 Mn^{2+} 和氧供給的情況下，可降低 HMP 及 TCA 有關酶的活性，同時可使細胞內 NH_4^+ 濃度增高，這種胞內高濃度 NH_4^+ 可解除檸檬酸對 PFK 的抑制，同時增強檸檬酸對異檸檬酸脫氫酶的抑制，這樣既加強了 EMP，又抑制了 TCA，因而促進了檸檬酸的累積。

木酮糖－5－磷酸　　　赤蘚糖－4－磷酸　　　　　　　　　　　　　　3－磷酸甘油醛　　　果糖－6－磷酸

六、赤蘚糖-4-磷酸和果糖-6-磷酸的生成

　　上步反應生成的庚酮糖-7-磷酸與 3-磷酸甘油醛在**轉醛酶**(transaldolase)的催化下又可相互作用，生成赤蘚糖-4-磷酸 (erythrose-4-phosphate) 和果糖-6-磷酸 (fructose-6-phosphate)。轉醛酶是催化酮糖的三碳單位（二羥丙酮基）轉移到醛糖的 C_1 上，此酶不需輔酶。

庚酮糖－7－磷酸　　　　　3－磷酸甘油醛　　　　　　　　赤蘚糖－4－磷酸　　　果糖－6－磷酸

七、果糖-6-磷酸和 3-磷酸甘油醛的生成

　　第四步反應生成的木酮糖-5-磷酸(xylulose-5-phosphate)與第六步反應生成的赤蘚糖-4-磷酸(erythrose-4-phosphate)在轉酮酶(transketolase)的催化下，發生酮醇基轉移，而生成果糖-6-磷酸 (fructose-6-phosphate) 及 3-磷酸甘油醛 (3-phosphoglyceraldehyde)。

八、葡萄糖-6-磷酸的生成

第六步和第七步反應生成的果糖-6-磷酸(fructose-6-phosphate)在磷酸己糖異構酶(phosphohexoisomerase)催化下，轉變成葡萄糖-6-磷酸。所生成的葡萄糖-6-磷酸又可回到第一步反應進行氧化，從而形成一個環式代謝途徑，這個途徑存在於細胞質中。磷酸己糖途徑的整個反應過程如圖 11-4 所示。

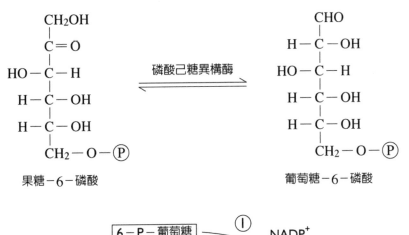

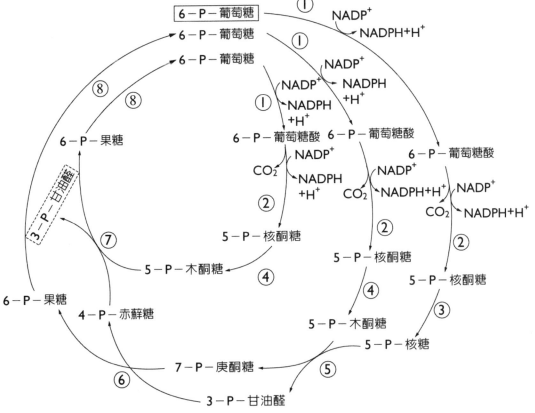

圖11-4　磷酸己醣途徑(HMP)

11.7 乙醛酸循環

在許多微生物和植物中，除三羧酸循環的氧化途徑外，還存在與三羧酸循環有關的環式代謝途徑，即乙醛酸循環(glyoxylate cycle)。在以葡萄糖作為碳源時，乙醛酸循環的一些酶受到抑制，當以乙酸為唯一碳源和能源時，乙醛酸循環能正常進行。由此可見，這個途徑是微生物和植物利用乙酸的代謝途徑。這是因為它們具有乙醯輔酶 A 合成酶(acetyl-CoA synthetase)，首先將乙酸轉變為乙醯輔酶 A (acetyl CoA)，進入乙醛酸循環（圖 11-5）。

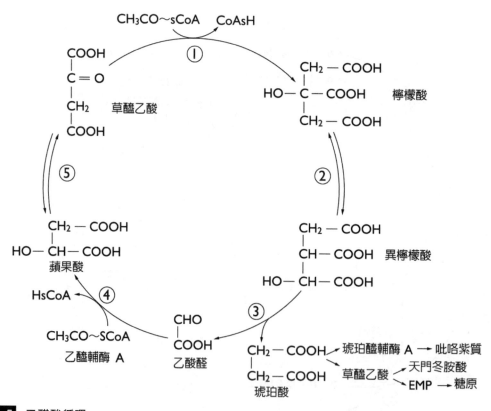

圖11-5 乙醛酸循環
①檸檬酸合成酶；②烏頭酸酶；③異檸檬酸酶；④蘋果酸合成酶；⑤蘋果酸脫氫酶

在乙醛酸循環中，重要的酶是**異檸檬酸酶**，或稱**異檸檬酸裂解酶**(isocitrate lyase)和**蘋果酸合成酶**(malate synthetase)。在乙醛酸循環中，異檸檬酸由異檸檬酸裂解酶催化，裂解為琥珀酸(succinic acid)和乙醛酸(glyoxylic acid)。琥珀酸可用於合成吡咯紫質(porphyrin)、胺基酸，轉化為醣等；乙醛酸則由蘋果酸合成酶催化，與乙醯輔酶 A 合成蘋果酸，進而可轉化為草醯乙酸。

葡萄糖可抑制檸檬酸裂解酶的活性，因而有葡萄糖存在時，不能進行乙醛酸循環，而走三羧酸循環的途徑。只有當乙酸作為唯一碳源時才能進行乙醛酸循環。

在植物中，乙醛酸循環主要在一種稱為**乙醛酸循環體**(glyoxysome)的胞器中進行。這個途徑是植物細胞內聯繫醣代謝和脂代謝的一個重要途徑。

微生物中，乙醛酸循環在代謝中也占有重要地位。它對某些利用乙酸作為唯一碳源和能源的微生物生長十分重要。一部分乙酸透過三羧酸循環氧化供能，另一部分則用作原料透過乙醛酸循環生成四碳二羧酸，它們可以沿 EMP 途徑逆行生成葡萄糖，並繼而合成多醣；也可以利用外加的氮源從有關的酮酸轉變為胺基酸，合成蛋白質；而乙酸透過乙醯輔酶 A 還可以合成脂肪酸，這樣，便可以從乙酸出發合成細胞的主要成分，滿足生長的需要。

11.8 醣分解代謝的生物學意義

一、能量轉換

醣類為生物體的主要能量來源，透過體內代謝途徑將其所儲存的化學能轉化為自由能，此稱為能量轉換(energy transition)，以 ATP 的形式提供生物體利用。但是，不同的代謝途徑所能提供的能量轉化效率並不相同，而以三羧酸循環能量轉換效率為最高。

(一) 無氧分解代謝的能量轉換

在 EMP 途徑中，共消耗 2 分子 ATP（第一步及第三步），同時有兩個反應生成 ATP（第六步和第九步），由於每一分子葡萄糖裂解成 2 分子三碳糖，故兩個反應共生成 4 分子 ATP。故在糖解作用中，不論氧氣存在與否，淨得兩分子 ATP。

但在無氧情況下，第五步反應 3-磷酸甘油醛氧化所生成的 NADH，無法用於 ATP 的生成，而將乙醛還原為乙醇，或將丙酮酸接受還原為乳酸。在肌肉組織中，從肝醣分解開始，肝醣由磷酸化酶(phosphorylase)催化，加磷酸分解產生葡萄糖-1-磷酸(glucose-1-phosphate)，在磷酸葡萄糖變位酶(phosphoglucomutase)催化下轉變為葡萄糖-6-磷酸(glucose-6-phosphate)，由此進入 EMP。因為這個過程沒有消耗 ATP，一個葡萄糖轉變為乳酸，可淨生成 3 分子 ATP（見圖 11-1）。

考慮到能量生成情況，發酵和糖解的總反應式可寫為：

$$\underset{\text{葡萄糖}}{C_6H_{12}O_6} + 2ADP + 2H_3PO_4 \xrightarrow{\text{酵解}} \underset{\text{乳酸}}{2CH_3CHOHCOOH} + 2ATP + 2H_2O$$

$$\Delta G^{o'} = -196.6 \ KJ \cdot mol^{-1} \quad (-47 \ Kcal \cdot mol^{-1})$$

$$\underset{\text{葡萄糖}}{C_6H_{12}O_6} + 2ADP + 2H_3PO_4 \xrightarrow{\text{發酵}} \underset{\text{乙醇}}{2CH_3CH_2OH} + 2CO_2 + 2ATP + 2H_2O$$

$$\Delta G^{o'} = -217.6 \ KJ \cdot mol^{-1} \quad (-52 \ Kcal \cdot mol^{-1})$$

據此，可以計算醣無氧代謝的儲能效率（每生成 1 mol ATP 以儲能 30.54 KJ 計）：

$$\text{酵解：} \frac{2 \times 30.54}{196.6} \times 100\% = 31\%$$

$$\text{發酵：} \frac{2 \times 30.54}{217.6} \times 100\% = 28\%$$

(二) 需氧分解代謝的能量轉換

在需氧代謝中，所產生的 ATP 數則比無氧代謝多得多。在 EMP 階段，除了產生 2 分子 ATP 外，其脫氫所產生的 NADH 與 H^+ 亦可進入粒線體，經由呼吸轉移鏈產生或 2 或 3 分子 ATP。1 分子葡萄糖（生成 2 分子 3-磷酸甘油醛），可生成 4 或 6 分子 ATP。因此，在 EMP 階段中，1 莫耳葡萄糖可產生 6 或 8 莫耳 ATP。

丙酮酸氧化脫羧產生一個 NADH 與 H^+，透過呼吸轉移鏈生成 3 莫耳 ATP。1 莫耳葡萄糖生成 6 莫耳 ATP。

在三羧酸循環中，共產生 3 個 NADH 與 H^+，生成 9 莫耳 ATP；1 個 $FADH_2$，生成 2 莫耳 ATP；再加上由琥珀醯輔酶 A 生成琥珀酸時的受質磷酸化作用，生成 1 莫耳 ATP，因此，一次循環共產生 12 莫耳 ATP。1 莫耳葡萄糖可產生 2 莫耳乙醯輔酶 A，產生 24 莫耳 ATP。從葡萄糖開始，完全氧化成 CO_2 和水，1 莫耳葡萄糖可產生 36 或 38 莫耳 ATP（表 11-2）。

▶ 表 11-2　每莫耳葡萄糖在需氧代謝中產生 ATP 莫耳數

代謝階段	步驟	反應過程	高能磷酸鍵的消耗與合成				
			消耗 AIP 莫耳數	合成 ATP 莫耳數			淨生成 ATP 莫耳數
				非氧化性合成	無氧氧化	需氧氧化	
無氧分解階段	1	葡萄糖→葡萄糖-6-磷酸	1				1
	3	果糖-6-磷酸→果糖-1,6-二磷酸	1				1
	5	3-磷酸甘油醛→1,3-二磷酸甘油酸				*3×2	+6
	6	1,3-二磷酸甘油酸→3-磷酸甘油酸			1×2		+2
	9	磷酸烯醇丙酮酸→丙酮酸		1×2			+2
		丙酮酸→乙醯輔酶 A				3×2	+6
三羧酸循環	4	異檸檬酸→草醯琥珀酸				3×2	+6
	6	α-酮戊二酸→琥珀醯輔酶 A				3×2	+6
	7	琥珀醯輔酶 A→琥珀酸			1×2		+2
	8	琥珀酸→延胡索酸				2×2	+4
	10	蘋果酸→草酸乙酸				3×2	+6
		共計	2	2	4	34	38

*根據 NADH 與 H^+ 穿梭進入粒線體的方式不同，可產生3莫耳，也可產生2莫耳 ATP。

考慮到能量轉換情況，可將葡萄糖完全氧化分解的總反應表示如下：

$$C_6H_{12}O_6 + 38ADP + 38H_3PO_4 \rightarrow 6CO_2 + 6H_2O + 38ATP$$

1 莫耳葡萄糖完全氧化成 CO_2 和水時，共可放出 2,870 KJ 的能量，依據表 11-2，每莫耳葡萄糖可產生 38 莫耳 ATP，每一莫耳 ADP 磷酸化生成 ATP 儲能 30.54 KJ（或 7.3 Kcal），則儲能效率為：

$$\frac{38 \times 30.54}{2,870} \times 100\% = 40.4\%$$

這便是氧化磷酸化的效率，也就是說，細胞在完全分解葡萄糖的過程中，所釋放出來的能量有 40% 轉化為可利用的自由能，其餘的以熱能等其他形式散失。

EMP、TCA 分解途徑比無氧分解途徑產生的 ATP 多得多，因此，這是絕大多數生物在有氧環境中醣分解的主要途徑。無氧分解代謝途徑則是一些生物（或組織）在缺氧條件下分解醣的方式，細胞仍可以從中獲取能量。

在正常情況下，在有氧環境中，醣的有氧代謝對無氧代謝具有抑制作用，即所謂**巴斯德效應**(Pasteur effect)；相反地，某些組織即使在有氧情況下，其無氧代謝作用仍然很強，如視網膜、睪丸、腎髓質及成熟紅血球等主要靠糖解作用提供能量。尤其是在癌細胞中，糖解作用較強，對有氧分解反而具有抑制作用，這種現象稱為**反巴斯德效應**或 **Crabtree 效應**。

在三羧酸循環受阻或其中間物濃度降低時，磷酸己糖途徑(HMP)成為主要供能途徑。其 NADPH 與 H^+ 用於供能，則葡萄糖透過此途徑所提供的能量僅次於三羧酸循環。每 1 莫耳磷酸葡萄糖經過 HMP 氧化，共可產生 36 莫耳 ATP。

二、代謝樞紐

醣類、脂質與蛋白質等物質的分解，均可經由轉變成 EMP 或 TCA 途徑的中間物，從一定部位插入而進行分解代謝。例如甘油可從磷酸丙醣插入 EMP，含三碳的胺基酸從丙酮酸插入，含四碳的胺基酸從草醯乙酸插入，含五碳的胺基酸從 α-酮戊二酸插入等。EMP 和 TCA 途徑的一些中間物，同時又可以作為合成多種物質的原料。例如，檸檬酸可用於合成脂肪酸；α-酮戊二酸可合成麩胺酸、脯胺酸、羥脯胺酸；琥珀醯輔酶 A 為呋喃合成的前體；草醯乙酸可合成天門冬胺酸、色胺酸、嘧啶類等。差不多有將近一半的胺基酸和嘧啶化合物的合成，是利用三羧酸循環的中間物作為原料。因此，EMP、TCA 與 HMP 等代謝途徑是醣類、脂質與蛋白質三大類物質代謝的樞紐與碳代謝的核心。

由於三羧酸循環的一些中間物是合成多種物質的碳源，為了確保循環的不斷進行，草醯乙酸必須不斷補充，才能使乙醯輔酶 A 持續進入三羧酸循環。這些補充草醯乙酸的途徑稱為**回補途徑**(anaplerotic pathway)。主要是透過下面這些化合

物固定 CO_2 的反應來實現。

1. **丙酮酸**：由丙酮酸羧化酶(pyruvate carboxylase)催化，丙酮酸固定 CO_2 生成草醯乙酸，需要生物素(biotin)作為輔酶，ATP 分解提供能量。

$$丙酮酸 + CO_2 + ATP \xrightarrow[\text{生物素，} Mg^{2+}]{\text{丙酮酸羧化酶}} 草醯乙酸 + ADP + H_3PO_4$$

2. **磷酸烯醇丙酮酸**：由磷酸烯醇丙酮酸羧化酶(phosphoenolpyruvate carboxylase)催化，磷酸烯醇丙酮酸(PEP)斷裂高能磷酸鍵提供能量，並固定 CO_2。

$$PEP + CO_2 + H_2O \xrightarrow{\text{磷酸酯烯醇丙酮酸羧酶}} 草醯乙酸 + H_3PO_4$$

3. **蘋果酸**：由蘋果酸酶(malic enzyme)催化，丙酮酸固定 CO_2 並由 NADPH 供氫，生成蘋果酸，使三羧酸循環中間物得到補充。蘋果酸也可進一步脫氫氧化為草醯乙酸。

$$丙酮酸 + CO_2 + NADPH + H^+ \xrightleftharpoons{\text{蘋果酸脫氫酶}} 蘋果酸 + NADP^+$$
$$蘋果酸 + NAD^+ \xrightleftharpoons{\text{蘋果酸酶}} 草醯乙酸 + NADH + H^+$$

三、提供還原力

NADH、$FADH_2$、NADPH 等還原性輔酶，除透過呼吸鏈產生 ATP 外，也是許多物質合成代謝所必需的。在大多數生物合成中，因為前驅物(precursor)是比產物更處於氧化態的，因此，合成時除需 ATP 提供能量外，還需提供還原能力(reducing power)。例如脂肪酸的合成、類固醇的合成等。

NADPH 是麩胱甘肽還原酶(glutathione reductase)的輔酶，對維持細胞中還原型麩胱甘肽(GSH)的正常含量有重要作用。GSH 具有保護血紅素和某些含-SH 酶的活性的作用。NADPH 缺乏，GSH 含量降低，紅血球易破壞，常發生溶血性貧血。

肝臟內質網(endoplasmic reticulum)及微小體(microbody)和單氧化酶系統(monoxygenase system)依賴於 NADPH，因而與物質的羥化、藥物及毒物的轉化有關。

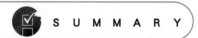

摘要

1. 醣類作為生物體內新陳代謝基本能源和碳源，是透過其分解代謝來實現的。在分解過程中，有多種脫氫與加水脫氫過程，脫下來的氫透過呼吸鏈的傳遞，最後與氧結合生成水，在這個過程中即將儲存在醣中的化學能轉變成 ATP 這種可利用的自由能。生物體即透過這種方式獲得其生命活動所需要的能量。

2. 醣分解代謝有幾種不同的途徑。在有氧或無氧條件下，醣類都能進行分解。它們具有相同的一段代謝歷程，稱為 EMP，包括從葡萄糖到丙酮酸的十步反應。這其中有三步不可逆反應，由不同激酶(kinase)催化，這是醣代謝的調節控制位點。這個階段有一次氧化作用，產生 NADH。

3. 在發酵和糖解這兩個無氧代謝中，因為沒有氧參加，NADH 是以中間代謝物為最終氫受體。在乙醇發酵中是以乙醛為氫受體，在醣解中是以丙酮酸為氫受體。這兩個過程，1 mol 葡萄糖分解均產生 2 mol ATP。在肌肉中，肝醣分解 1 mol 葡萄糖生成 3 mol ATP。

4. 在有氧代謝中，所產生的 NADH 經過呼吸鏈，以氧為最終氫受體。

5. 在有氧代謝中，EMP 產生的丙酮酸，通過氧化脫羧轉變為乙醯輔酶 A，然後進入三羧酸循環，經過一次循環被徹底分解。在醣有氧代謝的三羧酸循環途徑中，1 mol 葡萄糖完全氧化，在原核細胞中產生 38 mol ATP，在真核細胞中產生 38 或 36 mol ATP。

6. EMP、TCA 代謝途徑，是醣、脂、蛋白質三大物質代謝的樞紐。

7. 磷酸己糖途徑(HMP)是醣分解代謝的重要分支代謝，從 6-磷酸葡萄糖開始就發生氧化脫氫，經過一次循環，脫下 3 個 CO_2，並產生一個 3-磷酸甘油醛。

8. HMP 的重要意義在於：這個途徑產生 NADPH，這是細胞內的重要還原力，可用於物質的合成，參與一些還原反應，保障加單氧反應，並且也可透過呼吸鏈產生 ATP。1 mol 磷酸葡萄糖通過此途徑可產生 36 mol ATP。此外，HMP 的一些中間產物是一些磷酸戊糖，因此，它又是聯繫戊糖代謝和光合作用(photosynthesis)的途徑。

9. 在真核生物中，EMP 和 HMP 存在於細胞質中，TCA 存在於粒線體內的基質中。

PART
03

生物能量與代謝

PRINCIPLES OF
BIOCHEMISTRY

MEMO

12
CHAPTER

PRINCIPLES OF
BIOCHEMISTRY

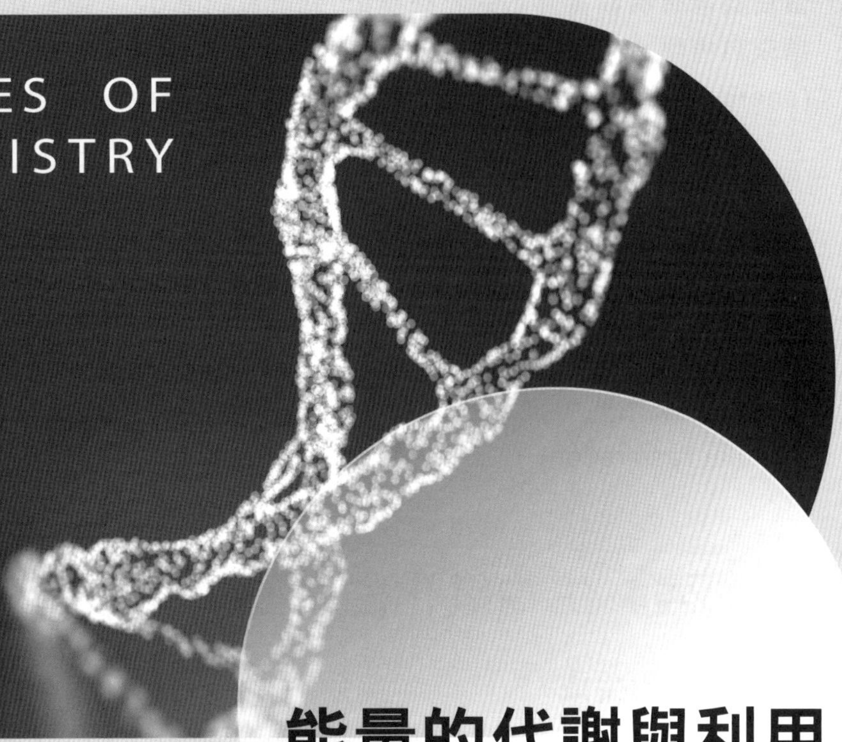

能量的代謝與利用

食 物的消化吸收及運輸、物質合成、分泌與排泄、肌肉收縮、組織與器官的運動、個體的生長發育、基因遺傳等生命活動所需能量均來自醣類、脂肪、蛋白質等有機物質儲藏的化學能(chemical energy)。這些化學能都是直接或間接地來自植物，而在植物（以及少部分細菌）中這些能量則來自太陽能。能量代謝(energy metabolism)即是指有機物在生物體內的能量轉換過程。

下列途徑說明了太陽能轉變成生物體所能利用的自由能的途徑：

$$太陽光 \xrightarrow{\text{光合作用}} 化學能 \xrightarrow{\text{呼吸作用}} 可利用自由能(ATP)$$

本章將討論伴隨著呼吸作用的能量轉換過程，即生物氧化作用(biological oxidation)，包括了消耗氧氣、生成 CO_2 和水，其中即有能量的轉換。由於生物氧化是在組織細胞中進行的，故又稱為組織呼吸(tissue respiration)或細胞呼吸(cellular respiration)。

12.1 生物氧化的特點

一、CO_2 的生成

呼吸作用(respiration)所產生的 CO_2 並不是直接地來自碳與氧的結合，而是透過一種**脫羧作用**(decarboxylation)而生成的。脫羧作用具有**直接脫羧**(direct decarboxylation)與**氧化脫羧**(oxidative decarboxylation)兩種類型。所謂直接脫羧作用是有機羧酸在脫羧酶的作用下，直接脫下一個 CO_2 而減少一個碳原子。**酵母**(yeast)細胞的**丙酮酸脫羧酶**(pyruvate decarboxylase)可將**丙酮酸**(pyruvic acid)去掉一個羧基，轉變成乙醛。或是**草醯乙酸**(oxaloacetic acid)脫羧轉變成丙酮酸等都是直接脫羧的例子。

$$CH_3COCOOH \xrightarrow{\text{丙酮酸脫羧酶}} CH_3CHO + CO_2$$
$$\text{丙酮酸} \qquad\qquad\qquad\qquad \text{乙醛}$$

草醯乙酸 　　　　　　　　　　　　丙酮酸

　　氧化脫羧作用則是在脫羧的同時，伴隨著氧化（脫氫）作用，這類脫羧作用與能量轉移具有密切的關係。在上一章中，丙酮酸在丙酮酸氧化脫羧酶系統 (pyruvate oxidative decarboxylase system)的催化下，轉變成乙醯輔酶 A(acetyl coenzyme A)，過程中同時有著脫羧與氧化等作用。

$$CH_3COCOOH + CoA_{SH} + NAD^+ \xrightarrow{\text{丙酮酸氧化脫羧酶系統}} CH_3CO CH_3CO{\sim}SCoA + CO_2 + NADH + H^+$$

丙酮酸　　　輔酶A　　　　　　　　　　　　　　　　　　　　乙醯輔酶A

二、受質的氧化

　　物質的氧化與還原是同時發生的，有物質被氧化，必然有物質被還原。**被氧化的物質稱為還原劑**(reductant)，**被還原的物質則稱為氧化劑**(oxidant)。物質氧化的本質是**失去了電子**。在物質代謝中很重要氧化方式即是脫氫作用 (dehydrogenation)，這是在脫氫酶(dehydrogenase)的催化下，使代謝物質分子上一定部位的氫被活化並脫落，也就是失去了電子。

　　在代謝分子某一原子上的**加氧作用**(oxygenation)則是另一種生物氧化方式。例如醛氧化為酸：

$$R-C\overset{O}{\underset{H}{\diagdown}} + \frac{1}{2}O_2 \longrightarrow R-C\overset{O}{\underset{OH}{\diagdown}}$$

　　氧原子加到 C - H 兩原子之間，由於氧的負電性比 C 及 H 均強，因此，鍵的電子雲密度偏向氧原子的周圍，而離 C、H 較遠。使得氫原子和碳原子占有電子的程度都小於反應之前。因此，廣義地說，H 和 C 因失去了電子，而被氧化了，氧原子則被還原了。

　　由此概括而論，如果一種物質降低了對電子的占有程度（不一定全部失去）就稱為**氧化**；反之，一種物質升高了對電子的占有程度（不一定全部占有電子）就稱為**還原**。完全失去（或占有）電子則是一些極端的情況。

　　事實上，體內並不存在游離的電子或氫原子，故上述氧化反應脫下的電子或氫原子必須由另一種物質所接受，這種接受電子或氫原子的物質稱為**受電子體** (electron acceptor)或**受氫體**(hydrogen acceptor)，而供給電子或氫原子的物質稱為**供電子體**(electron donor)或**供氫體**(hydrogen donor)。

三、生物氧化的特點

　　實質上，生物氧化與常見的燃燒現象並沒有什麼不同，但在形式表現上卻有極大的差異。物質燃燒通常是在乾燥、高溫下進行，熱能以「驟發」的形式釋放出來，並伴有光和熱的產生。生物氧化則是在活細胞內的水溶液中（pH 近乎中性以及體溫條件下）進行的，進行的途徑迂迴曲折而有條不紊，其能量是逐步釋放的，這是有利於生物體對能量的攫取與利用。

　　水對體外燃燒是一種滅火劑，但在體內，水不僅為生物氧化提供環境，而且它還直接參加生物氧化過程。體內生物氧化廣泛存在的加水脫氫方式為生物提供了許多機會，使生物獲取更多的能量。由於代謝物上氫原子的數量有限，並不能完全釋放能量。以葡萄糖為例，每分子葡萄糖含有 12 個氫原子，每次脫 2 個氫原子，只能進行六次脫氫反應。按每 2 個氫原子氧化成水，能生成 3 分子 ATP 計算，只能生成 18 分子 ATP。但事實上在細胞內透過生物氧化作用，一分子葡萄糖完全氧化可生成 38 或 36 分子 ATP，使細胞大大提高了能量利用效率。

12.2　粒線體氧化系統

　　有機體存在多種生物氧化系統，其中最重要的是粒線體內的氧化系統，又稱**細胞色素氧化酶系統**(cytochrome oxidase system)，這是細胞內能量轉化的主要生物氧化系統。此外，還有**微粒體氧化系統**(microsome oxidation system)、**過氧化體氧化系統**(peroxisome oxidation system)，以及存在於植物和微生物中的**多酚氧化酶系統**(polyphenol oxidase system)和**抗壞血酸氧化酶系統**(ascorbic acid oxidase system)等。

　　粒線體內的氧化系統是由一系列酶所組成的鏈式代謝途徑，包括脫氫酶、載體、氧化酶等按照一定順序排列在粒線體的內膜上。在上一章，由醣類、脂肪、蛋白質等物質在代謝過程所脫下的氫，在此經過逐級傳遞，最後傳給氧而生成水。由於它與呼吸作用密切相關，通稱之為**呼吸鏈**(respiratory chain)。粒線體內有兩個重要的呼吸鏈，簡述如下。

一、NADH 氧化呼吸鏈

NADH 氧化呼吸鏈(NADH oxidative respiratory chain)這是細胞內最主要的生物氧化系統。因為生物氧化過程中大多數脫氫酶都是以 NAD^+ 為輔酶（見表 12-1），當這些酶催化代謝物脫去氫後，脫下來的氫使 NAD^+ 還原為 NADH，後者透過這條呼吸鏈最後將氫傳給氧而生成水。NADH 氧化呼吸鏈各成員的排列順序見（圖 12-1）。

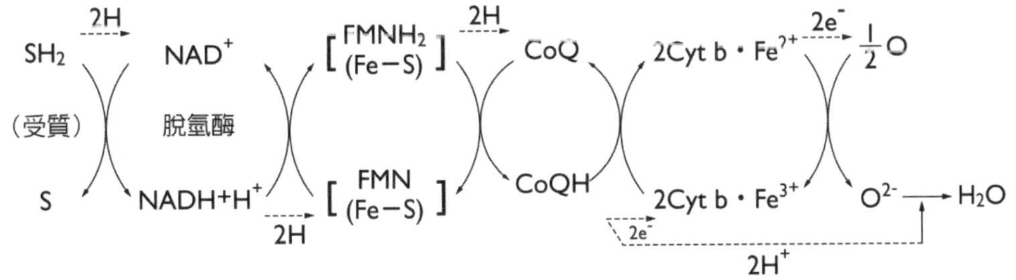

圖12-1 NADH 氧化呼吸鏈（局部）

如圖 12-1 所示，受質(SH_2)在相應脫氫酶的催化下脫去氫($2H^+ + 2e$)，脫下的氫由脫氫酶的輔酶 NAD^+ 接受，生成 $NADH + H^+$；在 NADH 脫氫酶作用下，NADH 中的一個 H 和一個 e 以及介質中的 H^+ 又傳給此酶的輔基 FMN，生成 $FMNH_2$；$FMNH_2$ 將 2H 傳給 CoQ 而生成 $CoQH_2$；$CoQH_2$ 中的 2H 分裂成 $2H^+$ 和 2e，$2H^+$ 游離於介質中，而 2e 則通過一系列的細胞色素（稱為細胞色素系統，包括 Cyt b、c、c1 和 a）的傳遞，最後由細胞色素氧化酶(a_3)將兩個電子交給氧，使氧活化(O^{2-})，已活化的 O^{2-} 即與介質中的 $2H^+$ 結合生成 H_2O。

上述呼吸鏈中細胞色素系統的幾種細胞色素也有一定的排列順序（圖 12-2）。細胞色素為單電子載體（因為一分子細胞色素只含一個鐵離子），故一般認為每次應有兩分子細胞色素參與電子傳遞反應。這個途徑的細胞色素 b 有兩種，分別在波長 562 nm 及 566 nm 處有最大吸收，分別稱為 b_{562} 和 b_{566}。整個 NADH 氧化呼吸鏈的成員排列順序及電子傳遞方向見（圖 12-3）。

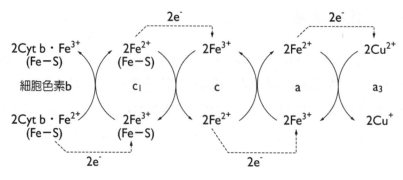

圖 12-2 細胞色素系統

圖 12-3 NADH 氧化呼吸鏈（完整）

　　在 NADH 氧化呼吸鏈中，已知至少有 7 個不同的鐵硫中心，4 個在 NADH 去氫酶(FP)複合體中，2 個與細胞色素 b 有關，還有 1 個與細胞色素 c_1 有關。雖然這些鐵硫中心與電子傳遞有關，但其傳遞機制尚不清楚。

　　以 NADP 為輔酶的脫氫酶催化代謝物脫去氫而產生的 NADPH，不能直接進入上述呼吸鏈，而要先透過**轉氫酶**(transhydrogenase)的作用，將氫傳給 NAD^+，再進入呼吸鏈。

$$NADPH + H^+ + NAD^+ \rightleftharpoons NADP^+ + NADH + H^+$$

二、琥珀酸氧化呼吸鏈

琥珀酸氧化呼吸鏈(succinate-oxidative respiratory chain)是由**琥珀酸脫氫酶複合體**(succinate dehydrogenase complex)、CoQ 及細胞色素系統組成。其中琥珀酸脫氫酶複合體包括 FAD、鐵硫中心和另一種細胞色素 b（稱為 b_{558}）。其電子傳遞途徑見（圖 12-4）。

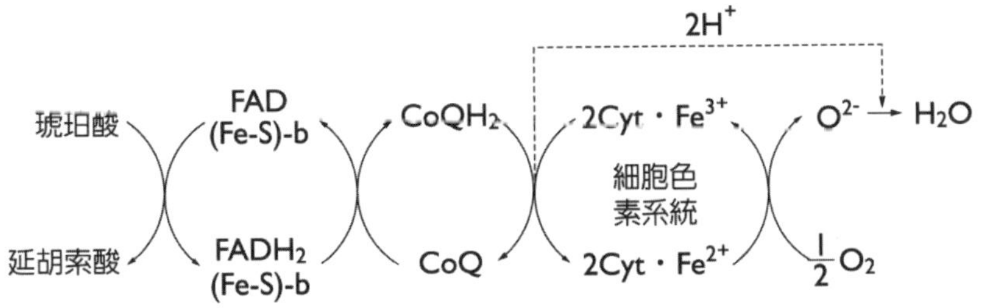

圖12-4 琥珀酸氧化呼吸鏈

由圖 12-4 可見，琥珀酸氧化呼吸鏈與 NADH 氧化呼吸鏈的區別在於琥珀酸分子中脫下的氫原子不經 NAD^+，而直接傳給黃素酶。除琥珀酸外，凡以 FAD 為輔基的無氧黃素酶，催化代謝物脫下來的氫都經過這個途徑傳給氧生成水。

上述兩種氧化呼吸鏈主要是真核細胞，細菌的呼吸鏈組成並不完全相同。細菌呼吸鏈位於質膜上。革蘭氏陰性菌具有 CoQ，而革蘭氏陽性菌以維生素 K 代替 CoQ；大腸桿菌(E. coli)沒有細胞色素 c，而且途徑是分叉的。在氧氣供應充分時傳遞途徑為：NAD→FMN→CoQ→Cyt b_{556}→Cyt O→O_2，在氧氣不足時為：NAD→FMN→CoQ（或維生素 K）→Cyt b_{558}→Cyt d→O_2。Cyt O 和 Cyt d 的輔基是具有不同側鏈的鐵紫質。

12.3 非粒線體氧化系統

除了粒線體外，其他一些胞器內也具有一定的生物氧化系統，包括微粒體(microsome)、**微小體**(microbody)，以及植物中的**乙醛酸循環體**(glyoxysome)等胞器中的一些氧化系統。這些氧化系統不與 ATP 生成相偶聯，即不會產生可利用的能量，而是與一些非醣類物質的氧化有關，與藥物代謝、毒物代謝等有關。

一、加氧系統

　　加氧系統(add oxygen system)是存在於微粒體（即內質網的片段）上的一類生物氧化系統。這種氧化系統不是受質脫氫或失去電子，而是將氧加到受質分子上，這種加氧作用由加氧酶(oxygenase)催化。

1. **加雙氧酶類**(dioxygenases)：將兩個氧原子加到受質雙鍵的兩個碳原子上，氧化成兩個醛或酮。例如，**β-胡蘿蔔素**(β-carotene)經過加雙氧酶催化轉變成視黃醛(retinal)：

$$C_{10}H_{12}-CH=CH-H_{12}C_{10} \xrightarrow[O_2]{\text{加雙氧酶}} 2 \quad C_{10}H_{12}-C\overset{O}{\underset{H}{}}$$

β−胡蘿蔔素視黃醛

2. **加單氧酶類**(monoxygenases)：這類酶主要存在於微粒體（平滑內質網），在微小體及粒線體中也具有這類酶。

　　這類酶催化在受質分子上加一個氧原子的反應，許多**羥化反應**(hydroxylation reaction)都屬於這類情形，因此又叫**羥化酶**(hydroxylase)，在反應中，參加反應的氧分子 O_2 有「混合」的功能：一個氧原子進入受質分子中，生成羥基化物，另一個氧原子還原為水，因此此類酶又稱為**混合功能氧化酶**(mixed function oxidase)。其所催化的加氧反應，可表示如下：

$$RH+NADPH+H^++O_2 \rightarrow ROH+NADP^++H_2O$$

　　加單氧酶並不是一種單一的酶，而是一個酶系統。這個系統的全部成員至今尚未完全清楚，但已知含有細胞色素 P_{450} (Cyt P_{450})、細胞色素 b_5 (Cyt b_5)、NADPH-Cyt P_{450} 還原酶(NADPH-Cyt P_{450} reductase)、黃素酶(flavoenzyme)、鐵硫蛋白和幾種含血基質的色素蛋白。Cyt P_{450} 是一種含鐵紫質輔基的 b 族細胞色素，因為它與一氧化碳結合時，在 450 nm 波長處有最大吸收峰而得名。它的作用類似於 Cyt aa_3，能與氧直接反應，也是一種終末氧化酶，此外，Cyt b5 也可能有類似作用。

羥化反應的供氧體是 NADPH，NADPH-Cyt P_{450} 還原酶（輔基為 FAD）即催化 NADPH 與 Cyt P_{450} 之間的電子傳遞。加單氧反應與某些物質的活化、激素的去活化、藥物的代謝、毒物代謝等有關。例如，維生素 D_3 的活化經過兩次加單氧反應（見 9.3 節），生成活性的 1,25-$(OH)_2 \cdot D_3$。1 位和 25 位兩次加氧反應即是由肝和腎中的加單氧酶催化的。

二、過氧化體之氧化系統

(一) 過氧化氫(H_2O_2)來源

過氧化氫在顆粒白血球和巨噬細胞這些保衛細胞中，可用來殺死外來細菌。但在多數情況下，H_2O_2 對生物有害：可以氧化含硫氫基的酶，使酶失去活性；也可以氧化細胞膜的不飽和脂肪酸，破壞細胞膜的功能。因此，體內產生的這些 H_2O_2 必須加以處理。在體內代謝中有幾個方式產生 H_2O_2。

1. **有氧黃素酶**(aerobic flavoenzyme)催化的氧化反應產生 H_2O_2。

2. 高等動物中性顆粒白血球內具有 **NADH 氧化酶**(NADH oxidase)及 NADPH 氧化酶(NADPH oxidase)，它們分別催化 NADH 和 NADPH 氧化產生 H_2O_2：

$$NADH + H^+ + O_2 \rightarrow NAD^+ + H_2O_2$$
$$NADPH + H^+ + O_2 \rightarrow NADP^+ + H_2O_2$$

3. 在呼吸鏈中，每分子氧還原成水需要 4 個電子（生成 2 分子水），若電子供應不足時，會產生**超氧化基團**(O_2^-)(superoxide ion group)或過氧化基團(O_2^{2-} O)(peroxidation group)。後者在接受 $2H^+$ 後即形成 H_2O_2，而前者在粒線體或胞質液中**超氧化物歧化酶**(superoxide dismutase)的催化下與 H^+ 作用，一個 O 被氧化成 O_2，另一個 O 被還原成 H_2O_2。

$$O_2 + 4e \rightarrow O^{2-} \xrightarrow{4H^+} 2H_2O$$

$$O_2 + 2e \rightarrow O_2^{2-} \xrightarrow{4H^+} H_2O_2$$

$$O_2 + e \rightarrow O_2^- \qquad （超氧離子）$$

$$2O_2^- + 2H^+ \xrightarrow{超氧化物歧化酶} H_2O_2 + O_2$$

(二) 過氧化體系統的

過氧化體或稱**過氧化物酶體**(peroxisome)，是一種**微小體**(microbody)，這種小胞器內主要含有**過氧化氫酶**(catalase)和**過氧化物酶**(peroxidase)。過氧化體的氧化系統(peroxisome oxidation system)主要處理有毒物質過氧化氫(H_2O_2)。過氧化體中的過氧化氫酶和過氧化物酶就肩負處理這些「垃圾」的責任：

1. **過氧化氫酶**(catalase)：又名**觸酶**，可催化兩分子 H_2O_2 反應生成水，並放出 O_2，這是一種氧化還原反應，即一分子 H_2O_2 被氧化成 O_2，另一分子 H_2O_2 被還原成 H_2O。

$$H_2O_2 + H_2O_2 \xrightarrow{\text{超氧化氫酶}} 2H_2O + O_2$$

2. **過氧化物酶**(peroxidase)：又名**過氧化酶**，使 H_2O_2 直接氧化酚類或胺類等受質進行脫氫，脫下的氫將 H_2O_2 還原成水。

$$RH_2 + H_2O_2 \xrightarrow{\text{超氧化物酶}} R + 2H_2O$$

12.4 高能磷酸鍵的生成機制

一、生化反應中的熱力學

(一) 自由能

在某一系統的總能量中，能夠在恆定的溫度、壓力以及一定體積下用來作功的那部分能量，稱為**自由能**(free energy)，也稱 Gibbs 自由能，這是由於 1878 年化學家 Gibbs (1839-1903)提出自由能公式而得名，常用 G 表示。

一個化學反應的發生，反應物和產物具有不同的自由能，因此反應發生後就有自由能的變化（用 ΔG 表示），這些與反應的溫度以及反應物、產物的濃度有關，其關係遵從下式：

$$\Delta G = \Delta G^{o'} + RT \ln \frac{[\text{產物}]}{[\text{反應物}]}$$

式中：R 為氣體常數（$8.315 \ J \cdot mol^{-1} \cdot {}^{\circ}C^{-1}$ 或 $1.981 \ cal \cdot mol^{-1} \cdot {}^{\circ}C^{-1}$）；T 為絕對溫度；[產物]和[反應物]濃度單位為 M；ln 為自然對數；ΔG^{o} 稱為標準自由能變化（指

在 1M 濃度，1 個大氣壓，溫度 298 K (25℃)，pH＝0 條件下，反應的自由能變化）。考慮到生物體內反應一般是在 pH7 下進行的，在上述其他條件不變的情況下，標準自由能的變化用 $\Delta G^{o'}$ 或 $\Delta G_0'$ 表示。

當反應達到平衡時，$\Delta G＝0$，即無自由能變化，[產物]eq/[反應物]eq＝K'eq。K'eq 表示上述特定條件下生化反應的 **平衡常數**(equilibrium constant)。因此，

$$\Delta G^{o'} = -RT \ln K'eq$$

換算成常用對數，則：

$$\Delta G^{o'} = -2.303 \, RT \log K'eq$$

將 R、T 值代入：

$$\Delta G^{o'} = -2.303 \times 8.315 \times 298 \log K'eq$$
$$= -5,706 \log K'eq \, (J \cdot mol^{-1})$$
$$（或 \Delta G^{o'} = -13,64 \log K'eq \, cal \cdot mol^{-1}）$$

在活細胞內許多生理過程都是吸能的，但這種吸能過程不能自發地進行，如要進行，必須提供可用的能量。在細胞內，這種可用的能量來自於釋能反應所釋放的自由能。只有當釋能反應提供的自由能大於需能反應所需的自由能，即兩者的自由能變化的代數和小於零($\Delta G < 0$)時，需能反應才能進行。

(二) 電子電位

在氧化還原反應中，涉及到電子的遷移，即電子從一個化合物轉移到另一個化合物，這一遷移過程必然有能量的變化。這種能量變化的大小，決定於不同化合物在發生氧化還原反應時電子遷移的程度或趨勢大小，這可以用 **氧化還原電位**(oxidation-reduction potential)來量度。

氧化還原電位可以表示各種化合物對電子的親和力。氧化還原電位包括氧化電位和還原電位。氧化電位是指失去電子的氧化還原反應趨勢所得到的電極電位；還原電位是指得到電子的氧化還原反應趨勢所得到的電極電位。兩者數值相等，但符號相反。

所謂**電極電位**(electrode potential)是以氫電極作為標準，來測定一化合物給出電子（氧化電位）或得到電子（還原電位）的趨勢大小。氫電極的氧化還原電位被人為地規定為零（$E_0 = 0$ 伏特），將 H^+ 還原為 H_2 時氧化還原電位為負值；而電極電位為正值時 H_2 被還原。

氧化還原電位與氧化還原系統各成分的濃度及溫度有關，其關係可用 Nernst 公式表示：

$$E = E_0' + \frac{RT}{nF} \ln \frac{[氧化劑]}{[還原劑]}$$

式中：R 為氣體常數；F 為**法拉第常數**(Faraday constant)，其數值為 96,487 庫侖·伏特$^{-1}$（或 23,063 卡·伏特$^{-1}$）；n 為反應中每莫耳物質失去或接受電子的莫耳數（即價數變化）；E_0' 為**標準電極電位**(standard electrode potential)，即在標準條件（規定的溫度和 pH7）下；[氧化劑]和[還原劑]都是 1M 時的電極電位；T 為絕對溫度；ln 為自然對數。

表 12-1 列出了一些重要生化物質氧化還原系統的氧化還原電位。

▶ 表 12-1　生物體內一些重要氧化還原系統的標準電位 E_0' (pH = 7, 25~30 °C)	
氧化還原系統（半反應）	E_0'（伏）
$\frac{1}{2}H_2O_2 + H^+ / H_2O$	$+1.35$
$\frac{1}{2}O_2 / H_2O$	$+0.82$
細胞色素 aa₃ Fe^{3+} / F^{2+}；Cu^{2+} / Cu^+	$+0.29$
細胞色素 c Fe^{3+} / Fe^{2+}	$+0.25$
高鐵血紅素／血紅素	$+0.17$
CoQ / CoQH₂	$+0.10$
脫氫抗壞血酸／抗壞血酸	$+0.08$
細胞色素 b Fe^{3+} / Fe^{2+}	$+0.07$
亞甲藍氧化型／還原型	$+0.01$
延胡索酸／琥珀酸	-0.03
黃素蛋白 FMN / FMNH₂	-0.03
丙酮酸＋NH₃／丙胺酸	-0.13
α-酮戊二酸＋NH₃／麩胺酸	-0.14
草醯乙酸／蘋果酸	-0.17
丙酮酸／乳酸	-0.19

▶ 表 12-1　生物體內一些重要氧化還原系統的標準電位 E'_0 (pH＝7, 25~30 ℃)（續）	
氧化還原系統（半反應）	E'_0（伏）
乙醛／乙醇	-0.20
1,3-二磷酸甘油酸／3-磷酸甘油醛	-0.29
NAD^+／$NADH+H^+$	-0.32
$NADP^+$／$NADPH+H^+$	-0.32
丙酮酸＋CO_2／蘋果酸	-0.33
乙醯乙酸／β-羥丁酸	-0.34
α-酮戊二酸＋CO_2／異檸檬酸	-0.38
$2H^+$／H_2	-0.42
乙酸／乙醛	-0.58
琥珀酸／α-酮戊二酸＋CO_2	-0.67

(三) 氧化還原反應與能量變化

標準電極電位 E'_0 值越小（負值越大），提供電子的趨勢越大，即還原能力越強（強還原劑）；E'_0 值越大（負值越小或正值越大），得到電子的趨勢越大，即氧化能力越強（強氧化劑）。因此，電子總是從較低的電位（E'_0 值較小）向較高電位（E'_0 值較大）流動。

在一個氧化還原反應中，標準自由能變化與標準電極電位變化（氧化劑電位－還原劑電位）存在下列關係：

$$\Delta G^{o'} = -nF\Delta E'_0$$

對於任何一個氧化還原反應均可利用上式由 $\Delta E'_0$ 計算出 $\Delta G^{o'}$，從而可估計氧化還原反應的方向和趨勢。因為 $\Delta E'_0$ 值越大，$\Delta G^{o'}$ 值越大，而由 $\Delta G^{o'} = -RT \ln K'eq$，表示平衡常數 $K'eq$ 越大。所以，氧化還原反應能自發進行的方向為 $\Delta G^{o'} < 0$ 和 $\Delta E'_0 > 0$。$\Delta G^{o'}$ 負值越大，$\Delta E'_0$ 正值越大，則反應的自發傾向越大。

在呼吸鏈中，NAD^+／$NADH$ 的標準電位為 -0.32 伏（表 12-1），而 $\frac{1}{2}O_2$／H_2O_2 的標準電位為 $+0.82$ 伏，一對電子由 $NADH+H^+$ 傳遞至氧分子的反應中，標準自由能變化為：

$$\Delta E'_0 = 0.82 - (-0.32) = 1.14 （伏）$$
$$\Delta G^{o'} = -2 \times 23.06 \times 1.14 = -52.6 (Kcal \cdot mol^{-1})$$

即當一對電子從 $NADH + H^+$ 傳到氧而生成水的過程有 $52.6\ Kcal$（或 $220\ J$）的能量釋放。然而，在生物體內並不是存在電位差的任何兩個半反應(half-reaction)構成一個氧化還原系統都能發生反應，如上述 $NAD^+ / NADH + H^+$ 和 $\frac{1}{2}O_2 / H_2O$ 兩個半反應之間的電位差很大，它們之間直接反應的趨勢強烈。但在體內，這種直接反應通常不能發生，因為生物體是有高度組織的，電子（氫）透過組織化的各種載體依據順序傳遞，能量的釋放才能逐步進行。

專欄 BOX

12.1 放能與吸能反應的偶聯

有的反應，從其自由能變化判斷是不能自發進行的，但是如果與一個放能反應相偶聯(coupling)，則這個反應就有可能自發進行。

$$葡萄糖 + Pi（無機磷）\rightarrow 葡萄糖\text{-}6\text{-}磷酸 + H_2O$$

此反應 $\Delta G^{o'} = +13.7\ KJ$，因此不能自發進行。

$$ATP \rightarrow ADP + Pi \quad \Delta G^{o'} = -30.5\ KJ$$

如果將兩個反應偶聯進行：

$$葡萄糖 + ATP \rightarrow 葡萄糖\text{-}6\text{-}磷酸 + ADP$$

其自由能變化為：$\Delta G^{o'} = +13.7 + (-30.5) = -16.8\ KJ$。因此，二者偶聯後就能自發進行了。這也就是生物體內許多耗能反應常常與 ATP 的分解相偶聯的原因。

二、氧化與磷酸化的偶聯

在生物體內由放能反應提供自由能驅動需能反應進行的過程，稱為放能反應與需能反應之間的**能量偶聯**(energy coupling)。但體內能量代謝的一個特點是放能反應與需能反應不能直接發生能量偶聯，而扮演這種能量仲介作用的是 ATP，它可以把所有的放能反應與需能反應偶聯起來。所以，ATP 是能量代謝的「通用貨幣」。

由 ADP 加無機磷酸(Pi)生成 ATP 的過程稱為**磷酸化**(phosphorylation)，這是個需能過程，而且所需之能量必須大於 $30.5\ KJ \cdot mol^{-1}$（$7.3\ Kcal \cdot mol^{-1}$），因為 ATP 分解成 ADP 時要釋放出這麼多能量。

由生物氧化（oxidation，呼吸作用）所放出的能量用於 ATP 的合成有幾種不同的方式：

(一) 呼吸鏈磷酸化

在呼吸鏈的電子傳遞中，能量逐步釋放，在那些釋放能量比較高的步驟就可偶聯磷酸化過程，有 ATP 的生成。以 NAD 為輔酶的脫氫酶催化代謝物脫去氫，在傳遞氫和傳遞電子的過程中，有三個階段可發生磷酸化過程，即生成 3 分子 ATP（圖 12-5）。這三個階段是：

NADH→FMNCyt b→Cyt c Cyt aa$_3$→O$_2$

因為這三個階段的 $\Delta E_0'$ 值較大，其自由能變化 $\Delta G_0'$ 都在 30.5 $KJ \cdot mol^{-1}$ 以上，足以形成 ATP。

$$NADH \rightarrow FMN：\Delta G_0' = -2 \times 23.063 \times [(-0.03)-(-0.32)] \times 4.184$$
$$= -55.6 \ (KJ \cdot mol^{-1})$$

$$Cyt \ b \rightarrow Cyt \ c：\Delta G_0' = -2 \times 23.063 \times [(+0.25)-(+0.07)] \times 4.184$$
$$= -34.7 \ (KJ \cdot mol^{-1})$$

$$Cyt \ aa_3 \rightarrow O_2：\Delta G_0' = -2 \times 23.063 \times [(+0.82)-(+0.29)] \times 4.184$$
$$= -102.1 \ (KJ \cdot mol^{-1})$$

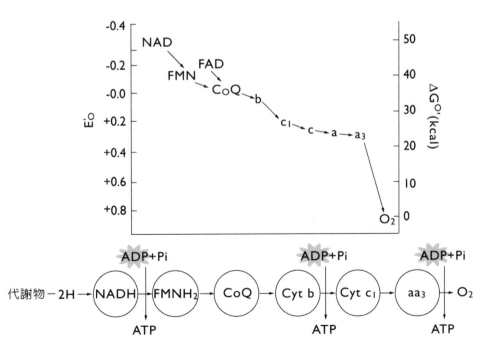

圖12-5　氧化與磷酸化的偶聯部位

　　如果代謝物脫下的氫不是透過整個呼吸鏈傳遞，而是從中間插入，則不能生成 3 個 ATP。以 FAD 為輔基的無氧黃素酶脫下的氫是從 CoQ 插入呼吸鏈（琥珀酸氧化呼吸鏈），不經過 NADH→FMN 階段，所以就只生成 2 個 ATP；抗壞血酸(ascorbic acid)的氧化是從細胞色素 c 插入的，故只有一個 ATP 生成。

　　不同代謝受質氧化，經過呼吸鏈產生的 ATP 數，可利用磷氧比值(P/O)來確定。因為每生成一分子 ATP，必然消耗一個無機磷(Pi)，而每消耗一個氧原子（生成一分子水）代謝物必然脫下 2H。所以，以 NAD 為輔酶催化代謝物脫去氫，P/O 為 3；以 FAD 為輔基的脫氫酶催化的脫氫作用，P/O 為 2。

(二) 受質磷酸化

　　這種 ATP 的生成機制與呼吸鏈電子傳遞無關。它是在某些物質氧化脫氫時，分子內部發生能量的重新分配，使某些化學鍵的鍵能特別高（稱為高能鍵），當這些鍵斷裂時，所釋放出的能量用於 ADP 磷酸化而生成 ATP。這種 ATP 的生成並不需要氧參加。例如，甘油醛-3-磷酸(glyceraldehyde-3-phosphate)氧化生成 1,3-二磷酸甘油酸(1,3-diphosphoglyceric acid)時，由於氧化脫氫的同時，發生了能量的重新分配，能量集中於**醯基磷酸基團**(acyl-phosphate group)而形成一個**高能磷酸鍵**(high-energy phosphate bond)這個高能鍵斷裂時再將釋放出的能量轉給 ADP 形成一分子 ATP，本身變為 **3-磷酸甘油酸**(3-phosphoglyceric acid)。

(三) 非氧化性磷酸化

上述呼吸鏈磷酸化及受質磷酸化，ATP 的生成其能量來自代謝受質的氧化脫氫，也就是氧化所釋放出的能量用於 ADP 磷酸化生成 ATP，因此稱為**氧化磷酸化**(oxidative phosphorylation)除此而外，還有一種 ATP 的生成方式，沒有受質的氧化脫氫，而是受質在脫水(dehydration)、**脫胺**(deamination)等反應過程中，分子內部發生能量的重新分配形成高能鍵，此鍵能再用於 ATP 生成。因為沒有氧化作用，故稱之為**非氧化性磷酸化**(non-oxidative phosphorylation)。

例如，在醣的分解代謝中，2 磷酸甘油酸(2-phosphoglyceric acid)生成**磷酸烯醇丙酮酸**(phosphoenolpyruvic acid)的脫水過程中，就有分子內部能量發生重新分配，形成一個高能磷酸鍵。在磷酸烯醇丙酮酸轉變為**丙酮酸**(pyruvic acid)時，將此高能磷酸鍵轉移給 ADP 而生成 ATP。

(四) 氧化與磷酸化的偶聯機制

在 ATP 的生成方式中，呼吸鏈磷酸化是主要的。這是物質的氧化作用與 ADP 的磷酸化作用相偶聯而生成 ATP 的過程，即將代謝的放能反應與需能反應相偶聯的過程。造成這種偶聯作用(coupling mechanism)的因子是存在於粒線體內膜上的 ATP 酶(ATPase)。

ATP 酶或稱 ATP 酶複合體，是合成 ATP（磷酸化）的主要成分，同時它也能催化 ATP 分解，所以，它是一個多功能酶。這是由它複雜的結構決定的。ATP 酶由三部分組成：一個球形的**頭部**（稱偶聯因子 F_1），一個棒狀的**柄部**和埋在粒線體內膜內的**基底部**（圖 12-6）。頭部是 ATP 酶，催化 ATP 合成。它含有五種不同亞基，按 $\alpha_3\beta_3\gamma\delta\epsilon$ 的比例結合；柄部由幾種對寡黴素(oligomycin)這樣一種抗菌素敏感的棒狀蛋白(OSCP)構成，它是質子通道；基底部(F_0)為厭水性蛋白質，形成 5~6 種不同的亞基。基底部是聯繫電子傳遞系統的部位或者是質子通道。F 為因子(factor)的縮寫，F_1 表示與因數偶聯，F_0 的下標 "0" 表示對寡黴素敏感的部位，因此常常也將柄部和基底部合稱為 F_0。

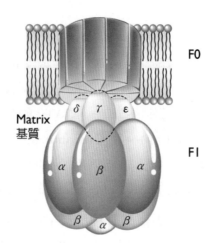

圖12-6　ATP 酶複合體

呼吸鏈位於粒線體內膜上，各組分在內膜兩側的分布不對稱（圖 12-7）。

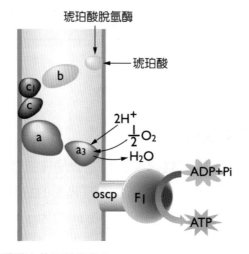

圖12-7　呼吸鏈主鏈在粒線體膜上的不對稱分布

對於氧化磷酸化偶聯的機制，現在傾向於 1961 年由英國微生物化學家 Mitchell 所提出的**化學滲透假說**(chemiosmotic hypothesis)。這個假說認為：在電子傳遞和 ATP 形成之間起偶聯作用的是 **H^+ 電化學梯度**(electrochemical gradient)；在偶聯過程中粒線體內膜必須是完整的、封閉的才能進行；呼吸鏈的電子傳遞系統是一個主動的轉移 H^+ 離子系統，電子傳遞過程像一個**質子幫浦**(proton pump)，促使著粒線體內**基質**(matrix)中的 H^+ 離子穿過粒線體內膜，形成 H^+ 離子濃度內低外高的梯度，這就蘊藏著電化學的能量，此能量可使 ADP 和無機磷酸形成 ATP。

化學滲透假說的具體解釋如下（圖 12-8）：

1. 呼吸鏈中氫載體和電子載體是間隔交替排列的，並在內膜中有特定的位置，催化電子定向傳遞。

2. 當氫載體從內膜內側接受由受質傳來的氫(2H)後，可將其中的電子(2e)傳給位於其後的電子載體，而將兩個質子(H⁺)「幫浦」到內膜外側，即氫體具有「質子幫浦」的作用。

3. 因 H^+ 不能自由回到內膜內側，以至內膜外側的 H^+ 濃度高於內側，造成 H^+ 濃度的跨膜梯度。此 H^+ 濃度梯度使內膜外側的 pH 值較內側低 1 個單位左右，從而使原有的外正內負的 **膜電位**(membrane potential)增高。這個電位差包含著電子傳遞過程中所釋放的能量，好像電池兩極的離子濃度差造成電位差而含有能量一樣，並且此 H^+ 濃度差所含的能量可用於 ATP 的合成。

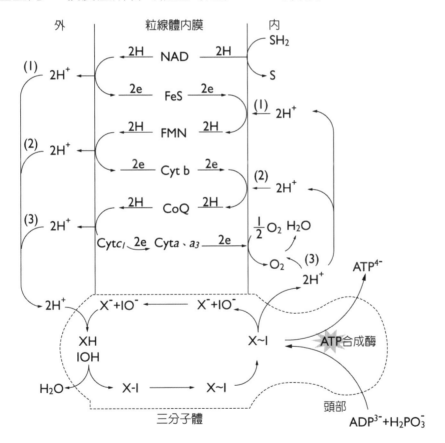

圖12-8　化學滲透說

(1)、(2)、(3)分別表示三次偶聯磷酸化時氫的來源和去向

4. 在 ATP 酶複合體的 F_0 有傳遞能量的中間物 X^- 和 IO^-，它們與被幫浦出膜外的 H^+ 結合成酸式中間物 XH 和 IOH；兩者脫水結合成 X~I，其結合鍵(~)中含有來自 H^+ 濃度差（或電位差）的能量。

5. X~I 擴散入膜內側面，在 ATP 酶複合體的頭部，將鍵間的能量轉移給 ADP 和 Pi，從而合成 ATP。

$$2H^+ + X^- + IO^- \rightarrow XH + IOH$$
$$XH + IOH \rightarrow X \sim I + H_2O$$

在內膜外側進行

$$X \sim I + ADP + Pi \xrightarrow{\text{ATP酶（實部）}} ATP + X^- + IO^- + 2H^+ \text{（內側）}$$

上述三個反應的總和不但合成了 ATP，並使中間物 X 和 I 恢復成 X^- 和 IO^-，更重要的是將膜外側的 $2H^+$ 轉化成膜內側的 $2H^+$，後者被位於內側的下一個載體接受，重新開始上述步驟 2.~3.的循環，在最後一次循環中，內側生成的 $2H^+$ 則可交給 O^{2-} 離子而生成 H_2O。

12.5 穿梭機制－粒線體與細胞質間的能量傳遞

粒線體是醣類、脂質、蛋白質等能源物質的最終氧化場所，但並不是這些能源物質的全部氧化過程都在粒線體內進行，有一部分氧化作用是在粒線體外的細胞質中進行的。這些代謝所產生的中間物及還原輔酶（NADH 和 NADPH）都不能通過粒線體內膜。因此，在細胞質中氧化脫下的氫要透過所謂**穿梭作用**(shuttle)，才能進入粒線體和呼吸鏈。

在粒線體內膜上存在一些運輸物質的載體(carrier)，具有相應載體的物質才能通過粒線體膜。內膜上具有**二羧酸載體**(dicarboxylic acid carrier)，運輸蘋果酸(malic acid)、α-酮戊二酸(α-ketoglutaric acid)、琥珀酸(succinic acid)、麩胺酸(glutamic acid)、天門冬胺酸(aspartic acid)；**三羧酸載體**(tricarboxylic acid)可運輸檸檬酸(citric acid)和異檸檬酸(isocitric acid)；**ADP-ATP 運輸酶**(ADP-ATP transferase)運輸 ATP 和 ADP，這個載體系統受蒼尤酶（atractyloside，一種有毒的糖酶）的抑制；**丙酮酸載體**(pyruvic acid carrier)運輸丙酮酸；**麩胺酸載體**(glutamic acid carrier)運輸麩胺酸和α-酮戊二酸等。在細胞質中產生的還原輔酶 NADH 和 NADPH，沒有相應載體，因此由穿梭作用進行能量轉換。

一、異檸檬酸穿梭作用

以 NADP 為輔酶的脫氫酶催化代謝物脫去氫產生的 NADPH，若是在粒線體內，則經過**轉氫酶**(transhydrogenase)作用，將氫轉給 NAD^+，生成 NADH 進入呼吸鏈；若是在粒線體外，就需借助檸檬酸穿梭（圖 12-9）。

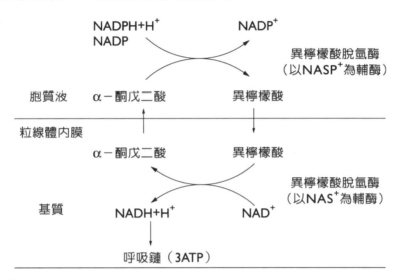

圖12-9 異檸檬酸穿梭作用

異檸檬酸脫氫酶(isocitrate dehydrogenase)有兩種，一種以 NAD 為輔酶，位於粒線體內，另一種以 NADP 為輔酶，位於粒線體外。在胞質液中，以異檸檬酸脫氫酶催化，使代謝產生的 $NADPH＋H^+$ 將氫轉交給**α-酮戊二酸**(α-ketoglutaric acid)而轉變成**異檸檬酸**(isocitric acid)。異檸檬酸通過粒線體內膜上的三羧酸載體運輸到粒線體內，在粒線體的基質中，異檸檬酸脫氫酶（以 NAD^+ 為輔酶）催化異檸檬酸氧化，脫下來的氫由 NAD^+ 接受，轉變成 $NADH＋H^+$，從而進入呼吸鏈（生成 3 個 ATP）。異檸檬酸脫氫後轉變為α-酮戊二酸，由二羧酸載體運輸到胞質液，從而形成循環。

二、磷酸甘油穿梭作用

α-磷酸甘油脫氫酶(phosphoglycerol dehydrogenase)有兩種：粒線體外的磷酸甘油脫氫酶（以 NAD^+ 為輔酶）和粒線體內的磷酸甘油脫氫酶（以 FAD 為輔基）。細胞質液中代謝產生 $NADH＋H^+$ 可在α-磷酸甘油脫氫酶的催化下將氫交給**磷二羥丙酮**(phosphodihydroxyacetone)，使之還原為**α-磷酸甘油**(phoshoglycerol)。α-磷酸

甘油通過粒線體膜進入粒線體基質，在粒線體內的磷酸甘油脫氫酶（以 FAD 為輔基）催化下，脫氫氧化成磷酸二羥丙酮，再離開粒線體進入胞質液，脫下的氫由酶的輔基 FAD 轉變成 $FADH_2$，進入呼吸鏈（圖 12-10）。由此可見，透過這種穿梭作用，粒線體外的 $NADH+H^+$只能產生 2 個 ATP，比粒線體內的 $NADH+H^+$氧化少生成 1 個 ATP。

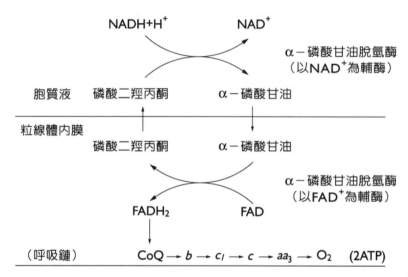

圖12-10 磷酸甘油穿梭作用

三、蘋果酸穿梭作用

這是粒線體外的 $NADH+H^+$之氫轉入粒線體內呼吸鏈的另一種方式。粒線體內外都是具有**蘋果酸脫氫酶**(malate dehydrogenase)，而且輔酶都是 NAD。粒線體外的 $NADH+H^+$在蘋果酸脫氫酶催化下，把氫交給**草醯乙酸**(oxaloacetic acid)，使其還原為**蘋果酸**(malic acid)。蘋果酸由二羧酸載體運輸進入粒線體，在粒線體內再由蘋果酸脫氫酶催化被氧化成草醯乙酸。被還原的輔酶 $NADH+H^+$進入呼吸鏈，產生 3 個 ATP（圖 12-11）。草醯乙酸不能穿過粒線體膜，而要透過轉氨作用（見 14.2 節）轉變為**天門冬胺酸**(aspartic acid)，才能通過粒線體膜轉移到細胞質液中。

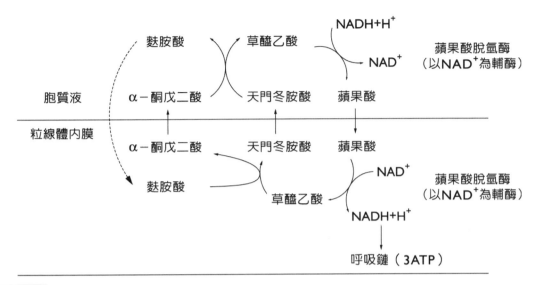

圖12-11 蘋果酸穿梭作用

12.6 生物能量的儲存與利用

一、高能化合物

高能化合物(high-energy compound)是指含有高能鍵的化合物。所謂**高能鍵** (high-energy bond)在物理化學上是指**鍵能**(bond energy)之高低，即斷裂鍵所需之能量。生物化學上的高能鍵乃指水解時所釋放的能量大於 20.9 KJ/mol（或 5 Kcal/mol）的化學鍵，常用符號 "～" 表示。生物化學上的高能鍵是不穩定，容易自發斷裂而釋出能量，但是不同鍵的斷裂所釋放出的能量是不同的。例如：

$$ATP \rightarrow ADP + Pi - 30.5 \ KJ \cdot mol^{-1} \ (7.3 \ Kcal \cdot mol^{-1})$$
$$ADP \rightarrow AMP + Pi - 30.5 \ KJ \cdot mol^{-1} \ (7.3 \ Kcal \cdot mol^{-1})$$
$$ATP \rightarrow AMP + PPi - 41.8 \ KJ \cdot mol^{-1} \ (10 \ Kcal \cdot mol^{-1})$$
$$AMP \rightarrow 腺苷 + Pi - 14.2 \ KJ \cdot mol^{-1} \ (3.4 \ Kcal \cdot mol^{-1})$$

可見，ATP 有兩個高能鍵，ADP 有一個高能鍵，而 AMP 的磷酸酯鍵是一個低能鍵。所謂高能化合物就是代謝反應時，其自由能變化值大於或等於 ATP 水解成 ADP 的標準自由能變化值。

　　體內的高能化合物，按其化學鍵可分為**高能磷酸鍵**(high-energy phosphate bond)和**高能硫酯鍵**(high-energy thioether bond)兩類，其中高能磷酸鍵是主要的。有五種不同的鍵型：

1. **焦磷酸鍵**(pyrophosphate bond)：斷裂時釋放 30.5 $KJ \cdot mol^{-1}$（或 7.3 $Kcal \cdot mol^{-1}$），例如 ATP、ADP 等。

$$\underset{O}{\overset{OH}{-P}}\sim O-\underset{O}{\overset{OH}{P}}-$$

2. **烯醇式磷酸鍵**(enol-phosphate bond)：斷裂時釋放 61.9 $KJ \cdot mol^{-1}$（或 14.8 $Kcal \cdot mol^{-1}$），例如磷酸烯醇丙酮酸(phosphoenolpyruvic acid)。

$$R-\overset{CH_2}{\underset{}{C}}-O\sim\underset{O}{\overset{OH}{P}}-OH$$

3. **醯基磷酸鍵**(acylphosphate bond)：斷裂時釋放 49.4 $KJ \cdot mol^{-1}$（或 11.8 $Kcal \cdot mol^{-1}$）能量，例如 1,3-二磷酸甘油酸(1,3-diphoshoglyceric acid)。

$$R-\overset{O}{\underset{}{C}}-O\sim\underset{O}{\overset{OH}{P}}-OH$$

4. **氮磷酸鍵**(nitrogen phoshate bond)：

$$-N-\overset{NH}{\underset{}{C}}-\overset{H}{N}\sim\underset{O}{\overset{OH}{P}}-OH$$

5. **醯基硫酯鍵**(acyl-thioether bond)：斷裂時釋放能量 33.5~54.4 KJ·mol^{-1}（或 8~13 Kcal·mol^{-1}），如乙醯輔酶 A (acetyl CoA)、脂醯輔酶 A (fatty acyl CoA)等。

$$R - \overset{\overset{\displaystyle O}{\|}}{C} \sim S \, CoA$$

二、能量的儲存方式

體內多數合成反應都以 ATP 為能源，但有些合成代謝也以其他核苷三磷酸作為能量的直接來源。UTP 用於多醣合成，CTP 用於磷脂合成，GTP 用於蛋白質合成等。不過這些三磷酸核苷分子中高能鍵的合成都來源於 ATP，ATP 是中心的能源物質。

ATP 在細胞內是反應間的**能量偶聯劑**，是能量傳遞的中間載體，不是能量的儲存物質。在**脊椎動物** (vertebrate) 能量的儲存物質是**磷酸肌酸** (creatine phosphate)，在**無脊椎動物**(invertebrate)是**磷酸精胺酸**(arginine phosphate)。當體內物質氧化產生較多的 ATP 時，ATP 可將其高能磷酸鍵轉移給**肌酸**(creatine)，生成磷酸肌酸而儲存；當有機體消耗 ATP 過多而導致 ADP 濃度增高時，磷酸肌酸再將其高能磷酸鍵轉移給 ADP 而生成 ATP，以供生理活動之用。催化這一可逆反應的酶是**肌酸磷酸激酶**(creatine phosphokinase, CPK)。在無脊椎動物中精胺酸與磷酸的互相轉變與此類似。

$$
\begin{array}{l}
\text{COOH} \\
| \\
\text{CH}_3 \\
| \\
\text{N}-\text{CH}_3 \quad + \quad \text{ATP} \\
| \\
\text{C}=\text{NH} \\
| \\
\text{NH}_2
\end{array}
\quad \underset{}{\overset{\text{肌酸磷酸激酶}}{\rightleftharpoons}} \quad
\begin{array}{l}
\text{COOH} \\
| \\
\text{CH}_3 \\
| \\
\text{N}-\text{CH}_3 \quad + \quad \text{ATP} \\
| \\
\text{C}=\text{NH} \\
| \\
\text{N}\sim\text{\textcircled{P}} \\
| \\
\text{H}
\end{array}
$$

三、能量的利用方式

當有機體代謝中需要 ATP 提供能量時，ATP 可以下列多種形式實現能量的轉移和釋放：

1. **末端磷酸基形式**：ATP **末端磷酸基**(end phosphate group)轉移給醇型羥基、醯基或胺基，本身變成 ADP。催化這類反應的酶通常稱為**激酶**(kinase)。如葡萄糖磷酸激酶(glucose phosphokinase)催化葡萄糖第六碳羥基磷酸化生成 6-磷酸葡萄糖(glucose-6-phosphate)。

CHO   CHO

H—C—OH   H—C—OH

HO—C—H   葡萄糖磷酸激酶   HO—C—H

H—C—OH   H—C—OH

H—C—OH   ATP   ADP   H—C—OH

CH_2OH H_2C—O～Ⓟ

葡萄糖   6－磷酸葡萄糖

2. **焦磷酸基形式**：ATP 將其**焦磷酸基**(pyrophosphate group)轉移給其他化合物，本身變為 AMP。

Ⓟ—O—CH_2　O　OH   Ⓟ—O—CH_2　O　O—Ⓟ～Ⓟ

H H　H H   ATP　ADP   H H　H H

OH　OH   OH　OH

3. **腺苷單磷酸形式**：ATP 將其**腺酶單磷酸**(adenosine monophosphate, AMP)轉移給其他化合物，本身變為**焦磷酸**(pyrophosphoric acid)。例如，在蛋白質合成中，胺基酸先要「活化」才能接到胜肽鏈上去，胺基酸的活化即是將 ATP 中的 AMP 轉移給胺基酸生成**胺醯腺酶酸**(aminoacyl adenylate)。

　　H   H　O

R—C—COOH ⟶ R—C—C—O～AMP

　　NH_2 ATP　PPi NH_2

4. **腺苷形式**：ATP 將其**腺苷**(adenosine)轉移給其他化合物。本身轉變為焦磷酸鹽(pyrophosphate)和正磷酸(phosphoric acid)如一碳代謝中，S-腺苷甲硫胺酸(S-adenosyl methionine)的合成：

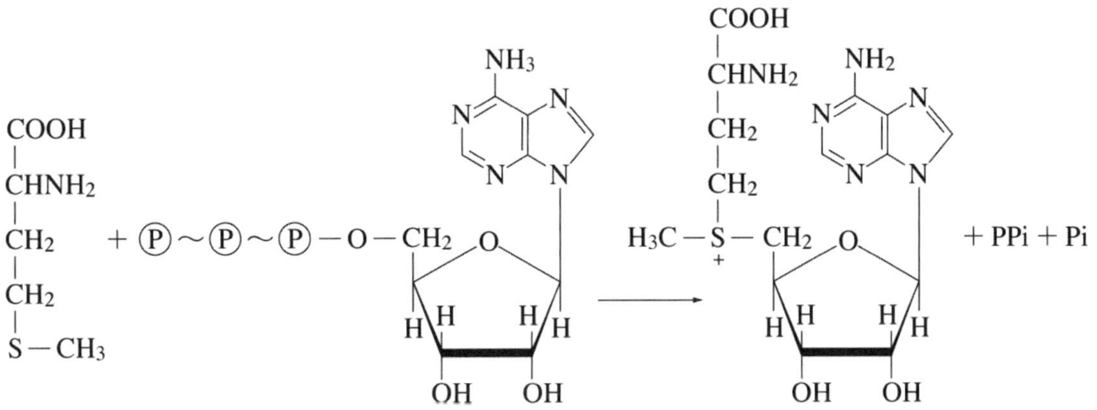

12.7 氧化與磷酸化的解偶聯

氧化磷酸化是氧化（電子傳遞）及磷酸化的偶聯反應。ATP 的生成涉及到代謝物脫氫作用、氫及電子傳遞及與磷酸化的偶聯等一系列過程，在這個過程中的任何一步受阻，ATP 都不能正常合成。

胺基甲酸乙酯(urethane)、對氯汞苯甲酸(p-chloromercuribenzoic acid)等是脫氫酶的抑制劑(inhibitor)，因此它們會妨礙代謝物氧化脫氫，阻斷了能量來源。

一些物質可抑制遞氫或電子傳遞，如阿滌平(atebrine)、阿米妥(amytal)、魚藤酮(rotenone)、抗黴素(antimycin)、一氧化碳和氰化物等，它們可分別抑制呼吸鏈中不同的環節，從而使受氧化作用受阻，能量釋放減少，ATP 不能生成。

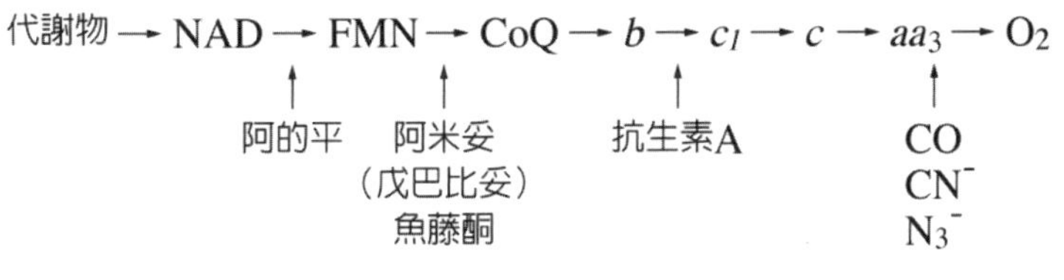

還有一類物質，既不抑制脫氫，也不影響電子傳遞，但破壞氧化作用與磷酸化作用的偶聯，氧化釋放的能量並不能用於 ADP 的磷酸化生成 ATP。這類物質稱為解偶聯劑(uncoupler)，大多是脂溶性的，一般含有酸性基團。如 2,4-二硝基苯酚 (2,4-dinitrophenol)。

寄黴素(oligomycin)能特異抑制 ATP 酶複合體的柄部蛋白(OSCP)，抑制高能中間物的形成，所以妨礙 ATP 生成。還有一類抑制劑稱為離子載體抑制劑(ionophores inhibitors)，大多為抗生素(antibiotic)，如纈胺黴素(valinomycin)、短桿菌肽(gramicidin)等。這些抗生素可與 K^+ 或 Na^+ 形成脂溶性複合物，將這些離子進行跨膜轉移，從粒線體內轉移到細胞質，這種離子的轉移耗去氧化產生的能量，使之不能用於 ATP 的生成。

 專欄 BOX

12.2 氰化物中毒

氫氰酸、氰化鈉、氰化鉀這些氰化物(cyanide)是呼吸抑制劑，它作用於氧化態細胞色素氧化酶(cyt a_3)，使之失去接受電子的能力。臨床上搶救氰化物中毒時，通常立即注射亞甲基藍(methylene blue)或亞硝酸鈉(sodium nitrite)，這些藥物可使少量血紅素(hemoglobin)氧化成高鐵血紅素(methemoglobin)，後者與氰化物有很大的親和力，結合成氰化高鐵血紅素(cyanomethemoglobin)，使細胞色素氧化酶恢復其載電子功能。但在應用亞硝酸鈉使血紅素轉變成高鐵血紅素來奪取氰離子時，這部分血紅素就失去運氧功能，故亞硝酸鈉用量必須適宜，否則仍會造成運氧的障礙。

搶救氰化物中毒病人時，還可用硫代硫酸鈉(sodium thiosulfate)，使氰化物變成無毒的硫氰酸鹽(thiocyan ate)排出體外，使細胞色素氧化酶恢復其功能。

$$2Na_2S_2O_3 + 2CN^- \rightarrow 2SCN^- + 2NaSO_3$$

摘要

1. 生物體是一個開放的系統，它不僅要不斷對環境進行物質交換，而且必須不斷進行能量交換。植物和光合細菌利用光合作用(photosynthesis)將光能轉變成化學能，儲存於有機物中。各種生物又透過呼吸作用(respiration)將有機物中的化學能轉變為生物有機體可直接利用的自由能，即 ATP 所具備的能量。

2. 呼吸作用就是在生物體內有機物（醣類、脂質、蛋白質）通過氧化分解消耗氧，產生 CO_2 的過程。氧化主要就是有機物的脫氫，脫下的氫透過載氫、載電子、最後與氧結合生成水；CO_2 的產生由脫羧酶(decarbxylase)催化有機羧酸的脫羧。在脫氫、脫羧等一系列反應中儲存於有機物中的能量便逐步釋放，為有機體所截獲和利用。所有這些過程都是在一系列酶的催化作用下完成的。

3. 參與生物氧化（呼吸作用）的酶類包括脫氫酶、氧化酶、載體等。脫氫酶是催化代謝物脫氫的酶，其中最普遍，也最重要的是以 NAD 或 NADP 為輔酶的脫氫酶。還有一類加氧酶，與代謝物的羥化等反應有關。

4. 在各種生物氧化系統中，存在粒線體內的細胞色素氧化酶尤為重要，它是生物氧化的主要途徑。以 NAD 為輔酶的脫氫酶透過這個系統使每脫下 2H 可產生 3 個 ATP；以 FAD 為輔基的脫氫酶催化代謝物每脫 2H 可產生 2 個 ATP。

5. ADP 磷酸化生成 ATP 是個需能過程，有機物的氧化分解是個放能過程，在呼吸作用中，這個放能過程和需能過程由存在於粒線體內膜上的 ATP 酶複合物偶聯起來。有機物的氧化所放出的能量（部分）就透過合成 ATP 轉變成可利用能量，然後 ATP 再將這種能量儲存於磷酸肌酸(creatine phosphate)或磷酸精胺酸(arginine phosphate)，需要時再轉給 ATP。ATP 成為放能與需能的仲介物。

6. 氧化與磷酸化任何一個環節受阻，即沒有 ATP 的生成。

MEMO

PRINCIPLES OF
BIOCHEMISTRY

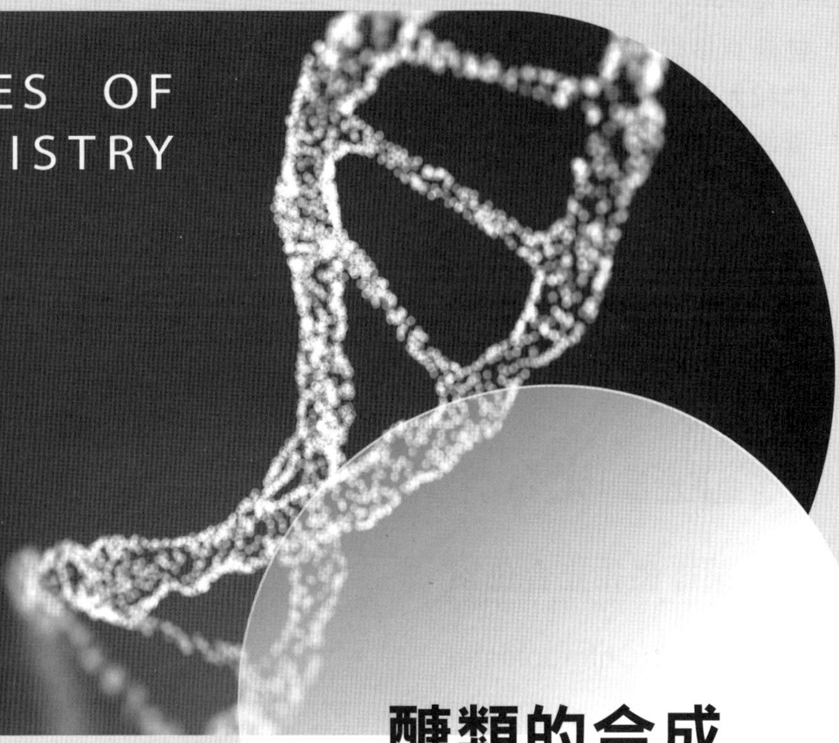

醣類的合成

生物界的能量來源主要有兩種，一種是化學能(chemical energy)，一種是光能(photoenergy)。根據對這兩種能量需求的不同，將生物劃分為化養生物(chemotroph)和光養生物(phototroph)。藻類、高等植物以及一些細菌等光養生物能直接從太陽輻射中獲得能量，並用這種能量來合成醣類等有機物質。人、動物和大多數微生物則不能直接利用太陽光作能源，而是透過分解其他有機物來獲得能量，稱為化養生物。因此，太陽能是地球上所有代謝能的最終來源。

光合作用(photosynthesis)是綠色植物及光合細菌將日光轉化成化學能的過程。地球上光合作用規模極大，每年可以同化 CO_2 約 7×10^{11} 噸，消耗水 3×10^{11} 噸；合成醣類 4.5×10^{11} 噸，生產氧 5×10^{10} 噸，和光能 8.4×10^{18} KJ，相當於全世界人類一年所消耗能量的數十倍。

13.1 光合作用的部位

一、葉綠體和光合色素

(一) 葉綠體(Chloroplastid)

葉綠體是高等植物進行光合作用的場所，其長約 5~10 μm，厚約為 2 μm 的細胞組織，其形狀有杯狀、星狀、帶狀或扁平橢圓狀等。葉綠體表面為半通透性的雙層膜，稱為**被膜**(envelope)，被膜以內是葉綠體的基質(stroma)，分布著許多片層結構(lamellar structure)，每一個片層結構含有雙層膜形成扁平的囊狀物—**類囊體**(thylakoid)（見圖 3-4）。類囊體整齊地重疊成數個疊狀物，稱為**葉綠餅**(grana)。葉綠餅間由類囊體片層連接，使得葉綠體內所有膜狀結構得以相互聯繫。**葉綠體的光合色素主要集中在葉綠餅中**。所有膜結構均由蛋白質和脂質組成，二者各占一半。這些膜上的蛋白質除構成膜結構外，它們還是多種酶及電子傳遞系統。

(二) 光合色素(Photopigment)

光合色素是光合作用中吸收光能的物質，包括葉綠素、類胡蘿蔔素和藻膽素等。

1. **葉綠素**(chlorophylls)：四吡咯環的紫質衍生物，其結構類似於血紅素，但所含金屬是鎂。葉綠素有 a、b、c、d 四種，其結構差異主要是側鏈一個基團不同（圖 13-1）。

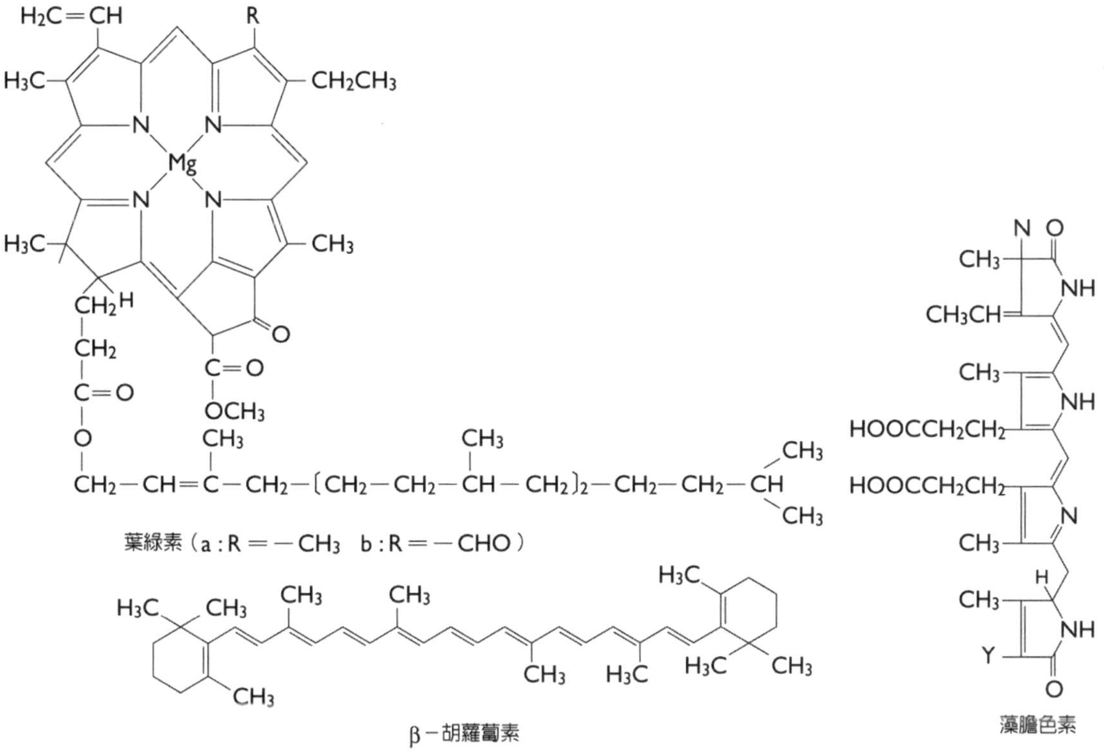

圖13-1 重要光合色素結構（李，1990）

藻膽色素中 Y＝－CH₂＝CH－為藻紅素，Y＝CH₃CH₂－為藻藍素

葉綠素是一種兩性分子，由鎂紫質(magnesium porphyrin)構成的「頭端」具親水性，與膜上的蛋白質結合；葉綠素分子的「尾端」是由一個含 20 個碳原子的葉綠醇(phytol)構成，具厭水性，與膜上的脂質結合。

葉綠素 a 呈藍色，存在於植物和藍綠藻(cyanophyta)；葉綠素 b（約占葉綠素 a 含量的三分之一）呈淡黃綠色，存在於高等植物、綠藻(chlorophyta)等藻類中；葉綠素 c 存在於褐藻(phaeophyta)、金藻(chrysophyta)；葉綠素 d 存在於紅藻(rhodophyta)中。光合細菌的光合色素為細菌葉綠素(bacterichlorophyll)，其結構與葉綠素 a、b 類似。

2. **類胡蘿蔔素**(carotenoids)：包括胡蘿蔔素(carotene)和葉黃素(xanthophyll)，它們分別呈橙色和黃色，胡蘿蔔素中常見的有α-胡蘿蔔素和β-胡蘿蔔素，它們的結

構見 7.3 節。葉黃素是胡蘿蔔素的氧化產物，即白芷酮(ionome)環的 C_3 位被氧化成羥基，因此葉黃素又稱為胡蘿蔔醇。高等植物中主要含α-胡蘿蔔素和β-胡蘿蔔素。在藻類中β-胡蘿蔔素存在於各種藻類，α-胡蘿蔔素主要存在於綠藻、金藻和紅藻中。葉黃素主要存在於紅藻和綠藻中。

　　類胡蘿蔔素不但可吸收光能，而將光能傳遞給葉綠素 a 以進行光合作用，而且還能保護葉綠素分子免遭強光的氧化傷害。葉綠素和類胡蘿蔔素與蛋白質以氫鍵結合，彼此較容易分開。

3. **藻膽素 (phycobilins)**：存在於藍藻和紅藻中，包括紅色的藻紅素(phycoerythrobilin)和藍色的藻藍素(phycocyanobilin)。它們是開鏈的四吡咯(pyrrole)化合物（見圖 13-1），其發色團(chromophore)與蛋白質以共價鍵結合，兩者不易分開，形成水溶性的藻膽素蛋白質(phycobiliprotein)。兩種藻膽素與蛋白質結合的藻膽蛋白分別稱為藻紅蛋白(phycoerythrin)和藻藍蛋白(phycocyanin)。

　　在上述各種光合色素中，葉綠素 a 被稱為**天線色素**(antenna pigment)。葉綠素 a 吸收光量子後進入激發態，這種激發態的能量被有效地傳遞到光反應中心(photoreaction center)，光反應中心由少數特殊形式的葉綠素 a 分子所組成，在反應中心電子激發能被轉換成氧化還原化學能，引起進一步的化學反應。其他各種色素，包括葉綠素 b、c、d、類胡蘿蔔素、藻膽素和光反應中心以外的葉綠素 a 都稱為**輔助色素**(accessory pigment)，它們所吸收的光能，主要傳遞給葉綠素 a，再供給光反應中心產生化學反應。

 專欄 BOX

13.1　色素對生物體的重要性

　　生物色素會因光線造成反射或吸收，使生物組織呈現不同的顏色。常見的生物色素種類如花青素、胡蘿蔔素、番茄紅素、葉綠素、黑色素等。

1. 花青素：是水溶性的天然抗氧化劑，屬於生物類黃酮的一種植物色素，花青素的顏色會隨著環境的酸鹼值而有所改變，具有抗氧化，抗發炎，抗癌及改善心血管疾病等生理功效。

2. 胡蘿蔔素：如食用過多木瓜、柑橘、蛋黃、紅蘿蔔，或胡蘿蔔素代謝太慢，可能造成血液中胡蘿蔔素過高症，又如甲狀腺機能低下、腎衰竭會使皮膚的角質層堆積過多的胡蘿蔔素，而顯得皮膚蠟黃，但眼睛的鞏膜並不會變黃。

3. 番茄紅素：油溶性類胡蘿蔔素色素之一，無維生素 A 活性，經過加熱加工後，才能顯著提高在人體的吸收率，為近年常見的抗衰老營養素。

4. 葉綠素：大多存在於綠色植物及藻類中，可吸收陽光進行光合作用。基本結構是一個類似血紅素的卟啉環(porphyrin ring)，中心帶鎂原子。葉綠素結構不穩定，光、熱、酸、鹼以及氧等都能使其分解。在酵素、酸性或高溫條件下，葉綠素容易失去鎂，而被氫取代成為去鎂葉綠素，食品的顏色也從「綠色」轉變為「黃褐色」。

5. 黑色素：與人種、個人體質、日曬量、荷爾蒙等有關，紫外線的刺激是使黑色素製造增多的最主要因素，亦是自然的保護機轉，以形成更深色的表皮障壁，可避免紫外線對人體的傷害。

二、光合作用的過程

光合作用過程可分為兩個階段：第一階段是光能轉變為化學能，即葉綠素利用光能產生 ATP 和 NADPH 反應，此反應稱為**光反應**(light reaction)；第二階段是 CO_2 還原為醣的過程，不需要光，是由光反應產生的 ATP 和 NADPH 和酶所進行的生物化學反應，稱為**暗反應**(dark reaction)。整個光合作用大致上會經歷下列過程：

1. **第一階段：**

    (1) 光能吸收：由光合色素系統吸收並傳遞光能。

    (2) 光能轉化：在「反應中心」(reaction center)將光能轉化為電能（電荷分離）。

    (3) 電子傳遞：電子在電子傳遞鏈（稱光合鏈，photosynthetic chain）中按順序傳遞。

    (4) 同化力的生成：在電子傳遞中消耗 H_2O，釋放 O_2，最後形成 NADPH 和 ATP，合稱為同化力(assimilation power)。

2. **第二階段：**用同化力將 CO_2 合成醣類。這個過程稱為暗反應。這些過程含有下列主要反應：

    (1) 水的光解作用(aqueous photolysis)：

$$H_2O \xrightarrow[\text{（葉綠素）}]{\text{光}} 2[H] + \frac{1}{2}O_2 + 2e^-$$

(2) 光合磷酸化(photosynthetic phosphorylation)：

$$NADP^+ + 2[H] \rightarrow NADPH + H^+$$
$$ADP + Pi \rightarrow ATP$$

(3) CO_2 的固定(carbon dioxide fixation)：

$$CO_2 + ATP + NADPH + H^+ + H_2O \rightarrow C_6H_{12}O_6 + NADP^+ + ADP + H_2O + \frac{1}{2}O_2$$

在游離的葉綠體懸浮液中加入高價鐵鹽、苯醌等，給予光照就有 O_2 釋出，以及高價鐵鹽被還原。此反應是由劍橋大學的 Hill (1937)所發現，故名為**希爾反應**(Hill reaction)。

在光合磷酸化過程中主要產生同化力。60 年代發現這個過程是由兩個光系統(photosystem, PS)所進行，分別是光系統 I (PSI)和光系統 II (PSII)。

13.2 光反應─光合作用中的能量轉換

在光合作用中，光能是如何轉變為化學能的？這種轉變的途徑又如何進行？對光合作用的研究是很重要而複雜的問題。從現有掌握的知識來看，對光能轉換的機制僅能有個粗略的了解。

一、反應中心及光合單元

光合作用中，各種色素所吸收的不同波長的光並非各自進行反應，而是透過特定傳遞系統，將能量傳遞給**反應中心**(reaction center)，光合作用就是在反應中心開始進行的。反應中心是指在葉綠體（植物）或色素體（細菌）中，進行光合作用起始反應的色素蛋白分子。

實驗證明，在進行一次光反應的時間內，需要 2,500 個葉綠素分子參與才能釋放一個氧分子（或同化一個 CO_2 分子），比數為 2,500：1。科學家由此推測，每個葉綠素分子並不是單獨進行暗反應，因而提出了**光合單元**(photosynthetic unit)的概念：2,500 個葉綠素分子構成一個集團，並與一個反應中心相聯繫，吸收一定數量的光子，以釋放一個氧分子。

　　光合作用的起始反應包括光物理和光化學反應。光物理過程主要指光能被吸收與傳遞的過程，光化學反應是指一系列的氧化還原反應。光合作用的起始反應是在光合單元內完成的，因此光合單元可能是捕光色素和反應中心，並能獨力完成光合作用起始反應的基本結構單位。光合單元、反應中心與捕光色素三者具有下列關係：

光合單元＝反應中心＋捕光輔助色素

二、光反應系統

　　實驗證明葉綠素 a 的吸收光譜較寬，在 600~700 nm 波段都有顯著吸收，對不同波長的光具有不同的光合效率。少數葉綠素 a 分子的最大吸收波長為 700 nm，對於大於 700 nm 的長波紅光，雖然葉綠素也有大量吸收，但光合效率很低，這種現象稱為**紅降現象**(red drop)。科學家們認為有一種特殊的葉綠素存在，定名為 P_{700}。但是單用 700 nm 的光，葉綠體的光合效率並不高。在加入另一波長較短的光波(600 nm)時，則光合效率比單獨用長波光(700 nm)或短波光(600 nm)時的光合效率之和還高，這個現象稱為**雙光增效現象**(double beam synergism)。

　　另一種實驗則為**雙光瞬變效應**(double beam transient effect)。在長短兩種波長的光交替照射時，由一種波長過渡到另一種波長的瞬間，光合速率發生暫時的突然升高（長波→短波）或降低（短波→長波）。瞬變效應與增效現象的作用光譜是一致的。這說明兩種效應有著相同的內部機制。基於上述實驗之結果，葉綠體內被認為至少存在兩個光反應系統：**光系統 I (PS I)與 $NADP^+$的光還原有關，光系統 II (PS II)與水的光分解作用放出 O_2 有關。**兩個光系統所包含的色素種類和數量不同的。

1. PS I：為一個膜狀複合物。含有 200 個葉綠素分子和 13 條多胜肽鏈（分子量 80 萬以上）。反應中心有 130 個葉綠素 a 分子。最大吸收波長為 700 nm，稱為 P_{700}。PS I 由 700 nm 波長的光激發，最終產生 NADPH；PS II 被較短波長 680 nm 的光激發，導致 O_2 的釋放。

2. PS II：由一個捕光複合體、一個反應中心和一個產生氧複合體組成。捕光複合體，約含 200 個葉綠素分子與 12 條多胜肽鏈（分子量約 760 萬）組成。反應中心有 50 個葉綠素 a，最大吸收波長為 670、680、690 nm，光能複合體的最大吸收波長為 680 nm，稱為 P_{680}（P 為色素 pigment 的縮寫）。產生氧複合體

的主要成分為水解酶(hydrolyase)，含有 4 個錳離子。有 5 種氧化狀態，可能裂解 2 分子水，得到 4 個電子並生成 O_2。

兩個光系統都是由葉綠素 a 所激發，但兩個系統葉綠素 a 不同。其他輔助色素的作用主要是向反應中心葉綠素 a 傳遞激發能。這些輔助色素包括葉綠素 b、藍綠藻中的藻藍素，紅藻中的藻紅素等，它們可將短波長光的能量傳遞給反應中心的葉綠素 a。

三、光合鏈

在綠色植物的光合作用中，兩個光系統是必須的（不放氧的光合細菌中只有光系統 I），它們有著各自獨特的功能。但是，在光合作用中，這兩個系統是如何聯繫起來的？兩個色素系統所捕獲的光能在反應中心轉變為電能後，電子又是如何傳遞的？在兩個光系統之間存在一個電子傳遞系統，由許多輔酶並按一定順序排列組成，將光系統 II 捕獲光能後所產生的電子向光系統 I 傳遞稱為**光合鏈**(photosynthetic chain)。這些組成及順序並不如粒線體中的呼吸鏈(respiratory chain)那麼清楚。在光合作用中：

$$P_{680} \rightarrow Q \rightarrow PQ \rightarrow Cyt\ b \rightarrow Cyt\ f \rightarrow PC \rightarrow P_{700}$$

實際上存在於類囊體膜中的光合鏈包括 4 種複合體（圖 13-2）：

1. **光系統 II－集光色素蛋白複合體 II** (PS II－LHCP II)。
2. **質體醌－Q 蛋白複合體**：Q 包括 QA 和 QB，為兩種結合有質體醌的蛋白質。
3. **細胞色素 b/f 複合體**。
4. **光系統 I－集光色素蛋白複合體 I** (PS I－LHCP I)。

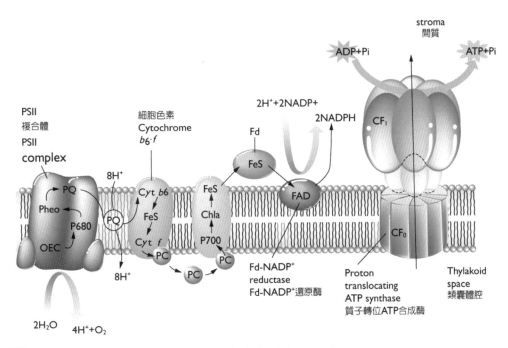

圖13-2 光合鏈及 ATP 酶在類囊體膜上的分布（沈、顧，1993）

四、光合磷酸化

由光照引起的電子傳遞及 ADP 磷酸化生成 ATP 的過程，稱為光合磷酸化 (photosynthetic phosphorylation)。即利用光能使 ADP 與 Pi 反應生成 ATP。在此，合成 ATP 所需之能量僅僅來自光能，沒有其他任何化學能參與。

按照電子傳遞方式的不同，光合磷酸化可分為環式磷酸化與非環式磷酸化。

1. **環式磷酸化**(cyclic phosphorylation)：環式磷酸化是包括光系統 I 在內的一個環式電子流。由激發態葉綠素分子所發出的電子經過一系列電子傳遞系統又回到葉綠素分子，並形成一個閉合回路（圖 13-3）。這種磷酸化的特點是：只有一個光系統，並僅有 ATP 生成，而不伴隨 $NADP^+$ 的還原，亦沒有 O_2 的釋放。每運輸 $2e^-$ 只生成一個 ATP。

   在入射光的照射下，激發態的葉綠素(P_{700})分離出一個電子，經光系統 I 交給鐵硫中心（或維生素及其他因素），鐵硫中心又將電子轉移到氧化態的鐵氧化還原蛋白(ferredoxin)，使其轉變為還原態。還原態的鐵氧化還原蛋白再將電子交給細胞色素 b，通過光合電子傳遞鏈回到 P_{700}。電子在環形流動中經過一連串的機制，可使 ADP 磷酸化生成 ATP。

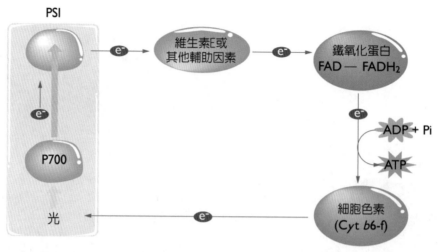

圖13-3 環式磷酸化

2. **非環式磷酸化**(noncyclic phosphorylation)：這是光合磷酸化的一種主要形式。在非環式光合磷酸化中，ATP 產生於開放的電子傳遞系統，水被光解並放出 O_2，$NADP^+$ 被還原形成 $NADPH+H^+$。高等植物葉綠體中的非環式光合磷酸化見（圖 13-4）。

由圖 13-4 可見，非環式光合磷酸化包括兩個光系統（PS I 和 PS II）。在 PS II 中，每個水分子光解後放出 $\frac{1}{2}O_2$、$2H^+$ 和兩個低能電子（Hill 反應）。兩個電子激發 P_{680}，使其成為激發態(P_{680}*)，電子傳遞經脫鎂葉綠素(Phe)、Q 或 PQ（質體醌）、Cyt b/f 及質體藍素(PC)。質體醌是兩個光系統的電子儲藏所。電子從 PQ 到 Cyt b/f 的傳遞過程中有較大的電位差，所釋放出來的能量即用於 ADP 磷酸化生成 ATP。

通過光合鏈後的兩個電子又成為低能電子以進入光系統 I (PS I)。PS I 捕獲遠紅光的能量，使葉綠素 P_{700} 激發成為激發態(P_{700}*)，放出兩個高能電子，使鐵氧化還原蛋白(ferredoxin, Fd)還原，Fd 再氧化時即可將電子傳給 $NADP^+$，並使 $NADP^+$ 還原，一個電子用於中和 $NADP^+$ 的正電荷，另一個電子用於中和質子（來自水的光解），使 $NADP^+$ 生成 $NADPH+H^+$。這最後一步驟需要鐵氧化還原蛋白——NADP 還原酶（ferredoxin-NADP reductase，簡寫 FNR 或 FP）催化。非環式磷酸化中的電子傳遞途徑，像一個 "Z" 字，故名「Z 方案」(Z scheme)。

由此可見，在光照下，從水分子的 OH^- 基到 NADPH 的生成，有一股淨電子流，這種電子的傳遞可使光能轉變為化學能(ATP)。ATP 的生成是由存於類囊體膜上的 ATP 酶(CF_1)所催化的。它的結構（圖 13-2）和功能與粒線體內膜上的 ATP 酶(F_1)十分相似。不過其能量是來自於光合鏈的電子傳遞。

ATP 和 NADPH 是非環式光合磷酸化的產物，也是光合作用在暗反應中還原 CO_2 為醣類物質所必需的「同化力」(assimilation power)，這種同化力實際上是光能轉變為化學能的最初產物。

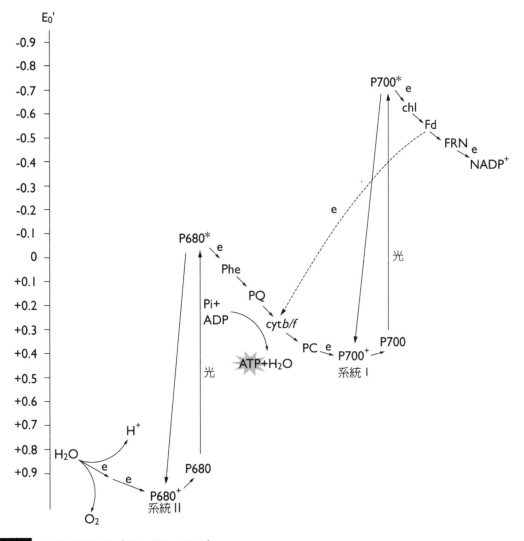

圖13-4 非環式磷酸化（沈、顧，1993）

專欄 BOX

13.2　光合磷酸化的能量轉換效率

　　在光合作用中兩個色素系統都可以由一個光子引起一個電子的釋放，電子通過光合鏈的傳遞能使 ADP 磷酸化生成 ATP，即光能以 ATP 的化學能形式來儲存。這種轉化效率可估計如下：

1. 由 PS II 發生的光反應 II：

$$H_2O \xrightarrow{2hv} \frac{1}{2}O_2 + 2H^+ + 2e^-$$

2. 由 PS I 發生的光反應 I：

$$2e^- + H^+ + NADP^+ \xrightarrow{2hv} NADPH$$

　　而包括 ATP 生成的整個反應為：

$$H_2O + NADP^+ + 2ADP + 2Pi \xrightarrow{4hv} \frac{1}{2}O_2 + NADPH + H^+ + 2ATP$$

$$或 \quad 2H_2O + 2NADP^+ + 4ADP + 4Pi \xrightarrow{8hv} O_2 + 2NADPH + 2H^+ + 4ATP$$

　　即 8 個光子(hν)可產生 1 分子 O_2 和 2 分子 NADPH，4 分子 ATP。$NADP^+$ 作為電子受體還原時其標準自由能變化為 $\Delta G = +13.7 \ KJ \cdot mol^{-1}(+52 \ Kcal \cdot mol^{-1})$。在 700 nm 處光的能量為 171.5 $KJ \cdot Einstein^{-1}$ (41 $Kcal \cdot Einstein^{-1}$)。生成 1 mol NADPH 需 4 Einstein 光子，即需 $171.5 \times 4 = 686 \ KJ$ 能量（或者 164 Kcal），生成 2 mol ATP 約相當於 58.75 KJ (14 Kcal)。

　　因此，能量轉化效率為：

$$\frac{217.57 + 58.57}{686} \times 100\% = 40\%$$

　　由此可知，光合作用中光合磷酸化的能量轉換效率，與呼吸作用中氧化磷酸化的能量轉換率是很相近的。

13.3　暗反應─光合作用的碳素途徑

　　光合作用的**光反應**是將光能轉變為 ATP 和 NADPH 化學能，光合作用的暗反應是有 CO_2 的參與及醣類的生成，這是化學反應過程。Calvin 等提出了光合作用的碳素同化的途徑，稱為卡爾文循環(Calvin cycle)。由於這個途徑的最初產物是含有三個碳原子的化合物，故又稱三碳循環。進行三碳循環的植物叫 C_3 植物。此後，又在一些植物中發現另一種光合循環途徑，即四碳二羧酸循環，具有這種途徑的植物叫 C_4 植物。

一、卡爾文循環

(一) 第一階段

卡爾文循環(Calvin cycle)同化 CO_2 的過程可以分為三個階段：CO_2 的固定、被固定 CO_2 酯化還原以及 CO_2 受體的再生。

1. **CO_2 的固定：核酮糖-1,5-二磷酸**(ribulose-1,5-diphosphate, RuDP)經由羧化反應，產生 2 分子 3-磷酸甘油酸(3-phosphoglyceric acid, PGA)，催化此一反應的酵素為**二磷酸核酮糖羧化酶**(RuDP carboxylase)。

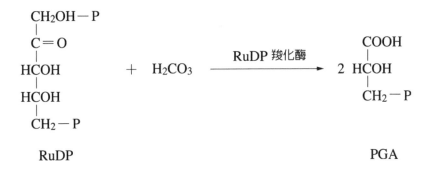

2. **被固定的 CO_2 還原**：3 分子 RuDP 經過三次羧化（固定 3 個 CO_2），產生 6 分子 PGA，再由磷酸甘油酸激酶(phosphoglycerate kinase)和磷酸甘油醛脫氫酶(phosphoglyceraldehyde dehydrogenase)催化，轉變成 6 分子的甘油醛-3-磷酸(glyceraldehyde-3-phosphate, GAP)。此階段需耗具還原力的 ATP 和 NADPH。

3. **RuDP 的再生**：經過 CO_2 的固定和還原，使一分子 RuDP 轉變成二分子 GAP。若 GAP 進一步轉化緩慢，會造成 RuDP 濃度降低，因而降低固定 CO_2 的速度。故 RuDP 必須不斷再生。

(二) 第二階段

上階段被還原的 6 分子 GAP 中有 5 分子參加循環，以使 RuDP 再生。剩下一分子可經 EMP 逆反應來合成葡萄糖，進而用以合成澱粉；也可通過 EMP 順向反應來行轉變為丙酮酸，再用於合成脂肪酸或胺基酸（圖 13-5）。由圖 13-5 可知，每固定三個 CO_2，經過一次循環，即生成一個三碳物質—甘油醛-3-磷酸。其他各種醣類亦是再生的中間物。

1. **生成果糖-6-磷酸**：參加循環的 5 分子 GAP 中的 2 分子（圖 13-5 中②位與④位），經磷酸三碳糖異構酶(phosphotriose isomerase)催化，轉變為磷酸二羥丙酮(dihydroxyacetone phosphate)，其中一個磷酸二羥丙酮與一個 GAP 在醛縮酶(aldolase)催化下，反應生成果糖-1,6-二磷酸(fructose-1,6-diphosphate)，再由磷酸酶 (phosphatase) 催化切下 C_1 位磷酸，生成果糖-6-磷酸 (fructose-6-phosphate)。再與第③位分子的 GAP 發生轉酮反應，生成赤蘚糖-4-磷酸(erythrose-4-phosphate)和木酮糖-5-磷酸(xylulose-5-phosphate)。木酮糖-5-磷酸再由表異構酶(epimerase)催化，轉變為核酮糖-5-磷酸(ribulose-5-phosphate)。

2. **生成景天庚酮糖-7-磷酸**：赤蘚糖-4-磷酸與另一分子磷酸二羥丙酮（來自第④分子 GAP）反應（醛縮酶的催化），生成景天庚酮糖-1,7-二磷酸(sedoheptulose-1,7-diphosphate)，再由磷酸酶水解 C_1 的位磷酸，轉變為景天庚酮糖-7-磷酸(sedoheptulose-7-phosphate)。

3. **生成 3 分子 RuDP**：景天庚酮糖-7-磷酸與第⑤位分子的 GAP 發生轉酮反應，生成 2 個五碳糖：核糖-5-磷酸(ribose-5-phosphate)和木酮糖-5-磷酸，它們再由表異構酶催化轉變成 2 分子酮糖-5-磷酸核。以上生成的 3 分子核酮糖-5-磷酸再由激酶催化，生成 3 分子 RuDP，進而形成一個循環，使 RuDP 得以再生。

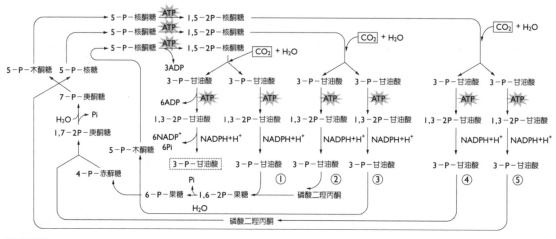

圖13-5　卡爾文循環

CO_2 的固定及還原是吸能過程，消耗了由光反應所產生的還原力（ATP 和 NADPH）。每生成 1 分子甘油醛-3-磷酸（為一循環），需 9 分子 ATP 和 6 分子 NADPH。若要合成 1 分子葡萄糖，則需 2 二分子甘油醛-3-磷酸（固定 6 個

CO_2），進行二次卡爾文循環，需 18 分子 ATP 和 12 分子 NADPH。所以，總反應式可以寫為：

$$6CO_2 + 18ATP + 12NADPH + 12H^+ + 12H_2O \rightarrow C_6H_{12}O_6 + 18ADP + 18Pi + 12NADP^+$$

二、C_4 循環

(一) 起　源

　　二十世紀五十年代到六十年代，正當人們把注意力集中研究 C_3 循環的時候，1965 年澳大利亞植物生化學家 Hatch 和 Slack 發現，甘蔗中參與光合作用的早期產物不是甘油酸-3-磷酸和甘油醛-3-磷酸之 C_3 物質，而是四碳二羧酸及其衍生物，後來在玉米中也得到相同結果。於是提出了除了 C_3 循環（卡爾文循環）外，可能還存有其他的碳素途徑。七十年代以後證實了這個途徑的存在，取名為 C_4 循環(C_4 cycle)。

(二) C_4 循環的類型

　　C_4 循環有兩種類型：蘋果酸型(malate form)和天門冬胺酸型(asparate form)，見（圖 13-6）及（圖 13-7）。

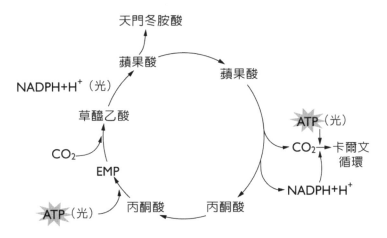

圖13-6　C_4循環（蘋果酸型）

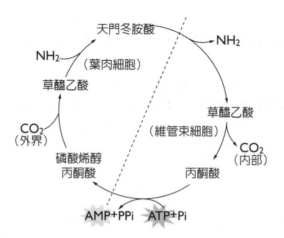

圖13-7
圖13-7 C$_4$循環（天門冬胺酸型）

　　這兩種類型的 C$_4$ 循環途徑都是以**磷酸烯醇丙酮酸**(phosphoenolpyruvic acid, PEP)為 CO$_2$ 受體，由 PEP 羧化酶(PEP carboxylase)催化生成草醯乙酸(oxaloacetic acid)。

1. **蘋果酸型**：蘋果酸型是草醯乙酸還原為蘋果酸(malic acid)，由蘋果酸脫氫酶 (malate dehydrogenase)催化，蘋果酸再發生氧化脫羧（由蘋果酸酶(malic enzyme)催化），把 CO$_2$ 釋放出來，同時生成丙酮酸(pyruvic acid)。丙酮酸在有 ATP 和 Pi 參與下，可由**丙酮酸磷酸雙激酶**(pyruvate phosphate dikinase)催化，轉變為 PEP，進而形成一個循環。雙激酶催化的反應如下：

$$
\begin{array}{l}
\text{CH}_3 \\
| \\
\text{C}=\text{O} \quad + \text{ATP} + \text{Pi} \\
| \\
\text{COOH} \\
\text{丙酮酸}
\end{array}
\longrightarrow
\begin{array}{l}
\text{CH}_2 \\
\| \\
\text{C} - \text{O} \sim \text{P} + \text{AMP} + \text{PPi} \\
| \\
\text{COOH} \\
\quad \text{PEP}
\end{array}
$$

2. **天門冬胺酸型**：在天門冬胺酸型中，草醯乙酸先在葉肉細胞(mesophyll cells)通過轉胺作用（transamination，見第 14 章）生成天門冬胺酸，然後在維管束細胞(bundle-sheath cells)再轉變成草醯乙酸，而後脫羧為丙酮酸，再由雙激酶催化生成 PEP。

　　C$_4$ 循環的步驟都是暗反應，但只在有光時才會啟動進行。因為丙酮酸磷酸雙激酶是受光控制的，在光下活化，而暗中會失活。

(三) C_4 循環的重要性

由 C_4 循環途徑看來，CO_2 被 PEP 固定後，經過循環又釋放出來，並未由所固定的 CO_2 來合成有機物的作用。那麼，C_4 循環在植物體內有何生理意義呢？

首先，我們分析一下兩種羧化酶對 CO_2 的親和力(affinity)。在體外實驗中，對 CO_2 的米氏常數(Michealis Constant, K_m)：RuDP 羧化酶為 450 μM，PEP 羧化酶為 7 μM。也就是說，PEP 羧化酶對 CO_2 的親和力比 RuDP 羧化酶約高 64 倍。

其次，兩種羧化酶在組織內的分布不同。葉肉細胞葉綠體中 PEP 羧化酶活性比 RuDP 羧化酶活性高，而在維管束細胞中則相反，RuDP 羧化酶活性高。

根據這些事實，現在一般認為具有 C_4 循環的植物（稱為 C_4 植物）中，C_4 循環對 CO_2 起**固定作用**(fixation)和**運輸作用**(transportation)，把外界大氣中的 CO_2 轉移到葉子內部，使 CO_2 濃度增加，其功能有如一個以 ATP 為動力的「CO_2 幫浦」(CO_2 pump)（每固定 1 個 CO_2，消耗 2 個 ATP）。

熱帶、亞熱帶植物以及甘蔗、高粱、玉米等農作物為 C_4 植物，它們在較高的氣溫下，氣孔為避免水分的過分喪失常常關閉，因而影響了 CO_2 進入葉內。此時，在接近葉表皮處的葉肉細胞內，由 PEP 羧化酶對 CO_2 的親和力較高，可啟動 C_4 循環，促進 CO_2 向內運輸，確保 C_3 循環對 CO_2 的需求，以促使光合效率的提高。可見 C_4 循環代謝途徑及其調控的研究，對農業增產有重大意義。

13.4 肝醣生成作用

肝醣是動物和人體內儲存的多醣型式。肝醣是動物和人體內儲存的多醣型式。餐後充足的能量將可利用葡萄糖或其他單醣（果糖、半乳糖等）為原料合成肝醣，此過程稱為**肝醣生成作用**(glycogenesis)；肝醣生成作用主要發生在肝臟、肌肉等組織細胞的細胞質中。包括下列幾個步驟：

一、葡萄糖-6-磷酸的生成

由葡萄糖磷酸化生成葡萄糖-6-磷酸(glucose-6-phosphate)，在醣的分解反應中，由己糖激酶(hexokinase)催化。但在肝中合成肝醣時此反應由葡萄糖激酶(glucokinase)催化。雖然這兩個激酶所催化的反應相同，而且均由 ATP 提供能量和磷酸基。但這兩個酵素又有不同之處：

1. **己糖激酶**：分布廣泛，主要參與分解反應，並由兩個次單元組成（分子量 110,000），專一性不強，可使多種己糖磷酸化。對葡萄糖的 K_m 值為 $10^{-6} \sim 10^{-7}$ M，可被 G-6-P 抑制。

2. **葡萄糖激酶**：僅存在於肝臟，參與合成反應。分子量大($15 \sim 20 \times 10^5$)，專一性強，它只能催化葡萄糖磷酸化，其 K_m 值為 2×10^{-2}M（可見其對葡萄糖的親和力比己糖激酶低得多），並且不被 G-6-P 抑制。

二、葡萄糖-1-磷酸的生成

由葡萄糖-6-磷酸轉變為葡萄糖-1-磷酸(glucose-1-phosphate, G-1-P)，是一個磷酸基團的轉位作用，由磷酸葡萄糖變位酶(phosphoglucomutase)催化。這種磷酸基團的變位機制是葡萄糖-6-磷酸(G-6-P)與葡萄糖 1,6-二磷酸(glucose-1,6-diphosphatem, G-1,6-P$_2$)交換磷酸基。

$$G-6-P + G-1,6-P_2 \xrightleftharpoons{\text{磷酸化酶}} G-1,6-P_2 + G-1-P$$

三、尿苷二磷酸葡萄糖的生成

G-1-P 在 **UDPG 焦磷酸化酶**(UDPG pyrophosphorylase)催化下，與尿苷三磷酸(UTP)作用生成尿苷二磷酸葡萄糖(uridine diphosphoglucose, UDPG)，並釋放出焦磷酸(PPi)。

四、葡萄糖聚合體的生成

在有肝醣作為引物的誘導下，由肝醣合成酶(glycogen synthetase)催化，與前反應所生成的 UDPG 中的葡萄糖基以α(1→4)糖苷鍵與引物相連，生成比原來多一個葡萄糖殘基的聚合體(glucose polymer)。循環以上的反應，則可生成一個直鏈的大分子。

$$UDPG＋肝醣(G_n)→UDP＋肝醣(G_{n+1})$$

五、肝醣的生成

上述直鏈聚合體在分枝酵素(branching enzyme)的作用下，以 α(1→4)糖苷鍵相連的葡萄糖鏈的一部分分解，並在原直鏈結構一定殘基上以 α(1→6)糖苷鍵相連接，反覆作用，最後生成多分枝的肝醣(glycogen)。這個過程與支鏈澱粉最後分枝的形成十分相似。

分枝酵素為使肝醣增加支鏈的作用，具有重要的代謝意義。肝醣支鏈的增加，不但增加了肝醣的溶解度，而且增加了許多非還原性末端，也就是增加了肝醣合成酶和磷酸化酶的作用部位，可使肝醣在合成代謝中能繼續增大分子，在分解代謝中增加磷酸化酶的作用點，進而加速分解。肝醣的合成是耗能的，能量直接來自 UTP。

13.5 糖質新生作用

一、糖質新生的途徑

人體在足夠能量下，以葡萄糖作為能量來源，但當體內葡萄糖缺乏時，則會以丙酮酸、乳酸或胺基酸等非醣類物質轉化為糖的糖質新生作用(glyconeogenesis)主要在肝臟中進行，其途徑基本上是糖解途徑(EMP)的逆向過程。但在 EMP 中有三個酶催化的反應是不可逆的，這三個酵素是**己糖激酶**(hexokinase)、**磷酸果糖激酶**(phosphofructokinase)和丙酮酸激酶(pyruvate kinase)，在糖質新生時由不同的酵素催化。由己糖激酶和磷酸果糖激酶所催化的兩個反應的逆行過程，是由兩個特異的**磷酸酶**(phosphatase)水解磷酸酯鍵完成的。催化葡萄糖-6-磷酸(G-6-P)水解生成葡萄糖是葡萄糖 6-磷酸磷酸酶(glucose-6-phosphate phosphatase)；催化果糖-1,6-二磷酸(F-1,6-P$_2$)水解生成果糖-6-磷酸(F-6-P)的是二磷酸果糖磷酸酶(diphosphofructose phosphatase)。

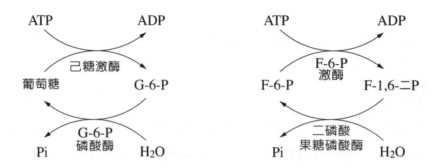

由丙酮酸激酶催化的反應，其逆向過程包括兩個反應，分別由丙酮酸羧化酶(pyruvate carboxylase)和**磷酸烯醇丙酮酸羧激酶**(phosphoenolpyruvate carboxykinase)催化，進而也形成一個環式途徑，稱為**丙酮酸羧化路徑**(pyruvate carboxylation shunt)（圖 13-8）。

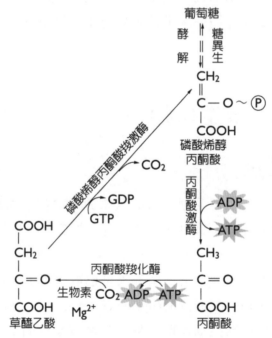

圖13-8 丙酮酸羧化路徑

二、糖質新生與 TCA 循環

人和哺乳動物的丙酮酸羧化酶存在於粒線體中，細胞質液中的丙酮酸必須先進入粒線體才能羧化成草醯乙酸(oxaloacetic acid)。而草醯乙酸要生成醣，又必須從粒線體釋出，才能成為磷酸烯醇丙酮酸羧激酶的反應物。但是，草醯乙酸本身不能穿透粒線體內膜，由粒線體到細胞質液運輸草醯乙酸有兩種機制：一是在粒

線體內經麩胺酸草醯乙醯轉胺酶(glutamate oxaloacetate transaminase)的作用（見 14.2 節）轉變成天門冬胺酸後可進出粒線體；二是粒線體內的草醯乙酸經蘋果酸脫氫酶(malate dehydrogenase)催化，還原成蘋果酸，蘋果酸經過二羧酸運輸系統運輸到細胞質液中，再通過細胞質液的蘋果酸脫氫酶催化，氧化成草醯乙酸。這個途徑還可為糖質新生作用提供 NADPH。現將肝臟(liver)和腎皮質(kidney cortex)中糖解與糖質新生作用總結於（圖 13-9）。

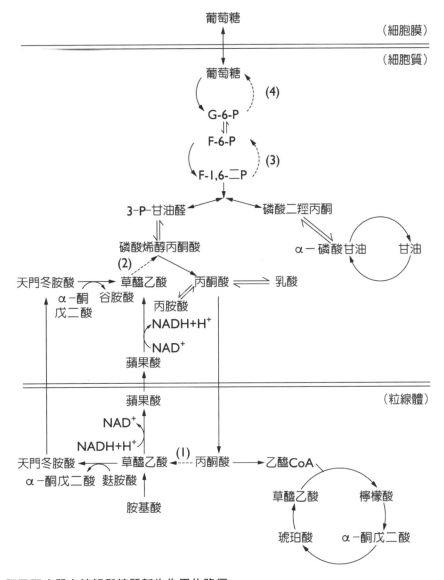

圖13-9 肝及腎皮質中糖解與糖質新生作用的路徑

　　圖 13-9 中的 (1)、(2)、(3)、(4)為糖質新生作用的調節酵素 (regulatory enzyme)。哺乳動物肝粒線體內的丙酮酸羧化酶（圖 13-9 (1)）是由四個相同次單元構成的寡聚酶(oligomeric enzyme)，分子量為 500,000。每個次單元結合一分子生物素(biotin)和一個兩價金屬離子（Mg^{2+} 或 Mn^{2+}）。乙醯輔酶 A (acetyl CoA)、脂醯基輔酶 A (fatty acyl CoA)和高 ATP/ADP 比值對該酵素有促進作用。若細胞內 ATP 含量上升，則 TCA 循環降低，糖質新生作用加強。因此，丙酮酸羧化酶是聯繫 TCA 循環和糖質新生的一個重要酶。

　　糖質新生的第二個重要酵素是磷酸烯醇丙酮酸羧激酶。其為一個單體酶 (monomeric enzyme)，對草醯乙酸的 K_m 值為 9 μM，高於生理性細胞質液濃度 (5μM)。因此，細胞內草醯乙酸濃度的變化可作為調節糖質新生的速度。

　　糖質新生作用的三種主要原料是乳酸、甘油和某些胺基酸。乳酸在乳酸脫氫酶(lactate dehydrogenase)作用下氧化成丙酮酸，經羧化反應生成醣；甘油被磷酸化生成磷酸甘油(phosphoglycerol)後，氧化成磷酸二羥丙酮，再經 EMP 逆反應合成醣；胺基酸則通過多種路徑可轉變成醣代謝的中間產物，再生成醣（見第 14 章）。

　　糖質新生作用是有機體的一種適應性反應。當進食醣類物質不足時，糖質新生作用顯著增加。糖質新生作用可在饑餓情況下確認血糖(blood glucose)濃度的相對恆定；可將累積的乳酸再利用，回收乳酸中的能量和聯繫某些胺基酸的代謝等；在某些病理情況下，糖質新生作用更具有重要的意義。

摘要

1. 醣的生合成包括光養生物(phototroph)的光合作用及多醣的合成。光合作用是利用光能將無機物（CO_2 和水）用於合成醣類，而多醣的合成是利用化學能(ATP)將單醣合成多醣，或由非醣物質合成醣類。

2. 光合作用包括兩個過程：光反應和暗反應。光反應是利用光合色素將太陽光能轉變成 ATP、NADPH 等之化學能（稱為同化力）。暗反應是酵素反應過程，不需要光，但在光下也能進行。它是利用光反應產生的 ATP、NADPH 的能量，將 CO_2 和水轉化成醣類。

3. 光合作用在葉綠體（細菌為載色體）中進行。捕光色素將其捕獲的光能傳給特殊的葉綠素分子(P_{680})，引起激發而放出高能電子，這種高能電子經過光合鏈的傳遞，將能量逐漸釋放出來，用於 ATP 的生成。長波長的光照射，引起另一種特殊葉綠素分子(P_{700})的激發，釋放出高能電子，這種電子的能量使得 $NADP^+$ 還原，生成 NADPH。所以，高等植物中存有兩個光系統，即 PS I 和 PS II。PS II（含有 P_{680}）具有水的光解作用和放出 O_2 過程；PS I（含有 P_{700}）是有 $NADP^+$ 還原的過程。這兩個光系統之間是由電子傳遞鏈（光合鏈）聯繫。

4. 光反應產生的 ATP 和 NADPH 在暗反應中用於固定 CO_2，使 CO_2 先與其受體核酮糖 1,5-二磷酸結合，轉變成三碳糖，經過一個環式代謝途徑（稱為卡爾文循環或 C_3 循環），固定三個 CO_2 產生一個甘油醛-3-磷酸，固定 6 個 CO_2 則合成 1 分子葡萄糖。在一些熱帶和亞熱帶植物，以及甘蔗、玉米等作物中除了具有 C_3 循環外，還存有 C_4 循環，可進一步提高光合效率。

5. 在植物體內，除光合作用外，還具有合成蔗糖等寡醣及合成澱粉等多醣的途徑。這種合成的原料為葡萄糖並需先活化為 UDPG 或 ADPG。

6. 在動物體內醣的合成主要是由葡萄糖合成肝醣和由非醣物質合成醣，前者稱為肝醣生成作用，以 UDPG 為直接原料；後者稱為糖質新生作用，主要是以甘油、乳酸和某些胺基酸轉化為醣。其過程為 EMP 逆向反應，但有數個不可逆反應則由其他酵素催化。肝醣合成及糖質新生都是耗能的過程。

MEMO

PRINCIPLES OF
BIOCHEMISTRY

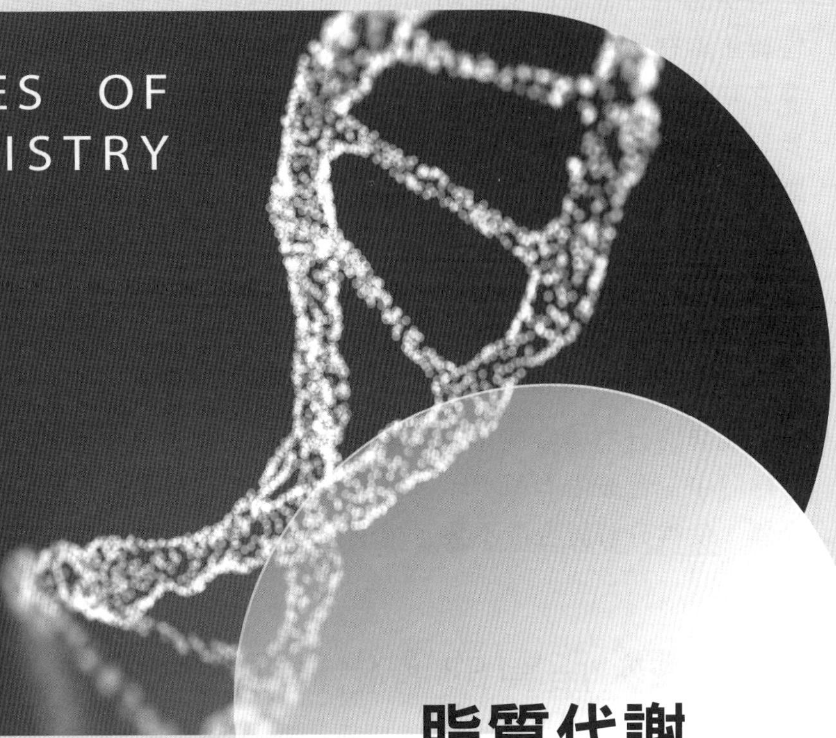

脂質代謝

食物中可溶於有機溶劑之成分皆屬於脂質，包含游離型或酯化型脂肪酸、脂溶性維生素、色素、固醇類、蠟質等。除了可以提供生物體高能量來源外，亦可供應不可或缺的必需脂肪酸，油脂更可賦予食物芳香的適口性，並促進脂溶性維生素在生物體的吸收利用，建構細胞膜及磷脂質之主要成分及具有調節荷爾蒙之功能。醣和脂肪都是能源物質，脂肪作為儲存能源的物質，比醣類要經濟得多，主要是因為脂肪不含水，醣類則要與水結合。1 克無水的脂肪比 1 克水化的肝醣儲能大六倍，同時不含水的醣類完全燃燒時所釋放的能量也不及脂肪。1 克脂肪完全氧化分解釋放 9.3 Kcal (38.9 KJ)的能量；1 克醣釋放 4.2 Kcal (17.6 KJ)；1 克蛋白質釋放 5.6 Kcal (23.4 KJ)能量。脂肪比醣類釋出高達一倍多的能量。這是因為在脂肪分子中氫與氧的比值比醣類高很多。例如，棕櫚酸(palmitic acid) C：H：O 為 8：16：1，葡萄糖則為 1：2：1。

脂肪的分解與合成是在細胞內不同部位進行的。合成在細胞質中，而分解在粒線體中；合成由 NADPH 提供還原力，而分解是以 FAD 和 NAD^+ 為質子和電子受體，使得分解與合成不致互相干擾，而且不會做無用的功。

14.1 脂質的消化與吸收

一、脂質的消化

1. **胰脂解酶**(pancreatic lipase)：在小腸中有胰臟分泌的胰脂解酶，分為 α-脂解酶和 β-脂解酶。三醯甘油 (triacylglycerol) 可被 α-脂解酶水解成二醯甘油 (diacylglycerol)和單醯甘油(monoacylglycerol)，單醯甘油再被 β-脂解酶水解去除甘油 β-碳原子上的脂肪酸。脂解酶作用的產物就是甘油和脂肪酸。

2. **膽固醇酯酶**(cholesterol esterase)：胰臟可分泌膽固醇酯酶，將膽固醇酯 (cholesterol ester)水解成游離膽固醇(cholesterol)和脂肪酸。

3. **磷酸脂解酶**(phospholipase)：可將磷脂質(phospholipids)水解產生甘油、脂肪酸、磷酸以及膽鹼(choline)、乙醇胺(ethanolamine)或絲胺酸(serine)等。

二、脂質的吸收

被消化後的脂質產物，在膽汁酸(bile acid)的幫助下，於十二指腸的下部和空腸的上部被吸收。在腸黏膜細胞中，游離脂肪酸被轉化成醯基輔酶 A (acyl coenzyme

A)，首先合成二醯甘油，再合成三醯甘油，並形成直徑為 0.5~1.0 μm 的乳糜微粒 (chylomicron)，被釋放到黏膜細胞外。它再根據分子大小和形狀，分別進入肝門靜脈或淋巴系統。

三、脂質的運輸

　　脂肪、磷脂質和膽固醇及其酯衍生物分別以乳糜微粒(CM)、極低密度脂蛋白 (VLDL)、低密度脂蛋白(LDL)、高密度脂蛋白(HDL)和極高密度脂蛋白(VHDL)（見 5.12 節）等形式，由血液運送(transportation)。

1. **脂肪酸的運輸**：游離脂肪酸除以極高密度脂蛋白運送外，也有一部分由血清蛋白運送。在血液中各種脂質成分即構成血脂質(blood lipid)。在血管內，含 C_6~C_{10} 的低分子量游離脂肪酸與血漿脂蛋白結合，大部分由微血管經門靜脈進入肝臟進行氧化，或延長碳鏈變成長鏈脂肪酸。C_{10} 以上的長鏈脂肪酸與血漿脂蛋白結合運送。C_6~C_{10} 的短鏈脂肪酸比 C_{12}~C_{18} 長鏈脂肪酸易被吸收，不飽和脂肪酸比飽和脂肪酸易被吸收。

2. **膽固醇的運輸**：膽固醇的吸收和運送必須依賴脂蛋白。被吸收的膽固醇可透過膽汁(bile)再排入腸腔，稱為再循環(re-cycle)。而被腸黏膜細胞吸收的膽固醇與脂肪酸形成膽固醇酯，可通過淋巴系統進入血液循環。

 專欄 BOX

14.1　反式脂肪酸

　　自然界中的不飽和脂肪酸型式大多以順式結構存在，可利用氫化技術，將部分不飽和脂肪酸轉換成飽和脂肪酸，使其耐高溫，不易變質，延長保存、改善食品的口感和風味，並降低成本。然而，在氫化過程中會產生大量反式脂肪酸，亦會造成對人體健康之危害，提高心血管疾病之風險。牛、羊等反芻動物胃中的反式脂肪酸為天然的，而人為加工氫化所產生的反式脂肪酸卻會增加心血管疾病之風險。世界衛生組織(World Health Organization; WHO)建議反式脂肪酸攝取量應低於每天總熱量的 1%，各國宜多進行政令宣導降低食品中人工氫化反式脂肪酸含量及攝取，並以加工食品中不添加氫化反式脂肪為終極目標。我國衛生福利部自 2008 年規定食品營養標示須註明反式脂肪酸含量，2016 年初公告將於 2018 年 7 月起，全面禁用人工氫化反式脂肪酸（衛生福利部，2016）。

14.2 脂肪的分解代謝

　　脂肪在脂解酶(lipase)作用下水解為甘油(glycerol)和脂肪酸(fatty acid)，甘油和脂肪酸則依不同途徑進行代謝。

一、甘油代謝

　　甘油在 ATP 參與下，由**甘油激酶**(glycerol kinase)催化，首先轉變為α-磷酸甘油(α-phosphoglycerol)。這個反應為不可逆，其逆反應另由磷酸甘油磷酸酶(phosphoglycerol phosphatase)所催化。α-磷酸甘油在磷酸甘油脫氫酶(phosphoglycerol dehydrogenase)作用下，轉變成磷酸二羥丙酮。這個脫氫酶的輔酶是 NAD^+。磷酸二羥丙酮可進入三羧酸循環被徹底氧化；也可經由 EMP 糖解途徑逆向反應用以合成葡萄糖或肝醣（圖 14-1）。

　　由此可見，磷酸三碳糖(phosphotriose)是聯繫脂質與醣代謝的重要物質。甘油分解代謝的逆向反應，即是甘油的合成途徑，甘油可由醣轉化而成。

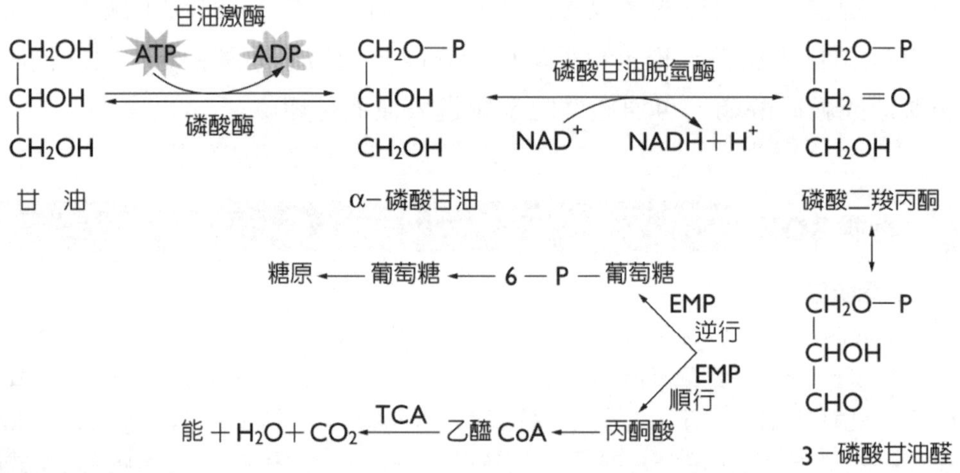

圖14-1 甘油代謝途徑

二、脂肪酸的β-氧化

　　1904 年德國生物化學家 Knoop 根據苯環在代謝中不被氧化的性質，用化學方法以苯環作標記，製備一系列ω-苯脂酸(phenyl-fatty acid)做動物實驗，經過解毒機制而從尿中排出，分析其排泄物。發現凡含**偶數**碳原子的苯脂酸均變為**苯乙尿酸**(phenyl-ethyl-glycine)（苯乙酸與甘胺酸的縮合產物）；凡含奇數碳原子的苯脂酸

均變為**馬尿酸**(hippuric acid)（苯甲酸與甘胺酸的縮合產物）。Knoop 認為脂肪酸在分解時，每次切下一個二碳單位，即從α與β碳原子之間斷裂，β-碳原子被氧化成羧基，於是提出脂肪酸的 **β-氧化作用**(β-oxidation)。

人體以三酸甘油酯形式儲存能量，其分解需經脂解酶(lipase)作用，可解離出 1 分子甘油和 3 分子脂肪酸。甘油送回肝臟，被分解釋放能量或進行糖質新生作用(gluconeogenesis)而脂肪酸則進行 β-氧化作用(β-oxidation)產生 ATP。β-氧化作用是脂肪酸氧化分解的主要途徑，歷經脂肪酸活化、進入粒線體、脫氫、水合、再脫氫和硫解等步驟，最後產生乙醯輔酶 A (acetyl CoA)進入 TCA 循環，徹底氧化。

1. **脂肪酸的活化**：由 ATP 水分解成 AMP 提供能量，脂肪酸與輔酶 A 生成具高能硫酯鍵的脂醯輔酶 A (fatty acyl CoA)。催化這些反應的酶為**脂醯輔酶 A 合成酶** (fatty acyl CoA synthetase)，存在於粒線體外膜和內質網。

$$RCH_2CH_2CH_2COOH \xrightarrow{\text{脂醯 輔酶 A合成酶}} RCH_2CH_2 CH_2\overset{\overset{O}{\|}}{C}{\sim}CoA$$
脂肪酸　　　　　　　　　　　　　　　　　　　　　脂醯 輔酶 A

在微生物及動物肌肉細胞中，脂肪酸的活化主要由輔酶 A 轉移酶(CoA transferase)催化，琥珀酸輔酶 A 提供 CoA_{SH}，生成脂醯輔酶 A。

$$\text{脂肪酸} + \text{琥珀酸輔酶 A} \xrightarrow{\text{輔酶A轉移酶}} \text{脂醯輔酶 A} + \text{琥珀酸}$$

2. **脂醯輔酶 A 轉入粒線體**：脂醯輔酶 A 不能通過粒線體內膜，它必須借助於存在於粒線體內膜上的肉鹼(carnitine)的運輸，這由**肉鹼醯基轉移酶**(carnitine acyl transferase)催化：

$$\text{脂醯輔酶 A} + \text{肉鹼} \xrightleftharpoons{\text{肉酸素醯基轉移酶}} \text{脂醯肉鹼} + CoA_{SH}$$

肉鹼是由離胺酸轉化而成的，其化學結構為 3-羥基-4-三甲氨基丁酸。脂肪酸的連接位置是第 3 位置的羥基與脂肪酸羧基縮合成酯鍵。

$$(CH_3)\overset{+}{N} - \overset{4}{C}H_2 - \underset{|}{\overset{3}{C}H} - \overset{2}{C}H_2 - COO^-$$
$$OH$$

存在於粒線體內膜上的肉鹼醯基轉移酶有 I 和 II 兩種。酶 I 位於粒線體內膜的外側，催化脂醯輔酶 A 轉變成脂醯肉鹼(fatty acyl carnitine)，進而使後者轉入膜內；酶 II 位於內膜的內側，催化上述反應的逆反應，即脂醯肉鹼轉變為脂醯輔酶 A，並使脂醯輔酶 A 進入粒線體間質進行氧化分解。現將脂醯輔酶 A 轉入粒線體的過程表示於（圖 14-2）。

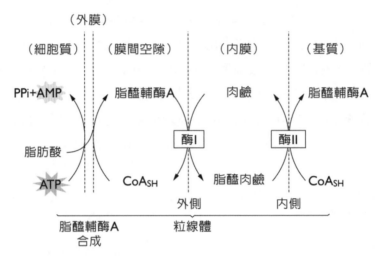

圖14-2 脂醯輔酶 A 轉入粒線體示意圖

3. **脫氫作用**：在粒線體的間質中，脂醯輔酶 A 在**脂醯輔酶 A 脫氫酶**(fatty acyl CoA dehydrogenase)的催化下，在 α 和 β 碳原子上各脫下一個氫原子而生成反式(trans)的 α, β-烯脂醯輔酶 A (α, β-enoyl CoA)，脫下的氫由的輔酶 FAD 接受。

$$R-CH_2-CH_2-CH_2-\overset{\overset{O}{\|}}{C}\sim SCoA \xrightarrow[\text{FAD} \quad \text{FADH}_2]{\text{脂醯輔酶A脫氫}} R-CH_2-\overset{\overset{H}{|}}{C}=\overset{}{C}-\overset{\overset{O}{\|}}{C}\sim SCoA$$

脂醯輔酶A   烯脂醯輔酶A（反式）

$$\Delta G^{o'} = -20 \text{ KJ} \cdot \text{mol}^{-1} \quad (-4.8 \text{ Kcal} \cdot \text{mol}^{-1})$$

4. **水合作用**：α, β-烯脂醯輔酶 A 在烯脂醯輔酶 A 水合酶(enoyl-CoA hydratase)催化下，發生水合作用，在 β-碳原子上加一個羥基，在 α-碳原子上加一個氫（共加一分子水）生成 β-羥脂醯輔酶 A (β-hydroxyacyl CoA)。這個反應是可逆的。此酵素的反應物需為反式構型，產物為 L(＋)-構型。

$$R-CH_2-\overset{\underset{|}{H}}{C}=\overset{}{C}-\overset{\underset{}{O}}{C}\sim SCoA \xrightleftharpoons[\pm H_2O]{\text{烯脂醯輔酶A水合}} R-CH_2-\overset{\underset{|}{OH}}{C}-\overset{\underset{|}{H}}{C}-\overset{\underset{}{O}}{C}\sim SCoA$$

烯脂醯輔酶A（反式）　　　　　　　　　　　　L(＋)－β－羥脂醯輔酶A

$$\Delta G^{o'} = -3.1 \ KJ \cdot mol^{-1} \quad (-0.75 \ Kcal \cdot mol^{-1})$$

5. **再脫氫作用**：β-羥脂醯輔酶 A 經 **β-羥脂醯輔酶 A 脫氫酶**(β-hydroxyacyl-CoA dehydrogenase)的催化，脫氫生成 **β-酮脂醯輔酶 A** (β-ketoacyl CoA)，脫下的氫由 NAD⁺ 接受。此脫氫酶具有立體異構專一性，只能催化 L-羥脂醯輔酶 A 氧化。

$$R-CH_2-\overset{\underset{|}{OH}}{C}=CH_2-\overset{\underset{}{O}}{C}\sim SCoA \xrightleftharpoons[\substack{NAD^+ \quad NADH+H^+}]{\text{β－羥脂醯輔酶A脫氫}} R-CH_2-\overset{\underset{}{O}}{C}-CH_2-\overset{\underset{}{O}}{C}\sim SCoA$$

L－β－羥脂醯輔酶A　　　　　　　　　　　　β－酮醯輔酶A

$$\Delta G^{o'} = +15.7 \ KJ \cdot mol^{-1} \quad (+3.75 \ Kcal \cdot mol^{-1})$$

6. **硫解作用**：在 **β-酮脂醯輔酶 A 硫解酶**(β-ketoacyl-CoA thiolase)作用下，β-酮脂醯輔酶 A 在 CoA$_{SH}$ 參與下，生成一分子乙醯輔酶 A (acetyl CoA)和一分子比原來少兩個碳原子的脂醯輔酶 A。

$$R-CH_2-\overset{\underset{}{O}}{C}-CH_2-\overset{\underset{}{O}}{C}\sim SCoA \xrightarrow[CoA_{SH}]{\text{硫解}} R-CH_2-\overset{\underset{}{O}}{C}\sim SCoA+CH_3-\overset{\underset{}{O}}{C}\sim SCoA$$

β－酮脂醯輔酶A　　　　　　　　　　脂醯輔酶A　　　　乙醯輔酶A
　　　　　　　　　　　　　　　　（比原來少兩個碳原子）

$$\Delta G^{o'} = -28 \ KJ \cdot mol^{-1} \quad (-6.7 \ Kcal \cdot mol^{-1})$$

　　少了兩個碳原子的脂醯輔酶 A，可再次進行脫氫、水合作用、再脫氫和硫解反應，每經過上述步驟後即脫下一個乙醯輔酶 A（圖 14-3）。

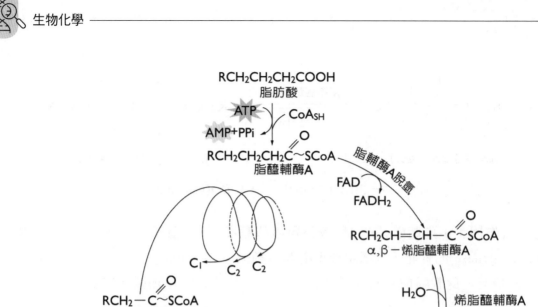

圖14-3　脂肪酸β-氧化途徑

　　自然界存在的大多數脂肪酸都是含偶數碳原子，經過β-氧化全部轉變成乙醯輔酶 A，而後進入 TCA 循環被完全氧化。

　　少數脂肪酸含有奇數碳原子，這種脂肪酸仍然先經β-氧化，最後產生一個丙醯輔酶 A (propionyl CoA)。動物和人體內丙醯輔酶 A 可轉化為琥珀醯輔酶 A (succinyl CoA)，而後併入 TCA 循環；在植物體內丙醯輔酶 A 則經一系列酵素反應轉化為丙二醯輔酶 A (malonyl CoA)，再脫羧形成乙醯輔酶 A，進入 TCA 循環。

$$CH_3CH_2 - \overset{O}{\overset{\|}{C}} \sim SCoA + ATP + CO_2 \xrightarrow[\text{生物素}]{\text{丙醯輔酶A羧化}} CH_3\overset{COOH}{\overset{|}{C}}H - \overset{O}{\overset{\|}{C}} \sim SCoA + ADP + Pi$$

丙醯輔酶A   甲基丙二醯輔酶A
                                    (mthelmalonyl CoA)

$$CH_3\overset{COOH}{\overset{|}{C}}H - \overset{O}{\overset{\|}{C}} \sim SCoA \xrightarrow[\text{(B}_{12}\text{輔酶)}]{\text{甲基丙二醯輔酶A變位}} HOOC - CH_2 - CH_2 - \overset{O}{\overset{\|}{C}} \sim SCoA$$

甲基丙二醯輔酶A   琥珀醯輔酶A

    不飽和脂肪酸的氧化分解，除按正常的β-氧化過程外，還需兩個酶的參與：**順－反－烯脂醯輔酶 A 異構酶**(cis-trans-enoyl-CoA isomerase)，它可將不飽和脂肪酸分解代謝所產生的Δ3,4-順式結構中間產物，轉變為$\Delta^{2,3}$-反式結構，以作為β-氧化作用所需，另一個酶是**β-羥醯基輔酶 A 異構酶**(β-hydroxyacyl-CoA epimerase)，它可將中間產物的 D-β-羥醯基輔酶 A 轉變成 L(＋)-β-羥醯基輔酶 A，以符合β-氧化作用之要求。

三、α-氧化作用和ω-氧化作用

    除β-氧化作用外，脂肪酸還存在其他氧化途徑。α-氧化作用(α-oxidation)是 Stumpf (1965)首先在植物種子和葉組織中發現，而後也在腦及肝細胞中被發現。在這個氧化途徑中，以游離脂肪酸作為受質，進行加單氧、脫氫和脫羧等作用，每次脫去α-羧基，減少一個碳原子，因此，經過α-氧化作用後，可產生α-羥基脂肪酸。羥基脂肪酸繼續脫羧後，成為含奇數碳原子的脂肪酸。

$$RCH_2COOH \xrightarrow{\text{加單氧}} RC\overset{OH}{\overset{|}{H}}COOH \xrightarrow{\text{脫氫}} R\overset{O}{\overset{\|}{C}}COOH \xrightarrow{\text{脫羧}} RCOOH$$

脂肪酸   α－羥基脂肪酸   α－酮基脂肪酸 CO_2 脂肪酸
                                                                        (少一個碳)

    ω-氧化作用(ω-oxidation)存在於動物的肝及某些消化石油的微生物中。脂肪酸首先經加單氧作用，使ω-碳（遠離羧基的末端碳）羥化(hydoxylation)，繼而氧化成醛，再氧化成酸，成為α, ω-二羧酸(α, ω-dicarboxylic acid)，此二羧酸轉移到粒線體內從任一端開始進行β氧化作用，最後餘下琥珀醯輔酶 A，進入 TCA 循環作用用。

$$CH_3 \sim\!\!\sim\!\!\sim COOH \qquad HOCH_2 \sim\!\!\sim\!\!\sim COOH \qquad HOC \sim\!\!\sim\!\!\sim COOH$$

脂肪酸　　　　　　　　ω-羥脂酸　　　　　　　　ω-醛脂酸

$$HOOC \sim\!\!\sim\!\!\sim COOH \qquad 琥珀醯輔酶\ A \qquad TCA$$

α,ω-脂肪二羧酸

14.3　酮體代謝

脂肪酸在肝臟中經β-氧化作用會產生過量的乙醯輔酶 A，若不能及時氧化分解，可轉變成**丙酮** (acetone)、**乙醯乙酸** (acetoacetic acid)、**β-羥基丁酸** (β-hydroxybutyrate)等，這些物質統稱為**酮體**(ketone body)。

一、酮體的生成

生成酮體的原料是乙醯輔酶 A。在肝細胞的粒線體中，兩分子乙醯輔酶 A 經硫解酶(thiolase)催化，縮合成乙醯乙醯輔酶 A (acetoacetyl CoA)，再經**羥甲基戊二酸醯基輔酶 A 合成酶**(hydroxymethylglutaryl-CoA synthetase)的催化下，生成 3-羥基-3-甲基戊二醯基輔酶 A (hydroxymethylglutaryl CoA, HMG-CoA)。HMG-CoA 在裂解酶作用下生成乙醯乙酸。乙醯乙酸再由**β-羥基丁酸脫氫酶**(β-hydroxybutyrate dehydrogenase) 催化還原為 β-羥基丁酸；也可由**乙醯乙酸脫羧酶** (acetoacetate decarboxylase)催化，脫羧產生丙酮。

專欄 BOX

14.2　酮酸中毒

正常人血中酮體為每 100 ml 血中含 0.2~0.9 mg，每日隨尿排出，可取代葡萄糖作為腦部替代能量來源，如果肝臟生成酮體的速度超過肝外組織利用的能力，此時血中酮體大大超過上述濃度，稱為酮血症(ketonemia)，隨尿排出的酮體也大大增加，稱為酮尿症(ketonuria)，統稱為酮酸中毒(ketosis)。

造成酮酸中毒的主要原因是食物中脂肪比例過高和饑餓，以及腎炎、第一型糖尿病等疾病引起。酮症的主要危害是導致酸中毒。因為酮體是酸性物質，它由尿排出時，由於它與 Na^+、K^+ 等正離子結合，於是 Na^+、K^+ 可隨之排出。因此，酮症引起的酸中毒表現在兩方面：擾亂正常 pH 和破壞液體代謝平衡。

酮酸中毒主要是由於醣代謝失常，引起脂肪分解加速，產生大量乙醯輔酶 A。醣代謝失常造成草醯乙酸不足，乙醯輔酶 A 不能充分地進入 TCA 循環，而造成酮體生成加劇。

$$CH_3\overset{O}{\overset{\|}{C}}\sim SCoA + CH_3\overset{O}{\overset{\|}{C}}\sim SCoA \xrightarrow[\text{CoASH}]{\text{硫解酶}} CH_3\overset{O}{\overset{\|}{C}}-CH_2\overset{O}{\overset{\|}{C}}\sim SCoA$$

乙醯輔酶A　　　　　乙醯輔酶A　　　　　　　　　　乙醯乙醯輔酶A

$$\begin{array}{c}\overset{O}{\overset{\|}{C}}\sim SCoA \\ | \\ CH_2 \\ | \\ C=O \\ | \\ CH_3\end{array} + CH_3\overset{O}{\overset{\|}{C}}\sim SCoA \xrightarrow[\text{H}_2\text{O}\quad\text{CoASH}]{\text{HMG}-\text{CoA合成酶}} \begin{array}{c}\overset{O}{\overset{\|}{C}}\sim SCoA \\ | \\ CH_2 \\ | \\ HO-C-CH_3 \\ | \\ CH_2 \\ | \\ COOH\end{array}$$

乙醯乙醯輔酶A　　　　乙醯輔酶A　　　　　　　　　　　　HMG－CoA

$$\begin{array}{c}\overset{O}{\overset{\|}{C}}\sim SCoA \\ | \\ CH_2 \\ | \\ HO-C-CH_3 \\ | \\ CH_2 \\ | \\ COOH\end{array} \xrightarrow[\text{乙醯輔酶A}]{\text{HMG}-\text{CoA裂解酶}} CH_3\overset{O}{\overset{\|}{C}}-CH_2\overset{O}{\overset{\|}{C}}-OH \xrightarrow[\substack{\text{NADH}\quad\text{NAD}^+ \\ + \\ \text{H}^+}]{\beta-\text{羥丁酸脫氫酶}} CH_3\overset{OH}{\overset{|}{C}}HCH_2\overset{O}{\overset{\|}{C}}-OH$$

HMG－CoA　　　　　　　　　　　　　　乙醯乙酸　　　　　　　　　　　　β－羥基丁酸

乙醯乙酸脫羧酶 $\rightarrow CO_2$

$$CH_3\overset{O}{\overset{\|}{C}}-CH_3$$
丙酮

二、酮體的氧化

由於肝中缺乏分解酮體的酵素，因而酮體在肝中生成後，不能在肝中氧化分解。酮體分子小，易溶於水，因此在肝細胞內生成後很容易滲出細胞進入血液循環，運送到肝外組織（心肌、腎、肌肉等）進行氧化。

1. **β-羥基丁酸及乙醯乙酸的路徑**：β-羥基丁酸在β-羥基丁酸脫氫酶的作用下，變為乙醯乙酸（上述β-羥丁酸生成的逆反應），乙醯乙酸在**琥珀酸輔酶 A 轉硫酶** (succinyl-CoA transsulfurase)的催化下活化成為乙醯乙醯輔酶 A，在硫解酶

(thiolase)的作用下分解成兩分子乙醯輔酶 A，然後進入三羧酸循環被氧化。這兩種酶在肝外組織活性高。

$$乙醯乙酸 + 琥珀醯輔酶 A \xrightleftharpoons{轉硫酶} 乙醯乙醯輔酶 A + 琥珀酸$$

2. **丙酮的路徑：** 丙酮可以加水生成 1,2-丙二醇(malonol)，繼而氧化成丙酮酸，也可氧化成甲酸和乙酸。丙酮酸和乙酸（活化成乙醯輔酶 A）都可進入三羧酸循環。甲酸作為碳源進入一碳代謝(single carbon metabolism)（見第 15 章）。

　　酮體代謝是人和動物的一種正常脂代謝途徑，它是脂代謝中聯繫肝臟及肝外組織代謝的一種方式。將大分子脂肪酸轉變為酮體，不僅分子變小，而且改變了極性，以便於組織利用。

14.4　脂肪分解的能量轉換

　　脂肪用來儲存能源，在分解時能為有機體提供大量能量，其中脂肪酸完全氧化所提供的能量比醣類要大得多。以硬脂酸(stearic acid)（含 18 個碳原子）為例，經過 8 次β-氧化分解成 9 個乙醯輔酶 A，每個乙醯輔酶 A 進入 TCA 循環被完全氧化生成 12 個高能鍵，即生成 12 分子 ATP（見 11.8 節），9 個乙醯輔酶 A 共計生成 108 分子的 ATP。

　　β-氧化作用一次產生一個 $FADH_2$ 和 NADH，共生成 5 個 ATP。八次生成 40 個 ATP。因此，每一分子硬脂酸完全分解，共生成 148 個 ATP。在脂肪酸活化生成脂醯輔酶 A 時，由 ATP 分解成 AMP，消耗兩個高能鍵，相當於消耗 2 個 ATP。因此，一分子硬脂酸完全氧化分解淨生成 146 分子 ATP。

　　一分子脂肪含有三分子脂肪酸和一分子甘油，完全分解後所產生的 ATP 數顯然比葡萄糖的氧化作用多。對於任何飽和或不飽和脂肪酸完全分解產生 ATP 數可用下式計算：

$$ATP 數 = 5 \times (\frac{n}{2} - 1) + 12 \times (\frac{n}{2}) - 2 \times d - 2$$

　　式中：n 為脂肪酸碳原子數；d 為不飽和脂肪酸的雙鍵數。$5 \times (\frac{n}{2} - 1)$為β-氧化作用產生 ATP 數；$12 \times (\frac{n}{2})$為乙醯輔酶 A 產生的 ATP 數；因為有一個雙鍵就少生成一個 $FADH_2$，故少 2 個 ATP；最後減 2 表示活化時需消耗的 ATP 數。

14.5 脂肪的合成作用

一、脂肪酸的合成作用(Lipogenesis)

脂肪酸(fatty acid)的主要合成途徑(anabolism)是在粒線體外的細胞質中。在粒線體及內質網中也有脂肪酸的合成，主要是碳鏈的延長，或飽和脂肪酸的去飽和作用。

細胞質由脂肪酸合成途徑的闡明應歸功於 Wakil、Vegelos 等人卓越的工作。Wakil (1957) 等以鴿肝為材料，首先發現了乙醯輔酶 A 羧化酶 (acetyl-CoA carboxylase)，以及催化十六碳脂肪酸合成的酶系統；Lynen 等人(1961)在研究十六碳脂肪酸合成中，獲得了合成系統的七酶複合體，並確定其中心酶的功能基團為 -SH 基；Vegelos 等人(1963)以大腸桿菌(*E. coli*)為材料，分離出單獨起作用的七種與脂肪酸合成有關的酶，其中心是由 77 個胺基酸組成的**脂醯基載體蛋白**(acyl carrier protein, ACP)。於是，基本上確立了脂肪酸的合成途徑。

脂肪酸合成的原料是乙醯輔酶 A，但要先活化成丙二醯輔酶 A (malonyl CoA) 才能進入合成途徑。在脂肪酸的 β-氧化分解中，其所有中間物都與 CoA_{SH} 連接，但在脂肪酸的合成中，所有中間物都與**脂醯基載體蛋白**連接。脂醯基運送蛋白與 CoA_{SH} 的結構是部分相同的，都具有磷酸泛酸硫基乙胺(phosphantheine)，其功能基也是 -SH 基。所以脂醯基運送蛋白也可簡寫為 ACP_{SH}。其部分結構如下：

$$O-\overset{\overset{\displaystyle OH}{|}}{\underset{\underset{\displaystyle O}{\|}}{P}}-O-CH_2-\overset{\overset{\displaystyle H_3C}{|}}{\underset{\underset{\displaystyle CH_3}{|}}{C}}-\overset{\overset{\displaystyle OH}{|}}{CH}-\overset{\overset{\displaystyle O}{\|}}{C}-NH-CH_2-CH_2-\overset{\overset{\displaystyle O}{\|}}{C}-NH-CH_2-CH_2SH$$

泛酸　　　　　　硫基乙胺

$-Leu \cdot Ser \cdot Asp \cdot Ala-$

細胞質中脂肪酸的合成途徑包括下列六個步驟：

1. **乙醯輔酶 A 羧化**：作為脂肪酸合成的直接原料是丙二醯輔酶 A，一個長鏈脂肪酸的合成除了末端兩個碳原子直接來自乙醯輔酶 A，其他碳均直接來自丙二醯輔酶 A。丙二醯輔酶 A 由乙醯輔酶 A 羧化產生，由**乙醯輔酶 A 羧化酶**(acetyl-CoA carboxylase)催化，生物素(biotin)為其輔因子，ATP 水解提供能量。羧化所用的 CO_2，是直接應用比 CO_2 活潑的 HCO_3^-，形成丙二醯輔酶 A 的遠端羧基，亦稱游離羧基(free carboxyl group)。反應式如下：

$$CH_3C{\sim}SCoA + CO_2 \xrightarrow[\text{ATP} \quad \text{ADP+PPi} \quad \text{生物素}]{\text{乙醯輔酶A羧化酶}} HOOC \cdot CH_2 \cdot C{\sim}SCoA$$

乙醯輔酶A   丙二醯輔酶A

    乙醯輔酶 A 羧化酶是脂肪酸合成的調節，控制著整個脂肪酸合成的速度。此酶有兩種形式，一種是原體(protomer)，不具活性，由 4 個次單元組成，分子量 40~50 萬；另一種是聚合體(polymer)，為酵素的活性形式，分子量 500~1,000 萬。當檸檬酸或異檸檬酸與酵素結合時，可促進原體聚合成有活性的聚合體。

2. **轉醯基反應**：乙醯輔酶 A 及丙二醯輔酶 A 分別由相對應的脂醯基轉移酶 (acyltransferase)催化，將乙醯和丙二醯基轉移給 ACP_{SH}。

$$CH_3 C{\sim}SCoA + ACP_{SH} \rightleftharpoons CH_3 C{\sim}SACP + CoA_{SH}$$

$$HOOC \cdot CH_2 \cdot C{\sim}SCoA + ACP_{SH} \rightleftharpoons HOOC \cdot CH_2 \cdot C{\sim}SACP + CoA_{SH}$$

3. **縮合反應**：在β-酮脂醯 ACP 合成酶(β-ketoacyl-ACP synthase)催化下，乙醯 ACP 和丙二醯 ACP 縮合，脫下一分子 CO_2，產生乙醯乙醯 ACP (acetoacetyl ACP)。在這個反應中，乙醯 ACP 首先將乙醯轉移給酵素，乙醯化的酵素再與丙二醯基 ACP 反應，將其乙醯轉移給丙二醯基 ACP 的亞甲基(methylene group)碳原子上，同時丙二醯基 ACP 的游離羧基產生脫羧作用而釋出 CO_2。反應式如下：

$$CH_3 C{\sim}SACP + CH_2 - C{\sim}SACP \xrightarrow[\text{ACP}_{SH} \quad \text{CO}_2]{\beta-\text{酮脂酶 ACP合成酶}} CH_3 \cdot C \cdot CH_2 \cdot C{\sim}SCoA$$

乙醯ACP   丙二醯ACP   乙醯乙醯ACP

    為什麼乙醯 ACP 不直接與乙醯 ACP 縮合生成乙醯乙醯 ACP，而要先羧化再由丙二醯 ACP 脫羧來生成乙醯乙醯 ACP 呢？這是因為直接由兩分子乙醯 ACP 縮合，反應平衡不利於乙醯乙醯 ACP 的生成；而以丙二醯 ACP 作為反應物易使脫羧反應的自由能降低許多，而有利於此反應的平衡。

4. **還原作用**：在β-**酮脂醯 ACP 還原酶**(β-ketoacyl-ACP reductase)的催化下，乙醯乙醯 ACP 加氫還原成β-羥丁醯 ACP (β-hydroxybutyracyl ACP)，由 NADPH 供氫。生成的β-羥丁醯 ACP 為 D-構型(分解代謝中β-羥基脂醯輔酶 A 為 L-構型)。

$$CH_3 \cdot \underset{\substack{\| \\ O}}{C} \cdot CH_2 \cdot \underset{\substack{\| \\ O}}{C} \sim SACP \underset{\underset{NADPH+H^+ \quad NADP^+}{}}{\overset{\beta-\text{酮脂醯ACP還原酶}}{\rightleftharpoons}} CH_3 \cdot \underset{\substack{| \\ OH}}{CH} \cdot CH_2 \cdot \underset{\substack{\| \\ O}}{C} \sim SACP$$

乙醯乙醯 ACP　　　　　　　　　　　　　　　　　β-羥丁醯 ACP

5. **脱水作用**：β-羥丁醯 ACP 在**脱水酶**(β-hydroxyacyl-ACP dehydrase)的催化下，其α、β碳原子間失去一分子水而生成α, β-烯丁醯基 ACP (α, β-enoylbutyracyl ACP)（反式）。

$$CH_3 \cdot \underset{\substack{| \\ OH}}{CH} \cdot \underset{\substack{| \\ H}}{CH} \cdot \underset{\substack{\| \\ O}}{C} \sim SACP \underset{\underset{H_2O}{}}{\overset{\text{脱水酶}}{\rightleftharpoons}} CH_3 \cdot CH = CH \cdot \underset{\substack{\| \\ O}}{C} \sim SACP$$

β-羥丁醯 ACP　　　　　　　　　　　　　　α,β-烯丁醯 ACP

6. **再還原作用**：烯丁醯 ACP 在**烯脂醯基 ACP 還原酶**(enoyl-ACP reductase)催化下，接受 NADPH 供氫還原為丁醯基 ACP (butyracyl ACP)（反應式見下圖）。丁醯基 ACP 又在β-酮脂醯基 ACP 合成酶的催化下，與丙二醯基 ACP 縮合，不斷重複上述步驟 3.~6.。每重複一次，延長兩個碳原子，直至最後形成十六碳的棕櫚酸醯 ACP。

$$CH_3 \cdot CH = CH \cdot \underset{\substack{\| \\ O}}{C} \sim SACP \underset{\underset{NADPH+H^+ \quad NADP^+}{}}{\overset{\text{烯脂醯ACP還原酶}}{\rightleftharpoons}} CH_3 \cdot CH_2 \cdot CH_2 \cdot \underset{\substack{\| \\ O}}{C} \sim SACP$$

丁烯醯 ACP　　　　　　　　　　　　　　　　　丁醯 ACP

　　經由上述途徑生成的脂醯基 ACP 經**轉醯基酶**(acyl-transferase)作用，將脂肪酸與 CoA$_{SH}$ 結合，生成脂醯輔酶 A，用於脂肪的合成；或者在**硫酯酶**(thioesterase)催化下，脱掉 ACP 而成游離脂肪酸。

除酵母菌(yeast)可產生硬脂酸(stearic acid)（18 個碳）外，大多數生物都是直接合成至棕櫚酸(palmitic acid)（16 個碳）為止。現將細胞質中脂肪酸合成途徑總結於（圖 14-4）。

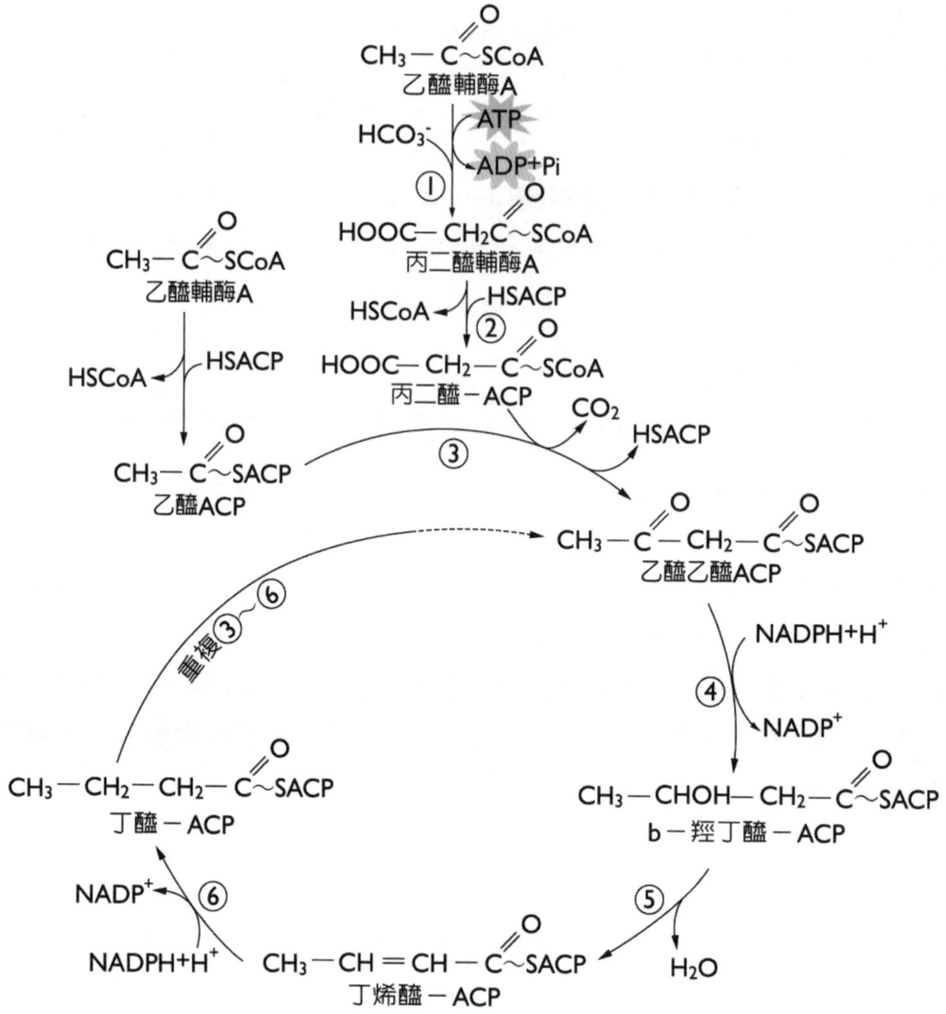

$$CH_3 - \overset{\displaystyle O}{\overset{\displaystyle \|}{C}} \sim SCoA$$
乙醯輔酶A

HCO_3^- → ATP

① → ADP+Pi

$$HOOC - CH_2 \overset{\displaystyle O}{\overset{\displaystyle \|}{C}} \sim SCoA$$
丙二醯輔酶A

$$CH_3 - \overset{\displaystyle O}{\overset{\displaystyle \|}{C}} \sim SCoA$$
乙醯輔酶A

HSCoA ← HSACP

②

$$HOOC - CH_2 - \overset{\displaystyle O}{\overset{\displaystyle \|}{C}} \sim SCoA$$
丙二醯－ACP

HSCoA ← HSACP

$$CH_3 - \overset{\displaystyle O}{\overset{\displaystyle \|}{C}} \sim SACP$$
乙醯ACP

③ → CO_2 HSACP

$$CH_3 - \overset{\displaystyle O}{\overset{\displaystyle \|}{C}} - CH_2 - \overset{\displaystyle O}{\overset{\displaystyle \|}{C}} \sim SACP$$
乙醯乙醯ACP

NADPH+H^+

④

NADP$^+$

重複③⑥

$$CH_3 - CHOH - CH_2 - \overset{\displaystyle O}{\overset{\displaystyle \|}{C}} \sim SACP$$
b－羥丁醯－ACP

$$CH_3 - CH_2 - CH_2 - \overset{\displaystyle O}{\overset{\displaystyle \|}{C}} \sim SACP$$
丁醯－ACP

NADP$^+$ ⑥

NADPH+H^+

⑤ → H_2O

$$CH_3 - CH = CH - \overset{\displaystyle O}{\overset{\displaystyle \|}{C}} \sim SACP$$
丁烯醯－ACP

圖14-4 細胞質中脂肪酸的合成途徑
①乙醯輔酶 A 羧化酶　②丙二醯輔酶 A-ACP 轉醯基酶　③β-酮脂醯 ACP 合成酶　④β-酮脂醯 ACP 還原酶　⑤β-羥脂醯 ACP 脫水酶　⑥烯脂醯 ACP 還原酶

參與脂肪酸合成的酵素實際上是一個多酶系統(multienzyme system)，ACP 為其核心，由 4-磷酸泛酸硫基乙胺(phosphantheine)與各個反應中間物之羧基以硫酯鍵(thioester bond)相連。各個酵素在 ACP 周圍依次排列（圖 14-5）。

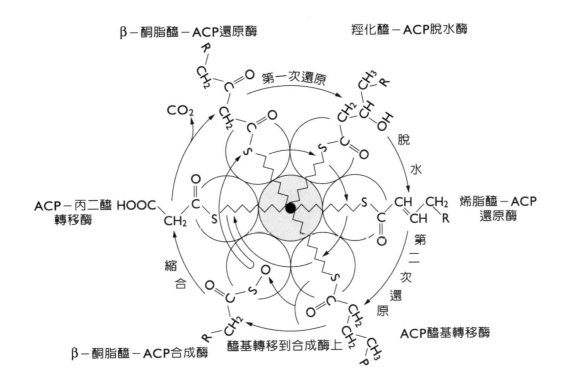

圖14-5　脂肪酸合成多酵素系統（李，1990）

二、脂肪酸合成中乙醯輔酶 A 的來源

　　脂肪酸合成所需的乙醯輔酶 A (acetyl-CoA)，主要來自粒線體內基質中脂肪酸 β-氧化作用和丙酮酸的氧化作用的產物。乙醯輔酶 A 必須由肉鹼運輸、α-酮戊二酸或檸檬酸自粒線體運輸到細胞質。

　　在由檸檬酸運輸的機制中，乙醯輔酶 A 在粒線體內首先與草醯乙酸縮合形成檸檬酸，經由粒線體膜上之高活性三羧酸陰離子運輸體，將檸檬酸運輸到粒線體外，由細胞質中的檸檬酸裂解酶(citrate lyase)分解為乙醯輔酶 A 和草醯乙酸。乙醯輔酶 A 即可用於脂肪酸合成，草醯乙酸則由蘋果酸脫氫酶(malate dehydrogenase) 催化（NADH 供氫）轉為蘋果酸，再由蘋果酸酶(malic enzyme)（$NADP^+$為輔酶）氧化成丙酮酸後進入粒線體。在粒線體內由丙酮酸羧化酶(pyruvate carboxylase)催

化，生成草醯乙酸。此一循環代謝途徑，稱為**丙酮酸－檸檬酸循環**(pyruvate citrate cycle)（圖 14-6）。

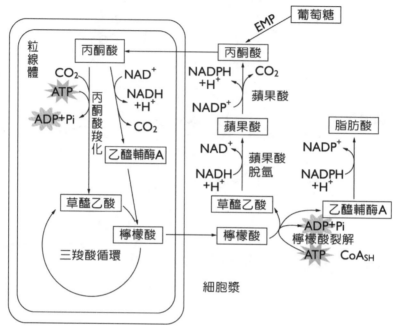

圖14-6 丙酮酸－檸檬酸循環

丙酮酸－檸檬酸循環是運輸乙醯輔酶 A 的主要方式，同時也為脂肪酸合成提供部分 NADPH。在這個途徑中，檸檬酸不參與乙醯輔酶 A 的運輸，並對檸檬酸裂解酶具有作用，因而對脂肪酸合成具有多方面的調節作用。對 ADP 則與 ATP 競爭，具有抑制檸檬酸裂解酶的作用。ATP 供應充足時，有利於脂肪酸的合成。

三、脂肪酸的碳鏈延長

脂肪酸碳鏈的加長是在粒線體和內質網中進行的。在細胞質合成的棕櫚酸，可在粒線體或內質網中延長成 C_{18}、C_{20}、C_{24} 等更長鏈的脂肪酸。

飽和脂肪酸碳鏈的延長基本上是β-氧化的逆轉反應，將乙醯輔酶 A 連續加到其羧基末端。棕櫚酸以棕櫚醯基輔酶 A 的形式與乙醯輔酶 A 縮合，形成β-酮硬脂醯輔酶 A (β-ketostearyl CoA)，然後由 NADPH 供氫，還原為β-羥硬脂醯輔酶 A (β-hydroxystearyl CoA)，再經脫水形成α, β-烯硬脂醯輔酶 A (α, β-enoylstearyl CoA)，再由 NADPH 還原，形成硬脂醯輔酶 A (stearyl CoA)。如果需合成更長鏈的脂肪酸，則只需重複以上步驟即可。這一系統也可延長不飽和脂肪酸的碳鏈。

內質網（微粒體）也延長飽和或不飽和脂醯輔酶 A 的碳鏈。但所使用的原料是丙二醯基輔酶 A 而不是乙醯輔酶 A，還原過程需 NADPH 供氫。中間過程與細胞質中脂肪酸合成過程相同，只是仍以 CoA_{SH} 為醯基運送體，而不是 ACP_{SH}。

四、不飽和脂肪酸的合成

棕櫚酸和硬脂酸去飽和後即形成相對應的棕櫚油酸（palmitoleic acid，Δ^9-十六烯酸）和油酸（oleic acid，Δ^9-十八烯酸），這兩種烯脂酸在碳 9 位有一順式雙鍵。雖然絕大多數生物都能合成這兩種單烯脂肪酸，但是需氧生物(aerobe)和厭氧生物(anaerobe)所需的酵素不同。脊椎動物(vertebrate)及其他需氧生物 Δ^9 位雙鍵的形成是由微粒體加單氧酶系統催化。

1. **細菌的合成方法**：許多細菌的單烯脂肪酸的合成則不需要氧分子，而是由特定的、中等碳鏈長度的β-脂醯基 ACP 脫水、延伸而成。例如，在大腸桿菌(E. coil)中，棕櫚油酸的合成是由β-羥癸脂醯基 ACP (β-hydroxydecacyl ACP)（含 10 碳）開始的。β-羥癸脂醯基 ACP 在脫水酶的催化下形成β,γ（即Δ^3）-癸烯脂醯基 ACP (β,γ-enoldecacyl ACP)，接著以三分子丙二醯 ACP 在不飽和 10 碳脂醯基 ACP 的羧基端相繼累加三次就形成棕櫚油醯基 ACP。

2. **高等動植物合成方法**：高等植物和動物含有豐富的多烯脂肪酸，細菌則較缺乏。哺乳動物(mammal)的多烯脂肪酸根據其雙鍵的數目常分為四大類，即棕櫚油酸(palmitoleic acid)、油酸(oleic acid)、亞麻油酸(linoleic acid)和亞麻仁油酸(linolenic acid)。其命名來源為它們的前驅物脂肪酸。哺乳動物的其他多烯脂肪酸都由這四種脂肪酸作為前驅物再經通過碳鏈的延長和再次去飽和而衍生成。哺乳動物不能合成亞麻油酸和亞麻仁油酸，因為它們缺乏可催化脂肪酸 12~13 和 15~16 位碳之間形成雙鍵的酵素。哺乳動物只有從植物獲得亞麻油酸和亞麻仁油酸，因此這兩種脂肪酸稱為**必需脂肪酸**(essential fatty acid)。植物的亞麻油酸和亞麻酸是由油酸在有氧、去飽和作用下形成，所催化的酵素具加氧酶系統的特異性酶系統，並由 NADPH 提供氫。

五、三醯甘油酯的合成

合成三醯甘油酯（油脂）除需有脂醯輔酶 A 外，還需磷酸化的甘油，即 L-α-磷酸甘油(L-α-phosphoglycerol)，也可來自醣酵解的磷酸二羥基丙酮，再經由磷酸甘油脫氫酶(phosphoglycerol dehydrogenase)催化還原成 L-α-磷酸甘油。

　　脂醯輔酶 A 和 L-α-磷酸甘油在**脂醯基轉移酶**(acyltransferase)的催化下，先合成磷脂酸(phosphatidic acid)，即 α-磷酸甘油二酯(α-phodphoglycerol diester)，再經磷酸酶(phosphatase)作用下脫去磷酸，並與另一分子脂醯輔酶 A 縮合成三醯基甘油酯。

$$\text{α-磷酸甘油} + 2\text{脂醯輔酶A} \xrightarrow[2CoA_{SH}]{\text{脂醯基轉移酶}} \text{磷脂酸（α-磷酸甘油二酯）}$$

$$\text{磷脂酸} \xrightarrow[Pi]{\text{磷酸酶}} \text{二醯基甘油} \xrightarrow[\substack{\text{脂醯輔酶A} \quad CoA_{SH}}]{\text{脂醯基轉移酶}} \text{三醯基甘油}$$

14.6　磷脂的分解代謝

一、磷脂的構造

　　磷脂是構成生物細胞膜的主要成分。隨食物進入體內的磷脂主要是磷酸甘油酯 (phosphoglyceride)，在小腸中及微生物、植物中均存在多種磷脂酶 (phospholipase)，分為磷脂酶 A_1、A_2、C 和 D 等類型，不同磷脂酶作用於磷脂的不同酯鍵上。以磷脂醯膽鹼(phosphatidyl choline)為例：

$$
\begin{array}{l}
\text{CH}_2\text{O} \overset{1}{-\!\!-} \text{COR}_1 \\[4pt]
\text{R}_2\text{OC} \overset{2}{-\!\!-} \text{OCH} \qquad\quad \text{O} \qquad\qquad\qquad \text{OH} \\[4pt]
\text{CH}_2\text{O} \overset{3}{-\!\!-} \overset{\displaystyle \|}{\underset{\displaystyle |}{\text{P}}} \overset{4}{-\!\!-} \text{OCH}_2\text{CH}_2\text{N}\,(\text{CH}_3)_3 \\[4pt]
\qquad\qquad\quad\ \ \text{OH}
\end{array}
$$

1. **磷脂酶 A_1**：甘油的 1 位碳 C_1 上通常連一個飽和脂肪酸，A_1 酶可將這個脂肪酸基水解。即 A_1 酶作用於 C_1 位。

2. **磷脂酶 A_2**：作用在 C_2 位，此處常連接不飽和脂肪酸。A_2 酶以酶原的形式存在於動物胰腺中。在蛇毒、蜂毒、蜥毒及某些細菌中含量也較高。A_1 和 A_2 作用於磷脂切下一個脂肪酸後的產物具有溶血作用，故稱為溶血磷脂 (lysophospholipid)。溶血磷脂是一種乳化劑(emulsifying agent)。

3. **磷脂酶 C**：分解鍵 C_3 之鏈結，產生二醯甘油酯和磷酸膽鹼(phosphocholine)。C 酶主要存在於微生物中，蛇毒和動物腦中也有。

4. **磷脂酶 D**：作用於鍵 C_4，產生磷脂酸(phosphatidic acid)和膽鹼(choline)、膽胺 (cholamine)或絲胺酸(serine)等。D 酶主要存在於高等植物中。

二、磷脂的分解代謝

在不同生物中，磷脂分解代謝的途徑不同。卵磷脂(lecithin)的分解代謝有以下三種不同的代謝途徑（圖 14-7）。

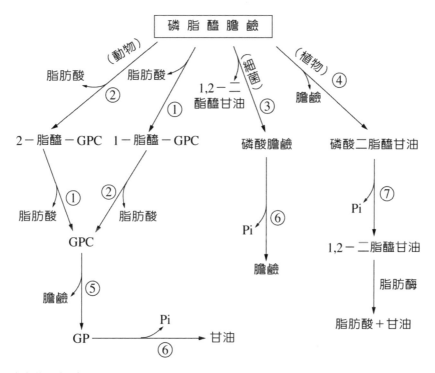

圖14-7 卵磷脂的分解途徑

GPC：表甘油磷酸膽鹼；GP：表磷酸甘油
①磷脂酶 A_2；②磷脂酶 A_1；③磷脂酶 C；④磷脂酶 D；
⑤甘油磷酸膽鹼二酯酶；⑥磷酸單酯酶；⑦磷脂酸磷酸酶

1. **在動物組織中的分解途徑**：卵磷脂通過磷脂酶 A_1 或 A_2 的作用，切下一個脂肪酸，轉變為 2-醯基甘油磷酸膽鹼(2-acyl glycerol phosphocholine, GPC)或 1-脂醯甘油磷酸膽鹼；它們再被 A_1 或 A_2 酶作用，生成甘油磷酸膽鹼，然後再被二酯酶和磷酸單酯酶(phosphomonoesterase)作用，水解生成膽鹼、甘油和脂肪酸。

2. **在細菌中的分解途徑**：卵磷脂被磷脂酶 C 作用，生成 1,2-二酸甘油酯和磷酸膽鹼(PC)，PC 再被磷酸單酯酶作用，生成膽鹼和磷酸。

3. **在植物中的分解途徑**：卵磷脂被磷脂酶 D 作用，生成膽鹼和磷脂酸；後者被磷酸酶作用，生成二醯基甘油酯和磷酸。

上述各代謝途徑產物的去路：脂肪酸及二醯基甘油酯（由脂解酶催化產生兩分子脂肪酸及一分子甘油），可由β-氧化途徑分解。甘油經過磷酸二羥丙酮進入 EMP、TCA 來分解。膽鹼可作為合成胺基酸的原料。

14.7 磷脂的合成代謝

在人體及動物體中，差不多在所有組織中都能合成磷脂質(phospholipids)，但主要合成部位是肝臟(liver)。合成磷脂的材料脂肪酸、甘油和磷酸膽鹼再由不同的代謝途徑生成。脂肪酸由脂肪酸合成途徑產生，甘油則由醣代謝產生。甘油和脂肪酸首先在脂醯轉移酶(fatty acyltransferase)催化下合成二酸甘油酯(diacylglycerol)：

$$\alpha\text{-磷酸甘油} + \text{脂醯輔酶 A} \xrightarrow[\text{磷脂酶}]{\text{脂醯基轉移酶}} \text{二酸甘油酯} + 2CoA_{SH} + Pi$$

合成卵磷脂(lecithin)時需要磷酸膽鹼(phosphocholine)，合成腦磷脂(cephalin)需要磷酸乙醇胺(phosphoethanolamine)，合成絲胺酸磷脂(serine phosphoglyceride)需要磷酸絲胺酸，它們分別由膽鹼(choline)、乙醇胺(ethanolamine)和絲胺酸(serine)所相應的激酶(kinase)催化生成。

膽鹼和乙醇胺來自食物，也可由絲胺酸轉化：

$$\underset{\text{絲胺酸}}{HOCH_2\overset{\displaystyle NH_2}{\underset{|}{C}HCOOH}} \xrightarrow{\text{脫羧酶}} \underset{\text{乙醇胺}}{HOCH_2CH_2NH_2} + CO_2$$

$$\underset{\text{乙醇胺}}{HOCH_2CH_2NH_2} \xrightarrow[\text{甲基化酶}]{+3CH_3 \text{（來自甲硫胺酸）}} \underset{\text{膽鹼}}{HOCH_2CH_2N^+(CH_3)_3}$$

　　膽鹼在 ATP 參與下，由膽鹼激酶(choline kinase)催化，生成磷酸膽鹼（磷酸乙醇胺和磷酸絲胺酸的生成亦與此反應類似）：

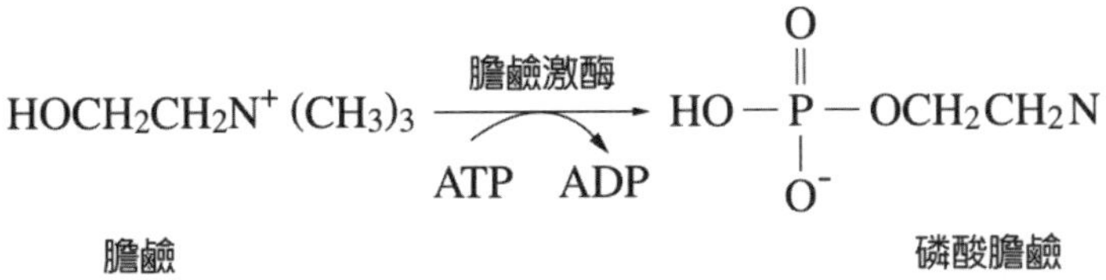

$$\text{HOCH}_2\text{CH}_2\text{N}^+(\text{CH}_3)_3 \xrightarrow[\text{ATP \quad ADP}]{\text{膽鹼激酶}} \underset{\text{O}^-}{\overset{\text{O}}{\text{HO}-\overset{\|}{\text{P}}-\text{OCH}_2\text{CH}_2\text{N}}}$$

膽鹼　　　　　　　　　　　　　　　　　磷酸膽鹼

　　二醯基甘油酯和磷酸膽鹼可作為合成卵磷脂的直接原料；合成分兩步驟進行，並由兩個轉移酶催化，亦需要 CTP 參與：

1. **生成膽鹼二磷酸胞酶**：磷酸膽鹼在磷酸膽鹼胞酶酸轉移酶(choline phosphate cytidyl transferase)催化下，與胞苷三磷酸苷(CTP)作用生成膽鹼二磷酸胞苷 (choline cytodine diphosphate)。

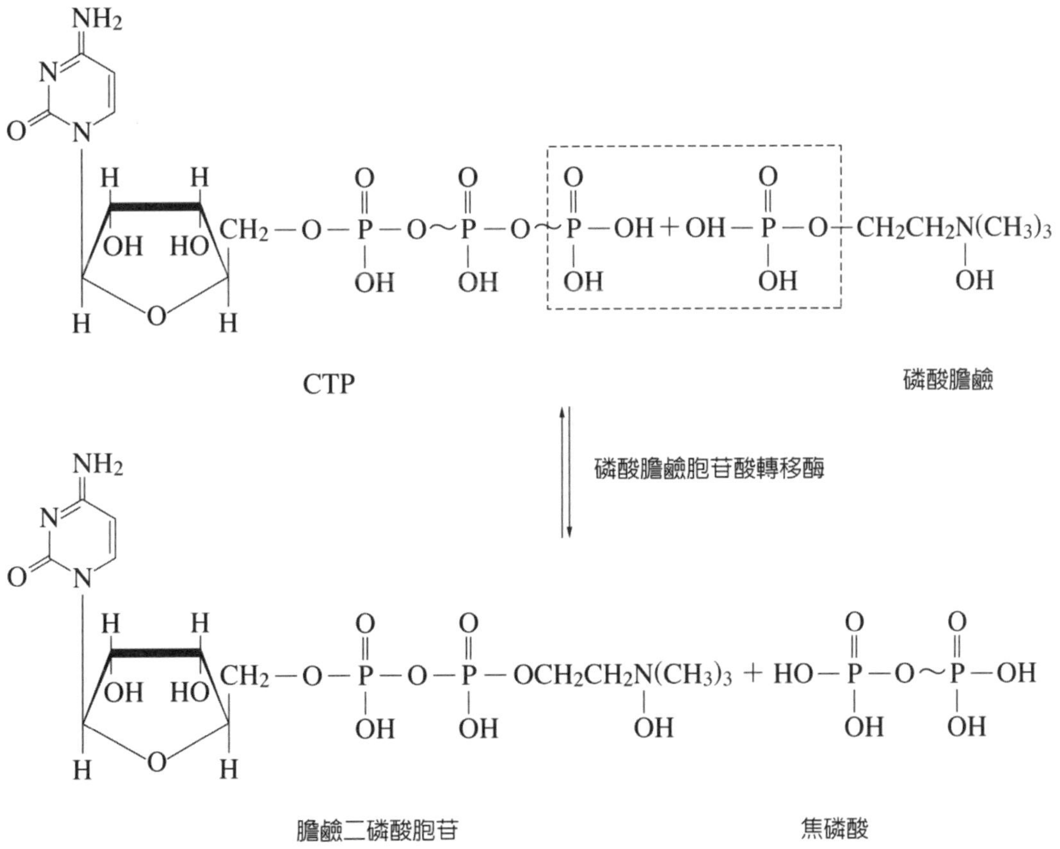

2. **生成卵磷脂** (CMP)：膽鹼二磷酸胞苷在**磷酸膽鹼轉移酶** (choline phosphotransferase)作用下，將磷酸膽鹼轉移給二醯甘油酯而生成卵磷脂。所生成的 CMP 在 ATP 參與下可再生成 CTP，而繼續參與合成反應。

腦磷脂的合成與卵磷脂類似。絲胺酸磷脂(phosphatidylserine)的合成，也可由絲胺酸與磷脂醯基乙醇胺（腦磷脂）的醇基進行酵素交換生成：

磷脂醯基乙醇胺＋絲胺酸 $\rightleftharpoons$ 磷脂醯基絲胺酸＋乙醇胺

14.8 膽固醇的生物合成

膽固醇(cholesterol)的生物合成主要在肝中進行，其合成量幾乎占全身合成量的四分之三。其次是小腸(small intestine)、腎上腺(adrenal)和腦(brain)。

生物體內不少的次生物質如胡蘿蔔素、橡膠、膽固醇等都是以異戊二烯(isoprenoid)為碳經過加成作用而形成的。乙酸（乙醯輔酶 A）是合成異戊二烯的前驅物，因此，合成膽固醇的原料是乙酸（乙醯輔酶 A）。整個合成過程包括三個階段。第一階段是由二碳的乙醯輔酶 A 縮合成五碳的甲羥戊酸(mevalonic acid, MVA)；第二階段由 MVA 轉變為開鏈的三十碳鯊烯(squalene)。這兩個階段的反應都在細胞質中進行；第三階段在內質網中，形成膽固醇。

1. **甲羥戊酸的生成**(production of mevalonic acid)：由硫解酶(thiolase)催化，兩分子乙醯輔酶 A 縮合成乙醯乙醯輔酶 A，再由合成酶催化轉變成羥甲基戊二醯基輔酶 A (HMG-CoA)，這些反應與酮體代謝相同，不過酮體代謝是在粒線體內，膽固醇合成則是在細胞質（胞液）中。HMG-CoA 再由**羥甲基戊二酸醯基輔酶 A 還原酶**(HMG-CoA reductase)催化，由 NADPH 供氫，還原成 3-甲基-3,5-二羥基戊酸（3-methyl-3,5-dihydroxy pentanoic acid 或 mevalonic acid，簡寫 MVA）。

2. **鯊烯的生成**(production of squalene)：在鯊烯的合成過程中，重要的中間物是五個碳的異戊烯焦磷酸(isopentenyl pyrophosphate, IPP)，它由 MVA 經激酶(kinase)活化並脫羧後生成。2 分子 IPP 縮合形成含 10 個碳的龍牛兒焦磷酸(geranylpyrophosphate)，它再與一分子 IPP 縮合，即生成 15 碳的法尼焦磷酸(farnesylpyrophosphate)，兩分子的法尼焦磷酸縮合即生成鯊烯。

3. **膽固醇的生成**(production of cholesterol)：鯊烯由固醇運輸蛋白(sterol carrier protein)運輸到內質網，經過環化、雙鍵移位及脫甲基等反應，最後形成膽固醇。整個反應機制並不完全清楚，但已了解要生成羊毛硬脂醇(lanosterol)、酵母固醇(zymosterol)、纖維固醇（desmosterol，24-脫氫膽固醇）等中間物。膽固醇完整的合成途徑見（圖 14-8）。

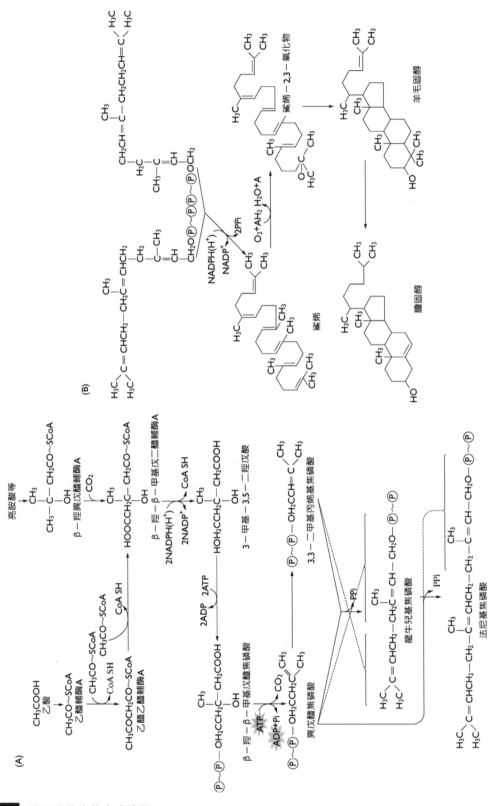

圖14-8 膽固醇的生物合成途徑

4. **膽固醇的恆定**：生物體需要膽固醇轉化成身體必要性的性荷爾蒙，也可以生成維生素 D，亦是膽酸之前驅物。膽固醇可以由人體自行生合成，也可以從食物中攝取而得。生物體對膽固醇之恆定有自我調節之機制，當生物體需要時，肝臟內的乙醯輔酶 A 可轉化生成膽固醇。當體內膽固醇過量時，會回饋抑制 HMG 輔酶 A 還原酶(HMG CoA reductase)使合成終止；此時肝臟也會調降 LDL 受體的活性使膽固醇無法進入肝臟，並且同時提升醯輔酶 A 膽固醇乙醯轉移酶(acyl CoA cholesterol acyl transferase, ACAT)的活性使膽固醇轉化成膽固醇酯儲藏。

(1) **膽固醇**：細胞膜組成分之一，生物體中相關固醇類之生合成原料，也是調節生理功能的固醇類荷爾蒙，可幫助飲食中的脂質消化吸收，以及調節鈣質與維生素 D 之恆定等。人體內之膽固醇平衡代謝池(pool)共約 1,000 mg，每日體內均可合成相當量的膽固醇，在健康的生物個體中，可維持體內體內膽固醇代謝的恆定。

(2) **植物固醇**：植物性食物完全不含膽固醇，但含有類似膽固醇之植物固醇(phytosterol)。植物固醇可大分為具 5, 6-雙鍵之Δ^5-植物固醇及不具 5, 6-雙鍵之植物固醇兩大類。Δ^5-植物固醇之化學結構與膽固醇極為類似，唯一不同處為五碳環所連接側鏈之構造，例如：谷固醇(sitosterol)於 24-位置多了一個乙基，菜油固醇(campesterol)多了一個甲基，豆固醇(stigmasterol)則比谷固醇多了 22, 23-間之雙鍵。植物固醇藉由在人體的腸胃道中與膽固醇競爭膽鹽形成之位置，進而降低飲食中膽固醇之吸收，因此而降低人體血液中膽固醇的濃度。

 專欄 BOX

14.3 膽固醇在體內的轉化

體內大部分膽固醇（約 80％）在肝中轉變為膽酸(cholic acid)，膽酸及少量膽固醇隨膽汁排入腸腔，其中大部分膽酸及膽固醇可被腸黏膜再吸收（稱為腸肝循環），僅少量膽固醇經腸道細菌還原（加氫），變成糞固醇(coprosterol)而排出體外。

膽鹽會經由**腸肝循環**(enterohepatic circulation)進行生物體內的再利用循環。腸肝循環指肝臟分泌的膽汁，流入膽道系統，再到十二指腸，經迴腸以主動運輸後再吸收膽鹽進入肝臟。肝臟每天約可合成 0.5 公克的膽鹽，剛好可以補充糞便所排泄的量。飲食中的脂肪約有 95％ 會被吸收，而膽固醇則約為 10～50％。

少量膽固醇在一些內分泌腺中可轉變成類固醇激素(steroid hormone)：在腎上腺皮質中可轉變為腎上腺皮質激素(adrenal hormone)，在性腺（睪丸和卵巢）中可轉變為性激素(sex hormone)。在調節代謝完成其生理功能後，這些類固醇激素主要在肝臟中喪失其活性，成為易於排出的形式，大部分從尿中排出。此外，膽固醇還可在腸黏膜內形成 7-脫氫膽固醇(7-dehydrocholesterol)（即維生素原 D₃），於皮下經紫外線（日光）照射後轉變為維生素 D₃。

摘要

1. 脂肪作為能量的儲存物質，是比醣作為能量的儲存更為經濟，這有賴於它具有高度的氫氧比值。磷脂是生物膜的主要成分，磷脂的代謝正常才能保證生物細胞膜結構與功能的正常。

2. 膽固醇不僅本身構成生物膜，參與脂肪代謝，且為多種活性物質的前驅物，並與多種生理活動均有密切的關係。

3. 脂肪酸的分解，主要通過β-氧化的方式，每次減少兩個碳原子，產生一個乙醯輔酶 A，再進入三羧酸循環以完全氧化。除此之外，還有α-氧化、ω-氧化等其他次要的途徑。

4. 脂肪的氧化分解不僅為有機體提供比醣類氧化獲得更多的 ATP，而且能產生大量的水，稱為內源性水(endogenous water)，它對駱駝等生長在乾旱沙漠地區的生物提供有利的條件。此外，β-氧化產生的乙醯輔酶 A 也是合成多種物質的原料。

5. 脂肪酸的合成在細胞質（液）中可由乙醯輔酶 A 開始，合成棕櫚酸，這稱為全程合成(de nove synthesis)途徑，是細胞合成脂肪酸的主要途徑。此外，粒線體和內質網（微粒體）可進行碳鏈加長，或去飽和等脂肪酸合成途徑。

6. 磷脂的分解由幾種不同磷脂酶共同作用，這有利於食物磷脂的消化吸收。磷脂的合成需 CTP，由不飽和脂肪酸及含氮物來參與合成不同的磷脂。

7. 肝臟是合成膽固醇的主要場所。從乙醯輔酶 A 到鯊烯直到膽固醇合成是一個複雜過程。膽固醇的分解主要是轉化成一些生物活性物質。

MEMO

PRINCIPLES OF
BIOCHEMISTRY

15
CHAPTER

PRINCIPLES OF
BIOCHEMISTRY

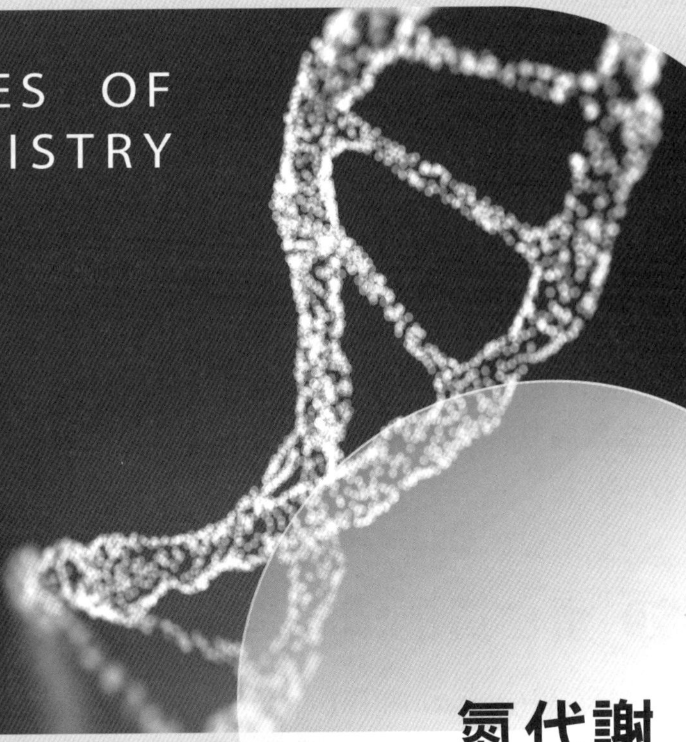

氮代謝

前 面幾章討論了含碳、氫、氧化合物的代謝，尚未涉及含氮化合物的代謝。生物體內的含氮物質主要是蛋白質和核酸，還有一些吡咯紫質類(porphyrins)化合物。蛋白質水解產生胺基酸(amino acid)，核酸水解產生核苷酸(nucleotide)。胺基酸在體內代謝中脫下胺基，轉變為氨(ammonia)或尿素(urea)排出體外。核苷酸在人體內分解後則以尿酸(uric acid)作為廢物排出，在其他動物還可以尿囊素(allantoin)、尿囊酸(allantoic acid)等其他一些含氮廢物排出體外。

雖然大氣中含有豐富的氮氣，但人體和動植物並不能直接利用它們作為氮源來合成蛋白質和核酸。只有一些細菌可利用空氣中的氮氣作為氮源，將其轉變為 NH_3 或 NH^{4+}，再供植物利用，合成胺基酸和核苷酸。動物只能利用現存的胺基酸合成蛋白質，利用核苷酸合成核酸。這些胺基酸和核苷酸可來自植物蛋白質和核酸的分解，也可來自其他動物的蛋白質和核酸。生物體本身的蛋白質和核酸也分解成一些含氮廢物排出體外，供其他生物利用，這就形成自然界的氮循環(nitrogen cycle)。

15.1 蛋白質的消化與吸收

蛋白質主要在胃(stomach)和腸(intestines)中被消化，由胃所分泌的胃蛋白酶原(pepsinogen)經胃酸(HCl)活化後成**胃蛋白酶**(pepsin)，水解芳香族胺基酸(Phe、Tyr、Trp)、甲硫胺酸(Met)和白胺酸(Leu)羧基端之胜肽鍵。因此，在胃中蛋白質可被胃蛋白酶水解為分子量較小的蛋白腖 (proteose)、腖(pepton)以及多胜肽(polypeptide)（表 15-1）。

蛋白質的消化作用除了由食物而來的蛋白質外，也有少許內源性蛋白質，如消化酶及剝落的上皮細胞等每日約 50~70 公克，也會出現在消化道中。

▶ 表 15-1　蛋白質之消化作用

作用位置	酵　素	消化作用
胃	胃蛋白酶	初步水解蛋白質及胜肽
胰臟	胰蛋白酶	由離胺酸或精胺酸提供羧基之胜肽鍵
	胰凝乳蛋白酶	由芳香族胺基酸提供羧基，及除了天門冬醯胺酸或麩胺酸外之任何其他胺基酸提供胺基之胜肽鍵
	羧肽酶 A 及 B	將初步水解之胜肽依序自碳端(carboxyl terminal)逐一水解產生較短之胜肽及胺基酸
小腸	胺肽酶	依序自氮端(amino terminal)逐一水解產生較短之胜肽及胺基酸

消化蛋白質的位置為口腔、胃及小腸。口腔具有磨碎食物之物理作用，以利食物進入胃部後與胃液接觸的面積，真正可以幫助蛋白質水解的消化酶只存在胃及小腸中。由於蛋白質分子量太大，無法通過腸道障壁吸收，故先經水解為胺基酸，或二～三胜肽後，方可透過上皮細胞膜上的各種轉運器(transporters)吸收。

一、蛋白質在胃的消化作用

胃的主細胞(chief cell)分泌不具有活性的胃蛋白酶原(pepsinogen)，可透過胃壁細胞(parietal cells)分泌的胃酸(HCl)水解而活化，轉化為具有活性的胃蛋白酶。胃蛋白酶是一種對酸安定的胜肽內切酶(endopeptidase)，主要作用是分解蛋白質，主要分解產物是多胜肽、寡胜肽及少量胺基酸。胃酸也可使飲食中的蛋白質發生變性，使其易於被蛋白酶水解，且胃酸進入小腸後可以引起促胰液素(incretin)的釋放，進而促進胰液、膽汁和小腸液的分泌。

二、蛋白質在小腸的消化作用

含胃酸的食糜進入十二指腸後，受到胰液中 HCO_3^- 的作用而逐漸調整其 pH 值至偏鹼環境，以利小腸內消化酶活性之最適 pH 值。胰液中包含一系列與水解蛋白質及胜肽有關的酶原，其活化後提供消化蛋白質的活性。小腸刷狀緣細胞分泌腸激酶(entrokinase)將胰蛋白酶原轉化為胰蛋白。

在小腸腔的腸液和胰液含有多種蛋白酶，主要由胰腺細胞分泌的多種蛋白酶原經**腸激酶**(enterokinase)或胰蛋白酶(trypsin)的作用，活化成相應的蛋白酶。由胰蛋白酶原(trypsinogen)轉化的**胰蛋白酶**水解鹼性胺基酸(Lys、Arg)羧基側的胜肽鍵；胰凝乳蛋白酶(chymotrypsin)水解芳香族胺基酸(Tyr、Phe、Trp)羧基端之胜肽鍵；**彈性蛋白酶**(elastase)主要催化具有側鏈脂肪族胺基酸（Ala、Ser、Thr 等）羧基端之胜肽鍵。正常情況下，在小腸黏膜細胞上只有胺基酸及少量二胜肽、三胜肽能夠被吸收。

三、蛋白質的吸收作用

蛋白質分解成二、三胜肽或胺基酸後，被小腸細胞吸收，再經血液將胺基酸運送至組織，提供能量代謝所需。被轉運至腸細胞中的二胜肽及三胜肽，在小腸細胞內會被二胜肽酶及三胜肽酶水解成胺基酸，然後才釋放至肝門靜脈運送至肝臟。經口或腸道營養途徑攝取之胺基酸，吸收後會在小腸被利用，以維持正常的

腸道菌叢功能。當無法以經口或腸道途徑取得營養而需進行靜脈營養時,小腸上皮細胞吸收及利用胺基酸的路徑,與其他組織由周邊循環取得胺基酸的方式相同。經肝門靜脈運送至肝臟的胺基酸,除了支鏈胺基酸以外都會在肝臟被進一步代謝,才進入體循環。

　　小腸攝取游離胺基酸至胞內的途徑與二胜肽及三胜肽不同,由於體循環中的游離胺基酸濃度顯著低於胞內,使得周邊細胞利用胞外胺基酸時,須經主動運輸(active transport)進入細胞,過程需消耗 ATP。

15.2 胺基酸的分解代謝

　　胺基酸進入細胞後,除了作為氮源合成蛋白質外,也可經由脫胺作用,將其碳骨架進一步氧化分解,以提供能量,或轉化成醣類及脂質。胺基酸的氧化分解作用包括脫胺、轉胺、聯合脫胺及脫羧等作用,以及這些作用之產物的代謝。

一、脫胺與轉胺作用

(一) 脫胺作用

　　脫胺過程需要氧參與,在酵素催化下脫下α-胺基,生成α-酮酸(α-ketoacid)。

$$\underset{\text{NH}_2}{\text{R}-\text{CH}-\text{COOH}}+\frac{1}{2}\text{O}_2 \longrightarrow \text{R}-\overset{\text{O}}{\underset{\|}{\text{C}}}-\text{COOH}+\text{NH}_3$$

　　此反應包括脫胺與水解兩個步驟。胺基酸首先在胺基酸脫氫酶(amino acid dehydrogenase)的催化下,脫掉α-碳原子和α-胺基上各一個氫原子而生成亞胺基酸(imino acid)。亞胺基酸再自發水解成α-酮酸和氨。

$$\underset{\text{NH}_2}{\text{R}-\text{CH}-\text{COOH}} \underset{\text{胺基酸去氫酶}}{\rightleftharpoons} \underset{\text{亞胺基酸}}{\text{R}-\overset{\text{NH}}{\underset{\|}{\text{C}}}-\text{COOH}} +2\text{H}$$

$$\underset{}{\text{R}-\overset{\text{NH}}{\underset{\|}{\text{C}}}-\text{COOH}} \xrightarrow{+\text{H}_2\text{O}} \underset{\alpha-\text{酮酸}}{\text{R}-\overset{\text{O}}{\underset{\|}{\text{C}}}-\text{COOH}_3} \underset{\text{氨}}{+\text{NH}_3}$$

　　催化胺基酸氧化脫胺的酵素，習慣上稱為胺基酸氧化酶(amino acid oxidase)，實際上屬脫氫酶，而非氧化酶。胺基酸氧化酶有兩類：L-胺基酸氧化酶和 D-胺基酸氧化酶，兩者都是需氧核黃酶(aerobic flavoenzyme)，以 FAD 為輔基，FAD 接受脫下的氫生成 $FADH_2$，再以 O_2 為直接受體，產生 H_2O_2。

　　L-麩胺酸脫氫酶是存在廣泛、唯一能使胺基酸直接氧化脫氨並具有最強活性的酵素。它以 NAD^+ 或 $NADP^+$ 為輔酶，催化 L-麩胺酸(L-glutamic acid)脫胺產生 α-酮戊二酸(α-ketoglutaric acid)和氨(ammonia)。在真核細胞中此酵素存在於粒線體基質中。所產生的α-酮戊二酸可以進入三羧酸循環。因此，此酶是聯繫醣代謝與氮代謝的一個重要酵素。

$$NAD(P)^+ \quad \underset{\xrightarrow{\hspace{2cm}}}{\rightleftharpoons} \quad \begin{array}{c} COOH \\ | \\ CH_2 \\ | \\ CH_2 \\ | \\ C=O \\ | \\ COOH \end{array} \quad + NAD(P) + H^+ + NH_3$$

L－麩胺酸脫氫酶

α－酮戊二酸

(二) 轉胺作用

　　胺基酸可在**轉胺酶**(transaminase)作用下，將α-胺基轉移到另一個α-酮酸的酮基上，原胺基酸失去胺基變為α-酮酸，原酮酸變為相應的α-胺基酸，稱為轉胺作用(transamination)。此過程需要維生素 B_6 所衍生的輔酶參與反應，動物組織中主要以**麩胺酸丙酮酸轉胺酶**(glutamate-pyruvate transaminase, GPT)（圖 15-1）和**麩草轉胺酶**(glutamate-oxaloacetate transaminase, GOT)為主；真核細胞的粒線體基質及細胞質中均有轉胺酶的存在，轉胺酶以磷酸吡哆醛(pyridoxal phosphate)和磷酸吡哆胺(pyridoxamine phosphate)為輔酶，它們都是維生素 B_6 的衍生物。

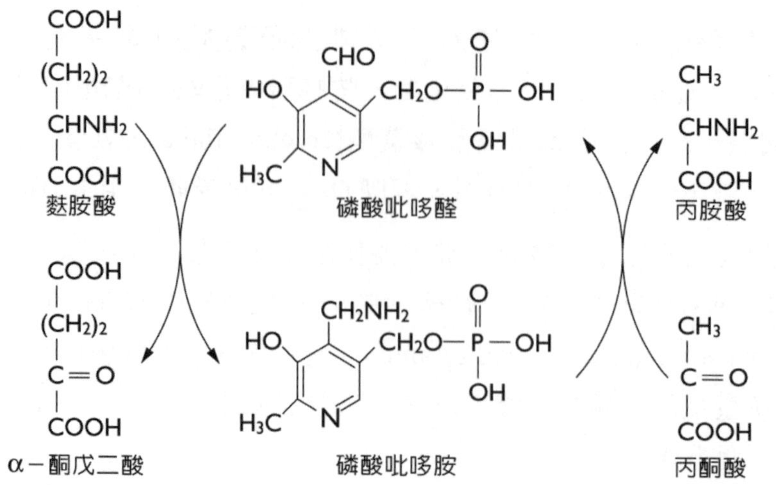

圖15-1 麩丙酮轉胺酶催化的轉胺作用

　　除 Gly、Lys、Thr、Pro 和 Hpr 外，其餘胺基酸都具有相對應的轉胺酶，均可在不同程度上進行轉胺作用。在正常情況下，轉胺酶主要存在細胞內，在血清的活性很低，在肝臟(liver)和心臟(heart)細胞活性最高。當肝臟或心臟罹患急性炎症(inflammation)時，由於細胞膜通透性增加，轉胺酶可大量進入血液，血清轉胺酶因而活性增高。臨床上測定血清轉胺酶的活性即可協助診斷心臟及肝臟的疾病。

　　生物體內，只有 L-麩胺酸脫氫酶活性高，可以進行氧化脫胺，其餘的 L-胺基酸氧化酶的活性則普遍較低。因此，體內多數胺基酸的脫胺作用是先經由轉胺作用，將胺基轉給α-酮戊二酸，生成麩胺酸，再由 L-麩胺酸脫氫酶進行氧化脫胺（圖 15-2）。

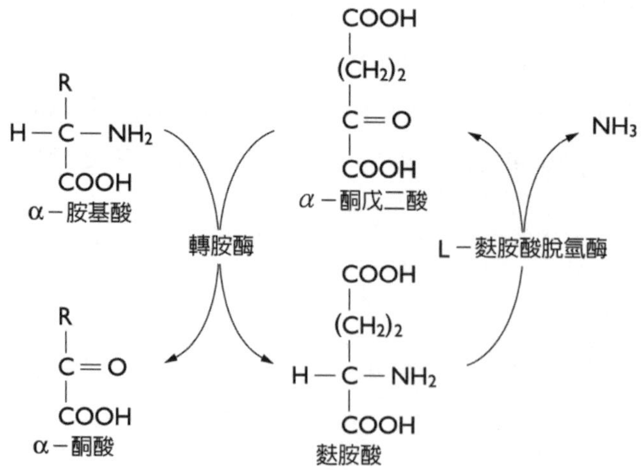

圖15-2 氧化脫胺與轉胺偶聯的聯合脫胺基作用

　　此一過程是可逆的，其逆反應則是體內合成胺基酸的重要途徑。體內某些組織如骨骼肌(skeletal muscle)和心肌(cardiac muscle)中的 L-麩胺酸脫氫酶活性很低，麩胺酸脫胺作用也因而不高。在這些組織中存有另一種脫胺方式，即所謂**嘌呤核苷酸循環**(purine nucleotide cycle)（圖 15-3）。

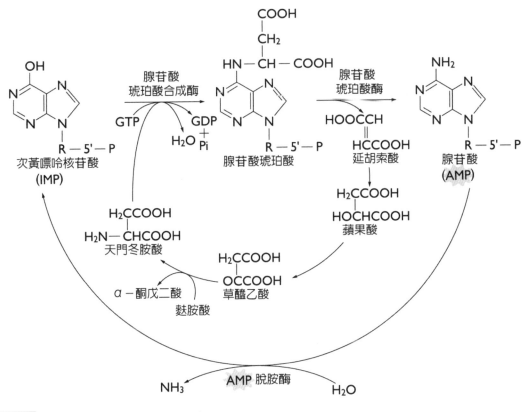

圖15-3 　嘌呤核苷酸循環（李，1990）

　　在肌肉(muscle)、腦(brain)和肝臟(liver)中這是主要的脫胺途徑。途徑的重要酵素是**腺苷酸脫胺酶**(adenylate deaminase)，它催化腺苷酸(AMP)脫胺並產生次黃嘌呤核苷酸(inosine monophosphate, IMP)，IMP 再由腺苷酸琥珀酸合成酶(adenylosuccinate synthetase)催化，與天門冬胺酸(Asp)反應生成腺苷酸琥珀酸(adenylosuccinate, AMPS)，再由腺苷酸琥珀酸裂解酶(AMPS lyase)或稱腺苷酸琥珀酸酶的催化下，裂解成腺苷酸(AMP)和延胡索酸(fumaric acid)，而使 AMP 再生。延胡索酸經由加水反應生成蘋果酸(malic acid)，再氧化成草醯乙酸(oxaloacetic acid)，經麩草轉胺酶(GOT)作用，使天門冬胺酸(Asp)再生，並形成循環式代謝。

二、脫醯胺作用

麩胺醯胺(glutamine)和天門冬醯胺(asparagine)可分別在麩胺醯胺酶(glutaminase)和天門冬醯胺酶(asparaginase)作用下，生成相對應的麩胺酸(Glu)和天門冬胺酸(Asp)，此稱為脫醯胺作用(deamidation)。這兩種酶有相當高的專一性，廣泛存在於動、植物和微生物中。

$$麩胺醯胺 + H_2O \xrightarrow{麩胺醯胺酶} 麩胺酸 + NH_3$$

$$天門冬醯胺 + H_2O \xrightarrow{天門冬醯胺酶} 天門冬胺酸 + NH_3$$

三、脫羧作用

胺基酸可在**胺基酸脫羧酶**(amino acid decarboxylase)催化下，脫羧(decarboxylation)產生 CO_2 和胺類(amine)。此一反應普遍存在於微生物和高等動、植物組織中，如肝臟(liver)、腎(kidney)、腦(brain)中都有胺基酸脫羧酶的存在。胺基酸脫羧酶的專一性很高，一種胺基酸脫羧酶往往只作用於一種 L-胺基酸。酵素反應的通式可用下式表示：

$$\underset{胺基酸}{R-\underset{\overset{|}{NH_2}}{CH}-COOH} \xrightarrow[\text{(磷酸吡哆醛)}]{\text{胺基酸脫羧酶}} \underset{胺}{R-CH_2-NH_2} + CO_2$$

胺基酸脫羧酶的輔酶(coenzyme)為磷酸吡哆醛(pyridoxal phosphate)，但組胺酸脫羧酶(histidine decarboxylase)除外。胺基酸脫羧作用並不是胺基酸的主要分解代謝途徑，但脫羧產生的胺類在體內具有多種生理效應：

1. **產生 γ-胺基丁酸**(γ-aminobutyric acid, GABA)：腦組織中富含 L-麩胺酸脫羧酶(L-glutamate decarboxylase)，催化麩胺酸脫羧產生 γ-胺基丁酸，作為神經細胞(nerve cell)的能源、神經衝動的抑制劑(inhibitor of nerve excitement)，以及神經的重要傳遞物質(neurotransmitter)。

2. **產生組織胺**(histamine)：組胺酸(histidine)脫羧後產生組織胺，具有降低血壓、擴張血管、引起支氣管痙攣和促進胃液分泌的作用。正常人組織胺含量很少，一些過敏性疾病（如過敏性鼻炎）即是由組織胺產生過多所致，以抗組織胺等藥物來減輕症狀。

3. **產生 5-羥色胺**(5-hydroxytryptamine)：色胺酸(tryptophan)經氧化和脫羧作用產生 5-羥色胺，可促進微血管收縮，升高血壓，促進腸胃活動，並且和神經興奮傳導有關。在中樞神經系統(central nervous system)的正常活動中，必須有適量的 5-羥色胺存在。其代謝失調會引起神經錯亂、幻覺等。

4. **產生兒茶酚胺類**(catecholamines)：酪胺酸(tyrosine)脫羧產生的兒茶酚胺類是中樞和周邊神經系統(peripheral nervous system)的傳遞介質。主要表現中樞神經系統的興奮、血壓升高、血糖升高等。

四、胺基酸代謝產物作為碳源和能源

胺基酸在脫胺之後，其碳骨架可用於不同的生合成途徑，或在降解後與可產生能量的途徑相連接（圖 15-4）。

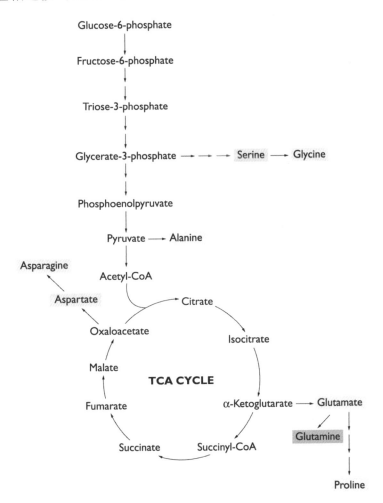

圖15-4 胺基酸的分解作用及碳骨架利用（張、彭，2007）

五、芳香族胺基酸的分解代謝

　　芳香族胺基酸(aromatic amino acid)包括了苯丙胺酸(Phe)、酪胺酸(Tyr)和色胺酸(Trp)。Phe 和 Tyr 的結構相似，分解途徑相同（圖 15-5）。

 專欄 BOX

15.1　常見的先天性胺基酸代謝缺陷症

　　胺基酸在小腸或腎小管進行再吸收，對於提供體內各組織及維持正常血液胺基酸濃度有其重要性，若有先天性或後天性疾病影響胺基酸的吸收或表現，都會導致臨床症狀及相關的營養問題。這類疾病在芳香族胺基酸代謝中尤為多見，1.~5.為苯丙胺酸及酪胺酸代謝流程中，酵素缺乏時會誘發之疾病。

1. **苯丙酮尿症**(phenylketonuria, PKU)：因缺乏苯丙胺酸羥化酶(phenylalanine hydroxylase)或缺乏此酵素之輔酶四氫生物喋呤(tetrahydrobiopterin)所致之遺傳性疾病，患者因無法正常將苯丙胺酸轉化為酪胺酸，造成體內苯丙胺酸(phenylpyruvic acid)累積，於組織、血漿及尿液中含量增加，伴隨顯著產生之苯丙胺酸代謝中間物苯乳酸(phenyllactate)。會造成中樞神經障礙，包括精神發育遲緩、無法行走或說話、癲癇發作、過動、震顫、小頭症且無法成長。苯酮尿症病患往往顯示缺乏色素形成（淡色之毛髮與皮膚色及藍眼珠），這是因為形成黑色素(melanin)的第一步是透過酪胺酸酶對於酪胺酸行羥化作用，而在苯酮尿患者會因存在高量苯丙胺酸而競爭性抑制酪胺酸經化酶之活性。此外，因苯酮尿症患者無法由苯丙胺酸合成酪胺酸，故酪胺酸成為患者的必需胺基酸，須由飲食中攝取足量。

2. **酪胺酸血症 II**：酪胺酸轉胺酶缺陷。

3. **酪胺酸血症 I**：對－羥苯丙酮酸羥化酶缺陷。

4. **黑尿酸症**(alcaptonuria)：黑尿酸氧化酶(homogentisate oxidase)缺陷，黑尿酸最終不能轉變為延胡索酸和乙醯乙酸，而隨尿排出。

5. **白化病**(albinism)：因缺乏酪胺酸酶(tyrosinase)活性而導致的酪胺酸代謝異常，並不能進一步形成黑色素。這些缺陷造成部分或完全缺乏皮膚，毛髮及眼睛的黑色素。除了低色素之外，患者也有視覺障礙及畏光問題（光照會傷害患者眼精）及增加之皮膚癌風險。

6. **胱胺酸尿症**(cystinuria)：最常見的遺傳性疾病之一。鹼性胺基酸運輸系統發生缺陷，造成胱胺酸、鳥胺酸、精胺酸與離胺酸無法在腎小管再吸收而出現在尿液中，造成胱胺酸沉澱形成腎臟結石(calculi)阻塞尿道，口服水分補充劑(oral hydration)在此症的治療相當重要。

7. **甲基丙二酸血症**(methylmalonic acidemia, MMA)：至少發現有五種不同的先天性酵素缺陷會導致甲基丙二酸血症，而甲基丙二醯輔 A 變位酶(methylmalonyl-CoA mutase)缺陷是最常被發現的原因。甲基丙二酸為甲硫胺酸、羥丁胺酸、纈胺酸及異白胺酸代謝中間產物，當體內缺乏甲基丙二酸醯輔 A 變位酶，或是缺乏此酵素的輔因子維生素 B_{12} 時，會造成這些胺基酸代謝異常及體內甲基丙二酸的堆積。若是因維生素 B_{12} 缺乏所造成，患者症狀通常較晚出現且較輕微，以體重不增加、嘔吐及心智發育遲緩來表現；可用注射維生素 B_{12} 治療。若是變位酶缺乏，則對維生素 B_{12} 治療無反應，要需長期飲食控制。

8. 同半胱胺酸尿症(homocystinuria)：是體內對同半胱胺酸代謝發生缺陷的一種遺傳性疾病。特徵為血漿及尿液中含高量同半胱胺酸及甲硫胺酸及其代謝中間物。同半胱胺酸尿症最常見原因是胱硫醚β-合成酶(cystathionine β-synthase)缺陷，此酵素的作用是將同半胱胺酸轉化為胱硫醚。患者會出現眼睛水晶體異位(ectopia lentis)、骨架異常、成年前動脈疾病、心肌梗塞、骨質疏鬆及精神發育遲緩。口服胱硫醚β-合成酶之輔酶吡哆醇（pyridoxine；維生素 B₆）可能對於某些患者可改善病情，其他治療方法包括限制甲硫胺酸攝取及補充維生素 B₆、B₁₂ 及葉酸。

9. 楓糖尿症(maple syrup urine disease, MSUD)：部分或完全缺乏支鏈α-酮酸脫氫酶(branched-chain α-keto acid dehydrogenase)所致之遺傳性疾病，此酵素複合體之活性為將支鏈胺基酸（白胺酸、異白胺酸及纈胺酸）轉胺後的α-酮酸產物進行脫羧作用。患者因缺乏支鏈α-酮酸脫氫酶導致支鏈胺基酸及其對應之α-酮酸累積在血液及尿液中。而周邊山累積之支鏈α-酮酸引起酸中毒，干擾腦部功能。臨床特徵包括餵食減少、嘔吐、脫水、嚴重代謝性酸中毒、體重增加遲緩、肌張力增加或減少及抽搐。若不積極治療，該病症導致精神發育遲緩、身體失能、甚至死亡。此遺傳缺陷也使得支鏈胺基酸之α-酮酸出現於尿液中，其中異白胺酸之α-酮酸衍生物是形成楓糖尿症特有尿味的原因。

(一) 苯丙胺酸與酪胺酸的分解途徑

Phe 經羥化作用（加單氧反應），轉變為 Tyr，催化這個反應的酵素為**苯丙胺酸羥化酶**(phenylalanine hydroxylase)。這個加氧反應的輔酶是四氫蝶呤(tetrahydrobiopterin)，它的結構與四氫葉酸相似，在反應中負責傳遞氫的作用，將來自 NADPH 的氫傳遞給氧，完成羥化反應（圖 15-6）。

Tyr 分解的第一步反應由酪胺酸轉胺酶(tyrosine transaminase)作用，生成對－羥苯丙酮酸(p-hydroxyphenylpyruvate)，而後經過氧化、脫羧生成黑尿酸(homogentisic acid)，再氧化最後生成延胡索酸和乙醯乙酸。

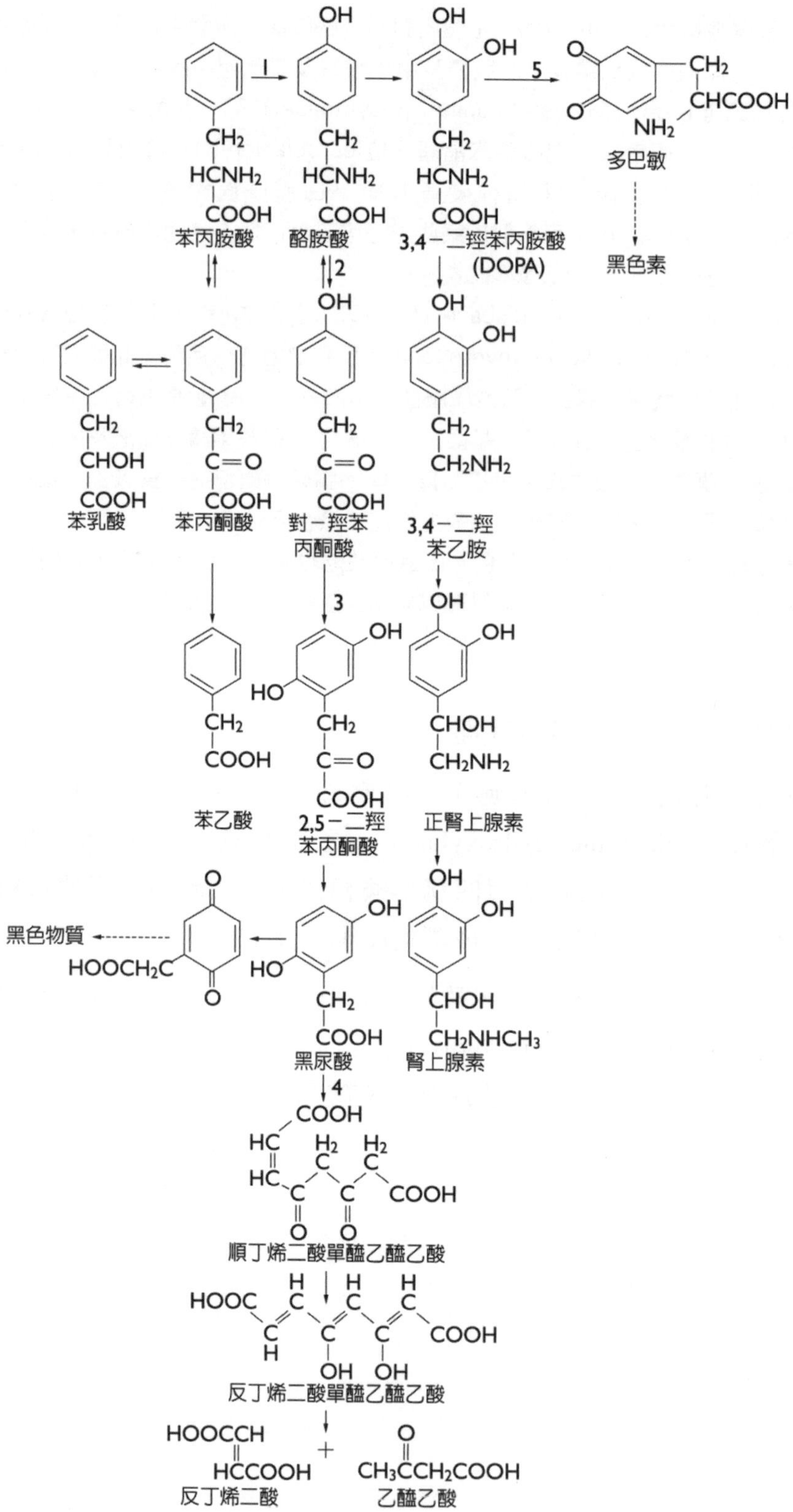

圖15-5 苯丙胺酸和酪胺酸的分解代謝

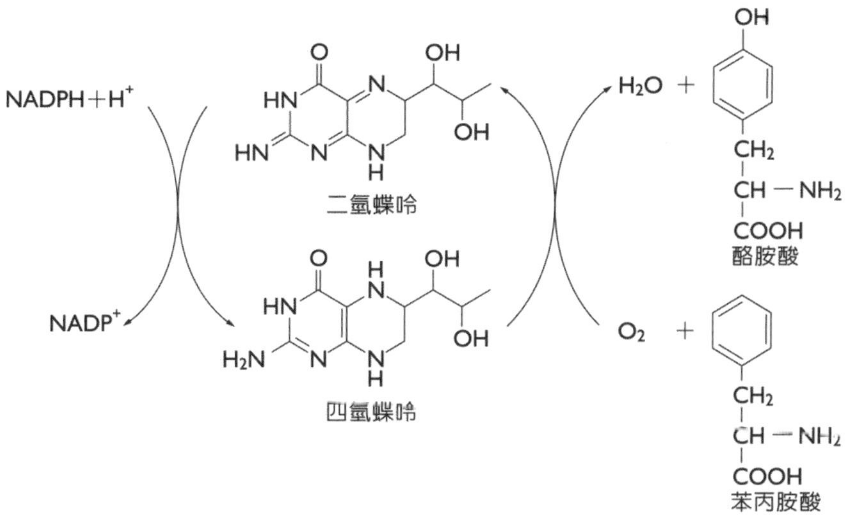

圖15-6 苯丙胺酸羥化成酪胺酸的反應

　　酪胺酸除了徹底分解和轉變為醣（由延胡索酸轉化）及酮體（由乙醯乙酸轉化）外，還可以通過另外的途徑轉變成一些重要的活性物質，包括多巴胺(dopamine)、正腎上腺素(noradrenaline)、腎上腺素(adrenaline)和黑色素(melanin pigment)等（圖 15-7）。

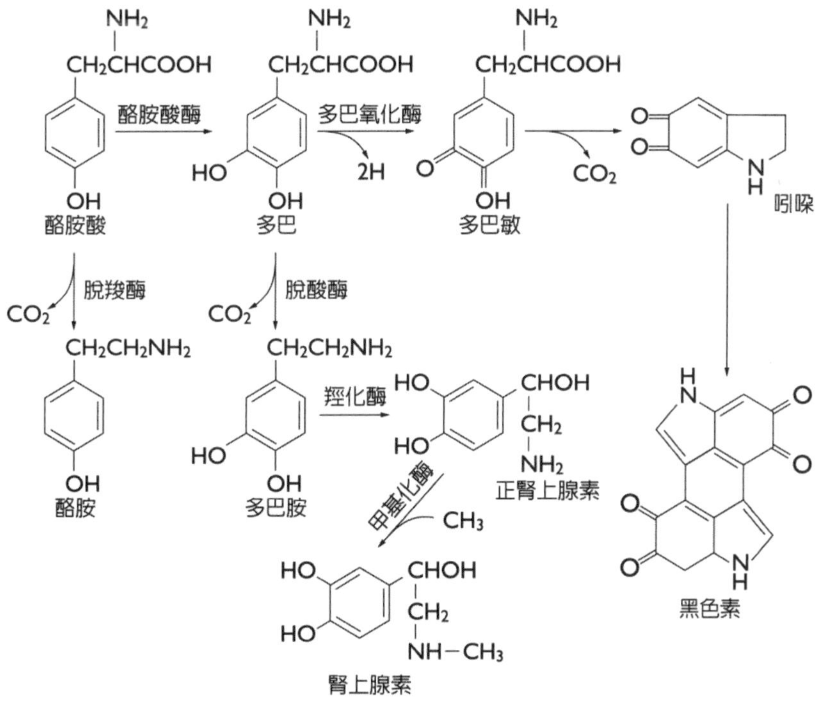

圖15-7 酪胺酸轉變成一些活性物質

(二) 色胺酸的分解途徑

在色胺酸(Trp)的分解代謝中，一個重要分解途徑是吲哚環(indole ring)裂開形成甲醯犬尿胺酸(formyl kynurenine)，而後經過複雜的反應而轉變成菸鹼酸(nicotinic acid)和乙醯輔酶 A (acetyl CoA)。前者用於合成 NAD 和 NADP，後者可進入檸檬酸循環被徹底氧化（圖 15-8）。

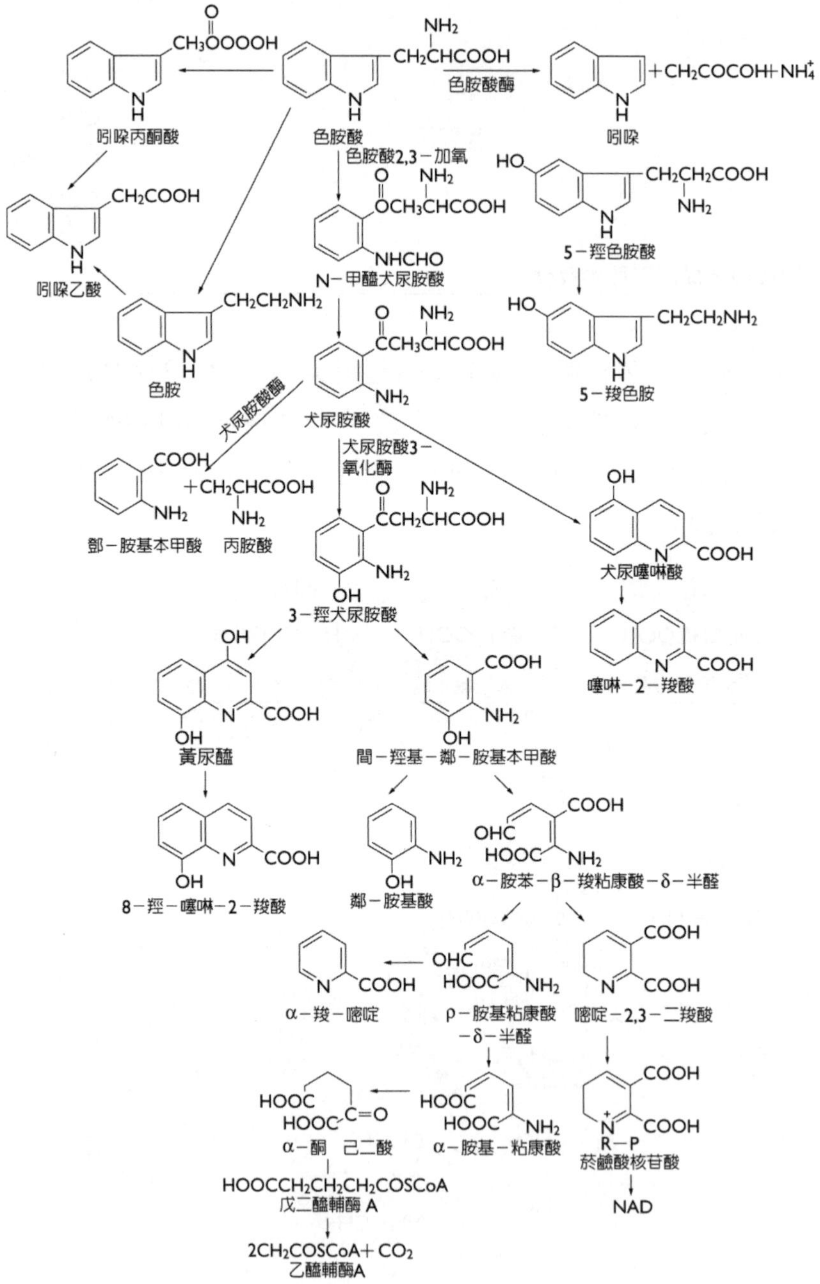

圖15-8　色胺酸的分解代謝（沈、顧，1993）

在動物體內，色胺酸經氧化和脫羧作用可產生血清素(serotonin)。血清素具有使組織和血管收縮的作用，並與腦細胞活動、體溫調節等生理作用有關。血清素還可進一步被氧化成 5-羥吲哚乙醛，再被脫氫酶作用氧化成 5-羥吲哚乙酸，並以這種形式排出體外（圖 15-9）。

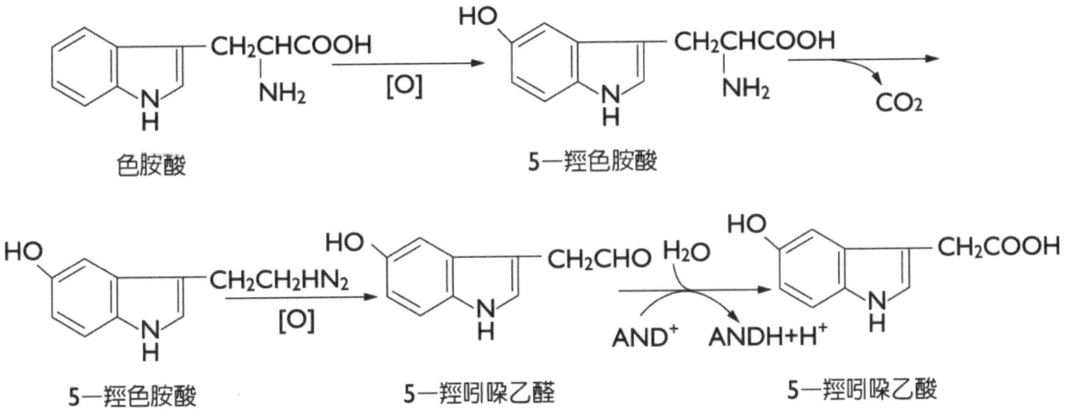

圖15-9 色胺酸轉變為血清素的途徑

在微生物和植物體內，色胺酸通過氧化脫羧，經過與上類似的反應可形成吲哚乙酸(indoleacetic acid)（圖 15-10）。吲哚乙酸是一種植物生長刺激素。在動物體內，由腸道細菌分解色胺酸而轉變成的吲哚乙酸及吲哚(indole)等物質，則會隨糞便排出體外。

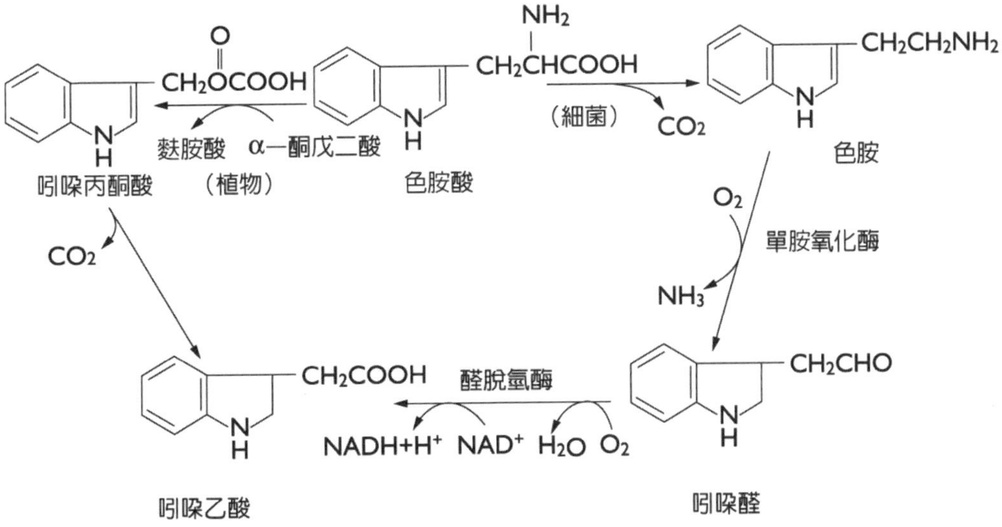

圖15-10 色胺酸轉變為吲哚乙酸的途徑

15.3 尿素循環

胺基酸脫胺後剩下的碳骨架為α-酮酸(α-keto acid)，它可重新胺基化生成胺基酸，也可以進入醣代謝途徑被完全氧化產生能量，或轉化為醣類或脂肪。

胺基酸脫胺後所產生的氨(NH_3)既是廢物，又是氮源。在植物和某些微生物可直接利用氨作為氮源來合成胺基酸。但在人和動物中，則是作為廢物排出。當人和動物體內氨濃度超過允許的範圍時，就會產生毒性作用。例如，當家兔每 100 毫升血液中的氨濃度超過 5 毫克時，就會引起中毒死亡。因此，正常人體內具有解毒機制，能將不斷產生的氨迅速地轉變成無毒的物質，使得血中氨濃度每 100 毫升不超過 0.1 毫克。

人和多數陸生動物，氨主要是以尿素(urea)型式排出體外。Krebs 和 Henseleit 提出了有瓜胺酸(citrulline)、鳥胺酸(ornithine)和精胺酸(arginine)參與的環式代謝途徑，有助於了解尿素生成的酵素反應過程（圖 15-11）。

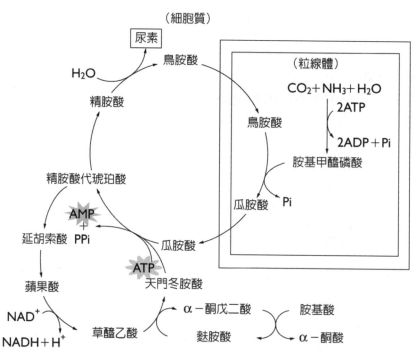

圖15-11 尿素生成機制—鳥胺酸循環

一、瓜胺酸的生成

NH_3 首先與 CO_2 生成具有高能鍵的**胺甲醯磷酸**(carbamoyl phosphate)，將胺甲醯基(carbamoyl group)轉移給鳥胺酸(ornithine)形成瓜胺酸(citrulline)。這兩個反應分別由**胺甲醯磷酸合成酶 I** (carbamoyl phosphate synthetase I)（需 ATP 及 Mg^{2+}）和**鳥胺酸胺甲醯轉移酶**(ornithine transcarbamylase)所催化，兩種酶均分布於粒線體基質中。

胺甲醯磷酸　　鳥胺酸　　瓜胺酸

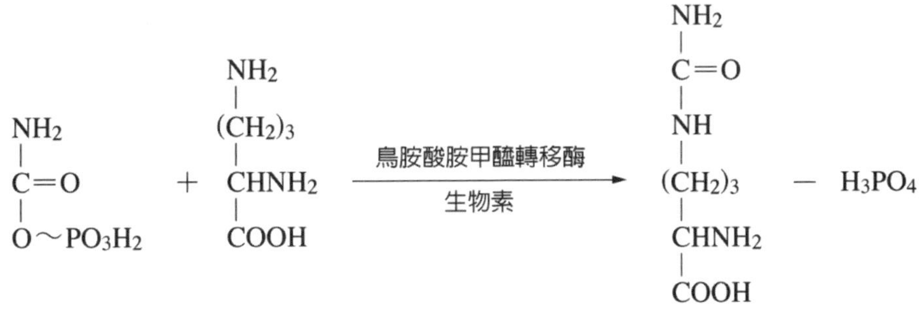

二、精胺酸的生成

上一步驟生成的瓜胺酸可以穿過粒線體膜，進入細胞質中。由天門冬胺酸(Asp)提供氨基，生成精胺酸。這個過程由**精胺酸琥珀酸合成酶**(argininosuccinate synthetase)和**精胺醯琥珀酸裂解酶**(argininosuccinate lyase)所催化，生成精胺酸和延胡索酸，其中延胡索酸回到 TCA 循環，精胺酸則繼續參與反應催化尿素形成。

瓜胺酸　　天門冬胺酸　　精胺醯琥珀酸　　精胺酸　　延胡索酸

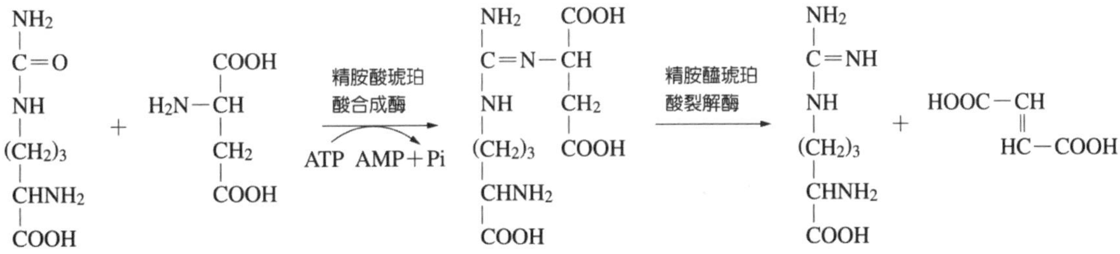

三、精胺酸的水解

在**精胺酸酶**(arginase)的作用下，精胺酸進一步水解成尿素和鳥胺酸。鳥胺酸可通過粒線體膜的特異性運輸系統進入粒線體，再參與循環。

$$\text{精胺酸} + H_2O \xrightarrow{\text{精胺酸酶}} \text{鳥胺酸} + \text{尿素}$$

精胺酸　　　　　　　　　　　　　鳥胺酸　　　尿素

15.4 胺基酸的合成代謝

一、胺基酸的結構與特性

　　胺基酸的基本結構包括一個胺基與一個羧基，不同胺基酸具有不同側鏈（R基團）。合成蛋白質時，胺基酸與胺基酸之間由羧基與胺基縮合而產生胜肽，由兩分子胺基酸組成之胜肽稱為二胜肽(di-peptide)，三分子胺基酸組成者稱為三胜肽(tri-peptide)， 3~10 個胺基酸組成之胜肽則統稱為寡肽(oligo-peptide)，而更長鏈組成者則為多胜肽。

二、必需胺基酸與非必需胺基酸

　　對於某些生物體而言，構成蛋白質的二十種胺基酸，並不是都能在體內合成(anabolism)。這種體內不能合成，只能從食物或周圍環境中攝取的胺基酸，稱為**必需胺基酸**(essential amino acid)；體內能夠合成的胺基酸，則稱為**非必需胺基酸**(non-essential amino acid)。

　　不同的生物所需的必需胺基酸有所不同。對於成人而言，必需胺基酸包括：Lys、Trp、Val、Leu、Ile、Thr、Phe 和 Met 等八種。但 Arg 和 His 兩種鹼性胺基酸則由於精胺酸酶(arginase)的活性較高（使 Arg 易於分解）或者合成速度較慢，常常不能滿足組織建造的需要（尤其是發育中的兒童），因此有時也將 Arg 和 His 列入人體必需胺基酸，或稱**半必需胺基酸**(semi-essential amino acid)。

　　一種食物蛋白質的營養價值不僅取決於它所含必需胺基酸的種類，而且還取決於所含各種必需胺基酸的比例，這種比例與人體蛋白質越接近，其營養價值越高。不同生物合成胺基酸的能力不同，合成胺基酸的種類、原料等也有所不同。

下面討論的人和動物的必需胺基酸合成途徑，主要存在於微生物或植物當中（表 15-2）。

▶表 15-2　常見胺基酸

名　稱	縮　寫	極性分類	靜電荷
甘胺酸(glycine)	Gly, G	非極性	中性
丙胺酸(alanine)	Ala, A	非極性	中性
纈胺酸(valine)	Val, V	非極性	中性
白胺酸(leucine)	Leu, L	非極性	中性
異白胺酸(isoleucine)	Ile, I	非極性	中性
苯丙胺酸(phenylalanine)	Phe, F	非極性	中性
酪胺酸(tyrosine)	Tyr, Y	極性	中性
色胺酸(tryptophan)	Trp, W	非極性	中性
組胺酸(histidine)	His, H	極性	正電性
天冬胺酸(aspartic acid)	Asp, D	極性	負電性
天冬醯胺酸(asparagine)	Asn, N	極性	中性
麩胺酸(glutamic acid)	Glu, E	極性	負電性
麩醯胺酸(glutamine)	Gln, Q	極性	中性
離胺酸(lysine)	Lys, K	極性	正電性
精胺酸(arginine)	Arg, R		正電性
絲胺酸(serine)	Ser, S	極性	中性
酥胺酸(threonine)	Thr, T	極性	中性
羥脯胺酸(hydroxy pro)		極性	中性
甲基胺酸(methionine)	Met, M	非極性	中性
半胱胺酸(cystein)	Cys, C	極性	中性
胱胺酸(cysteine)	Cys-Cys	極性	中性
脯胺酸(proline)	Pro, P	非極性	中性

三、胺基酸合成途徑

胺基酸的生物合成一般分為天門冬胺酸、磷酸甘油酸－丙酮酸、含硫胺基酸、麩胺酸、芳香族胺基酸及組胺酸等七個主要途徑。

1. **天門冬胺酸途徑**：這是存在於微生物中的合成途徑。以天門冬胺酸為原料合成酥胺酸、離胺酸、甲硫胺酸、異白胺酸和天門冬胺醯胺。

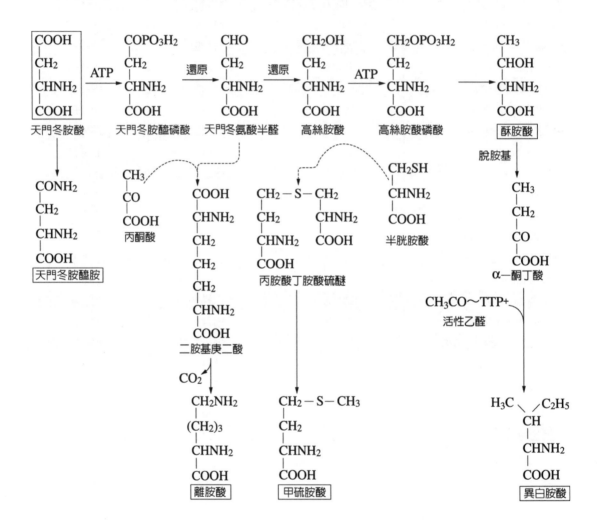

2. **磷酸甘油酸－丙酮酸途徑**：這是由醣代謝的中間物 3-磷酸甘油酸 (3-phosphoglyceric acid)為原料用於合成甘胺酸、絲胺酸、半胱胺酸、丙胺酸、白胺酸和纈胺酸的途徑。

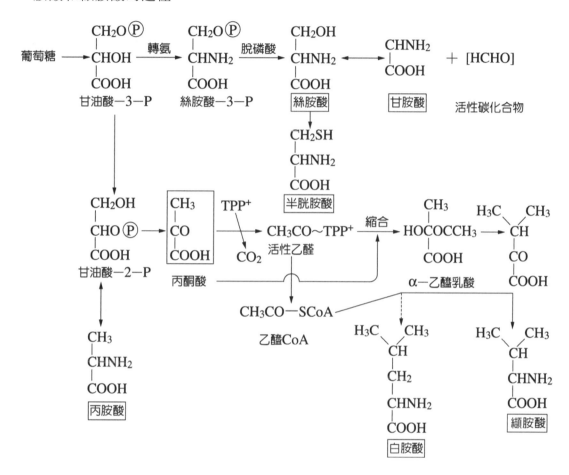

3. **含硫胺基酸途徑**：微生物和植物均能直接利用無機硫，含硫胺基酸則為動物合成所需的含硫化合物的唯一來源。微生物和植物由無機硫酸鹽生成半胱胺酸(Cys)，再由半胱胺酸合成甲硫胺酸(Met)。

$$SO_4^{2-} \xrightarrow{\text{還原}} SO_3^{2-} \xrightarrow{\text{還原}} H_2S \longrightarrow$$

serine
$$\begin{array}{c} CH_2OH_2 \\ | \\ CHNH_2 \\ | \\ COOH \end{array}$$

$$\begin{array}{c} CH_2SH \\ | \\ CHNH_2 \\ | \\ COOH \end{array}$$

半胱胺酸
cysteine

半胱胺酸 + 高絲胺酸 ⇌ 丙胺酸丁胺酸硫醚 ⇌ 高半胱胺酸 / 甲硫胺酸
cysteine   homoserine   homocysteine   homocysteine / methionine

$$\begin{array}{c} CH_2SH \\ | \\ CHNH_2 \\ | \\ COOH \end{array} + \begin{array}{c} CH_2OH \\ | \\ CH_2 \\ | \\ CHNH_2 \\ | \\ COOH \end{array} \underset{-H_2O}{\overset{+H_2O}{\rightleftharpoons}} \begin{array}{c} CH_2-S-CH_2 \\ | \quad\quad | \\ CH_2 \quad CHNH_2 \\ | \quad\quad | \\ CHNH_2 \quad COOH \\ | \\ COOH \end{array} \rightleftharpoons \begin{array}{c} CH_2OH \\ | \\ CH_2 \\ | \\ CHNH_2 \\ | \\ COOH \end{array} \underset{}{\overset{+CH_3}{\rightleftharpoons}} \begin{array}{c} CH_2S-CH_3 \\ | \\ CH_2 \\ | \\ CHNH_2 \\ | \\ COOH \end{array}$$

高半胱胺酸
homocysteine

甲硫胺酸
methionine

$$\begin{array}{c} CH_2OH \\ | \\ CHNH_2 \\ | \\ COOH \end{array}$$

絲胺酸
serine

半胱胺酸　高絲胺酸　　丙胺酸丁胺酸硫醚
cysteine　homoserine　　homocysteine

　　動物從甲硫胺酸合成半胱胺酸（上述反應的逆過程），也可由中間產物高半胱胺酸(homocysteine)和膽鹼(choline)反應生成。

$$\begin{array}{c} CH_2SH \\ | \\ CH_2 \\ | \\ CHNH_2 \\ | \\ COOH \end{array} + (CH_3)_3 \ N^+ CH_2CH_2OH \longrightarrow \begin{array}{c} CH_2S-CH_3 \\ | \\ CH_2 \\ | \\ CHNH_2 \\ | \\ COOH \end{array} + (CH_3)_2 \ N^+ CH_2CH_2OH$$

高半胱胺酸　　　　膽鹼　　　　　甲硫胺酸　　　　二甲基乙醇胺

4. **麩胺酸途徑**：麩胺酸(Glu)可作為丙胺酸(Ala)等胺基酸的胺基供體。麩胺酸碳骨架也是鳥胺酸(ornithine)、脯胺酸(Pro)等胺基酸合成的原料。經過鳥胺酸循環，鳥胺酸可轉化為瓜胺酸(citrulline)和精胺酸(Arg)。脯胺酸經加單氧反應可生成羥基脯胺酸(hydroxyproline)。

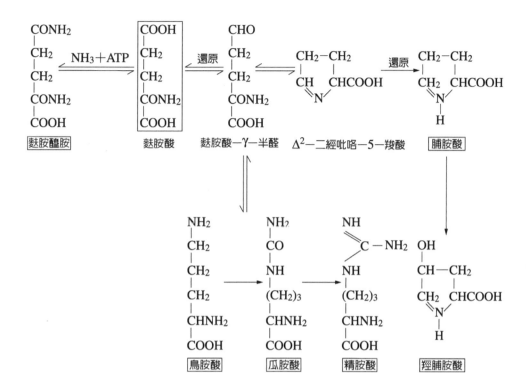

5. **芳香族胺基酸途徑：** 人和動物不能合成芳香族胺基酸。微生物和植物可利用糖解(EMP)中間產物磷酸烯醇丙酮酸(phosphoenolpyruvic acid, PEP)和磷酸己糖途徑(HMP)中間產物 4-磷酸赤蘚糖(4-phosphoerythrose, E4P)為起始物。苯丙胺酸(Phe)、酪胺酸(Tyr)和色胺酸(Trp)合成的前七步反應是共同的，生成分枝酸(chorismate)，再由變位酶(mutase)催化轉變為預苯酸(prephenate)，預苯酸再通過脫水、脫羧和轉氨分別形成 Tyr 和 Phe（圖 15-12）。由分枝酸通過五步反應生成 Trp（圖 15-13）。

　　在色胺酸合成中所需的 PRPP 為 5-磷酸核糖-1-焦磷酸(5-phosphoribosyl-1-pyrophosphate)的縮寫。它由來自磷酸己糖途徑(HMP)的 5-磷酸核糖(5-phosphoribose)被焦磷酸激酶(pyrophosphate kinase)催化生成。PRPP 也參與組胺酸(His)合成及核苷酸合成。

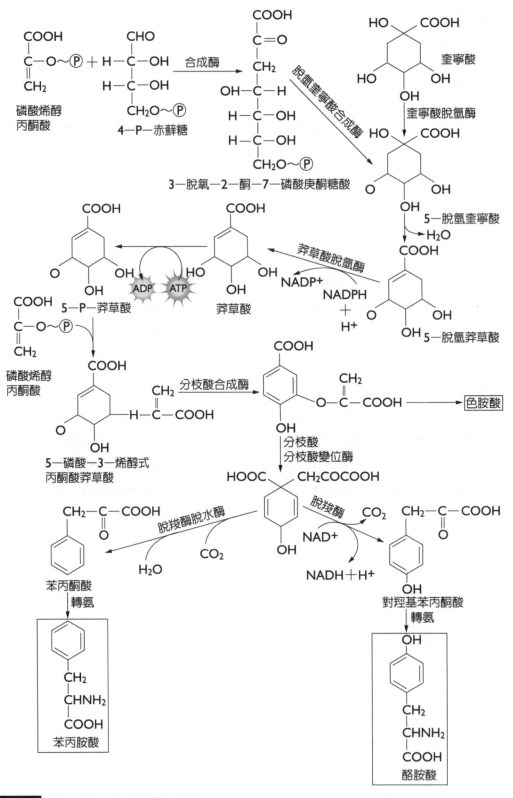

圖15-12　苯丙胺酸和酪胺酸的合成途徑

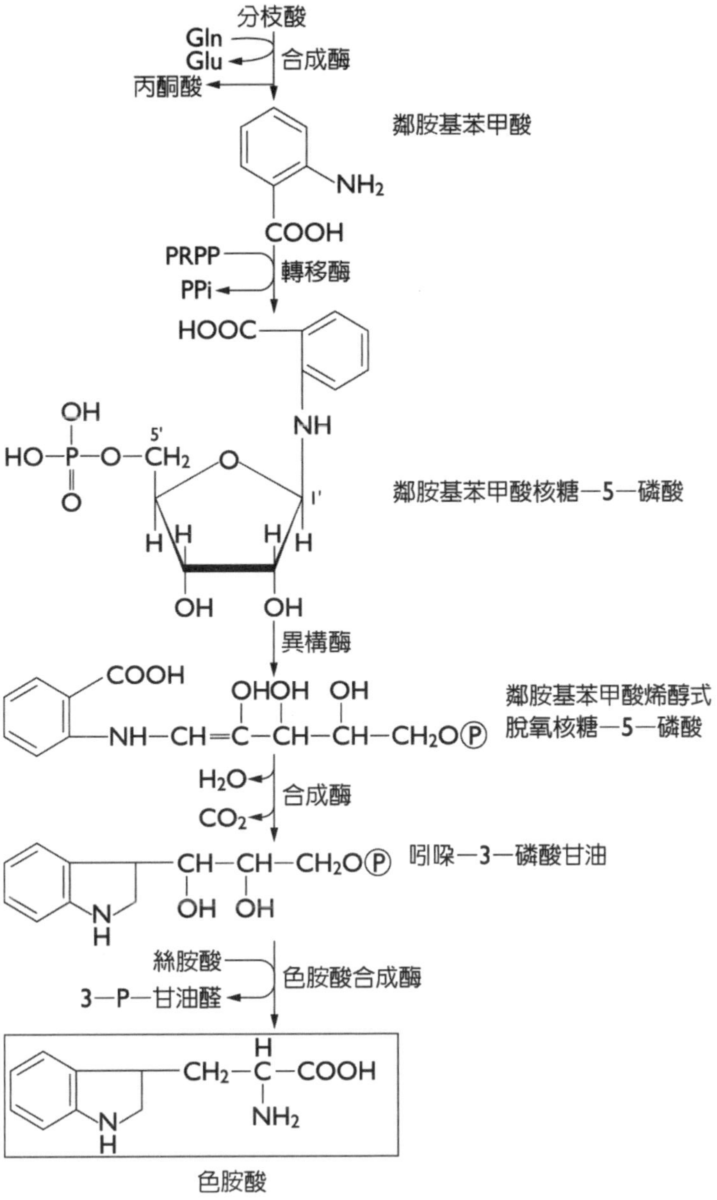

圖15-13　色胺酸合成途徑

6. **組胺酸的合成代謝**(the amabolism of histidine)：組胺酸(His)的合成以磷酸核糖焦磷酸(PRPP)為起始物，經十步反應，包括開環、異構化、基團轉移等，最後合成組胺酸（圖 15-14）。

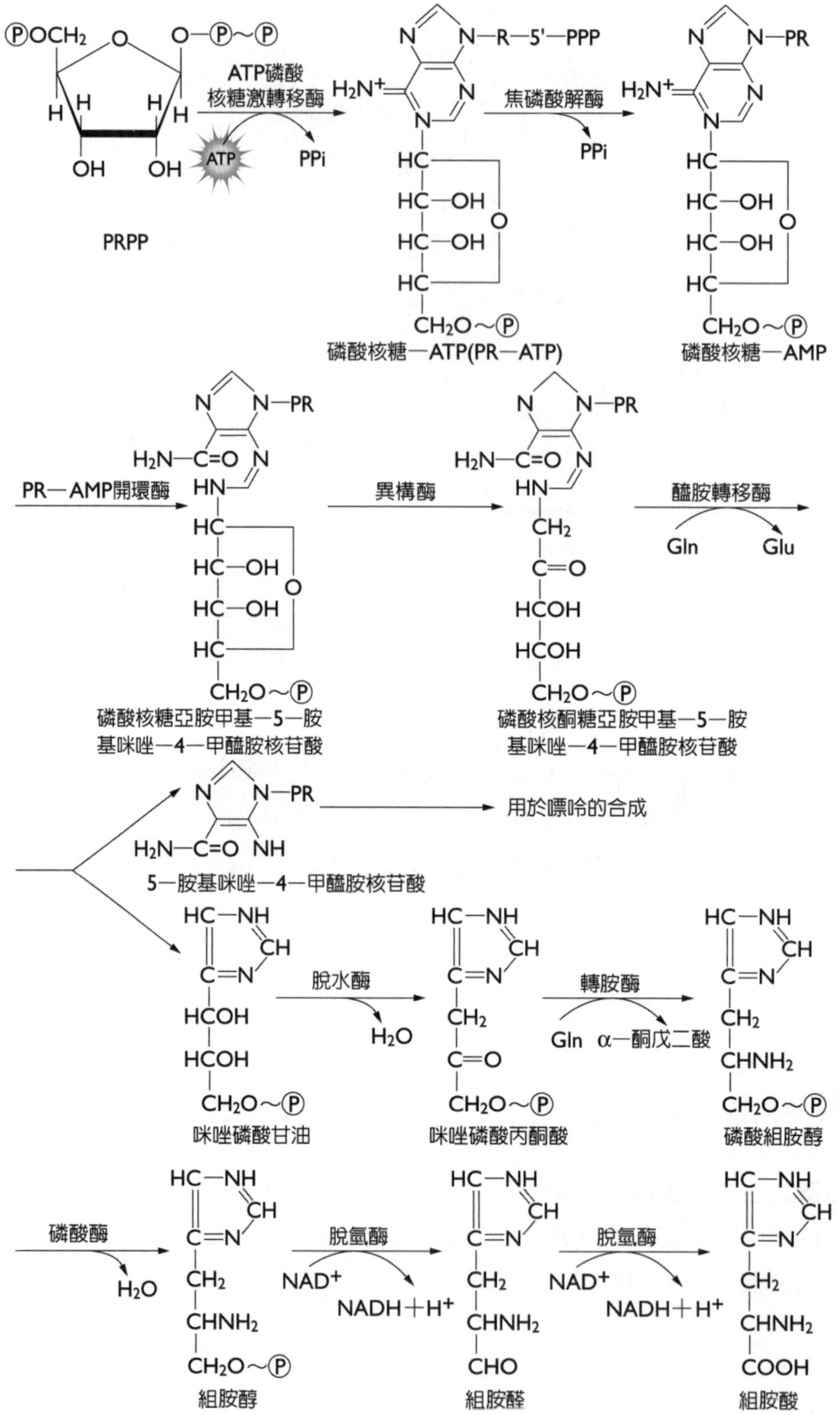

圖15-14 組胺酸的合成途徑

四、麩胺醯胺合成

麩胺醯胺(Gln)不僅是氮的儲存、運輸形式，而且是合成 AMP、CTP、色胺酸等多種物質的先驅物，是細胞內一種不可缺少的重要物質。麩胺醯胺是由麩胺酸(Glu)在麩胺醯胺合成酶(glutamine synthetase)的作用下與氨反應生成。其過程是在 ATP 及水存在下，麩胺醯胺先形成 γ-麩胺醯磷酸(γ-glutamyl phosphate)，再與氨反應生成麩胺醯胺。

$$
\begin{array}{c}
\text{COOH} \\
| \\
\text{CH}_2 \\
| \\
\text{CH}_2 \\
| \\
\text{H—C—NH}_2 \\
| \\
\text{COOH} \\
\text{麩胺酸}
\end{array}
\quad + \text{ NH}_3 + \text{ ATP} \quad
\xrightarrow{\text{麩胺醯胺合成酶}}
\quad
\begin{array}{c}
\text{CONH}_2 \\
| \\
\text{CH}_2 \\
| \\
\text{CH}_2 \\
| \\
\text{H—C—NH}_2 \\
| \\
\text{COOH} \\
\text{麩胺醯胺}
\end{array}
\quad + \text{ ADP} + \text{ Pi}
$$

同樣，天門冬胺酸(Asp)也可在天門冬醯胺合成酶(asparagine synthetase)催化下，與氨反應生成天門冬醯胺(Asn)。不過這種酶在植物組織中活性較強。

$$
\begin{array}{c}
\text{COOH} \\
| \\
\text{CH}_2 \\
| \\
\text{H—C—NH}_2 \\
| \\
\text{COOH} \\
\text{天門冬胺酸}
\end{array}
\quad + \text{ NH}_3 + \text{ ATP} \quad
\xrightarrow{\text{天門冬醯胺合成酶}}
\quad
\begin{array}{c}
\text{CONH}_2 \\
| \\
\text{CH}_2 \\
| \\
\text{H—C—NH}_2 \\
| \\
\text{COOH} \\
\text{天門冬醯胺}
\end{array}
\quad + \text{ ADP} + \text{ Pi}
$$

五、生理功能

某些胺基酸或胜肽具有特定生理活性，例如白胺酸、麩胺酸以及部分激素等。白胺酸活化 mTORC1 (mam-malian target of rapamycin complex 1)訊息傳遞路徑促進蛋白質合成；麩胺酸（通常以鈉鹽形式存在）提供食物獨特的鮮味來源（表 15-3）。

▌▶ 表 15-3　常見胺基酸的生理作用

胺基酸	生理作用
甘胺酸(glycine)	可幫助鐵吸收，是合成紫質的先質，與原血紅素(heme)生合成有關
甲硫胺酸(methionine)	為含硫胺基酸，可被轉化為半胱胺酸
色胺酸(tryptophan)	可轉化為神經傳導物質血清素(serotonin)和褪黑激素(melatonin)
酪胺酸(tyrosine)	可合成正腎上腺素(norepinephrine)、腎上腺素(epinephrine)及多巴胺(dopamine)的前驅物。參與黑色素的代謝
苯丙胺酸(phenylalnine)	在體內可代謝轉化為酪胺酸，合成相關神經內分泌物質
精胺酸(arginine)	是內生性一氧化氮(nitric oxide, NO)的神經傳遞物質，並具多種生物學活性
天門冬胺酸(aspartic acid)與麩胺酸(glutamic acid)	兩者在中樞神經系統都是興奮性的神經傳導物質，麩醯胺酸對於上皮及免疫系統功能也扮演重要角色
絲胺酸(serine)	為磷脂合成的重要物質
麩醯胺酸(glutamine)	gaba-胺基丁酸(gaba-aminobutyric acid)的前驅物

15.5　核苷酸的分解代謝

　　大分子核酸可被核酸酶(nuclease)分解為寡核苷酸(oligonucleotide)和核苷酸(nucleotide)。核苷酸再被核苷酸酶(nucleotidase)水解為核苷及磷酸，核苷又可在核苷酶(nucleosidase)的作用下，進一步水解為鹼基（嘌呤和嘧啶）和核糖（或去氧核糖）。鹼基再由不同途徑進行分解。

專欄 BOX

15.2 痛 風

痛風(gout)是一種嘌呤代謝障礙引起的疾病。由於嘌呤分解代謝過盛，尿酸(uric acid)生成太多或排泄受阻，以致血液中尿酸濃度增高，尿酸鹽結晶在關節(joint)沉積，引起刺痛。

痛風以高尿酸血症(hyperuricemia)和急性關節炎(acute arthritis)反覆發作為特徵。正常人血漿中尿酸含量約為每 100 ml 血 2~6 mg，其中男性為 4.5 mg，女性為 3.5 mg。痛風患者一般高於 9 mg。痛風有原發性(primary)與續發性(secondary)之分。原發性痛風主要是一些先天性酶缺乏引起：

1. 葡萄糖-6-磷酸酶(glucose-6-phosphatase)缺乏：使 G-6-P 不能脫磷酸，磷酸己糖途徑加強，使得戊糖磷酸鹽中間物合成增加，導致 PRPP 生成較多，嘌呤代謝加強；磷酸核糖焦磷酸激(5-phosphoribosyl-1-pyrophosphate kinase)增加，導致 PRPP 產量增多。

2. 次黃嘌呤-鳥嘌呤-磷酸核糖轉移酶(hypoxanthine-guanine–phosphoribosyltrans ferase, HGPRT)缺乏：因為 HGPRT 在 PRPP 存在下，可以把次黃嘌呤轉變為肌苷酸(IMP)，把鳥嘌呤轉化為鳥苷酸(GMP)。HGPRT 缺乏，次黃嘌呤不能轉化為 IMP，而分解為尿酸；黃嘌呤氧化酶(xanthine oxidase)增加，尿酸生成量增加。這些酶的缺乏或增加都是基因突變(gene mutation)的結果。

異嘌呤醇(allopurinol)與次黃嘌呤結構相似（第 7 位為 C，第 8 位為 N），是黃嘌呤氧化酶的競爭性抑制劑，可以抑制黃嘌呤的氧化，減少尿酸生成，臨床上用於治療痛風。

一、嘌呤的分解

嘌呤類的分解代謝途徑見（圖 15-15）。許多生物可在嘌呤鹼基上脫氨，但人及大鼠缺乏腺嘌呤脫氨酶(adenine deaminase)，因此在核苷上脫氨。腺嘌呤核苷(adenosine)脫氨生成次黃苷(inosine)，再以磷酸酶解切掉核糖生成次黃嘌呤(hypoxanthine)，再氧化成黃嘌呤(xanthine)。鳥嘌呤(guanine)和黃嘌呤再氧化成尿酸(uric acid)。不同動物嘌呤代謝的終產物不同。

人、靈長類(primates)、鳥類(birds)、爬蟲類(reptiles)及大多數昆蟲(insects)，**尿酸**即是嘌呤代謝的最終產物。靈長類以外的哺乳動物(mammal)、雙翅目昆蟲(diptera)以及腹足類動物(gastropoda)不是排泄尿酸，而是排泄**尿囊素**(allantoin)；硬骨魚類 (osteichthygii) 則是排泄**尿囊酸** (allantoic acid)；其他魚類及兩棲類(amphibians)嘌呤代謝的終產物是**尿素**(urea)，這是尿囊酸進一步水解而產生的。

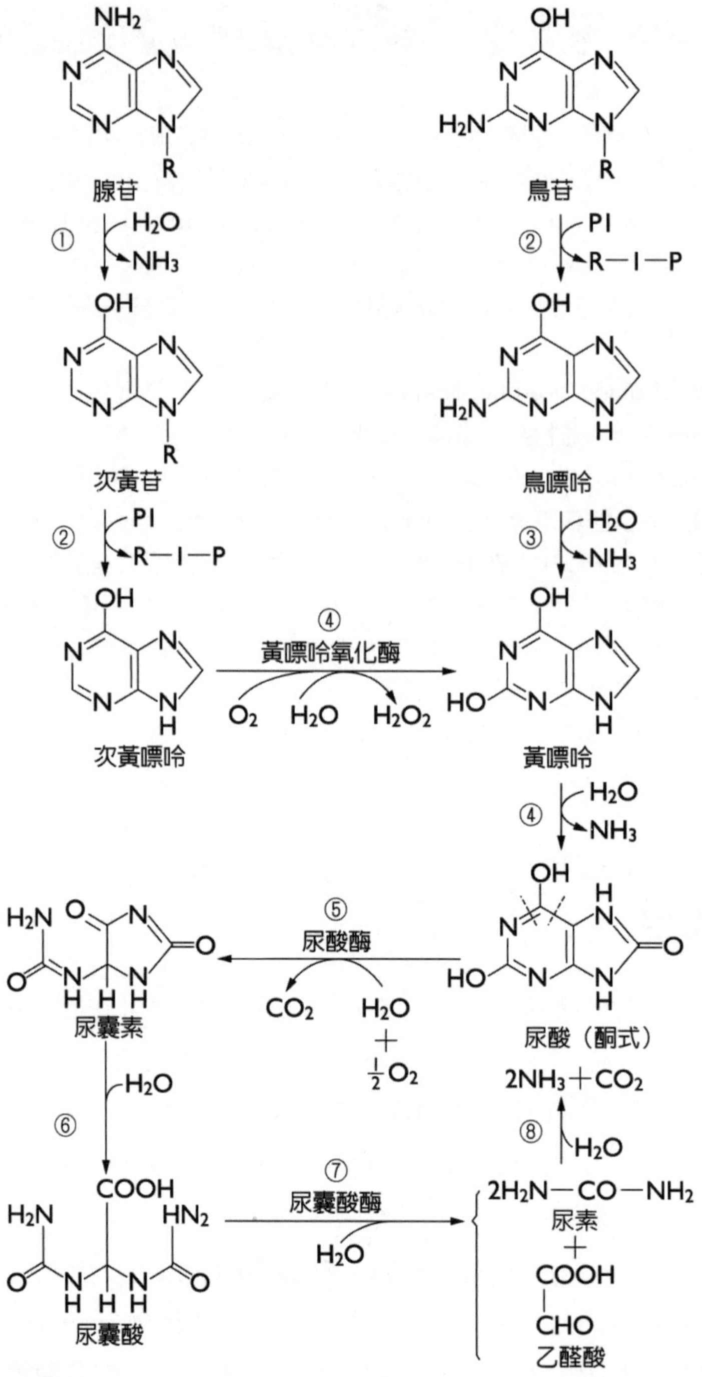

圖15-15　嘌呤類的分解代謝（李，1990）

①腺苷脫氨酶(adenosine deaminase)；②核苷磷酯化解酶(nucleoside phosphorylase)；
③鳥嘌呤脫氨酶(guanine deaminase)；④黃嘌呤氧化酶(xanthine oxidase)；
⑤尿囊素酶(allantonase)；⑥尿酸酶(uricase)；⑦尿囊酸酶(allantoicase)；⑧尿素酶(urease)

　　植物和微生物體內嘌呤分解途徑，大致與動物相似。植物體內廣泛存在著尿囊素酶(allantonase)、尿囊酸酶(allantoicase)和尿素酶(urease)等。嘌呤代謝中間物，如尿囊素、尿囊酸在多種植物中大量存在。微生物一般能分解嘌呤類物質，生成 N_2、CO_2 及一些有機酸（如甲酸、乙酸和乳酸等）。

二、嘧啶的分解

　　嘧啶類(pyrimidine)的分解(catabolism)主要在肝臟中進行。胞嘧啶(cytosine)和甲基胞嘧啶(5-methyl cytosinc)經脫氨後轉變為尿嘧啶(uracil)及胸腺嘧啶(thymine)。再經還原成二氫尿嘧啶(dihydrouracil)和二氫胸腺嘧啶(dihydro-thymine)，最終產生β-丙胺酸(β-alanine)和β-胺基異丁酸(β-aminoisobutryric acid)。

　　在人體內，二者還可進一步分解，但部分β-胺基異丁酸也可隨尿排出。嘧啶類分解途徑見（圖 15-16）。

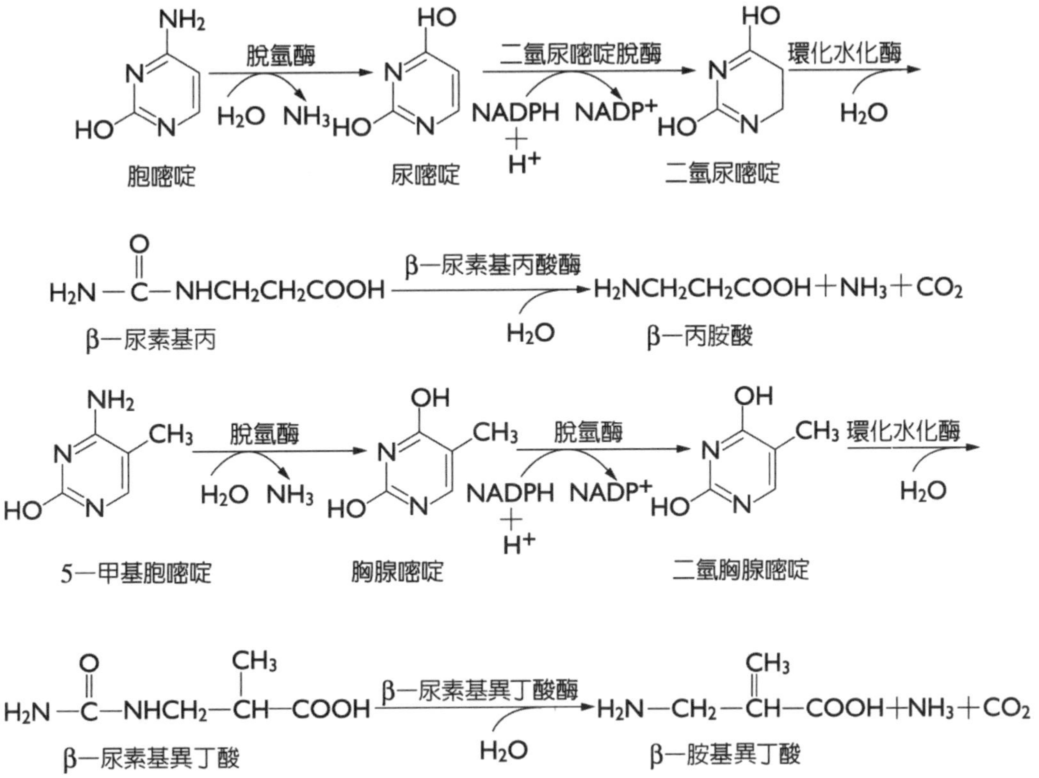

圖15-16 嘧啶類的分解代謝

15.6 核苷酸的合成代謝

一、嘌呤核苷酸的生合成

嘌呤環中各個原子來自不同的原料，其中主要是胺基酸（圖 15-17）。

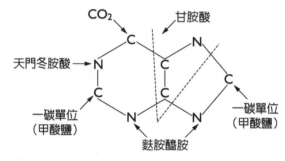

圖 15-17 嘌呤環各原子的來源

(一) 全程合成(De Novo Synthesis)

嘌呤核苷酸(purine nucleotides)主要是腺苷酸(AMP)和鳥苷酸(GMP)。二者的合成代謝途徑(anabolism)大部分相同，即由磷酸核糖焦磷酸(PRPP)起始，到次黃嘌呤核苷酸(inosine monophosphate, IMP)的生成（圖 15-18）。

嘌呤環的合成，是在 PRPP 的核糖 G 位逐個加入氮原子和碳原子，最後生成 IMP。然後合成途徑分成兩個路徑，一個分支由 Asp 加入生成腺苷酸琥珀酸 (adenylosuccinate, AMPS)，而後裂解生成 AMP；另一分支為 IMP 氧化成黃嘌呤核苷酸(xanthine ribo nucleotide, XMP)，再由 Gln 提供胺基生成 GMP（圖 15-19、表 15-4）。

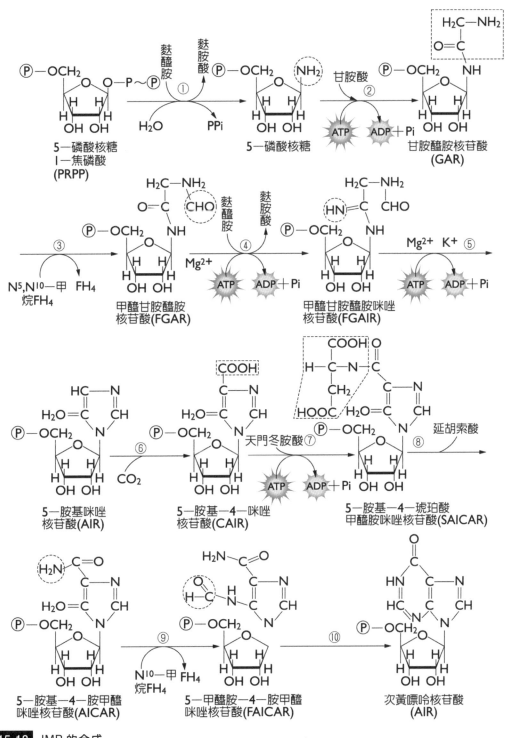

圖15-18 IMP 的合成

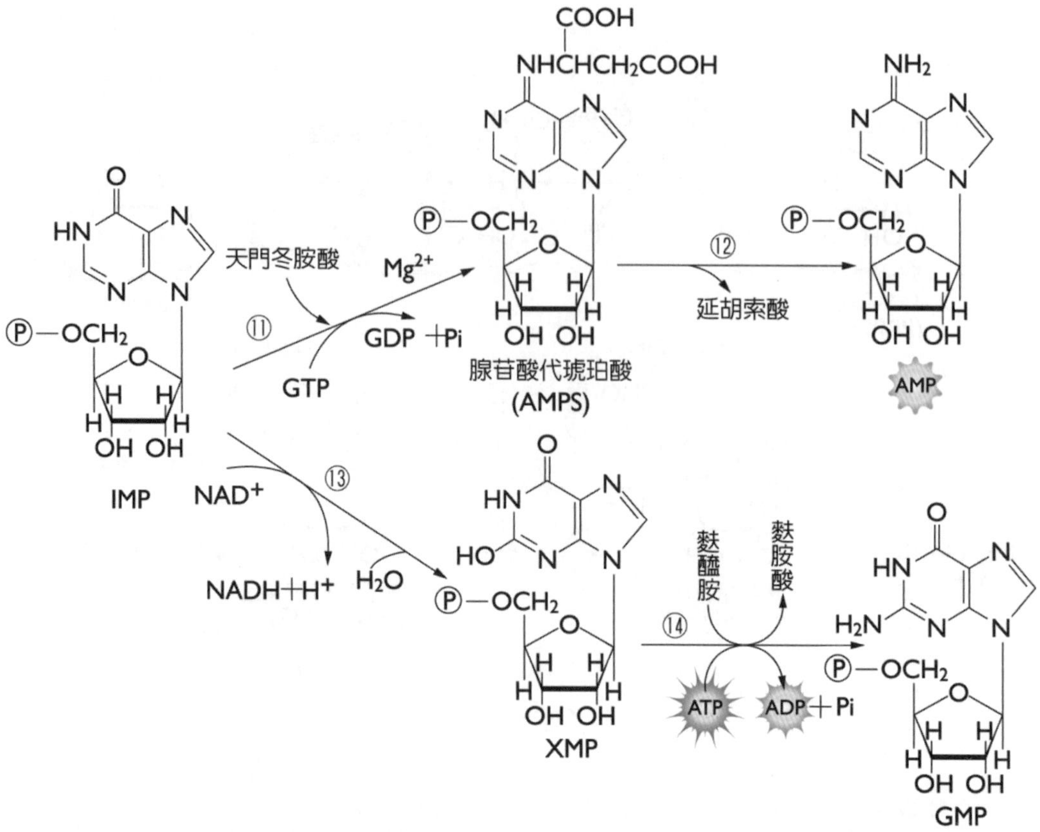

圖15-19 AMP 和 GMP 的生成

(二) 補救途徑(Salvage Pathway)

除上述合成途徑外,在動物的骨髓(marrow)、脾臟(spleen)等組織和微生物還存在著另外的嘌呤核苷酸合成途徑,即以現成嘌呤為原料進行合成。

這種合成由兩類酶催化:一是核苷酸焦磷酸化酶(nucleotide pyrophosphorylase),其二是核苷酸磷酸化酶(nucleoside phosphorylase)和核苷激酶(nucleoside kinase)。其反應如下:

$$腺嘌呤 + PRPP \xrightleftharpoons[]{腺苷酸焦磷酸化酶} 腺苷酸 + PPi$$

$$鳥嘌呤 + PRPP \xrightleftharpoons[]{鳥苷酸焦磷酸化酶} 鳥苷酸 + PPi$$

$$嘌呤 + 1-磷酸核糖 \xrightleftharpoons[]{核苷酸磷酸化酶} 嘌呤核苷 + PP$$

$$嘌呤核苷 + ATP \xrightleftharpoons[]{核苷激酶} 嘌呤核苷酸 + ADP$$

▶ 表 15-4　參與嘌呤核苷酸合成的酶類及所需條件

反應	酶　　類	所需條件
①	PRPP 醯氨轉移酶(PRPP transamindase)	胺醯胺
②	甘胺醯胺合成酶(glycinamide synthetase)	甘胺酸，ATP，Mg^{2+}
③	甘胺醯胺核糖核苷酸轉甲醯酶 (glycinamide ribotide transformylase)	N^5,N^{10}-甲烯 FH_4
④	甲醯甘胺醯胺核糖核苷酸合成酶 (formylglycinamidine ribotide synthetase)	胺醯胺，ATP、Mg^{2+}
⑤	胺基咪唑核苷酸合成酶(aminoimidazole ribotide synthetase)	ATP，Mg^{2+}，K^+
⑥	5-胺基咪唑核糖核苷酸羧化酶 (5-aminoimidazole ribotide carboxylase)	CO_2
⑦	胺基琥珀酸甲醯胺咪唑核糖核苷酸合成酶 (aminoimidazolesuccino-formamide ribotide synthetase)	天門冬胺酸，ATP，Mg^{2+}
⑧	胺甲醯咪唑核苷酸琥珀酸裂解酶 (aminoformyl imidazole ribotide succinate lyase)	
⑨	甲醯轉移酶(transformylase)	N^{10}-甲醯 FH_4
⑩	次黃嘌呤核苷酸環狀脫水酶(inosine phosphate cyclodehydrase)	
⑪	腺苷醯琥珀酸合成酶(adenylsuccinate synthetase)	天門冬胺酸，GTP，Mg^{2+}
⑫	腺苷醯琥珀酸裂解酶(adenylsuccinate lyase)	
⑬	次黃苷磷酸脫氫酶(inosine phosphate dehydrogenase)	NAD^+，K^+
⑭	鳥苷酸合成酶(guanylate synthetase)	胺醯胺，ATP，Mg^{2+}

二、嘧啶核苷酸的合成

　　合成嘧啶的原料只有天門冬胺酸(Asp)和胺甲醯磷酸(carbamoyl phosphate)。嘧啶的 4、5、6 位三個碳原子和 1 位氮原子來自 Asp，其餘兩個原子來自胺甲醯磷酸。這裡的胺基甲醯磷酸是由**胺甲醯磷酸合成酶 II** (carbomyl phosphate synthetase II)催化，由 CO_2 和 Gln 反應生成（注意：與尿素生成中的合成酶不同）。

　　嘧啶核苷酸的合成不同於嘌呤核苷酸，它是先合成嘧啶環，再加上磷酸核糖，並且是先合成尿苷酸(UMP)，再轉化成其他嘧啶核苷酸。尿嘧啶核苷單磷酸(UMP)的全程合成途徑見圖 15-20。

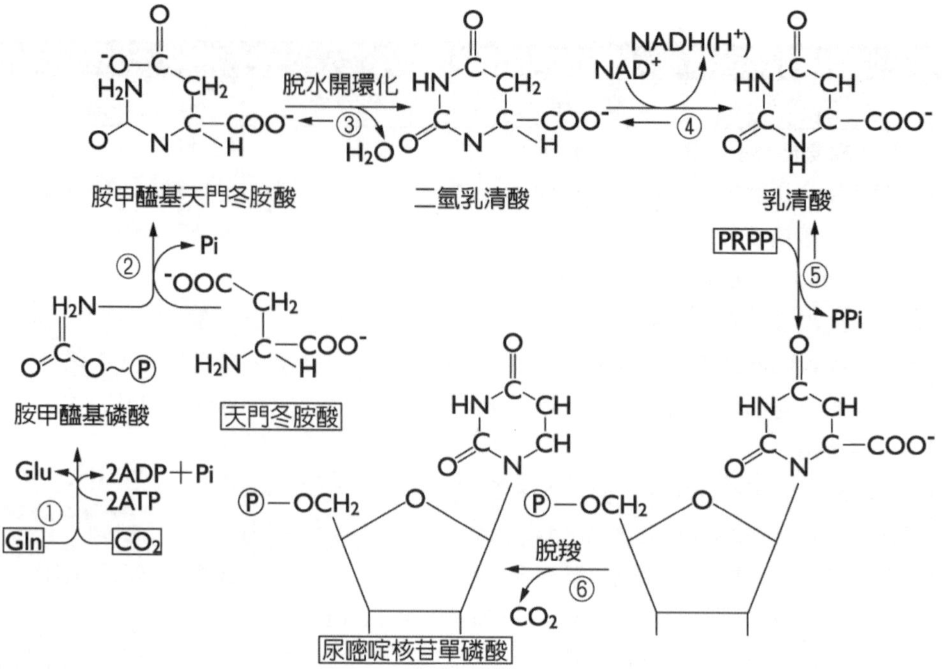

圖15-20 UMP 的合成途徑（李，1990）

胺甲醯磷酸合成酶 II (carbomyl phosphate synthetase II)；
天門冬胺酸胺甲醯轉移酶(aspartate carbamyl transferase)；
二氫乳清酸酶(dihydroorotate enzyme)； 乳清酸還原酶(orotate reductase)；
乳清酸磷酸核糖轉移酶(orotate phosphoribose transferase)；
羧基尿苷酸脫羧酶(carboxyuridylic acid decarboxylase)

另外，UMP 也可經補救途徑改由現存的尿嘧啶(uracil)合成。如果由 1-磷酸核糖(ribose-1-phosphate)提供骨架，則由尿苷磷酸化酶(uridine phosphorylase)和尿苷激酶(uridine kinase)催化；若以 PRPP 提供磷酸核糖骨架，則由焦磷酸化酶(pyrophosphorylase)催化。它們的反應如下：

尿嘧啶 ＋1－磷酸核糖 $\xrightarrow{\text{尿苷磷酸化酶}}$ 尿苷＋Pi

尿苷 ＋ATP $\xrightarrow{\text{尿苷激酶}}$ UMP ＋ ADP

尿嘧啶 ＋PRPP $\xrightarrow{\text{焦磷酸化酶}}$ UMP ＋ PPi

UMP 生成後，可由激酶催化和 ATP 提供高能磷酸鍵而生成 UDP 和 UTP。

UMP $\xrightarrow[\text{一磷酸核苷酸激酶}]{}$ UDP $\xrightarrow[\text{二磷酸核苷酸激酶}]{}$ UTP

ATP　　ADP　　　ATP　　ADP

尿苷酸可經氨基化生成胞苷酸(CMP)。這一反應是在三磷酸上進行的。在哺乳動物中，氨基來自麩胺醯胺(Gln)。

$$UMP + Gln \xrightarrow[\text{ATP} \qquad \text{ADP}+\text{Pi}]{\text{CTP合成酶，Mg}^{2+}} CTP + Glu$$

三、去氧核糖核苷酸的生合成

去氧核苷酸(deoxyribonucleotides)是由核糖核苷酸轉變來的。這種轉變通常是在核糖核苷二磷酸(NDP)進行的，由一套酵素系統催化。這套酵素系統稱為**核苷酸還原酶系統**(nucleotide reductase system)，包括**核糖核苷酸還原酶**（ribonucleotide reductase，由 B_1 和 B_2 兩種次單元構成）、**硫氧化還原蛋白**(thioredoxin)和**硫氧還蛋白還原酶**(thioredoxin reductase)等幾種蛋白質組成。

二磷酸核苷(NDP)還原成二磷酸去氧核苷(dNDP)時所需的氫由 $NADPH + H^+$ 提供。供氫過程是 $NADPH + H^+$ 首先將「氧化態」的硫氧化還原蛋白，還原成「還原態」的硫氧化還原蛋白；後者再氧化時會將氫傳遞給 NDP，使其還原成 dNDP。dADP、dGDP、dCDP 都能以這種方式合成。

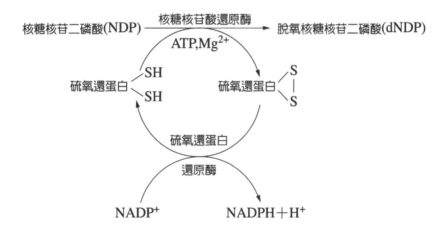

胸腺嘧啶去氧核苷酸(dTMP)的合成可通過兩條不同的途徑：一條以胸腺嘧啶(thymine)為原料，另一條是由 UMP 轉變而來（圖 15-21）。

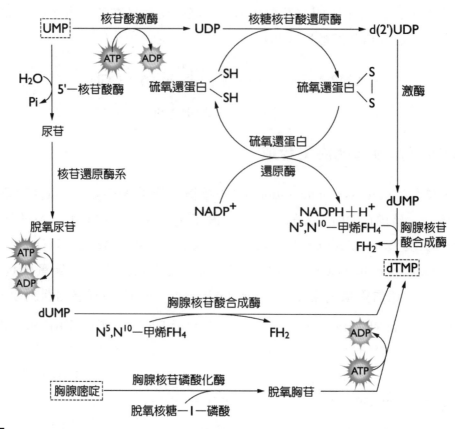

圖15-21 去氧胸苷酸的合成途徑

15.7 動植物與微生物的氮代謝

　　在氮代謝中，動物、植物和微生物有許多相似之處，這正是它們在生物進化史上有著深遠內在聯繫的表現。就蛋白質代謝而言，它所包含的一切生命過程，如蛋白質的水解，α-胺基酸的一般分解代謝等，動植物和微生物基本上是一樣的。但是，它們在進化上畢竟經歷著不完全相同的發展途徑。所以，它們的中間代謝又存在一些完全不同的地方。

　　例如，某些微生物能利用大氣中的氮(N_2)，而植物可利用硝酸鹽(nitrate)、亞硝酸鹽(nitrite)和氨(ammonia)這些無機物為氮源來合成胺基酸，進而合成蛋白質。但動物卻不能，動物體內雖然也進行著胺基酸和蛋白質的合成過程，可是這些合成過程所使用的原料如氨、α-酮酸等歸根到底是來自現成的蛋白質（胺基酸），動物只不過是先把它們「拆開」，再按本身的需要把它們「組合」起來而

已。這種合成方式的胺基酸之總量並不會增加，只有植物和微生物才具有從無機原料合成胺基酸和蛋白質的本領。

一、硝酸鹽和亞硝酸鹽的同化

植物和一些微生物能使硝酸鹽(nitrate)還原為氨，其過程如下：

$$硝酸鹽(NO_3^-) \rightarrow 亞硝酸鹽(NO_2^-) \rightarrow 羥胺(NH_2OH) \rightarrow 氨(NH_3)$$

第一步硝酸鹽的還原由**硝酸鹽還原酶**(nitrate reductase)催化。這是一個含金屬鉬(Mo)的黃素蛋白。由 NADH 或 NADPH 供氫，首先使 FAD 還原，再通過 Mo^{6+} 接受電子還原為 Mo^{5+}，最後將電子傳遞給 NO_3^- 使還原為 NO_2^-，並生成一分子水。第二步亞硝酸鹽(nitrite)還原為羥胺(hydroxylamine)由**亞硝酸鹽還原酶**(nitrite reductase)催化。這個酶也是一個含金屬的黃素蛋白，含有 FAD、銅和鐵。以 NADH 為供氫體，Mn^{2+} 對還原有促進作用。

羥胺對植物組織是一種有毒物質，因此，它不能在植物體內積累，在正常生理情況下，它被**羥胺還原酶**(hydroxylamine reductase)催化轉變成氨。反應如下：

$$NH_2OH + NADH + H^+ \rightarrow NH_3 + NAD^+ + H_2O$$

二、固氮作用

在大氣中，氮以穩定的分子狀態(N_2)存在，人和動物不能利用這種狀態的氮，但一些微生物卻可以通過代謝將它們轉變為氨。微生物中的這種將分子態氮轉化為氨的過程，稱為**固氮作用**(nitrogen fixation)。由固氮作用所形成的 NH_3 可通過下列途徑合成其他物質：

1. **與草醯乙酸作用**：可生成天門冬胺酸(Asp)。

2. **與α-酮戊二酸作用**：可生成麩胺酸(Glu)。由這兩種胺基酸通過轉氨作用形成其他胺基酸。

3. **與 CO_2 反應**：可生成胺甲醯磷酸(carbamyl phosphate)。

(一) 固氮菌

目前已發現具有固氮作用的微生物包括細菌(bacteria)、放線菌(Actinomycetales)和藍綠藻(cyanophyta)。分為共生固氮(symbiotic nitrogen fixation)和非共生固氮(nonsymbiotic nitrogen fixation)兩種類型。前者是指與高等植物（特別是豆科植物）共生生活才能固氮，後者則是能自身獨立生活而固氮。

非共生固氮菌包括需氧的，如棕色固氮菌(*Azotobacter vinelandii*)；厭氧的，如巴氏芽孢桿菌(*Clostridium pasteurianum*)；兼性厭氧的，如多黏芽孢桿菌(*Bacillus polymyxa*)和藍綠藻，又稱藍細菌(cyanobacteria)等幾種類型。共生固氮菌主要是與豆科植物(legumiales)共生的根瘤菌，如大豆根瘤菌(*Rhizobium japonicum*)等。在固氮生物中，分子態氮轉化為氨的固氮過程可用一總方程式表示（如下式），而這個過程是由**固氮酶**(nitrogenase)催化完成的。

$$N_2 + 6e^- + 6H^+ + 12ATP \xrightarrow{\text{固氮酶}} 2NH_3 + 12ADP + 12Pi$$

(二) 固氮酶

固氮酶是一種在 ATP、Mg^{2+} 等因數參與下催化還原 N_2 的酵素系統。它含有兩種蛋白質：一種酶 I，含有鐵和鉬，稱為**固氮鐵鉬氧還蛋白**(molybdoferredoxin)或稱鐵鉬蛋白(molybdoiron protein)；另一種酶 II，含有鐵，稱為**偶氮鐵氧還蛋白**(azoferredoxin)或稱**鐵蛋白**(iron protein)。在巴氏芽孢桿菌和肺炎克雷伯氏菌(*Klebsiella pneuminiae*)中，偶聯鐵鉬氧還蛋白含有 4 個次單元，含 2 個鉬原子，18~24 個鐵原子，分子量 212,000~220,000；固氮鐵氧還蛋白由 2 個次單元組成，含 3~4 個鐵原子，分子量 47,000~55,000。由這兩種酶組成一個固氮酶複合體(nitrogenase complex)。來自於能進行光合作用的固氮菌之固氮機制表示於（圖15-22）。

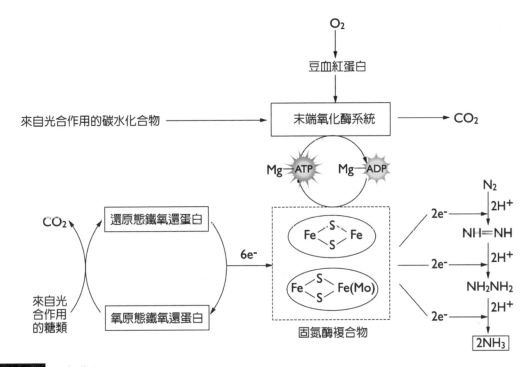

圖15-22 固氮作用

　　由固氮酶催化的固氮作用需要有電子供體、電子受體(N_2)、電子傳遞體及 Mg^{2+} 和 ATP 參加。電子傳遞體可能是鐵氧還蛋白(ferredoxin)或黃素氧還蛋白 (flavodoxin)，離體情況下 $Na_2S_2O_3$ 也可作為電子供體，但不需要電子傳遞體。其還原途徑可能是：電子從還原劑（如還原態鐵氧還蛋白）傳遞到固氮酶的鐵蛋白上，然後傳遞到鐵鉬蛋白，最後傳到底物 N_2，使其還原。在這個過程中有 Mg-ATP 參加，Mg-ATP 首先被鐵蛋白束縛，當底物(N_2)被還原時，Mg-ATP 即從鐵蛋白上解離下來。關於與豆科植物營共生生活的固氮菌，現已知 Mg-ATP 與鐵蛋白的結合與解離根瘤菌屬細菌 (*Rhizobia*) 中的一種紅色的**豆血紅蛋白** (leghemoglobin)有關。只有含大量豆血紅蛋白的根瘤才能固氮。豆血紅蛋白在固氮中的作用還不清楚，可能與下列幾種因素有關：

1. 帶走氧，造成厭氧條件，因為固氮作用尚需在厭氧條件下完成。

2. 將分子氮從細胞外運輸到酵素系統，有濃集分子氮的作用。

3. 作為某種電子運送體。

摘要 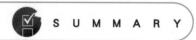 SUMMARY

1. 固氮微生物可直接利用大氣中的 N_2，植物和一些微生物可利用硝酸鹽、亞硝酸鹽和氨等無機物為氮源，而動物和人卻只能利用現成的胺基酸來合成蛋白質和核酸。雖然各種生物對所需氮源有所不同，但在胺基酸和核苷酸這些構成蛋白質的基本構件之合成與分解途徑上，卻有許多相同或相似之處。

2. 胺基酸的分解：有脫胺基作用和脫羧基作用。脫胺基是通過氧化脫胺（主要為 L-Glu）、轉胺與聯合脫胺等方式將胺基酸的α-胺基脫掉，剩下α-酮酸通過醣代謝途徑被分解。脫胺後產生的氨，在人和哺乳動物是通過一個稱為鳥胺酸循環的機制生成尿素而排出體外。

3. 脫羧作用是在胺基酸脫羧酶的催化下，脫下α-羧基，產生 CO_2 和胺，Glu、His、Trp 等胺基酸脫羧後產生的相應胺具有一定生理效應；如：產生γ-胺基丁酸、組織胺、5-羥色胺及兒茶酚胺類等。

4. 在構成蛋白質的二十種基本胺基酸中，有八種人體不能合成，稱為必需胺基酸。其他胺基酸可通過必需胺基酸轉化。各種微生物和植物中存在比較完全的胺基酸合成途徑。許多胺基酸的合成是以 Asp 和 Glu 這兩種酸性胺基酸為前體，或利用醣代謝的一些中間物作為原料，通過不同途徑來合成。此外，在合成中，還常常需要一些一碳基團（如甲基等），這些基團由四氫葉酸攜帶。

5. 核苷酸的分解代謝中，嘌呤分解可產生尿酸、尿囊素、尿囊酸、尿素等含氮廢物，不同生物以不同含氮產物排出。嘧啶分解主要產生β-丙胺酸和β-胺基異丁酸，在人體內還可被進一步徹底分解。

6. 核苷酸的合成，主要以胺基酸為原料（還有 CO_2 和一碳基團）合成鹼基，再加上由 PRPP 提供的磷酸核糖而形成核苷酸。嘌呤核苷酸和嘧啶核苷酸都有「全程合成」(de novo synthesis)和「補救途徑」(salvage pathway)兩種方式，前者是主要的，後者是以現成鹼基加上磷酸核糖合成核苷酸。

7. 去氧核糖核苷酸是由核糖核苷酸轉化的，由一套還原酶系統催化。

8. 固氮微生物通過固氮作用可將大氣中的 N_2 轉化為 NH_3。這主要由含有固氮鐵鉬蛋白和鐵蛋白的固氮酶系統來完成。

16
CHAPTER

PRINCIPLES OF
BIOCHEMISTRY

醣、脂質、蛋白質
三大營養素代謝的
相互關係

醣 類、脂肪和蛋白質在體內雖有各自的分解和合成途徑，但彼此之間亦能相互協調聯繫，為有機體提供合理的碳源、氮源和能源，使新陳代謝正常進行。醣的代謝途徑在這三種物質的分解代謝和合成代謝中扮演著樞紐的角色。

16.1 醣的有氧代謝與無氧代謝之關係

在醣的分解代謝中，從葡萄糖到丙酮酸的生成，稱為糖解途徑(Embden-Meyerhof-Parnas pathway, EMP)，其與三羧酸循環(tricarboxylic acid cycle, TCA cycle)藉由丙酮酸相聯繫，為有氧代謝與無氧代謝共同的途徑；己糖單磷酸途徑(hexose monophosphate pathway, HMP)則是透過葡萄糖-6-磷酸(glucose-6-phosphate)和3-磷酸甘油醛(3-phosphoglyceraldehyde)與EMP相聯繫（圖16-1）。

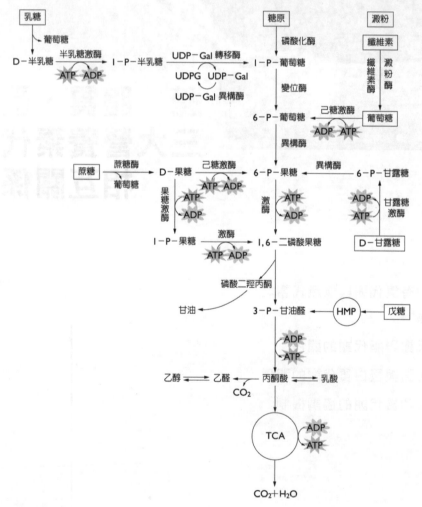

圖16-1 醣分解代謝綜觀

一、丙酮酸於糖代謝中的角色

　　丙酮酸聯繫著有氧代謝與無氧代謝，在無氧代謝中，丙酮酸脫羧為乙醛(ethyl aldehyde)，再還原成乙醇(alcohol)，這便是酵母菌(yeast)的酒精發酵(alcoholic fermentation)；或者丙酮酸直接還原成乳酸(lactic acid)，這是發生在肌肉(muscle)和乳酸菌(lactic acid bacteria)中醣的無氧代謝。在有氧代謝中，丙酮酸經由氧化脫羧生成乙醯輔酶 A (acetyl CoA)，進入檸檬酸循環（圖 16-2）。

　　在有氧情況下，乙醛和乙醇可氧化成醋酸(ethanoic acid)，或者由乙醯輔酶 A 透過脫醯基作用(deacylation)轉變成醋酸。由醋酸桿菌(*Acetobcter uceti*)等醋酸菌(acetate bacteria)所進行的醋酸發酵(acetate fermentation)主要是乙醛和乙醇的氧化作用。乙醯輔酶 A 在一些微生物中可轉化為乙醯輔酶 A (acetoacetyl CoA)或乙醯乙酸(acetoacetic acid)，它們可由丁酸梭菌(*Clostridium butyricum*)等經丁酸發酵(butyric fermentation)生成丁酸(butyric acid)，或由丙酮丁醇梭桿菌(*Clostridium acetobutylicum*)經丙酮丁醇發酵(acetobutynol fermentation)生成丙酮(acetone)和丁醇(butynol)。

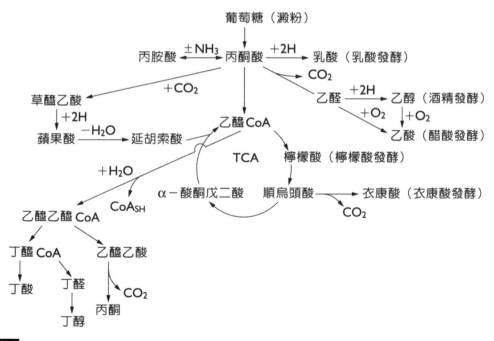

圖16-2 丙酮酸的代謝途徑（張，1992）

二、己糖代謝與戊糖代謝的關係

在戊糖 (pentose) 的分解中，多種戊糖可轉變為核糖 (ribose) 或木酮糖 (xylulose)，進而可透過 HMP 再進入 EMP。在戊糖及戊聚糖(polypentose)的合成中，通常二磷酸尿苷葡萄糖(UDPG)經過 UDPG 去氫酶作用(UDPG-dehydrogenase)，生成 UDP-葡萄糖醛酸(UDP-glucuronic acid)，再分別轉化生成木聚糖(xylan)、阿拉伯聚醣(arabinan)、半纖維素(hemicellulose)和果膠(pectin)等（圖 16-3）。

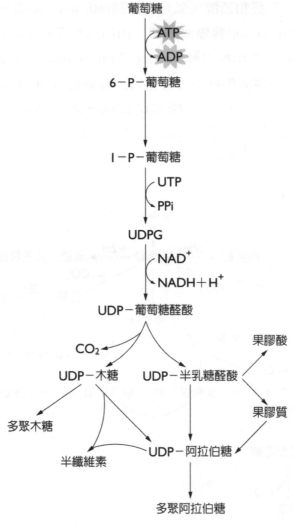

圖16-3 己糖與戊糖代謝之關係

16.2 醣代謝與脂代謝的關係

一、脂肪的降解

脂肪通過解脂酶(lipase)作用分解為甘油(glycerol)和脂肪酸(fatty acid)。甘油先由激酶(kinase)催化，活化為α-磷酸甘油(α-phosphoglycerol)後，再氧化成磷酸二羥丙酮(dihydroxyacetone phosphate)進入 EMP。脂肪酸經β-氧化作用(β-oxidation)生成乙醯輔酶 A，進入 TCA cycle 被分解。在微生物和植物中還可進入乙醛酸循環(glyoxylate cycle)生成琥珀酸(succinic acid)，可用於吡咯紫質(porphyrin)、某些胺基酸等多種物質的合成，或進入 TCA cycle 被完全分解。

二、脂質的合成

脂肪酸、膽固醇(cholesterol)和酮體(ketone bodies)的合成都是以乙醯輔酶 A 為原料。不過酮體合成是在粒線體內，而脂肪酸及膽固醇的合成都在粒線體外，因此，乙醯輔酶 A 須經丙酮酸－檸檬酸循環(pyruvate citrate cycle)運輸，才能成為合成脂質的原料。無論脂肪酸的β-氧化作用，還是來自醣的丙酮酸的氧化脫羧作用，均發生在粒線體之基質中，因此磷酸三碳糖(phosphotriose)和乙醯輔酶 A 是聯繫醣代謝與脂肪代謝的關鍵物質。

16.3 醣代謝與蛋白質代謝的關係

一、胺基酸碳骨架與醣代謝

構成蛋白質的胺基酸在分解代謝中，不同胺基酸脫胺後的碳骨架可轉變成不同的α-酮酸(α-keto acid)，它們可從不同部位進入到醣代謝途徑。

凡含三個碳原子的胺基酸，如丙胺酸(Ala)、絲胺酸(Ser)、酥胺酸(Thr)和甘胺酸(Gly)可轉變為絲胺酸、半胱胺酸(Cys)，它們從**丙酮酸**進入醣代謝途徑；含四個碳的天門冬胺酸(Asp)和天門冬醯胺(Asn)脫胺後從**草醯乙酸**插入三羧酸循環；精胺酸(Arg)、組胺酸(His)、麩胺醯胺(Gln)、脯胺酸(Pro)和羥脯胺酸(Hpr)都能轉變為麩胺酸(Glu)，氧化脫胺後都可從**α-酮戊二酸**進入到三羧酸循環；而甲硫胺酸(Met)、酥胺酸(Thr)和纈胺酸(Val)都能轉變為琥珀醯輔酶 A (succinyl CoA)，而進入三羧酸循環（圖 16-4）。

在胺基酸的合成代謝中，一些醣代謝的中間物作為合成胺基酸的碳骨架：

丙酮酸　→　Ala、Ser、Gly、Leu、Val、Cy$_{SH}$。

草醯乙酸　→　Asp、Thr、Asn、Lys、Met、Ile。

α-酮戊二酸　→　Glu、Gln、Arg、Pro。

磷酸烯醇式丙酮酸（來自 EMP）、4-磷酸赤蘚糖（來自 HMP）　→　Phe、Tyr、Trp。

5-磷酸核糖（來自 HMP）　→　His。

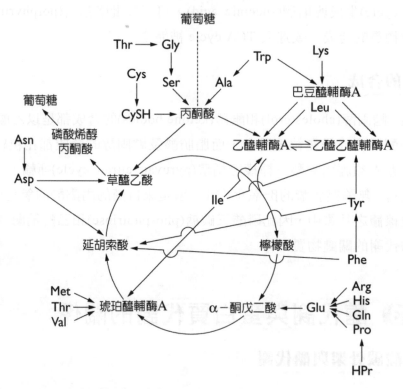

圖16-4　胺基酸碳骨架進入檸檬酸循環途徑（李，1990）

1. **生醣性胺基酸**：在分解代謝中，其碳骨架凡能轉變成丙酮酸、草醯乙酸、α-酮戊二酸、延胡索酸和琥珀醯輔酶 A 的胺基酸，統稱為**生醣性胺基酸**(glucogenic amino acid)，因為在醣代謝過程中，這些中間物都能利用分解途徑的逆反應轉變為醣。生醣性胺基酸共有 14 種，它們是 Ala、Gly、Ser、Thr、Asp、Glu、Asn、Gln、Arg、His、Cys、Val、Met 和 Pro。

2. **生酮性胺基酸**：白胺酸(Leu)分解產生乙醯輔酶 A，乙醯輔酶 A 可轉變為酮體，在人和哺乳動物中乙醯輔酶 A 不能轉化為醣。所以，Leu 稱為**生酮性胺基酸** (ketogenic amino acid)。

3. **生醣兼生酮性胺基酸**：異白胺酸(Ile)、離胺酸(Lys)、苯丙胺酸(Phe)、酪胺酸(Tyr)和色胺酸(Trp)可分解產生三羧酸循環的中間產物，轉變為醣，又可產生乙醯輔酶 A，製造酮體，因此這五種胺基酸稱為**生醣兼生酮性胺基酸**。

4. **抗生酮性胺基酸**：生酮性胺基酸和生醣兼生酮性胺基酸對酮症(ketosis)病人有加劇作用，而 Arg、Asp、Glu 等生醣性胺基酸可使酮症減輕，這些胺基酸稱為**抗生酮性胺基酸**(antiketogenic amino acid)。

二、核酸代謝與醣代謝

除了醣、脂肪、蛋白質三大物質代謝相互關聯外，核酸代謝也與醣代謝及胺基酸代謝緊密相關。因為合成核苷酸的原料基本來自胺基酸和醣。

1. **糖－磷酸骨架**：由 HMP 中的 5-磷酸核糖(ribose-5-phosphate)轉變為 PRPP，它構成 RNA 和 DNA 的糖－磷酸骨架。

2. **合成鹼基的原料**：CO_2 來自醣及胺基酸的脫羧；Gly 來自乙醛酸(glycoxylate)；Asp 來自草醯乙酸；Gln 來自 α-酮戊二酸；所需一碳基團，N^{10}-甲醯 FH_4 (N^{10}-formyltetrahydrofolic acid)來自乙醛酸，N^5, N^{10}-甲烯 FH_4 (methenyltetraahydrofolic acid)來自 Gly 和 His。

16.4 三大物質代謝的協調機制

體內醣、脂肪和蛋白質的代謝具有高度協調性，透過這種調節維持體內這些碳源和能量代謝，這是因為生物體具有協調這些代謝的調節控制機制不虞匱乏也不會過度生合成。

一、能量調節

作為能源和碳源，絕大多數生物首先利用的是葡萄糖，其次是脂肪酸。因此，醣代謝和脂肪代謝的進行主要受體內能量狀態的調節控制。醣和脂肪分解代謝的最終產物是 ATP，而 ATP 又是生物體一切需能反應的直接推動者，故 ATP 的產生

與消耗在體內不斷進行。生物的能量儲備狀況可以用 ATP、ADP 的消長情況來衡量。能量負荷(energy charge)的概念就是指細胞內 ATP-ADP-AMP 系統（稱為腺苷酸庫，adenylate pool）中，可供利用的高能磷酸鍵(high-energy phosphate bond)的量度。能量負荷可用下式來表示：

$$能量負荷 = \frac{[ATP] + \frac{1}{2}[ADP]}{[AMP] + [ADP] + [ATP]}$$

上式中，[ ]內表示腺苷酸的分子數。分子為含兩個高能鍵的分子數（故 ADP $\times \frac{1}{2}$）；分母為腺苷酸分子總數。能量負荷即指全部腺苷酸中的能量，相當於多少個 ATP。

生物體內醣代謝和脂肪代謝雖然也要受到檸檬酸、乙醯輔酶 A 等物質的調節作用，但在調節控制中有決定作用的是 ATP、AMP 這些與能量負荷有關的物質。ATP 對產能過程有抑制作用(inhibition)，AMP 則有活化作用(activation)。當生物體內合成代謝或其他需能反應加強時，細胞內 ATP 分解成 ADP 或 AMP，即能量負荷降低。這就會活化某些催化分解醣類的酶，或解除 ATP 對這些酶的抑制，並抑制肝醣合成和脂肪合成的酶，進而加速糖解和三羧酸循環，產生大量 ATP；當能能量負荷高時，AMP、ADP 大量轉變成 ATP，其結果就會抑制肝醣分解，抑制醣類糖解和三羧酸循環，抑制脂肪酸的β-氧化作用，同時活化肝醣合成和糖質新生作用。

二、糖解的調節

(一) 限制酶

在三大物質的代謝中，無論是分解代謝，還是合成代謝，都是在酶參與下的酵素反應。每個代謝反應的反應速率受酶的活性影響，而各種酶在催化反應時並不是相同的作用。在整個物質代謝的反應鏈(reaction chain)中，某一步驟常常決定了整個反應鏈之速度，此一反應稱為**限制步驟或關鍵步驟**(limiting reaction)。催化限制步驟的酶稱之**限制酶**(limiting enzyme)或**關鍵酶**。物質代謝的調節控制常常就在於對限制酶的調節控制。

　　糖解途徑(EMP)中的限制酶有三個，即催化三個不可逆反應的激酶：**磷酸果糖激酶**(phosphofructokinase)、**己糖激酶**(hexokinase)和**丙酮酸激酶**(pyruvate kinase)。它們分別受到醣代謝及脂肪代謝的一些產物或中間產物的抑制（圖 16-5）。

　　ATP 作為糖解途徑的終產物，對磷酸果糖激酶和丙酮酸激酶的抑制作用，稱為**迴饋抑制**(feedback inhibition)（見 17.3 節）。ATP 可降低磷酸果糖激酶與 6-磷酸果糖(F-6-P)的親和力，而 AMP 和 ADP 可解除這種抑制作用。這是因為糖解過程需要提供 ATP，而糖解過程所產生的丙酮酸透過三羧酸循環氧化後有大量的ATP 生成，因此磷酸果糖激酶和丙酮酸激酶調節著 ATP 的生成；但當 ATP 生成過多時，它又迴饋抑制這兩個酶的活性，其結果是使醣的分解代謝減弱。

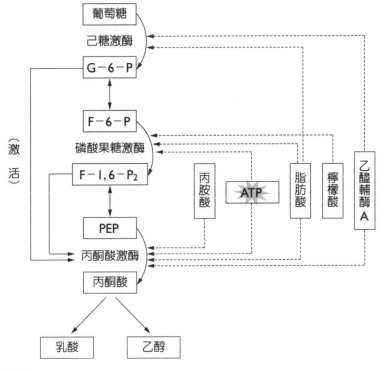

圖16-5　糖解的調控

　　ATP 過量時為什麼不直接迴饋抑制糖解的第一個酵素己糖激酶呢？（一個途徑的第一個酶常常是限制酶）這是因為己糖激酶催化生成的葡萄糖-6-磷酸(G-6-P)，不僅參與糖解作用，亦是磷酸己糖途徑(HMP)的起始物。如果因為能量的過剩而抑制了 G-6-P 的生成，會影響 HMP 的正常進行及 NADPH 產生，而 NADPH是許多合成反應、還原反應、加單氧反應等所必需的還原劑（輔酶）。

糖解的幾個限制酶除受 ATP 的抑制外，游離脂肪酸、乙醯輔酶 A 等脂肪代謝產物對這幾個酵素也有抑制作用。這是因為這些脂肪代謝產物通過分解也可產生大量 ATP 的緣故。由此可見，脂肪分解代謝的加強可抑制醣的分解，這種調節機制可使醣代謝與脂肪代謝互相調節。

(二) 巴斯德效應

糖解作用是生物體內細胞在無氧條件下提供能量的主要途徑，同時它又是在有氧條件下細胞以呼吸作用的方式獲取能量的必要途徑。因此，在能量利用上，糖解是一個需要控制的過程。巴斯德(Louis Pasteur)在研究酵母菌的酒精醱酵時，發現在有氧條件下的呼吸作用使酒精的產量大大降低，醣的消耗速度也減慢，這種現象說明記憶細胞(memory cells)有調節糖解的機制。這種在有氧條件下，因呼吸作用而產生的抑制醱酵和糖解的作用，稱為**巴斯德效應**(Pasteur effect)。這是醣的有氧代謝對無氧代謝產生的抑制作用。

另一方面，在人和動物的少數組織中，即使在有氧條件下，也依賴糖解作用獲取能量，如視網膜(retina)、睾丸(testis)、腎髓質(kidney medulla)及成熟紅血球(ripe red cell)等。此外，在某些病理情況下糖解也有重要意義，例如：癌細胞中糖解作用強，即使在有氧存在下，糖解作用對有氧分解也具有抑制作用，這種現象稱為**Crabtee 效應**（指酵解抑制有氧氧化效應）**或反巴斯德效應**(anti-Pasteur effect)。

三、三羧酸循環的調節

(一) 三羧酸循環的控制酶

三羧酸循環主要控制點有以下幾個酶（圖 16-6）：

1. **丙酮酸氧化脫羧酶系統**(pyruvate oxidative decarboxylase system)：ATP 有抑制作用，因為 TCA 循環的最終產物是產生大量 ATP，因此 ATP 的累積對丙酮酸氧化脫羧有抑制作用。草醯乙酸則有活化作用，可促進丙酮酸進入 TCA 循環。脂肪酸及其氧化產物對這一步有抑制作用，這是加強脂肪分解而抑制醣的氧化分解的另一個控制點。

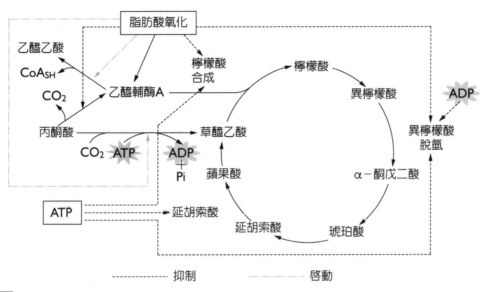

圖16-6 三羧酸循環的調節

2. **檸檬酸合成酶**(citrate synthetase)：此酶的活性決定了整個三羧酸循環的速度。ATP 對其產生迴饋抑制，AMP 可解除這種抑制。AMP 的累積意味著 ATP 濃度降低，AMP 作為一個低能量狀態的訊號促使合成檸檬酸的酵素反應加快，這也就促進了三羧酸循環合成 ATP。

 在植物中，檸檬酸合成酶還促進乙醯輔酶 A 進入乙醛酸循環(glyoxylate cycle)，這是發生在乙醛酸循環體(glyoxysome)中的過程。ATP 抑制粒線體中的檸檬酸合成酶（三羧酸循環），但不抑制乙醛酸循環體中的檸檬酸合成酶（乙醛酸循環）。

3. **異檸檬酸脫氫酶**(isocitrate dehydrogenase)：此酶受 ADP 的活化，而受 ATP 的抑制。此外，檸檬酸也有活化作用，而 NADH 和 α-酮戊二酸有抑制作用。

4. **延胡索酸酶**(fumarase)：受 ATP 的抑制。

(二) 脂肪酸氧化對三羧酸循環的抑制

 三羧酸循環的速度還受到脂肪酸β-氧化作用的控制。體外肝粒線體實驗證明，當脂肪酸的氧化作用加強時：會抑制檸檬酸合成酶、異檸檬酸脫氫酶和抑制丙酮酸氧化脫羧形成乙醯輔酶 A 而活化了丙酮酸羧化酶(pyruvate carboxylase)、乙醯乙酸合成酶(acetoacetic acid synthetase)。

檸檬酸合成酶受 ATP 所抑制，當脂肪酸氧化加強時，ATP 濃度增加，進而抑制三羧酸循環的進行。脂肪酸氧化對異檸檬酸脫氫酶的抑制機制是由於 ATP 的迴饋抑制。雖然 ADP 有活化此酶的作用，但當脂肪酸氧化增加時，ADP 磷酸酯化生成 ATP，使 ADP 的濃度降低 ATP 濃度增高，因而高濃度的 ATP 會抑制異檸檬酸脫氫酶的活性。脂肪酸氧化加強時會生成大量的乙醯輔酶 A，造成輔酶 A 的不足，而丙酮酸→乙醯輔酶 A 需要輔酶 A 的供應，故由丙酮酸的氧化脫羧轉化為乙醯輔酶 A 的反應受到抑制。但脂肪酸氧化產生的乙醯輔酶 A 可以轉變為乙醯乙酸，並放出輔酶 A 以解除此抑制。因此，脂肪酸氧化作用加強時，會使乙醯乙酸產量增加。此外，乙醯輔酶 A 是丙酮酸羧化酶的活化劑，可促進丙酮酸羧化為草醯乙酸。

總之，脂肪酸氧化作用加強的總結果是減緩檸檬酸循環的進行，意即抑制醣的有氧分解。

四、肝醣合成與分解的調節

肝醣的合成和分解的調節是與能量代謝密切相關的。當細胞內有充足的能量供應時，即 ATP 濃度高時，大量產生的 G-6-P 可抑制肝醣磷酸酯化酶，但卻強烈的活化肝醣合成酶，使 UDPG 轉變為肝醣，故 ATP、G-6-P 成了促進肝醣合成的訊號。另一方面，當細胞內能量降低到一個較低狀況時，細胞就動用儲存的肝醣，要分解肝醣首先就必須活化肝醣磷酸酯化酶，活化這種酶的訊號是 AMP（因為 AMP 的累積表明細胞已耗盡了細胞的能量）。AMP 活化肝醣分解的酶，使肝醣分解而釋放能量，利用這種能量再生成 ATP。ATP 的累積反過來又會抑制磷酸酯化酶，進而抑制肝醣的分解。

(一) 肝醣合成酶(Glycogen Synthetase)

在肝醣的合成中，限制酶是**肝醣合成酶**(glycogen synthetase)。和肝醣磷酸酯化酶一樣，肝醣合成酶也有兩種形式，即有活性的肝醣合成酶 I 和無活性的肝醣合成酶 D。磷酸酯化型為無活性的，但它可被調節劑(modulator)葡萄糖-6-磷酸(G-6-P)活化，因此稱為 D-型或依賴型(dependent form)；D-型酶中的磷酸基團被磷酸酶作用脫去磷酸根後，即轉變為活化型，此型酶不需要 G-6-P，故稱為 I 型或非依賴型(independent form)。I 型和 D-型可以互變，這種互變作用和肝醣磷酸酯化酶 a 及 b 的互變一樣，由激酶和磷酸酶催化。

$$肝醣合成酶 I ＋ATP \xrightarrow{\text{激酶}} 肝醣合成酶 D＋ADP$$

（活性）　　　　　　　　　　　　　（無活性）

$$肝醣合成酶 D＋H_2O \xrightarrow{\text{磷酸酶}} 肝醣合成酶 I＋Pi$$

　　肝醣合成酶被 AMP（及 cAMP）、升糖激素或腎上腺素所抑制，為 ATP 和 G-6-P 所活化。也就是說，AMP 等能使合成酶 I 轉變為合成酶 D，而 ATP 和 G-6-P 的作用剛好相反。可見激酶和磷酸酶共同控制兩種類型的肝醣磷酸酯化酶和兩種類型肝醣合成酶的相互轉換，肝醣分解的抑制劑就是肝醣合成的活化劑，二者是互相調節的。

 專欄 BOX

16.1　醣代謝失調疾病

1. **糖尿病**(diabetes mellitus)：正常人血糖濃度為 100 ml 血含葡萄糖 80~120 mg。這靠腎上腺素（升糖激素）、胰島素等激素的動態平衡來維持。若胰島素分泌不足（或腎上腺素活性過高），則血糖不能轉化為肝醣，於是出現高血糖（高於 180 mg），並出現尿糖。由於大量葡萄糖進入血液，細胞內葡萄糖含量不足，糖解作用和檸檬酸循環均減弱。糖質新生作用(gluconeogenesis)雖有所增強，但仍不能滿足體內依靠葡萄糖的氧化供能需求。因此，動物體不得不動員皮下儲存脂肪氧化產生能量。這種氧化作用常不完全，以致產生酮體，引起酮血症(ketonemia)、酮尿症(ketonuria)和酸中毒(acidosis)。

2. **半乳糖血症**(galactosemia)：是一種乳糖代謝的先天性缺陷，常發生於嬰幼兒。兒童缺乏半乳糖-1-磷酸尿苷醯轉移酶(galactose -1-phosphate uridyl transferase)，不能分解乳糖代謝過程中生成的磷酸半乳糖-1-(galactose-1-phosphate)（圖 15-2）。因此，當患者食入含有乳糖或半乳糖的人奶或牛奶後，血中半乳糖便顯著升高，1-磷酸半乳糖在細胞內聚集，抑制了醣代謝的進行，引起一系列病理變化，包括：生長延緩、智力發育遲鈍、肝腫大和肝硬化等，患者往往在嬰兒時期即死亡。

3. **蠶豆症**(favism)：是一種磷酸己糖途徑(HMP)異常疾病。患者紅血球內葡萄糖-6-磷酸脫氫酶(glucose-6-phosphate dehydrogenase)活性很低，NADPH 無法正常生成，許多還原反應不能正常進行，還原態麩胱甘肽(glutathione)不足，使紅血球受損。如服用磺胺(sulfonamide)等藥物或攝食蠶豆(broad bean)時，還原反應進一步減弱，還原態麩胱甘肽減少，致使紅血球的完整性被嚴重破壞，發生溶血現象。

(二) 肝醣磷酸化酶(Glycogen Phosphorylase)

人類和高等動物**肝醣**分解的限制酶是**肝醣磷解酶**(glycogen phosphorylase)。在哺乳動物肌肉和肝臟中都存在兩種類型的**肝醣磷解酶**,即有活性的磷解酶 a 和無活性的磷解酶 b。在專一性的**磷解酶 b 激酶**(phosphorylase b kinase)的催化下,兩分子磷解酶 b 可轉變為一分子磷解酶 a,此過程需 ATP 參與;由磷解酶 a 轉變為磷解酶 b 時,則由**磷解酶 a 磷酸酶**(phosphorylase a phosphatase)催化。

$$2 \text{ 磷酸酯化酶 } b + 4ATP \xrightarrow{\text{磷酸酯化酶b激酶}} \text{磷酸酯化酶 } a + 4ADP$$

(無活性)　　　　　　　　　　　　　　　　　(活性)

$$\text{磷酸酯化酶 } a + 4H_2O \xrightarrow{\text{磷酸酯化酶a激酶}} 2 \text{ 磷酸酯化酶 } b + 4Pi$$

由無活性的磷解酶 b 啟動為磷解酶 a 時,除了需要激酶和 ATP 外,還需稱為二級傳訊者(secondary messenger)的 cAMP 參與。腎上腺素(adrenaline)和升糖激素(glucagon)等激素對醣代謝的調節作用就是透過 cAMP 進行。此外,磷解酶的活性被 ATP 及葡萄糖-6-磷酸所抑制,但 ADP 和無機磷酸可解除這種抑制。AMP 為此酵素的活化劑(activator)。

五、脂肪酸合成的調節

乙醯輔酶 A 羧化酶(acetyl CoA carboxylase)是脂肪酸合成途徑的限制酶,影響脂肪酸合成的因素主要在此酶活性的調節作用。乙醯輔酶 A 羧化酶是個寡聚酶,呈聚合態時具有活性。因此,凡促進其聚合的因素具有正調節(positive regulation)作用,使其解聚合的因素具有負調節(negative regulation)作用。檸檬酸和異檸檬酸可促使乙醯輔酶 A 羧化酶聚合成具有活性的聚合體,因而可加強脂肪酸的合成代謝;反之,長鏈脂醯輔酶 A (fatty acyl CoA)可使該酶解聚合,因而迴饋抑制脂肪酸的合成。升糖激素和 cAMP 抑制乙醯輔酶 A 羧化酶的活性,而胰島素可增強該酶的活性。

由於脂肪酸的合成需要 NADPH,因而 NADPH 的濃度也成為調節脂肪酸合成代謝的重要因素。細胞中 NADPH 受葡萄糖-6-磷酸脫氫酶(glucose-6-phosphate dehydrogenase)和 6-磷葡萄糖酸脫氫酶(6-phosphogluconate dehydrogenase)及蘋果酸酶(malic enzyme)的控制。胰島素能增強肝臟和脂肪細胞(adipocyte)中這三種酶的活性,這是胰島素促進脂肪合成的另一原因。

　　由此可見，上述調節脂肪代謝的一些因素來自醣代謝，二者在代謝調節上有著密切的關係（圖 16-7），使醣代謝和脂肪代謝保持高度協調。

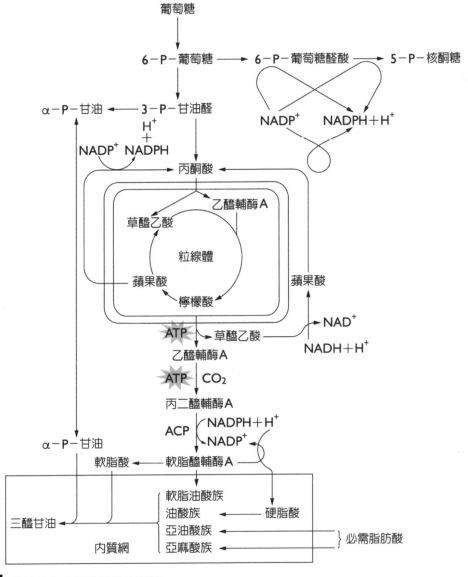

圖16-7 脂肪酸合成與醣代謝的關係

 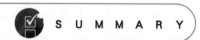

1. 醣、脂肪、蛋白質這三大物質代謝是緊密相關的，而且以醣代謝為樞紐，它們可以相互轉化，互為碳源。

2. 在醣代謝的各個途徑中，以葡萄糖的糖解(EMP)和三羧酸循環(TCA)為核心，各種醣的代謝從不同部位進入這個主渠道。戊糖從磷酸己糖途徑(HMP)經 3-磷酸甘油醛插入 EMP，己糖從葡萄糖-6-磷酸或 6-磷酸果糖進入 EMP。HMP 則是通過葡萄糖-6-磷酸和 3-磷酸甘油醛與 EMP 聯繫。乙醯輔酶 A 和琥珀酸則為乙醛酸循環和 TCA 循環的聯繫物。

3. 脂肪代謝是透過乙醯輔酶 A 和磷酸三碳糖與醣代謝聯繫。

4. 蛋白質產生的各種胺基酸，透過脫胺後的碳骨架，轉變成不同的α-酮酸進入 TCA 循環。一般含 3 個碳原子的從丙酮酸進入，含 4 個碳原子的從草醯乙酸進入，含 5 個碳原子的從α-酮戊二酸進入。這些α-酮酸的胺基化又可形成各種胺基酸。

5. 胺基酸分解的產物，有的能夠轉變為醣，這些胺基酸稱為生醣性胺基酸；有的產生乙醯輔酶 A，因為乙醯輔酶 A 是生成酮體的原料，因此稱為生酮性胺基酸；二者均可的稱生醣兼生酮性胺基酸。

6. 芳香族胺基酸的合成，其原料來自 HMP（4-磷酸赤蘚糖）和 EMP（磷酸烯醇丙酮酸）。

7. 各種物質代謝有嚴密的調節控制機制，主要是透過改變各途徑中限制酶或稱關鍵酶的活性來實現。

8. EMP 有三個限制酶：磷酸果糖激酶、丙酮酸激酶和己糖激酶。TCA 循環則透過丙酮酸氧化脫羧酶系統、檸檬酸合成酶、異檸檬酸脫氫酶、延胡索酸酶等幾個酶來進行調節的。肝醣的合成與分解透過兩個類型的肝醣合成酶與磷解酶的互變，即磷解型與去磷解型。二者作用剛好相反：具磷酸分解的肝醣磷解酶具有活性，而有活性的肝醣合成酶是去磷酸分解的。因此，當肝醣分解加強時，肝醣合成會減弱，反之亦然。

9. 一般脂肪酸分解加強時，會抑制醣的分解。醣的分解加強時會抑制脂肪酸的分解，並加強脂肪酸的合成。

17
CHAPTER

PRINCIPLES OF BIOCHEMISTRY

物質代謝的調節控制

在 生物有機體中，即使是最低等的生物有機體，體內的各種物質代謝都是錯綜複雜但又高效多變的，彼此配合、有條不紊地進行，各種物質在體內的濃度保持相對恆定。在代謝過程中不會發生一些主要生命物質的缺乏或不足，也不會造成某些物質過剩或局部堆積。這種高度的協調統一，主要是由於生物體內存在的一種自我調節機制，這種調控機制是生物體在演化過程中逐漸形成，並隨之發展完善。越高等的生物，其調控機制越複雜、精細，也越完善。

17.1 生物體內三級層次調節

生物體可在不同層次、不同狀態進行調控，包括**細胞層次、體液激素層次**和**神經系統的調控**。其中細胞層次的調控是基礎，原核生物和單細胞生物只具有這種調節方式；體液激素層次的調節，則是在高等動植物體內，協調組織與組織之間、器官與器官代謝的平衡；神經系統的調節則是高等動物體另一種物質代謝的調節形式，但這種調節大多數仍需透過激素和細胞層次來調節。

一、細胞內的調控

這是一種最基本、最原始的調節方式，單細胞生物即靠這種方式來調節各種物質代謝的平衡。多細胞生物雖有較高層次的調控機制，但仍透過細胞內的調控來實現，所以它是最基礎的調控機制。

各種物質代謝是由許許多多酵素反應來完成的，所以細胞內的調控，就是對酶的調控，故又稱為酶層次的調控。運用代謝物濃度的變化來改變一些酵素反應的速度，進而調節某些代謝途徑的進展，以維持細胞內各種物質代謝的平衡。

二、激素的調節

激素是由內分泌腺(endocrine gland)細胞或某些組織細胞分泌的化學物質，經過循環系統運送到目標組織(target tissue)或目標細胞(target cell)而發揮調節作用，因此，它具有**組織特異性或器官特異性**(organ specificity)，藉由這種特異性，使得組織與組織之間，或器官與器官之間維持著平衡與互相協調。

三、神經系統的調節

高等動物及人體的形態和功能很複雜，新陳代謝調節機制都處於中樞神經系統(central nervous system)的控制之下。神經系統既能直接影響代謝活動，又能影響內分泌腺所分泌的激素而間接控制新陳代謝的進行。

神經系統調節與激素調節相比較，神經系統傳遞訊號是靠著一定的神經管道，以電位變化的形式傳遞，激素訊號的傳遞則由體液、血液來運輸；神經系統的作用短而快，激素的作用則緩慢而持久；激素的調節往往是局部性的，調節部分代謝；神經系統的調節則具有整體性，協調全部代謝途徑。許多激素由內分泌腺分泌，內分泌腺的分泌是由神經系統控制，因此激素調節離不開神經系統的作用。

(一) 神經系統的直接調節

在某些特殊情況下，如緊急、情緒緊張等，人或動物的交感神經(sympathetic nerve)興奮，由神經細胞（或稱神經元）興奮引起的動作電位(action potential)，可使血糖濃度升高，並可引起糖尿(glucosuria)；刺激動物的下視丘(hyothalamus)和延腦(medulla oblongata)的交感中樞(sympathetic central)，也能引起血糖升高。這是因為外界刺激透過神經系統促進肝細胞中肝醣分解。這個過程可在 1 毫秒內完成。

此外，下視丘的損傷也可引起肥胖症，摘除大腦兩半球的實驗動物，其肝中的脂肪含量增加，這些是中樞神經系統調節脂肪代謝的例子。

(二) 神經系統的間接調節

神經系統對代謝的控制在許多的情況下是透過交感神經(sympathetic nerve)和副交感神經(parasympathetic nerve)來影響各內臟系統及內分泌腺，進而改變它們的物質代謝。神經系統對內分泌腺活動的控制也有直接控制和間接控制兩種方式。

直接控制是神經系統直接作用於內分泌腺，引起激素分泌。例如：腎上腺髓質(adrenal medulla)受中樞－交感神經(central-sympathetic nerve)的直接支配而分泌腎上腺素(adrenaline)；胰臟(islets of Langerhans)的 β-細胞受中樞－迷走神經(vagus nerve)的刺激而分泌胰島素(insulin)。在實驗動物中，當大腦皮層興奮時，甲狀腺(thyroid gland)的活動增加，而當皮層處於抑制狀態時，甲狀腺的活動即降低。此外，前列腺素(prostaglandin)的分泌也受神經系統的直接控制。

間接控制是透過下視丘和腦下垂體系統來調節。這是一種多元控制與多層級調節的機制，具有聯級放大(cascade magnification)的作用。如甲狀腺素、性激素、腎上腺皮質激素、升糖激素等的分泌都受這種機制調節。

17.2 酶活性的調節

酶活性的調節大致有兩種方式，其中一種是直接活化或抑制體內現有的酶分子來調節酵素反應速率，主要是改變酶的分子結構，包括：酶的共價修飾以及活化劑或抑制劑對酶的非共價作用。這兩類修飾作用均可導致 K_m 或 K_0 的改變。另一種調節方式較**緩慢**，需數小時後才能實現，其機制則是改變酶分子的合成、降解或透過酶原轉化速率來調節細胞內酶分子的濃度。

一、酵素反應調節

許多代謝途徑的第一個酶反應或其分枝反應的第一個酶反應，往往就是限制酶。因此，改變限制酶的活性，就足以調節整個代謝途徑的速度。限制酶的酵素反應速度變化，有的遵守米－曼氏方程式(Michaelis-Menten Equation)，有的則不遵循這種規律。根據米－曼氏方程氏：$v = \dfrac{K_0 E_0 [S]}{K_m + [S]}$；影響反應速度 v 的因素有 4 個：反應物濃度[S]、酶與反應物的親和力 K_m、酶催化能力（轉換率，turnover number）K_0（或 K_{cat}），以及酶濃度$[E_0]$。對一些不遵從米－曼氏規律的酶，則常以構形的改變來調節酶活性。

二、酶的區隔定位調節

真核細胞內存在不同的胞器(organelles)，不同的胞器分布著不同的酶，使得細胞內的不同部位（胞器）進行著不同的代謝作用。例如：脂肪酸的氧化酶在粒線體(mitochondria)內，而脂肪酸的合成酶則在粒線體外的細胞質(cytosols)中，使得脂肪酸的分解與合成就不致相互干擾，但仍可透過原料的運輸彼此約束，合成脂肪酸的原料乙醯輔酶 A 要由粒線體內轉移到粒線體外；脂肪酸氧化的原料脂醯輔酶 A 則需由粒線體外向粒線體內運輸。細胞以酶的分布局限形成代謝途徑的區域化。這種區域化為代謝調節創造了有利條件，某些調節因素可以較專一的影響某一細胞部位中的酶活性，而不致影響其他部位的酶活性。也就是說，當一些因素

改變某種代謝速度時，並不影響其他代謝的進行。這樣當離子（如 Ca^{2+}）或代謝物在各細胞部位之間穿梭移動時就可以改變不同細胞部位的某些代謝速度（表17-1）。

▶ 表 17-1　酶的細胞定位

細胞部位		酶酵素	相關代謝
細胞膜		ATP 酶，腺苷酸環化酶等	能量及資訊轉換
細胞核		DNA 聚合酶、RNA 聚合酶、連接酶	DNA 複製、轉錄
溶酶體		各種水解酶類	醣、脂肪、蛋白質的水解
粗糙內質網		蛋白質合成酶類	蛋白質合成
平滑內質網		加氧酶系、合成酶、脂酶系統	加氧反應，醣蛋白、脂蛋白加工
過氧化體		過氧化氫酶、過氧化物酶	處理 H_2O_2
葉綠體		ATP 酶、卡爾文循環酶系統、光合電子傳遞酶系統	光合作用
粒線體	外　膜	單胺氧化酶、脂醯轉移酶、NDP 激酶	胺氧化、脂肪酸氧化、NTP 合成
	膜間間隙	腺苷酸激酶、NDP 激酶、NMP 激酶	核苷酸代謝
	內　膜	呼吸鏈酶類、肉酸素脂醯轉移酶	呼吸電子傳遞、脂肪酸運輸
	基　質	TCA 酶類、β-氧化酶類、胺基酸氧化脫胺及轉胺酶類	醣、脂肪酸及胺基酸的有氧氧化
細胞質液		EMP 酶類、HMP 酶類、脂肪酸合成酶類、紫質合成酶、麩胱甘肽合成酶系統、胺醯 tRNA 合成酶	醣分解、脂肪酸合成、麩胱甘肽代謝、胺基酸活化

三、酶原的水解

　　許多水解酶類(hydrolases)是以無活性的酶原(zymogen)形式分泌出來，經過部分水解，切去部分胜肽後即變為有活性的酶。如胃蛋白酶原(pepsinogen)（分子量42,500）經胃酸或胃蛋白酶(pepsin)的自我催化(self-catalysis)，切除 42 個胜肽（分子量 8,100）後，即形成具有活性的胃蛋白酶（分子量 34,500）；又如胰蛋白酶原(trypsinogen)經腸激酶(enterokinase)或胰蛋白酶(trypsin)的自我催化，切去 N 端一六個胜肽後即成為具活性胰蛋白酶。這種酶原的部分水解，通常伴隨酶分子立體結構的變化。

四、酶的共價修飾

　　在酶的特定胺基酸殘基上共價連接一個化學基團，或者去掉一個化學基團，使得酶得以在活性態(active type)與非活性態(inactive type)互相轉變，稱為共價修

飾或化學修飾(chemical modification)。例如：催化肝醣(glycogen)代謝的肝醣磷酸化酶(glycogen phosphorylase)和肝醣合成酶(glycogen synthetase)，即是透過磷酸基的連接（稱為磷酸化，phosphorylation）或脫去（稱為去磷酸化或脫磷酸化，dephosphorylation），來實現活性態與非活性態的轉變。

$$2\ 磷酸化酶\ b + 4\ ATP \xrightarrow{激酶} 磷酸化酶\ a + 4\ ADP$$
　　（無活性）　　　　　　　　　（活性）

$$磷酸化酶\ a + 4\ H_2O \xrightarrow{磷酸酶} 磷酸化酶\ b + 4\ Pi$$

$$肝醣合成酶\ I + ATP \xrightarrow{激酶} 肝醣合成酶\ D + ADP$$
　　　（活性）　　　　　　　　（無活性）

$$肝醣合成酶\ D + H_2O \xrightarrow{磷酸酶} 肝醣合成酶\ I + Pi$$

　　負責肝醣分解的肝醣磷酸化酶經磷酸化後具有活性，而負責肝醣合成的肝醣合成酶經脫磷酸化才具有活性，二者剛好相反。運用這兩種酶的磷酸化／去磷酸化來調節酶活性，進而調節肝醣的分解與合成。

　　磷酸化／去磷酸化為共價修飾中是最常見的酶活性調節方式，目前已發現幾十種酶據此特性（表 17-2）。有的磷酸化後成為活性態（或活性增高），有的磷酸化後變為非活性態（或活性降低）。磷酸化反應由激酶(kinase)所催化，大多數以 ATP 提供磷酸根，少數由 GTP 提供；去磷酸化由磷酸酶(phosphatase)所催化，切斷磷酸酯鍵，產生無機磷酸。

▶ 表 17-2　常見的磷酸修飾調節酶（王，1990）

磷酸化後為活性態的酶	磷酸化後為非活性態的酶
肝醣磷酸化酶(glycogen phosphorylase)	肝醣合成酶(glycogen synthetase)
磷酸化酶激酶(phosphorylase kinase)	丙酮酸激酶(pyruvate kinase)
果糖磷酸化酶(fructose phosphorylase)	丙酮酸脫氫酶(pyruvate dehydrogenase)
果糖 1,6-二磷酸酶 (fructose-1, 6-diphosphatase)	乙醯輔酶 A 羧化酶(acetyl-CoA carboxylase)
三醯甘油酯酶(triacylglycerol esterase)	甘油磷酸轉移酶 (glycerol phosphate transferase)
卵磷脂酶(lecithinase)	麩胺酸脫氫酶 (glutamate dehydrogenase)

▶ 表 17-2　常見的磷酸修飾調節酶（王，1990）（續）

磷酸化後為活性態的酶	磷酸化後為非活性態的酶
HMG-CoA 還原酶(HMG-CoA reductase)	麩胺醯胺合成酶(glutamine synthetase)
酪胺酸羥化酶(tyrosine hydroxylase)	HMG-CoA 還原酶激酶 (HMG-CoA reductase kinase)
eIF-2 激酶(eIF-2 kinase)	肌球蛋白 P-輕鏈激酶 (myosin P-light chain kinase)
RNA 聚合酶(RNA polymerase)	支鏈α-酮酸脫氫酶 (branched α-keto acid dehydrogenase)
依賴 cAMP 蛋白激酶 (cAMP dependent protein kinase)	
黃嘌呤氧化酶(xanthine oxidase)	

　　酶的共價修飾除了磷酸化／去磷酸化外，還有腺苷醯化／脫腺苷醯化、尿苷醯化／脫尿苷醯化、乙醯化／去乙醯化、甲基化／去甲基化、ADP－醣基化等。其中磷酸化／去磷酸化為最普遍也最重要，因為它反應靈敏、節省能量、機制多樣，且生理效應顯著，是哺乳動物酶共價修飾的主要形式。細菌主要採取核苷醯化形式。

五、酶分子的聚合與解聚合

　　細胞內的物質代謝可以經由酶的活性的調節來控制代謝速度，而對酶的區隔化(compartmentation)和酶結構的改變則是另一種酶活性的調節方式。但這種區隔並不是針對代謝途徑中所有的酶進行，而僅對少數限制酶進行控制，這種可被控制並對代謝途徑產生重要影響的酶稱為調節酶(regulation enzyme)。

1. **寡聚酶**(oligomeric enzymes)：是由若干條相同或不同胜肽鏈構成的多次單元酶。有一些寡聚酶是經由與一些小分子調節因子(regulation factor)結合，引起酶的聚合或解聚合，進而使酶發生活性態與非活性態的互變，構成代謝調節的另一種重要方式。調節因子通常與酶的調節中心(regulatory center)以非共價結合（因此不同於共價修飾）。在這種調節酶中，多數在聚合時為活性態，解聚合時為非活性態，少數例外（表 17-3）。

2. **丙酮酸激酶**(pyruvate kinase)：是糖解作用(EMP)的限制酶之一，1,6-二磷酸果糖(F-1,6-P_2)和 6-磷酸葡萄糖(G-6-P)對其活化作用，ATP、Ala、脂肪酸和乙醯輔酶

A 則為抑制作用。這是因為該酶有二聚體(dimer)和四聚體(tetramer)兩種形態（四個次單元相同），前者為低活性，後者為高活性。F-1,6-P$_2$ 和 G-6-P 促進它由二聚體聚合為四聚體；ATP 等促進其解聚合。

$$二聚體 \underset{\text{ATP、Ala、脂肪酸、乙醯輔酶A}}{\overset{\text{F-1、6-P}_2\text{、G-6-P}}{\longleftrightarrow}} 四聚體$$
（低活性）　　　　　　　　　　　　　（高活性）

3. **乙醯輔酶 A 羧化酶**(acetyl-CoA carboxylase)：是脂肪酸合成的限制酶，它除了受共價修飾調節（磷酸化後為非活性態）外，還可通過聚合與解聚合來調節。它由 4 個不同次單元組成，次單元的聚合與解聚合，使酶存在三種形態。檸檬酸和異檸檬酸可促進其聚合，成為活性態；ATP 和長鏈脂醯輔酶 A 促進其解聚，成為非活性態。

$$4個不同次單元 \longleftrightarrow 原體(protomer) \underset{\text{ATP、脂醯CoA}}{\overset{\text{檸檬酸或異檸檬酸}}{\longleftrightarrow}} 多聚體$$
（無活性，Mr：100,000）　（無活性，Mr：409,000）　　　　　　　（有活性，4~8×10^6）

4. **麩胺酸脫氫酶**(glutamate dehydrogenase)：與上述兩種酶相反，聚合時是無活性的，解聚合時才是活性態形式。它由 6 個相同次單元組成，每 3 個次單元形成一個三面體，6 個次單元聚合時形成一個雙層三面體。這個酶有兩種活性形式：X 型和 Y 型，呈聚合態時為 X 型，催化丙胺酸(Ala)脫氫；X 型解聚為 Y 型時，催化麩胺酸(Glu)脫氫。但若 X 型進一步聚合，形成多層三面體，呈長纖維狀，此種聚合態則為非活性態。

$$Y型 \underset{\text{GTP或GDP、NADPH}}{\overset{\text{ADP和Leu}}{\longleftrightarrow}} X型 \underset{\text{聚合}}{\overset{\text{聚合}}{\longleftrightarrow}} 多聚體$$
（催化Glu脫氫）　　　　　　　　（催化Ala脫氫）　　　（無活性）

▶ 表 17-3　酶的聚合與解聚合及其與活性的關係（王，1990）

酶	促進聚合或解聚的因素	分子變化	效　應
肝醣合成酶（鼠肌肉組織）(glycogen synthetase)	UDPG＋G-6-P ATP 或 K$^+$	寡聚合 解聚合	使 G-6-P K_m 降低 抑制
肝醣磷酸化酶 a (glycogen phosphorylase a)	肝醣	四聚體 → 二聚體	K_m 降低
磷酸果糖激酶 (phosphofructokinase)	F-6-P，FDP ATP	聚合 解聚合	啟動 抑制
丙酮酸激酶 (pyruvate kinase)	FDP，G6P ATP，Ala，脂肪酸，乙醯輔酶 A	聚合 解聚合	啟動 抑制

▶ 表 17-3　酶的聚合與解聚及其與活性的關係（王，1990）（續）

酶	促進聚合或解聚的因素	分子變化	效　應
丙酮酸羧化酶（羊腎組織） (pyruvate carboxylase)	乙醯輔酶 A	聚合	啟動
異檸檬酸脫氫酶（牛心組織） (isocitrate dehydrogenase)	ADP NADH	聚合 解聚	啟動 抑制
蘋果酸脫氫酶（豬心組織） (malate dehydrogenase)	NAD^+	單體 → 二聚體	啟動
6-磷酸葡萄糖脫氫酶 (G-6-P dehydrogenase)	$NADP^1$	單體 → 二體 → 四體	啟動
乙醯輔酶 A 羧化酶 (acetyl-CoA carboxylase)	檸檬酸，異檸檬酸 ATP，脂醯輔酶 A	聚合 解聚	啟動 抑制
麩胺酸脫氫酶（牛心組織） (glutamate dehydrogenase)	ADP，Leu GTP，GDP，NADPH	聚合 解聚	抑制 啟動
麩胺醯胺酶（豬腎皮質組織） (glutaminase)	α-酮戊二酸，Pi 蘋果酸	聚合	啟動

17.3　迴饋調節

一、迴饋作用

迴饋(feedback)是代謝途徑的終產物對代謝速度的影響，受影響是限制酶常常是代謝途徑中的第一個酶，這樣就不會造成中間產物的累積，以便合理利用原料並節省能量。限制酶活性隨最終產物濃度的升高而增高，稱為**正迴饋**(positive feedback)；反之，最終產物的累積，使限制酶的活性降低，稱為**負迴饋**(negative feedback)。

二、迴饋抑制的方式

在細胞內的迴饋調節中，廣泛地存在負迴饋，正迴饋的例子不多見。例如：三羧酸循環中，乙醯輔酶 A 必須先與草醯乙酸(oxaloacetic acid)結合，而草醯乙酸也是乙醯輔酶 A 被氧化的終產物。草醯乙酸的量若增多，則乙醯輔酶 A 被氧化的量亦增多；草醯乙酸的量減少（如經由α-酮戊二酸胺基化生成麩胺酸；導致草醯

乙酸量減少），則乙醯輔酶 A 的氧化量亦減少。這是草醯乙酸對乙醯輔酶 A 氧化正迴饋控制的例子。負迴饋又稱**迴饋抑制**(feedback inhibition)，其方式有線性迴饋與分枝代謝迴饋。

(一) 線性迴饋

在一連串的代謝反應鏈中，前一反應的產物是後一反應的反應物，而形成連續的、線性代謝途徑。隨著其終產物的累積，對整個途徑產生迴饋抑制作用。在線性迴饋調節中又有直接迴饋抑制和連續迴饋抑制之分。

在脂肪酸的合成中，終產物脂肪酸（脂醯輔酶 A）對限制酶**乙醯輔酶 A 羧化酶**(acetyl-CoA carboxylase)的迴饋抑制就是直接迴饋的例子：

$$\text{乙醯輔酶 A} \xrightarrow{\text{乙醯輔酶 A 羧化酶}} \text{丙二醯輔酶 A} \rightarrow \text{脂肪酸}$$

又如，由乙醯輔酶 A 合成膽固醇，終產物膽固醇對限制酶**羥甲基戊二酸醯基輔酶 A 還原酶**(HMG-CoA reductase)的迴饋抑制，也是直接迴饋控制：

$$\text{乙醯輔酶 A} \rightarrow \text{乙醯乙醯輔酶 A} \rightarrow \beta\text{-羥甲基戊二酸醯基輔酶 A} \xrightarrow{\text{還原酶}} \text{甲羥戊酸} \rightarrow \text{膽固醇}$$

在醣的糖解途徑中，作為最終產物之一的 ATP 不是直接抑制第一個限制酶**己糖激酶**(hexokinase)，而是首先抑制**磷酸果糖激酶**(phosphofructokinase)，這樣必然造成 6-磷酸葡萄糖的累積，6-磷酸葡萄糖再迴饋抑制己糖激酶，最後使整個代謝停止。這種方式稱為連續迴饋抑制或逐步迴饋抑制，即：

$$\text{G} \xrightarrow{\text{己糖激酶}} \text{G-6-P} \longleftrightarrow \text{F-6-P} \xrightarrow{\text{磷酸果糖激酶}} \text{F-1,6-P}_2 \rightarrow \text{丙酮酸}$$

$$\text{ATP}$$

(二) 分枝代謝迴饋

有兩種或兩種以上終產物的分枝代謝途徑中，每一個分枝途徑的終產物常常控制分枝後的第一個酶，同時每一個分枝途徑的終產物又對整個途徑的第一個酶有部分抑制作用。這是細菌等原核生物中普遍存在的調節方式（圖 17-1）。

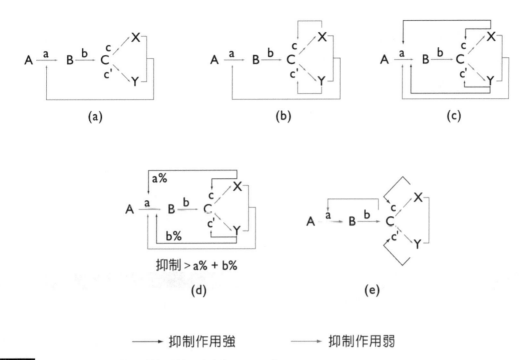

** 圖17-1 ** 分枝代謝途徑的迴饋抑制類型（李，1990）

(a)多價迴饋抑制；(b)協同迴饋抑制；
(c)累積迴饋抑制；(d)合作迴饋抑制；(e)順序迴饋抑制

1. **多價迴饋抑制**：分枝代謝途徑中，單獨一個終產物過量時，對共同途徑中限制酶並不具影響，惟有數個終產物同時過量時才能對限制酶產生抑制作用（圖17-1(a)）。例如：在有些細菌中，由天門冬胺酸合成離胺酸、酥胺酸、甲硫胺酸的途徑中即存在多價迴饋調節的關係。離胺酸、酥胺酸或甲硫胺酸單獨過量時，對整個途徑的第一個酶天門冬胺酸激酶(aspartate kinase)不產生抑制作用，3種胺基酸都過量時才會抑制。

2. **協同迴饋抑制**：與多價迴饋抑制的相同之處，是幾個最終產物同時過量時才抑制限制酶的活性。兩者的不同點是每一個最終產物單獨過量時，在多價迴饋中不產生抑制作用，但在協同迴饋中，一個最終產物單獨過量雖不抑制共同途徑的第一個酶（限制酶），但它可抑制相對應分枝上的第一個酶（分枝限制酶）的活性，因而並不影響其他分枝上的代謝。只在所有最終產物過量時，才抑制整個途徑中的第一個酶（圖 17-1(b)）。例如：多黏芽孢桿菌(*Bacillus polymax*)的天門冬胺酸族胺基酸的合成，最終產物離胺酸、酥胺酸、甲硫胺酸對代謝途徑的第一個酶天門冬胺酸激酶的調節，就是一個協同迴饋抑制。

3. **累積迴饋抑制**：幾個最終產物中任何一個過量都能單獨地部分抑制（按一定百分率）共同途徑中某個限制酶，也就是說，也無拮抗作用。各最終產物對共同限制酶的抑制作用有累積效應，當所有最終產物都過量時，對這個酶的抑制達到最大（圖 17-1(c)）。

　　大腸桿菌麩胺醯胺合成酶(glutamine synthetase)是最早發現具有累積迴饋抑制的例子。它催化麩胺酸合成麩胺醯胺，而麩胺醯胺是用於合成甘胺酸、丙胺酸、組胺酸、色胺酸、AMP、CTP、氨基甲醯磷酸和 6-磷酸葡萄糖胺的前驅物，它受這 8 種最終產物的累積迴饋抑制。這幾種產物單獨存在及幾種產物同時存在的抑制效果可根據（表 17-4）進行計算。

▶ 表 17-4　　*E. coli* 麩胺醯胺合成酶累積迴饋抑制推算範例		
終 產 物	單獨存在	同時存在時各個抑制酶活性
色胺酸	16%	16%
CTP	14%	(100% － 16%)×14%＝11.8%
氨基甲醯磷酸	13%	(100% － 16% － 11.8%)×13%＝9.4%
AMP	41%	(100% － 16% － 11.8% － 9.4%)×41%＝25.7%

　　由表 17-4 可見，當色胺酸和 CTP 同時過量時，可抑制酶活性 16%＋11.8%＝27.8%；當色胺酸、CTP 和氨基甲醯磷酸 3 者都同時過量時，可抑制酶活性 16%＋11.8%＋9.4%＝37.2%。依此類推。

4. **合作迴饋抑制**(cooperative feedback inhibition)：任何一個最終產物單獨過量時，僅部分抑制共同反應步驟的第一個酶的活性，幾個最終產物同時過量時，其抑制程度可超過各產物單獨存在時抑制作用的總和，即各最終產物均過量具有協同的作用，所以這種調節方式又稱為**協同迴饋抑制**(synergistic feedback inhibition)（圖 17-1(d)）。例如：催化嘌呤核苷酸生物合成最初反應的麩胺醯胺磷酸核糖焦磷轉移酶(glutamine phosphoribosyl pyrophosphate transferase)分別受 GMP、IMP、AMP 等終產物的迴饋，但當兩者混合（AMP＋GMP 或 IMP＋AMP 或 IMP＋GMP 等）時，抑制效果比各自單獨存在時的和還大。

5. **順序迴饋抑制**：如圖 17-1(e)中所示，最終產物 X 和 Y 首先分別迴饋抑制各自分枝上第一個酶 c 和 c'，進而使中間產物 C 累積。然後最終產物 X 和 Y 及中間產物 C 再對共同途徑第一個酶 a 產生迴饋抑制。這種調節方式首先發現於枯草桿菌(*Bacillus subtilis*)的芳香族胺基酸合成。酪胺酸、苯丙胺酸、色胺酸單獨過量時，

各自首先抑制自身分枝代謝速度，繼而引起它們的共同前驅物分枝酸(chorismate)和預苯酸(prephenate)的累積，這些中間產物最後才迴饋抑制共同途徑第一個酶的活性。

生物體內存在多種迴饋抑制方式，是來自生物適應所處環境並不斷進化的結果。這些分枝代謝的調節用來保證細胞內分枝代謝的幾種產物濃度不因某一個產物濃度過高而降低，不因一個產物的過量而影響其他產物的生成。

三、迴饋調節的機制

在迴饋調節中，代謝最終產物或其中間產物，是怎樣改變代謝途徑中某些特異酶的活性？最終產物與酶結合改變了酶的活性，此不同於一些化學基團對酶的共價修飾，因為最終產物與酶的結合是非共價的、可逆的。具有迴饋調節作用的酶透過結構的變化改變酶活性，主要包括：變構酶、同工酶、多功能酶等特異性酶的作用。

(一) 異位酶調節(Allosteric Enzyme Regulation)

透過立體結構的變化來改變酶的活性，這種酶稱為**變構酶**(allosteric enzyme)。因為這種酶分子上具有反應物結合部位和產物結合部位，兩個特異部位彼此是分開的，所以又稱為**異位酶**。

反應物結合部位稱為催化部位(catalytic site)，產物（或其他結構類似物）結合部位稱為調節部位(regulation site)。有許多變構酶與反應物結合及與產物結合，分別由兩個不同次單元負責，它們分別稱為催化次單元(catalytic subunit)和調節次單元(regulatory subunit)。當反應物與酶的催化部位（或催化次單元）結合時，會使酶處於一種具有活性的立體結構，催化反應物發生反應；當代謝途徑的最終產物（或某些中間產物）與酶的調節部位（或調節次單元）結合時，酶分子變成另一種立體結構，此時反應物無法與酶結合，使酶的活性被抑制或使反應終止（圖17-2）。最終產物（或中間產物）是調節代謝速度的因子，稱為**異位劑**(allosteric agent)。在迴饋抑制（負迴饋）中稱為**異位抑制劑**(allosteric inhibitor)，在正迴饋中稱為**異位活化劑**(allosteric activator)。

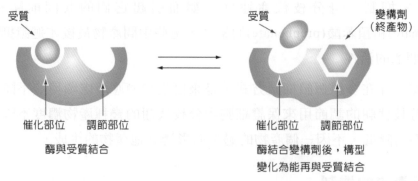

圖17-2 異位酶作用示意圖

在迴饋調節中，處於代謝途徑的第一個酶或分枝點上的第一個酶常常是異位酶，可透過最終產物（或中間產物）濃度的變化來改變這個酶的立體結構，進而改變代謝速度及產量，這種調節稱為**異位調節**(allosteric regulation)。

因為異位酶的催化次單元和調節次單元具有不同的空間結構，可以選擇性的利用一些變性條件使調節次單元的敏感性明顯喪失或降低，但仍保留酶的催化活性（催化次單元不變性），這種現象稱為去敏感作用(desensitization)。去敏感作用能證明酶的異構現象。例如：大腸桿菌的天門冬胺酸氨基甲醯轉移酶(aspartate transcarbamylase, ATCase)是嘧啶核苷酸合成的第一個酶，它受最終產物 CTP 的迴饋抑制。當用對氯汞苯甲酸(p-chlo-romercuribenzoic acid)處理 ATCase，再經蔗糖密度梯度離心，可將該酶分為 5.8S 和 2.8S 兩種次單元，其中 5.8S 次單元有酶催化活性，但不受 CTP 抑制，2.8S 次單元沒有酶活性。如果將 5.8S 次單元和 2.8S 次單元按 1：1 比例在硫氫基乙醇(mercaptoethanol)存在下保溫，則酶經重組可得 11.2S 分組次單元，它和天然的 ATCase 一樣，並受 CTP 抑制。說明 5.8S 次單元是僅有活性中心的催化次單元，2.8S 次單元是僅有異構中心的調節次單元。

專欄 BOX

17.1 限制酶的去敏感作用

在生產中，常常用一些代謝產物類似物(metabolic product analogue)來改變代謝終產物或中間產物對限制酶的負迴饋抑制作用，進而使最終產物累積。這是使限制酶的調節次單元結構改變，進而降低對最終產物（或中間產物）的敏感性，稱為去敏感作用(desensitization)。

所謂代謝產物類似物是指其結構與代謝產物結構類似的化合物。如嘌呤的類似物有 6-硫氫基嘌呤(6-mercaptopurine)、2, 6-二胺基嘌呤(2,6-diaminopurine)、6-氯化嘌呤(6-chlorapurine)等。嘧啶的類似物如 5-溴尿嘧啶(5-bromouracil)、5-氟尿嘧啶(5-fluorouracil)等。這些代謝產物類似物在合成過程中往往具有負迴饋抑制作用。

用人工誘變的方法可以獲得對這些抑制物（代謝產物類似物）有抵抗力的菌株（即抗代謝產物類似物變異株）。這些突變株的酶降低了對產物抑制和阻止其敏感性，但仍具有催化特性（即發生去敏感作用），因此避免了最終產物的負迴饋抑制。這種營養缺陷與改變調節酶（限制酶）性質相結合的方法，比單純使用營養缺陷型(auxotroph)更有效。因為改變調節酶的性質使其去敏感作用，只需找到其負迴饋物（代謝產物）的類似結構物，即可專一地突變調節酶，進而解除欲累積的代謝物對此調節酶的負迴饋抑制作用。例如：將產氨短桿菌 KY13102 塗在含有 6-硫氫基嘌呤的培養基上進行平面分離，即可分離出一種對 6-硫氫基嘌呤有抵抗力的變異株，此變異株就可以累積大量肌酶(inosine)。

在胺基酸發酵中，用上述類似的方法，或用拮抗代謝物類似物與降低最終產物濃度相結合的方法，選育出多種抗胺基酸類似物突變株，不同程度地提高了胺基酸的產量。

此外，在微生物的分枝代謝中，還存在**多價異位酶**(polyvalent allosteric enzyme)的調節機制。多價異位酶的酶蛋白分子上具有多個調節位置，可分別與分枝代謝的每一個最終產物結合，一種最終產物與酶結合時是一種構形，可抑制酶的部分活性；第二種最終產物再結合時，酶又異構成另一種構形，進一步抑制酶活性；所有最終產物都與酶結合後，又形成一種新的構形，酶的活性被全部抑制。累積迴饋即是以這種機制來調節代謝速度。

(二) 同工酶調節(Isozyme Regulation)

同工酶（isozyme 或 isoenzyme）指的是能催化相同的化學反應，但其酶蛋白本身的分子結構組成不同的一組酶。生物體的不同器官、不同細胞，或一個細胞內的不同部位，以及在生物體生長發育的不同時期和不同條件下，都存在不同的同工酶。

同工酶都是寡聚酶(oligomeric enzymes)，由幾個次單元構成。例如：乳酸脫氫酶(lactate dehydrogenase, LDH)有五種同工酶，按照在電泳時從陽極到陰極的順序分別稱為 LDH_1、LDH_2、LDH_3、LDH_4 和 LDH_5。乳酸脫氫酶由 α、β 兩種次單元組成，每一個酶分子共 4 個次單元，這兩種次單元的不同組合，即構成不同的 LDH 同工酶。即 LDH_1 為 α_4、LDH_2 為 $\alpha_3\beta$、LDH_3 為 $\alpha_2\beta_2$、LDH_4 為 $\alpha\beta_3$、LDH_5 為 β_4。這些同工酶在不同器官中分布不同，例如：LDH_1 主要分布於心肌(cardiac muscle)，而 LDH_5 主要分布於肝(liver)和骨骼肌(skeletal muscle)。它們都催化乳酸與丙酮酸的互變。

如果在一個分枝代謝途徑中，在分枝點之前的一個較早反應是由幾個同工酶催化時，分枝代謝的幾個最終產物分別對這幾個同工酶產生抑制作用，進而提供協同調節的功效。一個最終產物控制一個同工酶，只有在所有最終產物都過量時，幾個同工酶才全部被抑制，反應才會完全終止。例如：在鼠傷寒沙門氏菌(*Salmanella typhimurium*)中，催化天門冬胺酸族胺基酸合成第一步反應的是三種天門冬胺酸激酶(aspartase kinase, AK)同工酶，即 AK I、AK II、AK III，它們分別受酥胺酸(Thr)、甲硫胺酸(Met)和離胺酸(Lys)的迴饋抑制。

同工酶調節可能是生物體對環境變化或代謝變化的一種適應性調節機制。當其中一種同工酶受到抑制或損壞時，另外的同工酶仍然起作用，進而保證了代謝的正常進行。

(三) 多功能酶調節(Multifunctional Enzyme Regulation)

多功能酶(multifunctional enzymes)是指一種酶分子具有兩種或兩種以上催化活性的酶。如果一個多功能酶既具有催化分枝代謝中共同途徑第一步反應的活性，又具有催化分枝途徑第一步反應的活性，那麼這種調節將是比同工酶調節更靈活、更精密的調節機制。因為一個最終產物的過量，在使共同途徑第一步受到抑制的同時，分枝途徑第一步反應也受到抑制，使代謝沿著另一分枝進行。所以一個最終產物過量不致干擾其他產物的生成。

大腸桿菌的天門冬胺酸激酶 I (AK I)和同型絲胺酸脫氫酶 I (homoserine dehydrogenase I, HSDH I)組成一個多功能酶分子（合成 Thr）由 4 個相同次單元以非共價鍵結合在一起。兩種酶活性中心同在一個次單元上，其中 N 末端部分具有天門冬胺酸激酶活性，C 末端部分具有同型絲胺酸脫氫酶活性。當 Thr 過量時，AK I 和 HSDH I 同時受到抑制。同樣的，AK II和HSDH II也是一個多功能酶，受

Met 的調節。因此，在大腸桿菌中，天門冬胺酸族的三種胺基酸合成，是由多功能酶控制的三個單向路徑來完成的：

$$天門冬胺酸 \xrightarrow{\text{AK I}} \text{------} \xrightarrow{\text{HSDH I}} 高絲胺酸 \rightarrow 酥胺酸(Thr)$$

$$天門冬胺酸 \xrightarrow{\text{AK II}} \text{------} \xrightarrow{\text{HSDH II}} 絲胺酸 \rightarrow 甲硫胺酸(Met)$$

$$天門冬胺酸 \xrightarrow{\text{AK III}} \text{------} \xrightarrow{\text{HSDH III}} 離胺酸(Lys)$$

17.4 酶含量調節的方式

在細胞內的調節主要是透過酶的調節來實現。前一節介紹的是酶活性的調節，對已存在的酶透過酶分子結構的變化，來調節代謝速率。此外，細胞內有些酶還可透過酶含量的變化來調節代謝速率，這就是酶合成的調節。有誘導(induction)和抑制(repression)兩種方式，前者導致酶的合成，後者停止酶的合成。從對代謝速率調節的效果來看，酶活性調節較直接而快速，酶含量調節則間接而緩慢。但是，酶含量調節可以防止酶的過量合成，因而節省了生物合成的原料和能量。

酶是蛋白質，酶的合成涉及酶蛋白的生物合成。每一種蛋白質（包括酶）的結構都是由相對應的基因決定的，因此酶含量的變化必然涉及**基因表現**(gene expression)。一個基因什麼時候表現，什麼時候不表現，表現時生成多少相對應蛋白質，這些都是在特定調節控制下進行的，稱為基因表現的調節控制，透過這種調控，即可調節細胞內酶的含量，進而調節代謝活動。

一、酶的誘導合成

根據細胞內酶的合成對環境的影響反應不同，可分為兩大類：一類稱為**持續表現性酶**(constitutive enzyme)，如醣解和三羧酸循環的酶系統，其酶蛋白合成量十分穩定，不大受代謝狀態的影響。一般而言，保持體內基本能源供給的酶常常是結構性酶。另一類酶，它的合成量受環境營養條件及細胞內有關因子的影響，分為誘導酶(inducible enzyme)和抑制酶(repressible enzyme)。如 β-半乳糖苷酶(β-galactosidase)，在以乳糖為唯一碳源時，大腸桿菌細胞受乳糖的誘導，可大量的合成，其量可成千倍地增長，這類酶稱為**誘導酶**；而與組胺酸(His)合成相關的酶系統，在有組胺酸存在下，其酶蛋白合成量受到抑制，這類酶稱為抑制酶。誘導酶通常與分解代謝有關，抑制酶與合成代謝有關。

負責結構性酶的基因，稱為**持續表現基因**(constitutive gene)。基本基因不受誘導與抑制，能恆定地表達，使細胞內保持一定數量的酶。本節主要討論誘導酶及抑制酶合成的調節。

(一) 雙期生長現象(Diauxie Phenomenon)

當將大腸桿菌在含兩種不同碳源的培養基中培養時，其生長特點是具有兩個對數生長期(logarithmic growth period)，中間相隔一段停頓生長時間。例如：大腸桿菌在含葡萄糖(glucose)和乳糖(lactose)的合成培養基中，其兩次生長的量和兩種碳源的濃度成比例。即第一次生長的量與葡萄糖濃度成比例，第二次生長的量與乳糖的濃度成比例（圖17-3）。這種現象即稱為雙期生長(diauxie)。

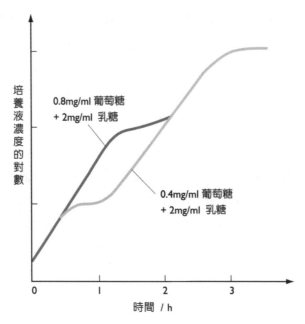

圖17-3　大腸桿菌的雙期生長現象

在上述兩種碳源中，大腸桿菌出現了雙期生長現象，是因為大腸桿菌中分解葡萄糖的酶是結構性酶，所以首先利用葡萄糖。當葡萄糖消耗後再利用乳糖。但是，分解乳糖的酶不是現存的，必須經過乳糖誘導才產生。誘導涉及到基因表現程式，所以有一段停頓生長時間。說明分解乳糖的β-半乳糖苷酶對大腸桿菌而言是誘導酶。其他如亮白麴黴(*Aspergillus candidus*)的蔗糖酶(sucrase)，腸膜明串珠菌(*Leuconostoc mesenteroides*)和臘狀芽孢桿菌(*Bacillus cereus*)的利用阿拉伯糖(arabinose)的酶等都是誘導酶。酶的誘導合成在微生物中是很普遍的。

誘導酶的存在對生物是有利的，細胞不需要在任何時候合成所有的酶。對於不經常存在的反應物，就不必在任何時候都準備著這種酶，這有利於節省原料和能量。

(二) 誘導的方式(Inductive Way)

在酶的誘導合成中，能起誘導作用的物質稱為**誘導物**(inducer)。一般情況下，反應物是最好的誘導物，有時與反應物結構類似的物質也可以作為誘導物，但它不被誘導產生的酶所作用。相反的，有些雖然是酶的反應物，但並不能作為該酶的誘導物。此外，不同的誘導物具有不同的誘導能力；而酶的誘導合成，亦有多種不同方式：

1. **單一誘導**(single-induction)：指當加入誘導物後，僅僅產生一種酶稱之，但這種情況是比較少見的。

2. **協同誘導**(cooperative induction)：指當加入誘導物後，能夠同時或幾乎同時誘導幾種酶的合成。例如：將乳糖加入培養基後，可同時誘導大腸桿菌合成 3 種酶：β-半乳糖苷酶(β-galactosidase)、β-半乳糖苷穿透酶(β-galactoside permease)和半乳糖苷乙醯轉移酶(galactoside acetyltransferase)。協同誘導作用主要存在於短的代謝途徑中。

3. **順序誘導**(sequential induction)：在這種誘導方式中，誘導物先誘導合成分解反應物的酶，再依次合成分解各中間代謝物的酶；且在順序誘導中，又具有一些不同的方式。有的是同一個物質既可以誘導合成催化前一個反應的酶，又可誘導合成催化下一個反應的酶；有的是反應物誘導合成催化反應物分解的酶，再由此酶催化反應物分解的中間產物作為催化後面反應酶合成的誘導物。

這些誘導方式的多樣性，是生物適應環境的能力不斷加強而形成。一般而言，順序誘導是一種對更複雜的代謝途徑進行分段調節的方法。在代謝中，一個代謝途徑的所有酶所進行的作用大小不等，有的酶特別重要，因它催化產生的產物可能形成不止一種最終產物。因此存在不同的誘導方式，不需要時就不誘導合成，這是誘導酶合成的另一種經濟形式。

二、酶合成的抑制作用

在微生物細胞內的代謝中（通常發生在合成代謝中），當代謝途徑中某最終產物過量時，除了可以用迴饋抑制的方式抑制限制酶的活性，進而減少最終產物的累積外，還可以透過抑制作用，抑制代謝途徑中限制酶的進一步合成，以降低終產物的合成量。有的代謝途徑僅具有迴饋抑制的調節方式，有的僅具有迴饋抑制的方式，有的則是兩者均具備，對代謝起著更有效的調節作用。抑制作用重要的有兩種方式。

(一) 最終產物抑制作用

酶合成的迴饋抑制(feedback repression)，是指細胞內代謝途徑的最終產物或某些中間產物的過量累積，阻止代謝途徑中某些酶合成的現象。這種抑制作用是比較普遍而重要的。例如：在大腸桿菌的天門冬胺酸族胺基酸合成中，最終產物酥胺酸和甲硫胺酸對限制酶天門冬胺酸激酶有較強的迴饋抑制作用，而另一終產物離胺酸對這個酶卻具有較強的迴饋抑制作用。也就是說，當細胞內離胺酸累積過量時，它抑制天門冬胺酸激酶的合成；當離胺酸用於蛋白質合成，使細胞內離胺酸濃度降低到一定水平後，對天門冬胺酸激酶合成的抑制作用解除。於是天門冬胺酸激酶基因又表現並合成該酶，它再催化天門冬胺酸轉化為離胺酸，當離胺酸濃度升高到一定濃度，再次發生抑制作用。因此，此處離胺酸（最終產物）就是調節天門冬胺酸激酶基因活性的調節物。

色胺酸(Trp)合成中也具有這種迴饋抑制作用。當色胺酸過量時，可使合成色胺酸的有關酶的基因活性降低 70 倍。

最終產物迴饋抑制的作用部位，主要是代謝途徑中的第一個酶，或相關聯的幾個酶。在分枝代謝途徑，迴饋抑制常常發生在分枝後的第一個酶。有的分枝途徑的最終產物對共同途徑的第一個酶及分枝後的第一個酶都具有迴饋抑制作用。

(二) 異化代謝物抑制(Catabolite Repression)

將大腸桿菌培養在含乳糖的培養基上，大腸桿菌不能立即利用乳糖，必須經過一段停頓時間後才能加以利用。這是由於分解乳糖的酶 β-半乳糖苷酶必須經過乳糖誘導後才能生成。如果將大腸桿菌培養在既含葡萄糖又含乳糖的培養基上時，細菌要將葡萄糖用完後才能利用乳糖，就是說葡萄糖的存在對乳糖的誘導有抑制作用。經研究發現，這種抑制作用還不是葡萄糖本身引起的，而是葡萄糖分

解代謝產生的某些中間物對β-半乳糖苷酶的誘導生成有抑制作用。這種現象稱為葡萄糖效應(glucose effect)。

實際上，這種分解代謝物對某些酶的誘導合成產生抑制作用，不僅限於葡萄糖。在微生物代謝中是比較普遍的。在含氮化合物的分解代謝中也有這種現象。例如，有銨離子存在時，精胺酸(Arg)的利用受到抑制。因此，將這一類抑制統稱為異化代謝物抑制(catabolite repression)。

異化代謝物抑制是指微生物在有優先可被利用的反應物時，其他一些物質的分解途徑受到抑制，這是因為某些分解代謝產物抑制了利用這些物質酶的生成。在培養基中如果含有多種可被利用的反應物時，不是同時誘導分解各種反應物的酶，而是在第一種可被利用的反應物耗盡後才利用第二種反應物，產生分解第二種反應物的酶。細胞總是優先利用易於分解的反應物，較難利用的反應物則最後利用。這種調節方式具有明顯的生理意義：如果環境中存在易於利用的物質，微生物就不必將大量的代謝能量消耗於合成那些效果不佳的其他酶類。所以，異化代謝物抑制對酶的誘導合成具有調節作用。

在實際生產上有時常採用一些必要的方法避免異化代謝物的抑制作用。如在青黴素(penicillin)發酵中利用乳糖代替葡萄糖可以提高青黴素的產量。在用嗜熱脂肪芽孢桿菌(*Bacillus sterothermophilus*)生產澱粉酶(amylase)時，用甘油代替果糖可提高澱粉酶產量。酶合成的抑制作用除上述方式外，還有其他方式，如自身抑制等。

17.5 基因表現與誘導（抑制）酶合成作用的關係

對於上述酶的誘導合成和酶合成的抑制作用，其機制如何？什麼因素來調節這些酶含量的變化？對於原核生物，目前可用一個統一的理論來加以闡明，稱為「操縱子學說」。

一、操縱子學說

染色體(chromosome) DNA 上有許許多多基因，從基因表現的角度而言可分為結構基因和調控基因。**結構基因**(structural genes)是指決定蛋白質結構的基因，即

這部分 DNA 的去氧核苷酸順序決定了相對應蛋白質的胺基酸順序。此外，決定各種 RNA（tRNA、rRNA 等）分子中核苷酸順序的基因也稱為結構基因。**調控基因** (regulatory-control genes)指的是 DNA 對結構基因表現具調節作用的基因，這些基因有的並不產生蛋白質（如啟動基因、操縱基因等），有的產生具有特定結構的蛋白質（如調節基因），這種蛋白質對調節結構基因表現具重要作用。由此可知，對於酶合成的誘導與抑制之調節機制，就涉及到基因表現的調控機制。

(一) 操縱子概念與結構

1961 年法國巴斯德研究所的 Jacob 和 Monad 根據乳糖(lactose)對野生型 (wild-type)和突變型(mutation type)大腸桿菌(*Escherichia coli*) β-半乳糖苷酶的誘導合成研究，提出操縱子(operon)的概念。指出一個操縱子就是在 DNA 分子中結構上緊密連鎖、在訊息傳遞中以一個單位產生作用而協調表達的遺傳結構，也就是能夠決定一個獨立生化功能的相關基因表現的調節單位。它包括下列幾種基因（圖 17-4）：

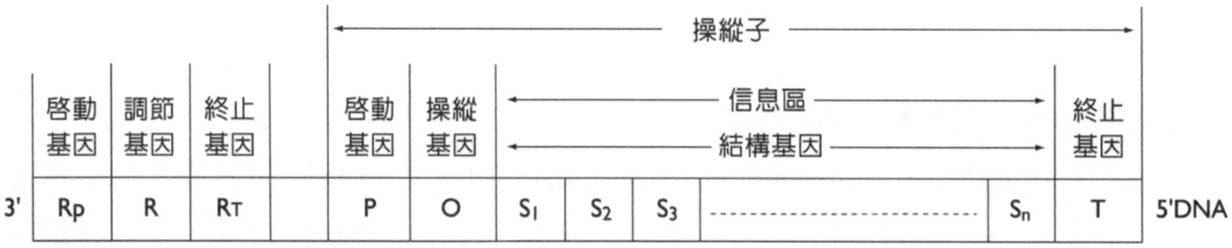

					操縱子						
啟動基因	調節基因	終止基因	啟動基因	操縱基因	信息區 結構基因					終止基因	
3'	R_p	R	R_T	P	O	S_1	S_2	S_3	----------	S_n	T	5'DNA

圖17-4　操縱子模型及相關基因（李，1990）

1. **結構基因**(structural gene, S)：決定蛋白質結構的基因，一個操縱子常含有多個結構基因，它是操縱子的訊息區。

2. **啟動基因**(promoter gene, P)：即啟動子。是基因轉錄時 RNA 聚合酶首先結合的區域。

3. **操縱基因**(operater gene, O)：是調節基因產生的一種特異蛋白（抑制蛋白）結合的區域。如果操縱基因與這種蛋白質結合，結構基因就不能表達，基因處於關閉狀態（稱為抑制狀態）。

4. **終止基因**(termination gene, T)：轉錄的終止訊號。

5. **調節基因**(regulator gene, R)：是調節控制操縱子結構基因表現的基因，這種調節控制是經由它表達的產物（稱為**抑制物**(repressor)或**抑制蛋白**(repression protein)）來實現的。調節基因有自己轉錄的啟動基因(R_P)和終止基因(R_T)。通常不將調節基因包含在操縱子內。因為在多數情況下，一個調節基因除了控制一個操縱子外，還存在著更為複雜的調節系統。例如：在組胺酸(His)合成系統中，有 1 個操縱子和 5 個調節基因；在精胺酸(Arg)合成的調節系統中正好相反，有 5 個操縱子和 1 個調節基因，即調節基因同時控制 5 個操縱子的協同表現。在這些情況下，將這幾個結構分開的、協同表達的功能單位，稱為**調節子**(regulator)。

(二) 調節基因與操縱子間的調控機制

調節基因如何控制操縱子的基因表現呢？調節基因透過表達產生一種特異蛋白，稱為**抑制物**（或**抑制蛋白**），它是一個變構蛋白，其分子上有兩個特異部位，一個部位能與操縱子中的操縱基因結合，另一個部位能與誘導物或代謝最終產物（稱為**輔抑制物或共抑制物**(corepressor)）結合。誘導物和輔抑制物統稱為**效應物**(effectors)（或調節物(modulators)）。抑制物與操縱基因及效應物的結合都是專一性、可逆的反應。

如果調節基因的產物抑制蛋白，與輔抑制物以及操縱基因結合，則會使 RNA 聚合酶不能發揮作用，基因即關閉使結構基因不能表達，此時稱操縱子為「處於抑制狀態(repression state)」；相反的，抑制蛋白因與誘導物結合而脫離操縱基因，不能與操縱基因結合，此時與啟動基因結合的 RNA 聚合酶即可沿模板滑動，結構基因得以表現，稱為「去抑制作用(derepression)」（或消除抑制作用）（圖 17-5）。

由此可見，操縱子的基因表現與否取決於抑制蛋白能否與操縱基因結合；而決定抑制蛋白狀態的關鍵則是與之結合的效應物。如果是誘導物（常常是分解代謝的反應物）與抑制蛋白結合，則抑制蛋白構形改變，而不能再與操縱基因結合，操縱子即形成去抑制狀態使基因得以表現；若是輔抑制物（常常是合成代謝的最終產物）與抑制蛋白結合，則能促進抑制蛋白與操縱基因結合而使基因關閉，操縱子即處於抑制狀態。凡是促進基因表現的因素，稱為正調控因子(positive control factor)（如誘導物），凡是抑制基因表現的因素，稱為負調控因子(negative control factor)（如抑制物、輔抑制物）。

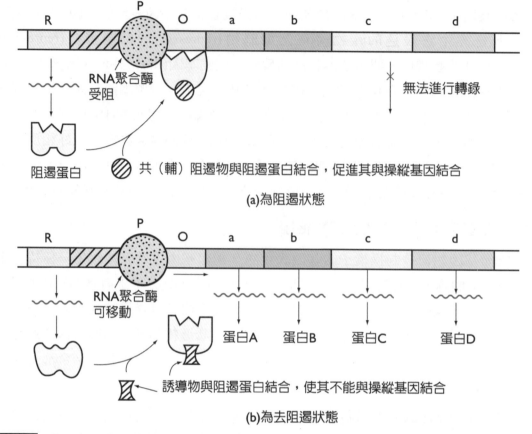

圖17-5 操縱子的抑制狀態和去抑制狀態

(a)為抑制狀態；(b)為去抑制狀態

二、可誘導操縱子

　　可誘導操縱子(inducible operon)在一般情況下基因是關閉的，即抑制物處於活性狀態，它會與操縱基因緊密的結合。如果有分解代謝的反應物存在時，它會作為誘導物與抑制物結合，於是改變了抑制物的構形，它則不能與操縱基因結合而脫離，此時結合了啟動基因的 RNA 聚合酶即可轉錄結構基因，合成 mRNA，進而轉譯成酶，以分解代謝反應物。

(一) 乳糖操縱子的結構

　　大腸桿菌乳糖操縱子(Lac operon)是最早發現的一個可誘導操縱子，它有 3 個結構基因，可產生 3 種酶，將乳糖分解。z 基因決定β-**半乳糖苷酶**(β-galactosidase)的結構，這個酶可將乳糖分解成半乳糖和葡萄糖；y 基因決定**半乳糖苷穿透酶**(galactoside permease)的結構，此酶促進乳糖穿過大腸桿菌的細胞質膜；a 基因決

定**半乳糖苷乙醯轉移酶**(galactoside acetyltransferase)的結構，這個酶的功能還不清楚。在體外，它可催化乙醯輔酶 A 的乙醯基轉移到硫代半乳糖苷(thiogalactoside)的 C_6 羧基上。這 3 個結構基因緊密連鎖，基因表現時轉錄為一個 mRNA（多順反子轉錄），同時合成 3 個酶。乳糖操縱子的結構請見（圖 17-6）（圖中數字為各個基因的核苷酸數）。控制乳糖操縱子的調節基因習慣上用 i 表示（Pi 為調節基因的啟動子；I 為調節基因；P 為啟動基因；O 為操縱基因；Z 為β-半乳糖苷酶基因；Y 為半乳糖苷穿透酶基因；A 為半乳糖苷乙醯轉移酶基因）。

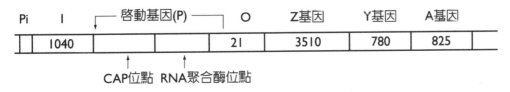

圖17-6 大腸桿菌乳糖操縱子

在大腸桿菌的 Lac 操縱子中，RNA 聚合酶結合部位是−48 至+5，而阻遏蛋白結合部位是−3 至+21，啟動基因(P)和操縱基因(O)共用 8 個鹼基（−3 至+5）。因此，當抑制蛋白與操縱基因結合後，RNA 聚合酶就無法與啟動基因有效結合，三個結構基因即處於關閉狀態。

(二) 乳糖操縱子的誘導物

1. **乳糖與異乳糖**：在通常情況下，乳糖操縱子處於抑制狀態，操縱基因與抑制蛋白結合著。此時 RNA 聚合酶不能與啟動子結合，因而三個結構基因不能表現，但若在培養基中加入乳糖，乳糖可作為誘導物與抑制蛋白結合而引起抑制蛋白變形；和乳糖結合的阻遏蛋白，其與操縱基因的親和力大大降低，因而脫離 DNA，使三個結構基因得以表現，同時合成三個酶。由此可知，乳糖操縱子具有協同誘導的作用。

　　進一步研究發現，乳糖還不是乳糖操縱子的真正誘導物，真正具有誘導作用的是異乳糖(allolactose)（D-葡萄糖-β(1→6)半乳糖苷）。作為β-半乳糖苷酶的反應物，乳糖在細胞內可以轉變為異乳糖。此外，與乳糖結構類似的一些化合物也具有誘導作用，特別是經常用於乳糖操縱子研究的β-D-硫代異丙基半乳糖苷(isopropyl thiogalactoside, IPTG)，其誘導效率甚至比乳糖大 1,000 倍。

2. **CAP、cAMP 和其他誘導物**：實驗證明，乳糖（或其類似物）不是使乳糖操縱子活化的唯一因素，乳糖操縱子的活化還需要 cAMP 及一種特異蛋白質，這種蛋白質稱為**異化代謝物基因活化蛋白**(catabolite gene activator protein, CAP)或稱**環腺苷酸受體蛋白**(cAMP receptor protein, CRP)，它是由位於 i 基因之前的 CAP 基因編碼的。在調節基因 i 與啟動基因 P 之間存在一個 cAMP-CAP 結合位置（位於−87 至−49），這個位置與 RNA 聚合酶結合位置(P)相鄰而不重疊，此現象說明 cAMP-CAP 與 DNA 的結合創造了一個新的 RNA 聚合酶作用位置，有利於 RNA 聚合酶與 DNA 結合。因此，cAMP 作為細菌的一種「饑餓信號」可刺激一些可誘導操縱子的活化（CAP 可使 Lac mRNA 合成提高 50 倍）。因此，對可誘導操縱子而言，cAMP 和 CAP 都是正調控因子。大腸桿菌中一些可誘導的操縱子請見（表 17-5）。

▶ 表 17-5　*E. coli* 中可誘導操縱子（李，1990）

名　稱	代　號	結構基因數	所產酶的功能
乳糖操縱子	Lac	3	β-半乳糖酶的水解和運輸
半乳糖操縱子	Gal	3	將半乳糖轉變成 UDPG
阿拉伯糖操縱子	Ara	5	將 L-阿拉伯糖轉變成 D-木酮糖
組胺酸利用操縱子	Hut	4	將組胺酸轉變為麩胺酸和甲醯胺
麥芽糖調節子	Mal	7	麥芽糖的運輸和分解

(三) 乳糖操縱子的輔抑制物

葡萄糖存在時抑制乳糖的誘導作用（葡萄糖效應），是由於葡萄糖的分解代謝物可抑制腺苷酸環化酶(adenylate cyclase)（請見第 21 章）的活性，並啟動 cAMP-磷酸二酯酶(cAMP- phosphodiesterase)及 cAMP 穿透酶(cAMP permease)活性，這三個酶活性的變化導致細胞內 cAMP 濃度降低，進而使 Lac 操縱子的轉錄活性降低。這便是分解代謝物抑制的機制。

三、可抑制操縱子

在合成代謝中，物質的合成通常是由可抑制操縱子調節的。可抑制操縱子在一般情況下是開啟的，即抑制蛋白處於非活性狀態，不能與操縱基因結合。當合成代謝的最終產物累積，它作為輔抑制物（或稱共抑制物）與抑制蛋白結合，並使其發生構形改變，改變構形後的抑制蛋白與操縱基因的親和力增大，於是與操縱基因結合，將操縱子關閉。這便是合成代謝的最終產物迴饋抑制機制。

(一) 色胺酸操縱子(Trp Operon)

　　色胺酸操縱子是色胺酸合成的調節功能單位。芳香族胺基酸的合成是一個分支代謝途徑，從原料赤蘚糖-4-磷酸(erythrose-4-phosphate)和磷酸烯醇丙酮酸(phosphoenolpyruvic acid)開始，到生成分支酸(chorismate)，是共同途徑，從分支酸分成 3 個途徑分別合成苯丙胺酸、酪胺酸和色胺酸。從分支酸到色胺酸有 5 步反應，5 個酶催化。色胺酸操縱子含有 5 個結構基因，分別編碼這 5 個酶。控制色胺酸操縱子的調節基因(trp R)與色胺酸操縱子並不連鎖，相隔較遠（圖 17-7）。

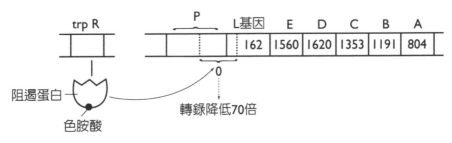

圖17-7 色胺酸操縱子

　　由 trp R 基因所產生的抑制蛋白並無抑制作用，當其與色胺酸結合後才能結合在 O 基因上，這樣做的結果可以使轉錄降低 70 倍；L 基因(leader gene)有一個可以與 tRNA^{Trp}-Trp 結合的位置，稱為致弱子或衰減了(attenuator)，若 tRNA^{Trp}-Trp 與此部位結合，可使轉錄降低 8~10 倍（稱衰減作用），此位置具有特殊二級結構。這兩級調節總共可使轉錄降低 500~700 倍。

(二) 組胺酸操縱子(His Operon)

　　是控制合成組胺酸的操縱子，有 9 個連續排列的結構基因。曾經認為組胺酸的合成與色胺酸操縱子一樣,最終產物組胺酸或組胺酸 tRNA 與抑制蛋白結合而關閉操縱子。但是，經過多年的研究並未證明這種抑制蛋白的存在，也未找到能產生這種抑制蛋白的調節基因。在鼠傷寒沙門氏菌(*Salmonella typhimurium*)和大腸桿菌的一類新的去抑制突變株中，發現組胺酸操縱子的第一個結構基因 his G 的產物，既具有催化第一步反應的酶 (ATP 磷酸核糖轉移酶(ATP phosphoribose transferase)）的活性，又具抑制蛋白的作用，當細胞內組胺酸 tRNA 累積時，它可與 his G 產物結合，進而關閉操縱子。因此，第一個結構基因兼具調節功能。這種一個結構基因的產物除具有酶的催化作用外，還具有抑制蛋白的調節方式，稱為**自身調節**(autoregulation)（表 17-6）。

操　縱　子	代　號	結構基因數	所產酶的功能
色胺酸操縱子	Trp	5(3)	將分支酸轉變成色胺酸
苯丙胺酸操縱子	Phe	2(2)	從分支酸合成苯丙胺酸
酥胺酸操縱子	Thr	4(4)	從天門冬胺酸合成酥胺酸
白胺酸操縱子	Leu	4(3)	從α-酮異戊酸合成白胺酸
異白胺酸操縱子	Ile	8(7)	從酥胺酸合成異白胺酸和纈胺酸
組胺酸操縱子	His	9(10)	組胺酸的全程合成
精胺酸調節子	Arg	9(8)	從麩胺酸合成精胺酸
嘧啶調節子	Pyr	8(7)	UTP 全程合成
生物素操縱子	Bio	6(5)	將葡萄糖轉變為生物素

▶ 表 17-6　可抑制操縱子（李，1990）

摘要

1. 生物體內各種物質代謝總是保持協調、平衡、統一的，這是由於體內存在各種調節機制。這些調節機制隨生物的進化，從簡單到複雜、粗略調節到精細調節，從局部調節到整體調節。在高等生物，即存在完整的、複雜的、但是高度精密的調節控制系統，儘管有些調控機制的本質至今仍然尚未完全搞清楚。

2. 物質代謝的調節存在細胞層次、激素體液層次和神經系統調節的三級層次。其中細胞層次是基礎，其他層次的調節，最終都要透過細胞內的調節控制來實現；激素體液層次是協調器官與器官之間的代謝平衡；神經系統的調節則僅存在於高等動物和人，它使得這些高等動物中複雜的物質代謝保持高度的統一和協調。

3. 細胞內的調控基本上是透過對酶的調節來實現的。酶的調節有酶的區域化分布（不同代謝系統的相關酶分布於細胞的不同部位）、酶活性的調節以及酶含量的調節等方式。酶活性的調節是透過改變一個代謝途徑中起關鍵作用的酶（關鍵酶或限制酶）的結構來改變其活性，最主要的方式是共價修飾和異位調節。異位調節(allosteric regulation)是通過最終產物和某些中間產物與限制酶結合後，改變了酶的空間構形，進而影響其活性。這又稱為迴饋。這種對限制酶迴饋控制的方式也是多種多樣的。

4. 酶量的調節是通過控制一個代謝途徑相關酶之基因的表達，來控制酶的生成量。分為誘導與抑制。誘導通常是一些不常見的碳源和能源分解代謝的反應物，誘導一些相關酶的生成，以分解這些物質；阻遏是在胺基酸等物質的合成中，合成過量對相關酶生成的控制，因此又稱為迴饋抑制(feedback repression)。

5. 誘導與抑制都可用操縱子學說加以解釋。操縱子是 DNA 上一個基因表現的協調單位。分為可誘導操縱子和可抑制操縱子。這是基因表現中在轉錄層次的調控，是主要的、最基本的調控形式。此外，還有轉錄後調控、轉譯層次調控及轉譯後調控等形式。

MEMO

遺傳訊息的表現
與傳遞

PRINCIPLES OF BIOCHEMISTRY

M E M O

18
CHAPTER

PRINCIPLES OF
BIOCHEMISTRY

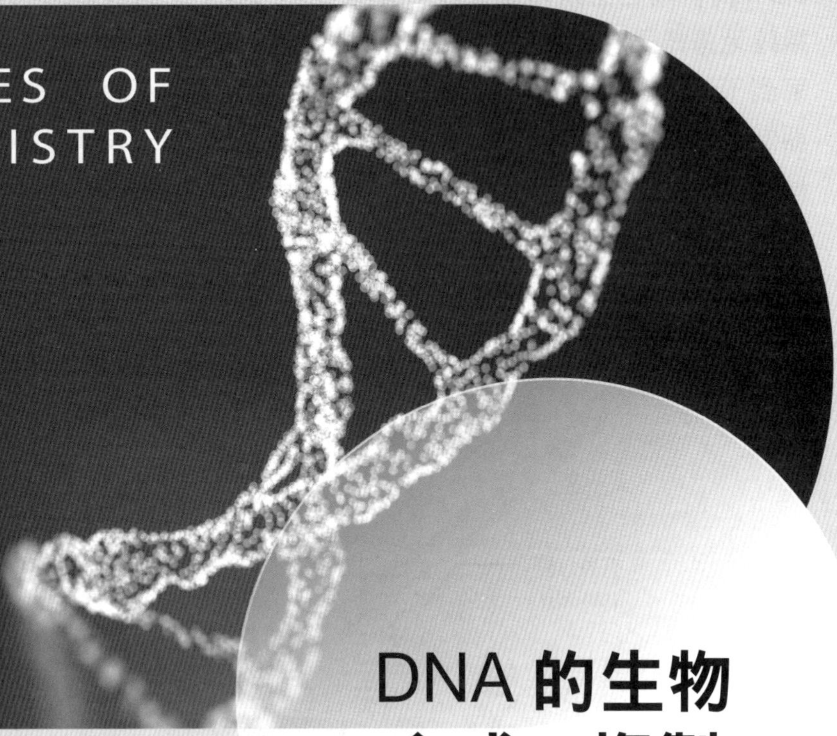

DNA 的生物
合成一複製

生　物的繁殖，必然涉及細胞的分裂。經由細胞分裂，一個親代細胞轉變成兩個子代細胞。生物在繁殖過程中，其遺傳性狀必須穩定，因而其遺傳物質 DNA 的合成也必須準確無誤。親代細胞 DNA 上的遺傳訊息(genetic information) 準確地傳給子代細胞，這就涉及 DNA 的複製(replication)問題。每一次細胞分裂結束到下一次分裂結束之間的期限稱為**細胞週期**。細胞週期通常可分為四個期：M 期為有絲分裂(mitosis)期；G_1 期為有絲分裂後的生長期；S 期為 DNA 合成期；G_2 期為 S 期後的第二個生長期。一次分裂結束到下次分裂開始的時期稱為間期 (interkinesis)；G_1、G_2 和 S 期均處於間期。G_1 期主要為 RNA 及細胞質物質的合成（分化）時期(differentiation stage)，S 期為 DNA 複製最旺盛的時期，G_2 期為 DNA 複製已完全，準備進入分裂期（圖 18-1）。

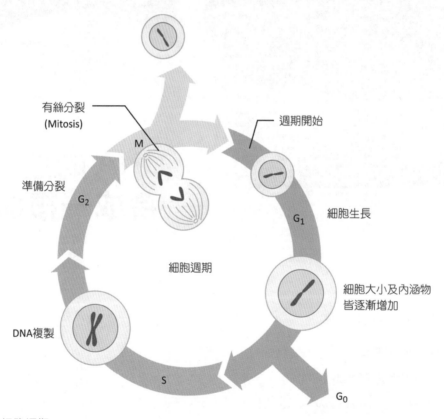

圖18-1　細胞週期

18.1 參與 DNA 複製的酶

　　DNA 複製是一個複雜而精確的過程，涉及的酶及蛋白因子很多。例如原核細胞的大腸桿菌(*E. coli*)已知的酶就高達 13 種，而真核細胞目前已知至少超過 20 種。

一、DNA 聚合酶

　　DNA 聚合酶(DNA polymerase)是所有生物必不可少的一類酶。它以單股 DNA 作為模板(template)，以四種去氧核苷三磷酸(deoxynucleotide triphosphate, dNTP)為受質，催化合成一條與模板互補的 DNA 股。這種合成需要一段引子(primer)，因為合成是在模板 DNA 指導下完成，因此此酶又稱為**依賴於 DNA 的 DNA 聚合酶**(DNA dependent DNA polymerase, DDDP)。

　　現已從細菌、植物和動物中分離出多種 DNA 聚合酶，其中對大腸桿菌的 DNA 聚合酶研究得較多，也較深入。

(一) 大腸桿菌 DNA 聚合酶(*E. coli* DNA Polymerase)

　　1956 年，Arthur Kornberg 從大腸桿菌中首先發現 DNA 聚合酶，因此，後來人們將這種酶稱為 Kornberg 酶，或聚合酶 I (pol I)。這個酶具有三種催化能力：聚合作用、校正作用和修復作用。

1. **聚合作用**(polymerization)：即以單股 DNA 為膜板，以四種去氧核苷三磷酸為受質，以 DNA 片段為引子，按 $5' \rightarrow 3'$ 方向合成一條與模板鹼基互補的新 DNA 股。它可以將線狀或環狀雙股 DNA 中一條完整，但另一條有缺口（小於 100 個核苷酸）的缺口部分補起來。

2. **校正作用**(proofreading)：即具有 $3' \rightarrow 5'$ 外切核酸酶(exonuclease)活性。這種活性作用於新合成股的延伸末端碼，可將延伸的新股中配錯的去氧核苷酸切掉，因而有糾正錯誤的作用。

3. **修復作用**(repair)：即具有 $5' \rightarrow 3'$ 外切酶活性。這種作用可依據 $5' \rightarrow 3'$ 的方向逐一切下核苷酸，也可以跳過幾個核苷酸，將因紫外光等照射所形成的嘧啶二聚體(pyrimidine dimer)切去，因此這個酶在 DNA 的損傷修復(lesion repair)中具重要作用。基於這個功能，現在一般認為 DNA pol I 是屬於**修復酶**(repairase)。

　　然而，DNA pol I 在體外的合成速度僅為每秒加入 16~20 個核苷酸，這遠遠小於體內 DNA 的合成速度。因而使人懷疑 pol I 是否就是 DNA 複製酶。

1969 年 Panla DeLucia 和 John Cairns 分離到一株大腸桿菌突變株 pol A⁻（指 pol I 編碼的基因 pol A 有缺失），它的 DNA pol I 活性僅為野生型的 0.5%，但它仍能正常地進行 DNA 複製，只是對紫外線及 X 射線敏感，突變率高，也就是「複製正常，但修復有缺陷」；這使人確信應有另外的 DNA 聚合酶存在，接著便很快的發現了 DNA 聚合酶 II (pol II)以及 DNA 聚合酶 III (pol III)。

pol II 具有聚合作用和 3′→5′外切酶活性，不具 5′→3′外切酶活性。它對於雙股中一條股為缺口小於 100 核苷酸的合成速度很快。pol III 則是一個多次單元酶，有 7 種 9 個次單元，按 $\alpha\beta\gamma_2\delta\theta_2\tau\epsilon$ 組成全酶，全酶具有 5′→3′的聚合作用、3′→5′外切酶活性和 5′→3′外切酶活性。以單股 DNA 為模板，RNA 片段為引子，四種去氧核苷三磷酸為受質，對於單股具有大於 100 個核苷酸的缺口的合成具有較高活性。催化 DNA 合成的速度遠遠高於 pol I 和 II。

DNA pol III 各個次單元的功能並不十分清楚。但是次單元間不同的組合，被測定出一些功能，α、θ 和 ϵ 三個次單元結合成酶的核心，稱為核心酶(core enzyme)，通常也把它叫作 pol III，具有較低的聚合活性（α次單元）、3′→5′外切活性（ϵ 次單元）和 5′→3′外切活性(α)；核心酶加上 τ 次單元($\alpha\theta\tau\epsilon$)，稱為 pol III′，具有較高的聚合活性；pol III′再加上延伸因子(elongation factor) γ 和 δ，稱為 pol III*，幾乎具有天然酶的全部活性。β次單元稱為輔聚合酶 II (copolymerase III)，它識別並結合引子，識別起始位點，因此與 DNA 複製的起始有關。現將大腸桿菌三種 DNA 聚合酶的基本特點列於（表 18-1）。

▶ 表 18-1　大腸桿菌(*E. coli*)的 DNA 聚合酶

特　點	pol I	pol II	pol III
1. 性質：			
分子量	109,000	120,000	400,000
每個細胞分子數	400	100	10
結構基因	pol A	pol B	pol E
硫氫基抑制劑	不抑制	抑制	抑制
2. 功能：			
聚合作用，速度(Nt)	＋，16~20	＋，2~5	＋，250~1,000
3′→5′外切	＋	＋	＋
5′→3′外切	＋	－	＋
3. 模板－引子要求：			
帶引子單股 DNA	＋	－	＋
缺口雙股(<100Nt)	＋	＋	＋
缺口雙股(>100Nt)	－	－	＋

根據遺傳學實驗，現在一般認為 DNA pol III 是原核細胞 DNA 的主要**複製酶** (replicase)，DNA pol I 主要參與 DNA 損傷的修復，是一個修復酶(repairase)，但它還具有其他功能，與 DNA 分子的成熟過程有關；DNA pol II 既參與複製，也參與修復，可能具有「備份」作用。

(二) 真核細胞 DNA 聚合酶

在哺乳動物(mammal)中發現有四種 DNA 聚合酶，即 DNA 聚合酶α、β、γ和粒線體 DNA 聚合酶。其中α、β、γ三種酶與染色質(chromatin)DNA 複製有關。它們與大腸桿菌 DNA 聚合酶的基本特徵相同，即在催化 DNA 合成中，以 dNTP 為受質，依據模板股和具 3'-OH 端的引子，在模板的指導下，合成一條與模板互補的 DNA 股，新合成股的延伸方向為 5'→3'。但是，真核細胞 DNA 聚合酶不同於原核細胞 DNA 聚合酶的是：除粒線體 DNA 聚合酶外，都不具有外切酶活性。

1. **DNA 聚合酶α**：在增殖較快的細胞中活性較高，主要存在於細胞核內，其分子量為 165,000~175,000。由於α酶在細胞中與 DNA 複製有較好的平行關係，其活性隨細胞周期而變化。因此，目前認為α酶即是真核細胞的 DNA 複製酶。aphicolin 是一種真菌的產物，其可抑制α酶，也抑制大腸桿菌 DNA pol III。

2. **DNA 聚合酶β**：主要存在於核內。是一個小分子量的聚合物，分子量 43,000。它的活性穩定，不隨細胞周期變化，因而它與細胞生長速度關係不大。以單股 DNA 作為模板時，幾乎無活性，只能對雙股有缺口 DNA 進行合成。因此，有人認為β酶可能是一個修復酶。在植物和低等真核生物中尚未發現此酶。

3. **DNA 聚合酶γ**：存在於細胞核及細胞質中，分子量 119,000，它只占細胞 DNA 聚合酶總活性的 1%。γ酶在細胞分裂 S 期一開始，活性就迅速上升兩倍，然後回到正常水準，此時α酶還未升到最高活性水準。由這一事實推測γ酶可能對複製的起始中具重要作用。事實上，對 dNTP 的 K_m 值，γ酶比α酶低一個數量級（γ酶為 5×10^{-7}M，α酶為 1×10^{-6}M），說明γ酶對 dNTP 的親和力高，這有利於起始，因為複製開始時受質濃度是相對低的。此酶特點包括：

(1) 除催化以 DNA 為模板的合成外，還能以人工合成的 RNA 為模板。

(2) 用多聚 A (poly A)比用多聚 dA (poly dA)作模板活性高 5~10 倍。

(3) Mn^{2+} 存在比 Mg^{2+} 存在活性更高。

(4) 具有 RNase H 酶切活性（切斷 RNA-DNA 雜合分子的磷酸二酯鍵）。

4. **粒線體 DNA 聚合酶**：分子量 159,000，它催化粒線體 DNA（環狀雙股，其複製機制與染色質 DNA 不同）的複製，催化 DNA 合成時，單股 DNA、雙股 DNA、環狀 DNA 均可作為模板。此外，它還具有 3′→5′外切活性及 5′→3′外切活性，因而粒線體 DNA 聚合酶更類似於原核 DNA 聚合酶。

現將真核細胞 DNA 聚合酶的特點歸納於（表 18-2）。

▶ 表 18-2　哺乳動物的 DNA 聚合酶

特　　　點	α	β	γ	粒線體
1. 性質：				
分子量	165,000~175,000	43,000	119,000	159,000
沉降常數	6~8S	3.3S	6.1~6.3S	8~9S
存在部位	細胞質、細胞核	細胞核	細胞核、細胞質	粒線體
硫氫基抑制劑	+	−	+	+
2. 模板引子要求：				
活化 DNA	+	+	+	+
缺口雙股	++	−	−	+
單股 DNA	++	−	−	+
$(rA)_n(dT)^*_{\overline{15}}$	−	−	++	−
$(dT)_n(rA)^*_{\overline{10}}$	++	++	++	−

*註：人工合成模板。rA 為核糖腺苷，dT 為去氧胸苷。$\overline{15}$ 為平均含 15 個。

二、DNA 連接酶

1967 年 Khorana 發現了 DNA 連接酶，這是一類可將雙股 DNA 中單股缺口部分的 3′-OH 和它鄰近的 5′-磷酸端形成二酯鍵(diester bond)而將兩個 DNA 片段連接起來的酶。有兩種 DNA 連接酶，一種以 ATP 作輔酶，存在於哺乳動物細胞和被噬菌體(phage)感染過的大腸桿菌中；另一種以 NAD 作輔酶，存在於大腸桿菌細胞內，二者均需 Mg^{2+}。

DNA 連接酶(DNA ligase)的作用方式是首先酶與輔酶（ATP 或 NAD）作用，形成酶－腺苷酸複合體(E-AMP)，然後 E-AMP 與 DNA 缺口處的 5′-P 結合形成焦磷酸鍵，最後連接酶使已被活化的 5′-P 與相鄰的 3′-OH 形成二酯鍵而將缺口連接起來，同時釋放 AMP（圖 18-2）。DNA 連接酶的特異性不高，只要 DNA 雙股中有一條股有缺口，並且 3′-OH 與 5′-P 必須在相鄰的位置上，連接酶都能將它們癒合，甚至可以連接 RNA 缺口。

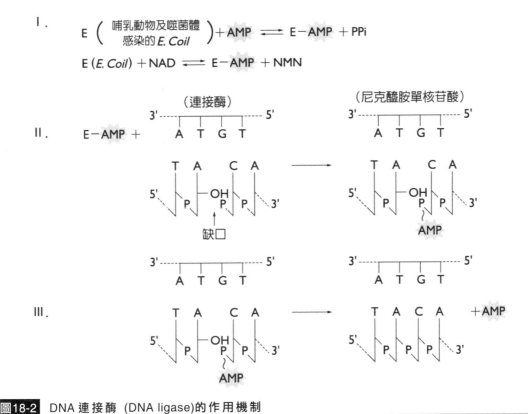

圖18-2 DNA 連接酶 (DNA ligase)的作用機制

三、解除 DNA 高級結構的酶及蛋白因子

　　DNA 複製時，雙螺旋的二級結構和超螺旋的緊縮結構解除下來，這需要多種酶及蛋白因子參與。

1. **解旋酶**(helicase)：其可解開 DNA 的雙螺旋，使其形成單股。現在大腸桿菌中已發現四種解旋酶：酶 I、II、III 和 rep 蛋白。rep 蛋白（*rep* 基因產物）可結合於 3′→5′ 單股，酶 II 和 III 結合於 5′→3′ 的單股，均可解開雙螺旋。rep 蛋白成纖維狀，分子量 180,000，需 ATP 提供能量，對單股 DNA 的親和力較強。如果雙股 DNA 中具有單股末端或切口，則解旋酶首先結合在這一部分，然後逐步移向雙股部分。

2. **拓撲異構酶**(topoisomerase)：這是解除 DNA 三級結構的另一類酶。按照其作用方式的不同而分為兩類：I 型酶在 DNA 一定部位的單股上水解一個磷酸二酯鍵，使 DNA 單股切口，再連接起來，反應不需能量；II 型酶可使 DNA 雙股同時發生切口－連接反應(nick-seal reaction)，也可使 DNA 分子形成超螺旋結構。後者反應則需 ATP 提供能量。

(1) 大腸桿菌拓撲異構酶 I (topo I)：曾被稱為ω蛋白、轉軸酶(swivelase)、解旋酶 (untwisting enzyme)等，分子量為 110,000。它藉由「切口－連接反應」可解 除 DNA 的超螺旋。將 DNA 的一條股切開一個切口，切口的 5′-磷酸基與酶 的一個 Tyr 酚基形成酯鍵，磷酸二酯鍵由 DNA 轉移到蛋白質。切口的產生， 使維持 DNA 超螺旋的作用力釋放，解除了超螺旋結構。然後切口的 3′-OH 端再發生親核攻擊，使原來斷裂的股重新連接，磷酸二酯鍵又從蛋白質轉移 到 DNA。整個過程不會發生鍵的不可逆水解，而沒有能量的損失。因此， topo I 使 DNA 解除超螺旋，發生切口－連接反應中不需水解 ATP 提供能量。 原核生物的 topo I 只能解除負超螺旋，而不能解除正超螺旋。真核生物的 topo I 對正、負超螺旋均可作用。

(2) 拓撲異構酶 II (topo II)：又稱旋軸酶(gyrase)。大腸桿菌 topo II 由兩個次單元 組成，一個次單元為 *nal* 基因產物，稱為 α 次單元，分子量為 105,000；另 一次單元為 *cou* 基因產物，稱為 β 次單元，分子量 95,000。全酶分子為四聚 體 $\alpha_2\beta_2$。這個酶既可使 DNA 雙股發生切口－連接反應（topo I 只能切開單 股），解除超螺旋，又可形成超螺旋。沒有 ATP 存在時，β 次單元可解除超 螺旋，使 DNA 變為鬆弛型。在有 ATP 分解提供能量時，α 次單元可使鬆弛 型的 DNA 形成負超螺旋。

　　例如，抗菌藥那利敵新錠(nalidixic acid)即是利用與α次單元結合來抑制細 菌 DNA 的複製；而新生黴素(novobiocin)則是利用與β次單元結合，從而抑制 DNA 高級結構的解除，使 DNA 不能正常複製。此外，拓撲異構酶還參與環狀 DNA 複製的終止步驟(termination)。

3. **單股結合蛋白**(single-strand binding protein, SSB)：是一種能與單股 DNA 相結合 的特異蛋白。當它與解開成單股的 DNA 股結合後，兩條 DNA 股就不能再形成 雙螺旋。此外，SSB 和 DNA 的結合還可防止核酸酶(nuclease)的降解作用。

四、引子與引子合成酶

　　現已發現的 DNA 聚合酶，都不能從頭催化 DNA 的合成，需要一個引子 (primer)，只能在引子的一端逐漸將去氧核苷酸加上以延長 DNA 股。多數 DNA 聚 合酶催化合成的引子為 RNA 片段，少數為 DNA 片段，也有以 tRNA 或蛋白質為 引子的。催化引子合成的酶稱為引子合成酶(primase)。由於引子不同，因而引子合 成酶也有多種，例如有的以 RNA 作為引子；有的利用宿主細胞的 RNA 聚合酶（噬

菌體 M$_{13}$）或 *dna* G 基因產物（噬菌體 G$_4$ 和 ϕx174）；有的則是自身某個基因產物作為引子合成酶（如噬菌體 T$_4$ 的基因 41 和基因 x，T$_7$ 的基因 4）。

　　DNA 的複製過程極其複雜且嚴謹，透過複製能準確地將遺傳訊息從親代傳到子代。這種複製的精確性有賴許多酶和蛋白因子的協同作用來完成（表 18-3）。

▶ 表 18-3　參與大腸桿複製的部分酶及蛋白因子（沈、王，1991）

酶和蛋白質	分子量	次單元數目	每個細胞中的分子數	功　能
DNA 聚合酶 I	109,000	1	400	修復，切除 RNA 引了，填補缺冂
DNA 聚合酶 II	120,000	1	100	修復
DNA 聚合酶 III	400,000	9	10~20	複製（起始、延長、終止、校正）
DNA 連接酶	74,000	1	300	連接切口
拓撲異構酶 I	110,000	1		解除負超螺旋
拓撲異構酶 II	400,000	4		形成負超螺旋
螺旋酶 I	180,000		600	參與接合(conjugation)時的複製
螺旋酶 II	75,000	1	6,000	結合 3′→5′ 模板股
螺旋酶 III	20,000		20	結合 3′→5′ 模板股
rep 蛋白	66,000	1	50	結合 5′→3′ 模板股
單股結合蛋白	74,000	4	300	穩定解開的 DNA 單股
引子合成酶	60,000	1	50	合成引子

18.2　DNA 的半保留複製

　　DNA 複製過程以 Watson 和 Crick 提出的**半保留複製**為大家所公認。DNA 複製時，兩條股拆開，分別以兩條單股為模板，各合成出一條互補的新股。每一條新股和一條舊股構成子代的雙股 DNA（圖 18-3）。兩個 DNA 分子分別進入兩個子細胞，後者擁有和原來母細胞相同的基本性狀。

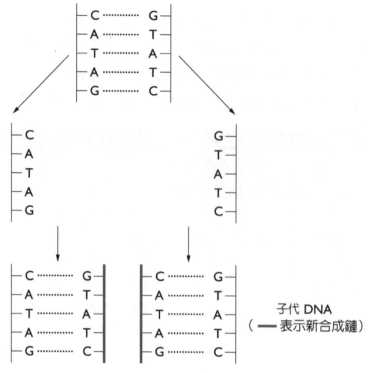

圖18-3　DNA 半保留複製示意圖

　　Meselson 和 Stahl 於 1958 年所做的一個實驗證實了 DNA 複製的半保留假說。他們用同位素標記大腸桿菌的 DNA，並用密度梯度離心法(density gradient centrifugation)，其步驟如下：

1. **培養**：將大腸桿菌(*E. coli*)培養在含 $^{15}NH_4Cl$ 的培養基中，繁殖 14 代後大腸桿菌的所有 DNA 之 N 都為 ^{15}N（重氮）。

2. **轉換培養基**：將上述培養好的細菌轉入到含 $^{14}NH_4Cl$（普通氯化銨）的培養基中繼續培養。在該實驗條件下，大腸桿菌每分裂一次（繁殖一代）的時間為 50 分鐘左右。在細菌剛轉入 $^{14}NH_4Cl$ 中時取樣作為 0 代，然後每隔 50 分鐘取樣，分別為 1、2、3、4 代。

3. **取樣離心**：將所取各代樣品用十二烷基硫酸鈉鹽(SDS)處理，使大腸桿菌的細胞壁破壞，DNA 釋出細胞，然後應用密度梯度離心，在 CsCl 的濃溶液中（DNA 密度為 1.71 g/cm^3）高速長時間離心（140,000 g，20 小時），由於含 ^{15}N 和 ^{14}N 的兩種 DNA 比重不同，因此，在 CsCl 梯度離心時，在離心管中所處的位置也不同。重的在離心管下面，輕的在上部。

4. **紫外光呈相**：用紫外光吸收照相法，可以顯示出各種成分在離心管內所占的位置。

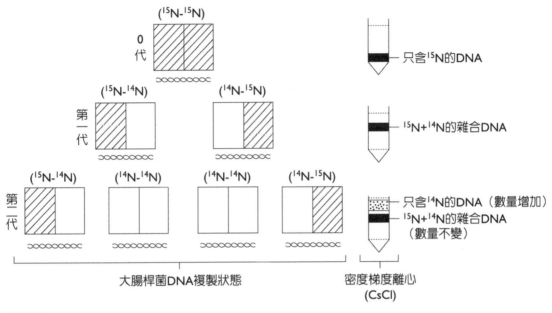

圖18-4 Meselson 實驗圖示

　　實驗結果可用圖 18-4 加以解釋。0 代的 DNA 離心後集中在比較重的一端，這相當於全部 DNA 為含 ^{15}N 重氮的 DNA。在 ^{14}N 中分裂一次後（第一代），離心所得到的比前一代略輕的一個區帶（在離心管中居略高的地位），這相當於「雜化」分子，因為有單股是新合成的而含有較輕的 ^{14}N。細菌分裂兩次後（第二代），就會出現兩種 DNA 分子，一種是由含 ^{14}N 新股複製的，只含 ^{14}N 的 DNA；另一種是由原來含 ^{15}N 的舊股複製的「雜化」分子，這兩種 DNA 分子離心後分成兩層，一層較重，位置與第一代相同，表示這層為含 $^{15}N-^{14}N$ 的「雜化」分子；另一層較輕，處於離心管較上部位，表示這層為 $^{14}N-^{14}N$ 的 DNA。

　　在以後幾代中，未標記的 DNA (^{14}N)越來越多，而標記的「雜化」分子的量保持不變。這個實驗證實了 DNA 是依據半保留（或半保守）方式進行複製的。

18.3 DNA 複製的起始點和方向

對於 DNA 複製是否由定點開始，可用大腸桿菌基因頻率分析(gene frequency analysis)來判斷。在細菌的一個生長族群中幾乎所有的染色體都在進行複製。假定每個染色體都在固定的起始點(i)開始複製，那麼大部分細菌將複製 i 附近的基因，而遠離 i 的基因將複製得少些。因此，任一時間停止 DNA 的合成，並檢查各個基因出現的頻率，離起始點 i 越近的基因出現頻率越高，離起始點 i 越遠的基因出現頻率越低；相反，若 DNA 合成是從任意點開始的，則各基因出現的頻率也大體一致。實驗結果證實大腸桿菌 DNA 複製是由固定位置（*ori* C 基因）開始的。

根據放射自動顯影技術(radioautography)證實了大腸桿菌 DNA 的雙向複製。利用大腸桿菌的一個溫度敏感突變株－胸腺嘧啶營養缺陷型(thy⁻)，它在 25°C 時複製是正常的，在 42°C 時複製中的 DNA 能繼續完成合成，直到終止，但不能開始新的複製，因而可以獲得所有的細胞都在同一時間開始複製，稱為同步生長(synchronous growth)。用 ^{3}H 標記的胸腺嘧啶核苷(deoxythymidine)作原料，首先在 25°C 低放射活性的溶液中培養一段時間，使所有 DNA 帶上放射標記；然後提高溫度達 42°C，仍在低放射性溶液中培養，此時所有 DNA 分子都能繼續合成，直到終止，形成大腸桿菌的同步生長；再降低溫度至 25°C，仍在低放射性溶液中培養，此時所有 DNA 分子都同步開始複製；經過一段時間後，再轉移到含高放射活性的溶液中繼續培養，並將溫度提高到 42°C；最後用乳膠片進行放射自動顯影。

若複製是單向的，則放射自動顯影圖上顯出的 DNA 銀粒子密度，應是一端低一端高，起始點(origin)和終止點(terminus)應該是鄰近的；若是雙向的，則應是中間密度低，兩端密度高，起始點和終止點應是分離的。實驗結果證實，大腸桿菌的 DNA 複製，是**定點**、**雙向**、**等速**進行的。

目前已知，包括真核細胞在內的大多數生物 DNA 的複製，都是定點、雙向、等速進行的。此外，也有大腸桿菌質體(plasmid) Col E1（產生大腸桿菌素 E1）的 DNA 複製是**單向**進行的。大腸桿菌的另一種質體 R₆K（具有抗α-胺基 青黴素和鏈黴素的質體，分子量 2.5×10^6）和真核細胞的粒線體 DNA 則是**不對稱**(asymmetric)複製，起始點和終點間的距離約為整個基因組長度的 20%。其複製過程是先從起始點開始按一個方向複製到終點，然後從同一起始點開始，按另一個方向進行複製，達到同一終點停止。

18.4 DNA 的半不連續複製

　　作為模板的 DNA 雙股，其方向相反，一條為 $3'\rightarrow5'$，另一條則為 $5'\rightarrow3'$。但至今發現的 DNA 聚合酶都只能從模板的 $3'$ 端向 $5'$ 端合成 DNA。日本名古屋大學的岡崎令治(Reiji Okazaki, 1968)等人為了研究這個問題，以噬菌體 T4 (phage T4) 感染的大腸桿菌作為實驗材料，在 DNA 合成時，用 ^{3}H 標記的胸腺核苷作為原料，在不同時間取出合成產品，測其離心後各部分的放射活性。實驗結果顯示：在短時間內（約 2 秒），放射性先存在於上清液 DNA 小片段中，有較長（30 秒以上）時間後下，標記則出現在大分子 DNA 中。因此，岡崎認為 DNA 複製是先合成一些小片段，而後再由 DNA 連接酶連接成大分子。人們就將這種小片段稱為**岡崎片段**(Okazaki fragment)。岡崎片段的長度一般為 1,000~2,000 個核苷酸，相當於一個基因的長度。在哺乳動物中，岡崎片段較短，只有 100~400 個核苷酸長度。

　　以 DNA $3'\rightarrow5'$股為模板，合成連續的新股，稱為**前導股**(leading strand)；另一條以 $5'\rightarrow3'$股為模板合成不連續的新股，稱為延遲股(lagging strand)。延遲股是先合成許多小段的岡崎片段，然後再進行連接（圖 18-5），因此 DNA 的合成稱為「半不連續複製」。

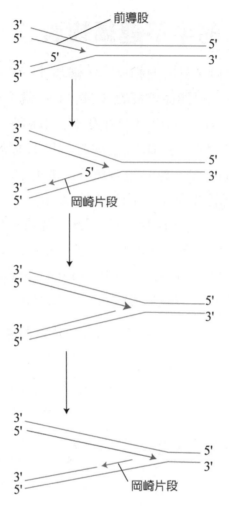

圖18-5 DNA 半不連續複製（閻、張，1993）

18.5 DNA 的複製過程

雖然病毒、細菌及真核細胞的 DNA 複製各有其特點，但仍然經歷一些共同的階段，現將 DNA 複製的一般過程介紹如下（圖 18-6）。

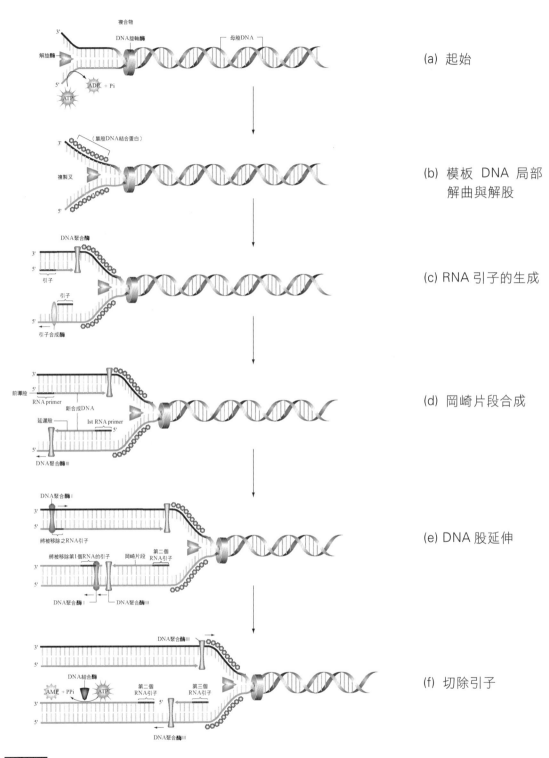

(a) 起始

(b) 模板 DNA 局部
解曲與解股

(c) RNA 引子的生成

(d) 岡崎片段合成

(e) DNA 股延伸

(f) 切除引子

圖18-6 DNA 的合成過程

(a)起始；(b)模板 DNA 局部解曲與解股；(c)RNA 引子的生成
(d)岡崎片段合成；(e)DNA 股延伸；(f)切除引子。

一、起　始

　　DNA 合成的起始包括對起始點的辨認，模板 DNA 超螺旋及雙螺旋的解除，以及引子的合成等幾個步驟（圖 18-6 a~c），這幾步統稱為引發(priming)。

(一) 大腸桿菌 DNA

　　大腸桿菌 DNA 複製的起始點稱為 *ori* C，為一含 245 個鹼基對的序列，它含有三個連續排列幾乎完全相同的 13 核苷酸：GATCTNTTNTTTT，每一段總是由 GATC 開始。這個序列在 *ori* C 中共出現 11 次。另外，*ori* C 上還有 4 個 *dna* A 蛋白結合部位。*dna* A 蛋白結合之 DNA 必須是負超螺旋。*dna* B 和 *dna* C 蛋白與 *dna* A 蛋白一起使 DNA 雙螺旋彎曲並打開。*dna* B 是解旋酶，它催化雙螺旋 DNA 解股，解開的單股再由單股結合蛋白(SSB)與之結合。

(二) λ噬菌體(Lambda Phage)

　　在 λ 噬菌體中，複製起始點也有四個重複序列，每一個含 18 核苷酸。首先是 4 個原點結合蛋白（origin binding protein, O 蛋白）二聚體結合於這四個重複序列處，DNA 圍繞 O 蛋白發生彎曲（圖 18-7），而後在 λ 噬菌體的 P 蛋白參與下，並借用宿主大腸桿菌的 Dna B 蛋白及引導體(primosome)中的一些蛋白質，使病毒原點處的 DNA 解旋。然後 Dna B 蛋白再借用宿主的 Dna J 和 Dna K 蛋白的作用與 P 蛋白分開，從而使起始點右側的 DNA 解旋，SSB 結合於單股上。

　　解旋後，首先是以親代 3′→5′ 為模板的前導股合成的起始，先合成 RNA 短股，這種短 RNA 股可直接作為引子（如質體 Col E），但更常見的是這些短 RNA 股還需經引導體處理後才作為引子，這稱為轉錄活化(transcriptional activation)。

　　引子的長度在不同生物有較大差異。細菌的引子為 50~100 個核苷酸，但一些質體 DNA 複製的引子可少到 2~4 個核苷酸。噬菌體的 RNA 引子有 20~30 個核苷酸。哺乳動物細胞的 RNA 引子都較短，約 10 個核苷酸。在 DNA 複製中，引子的長度常常不是恆定不變的。

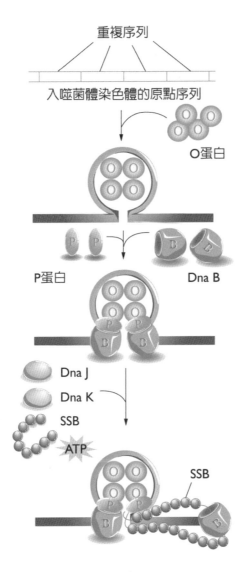

重複序列

入噬菌體染色體的原點序列

O蛋白

P蛋白　　　　　　　　　　Dna B

Dna J

Dna K

SSB

ATP

SSB

圖18-7　噬菌體λDNA 複製的起始（閻、張，1993）

二、新股延伸

在 RNA 引子上，按照模板 3′→5′股上的序列，在引子 3′-OH 端接上相應的核苷酸。新股的合成依據 5′→3′的方向進行，這個股稱為**先導股或前導股**(leading strand)。前導股一般是連續合成的。與前導股合成開始稍遲後，以另一股(5′→3′)作為模板，合成岡崎片段，每一條岡崎片段的 5′ 端帶一條 RNA 引子。這條股稱**延遲股**(lagging strand)（圖 18-6 d~e）。

　　這個股的延伸過程仍然是很複雜的，它需要包括 DNA 聚合酶 III 全酶（真核為α酶）在內的多種酶和蛋白因子的協同作用。這些酶和蛋白因子形成一個複合物，稱為**複製體**(replisome)。在解螺旋酶將雙股解開後，在單股與雙股的交界處稱為**複製叉**(replication fork)。在複製叉處結合著一個 DNA 聚合酶 III （二聚體形式）。但複製叉處兩條股的複製不是同步的，延遲股總是落後一步，那麼這個聚合酶 III 又是如何工作的呢？現在提出了一個 DNA 複製模型，當前導股上 DNA 開始合成和複製叉向前移動時，延遲股即向後回折成一個環，並與聚合酶的另一個活性中心按前導股結合（圖 18-8），當延遲股穿過全酶時，DNA 合成就從引子的 3′ 端開始並逐步延伸，直至抵達已合成的岡崎片段。這時環會鬆開；隨著前導股合成的繼續，複製叉向前移動，延遲股模板的環也不斷向前推進，不斷合成新的岡崎片段。

　　由這個模型可以看出，延遲股每一個岡崎片段的合成方向與前導股是相同的，而不是像原先認為的「倒退」著前進。

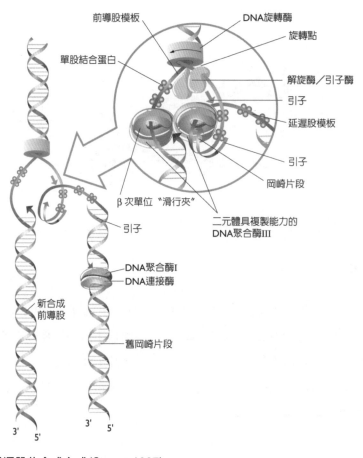

圖18-8 DNA 延遲股的合成方式(Stryer, 1987)

三、終　止

DNA 複製的終止(termination)包括引子 RNA 的切除，空缺部位的填補和最後由連接酶連接成一條完整的新股（圖 18-6 f）。

對於延遲股的合成，是在股的延伸過程中，前面已合成的岡崎片段 5′ 端的引子可被聚合酶 I 的外切活性除去，或被一種能特異切斷 RNA-DNA 雜合分子的 RNase 切去。切去引子後的缺口，再由聚合酶 I 按 5′→3′ 聚合彌補，最後的切口由連接酶連接。前導股 5′ 端的引子切去後，所產生的缺口聚合酶 I 不能彌補，這一段如何補全，使其與模板等長呢？一些研究病毒 DNA 複製的結果為解決這一問題提供了線索。

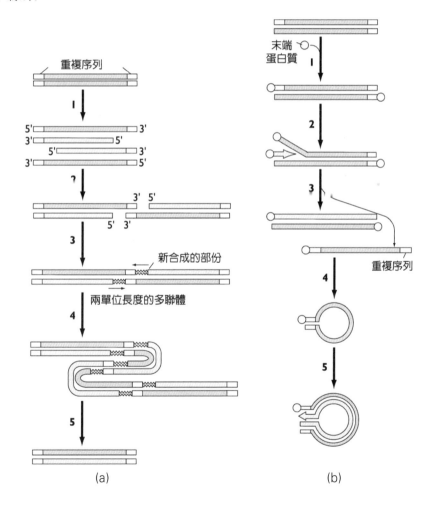

(a)　　　　　　　　　　　　(b)

圖18-9　T₄和 φ29的 DNA 複製（閻、張，1993）

(a)T₄ DNA 複製；(b) φ 29 DNA 複製

　　一些線性 DNA 噬菌體，像 T_4 和 T_7，它們的 DNA 股末端具有互補性，複製產生的不完整 DNA 分子可以透過其末端鹼基序列的互補而結合。這種末端的結合為聚合酶 I 的作用提供了所需的 3′ 端，結果缺口被填滿，並由 DNA 連接酶連接而生成二聚體。這一過程可重複進行，直到形成原長 20 多倍的多聚體。最後，多聚體經病毒 DNA 編碼的核酸酶的特異性切割而形成單位長度的 DNA 分子（圖 18-9(a)）。

　　從圖 18-9 來看，DNA 合成時在模板上沒有特定序列的終止信號(termination signal)或特殊蛋白因子來決定合成終止。如 λ 噬菌體和大腸桿菌，合成終止點距起始點大約 180°。如果切去 DNA 中一段無關緊要的段落，或加入一段 DNA，從而改變起始點和終點的相對距離後，合成終止仍是距起始點 180°處（但不是原來的位置）。

　　對於雙向、對稱複製的環狀 DNA，其終點一般距起始點 180° 左右。雙向、不對稱複製的 DNA，其終點比較固定，可能具有特定的信號。原核 DNA 一般只有一個起始點、一個終點；真核 DNA 則有多個起始點和終點，可同時複製。

18.6　DNA 輻射損傷及修復

一、DNA 輻射損傷

　　在較強劑量的紫外線(ultraviolet radiation, UV)或離子輻射(ionizing radiation)照射下，DNA 結構會遭到部分破壞，這稱為 DNA 的輻射損傷。對於一定程度的輻射損傷生物體具備固定的消除損傷機制，即修復作用(repair)。DNA 的修復作用，不僅對消除輻射損傷具有意義，而且在正常生物體代謝中也具有積極的意義。

　　在一定劑量的紫外線照射下，由於鹼基對紫外線有較強的吸收，可使 DNA 同一股上相鄰的兩個嘧啶鹼基之間以 C-C 鍵連接形成共價鍵(covalent bond)，這樣兩個嘧啶連在一起，形成含有環丁烷(cyclobutane)的**嘧啶二聚體**(pyrimidine dimer)。如下所示：

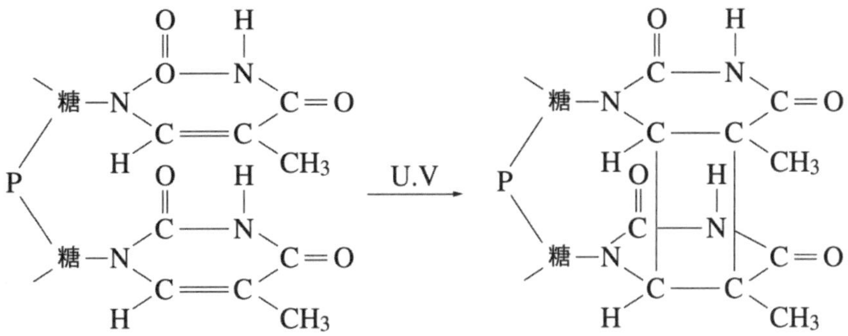

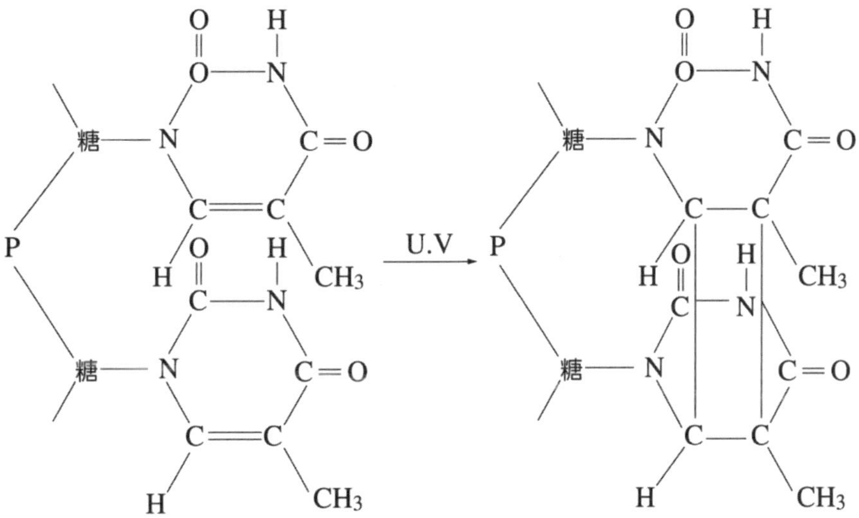

　　二聚體的形成影響了 DNA 的複製和轉錄（這也是紫外線殺菌的主要原理）。在 DNA 所含的兩種嘧啶中，胸腺嘧啶二聚體(T͡T)形成的機會最多。有人用紫外線處理大腸桿菌，其二聚體形成的相對量為：T͡T 占 50%、CT 40%、CC 10%；而且紫外線劑量越大，所形成的 T͡T 量就越多。由此可見，細菌 DNA 中的胸腺嘧啶越多（以及在排列序列上每兩兩相鄰的機會越多）該菌體對紫外線的作用就越敏感。

二、修　復

　　紫外線照射所引起的 DNA 損傷，可透過幾種不同方式修復(repair)。其方式是將二聚體拆開，或去掉，或保留；如果保留，則透過多次複製而降低其作用。但 DNA 的損傷主要還是靠拆開二聚體或切除二聚體來進行修復，通過酶切或重組(recombination)而實現。

(一) 光復活作用(Photoreactivation)

受紫外線照射損傷的微生物經強烈的可見光（400~500 nm 效果最好）照射後會有很大比例的損傷細胞得到恢復，這個過程稱為光復活作用。光復活是在一種**光復活酶** photoreactivating enzyme)的作用下完成的。其作用機制如（圖 18-10）所示。

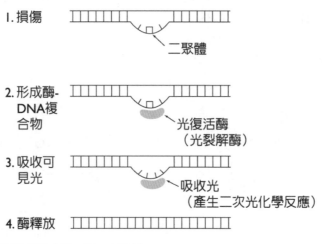

1. 損傷
   二聚體

2. 形成酶-DNA複合物
   光復活酶（光裂解酶）

3. 吸收可見光
   吸收光（產生二次光化學反應）

4. 酶釋放

圖18-10 光復活作用模式圖（沈、王，1991）

光復活酶在暗處即能識別損傷部位，並與損傷部位結合形成酶-DNA 複合物。當有可見光照射時，可見光使光復活酶活化，活化後的酶將二聚體切割開，然後酶從複合物中釋放出來，DNA 損傷部位得以修復。

光復活酶實際上是一個光裂解酶(photolyase)，它是與二聚體結合後發生二次光化學反應(secondary photochemical reaction)，利用光能將環丁烷裂解，恢復成兩個單獨的嘧啶鹼基。光復活酶已在許多生物（包括低等生物和高等生物）中被發現，但人和哺乳動物，以及某些轉型細菌(transformation bacteria)不具備這種酶。

(二) 暗復活作用(Dark Reactivation)

細胞經紫外線照射後，若不給予光照，而只是在緩衝液中保持一段時間，存活率也可提高。這種沒有光作用的 DNA 修復就稱為 DNA 損傷的**暗復活作用**。因為這類修復基本上都是將 DNA 損傷部位先切除掉，再進行修復，所以又稱為**切除修復**(excision repair)。這種修復作用的遺傳訊息來自 DNA 雙股中損傷股的互補股。修復過程大體包括下列幾個步驟（圖 18-11）：

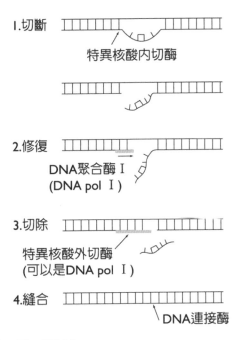

圖18-11 切除修復模式圖（沈、王，1991）

1. **切斷**：**特異核酸內切酶**(characteristic endonuclease)識別二聚體的部位後，在二聚體 5′ 端鄰近處切開一個切口，此切口的一端（不含二聚體的一端）為 3′-OH，另一端（含有二聚體的一端）為 5′-P。

2. **修復**：DNA 聚合酶 I (DNA pol I)以未損傷股為模板，以四種去氧核苷三磷酸為受質，從損傷股缺口的 3′-OH 端開始，依 5′→3′ 的方向進行核苷酸股的再合成。

3. **切除**：**特異核酸外切酶**(characteristic exonuclease)將含有二聚體的損傷片段切除。由於 DNA pol I 具有 5′→3′ 外切酶活性，因此這步驟也可能由此酶催化。

4. **縫合**：由 DNA 連接酶(DNA ligase)將修補過的核苷酸股的 3′-OH 與原股的 5′-P 間之磷酯鍵連接起來，成為完好的股。

　　現已在大腸桿菌中發現的紫外損傷特異內切酶稱為 Uvr ABC 酶，由 Uvr A、Uvr B、Uvr C 三個次單元構成，其中 Uvr A 具有 ATP 酶的活性，Uvr A 加上 Uvr B 在體外條件下就有活性，但要達到最大活性 Uvr C 是不可缺少的。這三個次單元分別由三個基因編碼，這三個基因中任何一個基因發生突變都會增加細菌對紫外線的敏感性。Uvr ABC 酶的作用方式，是將受傷部位的兩端切斷，游離出含有二聚體的共 12 個鹼基的寡核苷酸，留下的這 12 個鹼基的缺口由 DNA pol I 填滿，最後由 DNA 連接酶封閉。

　　DNA 的修復作用不僅可以消除輻射損傷，而且在正常生命活動中也是必需的。人類的**著色性轉皮病**(xeroderma pigmentosum)就因患者皮膚細胞中缺乏紫外特異內切酶。受紫外線照射後，損傷 DNA 不能修復，容易導致皮膚癌。

(三) 重組修復(Recombination Repair)

　　含有嘧啶二聚體或其他結構損傷的 DNA 仍可進行複製，但在子代 DNA 股與損傷相對應部位出現缺口(損傷部位不能做模板)。通過分子間重組(recombination)，從完整的母體股上將相應的鹼基序列片段移至子代的缺口處，然後用再合成的多核苷酸股來補上母股的空缺，如圖 18-12 所示。圖中 "X" 表示 DNA 股受損傷的部位，虛線表示通過複製新合成的 DNA 股，鋸齒線表示重組後缺口處再合成的 DNA 股。

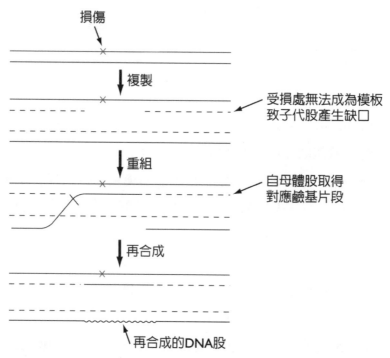

圖18-12 DNA 損傷的重組修復（李，1990）

×代表 DNA 股受損傷的部位；... 表示經由複製新合成的 DNA 股；

⌇ 表示重組後缺口處再合成的 DNA 股。

 專欄 **BOX**

18.1 用人工合成的引子「釣」目標基因

　　Smith 發明了一種方法，用人工合成的寡核苷酸（通常含 10~15 個核苷酸）作為引子 (primer)，加入純化並經變性的 DNA 溶液，在有 DNA 聚合酶(DNA polymerase)等因素存在下保溫。如果合成的人工引子與 DNA 中某一片段互補，就可以進行體外的 DNA 合成，新合成的 DNA 長度可人為控制。

　　用此技術可以「釣」出所需要的基因，包括正常基因(normal gene)、被改造基因(altered gene)、突變基因(mutation gene)、癌基因(oncogene)和原癌基因(proto-oncogene)等，因此，此方法有著廣泛的用途，可用於基因的定點突變(site-directed mutagenesis)、基因篩選(gene sift)、基因選殖(gene cloning)等基因操作。

摘要

1. DNA 是絕大多數生物的遺傳訊息載體，DNA 的合成，就是將母代（親代）的遺傳訊息準確無誤地傳遞給子代，即將親代 DNA 翻版，所以稱為 DNA 複製 (replication)。這個過程發生在細胞分裂前的 S 期；是一個非常複雜、精確、嚴謹的過程，由許多特異酶和蛋白因子的參與及嚴密的調控機制來保證。直到現在，這種機制的一些細節仍然不很清楚。

2. 參與 DNA 複製相關的酶及蛋白因子十分複雜，主要的有 DNA 聚合酶、DNA 連接酶、修復酶、負責合成引子的引子合成酶、解除高級結構的解螺旋酶、拓撲異構酶，以及單股結合蛋白、引導體蛋白等，這些酶和蛋白因子各司其職，但又十分協調地作用，完成 DNA 的精確複製。

3. DNA 複製有固定的起始點，多數按照定點、雙向、等速的方式進行複製，少數具有單向或雙向的不對稱複製。複製按照半保留、半不連續的模式進行。一般有固定的終止位點。

4. 原核細胞 DNA 複製中有多種不同的機制，大腸桿菌和λ噬菌體按 θ 方式複製，φx174 DNA 按環狀模式複製。單股病毒 DNA 複製都要經歷一個雙股(RF)過程，其複製主要在這個階段進行。原核 DNA 只有一個複製子(replicon)，真核 DNA 有許多複製子，可同時進行複製。真核 DNA 複製後還要與組織蛋白裝配成染色質單體，進一步形成染色體，再進入細胞分裂時期。

5. DNA 在複製、重組過程或在紫外線等外界因素影響下會發生錯誤或損傷，細胞內有一套糾正這種錯誤或修復損傷的機制，這些機制主要是透過不同專一性酶的作用來實現的。因此，對這些酶的結構與功能的了解是闡明這些機制必不可少的措施。

PRINCIPLES OF
BIOCHEMISTRY

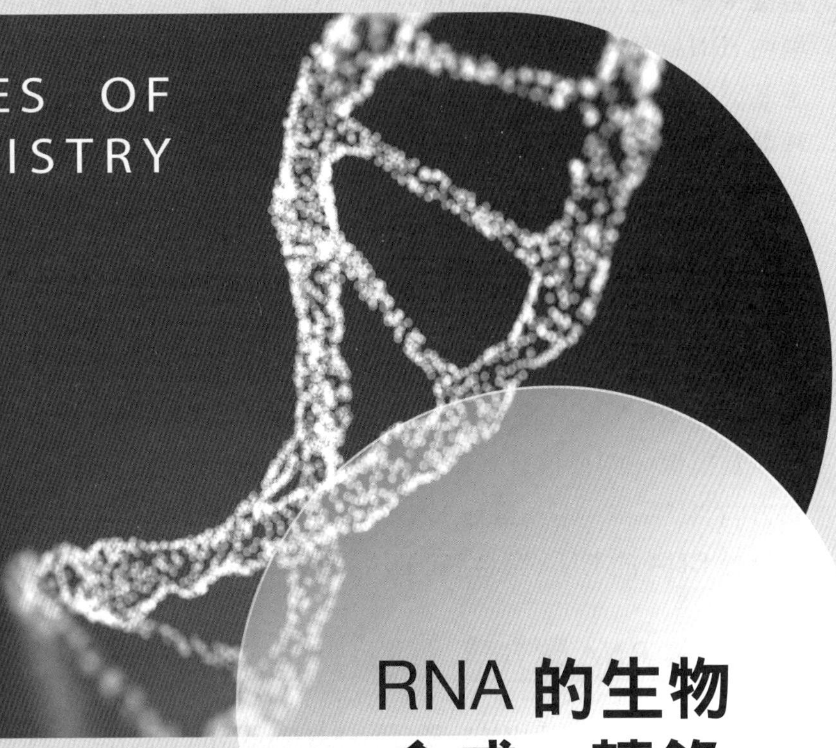

RNA 的生物
合成—轉錄

R NA 在蛋白質合成中扮演不可或缺的角色。tRNA 將一個胺基酸搬運到核糖
體(ribosome)進行多胜肽合成，蛋白質的結構是由基因決定的，而在蛋白質
合成中並不是以基因(DNA)直接作為模板，而是要透過 mRNA 進行轉換，核糖體
則由 rRNA 與蛋白質所構成。RNA 的結構都是由相對應的基因決定的，以 DNA（相
應基因）作為模板，來合成 RNA 的過程，稱之為轉錄(transcription)。這也是由多
種酶及蛋白因子所參與的複雜反應過程。

19.1 RNA 聚合酶

RNA 聚合酶存在於所有細胞中，它是一個多次單元的寡聚酶，原核細胞和真
核細胞的 RNA 聚合酶具有不同的結構，但它們所催化的反應相同：均以 DNA 單
股作為模板，四種核苷三磷酸(NTP)為受質，催化合成與模板互補的 RNA 股，合
成方向為 5′→3′。因為這種 RNA 合成是在 DNA 指導下進行的，因此這個酶又稱為
依賴於 DNA 的 RNA 聚合酶(DNA dependent RNA polymerase, DDRP)。

一、細菌 RNA 聚合酶

大腸桿菌(*E. coli*)RNA 聚合酶(RNA polymerase)是一個多次單元酶，全酶由五
個次單元組成：兩個α次單元，一個β次單元，一個β′次單元和一個σ (sigma)因子。
全酶的沉降係數(sedimentation coefficient)為 15S，分子量 460,000。各次單元的分
子量分別為：$\alpha = 37,000$，$\beta = 150,000$，$\beta' = 160,000$，$\sigma = 7,000$。

次單元的結合為$\alpha_2\beta\beta'$時，稱為**核心酶**(core enzyme)，具有催化活性，但不能
從特定的部位開始合成。核心酶與σ因子（或稱次單元）結合後即構成**全酶**(hole
enzyme)。核心酶與σ結合時，常常還有一個ω股（分子量 9,000）參與。所以，全酶的
次單元組成為$\alpha_2\beta\beta'\sigma\omega$。這是催化 RNA 合成酶的完整形式。

在 RNA 聚合酶中各個次單元的功能有一定分工：α次單元決定酶與模板的結
合（但不能單獨與 DNA 結合），與酶對模板鹼基的識別、酶沿模板滑動等有關；
β次單元上存在酶的催化中心，與σ因子的結合相關，另外，β次單元也是抗生素
Rifampicin 一類藥物的結合部位；β′ 次單元參與酶和受質的結合，並促進σ因子同
核心酶結合。此外，β′次單元還結合有兩個酶所必需的 Zn 原子；σ因子本身沒有
催化活性，它也不能單獨與模板 DNA 結合，它的作用是識別 DNA 模板上 RNA 合

成的起始信號，並參與模板 DNA 的解螺旋，所以它在 RNA 合成上具發動作用。RNA 開始合成時必須有σ參與，一旦開始 RNA 股的延伸時，σ因子便釋放出來。

原核生物 RNA 聚合酶可以催化各種 RNA 的合成。在大腸桿菌中還發現另外兩種 RNA 聚合酶，分別稱為酶 I 和酶 II，其功能尚不清楚。

二、真核細胞 RNA 聚合酶

真核細胞(eukaryotic cells)有幾種不同的 RNA 聚合酶。根據其對特異抑制劑─鵝膏蕈鹼(amanitin)的敏感程度分為 A 酶、B 酶、C 酶。A 類型聚合酶（或酶 I）對 10^{-3}M 以上濃度的鵝膏蕈鹼才被抑制，即不敏感；B 類型聚合酶（或酶 II）可被較低濃度(10^{-9}~10^{-10}M)鵝膏蕈鹼所抑制；C 類型聚合酶（或酶 III）可被比較高的鵝膏蕈鹼濃度(10^{-5}~10^{-4}M)所抑制。A 酶位於核仁(nucleolus)中，轉錄 rRNA 基因；B 酶位於核質(nucleoplasm)中，負責異質核 RNA（heterogeous nuclear RNA，即 hnRNA）的合成，C 酶可能起源於核質，負責 tRNA 和 5S RNA 等小分子 RNA 的合成（表 19-1）。

▶ 表 19-1　真核生物 RNA 聚合酶

類型	別　名	存在部位	合成的 RNA	α−鵝膏蕈鹼抑制程度
I（A 酶）	rRNA 聚合酶	核仁	rRNA	＞10^{-3}M（不敏感）
II（B 酶）	異質 RNA 聚合酶	核質	hnRNA (mRNA)	10^{-9}~10^{-10}M（最敏感）
III（C 酶）	小分子 RNA 聚合酶	核質	tRNA，5S RNA	10^{-5}~10^{-4}M（較敏感）
粒線體酶	粒線體 RNA 聚合酶	粒線體	粒線體 RNA	不敏感
葉綠體酶	葉綠體 RNA 聚合酶	葉綠體	葉綠體 RNA	不敏感

真核生物 RNA 聚合酶的次單元組成相當複雜，有兩個大次單元，4~8 個小次單元。幾種類型的 RNA 聚合酶（A、B、C 酶）分子量相差不大，都在 50 萬左右，都含有 Zn^{2+}。在催化 RNA 合成中，真核 RNA 聚合酶與原核 RNA 聚合酶一樣，需要 DNA 模板、四種核苷三磷酸和二價陽離子（Mg^{2+} 或 Mn^{2+}）。

此外，粒線體和葉綠體有獨立的 RNA 聚合酶，其結構比核 RNA 聚合酶簡單，能催化所有類型 RNA 的合成。

三、RNA 合成的抑制劑

在分子生物學中研究 RNA 的合成或基因的活性，常用一些抑制劑作為工具。這些抑制劑依據其作用機制可分為兩類：一類是與 DNA 模板作用、改變模板功能的抑制劑，另一種是與 RNA 聚合酶作用的抑制劑。

1. **放線菌素 D** (actinomycin D)：是作用於 DNA 的抑制劑。它可與雙股 DNA 結合，因此它既可抑制轉錄(transcription)，也可抑制 DNA 複製(replication)，但一般在低濃度時只抑制轉錄，而不抑制 DNA 複製。單股 DNA 或 RNA、雙股 RNA 以及 DNA-RNA 這類雜化分子它都不能作用。放線菌素 D 能特異地插入雙股 DNA 中兩個 dG-dC 對之間，以氫鍵與 dG 結合，雙螺旋因而不易解開作為模板。放線菌素 D 的結構見（圖 19-1）。

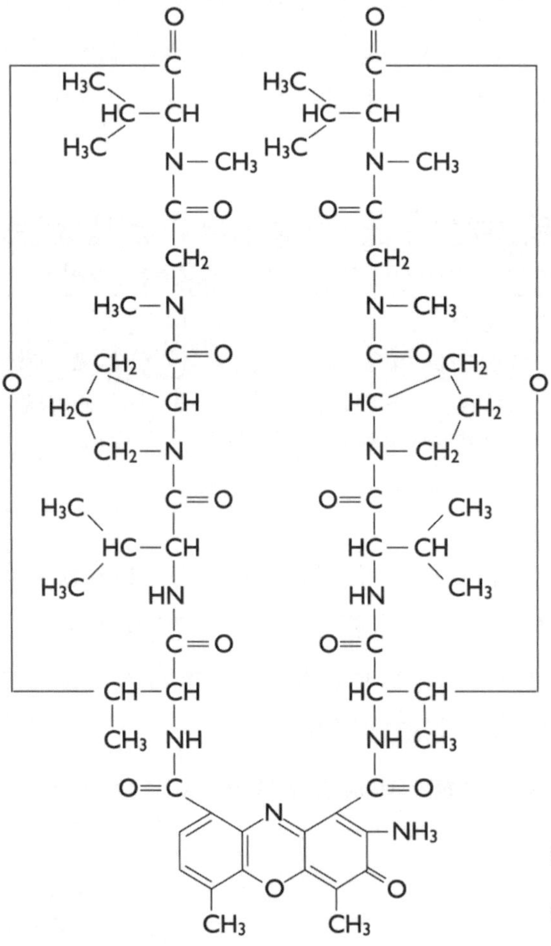

放線菌素 D

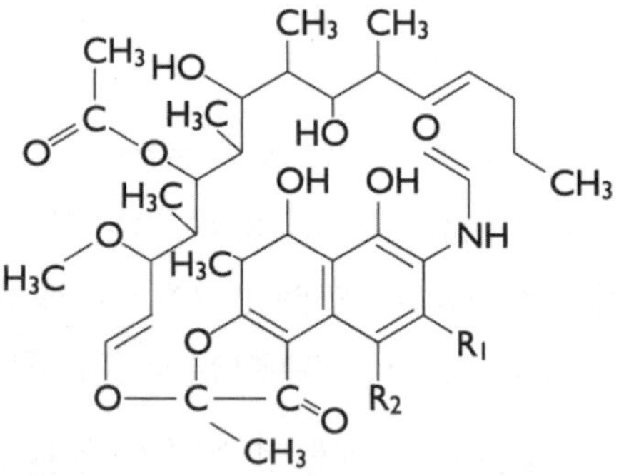

利福黴素 B (R_1＝H；R_2＝－O－CH_2－$COOH_2$)

利福平 (R_1＝CH＝N^+＝N－CH_3；R_2＝OH)

利福黴素

圖19-1 放線菌素 D 及利福黴素的結構

2. **利福平**(rifampicin)：是利福黴素(Rifamycin)的一個半合成衍生物（圖 19-1），與細菌 RNA 聚合酶的β次單元結合後，阻止σ因子與核心酶結合，因此，利福平主要是抑制轉錄的起始，而不抑制股的延長。真核 RNA 聚合酶不受利福平的抑制。

3. **α-鵝膏蕈鹼**(α-aminitin)：是從一種毒蕈鬼筆鵝膏(*Amanita Phalloides*)中分離出來的胜肽化合物。它抑制動物細胞的 RNA 聚合酶，主要抑制 B 型聚合酶和抑制 RNA 股的延長，對 RNA 合成的起始過程沒有作用。α-鵝膏蕈鹼的化學結構見（圖 19-2）。

　　除α-鵝膏蕈鹼和利福平外，作用於 RNA 聚合酶而抑制 RNA 合成的抑制劑還有曲張鏈絲菌素(streptovaricin)和鏈黴溶菌素(streptolydigin)等。

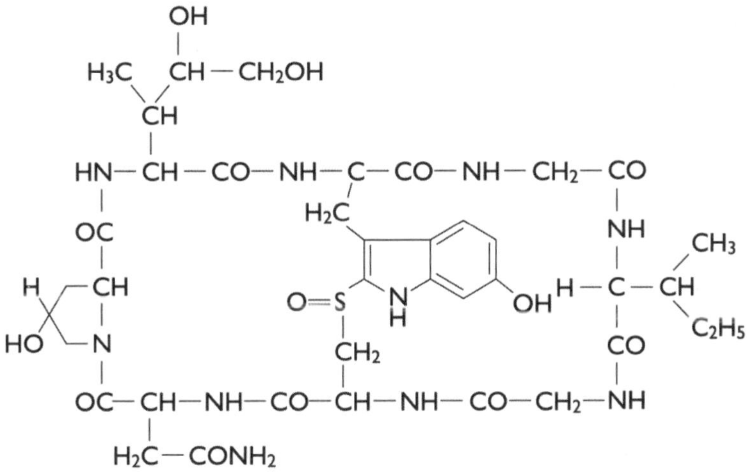

圖19-2 α-鵝膏蕈鹼結構

19.2 RNA 的轉錄機制

　　RNA 的合成過程與 DNA 複製一樣，仍可分為起始、延長和終止三個階段，但 RNA 合成的起始和終止似乎比 DNA 的複製更為嚴格。

一、RNA 合成（轉錄）的起始

(一) 啟動子

RNA 聚合酶首先與 DNA 模板上特異部位結合，DNA 上這個與轉錄起始有關的部位稱為啟動子(promoter)，它具有特殊的結構。

1. **結構**：通常應用足跡法(footprint)研究啟動子的結構。即用 RNA 聚合酶與雙股 DNA 結合，而後用去氧核糖核酸酶(DNase)水解，就可得到被 RNA 聚合酶蛋白保護的片段，再用清潔劑(detergent)除去酶蛋白，測定這個片段的序列，即可知道啟動子的結構。

應用這個方法，Pribnow (1975)測定了不同來源 DNA 的啟動子，發現在啟動子中存在 7 個鹼基的同源區，即 TATAATG，富含 A-T 對；不同啟動子這個序列雖有變化，但 AT 含量不變。這個區域能與 RNA 聚合酶牢固地結合，目前將這個區域稱為 **Pribnow 盒**(Pribnow box)，其中心位於轉錄起始點前大約 10 個 bp 位置，記為–10（通常以轉錄起始點為標準，記為＋1，起始點後轉錄 RNA 相對應的 DNA 序列稱為下游(down stream)，用「＋」表示；相反，起始點前稱為上游(up stream)，鹼基數目從起始點前第一個鹼基算起，記為–1，上游用「－」表示），此外，在上游–35 處還有一個 RNA 聚合酶結合區，也有一個同源序列 TTGACA，這是 RNA 聚合酶識別並首先結合的部位。

由此看來，啟動子是由三部分組成的：第一個部位稱為**開始識別部位**，這是 RNA 聚合酶的識別信號，位置在–35bp 附近；第二個部位稱為**牢固結合部位**，這是酶的緊密結合點，位於–10 處；第三個為轉錄的**起始點**，位於＋1 處。RNA 聚合酶首先與–35 處結合（比較疏鬆），此時 DNA 並未解股，酶與啟動子結合形成封閉複合物(seal complex)。然後酶迅速滑向–10 處，並牢固地與 DNA 結合，同時 RNA 聚合酶使 DNA 解股（此區因含 A-T 多，比較容易解開雙螺旋），此時酶與啟動子結合形成開放複合物(open complex)。此時，即可從起始點上開始轉錄（圖 19-3）。RNA 聚合酶覆蓋 DNA 上 50~60 bp，約有 12~17 bp 發生解股。

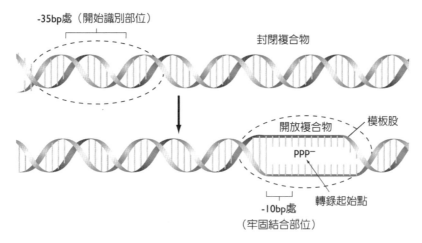

圖19-3 RNA 聚合酶與啟動子形成複合物（閻、張，1993）

2. **σ 因子**：不同基因的轉錄由不同 σ 因子啟動，因此 σ 因子成為各個基因活化的一個調節因素。不同 σ 因子的啟動效率和速度不一樣，有的是 10 分鐘或十多分鐘啟動一次，有的僅 1~2 秒即啟動一次。而且各種啟動子的使用頻率也不一樣。σ因子的質量為 70,000，一般稱為 σ^{70}。另有一種 σ^{32} 因子，啟動一種稱為熱休克蛋白(heat-shock protein)基因，這個基因的啟動子與一般基因啟動子在 −10 和 −35區的結構都有所不同，是細菌在溫度升高時，產生一系列保護性蛋白的機制。

　　幾乎在所有的情況下，轉錄產物 RNA 5′ 端第一個加入的核苷三磷酸都是嘌呤，多數時大腸桿菌 RNA 是 pppG，而 ϕx174、T_7 和 fd 這些噬菌體 DNA 做模板合成 RNA 時為 pppA。

(二) 參與 RNA 合成的聚合酶

　　真核 RNA 合成中有三種 RNA 聚合酶，每種酶識別自身的啟動子：

1. **RNA 聚合酶 I**：真核細胞轉錄 rRNA 的 A 酶所識別的啟動子分為兩個部分：−40~＋5 稱為**近端啟動子**(near promoter)，其功能為決定轉錄起始的精確位置；−165~−40 稱為**遠端啟動子**(far promoter)，其功能是影響轉錄的頻率。A 酶具有種屬特異性，各種生物都有特定的轉錄因子與 RNA 聚合酶 I（A 酶）結合，從而形成轉錄起始複合物。

2. **RNA 聚合酶 II**：是合成 mRNA 的酶（即 B 酶），它的啟動子更為複雜，是多部位結構，主要有四個部位，依序為：

(1) **帽子位點**(cap site)：就是轉錄的起始點。其鹼基大多為 A（指非模板股）。

(2) **TATA 盒**：共同的序列也是富含 A-T 的七個核苷酸。真核生物的 TATA 盒與原核生物的−10 序列(TATAAT)極為相似，不過距起始部位較遠（−25 處）。

(3) **CAAT 盒**(CAAT box)：其共同序列為 $GG{^C_T}CAATCT$，位於 −60~−100 附近。

(4) **增強子或促進子**(enhancer)，它的功能是可促進啟動子的活性。增強子一般距離起始點較遠，在 −100 甚至上千個鹼基。SV_{40} 病毒(simian virus 40)的增強子是一個 72 bp 的重複序列，將它放在 5.2 kb 的環狀病毒基因組中任何地方都有活性。對依賴於 TATA 盒的轉錄和不依賴於 TATA 盒的轉錄都有促進作用，但對前者的促進作用較強。增強子具有細胞特異性，一特定的增強子只在某些細胞中才有作用，如免疫球蛋白(immunoglobulin)的增強子只能在 B 淋巴細胞(B lymphocyte)中起作用，在其他細胞中並不能增強啟動子的活性。

3. **RNA 聚合酶 III**：又稱 C 酶，其啟動子與前述兩種啟動子均不同，它位於起始點的下游，故稱為下游啟動子(lower promoter)或內部啟動子(internal promoter)。例如：在非洲爪蟾(*Xenopus laevis*)的 5S RNA 基因中，這個啟動子位於 ＋50~＋83。RNA 聚合酶 III 在轉錄 tRNA 基因時，也是內部啟動子，但與 5S RNA 基因不同的是，tRNA 基因的內部啟動子是由兩個不連續的部分構成的，分別稱為 A 區和 B 區。聚合酶 III 對啟動子的識別還有一些特異轉錄因子(specific transcription factor)參與。

二、股的延長

由聚合酶催化的 RNA 合成一當啟動，RNA 股即可按模板 DNA 股相對應的鹼基序列增長。這個反應以三磷酸核苷(NTP)為受質，在 RNA 股的 3′-OH 末端逐漸接上一磷酸核苷，並釋放出焦磷酸。當轉錄啟動合成約 4~8 碼核苷酸後，此時全酶構型發生變化，σ因子從全酶上解離下來，可再與另一個核心酶結合而引發新的合成。全酶釋放σ因子後變為核心酶，此時核心酶會與輔助延伸蛋白 Nus A 結合而得核心酶 Nus A 複合體，此複合體與模板 DNA 的結合變得不那麼緊密，便於沿模板滑動。又當此複合體前進時，DNA 被 RNA 聚合酶解股(melting)然後又結合成雙螺旋（圖 19-4）。在解股區內是形成 RNA-DNA 的雜交股，其長度約為 4~8 個核苷酸。當 RNA 離開模板，DNA 便經由旋轉（圖中箭頭表示旋轉方向），重新形成雙螺旋。Nus A 蛋白與核心酶結合並不牢固，但對於股的延伸和終止會產生一定影響。雖然 Nus A 蛋白的具體功能尚未確定，但它對轉錄的速度和終止的作用是確定的，可能在調節因子之間具有仲介的作用。

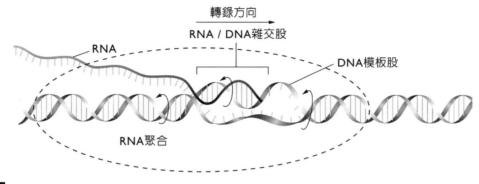

圖19-4 RNA 股延伸複合物（閻、張，1993）

RNA 聚合酶覆蓋了大約 60 個核苷酸的區域，但實際上結合的鹼基大約 30 個。DNA 的解股部分要比 RNA-DNA 雜合物的長度長，大約為 13 個鹼基的範圍。

大腸桿菌 RNA 合成的速度大約每秒 25~30 個核苷酸，真核細胞大約 30~50 個核苷酸，但股的延長並非恆定速度進行，有時會降低速度，其機制並不清楚。

RNA 股合成的方向是 5′→3′（模板 3′→5′），這可用 3′-去氧腺苷-5-三磷酸摻入 RNA 股使合成終止而得以證實。

三、合成（轉錄）終止

在體外實驗中發現，有的 RNA 合成終止需要特異蛋白因子，有的則不需要，乃是由 DNA 特定序列決定。

(一) 終止子

用噬菌體 fd、Φ80、T_7 和 T_4 的 DNA 做模板進行 RNA 合成時，當 RNA 聚合酶移動到模板 DNA 特定的核苷酸序列時合成即告終上，不需要任何蛋白因子，這種 DNA 上存在特別的終止信號，被稱為**終止子**(terminator)。終止子的共同特點是在其前面有一個富含 GC 的區域，之後又有一個富含 AT 序列緊跟隨。

在已研究過的一些 RNA 合成終止區結構，其產物 RNA 3′-末端常有一個 polyU，它之前為一個富含 GC 的區域。如：

噬菌體λ4S"oop"RNA 為：5′⋯GGGCGUUUUUUAA$_{OH}$ 3′

大腸桿菌 trp Leader RNA 為：5′⋯GCGGGCUUUUUUUU$_{OH}$ 3′

　　噬菌體 T_7 有兩種品系，若 T_7L 有終止信號，合成的 RNA 分子量為 2.2×10^6；若 T_7M 沒有終止信號，可將整個模板股轉錄完。由終止子終止的合成，新生的 RNA 股則無需蛋白因子即可釋放。

(二) 終止因子

　　在大腸桿菌 RNA 合成的終止結束於 DNA 分子中特殊鹼基序列上，此序列稱為終止子(terminators)。部份終止子序列可讓核心酶 Nus A 複合體自發性終止轉錄，這類型終止子稱為內在終止子(intrinsic terminators)；另外，部分終止子需要一種稱為 ρ 因子(rho factor)的蛋白質參與，此類終止子稱為 Rho 依賴性**終止子**(rho-dependent terminators)。ρ 因子(rho factor)分子量約為 55,000 Da，在體內起終止作用的是四聚體，分子量 200,000 Da。ρ 因子具有兩種功能：終止 RNA 合成和使新生 RNA 釋放（圖 19-5）。

　　ρ 因子結合於 RNA 上，在 RNA 聚合酶滑向終止位點時，ρ 因子也移到終止位點，與 RNA 聚合酶、DNA 形成複合物，從而使 RNA 合成停止。DNA 上能與 ρ 蛋白結合的位點稱為 ρ 位點(rho site)。ρ 因子使新生 RNA 股釋放出來。這個過程所需能量來自 ATP 的分解，因為 ρ 因子還具有 ATP 酶(ATPase)活性。

(三) 轉錄終止結構

　　對以上兩種終止機制中的終止區域 DNA 結構的鹼基序列進行分析，發現大多在接近終點的部分有一個**二元旋轉對稱結構**(binary rotational symmetrical structure)或稱**迴文結構**(palindromic structure)，即鹼基具有旋轉對稱性排列。這種結構容易形成具有二級結構形式的 Gierer 結構（圖 19-6）。圖 19-6(a)為具有迴文結構的一段序列，由於它的旋轉對稱性，比較容易形成圖中(b)的十字形結構，此即 Gierer 結構。

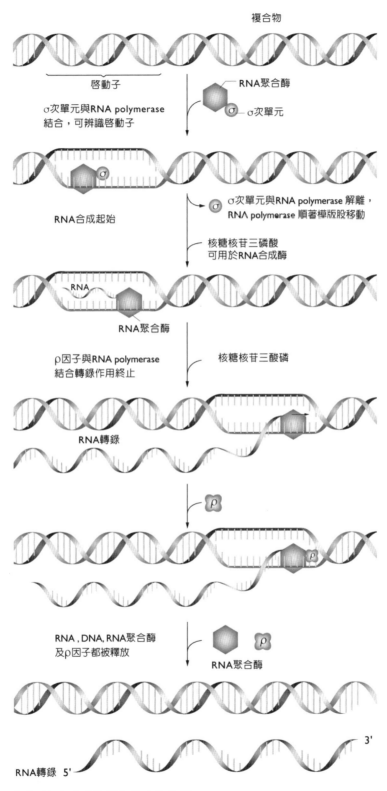

複合物

啟動子

σ次單元與RNA polymerase
結合，可辨識啟動子

RNA聚合酶

σ次單元

RNA合成起始

σ次單元與RNA polymerase 解離，
RNA polymerase 順著樣版股移動

核糖核苷三磷酸
可用於RNA合成酶

RNA

RNA聚合酶

ρ因子與RNA polymerase
結合轉錄作用終止

核糖核苷三酸磷

RNA轉錄

ρ

RNA , DNA, RNA聚合酶
及ρ因子都被釋放

RNA聚合酶

RNA轉錄　5'

3'

圖19-5　ρ 因子在 RNA 合成（轉錄）終止的作用

```
                              T
                          C       C
                          A ——— T
                          C ——— G
                          T ——— A
                          T ——— A
                          G ——— C
    —————— GTTCA  CTC  TGAAC ——————      ———————        G   C———————
    —————— CAAGT  GAG  ACTTG ——————      ———————   C   G———————
                                                   C ——— G
              (a)                           (b)    A ——— T
                                                   A ——— T
                                                   G ——— C
                                                   T ——— A
                                                   G       G
                                                       A
```

圖19-6 轉錄終止位點結構

(a)迴文結構；(b) Gierer 結構

　　圖 19-6 的(a)型結構與(b)型結構可建立動態平衡；(b)在缺少幾個鹼基時較(a)不穩定，但若(b)型結構與蛋白質結合則可穩定其結構。上述模型可以部分解釋轉錄的終止。在終止部位如果形成 Gierer 結構，對 RNA 聚合酶的向前滑動是一種障礙，它阻礙了聚合酶的前進；或者由於終止區域轉錄出的 RNA 結構具有的柄環結構(stem cycle structure)，對 RNA 聚合酶產生了一個相反方向的拉力。在依賴於ρ 因子的終止機制中，這些結構不夠穩定，RNA 聚合酶在此僅暫停，而不終止。當ρ 因子結合到新生的 RNA 股上從 5′→3′方向滑向 Gierer 結構區時（這種滑動靠 ATP 分解提供能量），ρ 因子與 RNA 聚合酶的反應也使 Gierer 結構更趨於穩定，並促使 RNA 的釋放，於是轉錄便終止。

　　對於真核細胞轉錄的終止機制瞭解甚少，其主要困難在於很難確定原初轉錄產物的 3′ 末端，因為大多數在轉錄後很快進行加工，無論是 mRNA、tRNA 還是 rRNA 都是如此。

　　對於 RNA 聚合酶 III 所催化的轉錄產物，體外與體內相同，表示體內轉錄確是在 RNA 末端處終止的。爪蟾(*Xenopus borealis*) 5S RNA 的 3′末端是 4 個 U，而這 4 個 U 的前後均含 G-C 序列，在 G-C 序列中分布著寡聚 T (oligo T)（4 個以上），這是所有真核生物 RNA 聚合酶 III 催化轉錄的終止信號。這種序列特徵高度保守，從酵母到人類都很相似。

19.3 轉錄與反轉錄作用

一、轉錄作用

　　大多數情況下，模板 DNA 兩條股並不是同時都被轉錄，而是以其中一條作為模板，進行轉錄，此股稱之為模板股(template strand)或稱為反義股(antisense strand)。

　　上述不對稱轉錄是針對著一個基因而言的，對某個基因 DNA 而言，這一股可能是轉錄股，但在另一基因的同一股也可能是非轉錄股。在體內可能存在著對稱的轉錄方式，特別是 DNA 中一些重複序列(repeated sequences)的轉錄按照這種方式合成 RNA。

　　某些 DNA 的對稱轉錄在體內調控中可能扮演著重要角色。如果一個基因發生對稱轉錄，以 DNA 雙股作模板，合成兩條 RNA，這兩條 RNA 必然是互補的，其中一股作為 mRNA，用於蛋白質的合成，與它互補的另一股 RNA，叫**反義 RNA**(antisense RNA)，這兩股 RNA 結合成雙股，可調控蛋白質的合成。對稱轉錄形成反義 RNA 在 DNA 複製、轉錄和蛋白質合成中都具有調節控制的意義。

二、反轉錄

(一) 反轉錄作用

　　反轉錄(reverse transcription)或稱逆向轉錄，是以 RNA 為模板合成 DNA，此 DNA 又稱為 cDNA，由**反轉錄酶**(reverse transcriptase)催化。1970 年 Temin 和 Baltimore 從雞和小鼠的致癌病毒(oncogenic virus)中發現了反轉錄現象。這種病毒可引起雞產生腫瘤，早在 1911 年 Rous 便發現，故將這種病毒稱為勞氏肉瘤病毒(Rous sarcoma virus, RSV)，是一種 RNA 病毒。RSV 的遺傳物質是兩條完全相等的 RNA，包在蛋白外殼之中，外面再由來自宿主細胞膜的脂質層所包裹。

　　RSV 含有反轉錄酶的基因，並且可以將反轉錄產物 DNA 嵌入到宿主基因組內（圖 19-7），稱為整合作用，這類病毒稱為**反轉錄病毒**(retroviruses)。

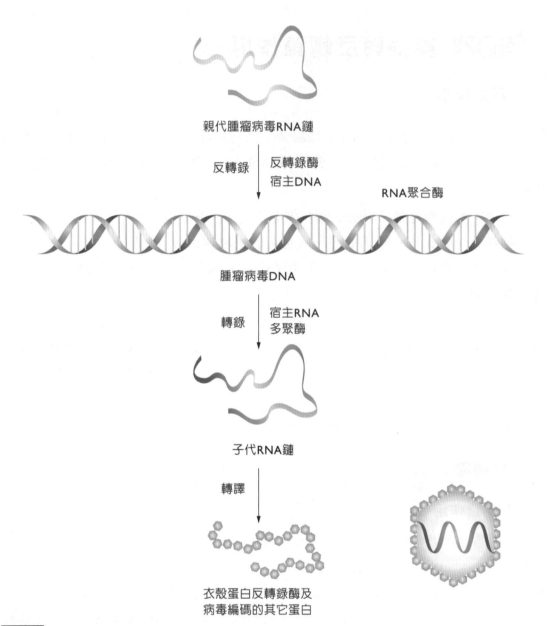

親代腫瘤病毒RNA鏈

反轉錄　反轉錄酶
　　　　宿主DNA

　　　　　　　　　　RNA聚合酶

腫瘤病毒DNA

轉錄　宿主RNA
　　　多聚酶

子代RNA鏈

轉譯

衣殼蛋白反轉錄酶及
病毒編碼的其它蛋白

圖19-7 勞氏(Rous)肉瘤病毒生活史（沈、顧，1993）

(二) 反轉錄病毒－HIV

　　七十年代末到八十年代初先後發現了兩種人類反轉錄病毒(human retroviruses)，即 HRLV-I 和 HRLV-II，它們是罕見的白血病(leukemia)致病因子。1983 年法國人 Montagnier 發現了第三種人類反轉錄病毒，即人類免疫缺乏病毒(human immuno-deficiency virus, HIV)。

　　HIV 是一個直徑約 100 nm 的圓球，病毒顆粒外面包著由兩層脂質構成的膜，這種脂質是病毒在複製時，部分取自宿主細胞質膜而來（圖 19-8）。

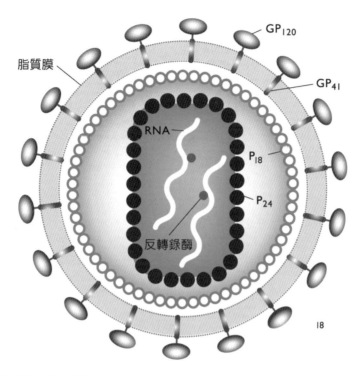

圖19-8 HIV 結構（閻、張，1993）

　　HIV 的反轉錄酶所催化的反應看來並不是十分精確的，這也是 HIV 容易突變的一個原因，使得對愛滋病的治療帶來更大的麻煩。

　　HIV 的感染過程大致如圖 19-9 所示。病毒顆粒首先與 T 淋巴細胞表面的一種稱為 CD_4 的受體結合（圖 19-9a）並與之融合，同時將病毒核心蛋白(core protein) 和兩條 RNA 股注入 T 細胞內，由反轉錄酶催化合成病毒 RNA 的 cDNA，並複製成雙股（稱為原病毒(provirus)），雙股 DNA 進入宿主細胞核，並整合到宿主 DNA 中。原病毒在宿主基因組中可以潛伏下來（圖 19-9b）或者利用宿主細胞的有關成分，將病毒基因轉錄成 mRNA，其中一部分用於合成病毒蛋白，而後將此蛋白質和另一部分被轉錄成的病毒 RNA 裝配成新的病毒顆粒（圖 19-9c）。最後，病毒破壞細胞而釋出，導致宿主細胞瓦解死亡（圖 19-9d）。

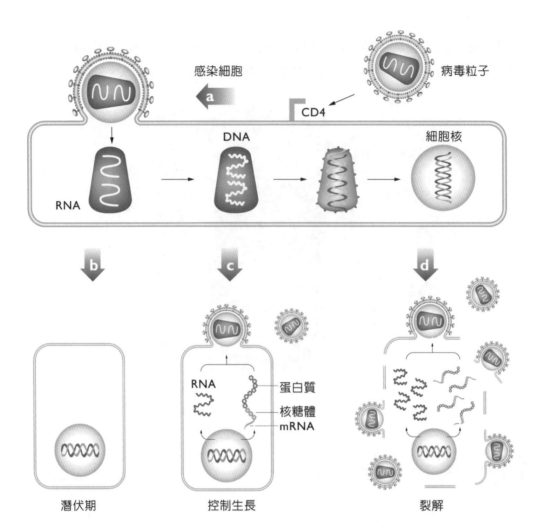

感染細胞

病毒粒子

CD4

DNA

細胞核

RNA

a

b

c

d

RNA

蛋白質

核糖體

mRNA

潛伏期

控制生長

裂解

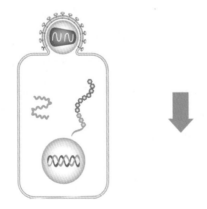

圖19-9 HIV 感染方式（閻、張，1993）

19.4 RNA 轉錄後的修飾

在真核細胞中，除粒線體 RNA 和葉綠體 RNA 外，各種 RNA 一般都是在細胞核中合成、修飾加工後再轉入細胞質。各種 RNA 的修飾雖有其相同之處，但更有自身特點。

一、mRNA 的生物合成

(一) 原核與真核生物的差異

真核 mRNA 的合成與原核 mRNA 的合成不同，主要的差異如下：

1. **結構基因的轉錄法**：原核生物在轉錄過程中常是數個結構基因(structural gene)（決定蛋白質結構的基因）轉錄在一條 mRNA 股上（稱為多基因轉錄 (polycistronic transcription)）；真核生物則一般是單基因轉錄（即一個結構基因就轉錄在一個 mRNA 分子上）。

2. **偶聯狀態**：原核生物沒有核膜，DNA 的轉錄和轉譯兩個過程沒有明顯的間隔屏障，因此互為偶聯，往往 mRNA 還未轉錄完成，蛋白質的合成（即轉譯過程）即已開始。真核生物的轉錄在核內，而轉譯則在核外細胞質中進行，因此轉錄與轉譯並不偶聯。

3. **mRNA 半衰期**：原核 mRNA 壽命較短，一般半衰期(half-life)僅 1~3 分鐘，所以代謝很快。真核 mRNA 的壽命則較長（一般半衰期為數小時，在神經細胞的 mRNA 甚至可長達數年）。

(二) 真核 mRNA 前驅物－hnRNA

真核 mRNA 的結構與原核的也不相同。真核 mRNA 的 5′ 端有甲基化的「帽」(cap)結構(m^7GpppXpY)和 3′ 末端有一個多聚腺苷酸(poly A)的「尾」(tail)。這兩種結構對於真核 mRNA 的功能是必需的。轉錄時，首先會合成 mRNA 的前驅物——異質核 RNA (hetrogenous nuclear RNA, hnRNA)，hnRNA 比 mRNA 的分子大得多，其分子量不均一。

hnRNA 和 mRNA 具有相同的末端結構，即 5′ 端的「帽」和 3′ 端的「尾」。在 hnRNA 分子中，緊靠 5′ 端「帽」結構的是三個寡聚 U (oligo U)片段，每個片段約含 30 個尿苷酸。3′ 端的 poly A，長 20~250 個胸腺苷酸，其長度隨 mRNA 的成熟及轉移而有所改變。

hnRNA 分子中有幾個髮夾結構(hairpin structure)，長 60~100 個核苷酸，這是由 DNA 上的迴文序列(palindromic sequence)轉錄產生的，其一般位於編碼蛋白質的非重複序列兩邊。兩個髮夾結構間的非重複序列即是編碼蛋白質的資訊區，一般長 800~2,000 個核苷酸，有些可長達 10,000 個核苷酸。

二、真核 mRNA 轉錄後修飾作用

真核 mRNA 轉錄後的修飾，包括前驅物的剪接、3′端「尾」的附加、5′端「帽」的形成及內部某些鹼基的修飾。

(一) 前驅物剪接(Precursor Splicing)

原核生物的基因是連續的(continuous)，每個鹼基均轉錄在 mRNA 分子上。真核生物的許多基因內則帶有插入序列(intervening sequences)，這種插入序列(intron)不含遺傳的資訊（具遺傳資訊的稱為表現序列(exon)），像這樣被插入序列分割的基因又是如何轉錄的呢？在小鼠免疫球蛋白(immunoglobulin)實驗的輕鏈基因(light chain gene)中，胚胎細胞(embryo cells)的 V_L（輕鏈高度可變區）與 J（絞鏈區）相隔很遠，中間有一個較大的插入序列。但在漿細胞(plasma cells)的分化過程中，透過基因內重組去除了這一段。

大多數 RNA 聚合酶是將整個基因全轉錄，包括表現序列和插入序列，而形成一個 mRNA 的前驅物，然後通過特異酶切去插入序列對應部分，再將餘下的片段（表現序列對應部分）連接起來，而構成 mRNA。這便是剪接(splicing)作用。這種剪接必須很準確，錯一個鹼基即會發生突變。在這種基因中可能存在特殊信號，以便於酶的識別。一般插入序列的鹼基序列以 GU 開始，以 AG 終止。脊椎動物插入序列在 5′端的共同序列是 GUAAGU，3′端是一串 10 個嘧啶，以 AG 結束。不僅如此，在插入序列兩側通常也有特殊序列存在。

不同基因插入序列的數目及大小變化較大。例如：在肌動蛋白(actin)基因中有一個插入序列，血紅素(hemoglobin)的α股基因和β股基因中各有二個，卵白蛋白(ovalbumin)基因中有三個，而膠原蛋白(collagen)基因中則有 50 個插入序列。

(二) 3′端「尾」的附加(Attach 3′-end Tail)

大多數真核 mRNA 的 3′末端都有一個聚腺核苷酸(poly A)的尾（組織蛋白的 mRNA 沒有這個 poly A 尾）。這一 poly A 不是由 DNA 編碼的，而是在轉錄完成

後加上去的。由 poly A 合成酶(poly A denylate synthetase)催化合成。這種酶主要發現於核內，但也有發現於細胞質的。poly A 合成酶以 ATP 為受質，需具 3′-OH 末端的 RNA 為引子（作為引子的 RNA 一般沒有特異性），並需 Mn^{2+}。可被其他 NTP（特別是 GTP）抑制。

在加上 poly A 尾之前，轉錄產物（常稱為轉錄本）的 3′ 端附近被專一核酸內切酶(specificity endonuclease)切斷，再加上 poly A。這種酶也有特異識別序列：AAUAAA。poly A 尾的功能 與 mRNA 之穩定性及後續轉譯之效率有關。其合成可由 3′-去氧腺核苷（即蛹蟲草菌素(*cordycepin*)）所抑制，此藥物並不干擾原來轉錄本的合成。沒有 poly A 的 mRNA 同樣可被運輸到細胞核外，而且它也是蛋白質合成的有效模板。

(三) 5′ 端「帽」的形成(5′-end Cap Form)

用同位素標記實驗證明，5′ 端甲基化帽子是在轉錄早期加上去的，而不是在轉錄完成後形成的。接上帽子的方式可能有多種，有的是在轉錄早期 5′ 端合成一個帽子，然後再繼續轉錄，如呼吸道腸道病毒(reovirus)和牛痘病毒(vaccinia virus)；有的是將轉錄早期產物 5′ 末端切去一段後，再加上帽子，如疱疹性口炎病毒(vesieular stomatitis virus)。

在許多情況下，真核 mRNA 的轉錄像原核一樣，從 A 或 G 開始，新生的 RNA 股其 5′ 端三磷酸很快就被修飾，水解釋放一個磷酸，然後二磷酸的 5′ 末端攻擊 GTP 的 α-磷原子，形成一個罕見的 5′-5′ 三磷酸鍵。末端的鳥嘌呤 N_7 位被甲基化，由 S-腺苷甲硫胺酸(S-adenosyl methionine)提供甲基。

5′ 端「帽」結構對於轉錄後修飾的剪接應是必需的，而且保護了 mRNA 的 5′-末端，免受核酸酶(nuclease)和磷酸酶(phosphatase)的作用。此外，「帽」還在蛋白質合成中扮演重要角色。

(四) 成熟 mRNA 的轉移

多數 mRNA 的修飾加工在細胞核內完成，已成熟的 mRNA 在核內與訊息傳遞體(informoter)的蛋白質結合，透過核膜再轉移到核外細胞質內。成熟的 mRNA 運輸到細胞質後通常以核蛋白(nucleoprotein)的形式存在，也可與核糖體(ribosome)結合，接著開始蛋白質的合成。

mRNA 與蛋白質結合成核蛋白的形式具有多方面意義：為 mRNA 從核內向細胞質轉移所必需，是儲存資訊的一種方式。例如，受精卵的許多蛋白質在胚胎發育到一定時期才被轉譯，若以核蛋白形式存在則可以保護 mRNA 免受核酸酶的水解作用，其在轉譯上具有一定調控作用。

 專欄 BOX

19.1　紅斑狼瘡(Systemic Lupus Erythematous, SLE)

紅斑狼瘡是一種自體免疫疾病(autoimmune disease)，表現為面部、額頭等部位生紅疹，繼而發生關節炎、心臟積水和肺部感染之後，導致嚴重腎損傷。此病主要發生於青春期的末期和成人期早期，尤以女性發病率高。

此病的病因是人體自發性的製造了對抗細胞核中某些重要蛋白質的抗體，其中包括對抗 U1-snRNP 的抗體，因此使 mRNA 前驅物不能正常剪接；mRNA 也就不能正常生成。由於 mRNA 的後修飾作用影響每一個組織、器官，所以這個疾病的影響不僅範圍很廣，而且發展也很快。

三、snRNPs 和 scRNPs

在細胞核和細胞液中存在多種類型的小分子 RNA，所含核苷酸都在 300 個以下，它們在 mRNA 及 rRNA、tRNA 前驅物的剪接中看來有著不可忽視的作用，但其作用機制尚不清楚。

存在於核內的稱為小型核 RNA (small nuclear RNA, snRNA)和小型細胞質 RNA (small cytoplasmic RNA, scRNA)，這些 RNA 與特殊的蛋白質結合在一起形成小型細胞核的核糖核蛋白顆粒(small nuclear ribonucleoprotein particle, snRNPs)和小型細胞質核糖核蛋白顆粒(small cytoplasmic ribonucleoprotein particle, scRNPs)，通常簡稱為 "snurps" 和 "scurps"。

在 RNA 前驅物的加工中通常形成剪接體(spliceosome)。在 mRNA 前驅物的修飾中形成大約 60S 的剪接體，除含有 mRNA 前驅物外，還含有三種 snRNPs，各具有不同的作用。如 U1-snRNP，它含有一種富含尿嘧啶的 RNA (uracil-rich RNA)，U1-snRNA（含 165 個核苷酸），可識別 mRNA 5′ 端的剪接位置；而 U5-snRNP（含 116 個核苷酸）可識別 3′ 端的剪接部位等。

摘要 SUMMARY

1. RNA 合成是蛋白質合成的必要前提，蛋白質結構是十分嚴密的，因此 RNA 的合成也必然非常嚴密、精確，在一定程度上說來，RNA 合成比 DNA 合成更嚴謹，因為每一個基因的活化具有嚴格的時空限制，受細胞內外多種因素的控制。

2. 催化 RNA 合成的有三種類型的酶：RNA 聚合酶、RNA 複製酶和多核苷酸磷酸化酶，其中 RNA 聚合酶是最主要的。原核生物 RNA 聚合酶可催化各種 RNA 的合成，真核生物則有幾種不同的 RNA 聚合酶，分別催化各種 RNA 的合成。RNA 聚合酶 II 是催化 mRNA 合成的酶，因為它是以 DNA 為模板催化 mRNA 的生成，因此，又稱為轉錄酶(transcriptase)。

3. RNA 合成有多種抑制劑，以不同機制抑制轉錄的進行。放線菌素 D 作用於模板，其與 DNA 結合後，既抑制轉錄，也可不同程度地抑制 DNA 複製；利福黴素抑制原核 RNA 聚合酶；α-鵝膏蕈鹼抑制真核 RNA 聚合酶 II。利用轉錄抑制劑可對轉錄機制、病毒類型、殺菌及抗癌等方面做研究。

4. 轉錄過程分為起始、延長和終止幾個步驟。在 DNA 上，轉錄的起始部位稱為啟動子(promoter)，由開始識別部位、牢固結合部位和起始點三部分構成。原核生物的牢固結合部位存在於 -10 左右，稱為 Pribnow box，真核生物則存在於 –25 左右，稱為 Hogness box；這個部位是富含 A-T 的區域，易於解股；開始識別部位在 –35 左右，是 RNA 聚合酶首先與模板結合的地方；轉錄的起始點大多為嘌呤。

5. 轉錄的終止，有的需要特異終止蛋白因子，如 ρ 因子；有的不需要蛋白因子，由 DNA 特殊的序列決定，稱為終止子(terminator)。在終止區域，模板 DNA 通常具有迴文結構(palindromic structure)。

6. 轉錄的初級產物是 RNA 的前驅物，需要加工修飾後才能轉變成為成熟 RNA。真核 mRNA 前驅物 hnRNA，經過剪接(splicing)，再加上 5′ 端「帽」和 3′ 端「尾」，才成為成熟 mRNA，它與核糖體結合即開始蛋白質合成；若不進行蛋白質合成時，通常與蛋白質結合成核蛋白形式，作為訊息的暫時貯存場所。

7. rRNA 及 tRNA 也是先生成前驅物，再經過剪接、修飾後轉變成 rRNA 及 tRNA。

MEMO

PRINCIPLES OF
BIOCHEMISTRY

蛋白質的生物
合成—轉譯

絕 大多數生物之遺傳訊息(genetic information)儲存於 DNA 中，通過轉錄傳給 RNA，再由 RNA 傳向蛋白質，最後由蛋白質表現出生物性狀(biological character)，這個過程稱為基因表現(gene expression)。

在 RNA 合成時，依據 DNA 的鹼基序列合成 RNA 中的鹼基序列，稱為轉錄(transcription)；蛋白質合成則是以 mRNA 做模板，將 mRNA 上的鹼基序列譯成蛋白質分子中的胺基酸序列，稱之為轉譯(translation)。所以，蛋白質的一級結構（胺基酸序列）最終是由 DNA（基因）決定的。

20.1 遺傳訊息的表現方式

一、中心法則

早在五十年代，Crick 認為 DNA 儲存的遺傳訊息在傳給蛋白質的時候，可能有一種中間物質起介導作用，這種物質可能是 RNA，因此 1958 年提出了生物體內遺傳訊息的流動方向為：

$$DNA \rightarrow RNA \rightarrow 蛋白質 \rightarrow 生物性狀$$

這個規律在分子生物學中被稱為中心法則(central dogma)。它的含義指的是：蘊藏在核酸中的遺傳訊息可以傳向蛋白質，此一傳遞方式是單方向的。

1970 年 Temin 和 Baltimore 發現反轉錄(reverse transcription)現象，說明遺傳訊息也可以從 RNA 傳向 DNA。這是一種比較少見的傳遞方式，僅存在於一些反轉錄病毒(retroviruses)中，在這種病毒中遺傳訊息的傳遞方式為：

$$RNA \xrightarrow{\text{反轉錄}} DNA \xrightarrow{\text{轉錄}} RNA \xrightarrow{\text{轉譯}} 蛋白質 \longrightarrow 生物性狀$$

Crick 認為反轉錄現象的發現並不是推翻了中心法則，而是對中心法則的補充。於是他在 1970 年對中心法則進行了修改。除了反轉錄現象外，至目前為止仍有少數罕見的例外被研究發表。例如 Uzawa 等人(2002)指出，將 DNA 轉移到核糖體上，不需轉譯成 mRNA，成功的直接以 DNA 為模板合成蛋白質。此外，Aggarwal 等人(2005)發現一種叫 Rev1 DNA 聚合酶的蛋白質可以提供 DNA 複製之編碼訊息。

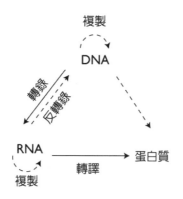

圖20-1 生物訊息流動方向

圖中實線表示遺傳訊息的主要流動方向，虛線則為次要或較少見的流動方向。

二、遺傳物質

如圖 20-1 所示，DNA 通過轉錄和轉譯將基因的資訊傳給了蛋白質為遺傳訊息主要流動方向。現在的問題是：遺傳訊息在傳遞過程中，為什麼需要一個中間傳遞體，而不是由 DNA 直接傳遞給蛋白質呢？之所以需要一種中間傳遞體的仲介，至少有兩方面的意義：

1. **保證遺傳物質的穩定性和安全性**：如果 DNA 作為表現生物性狀之蛋白質遺傳訊息的直接來源，在性狀表現時難免出現差錯，這就難以保證遺傳的連續性和相對穩定性。生物選擇了 DNA（基因）的精確複本(mRNA)來合成某種蛋白質，即使出現異常，也不會影響 DNA 上的對應基因，更不會對其他基因造成危害。

2. **對遺傳訊息具有放大作用**：經過一個中間體的傳導，相當於對 DNA 上的遺傳訊息進行了二級放大，即在相同時間內，比沒有中間體時產生更多的蛋白質。

20.2 遺傳密碼

遺傳密碼(genetic code)是指 mRNA 上的鹼基序列與蛋白質中胺基酸序列之間的相互關係。由於 mRNA 是由 DNA 指導合成的，所以有時也將遺傳密碼之涵義擴展為 DNA 鹼基序列與胺基酸序列之關係。

一、三聯體密碼

基因上所帶的密碼(code)是如何轉譯成蛋白質的？即是說，核苷酸序列怎樣決定胺基酸的序列？幾個核苷酸代表一個胺基酸？核酸中有 4 種核苷酸，而組成蛋白質的胺基酸基本上是 20 種，因此，一種核苷酸作為一種胺基酸的密碼是不可能的；假若 2 種核苷酸為一組代表一個胺基酸，它們所能代表的胺基酸數也只有 16 種(4^2)；如果三個核苷酸對應一個胺基酸，則可能的密碼數就是 64 種(4^3)，這是能夠將 20 種胺基酸全部包括在內的最低比例。Crick 等用下列實驗來證實密碼是由三個核苷酸構成的。

(一) 大腸桿菌噬菌體

用大腸桿菌噬菌體 T_4 的一個基因為材料，應用一種二苯吡啶染料(acridine dye)前黃素(acriflavin)作誘變劑(mutagen)，它的作用是可在一條核苷酸鏈的兩個相鄰核苷酸之間插入(insertion)一個額外的鹼基，或者造成一個鹼基的缺失(deletion)，從而引起突變(mutation)。Crick 等人的實驗結果是：用誘變劑處理後，當造成多核苷酸鏈中一個鹼基缺失時，噬菌體發生突變（不能感染大腸桿菌）；如果缺失兩個鹼基，也造成突變；如果缺失一個鹼基，同時加入一個別的鹼基，噬菌體仍能感染大腸桿菌；如果缺失（或加入）三個或三的倍數的鹼基則都不造成突變。對於上述實驗結果，用三聯體密碼(triplet code)即能加以解釋（圖 20-2）。

	TCA	TCA	TCA	TCA	TCA	TCA ……
	1	2	3	4	5	6
-1 (A)	TCA	TCT	CAT	CAT	CAT	CAT
-1 (A)，-1 (T)	TCA	TCC	ATC	ATC	ATC	ATC
-1 (A)，+1 (X)	TCA	TCT	CXA	TCA	TCA	TCA
+3 (X)	TCX	AXT	CAX	TCA	TCA	TCA

圖20-2　前黃素引起噬菌體突變的解釋
—代表正常密碼　～代表突變密碼

(二) 移碼突變

假定 DNA 中的一部分鹼基排列如圖 20-2 第一排所示，密碼以三個鹼基為一組，TCA 相當於某一胺基酸。當用誘變劑處理後缺失一個鹼基，則第二個密碼子變為 TCT，第三個以後全變為 CAT（第二排）。它們均代表不同的胺基酸，這樣合成的蛋白質差異很大，此時噬菌體表現為突變（不能感染大腸桿菌）；如果缺

失兩個鹼基（第三排）其變化情形與前者雷同，也表現突變。但若缺一鹼基，另外加一個鹼基（第四排）或者插入（或缺失）三個鹼基，則在整個 DNA 鏈中，引起異常的三聯體密碼子就很少；表示如果根據兩、三個變化了的密碼譯出的兩、三個胺基酸並不會明顯的影響蛋白質的結構（如酶的非活性中心），因此噬菌體能表現出可感染大腸桿菌的正常功能。事實上，確實發現插入或缺失位點靠得很近的噬菌體表現正常功能，但隨著插入與缺失位點之間距離的增大，噬菌體功能表現為異常的趨勢也增大。這種因插入或缺失鹼基而造成的突變，稱為移碼突變(frame shift mutation)。

噬菌體 MS$_2$ 的外套蛋白基因(coat protein gene)共 390 個核苷酸，外套蛋白由 130 個胺基酸組成，每個密碼子(codon)剛好是由三個核苷酸構成。證明密碼是三聯體。

二、密碼解譯

前面討論了一個密碼子由三個核苷酸構成，即密碼子為三聯體。怎樣知道一個三聯體代表一個什麼胺基酸呢？可用不同方法來加以驗證。

(一) 生物化學方法(Biochemical Methods)

用人工合成的一個簡單多核苷酸作為 mRNA，再觀察這種 RNA 可以引導合成哪種多胜肽，就可以推測胺基酸的密碼。

1961 年，Nirenberg 等在大腸桿菌無細胞系統(cell-free system)中加入蛋白質合成的必需條件，如 tRNA、胺醯 tRNA 合成酶(aminoacyl-tRNA synthetase)、ATP 和用同位素標記的胺基酸混合物（每次只有一種胺基酸標記），再加上由多種核苷酸醯磷酸化酶(polynucleotide phosphorylase)合成的多核苷酸（作為人工訊息 RNA）。

首先用多聚尿苷酸(poly U)作為人工 mRNA，結果發現只有苯丙胺酸(Phe)加入到可溶於酸的多胜肽中。加入的過程可用 ^{14}C 標記胺基酸追蹤，所生成的蛋白狀物質為多聚苯丙胺酸[poly (Phe)]。這個實驗結果說明 Phe 的密碼與幾個 U 連在一起的結構有關，即 Phe 的密碼子應為 UUU。其次，用人工合成的聚腺苷酸(poly A)作為訊息 RNA，結果發現有離胺酸(Lys)加入，證明 Lys 的密碼子為 AAA。同樣，用多聚 C (poly C)做實驗，證明 CCC 為脯胺酸(Pro)的密碼子；以此類推。密碼子 GGG 不能用這種方法來解譯，因為多聚 G (poly G)有可能形成三股螺旋(triple helix)的結構，故不能被用作為模板（有廣泛有序結構區域存在的多核苷酸常常不是合

成蛋白質的有效模板）。對於含兩種以上鹼基的密碼子就更複雜一些。例如，用多聚 AC [poly (AC)]做模板，就有八種不同的密碼子：AAA、AAC、ACA、ACC、CAC、CAA、CCA 和 CCC。除已知 AAA 和 CCC 分別編碼 Lys 和 Pro 外，其他密碼子則不能解譯。

當有 poly (AC)做模板進行蛋白質合成時，除了 Lys 和 Pro 外，還有 Asn、Gln、His、Thr 的加入。這些胺基酸加入的比例，隨 A：C 比值不同而有變化。如果在合成模板 poly (AC)時，A 與 C 的量按 2：1，則有 Gln 和 Asn 的加入，從而推斷 Gln 的密碼子可能是 CAA，Asn 的密碼子可能是 AAC。

在 Nirenberg 應用上述三核苷酸技術的同時，Khorana 巧妙地應用化學合成和酶催化而合成製備了一系列人工模板，如 poly (UC)、poly (AG)、poly (UUC)、poly (UUAC)等，利用這些模板在大腸桿菌無細胞(cell-free)系統中進行蛋白質合成，反覆推斷各種胺基酸的密碼子。這便是所謂的「重複序列解譯密碼子技術」。如此，差不多花了四年多的時間，應用 Nirenberg 的三核苷酸結合技術，和 Khorana 的重複序列技術，於 1965 年完全查清了 20 種胺基酸的全部密碼，並編製成了遺傳密碼辭典(genetic codon dictionary)（表 20-1）。

▶ 表 20-1　遺傳密碼表（張、彭，2007）

第一位 （5' 端鹼基）	第二位（中間的鹼基）				第三位 （3' 端鹼基）
	U	C	A	G	
U	UUU ⎤ Phe UUC ⎦ UUA ⎤ Leu UUG ⎦	UCU ⎤ UCC ⎥ Ser UCA ⎥ UCG ⎦	UAU ⎤ Tyr UAC ⎦ UAA 終止 UAG 終止	UGU ⎤ Cys UGC ⎦ UGA 終止 UGG Trp	U C A G
C	CUU ⎤ CUC ⎥ Leu CUA ⎥ CUG ⎦	CCU ⎤ CCC ⎥ Pro CCA ⎥ CCG ⎦	CAU ⎤ His CAC ⎦ CAA ⎤ Gln CAG ⎦	CGU ⎤ CGC ⎥ Arg CGA ⎥ CGG ⎦	U C A G
A	AUU ⎤ AUC ⎥ Ile AUA ⎦ AUG Met	ACU ⎤ ACC ⎥ Thr ACA ⎥ ACG ⎦	AAU ⎤ Asn AAC ⎦ AAA ⎤ Lys AAG ⎦	AGU ⎤ Ser AGC ⎦ AGA ⎤ Arg AGG ⎦	U C A G
G	GUU ⎤ GUC ⎥ Val GUA ⎥ GUG ⎦	GCU ⎤ GCC ⎥ Ala GCA ⎥ GCG ⎦	GAU ⎤ Asp GAC ⎦ GAA ⎤ Glu GAG ⎦	GGU ⎤ GGC ⎥ Gly GGA ⎥ GGG ⎦	U C A G

　　表中代表了 18 種胺基酸和兩種醯胺。蛋白質成分胱胺酸(cystine)和羥基脯胺酸(hydroxyproline)沒有相應的密碼子，說明這兩種胺基酸是在多胜肽合成之後經氧化(oxidation)和羥化(hydroxylation)反應而生成的。此外，表中有三個密碼子（UAA、UGA 和 UAG）不代表任何一種胺基酸，它們稱為終止密碼子(termination codon)，在蛋白質合成中是終止信號。另外，有兩個密碼子 AUG 和 GUG 除分別代表甲硫胺酸(Met)和纈胺酸(Val)外，也負責轉譯的起始信號，它們稱為起始密碼子(initiation codon)。

(二) 遺傳學方法(Genetic Mcthods)

　　用遺傳學方法可以從另一方面來證明密碼子的可靠性。此法是用已知作用機制的遺傳誘變劑(mutagen)使生物發生定向突變(orientation mutation)，再檢查密碼子的可靠性。例如，已知亞硝酸(nitrous acid)對生物的誘變作用是由於它對核酸分子中的鹼基起了脫胺基作用(deamination)，從而使鹼基的結構發生改變。用亞硝酸處理後，含胺基的胞嘧啶變為尿嘧啶（C → U），腺嘌呤變為次黃嘌呤(hypoxanthine)(A→H)。次黃嘌呤在配對性質上和鳥糞嘌呤相似，所以亞硝酸對腺嘌呤作用後的產物從配對角度而言，可以視為鳥糞嘌呤。

　　用亞硝酸處理從菸草花葉病毒(tobacco mosaic virus, TMV)中抽提出的 RNA，然後用它去感染菸草植株，結果產生 TMV 的許多突變型(mutant)。這些 TMV 的突變型在生長的特性上都不相同，它們的外套蛋白(coat protein)胜肽鏈（由 158 個胺基酸殘基構成的次單元）上有 22 個位置的胺基酸被其他胺基酸所取代。如 24 位的 Ile（野生型）變成了 Val（突變型）。Ile 的密碼子為 AUC、AUA 和 AUU，經亞硝基酸處理後，變為 GUU、GUG 和 GUU，這剛好是 Val 的密碼子。又如第 66 位的 Asp（野生型）變成了 Gly（突變型）。Asp 的密碼子為 GAC 和 GAU，經亞硝基酸處理後，變為 GGU 和 GGU，正是 Gly 的密碼子。

　　從這個實驗還可以知到，胺基酸的這種替代法只能單方向進行，即只能從甲→乙，而不能從乙→甲。例如，只有 Ile 變為 Val，而沒有 Val 變為 Ile。這是由於亞硝酸只能使 A→H(G)，C→U，而不能使 H(G)→A 和 U→C。此外，也沒有發現過其他胺基酸代替 Phe 的現象。

三、密碼子的性質

(一) 混合型密碼子族與非混合型密碼子族

由表 20-1 可以看出，有一些胺基酸的密碼子都在同一方框內，即第一和第二個鹼基相同，只有第三個鹼基不同，這稱為**非混合型密碼子族**(unmixed codon family)。如 Thr、Val、Pro、Ala、Gly；有些方框內有兩種胺基酸的密碼子，稱為**混合型密碼子族**(mixed codon family)。如 His 和 Gln、Asn 和 Lys、Asp 和 Glu，它們的第一和第二個鹼基均相同，第三位鹼基為嘌呤時編碼一種胺基酸，為嘧啶時編碼另一種胺基酸。

在密碼表中，性質相近的胺基酸的密碼子大約分布在相近位置。如表中第一縱行（第二位鹼基為 U）的 Phe、Leu、Ile、Met 和 Val，以及第二縱行（第二位鹼基為 C）的 Pro 和 Ala 均為厭水胺基酸；第三和第四縱行的 His、Lys、Asp、Glu 和 Arg 為帶電荷的胺基酸等。遺傳密碼的這種特性，可在發生突變時，減低對蛋白質結構和性質的影響。

(二) 密碼子不重疊

在一個 mRNA 鏈上，相鄰密碼子是重疊的，還是不重疊？例如，在一條由 9 個核苷酸所組成的多核苷酸 CAGCAGCAG 中，以 3 個核苷酸為一單位，便可劃分為三個單位，每個單位（即每一個 CAG）代表一個胺基酸，這樣就叫不重疊

$$CAG \quad CAG \quad CAG$$
$$\downarrow \qquad \downarrow \qquad \downarrow \qquad \text{不重疊}$$
$$AA_1 \quad\ AA_2 \quad\ AA_3$$

$$AA_2$$
$$\uparrow$$
$$CAG \quad CAG \quad CAG \qquad \text{重疊兩個字母}$$
$$\uparrow \quad\ \downarrow$$
$$AA_1 \ \ AA_3$$

$$AA_2$$
$$\uparrow$$
$$CAG \quad CAG \quad CAG \qquad \text{重疊一個字母}$$
$$\uparrow \qquad\quad \downarrow$$
$$AA_1 \qquad\ AA_3$$

(nonverlapping)；如果在 CAGCAGCAG 中，CAG 代表一個胺基酸，AGC 代表另一個胺基酸，GCA 代表第三個胺基酸等，這樣就稱為重疊（相鄰密碼子共用兩個鹼基）；如果 CAG 代表一個胺基酸，GCA、AGC 代表另外的胺基酸，這樣也是重疊（相鄰密碼子共用一個鹼基）。

用亞硝酸處理 TMV 的 RNA，分析其突變型的蛋白質後可以發現，當一個核苷酸發生變化時，蛋白質中只有一個胺基酸發生變化，而不是連續兩個或連續三個胺基酸都發生變化。這一事實說明密碼三聯體是不重疊的。

(三) 密碼子的通用性

在體外無細胞系統的蛋白質合成系統中，不管來源是細菌還是高等生物，加入 poly U 時都會得到 poly (Phe)胜肽鏈，加入 poly A 總會得到 poly (Lys)；而加入 poly C 則總是得到 poly (Pro)，這說明了遺傳密碼從低等到高等生物的涵義是相同的。

如果將**家兔**(rabbit)網狀血球(reticulocyte)中的 mRNA（作為模板）加入到**大腸桿菌**(*E. Coli*)的蛋白質合成系統中，結果合成了正常的家兔血紅素(hemoglobin)。可見家兔密碼的涵義和大腸桿菌密碼的涵義是相同的。

由此可知，密碼是具有通用性(general)的，所有生物共用一套遺傳密碼；但粒線體的密碼與染色質的密碼在涵義上有些差別。例如，在人的粒線體中，UGA 不是終止密碼子，而是 Trp 的密碼子；AUA 不是 Ile 的密碼子，而是 Met 的密碼子；AGA 和 AGG 不是 Arg 的密碼子，而是終止密碼子等。這是生物在進化上發生的分歧，還是具有什麼特殊意義，現在尚不得而知。

(四) 密碼子退化性之重要性

從表 20-1 中可見，除 Trp 和 Met 只有一個密碼子外，其餘胺基酸都有兩個以上密碼子，最多的一種胺基酸有 6 個密碼子（Leu、Arg 和 Ser）。幾個密碼子代表同一種胺基酸，這幾個密碼子互相稱為**同義密碼子**(synonym codon)或**退化性密碼子**(degenerate codon)。一個胺基酸具有多個密碼子這種現象就稱為密碼退化性（code degeneracy，或稱兼併）。

從密碼表可以看出，密碼子的退化性情況多數發生在第三位元鹼基的不同，通常是一種嘌呤代替了另一種嘌呤，或一種嘧啶代替了另一種嘧啶。因此，生物體中的 $\frac{AT}{GC}$ 比例儘管變化很大（如細菌中 GC 可占 30%到 70%），但胺基酸組成和

相對比例變化卻不大。因 GC 含量高者，可多用第三位元為 GC 之密碼子，因而不會影響胺基酸的組成和比例。

密碼的退化性對生物物種的穩定性有一定意義，因為當突變引起密碼子內某一核苷酸改變時，可由變成同一胺基酸的另一個密碼子代替，合成出與原來沒有區別的蛋白質。相反的，如果由變成另一種胺基酸的密碼子替代，則會合成出在性質、功能上，對生物體有或大或小影響的另一種新蛋白質；這亦是生物發生變異和進化的根據之一。

雖然具有密碼退化性現象且一個胺基酸有數個密碼子，但每個密碼子的使用頻率並不相等；有些密碼子被反覆使用，而有些密碼子則幾乎不被使用。例如單鏈噬菌體φx174 是 AT 型 DNA（即 AT 含量比 GC 高），其鹼基組成是 T 占 31%，比其他幾種鹼基含量均高，因此密碼子第三位元鹼基是 U 的即被優先使用。此外，大腸桿菌核糖體蛋白質編碼 Thr 的 4 個密碼子中，ACU 使用 36 次，ACC 26 次，ACA 只使用 3 次，而 ACG 則完全未被使用；在動物的 2,244 個密碼子中，編碼 Ala 的 4 個密碼子中，GCU 被使用 28 個，GCC 36 個，GCA 14 個，GCG 6 個。

由實驗可知，大腸桿菌 mRNA 中密碼子出現頻率與相對應的 tRNA 含量有高度的相關性(correlation)。在高度表達的基因中，密碼子的選擇受控於可供使用的 tRNA 的量，而且密碼子的選擇是使其轉譯效率達到最佳狀態。換句話說，稀有 tRNA 的密碼子則有可能導致轉譯減慢。

(五) 密碼子不被核苷酸區隔

兩個密碼子之間沒有任何核苷酸加以隔開，即密碼子是線性連續排列的。因此，要正確地解讀密碼，必須從一個正確的起點開始，此後連續不斷地一個密碼子接著一個密碼子往下讀，直至終止密碼子出現為止。

20.3 核糖體

核糖體是蛋白質合成的場所，它雖然像某些病毒一樣是含 RNA 和蛋白質兩種成分，但它的結構和功能卻比病毒複雜得多。

一、結　構

　　大腸桿菌核糖體為一個質量大小 2.52×10^6 Da 的顆粒狀胞器(organelle)，沉降係數 70S，可拆開為兩個次單元：一個小次單元 30S，一個大次單元 50S。小次單元含有一種 RNA，即 16S RNA（0.6 MDa；1,542 個核苷酸）和 21 種蛋白質（分別用 $S_1 \sim S_{21}$ 表示，右下角數字表示在電泳系統的遷移率）；大次單元含兩種 RNA，5S RNA（40 kDa; 120 個核苷酸）和 23S RNA（1.2 MDa; 2,904 個核苷酸）和 34 種蛋白質($L_1 \sim L_{34}$)。

　　真核生物細胞(Rat)的核糖體為 80S（質量為 4.22×10^6 Da），也可分為大小兩個次單元。小次單元含有 18S RNA（0.7 MDa；1,874 個核苷酸）和 33 種蛋白質；大次單元含有 3 種 RNA：5S（120 個核苷酸）、5.85S（40 kDa; 160 個核苷酸）、28S（1.7 MDa；4,718 個核苷酸）及 49 種蛋白質。真核細胞粒線體中的核糖體大小和結構與細菌核糖體十分相似，但沉降係數只有 55S，這是因為它們所含蛋白質比例高一些，浮力密度(buoyant density)相對較小。

二、功　能

　　核糖體的基本功能有三個：結合在 mRNA 識別起始位點並開始轉譯、密碼子(codon)與 tRNA 上的反密碼子(anticodon)正確配對，以及合成胜肽鍵。但要完成每一項功能卻是十分複雜的。

　　對核糖體功能的了解無法以慣用的 X 射線繞射和電子顯微鏡，因為核糖體難於結晶，用電子顯微鏡觀察它又稍微小了點。因此，對它的各部分組成功能來自多方面的分析，包括：各成分的重建(reconsitute)、蛋白質特異性抗體對功能的抑制作用、應用專一性抗生素(antibiotic)、導向活性部位的試劑與核糖體的反應等。透過這些研究，不僅了解了如胜肽鍵形成的催化中心(catalytic center)位於大次單元上，而在起始階段 mRNA 的專一性結合發生在小次單元上等大的原則；且對某些核糖體蛋白質及 rRNA 的特殊作用也有所了解。比如，大次單元上的 L_7 和 L_{12}（二者的胺基酸數目和序列完全相同，只是 L_{12} 的 N 端為 Ser，而 L_7 的 N 端 Ser 被乙醯化），它們是很多可溶性蛋白因子出入大、小次單元間的門戶，包括轉譯的起始因子(initiation factor)、延長因子(elongation factor)和終止因子(termination factor)等，都首先與 L_7/ L_{12} 相結合而發揮作用，並且在蛋白質合成的能量利用上具有關鍵作用。

小次單元上的 S_1 可使 16S rRNA 3′ 端的「髮夾」(hairpin)式二級結構鬆開,從而使 16S rRNA 3' 端與 mRNA 5′ 端一個特殊區域相結合;S_5 與 S_2 和 S_4 的結合可提高蛋白質合成時延長因子的 GTP 酶活性等。

三、活性中心

核糖體上具有多個活性中心(active center)或活性部位(active site),這些活性部位比較大,它們占據了核糖體的相當大部分,而不像酶的活性中心那樣只占酶分子的一小部分。在小次單元上有 mRNA 結合位點和延長因子 EF-Tu 結合位點,P 位點(peptidyl site)大部分也在小次單元上,此外,小次單元上還有啟譯因子結合位點等。

在大次單元上存在 A 位(aminoacyl site)、延長因子 EF-G 結合位點、胜肽醯轉移酶(peptidyl transferase)位點,以及 L_7 / L_{12} 蛋白(它是 GTP 酶活性的必需物,但其本身並不是 GTP 酶)。

用氯化銫密度梯度離心,可將核糖體蛋白質分為兩部分,一種稱為核心蛋白(core protein, CP),另一種稱為脫落蛋白(split protein, SP),將這兩種蛋白質與 rRNA 一起保溫,可很快的自行組裝成 30S 次單元和 50S 次單元。日本人野村(Masayasu Nomura)在 1968 年,首次利用 16S rRNA 和 21 種核糖體蛋白在體外組裝成 30S 次單元,證明體外核糖體的形成是一個自動裝配(self-assembly)過程。由此看來,在細胞內也可能存在與此類似的機制。

20.4 胺基酸的活化

從熱力學的觀點來看,一個胺基酸的α-羧基與另一個胺基酸的α-胺基發生反應前,必須先使羧基活化起來。在胺基酸 tRNA 合成時,羧基的活化是在胺基酸的羧基與 tRNA 3′ 端核糖的羥基形成酯鍵(ester bond),此反應由胺醯 tRNA 合成酶(aminoacyl-tRNA synthetase)催化。

一、胺基酸 tRNA 合成酶催化的反應

胺基酸的活化：

$$胺基酸＋ATP＋酶 \longrightarrow 胺基醯-AMP-酶＋PPi$$

測定這個反應的最靈敏的方法是使用 ^{32}P 標記的磷酸標記 ATP 中的 α 位磷酸，然後追蹤其放射性。實驗證明胺醯基 tRNA 合成酶催化的胺基酸活化反應並不是嚴格專一的。例如，大腸桿菌異白胺醯基 tRNA 合成酶(isoleucyl-tRNA synthetase)也可催化白胺醯基-AMP (leucyl-AMP)或纈胺醯基-AMP (valyl-AMP)的合成；纈胺醯基 tRNA 合成酶(valyl-tRNA synthetase)也可催化酥胺醯基-AMP(threonyl-AMP)的合成。

胺醯基 tRNA 合成酶催化的第二個反應是使活化態的胺基酸由複合物中轉移至專一的 tRNA 3' 端上。

$$胺基酸-AMP-酶＋tRNA \longrightarrow 胺醯基 tRNA＋AMP^+$$

這一酯化反應(esterification reaction)與前面活化反應(activation reaction)相比較，顯得具有高度的專一性。異白胺醯基 tRNA 合成酶雖然可以合成纈胺醯-AMP，但不能得到 tRNA^{Ile}-Val，因為這個酶能以很快的速度將 tRNA^{Ile}-Val 水解為 tRNA^{Ile} 和 Val。同樣，苯丙胺醯基 tRNA 合成酶(phenylalanyl-tRNA synthetase)不能水解 tRNA^{Phe}-Phe，而能把 tRNA^{Phe}-Ile 水解為 tRNA^{Phe} 和 Ile。這種專一性有非常重要的生理意義，它可以避免 tRNA 攜帶錯誤的胺基酸加入蛋白質合成，是保證蛋白質合成正確進行的手段之一。

二、胺醯基 tRNA 合成酶的性質

因為蛋白質的基本胺基酸是 20 種，因此至少需要 20 種 tRNA 和 20 種胺醯基 tRNA 合成酶，即每一種胺基酸至少需要一種 tRNA 及一種合成酶。實際上一種胺基酸常有幾種 tRNA 來攜帶，它們稱為胺基酸的異接受體(isoaceptors)或 tRNAs，這是因為一個胺基酸有數個密碼子的緣故。

目前已知除少數胺醯基 tRNA 合成酶外，大多數的分子量都比較大，多數在 85,000~110,000 之間（表 20-2）。有些由單胜肽鏈組成，也有由幾個次單元所組成。

活性中心一般含硫氫基(sulfhydryl group)，因此，一些硫氫試劑如對氯汞苯甲酸(*p*-chloromercuribenzoic acid)可抑制此酶的活性。

▶ 表 20-2　某些胺醯基 tRNA 合成酶的性質			
來　源	胺基酸專一性	分子量	次單元數目
大腸桿菌(*E. coli*)	His	8.5×10^4	$2(\alpha_2)$
大腸桿菌(*E. coli*)	Ile	11.4×10^4	單胜肽鏈
大腸桿菌(*E. coli*)	Lys	10.4×10^4	$2(\alpha_2)$
大腸桿菌(*E. coli*)	Gly	2.3×10^4	$4(\alpha_2\beta_2)$
酵母菌(yeast)	Val	12.2×10^4	單胜肽鏈
酵母菌(yeast)	Phe	27.0×10^4	$4(\alpha_2\beta_2)$
牛胰(cattle pancreas)	Tyr	10.0×10^4	$2(\alpha_2)$

三、胺醯基 tRNA 合成酶的受質專一性

胺醯基 tRNA 合成酶的受質包括兩類化合物，即胺基酸和 tRNA。因此，酶分子上有兩個識別位點(recognition site)，一個位點識別並結合特異胺基酸，另一個位點識別並結合特異 tRNA。

胺醯基 tRNA 合成酶能在 20 種胺基酸中區分和活化它專一的胺基酸，但這種專一性不強，一些胺基酸類似物(analogue)也可被胺醯基 tRNA 合成酶活化。目前研究較多的是大腸桿菌苯丙胺醯基 tRNA 合成酶(phenylalanyl-tRNA synthetase)對苯丙胺酸(Phe)類似物的活化與結合，實驗結果發現，Phe 的苯環是與酶的一個厭水區相結合。

為了了解胺醯基 tRNA 合成酶與 tRNA 的結合部位，利用特異化學試劑處理 tRNA，使 tRNA 分子中某些區域的鹼基改變，然後觀察它們在親和力(affinity)的改變。結果發現，胺醯基 tRNA 合成酶可以使不同來源的 tRNA 胺醯化 (aminoacylation)。例如，酵母(yeast)苯丙胺醯基 tRNA 合成酶可以使大腸桿菌 tRNA^{Met}、tRNA^{Ile}、tRNA^{Val} 等胺醯化。分析這些 tRNA 的一級結構，發現這些 tRNA 的二氫尿嘧啶環(dihydrouracil loop)的柄部(stem)有幾個核苷酸排列序列相同。看來這幾個核苷酸是 tRNA 與合成酶相結合所必須的。

研究胺醯基 tRNA 合成酶與 tRNA 之間關係的另一種方法，是用核酸苷 (nuclease)處理胺醯基 tRNA 合成酶與 tRNA 形成的複合物(complex)。此時酶與 tRNA 結合的部分因受到酶的保護不至於被核酸酶水解，而 tRNA 其他未結合部分

則會被水解掉。用這種方法發現苯丙胺醯基 tRNA 合成酶是與 tRNA^{Phe} 的反密碼區 (anticodon region)和二氫尿嘧啶區結合，酵母菌絲胺醯基 tRNA 合成酶(seryl-tRNA synthetase)同 tRNA^{Ser} 的反密碼區結合，而大腸桿菌甲硫胺醯基 tRNA 合成酶 (methionyl-tRNA synthetase)的結合與 tRNA^{Met} 的反密碼區、3′ 端柄部的一部分以及額外臂(extra arm)有關。由此看來，不同 tRNA 與胺醯基 tRNA 合成酶的結合部位可能不同。

20.5 啟譯密碼子與啟譯 tRNA

一、啟譯密碼子

如果 mRNA 轉譯可以從任何一個密碼子開始，那麼轉譯的結果將不是均一的產物。因此 mRNA 上一定有某一種決定轉譯開始的密碼子作為多胜肽合成的啟譯信號。目前已知甲硫胺酸(Met)和纈胺酸(Val)的密碼子是啟譯密碼子(initiation codon)，即 AUG 和 GUG。在大腸桿菌中，啟譯密碼子 AUG 所編碼的胺基酸並不是甲硫胺酸，而是**甲醯甲硫胺酸**(formylmethionine, fMet)；GUG 所編碼的胺基酸也是甲醯甲硫胺酸。以此類推，莫非大腸桿菌所有蛋白質的 N 末端都應以甲醯甲硫胺酸開始嗎？但實際情況並不是這樣。在大腸桿菌的所有蛋白質中，N 末端以 Met 開始的占 45%，以 Ala 開始的占 30%，以 Ser 開始的占 15%，其餘 10%為其他胺基酸。在研究 tRNA 時發現有兩種可以攜帶甲硫胺酸的 tRNA，即 tRNA^{Met} 和 tRNA^{fMet}。tRNA^{fMet} 在攜帶了甲硫胺酸後由**轉甲醯基酶**(transformylase)催化，由 N^{10}-甲醯四氫葉酸(N^{10}-formyl FH$_4$)提供甲醯基，使 Met 甲醯化：

$$\text{Met-tRNA}^{fMet} + \text{N}^{10}\text{-甲醯 FH}_4 \longrightarrow \text{fMet-tRNA}^{fMet} + \text{FH}_4$$

用體外的大腸桿菌蛋白質合成系統以噬菌體 f$_2$ 的 RNA（單股 RNA）作為模板合成噬菌體的外套蛋白(coat protein)，發現這個蛋白的 N 末端為甲醯甲硫胺酸 (fMet)，第二個胺基酸為丙胺酸(Ala)，而天然 f$_2$（野生型）的外套蛋白 N 末端則都是丙胺酸。

無細胞系統（體外）： fMet · Ala · Ser · Asn · Phe ……

野生型（體內）： Ala · Ser · Asn · Phe ……

因此，在細胞內合成蛋白質時，N 末端有可能是甲醯甲硫胺酸，不過在合成完成後某階段會被水解切除。後來發現細菌中確有一種脫甲醯酶(deformylase)和一種胺肽酶(aminopeptidase)。當這兩種酶同時存在時，才可以將體外合成的噬菌體 f₂ 外套蛋白 N 末端的 fMet 切去，說明不以 Met 為 N 末端的蛋白質也是用 AUG 作為啟譯信號的。

二、啟譯 tRNA

當多胜肽合成完成以後，可能在酶的作用下將甲醯基(formyl group)水解成為以 Met 為 N 末端的多胜肽（故有近一半的蛋白質 N 末端為 Met）。也可能將甲醯甲硫胺酸（或連同幾個胺基酸）水解，成為不是以甲硫胺酸為 N 末端的多胜肽。

至於什麼情況下僅僅切去甲醯基，什麼情況下切去幾個胺基酸，主要取決於其相鄰的胺基酸。如果第二個胺基酸是 Glu、Asp、Asn、Arg、Lys 和 Ile 時，則以脫甲醯基為主；如果相鄰的胺基酸是 Ala、Gly、Thr、Val 和 Pro，則常常除 fMet 外還會切去幾個胺基酸。這可能與胺肽酶的識別作用及活性有關。

在一些原核細胞及病毒基因表現中，以 GUG 為起始信號。如果以 GUG 作為啟譯密碼子時又代表什麼胺基酸呢？用多聚 UG 作為人工模板來進行蛋白質合成時，密碼排列是：

UGU GUG UGU GUG …… 或 GUG UGU GUG UGU ……

GUG 代表的是 Val，UGU 代表的是 Cys$_{SH}$，所以用聚 UG 為模板合成的多胜肽應該是：

Cys·Val·Cys·Val ……
或　Val·Cys·Val·Cys ……

可是實際上所得到的多胜肽是：

fMet·Cys·Val·Cys ……

可見轉譯從 GUG 開始，而且 GUG 在啟譯時不代表 Val，而是代表 fMet，只有在胜肽鏈內部才代表纈胺酸(Val)。

在原核細胞中作為多胜肽合成的第一個胺基酸 Met 被甲醯化，以 fMet 開始，可能是對α-胺基有保護作用，使其第二個胺基酸能定向的接在 Met 的α-羧基上。真核細胞的啟譯密碼子為 AUG，代表 Met（而不是 fMet）。攜帶 Met 的也有兩種 tRNA^{Met}，一種負責起始（這種 tRNA 分子不含 TψC 序列，是 tRNA 中罕見的），另一種負責鏈的延伸。

如何區別 AUG、GUG 是啟譯密碼子還是多胜肽延伸中的密碼子？曾經認為，作為啟譯密碼子的 AUG 和 GUG 必然處於 mRNA 的 5' 端，處於其他部位的 AUG 和 GUG 則為胜肽鏈延伸中的密碼子。但是，這種觀點不能解釋多基因轉錄的 mRNA。RNA 噬菌體中 A 蛋白（又稱成熟蛋白(maturation protein)）基因的起始密碼子分別位於 5' 端的第 130 位（R$_{17}$ 和 MS$_2$）和第 62 位(Qβ)，其他兩個基因的起始密碼子離 5' 端更遠。

從現有的研究結果看來，僅僅有啟譯密碼子 AUG 和 GUG 對蛋白質合成起始是不夠的。Shine 和 Dalgarno 研究了多種 mRNA 的起始信號，發現在啟譯密碼子前 3~11 個鹼基出現一個共同序列：AGGA 或 GAGG，有的還更長一點 AGGAGGU，就將這個共同序列稱為 SD 序列(Shine-Dalgarno sequence)。這一段序列剛好與核糖體 30S 次單元的 16S rRNA 3' 端的一段序列互補：

$$\begin{array}{lll} \text{mRNA} & 5' \cdots\cdots \text{AGGAGGUXXXXXAGU} - - \\ & \qquad\quad ::\quad :\quad :::::: \\ \text{16SrRNA} & 3' \qquad \text{AUUCCUCCACUAG} - - \end{array}$$

因此認為除起始密碼子外，SD 序列對於轉譯的起始也是必須的。Barrick 對 SD 序列作了更多的研究，並發現這段序列的長短，以及與 16S rRNA 互補的情況影響轉譯起始的效率。

20.6 轉譯過程

一、轉譯的方向

蛋白質的合成是從胺基端開始還是從羧基端開始？用同位素標記合成的多胜肽可以證實合成的方向。

在血紅素(hemoglobin)的合成系統中，加入用 ^3H 標記的胺基酸，待反應一段時間後，用胰蛋白酶(trypsin)降解血紅素，得到許多小胜肽，再用「指紋法」(fingerprint methods)檢查標記胺基酸在各種小胜肽內的分布情況，發現放射性胺基酸的含量是羧基端遠遠高於胺基端，並且從胺基端至羧基端的放射性逐漸增加。這說明血紅素的合成方向是從 N 端開始向 C 端延伸的。

二、密碼子的識別

在蛋白質合成過程中，攜帶胺基酸的 tRNA 之反密碼子(anticodon)利用鹼基配對(base pairing)識別 mRNA 上的密碼子，這種識別作用是由 tRNA 決定，還是由它所攜帶的胺基酸決定？如果由 tRNA 識別，連接在 tRNA 3′ 端的胺基酸對密碼子的識別有無影響？這個問題可由下列實驗得到答案。tRNA^{Cys} 攜帶的 Cys 可用 Raney 鎳(Raney nickel)還原為丙胺酸(Ala)：

$$tRNA^{cys}-O-\underset{\underset{NH_2}{|}}{\overset{\overset{O}{||}}{C}}-\overset{\overset{H}{|}}{C}-CH_2-SH \xrightarrow{\text{Raney鎳}} tRNA^{cys}-O-\underset{\underset{NH_2}{|}}{\overset{\overset{O}{||}}{C}}-\overset{\overset{H}{|}}{C}-CH_2H$$

$$tRNA^{cys}-Cy_{SH} \qquad\qquad\qquad tRNA^{cys}-Ala$$

上述反應將得到一個「雜化」分子 tRNA^{Cys}-Ala，假設這樣的「雜化」分子能識別 Ala 的密碼子，就說明同一個 tRNA 分子由於末端連接的胺基酸發生了變化，它識別的密碼子也相應發生了變化，表示胺基酸在識別過程中具有決定作用。相反的，如果這種「雜化」分子仍然可以識別 Cys 的密碼子，但不能識別 Ala 的密碼子，就說明對密碼子的識別具有決定作用的是 tRNA 本身，而不是胺基酸。

實驗在無細胞蛋白質合成系統中進行，以 poly(UG)為模板執行多胜肽合成，此模板中含有 Cys 的密碼子 UGU，而不含 Ala 的密碼子 GCX，結果發現在加入「雜化」分子 tRNA^{Cys}-Ala 後，合成的多胜肽鏈中出現 Ala，顯示「雜化」分子 tRNA^{Cys}-Ala 具有識別 Cys 的密碼子的作用。另外，用血紅素 mRNA 做模板，在血紅素合成過程中加入「雜化」分子 tRNA^{Cys}-[^{14}C]Ala，合成的血紅蛋白用胰蛋白酶水解，再分析水解後的胜肽段，發現原來含有 Cys 的胜肽段中有同位素標記的 Ala，而原來含有 Ala 的胜肽段卻沒有 ^{14}C 標記的 Ala。

實驗結果說明，tRNA 上的胺基酸對識別密碼子沒有影響，而是 tRNA 分子本身才具有決定的作用。

三、搖擺假說

比較密碼子與反密碼子的配對關係，發現這種配對在密碼子的第一、二位鹼基是標準配對，而第三位鹼基為非標準配對。由於在一個胺基酸的幾個密碼子中，第三位元鹼基變化較大，而 tRNA 反密碼子的第三位元鹼基(3'→5')必然可以與幾個不同的鹼基配對。例如：編碼 Ala 的密碼子：$\mathrm{GC}\begin{smallmatrix}\mathrm{U}\\ \mathrm{C}\\ \mathrm{A}\\ \mathrm{G}\end{smallmatrix}$，其中 $\mathrm{GC}\begin{smallmatrix}\mathrm{U}\\ \mathrm{C}\\ \mathrm{A}\end{smallmatrix}$ 可以和酵母 $tRNA^{Ala}$ 的反密碼子 CGI 配對，可見 I (inosine)能識別 U、C、A。這種 I 與 U、C 和 A 之間的配對稱為「非標準配對」。對於這一現象的解釋，Crick (1966)根據立體化學(stereochemistry)的原理提出了一個所謂的「搖擺假說」（或稱變偶假說）。此假說認為密碼子的第三位元鹼基在配對性質上具有一定程度的靈活性，可有一定的變動（表 20-3）。

由於 tRNA 反密碼子的第三位元鹼基與 mRNA 密碼子的第三位元鹼基在配對上具有一定的搖擺性，這在進化上可以減少生物的突變頻率。由於此種性質，mRNA 密碼子上第三位元鹼基即使發生改變，合成出的蛋白質結構也不一定改變。例如 UGC 和 UGU 均代表 Cy_{SH}，半胱胺醯 tRNA 的反密碼子 ACG (3'→5')能夠識別這兩個密碼子，即反密碼子第三位元的 G 可與密碼子第三位元的 C 和 U 配對（如下表所示）。如果沒有這種搖擺性，反密碼子 ACG 只能與密碼子 UGC 配對，而不能與 UGU 配對，如此，當 mRNA 上出現 UGU 時就不會有 Cys 加入。若此 Cys 對蛋白質的功能是必需的，勢必會造成突變。

表 20-3　tRNA 與 mRNA 非標準配對

tRNA 上反密碼子之 5'鹼基	mRNA 密碼子之 3'鹼基
G	U or C
C	G
A	U
U	A or G
I	A, U or C

四、蛋白質合成步驟

蛋白質合成的步驟同樣可以人為地分為起始、延伸和終止三個階段。

(一) 蛋白質合成的啟始

大腸桿菌的核糖體(ribosome)由 30S 和 50S 兩個次單元組成，在啟譯時首先是由 30S 次單元起作用。用人工合成的多聚 AUG 做模板時，發現 tRNA^{fMet} 可以和 30S 次單元結合，但如果要使其他胺醯基 tRNA 結合上去，就必須有 50S 次單元參加。啟譯過程有下列幾個步驟：

1. **核糖體啟動**：由兩個次單元(30S＋50S)組成的 70S 核糖體對轉譯的起始是無活性的，要由啟譯因子(initiation factor, IF)來啟動：

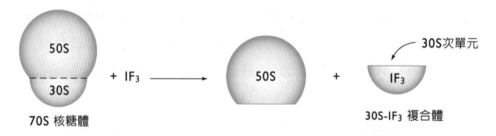

大腸桿菌有三種啟譯因子，即 IF$_1$、IF$_2$ 和 IF$_3$，都是可溶性蛋白質，分子量分別為 9,000、12,000 和 22,000。IF$_1$ 是一個小的鹼性蛋白，它沒有專一的功能，只是增加其他兩個啟譯因子的活性。IF$_2$ 有兩種分子形式，IF$_{2a}$ 和 IF$_{2b}$，二者功能相同。IF$_2$ 的功能是生成 IF$_2$ · GTP · fMet-tRNA^{fMet} 三元複合物；在 IF$_3$ 存在下，使起始 tRNA 與核糖體小次單元結合。此外，IF$_2$ 還具有很強的 GTP 活性。

真核生物的啟譯因子有 10 種，分別稱為 eIF-1、eIF-2、eIF-3、eIF-4、eIF-5，其中 eIF-2 有兩種，eIF-4 有 5 種。

2. **啟譯複合體的形成**：30S-IF$_3$ 複合體、mRNA 和起始胺醯基 tRNA 結合成啟譯複合體(initiation complex)，此步驟有 GTP 的參與。

啟動後的 30S 次單元(30S-IF$_3$ 複合體)與 mRNA 和負載的 tRNA^{fMet} 結合(需要 IF$_1$、IF$_2$ 和 GTP) 形成啟譯複合體。啟譯複合體包含有 mRNA、核糖體 30S 次單元、啟譯因子 IF$_1$、IF$_2$、IF$_3$ 和甲醯甲硫胺酸 tRNA（負載）。IF$_3$（有兩種 IF$_{3\alpha}$ 和 IF$_{3\beta}$）具有雙重功能；它既能使 30S 次單元識別 mRNA 上的特異的啟動信號，又能刺激 tRNA^{fMet}-fMet 與核糖體結合在 AUG 上。

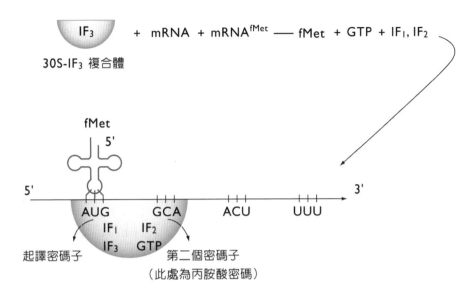

3. **50S 次單元與啟譯複合體的結合**：mRNA 和 tRNA^fMet-fMet 二者以任一次序同 IF-30S-GTP 複合體結合上，在結合時，tRNA^fMet-fMet 與 IF₂-GTP 複合物緊密接觸。30S 起始複合物一旦完全形成後，IF₃ 即釋放出來，之後 50S 隨即加入並引起 GTP 水解和釋放其他兩個啟始因子。

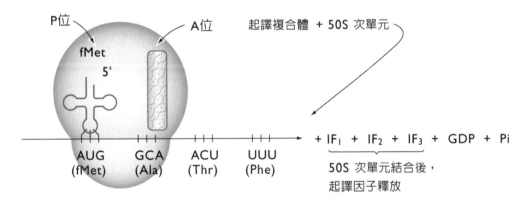

　　核糖體上有三個特殊部位，一個是接受胺醯基 tRNA 的部位，稱為 A 位 (aminoacyl site, A site)或受體位(acceptor site)；第二個是胜肽醯 tRNA 結合的部位，稱為 P 位(peptidyl site, P site)或供給位(donor site)；第三個部位是無負載（表示不攜帶胺基酸）的 tRNA 釋放的部位，稱為 E 位(exit site, E site)。當啟譯複合體形成後 50S 次單元即可結合上去，負責起始的甲醯甲硫胺醯 tRNA 即處於 P 位。

(二) 胜肽鏈延長反應

胜肽鏈延長反應包括結合反應、轉胜肽反應和轉位作用三個步驟。

1. **結合反應**：這是胺醯基 tRNA 進入核糖體 A 位的過程。對應於 mRNA 上第二個密碼子的胺醯基 tRNA（假設現為丙胺醯基 $tRNA^{Ala}$）進入 A 位與核糖體結合，這個過程需要 GTP 參與，另外還需要兩個蛋白因子 EF-Tu 和 EF-Ts 的參與。EF-Tu、EF-Ts 以及下面要講到的 G 因子（又稱轉位酶，translocase）統稱為**胜肽鏈延長因子**(peptide chain elongation factor, EF)。

$tRNA^{fMet}$ 和其他胺醯基 tRNA 不同，它不能和 EF-Tu 及 EF-Ts 結合，這也是 $tRNA^{fMet}$ 不能進入到胜肽鏈合成內部的原因。

EF-Tu 和 EF-Ts 都是小分子蛋白質，EF-Ts 對熱穩定，分子量 31,000；EF-Tu 對熱不穩定，分子量 42,000。在動物細胞中與這兩個 T 因子具有相似功能的是 EF-1 因子，其分子量為 47,000~60,000。EF-Tu 先與 GTP 結合，再與胺醯基 tRNA 結合，形成胺醯基 tRNA · EF-Tu · GTP 三元複合物，從而使胺醯基 tRNA 進入 A 位。這個過程還有核糖體的 rRNA 參與，特別是 5S rRNA，通常認為是通過這兩種 RNA 的保守序列(conservative sequence)互補配對：tRNA 中的 $^{5'}T\phi CG^{3'}$ 與 5S rRNA 中的 $^{5'}CGAA^{3'}$ 配對（真核生物中此序列出現在 5.8S rRNA 中）。

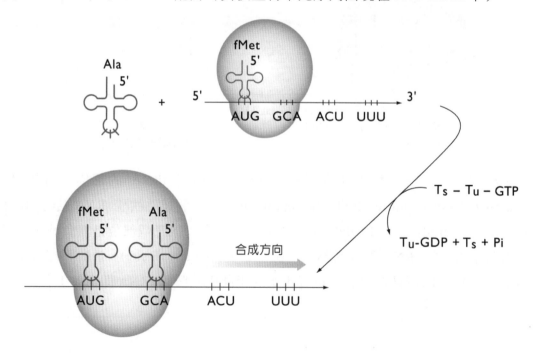

　　一當胺醯基 tRNA 進入 A 位，即在另一種延長因子 EF-Ts 參與下 GTP 分解為 GDP，並使 EF- Tu•GDP 釋放。EF-Tu · GDP 再由 EF-Ts 參與下與 GTP 反應，重新生成 EF-Tu · GTP，以供下一個胺醯基 tRNA 的結合。可見 EF-Tu 和 EF-Ts 都是幫助胺醯基 tRNA 進入 A 位並與 mRNA 與結合的蛋白因子。

2. **轉胜肽反應**(transpeptidation)：結合過程一旦完成立即進行轉胜肽，即胜肽鍵的生成。在胜肽醯轉移酶(peptidyl transferase)的催化下，A 位上的胺基酸（假定為 Ala)的α-胺基與 P 位上 tRNA^{fMet}-fMet 的羧基發生親核反應(nucleophilic reaction)而形成胜肽鍵。新的胜肽鍵一旦形成，處於 P 位的 tRNA 即成為「無負載」的（即不帶胺基酸的）。

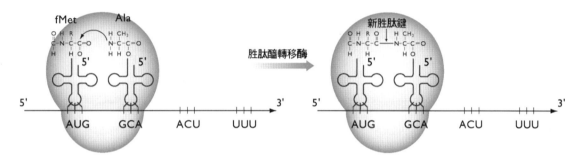

　　胜肽醯轉移酶(peptidyltransferase)是 50S 次單元上的一個蛋白質組分。轉胜肽反應不需要 GTP 或 ATP 參與。形成胜肽鍵所需之能量來自胺醯基 tRNA 本身酯鍵的水解。因為胺基酸活化時，ATP 分解成 AMP，釋放較多的能量，部分能量用於胺基酸與 tRNA 形成的高能酯鍵。

3. **轉位作用**(translocation)：攜帶著胜肽醯基的 tRNA 連同 mRNA 移動一個密碼子的距離（由 mRNA 5'→3' 的方向），這裡是攜帶著 fMet-Ala 的 tRNA 由 A 位移到 P 位。胜肽醯基 tRNA 從 A 位移到 P 位這一過程稱為轉位(translocation)。這個過程由轉位酶(translocase)催化，並必須有供能的 GTP 參與。同時 P 位上原有的 tRNA（已無負載）轉移到 E 位，並由 E 位釋放。mRNA 從 5′ 端向 3′ 端方向移動，第三個密碼子（這裡為 ACU）進入 A 位，等待第三個胺醯基 tRNA（這裡為酥胺醯 tRNA）進入。

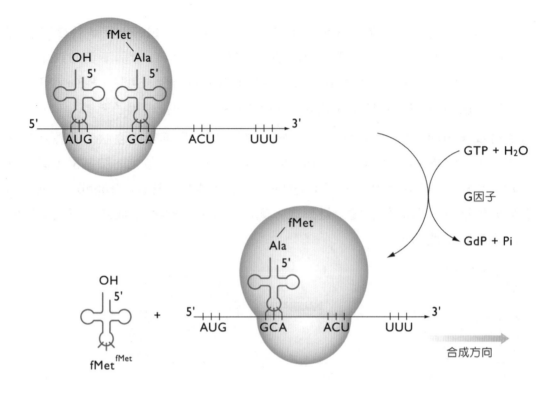

在原核生物中，對轉位具有關鍵作用的是 G 因子，這是一個依賴於 GTP 的轉位酶，分子量 84,000。在真核生物中，已知一種 EF-2 因子能夠完成與 G 因子十分相似的功能，其分子量為 70,000。關於胜肽鏈延伸中核糖體幾個位點的關係，Rheinberger (1981)曾經提出過一個模型，認為：

(1) 核糖體含有 A、P 和 E 三個 tRNA 結合位點，E 位可專一性的結合已脫掉胺醯基的 tRNA 分子（即無負載 tRNA）。

(2) 在轉位作用過程中，不帶胺基酸的 tRNA 並不立即離開核糖體，而是從 P 位移到 E 位，tRNA 運動的方向為 A→P→E。

(3) 轉位前後，處於 A 位和 P 位的 tRNA 都是通過反密碼子─密碼子相互作用而與 mRNA 發生結合。

(4) 核糖體具有兩種構型狀態，一種是轉位作用前狀態，此種構型時 A 位和 P 位對 tRNA 有高親和性，而 E 位具有低親和性；另一種為轉位作用後狀態，此時 P 位和 E 位對 tRNA 有高親和性，而 A 位的親和性減弱，成為低親和性。

以上胜肽鏈延長的三個步驟重複進行，核糖體沿 mRNA 每移動一個三聯體單位，胜肽鏈就加長一個胺基酸。由核糖體釋放的無負載 tRNA 游離於細胞質中，又可再去攜帶相對應的胺基酸。

(三) 合成終止

胜肽鏈合成的終止過程見下圖。

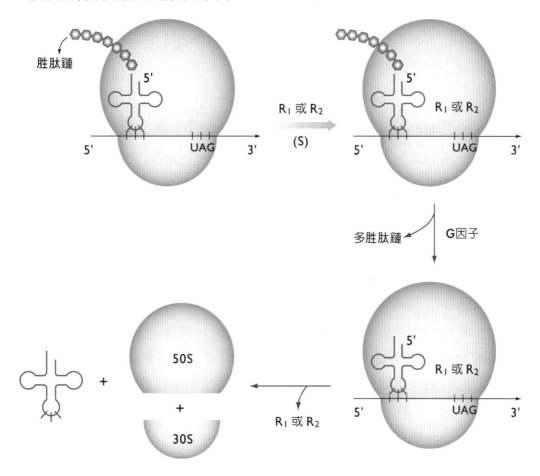

在密碼表中有三個稱為終止密碼子(termination codon)的三聯體,即 UAA、UAG 和 UGA。它們是胜肽鏈合成的終止信號,在接胜肽過程中,當核糖體沿 mRNA 移動至終止密碼子進入 A 位時,胜肽鏈合成便自動停止。實驗證明,此時並沒有某種不帶胺基酸的 tRNA 和終止密碼子結合,接胜肽過程到達終止密碼子時,也沒有任何帶胺基酸的胺醯基 tRNA 接上去,此時處於 P 位的胜肽醯 tRNA 的胜肽鏈酯鍵被水解,胜肽鏈合成自動停止。

合成終止及胜肽鏈釋放需要釋放因子(releasing factor, RF),分為 RF1、RF2 和 RF3 三種。RF1 可識別終止密碼子 UAA 和 UAG,RF2 則識別 UGA 和 UAA。RF3 並不識別密碼子,但對 RF1 及 RF2 有促進作用。當合成至終止密碼子時,RF 可改變胜肽醯轉移酶的活性,促使胜肽醯 tRNA 間的酯鍵水解斷裂,使已合成的多胜肽

從核糖體上釋放出來；然後是處於 P 位不帶胺基酸 tRNA 的釋放，在大腸桿菌中，這與 RF$_3$ 因子有關。

多胜肽合成的終止因子都是酸性蛋白質，分子量分別為：RF$_1$: 44,000，RF$_2$: 49,000，RF$_3$: 46,000。真核生物的終止因子 RF（分子量 150,000~250,000）具有原核生物三種終止因子的活性。

20.7 轉譯後的修飾作用

一、聚核糖體

核糖體的兩個次單元一旦從 mRNA 分子上釋放出來，IF$_3$ 即與 30S 次單元結合，這種結合可防止 30S 次單元與 50S 次單元結合。因此，與 IF$_3$ 結合的 30S 次單元又可用於合成啟始，從而形成一個循環，稱為**核糖體循環**(ribosomal cycle)。

由實驗得知，在活細胞中，每股 mRNA 在蛋白質合成中並不是只與一個核糖體相結合，而是同時與若干個核糖體結合形成念珠狀結構(beading structure)，這種結構即為**聚核糖體**。這樣的結構可在電子顯微鏡下直接觀察到，最早是在合成血紅素旺盛的家兔網狀血球細胞(reticulocyte)中觀察到的；每條 mRNA 鏈上「串聯」有五個核糖體。若用核糖核酸酶(ribonuclease)溫和處理使 mRNA 鏈斷裂，則聚核糖體結構破壞，可釋放出單個核糖體。

每一條 mRNA 股上所「串聯」的核糖體數目與生物種類有關。例如家兔網狀血球細胞是 5~6 個，細菌中含有 4~20 個，在個別例子中也有多達 100 個核糖體的（如與細菌的色胺酸合成酶有關的聚核糖體）。至於核糖體間的距離也是隨生物種類而異，一般為 5~10 nm（圖 20-3）。

聚核糖體是生物體合成蛋白質最經濟的一種形式，因為這樣既可避免每一條多胜肽鏈需要一條 mRNA 鏈，也可避免由於合成過多量的同種 mRNA 造成錯誤而致突變。這也是體內蛋白質種類和數量很多，但 mRNA 量並不很大（占總 RNA 的 5%）的原因。

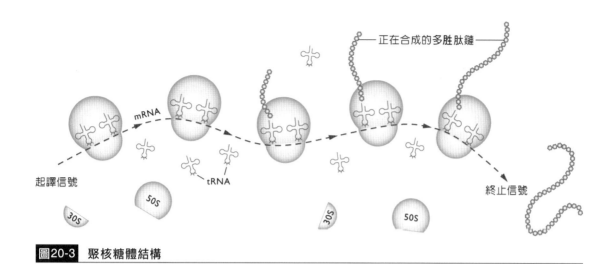

圖20-3 聚核糖體結構

二、胜肽鏈修飾

胜肽鏈合成後還要經過加工修飾才能成為有活性的蛋白質，這種加工處理稱為轉譯**後修飾作用**(post-translational modification)。由於不同蛋白質的結構和功能不同，其轉譯後修飾作用也就不完全相同。有許多蛋白質需要羥基化(hydroxylation)，如骨膠原(bone collagen)等；有的需要磷酸化(phosphorylation)，如肝醣磷酸化酶(glycogen phosphorylase)；有的要乙醯化(acetylation)，如組織蛋白(histone)，或甲基化(methylation)，如細胞色素 C (cytochrome C)、肌蛋白(muscle protein)等。有些還要接上各種醣基（醣蛋白(glycoprotein)），或切去一些胜肽片段，如胰島素(insulin)、蛋白酶(protease)等。胜肽鏈的這些轉譯後修飾作用，大多在細胞質的粗糙內質網(rough endoplasmic reticulum)或高基氏體(Golgi apparatus)中進行。

20.8 基因表現的抑制劑

在遺傳訊息傳遞過程中，許多物質可專一性抑制不同階段的遺傳訊息傳遞。這些抑制劑中大部分是抗生素(antibiotic)。應用適當的抑制劑可以探討 DNA 複製、轉錄、轉譯及其調控的機理，並可用於抗菌和抗癌。

一、抑制 DNA 合成的抗生素

1. **絲裂黴素 C** (Mitomycin C)：有抗菌和抗癌作用，臨床上用於治療白血病 (leukemia)和肉瘤(sarcoma)等惡性腫瘤。其作用原理是選擇性地與鳥糞嘌呤的 6 位氧原子相結合，形成交聯而妨礙 DNA 雙股的拆解，因而抑制 DNA 的複製。

2. **博萊黴素 A₂** (Bleomycin A₂)：是由放線菌(*Actinomyces*)中提取而來，也具有抗菌和抗癌作用。它作用於 DNA 的 G 和 C，能夠切斷 DNA，使 DNA 分子變小，從而抑制 DNA 合成。

3. **其他**：抑制 DNA 聚合酶（作用於酶的硫氫基）的抗癌黴素(Sarkomycin)、抑制拓撲異構酶的新生黴素(Novobiocin)，以及作用於細胞膜，可引起 DNA 破壞，抑制 DNA 合成的新制癌素(Neocarzinostain)等，都是干擾 DNA 合成而具抗菌作用的物質。

二、抑制 RNA 合成的抗生素

前已討論，**放線菌素 D** (Actinomycin D)專一性作用於模板 DNA 的去氧鳥糞核苷酸，以氫鍵與之結合來妨礙 DNA 作為轉錄的模板。

1. **利福黴素**(Rifamycin)：作用於細菌的 RNA 聚合酶。其作用機制是抑制 RNA 的起始過程，它與α聚合酶的β次單元結合，使核心酶不能與σ因子結合，從而使 RNA 合成不能正確開始，但它並不能影響已經起始的 RNA 分子的延長。

2. **其他**：**鏈黴溶菌素**(Streptolydigin)抑制細菌 RNA 聚合酶，通過抑制磷酸二酯鍵的生成和降低 RNA 聚合酶與 UTP 的結合能力，從而抑制轉錄中鏈的延長反應；**色黴素 A₃** (Chromomycin A₃)、**康加諾黴素**(Kanchanomycin)等可與 DNA 結合，抑制 RNA 的生成。

三、抑制蛋白質合成的抗生素

鏈黴素(Streptomycin)、**金黴素**(Chlortetracycline)、**土黴素**(Oxytetracycline)、**四環黴素**(Tetracycline)和卡那黴素(Kanamycin)等抗生素可專一性結合於細菌的核糖體小次單元；**氯黴素**(Chloramphenicol)、**紅黴素**(Erythromycin)、**螺旋黴素**(Spiramycin)、**嘌呤黴素**(Puromycin)等則可結合於核糖體大次單元，從而抑制蛋白質合成。簡述如下：

1. **鏈黴素**：干擾甲醯甲硫胺醯 tRNA 和核糖體的結合，從而抑制蛋白質合成的正確起始。它作用於核糖體 30S 次單元上的 S_{12} 蛋白質，進而妨礙 $tRNA^{fMet}$- fMet 的結合，不能形成啟譯複合體。

2. **四環素族抗生素**：如**土黴素**、**金黴素**等，會與 30S 次單元結合後妨礙甲醯甲硫胺醯 tRNA 與 30S 次單元結合，也阻止胺醯基 tRNA 進入核糖體的 A 位。這些抗生素可通過細菌的細胞膜，進入細胞內。從而抑制蛋白質合成。真核生物核糖體本身對這些抗生素也是敏感的，但它們不能通過真核生物細胞膜，因而不能抑制真核細胞的蛋白質合成。

3. **氯黴素**：可與核糖體 50S 次單元結合，主要功能是專一性抑制胜肽醯轉移酶 (peptidyl transferase)；它可與該酶附近的多種蛋白質相互作用，使該酶不能發揮正常的功能。此外，氯黴素也抑制胺醯基 tRNA 與核糖體的結合。

4. **嘌呤黴素**：由白色鏈黴菌(*Streptomices alboniger*)產生的一種抗生素，其結構與胺醯基 tRNA 3' 末端腺苷結構十分相似，因此，它是胺醯基 tRNA 的類似物，可進入核糖體 A 位，並與延長的胜肽鏈連接，當嘌呤黴素一連接到新生的胜肽鏈末端後，另外的胺基酸就不能再連接上去了，而使得新生胜肽鏈在未完成合成之前就釋放出來，從而抑制了蛋白質的合成。

　　由上述可以看出，以上抗生素之所以「抗菌」，是因為它們破壞了 DNA 複製或基因表現的某一過程，有的抑制複製，有的抑制轉錄，有的抑制轉譯，無論對哪個階段的干擾，最終都將導致細菌 DNA 或蛋白質合成受阻。

 專欄 BOX

20.1 白喉毒素與霍亂毒素

白喉毒素(diphtheria toxin)是由白喉桿菌(*Corynebacterium diphtheria*)分泌的一種毒素，它通過抑制蛋白質合成來殺死細胞。

白喉毒素是一條多胜肽單鏈（分子量 63,000），有兩個雙硫鍵。可分為兩個結構區域。當 B 結構區域與一種細胞表面的受體(receptor)結合後，毒素蛋白質即水解斷開和雙硫鍵還原，生成二個片段：A 片段（分子量 21,000）和 B 片段（分子量 42,000），接著 B 片段促進 A 片段通過細胞膜而進入細胞。在細胞內，A 片段進行專一性的蛋白質修飾酶(protein-modifying enzyme)之作用。它催化 ADP-核糖基化(ribosylation)，接著使 EF-2（真核延長因子-2）成為非活性化(inactivation)；這個反應在人體外進行是可逆的，但在細胞內的 pH 及 NADH (nicotinamide)濃度條件下則是不可逆的。反應式如下：

$$EF\text{-}2 + NAD^+ \rightleftharpoons ADP\text{-}核糖\text{-}EF\text{-}2 + NADH + H^+$$

白喉毒素使 EF-2 被 ADP-核糖基化是通過一種稀有胺基酸白喉醯胺(diphthamide)連接在 EF-2 上來實現的。白喉醯胺是由組胺酸(histidine)經修飾後生成的。EF-2 被 ADP-核糖基化後即不再具有延長因子的作用，從而抑制了蛋白質合成。

霍亂毒素(choleragen)的作用機制有一部分也與白喉毒素類似。霍亂毒素由一條 A 鏈和五條 B 鏈組成，A 鏈具有蛋白質修飾 活性，B 鏈促進 A 鏈進入細胞。A 鏈催化一種關鍵性的信號偶聯蛋白(signal-coupling protein)ADP-核糖基化，結果導致腺苷酸環化酶(adenylate cyclase)持續活化，引起細胞內許多反應無節制地進行。

摘要

1. 遺傳訊息由 DNA 傳向 RNA，再傳向蛋白質，這就是基因表現。遺傳訊息的這種傳遞方式也就是 Crick 提出的分子生物學的一個中心法則(central dogma)。生物的各種生命現象最後要由蛋白質來表現。遺傳訊息由 DNA 傳向 RNA 稱為轉錄，再由 RNA 傳向蛋白質稱為轉譯。

2. 所謂遺傳訊息實際上就是指的 DNA 和 RNA 中的核苷酸序列，在蛋白質中則為胺基酸序列。所以，蛋白質的結構（胺基酸序列）最終是由 DNA（基因）的結構（核苷酸序列）來決定的。

3. 遺傳訊息是以遺傳密碼的方式傳遞。遺傳密碼乃指 mRNA（或 DNA）上的三聯體(triplet)，即每三個連續排列的核苷酸代表一個胺基酸。20 種胺基酸都各有自己的密碼子。有的胺基酸還有多個密碼子。密碼子在 mRNA 呈線性排列，不重疊、不間斷，且各種生物的密碼是通用的。

4. 胺基酸作為合成蛋白質的原料，首先要經過活化，即在胺醯基 tRNA 合成酶的催化下，由 ATP 分解成 AMP 提供能量，使胺基酸與相對應的 tRNA 結合成胺醯基 tRNA。每種胺基酸有相對應的胺醯基 tRNA 合成酶。有些胺基酸還可由數個 tRNA 來攜帶。

5. 負責蛋白質合成開始的，在 mRNA 上有專門的啟譯密碼子，在原核生物中它對應甲醯甲硫胺酸(fMet)，真核生物中則為甲硫胺酸(Met)，有專門負責啟始的 tRNA。

6. 蛋白質合成是在核糖體中進行的。在合成開始時，核糖體的小次單元首先要與 mRNA 的啟譯密碼子結合，在有啟譯因子、GTP 的參與下，攜帶有起始胺基酸的 tRNA 結合於啟譯密碼子，形成複合體，然後與大次單元結合；核糖體上有三個特殊部位，第一個胺醯基 tRNA 結合於 P 位，第二個密碼子對應的胺醯基 tRNA 進入 A 位，然後發生轉胜肽反應和轉位作用，即生成一個胜肽鍵；以上過程不斷重複，核糖體每次由 mRNA 的 5' 端向 3' 端移動一個密碼子距離，即延長一個胺基酸，直至出現終止密碼子為止。胜肽鏈的延長及終止都是在多種蛋白因子及 GTP 參與下完成的。

7. 抗生素的「抗菌」機制大致上可分為兩類，一類主要作用於破壞細胞壁或細胞膜，另一類則主要抑制 DNA 複製及基因表現。有多種抗生素抑制蛋白質合成過程，不同抗生素抑制轉譯過程的機制不盡相同。

MEMO

PRINCIPLES OF
BIOCHEMISTRY

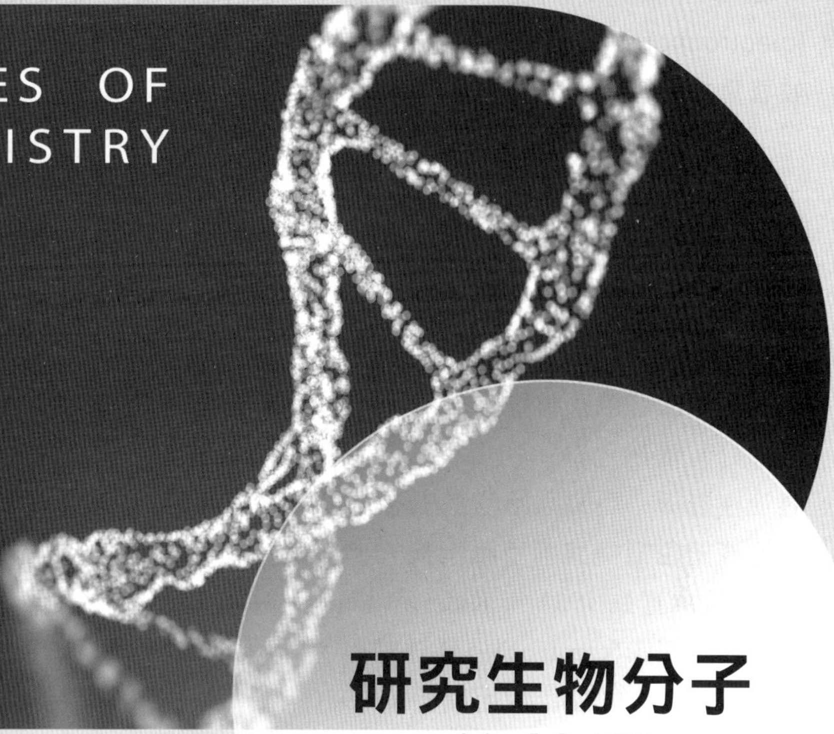

研究生物分子
的技術

無論對哪種生命物質進行研究或利用，首先就涉及到將這種物質從生物組織或細胞中提取出來，這就需要對不同生物分子進行分離、純化、鑑定及純度測定。在生物化學中這些技術包括層析法(chromatography)、電泳法(electrophoresis)、比色法(colorimetry)等。本章將介紹這些常用技術的基本原理，並著重於在蛋白質和核酸研究中的應用。

21.1 層析法

一、起源

層析法是俄國植物學家 Tswett 於 1906 年創建，他將碳酸鈣裝在一個玻璃柱內用於分離植物色素，利用石油醚的洗脫使不同顏色的色素得到分離。這就是最早的管柱層析。而最原始的濾紙層析可追溯到西元前 500 年。當時的埃及人把染料中的液態色素滴到莎草紙上使它們分離。儘管如此，這些技術長期以來並未引起人們重視，直到 1931 年 Kuhn 和 Lederer 用吸附層析法把長期認為是單一化合物的植物胡蘿蔔素(carotene)結晶分離出了兩個成分後，這種方法才逐漸被人們接受。而層析法真正的廣泛使用則始於 1940 年代。

1944 年 Consden 描述了濾紙層析法（簡寫 PC），而且發明了氣－液層析法(GLC)，它是利用裝在細柱中的吸附劑(absorbent)分離氣體化合物或易揮發化合物的方法。六十年代發展了薄層層析技術(TLC)，它是利用塗在玻璃片和塑膠板等支持物上的一薄層吸附劑，使溶劑在其中移動來分離化合物的層析方法。七十年代又發展了高效液相層析技術(high performance liquid chromatography, HPLC)，它是利用加壓於樣品和洗脫劑使其通過裝有吸附劑的細柱來分離化合物的層析方法。

層析法(chromatography)主要是利用欲分離之樣品中各組成成分間化學性質或物理性質的差異，使各成分以不同程度分布在兩種介質（又稱為相(phase)）中。這兩個相中的一個被固定在一定的支持物上，稱為固定相或靜相(stationary phase)；另一個是移動的，稱為移動相或動相(mobile phase)。固定相可以是固體或液體，移動相可以是液體或氣體。當移動相流過固定相時，在流動過程中由於各成分在兩相中的分配情況不同，或電荷分布不同，或特異的親和力不同等，而以不同速度前進，從而達到分離的目的。

根據層析法的原理與方法不同，層析法有分配層析(partition chromatography)、吸附層析(absorption chromatography)、離子交換層析(ion-exchange chromatography)、**分子篩層析**(molecular sieve chromatography)以及**親和層析**(affinity chromatography)等不同類別。若以支持介質的差別，還可分為**管柱層析**(column chromatography)、**濾紙層析**(filter-paper chromatography)、**薄膜層析**(film chromatography)、**薄層層析**(thin-layer chromatography)、**氣相層析**(gas chromatography)、**液相層析**(liquid chromatography)、**氣－液層析**(gas-liquid chromatography)等。

二、常見層析法簡介

(一) 濾紙層析(Paper Chromatography)

是一種分配層析(partition chromatography)。當一種溶質（例如胺基酸）在兩種不互溶或幾乎不互溶的溶劑中時，在一定溫度下達到平衡後，此溶質在兩相中的濃度比值與在這兩種溶劑中的溶解度比值相等，稱為**分配定律**(partition law)。這個比值是一個常數，稱為**分配係數**(partition coefficient)。

$$分配係數(K) = \frac{溶質在溶劑\ A\ 中的溶解度}{溶質在溶劑\ B\ 中的溶解度}$$

濾紙層析是以濾紙（層析專用）為支持物，紙纖維所吸附的水為固定相，以水飽和的有機溶劑為移動相。將樣品（胺基酸的混合液）點在濾紙上，當有機溶劑經過樣品時，混合物中的各種胺基酸就在有機溶劑和水中分配。由於水相因與濾紙纖維素親和力大而被固定，有機溶劑與濾紙纖維素的親和力小，它就不斷地前進。由於各種胺基酸的極性不同，在水與有機溶劑中的分配情況（溶解度）不同，各種胺基酸隨有機相前進的速度也就不一樣，厭水性胺基酸跑得快，親水性胺基酸跑得慢。經過一定時間後，各種胺基酸即被分開。

各種物質在層析中前進的速率可用 R_f 值（比移值），移動率來表示：

$$R_f = \frac{原點在層析點中心的距離}{原點到溶劑前沿的距離}$$

各種物質在一定溶劑系統中，其 R_f 值是一定的，借此可作物質的鑑定。由上述定義可見，R_f 值就是溶劑前進單位距離時溶質所前進的距離。R_f 值越大，說明該物質前進越快，在有機相中的溶解度越大。

1. **上行／下行層析**：一般多用上行，對於難分離的樣品則用下行。下行可進行較長時間（圖 21-1、圖 21-2）。

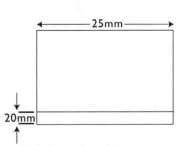

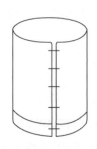

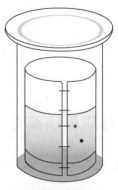

將 10～15 μL 的樣品分多次加到距底邊 20mm 的位置上；用電風不斷吹乾使樣品斑點直徑保持盡可能地小。

將紙筒捲起來並釘成圓筒，注意不要讓紙邊相接觸。

溶劑倒入層析缸底部，將紙筒放入層析缸中，溶劑通過毛細管作用向上移動；層析缸的開口塗上活塞潤滑油，以保持密閉。

圖21-1 上行濾紙層析裝置

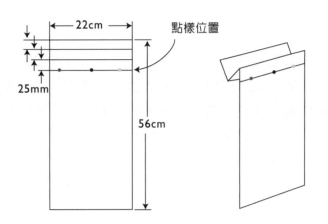

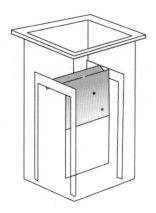

在紙的頂端劃三條鉛筆線，彼此相距 25mm。

沿前兩條劃線折為 N 形紙片，以便放入溶劑槽中。

將紙片懸放於下行層析箱中的溶劑槽中讓溶劑槽中的溶劑沿紙片下流；層析箱的開口塗上活塞潤滑油，以保持密閉。

圖21-2 下行濾紙層析裝置

2. **單向／雙向層析**：用濾紙層析分離胺基酸還可分為單向層析(uni-dimensional chromatography)（圖 21-3）或雙向層析(two-dimensional chromatography)（圖 21-4），但較常用雙向層析。

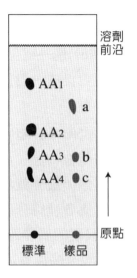

圖21-3 胺基酸單向濾紙層析圖譜

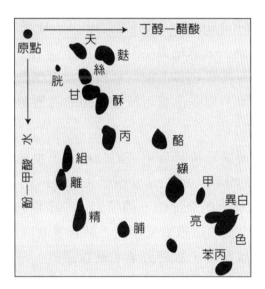

圖21-4 胺基酸雙向濾紙層析圖譜

　　層析分離效果與溶劑系統、pH、溫度有關，在一定溶劑系統中層析時，最好保持恆溫。不同胺基酸的層析行為，主要取決於分子本身結構。因為固定相的水是極性溶劑，所以極性胺基酸在水中的溶解度大，R_f 值小。酸性和鹼性胺基酸的極性強於中性胺基酸，故中性胺基酸的 R_f 值一般比酸性胺基酸和鹼性胺基酸大

些。碳氫鏈(-CH$_2$-)是非極性結構，若兩個分子的極性結構相同，而亞甲基數增加（分子量增大），則整個分子的極性降低，R$_f$值隨之增大。

(二) 薄膜層析(Film Chromatography)

此法類似於濾紙層析，但其原理不完全相同。常用的聚醯胺薄膜層析，使用聚醯胺薄膜代替濾紙。聚醯胺(polyamide)是一種化學纖維原料，又叫尼龍(nylon)，把它製成薄膜，比濾紙更均勻，質地更優越，對被分離物質產生阻力小，層析速度更快，靈敏度更高。

由於聚醯胺的-C=O 基及-NH 基可與被分離物質形成氫鍵，因此可以吸附酸類、酚類、醌類、硝基化合物及胺基化合物等。由於各種物質與聚醯胺形成氫鍵的能力不同，在層析過程中，展層溶劑與被分離物質在聚醯胺膜表面競相形成氫鍵。因此，選擇適當的溶劑系統，可使各種待分離物質與聚醯胺膜表面的溶劑之間有不同的分配係數，經過吸附與解吸附的展層過程，各自按一定次序分離開來。用聚醯胺薄膜層析分離胺基酸、核苷酸、核苷等是非常方便的。

(三) 薄層層析(Thin-layer Chromatography, TLC)

薄層層析是將吸附劑(absorbent)，如矽膠(silica gel)、矽藻土(hyflow supercal)、礬土（alumina，即氧化鋁）、纖維素(cellulose)等粉末塗布在玻璃板或塑膠板上，使成均勻的薄層，被分離物質在其上進行層析，吸附劑對不同物質具有不同吸附能力，使各物質得以分離。現在已有可反覆使用的薄層層析板之商品出售，減少自己製備 TLC 板的麻煩。

與濾紙層析比較，薄層層析具有更高的分辨力、更快的分離速度和選擇吸附劑的範圍廣等優點。它的分辨力和快速分離是由於吸附劑具有非常細小的顆粒(< 0.1 mm)，這些顆粒具有極高的表面積－體積比，一定量的吸附劑可以提供大量的活性表面積。濾紙層析中紙的纖維素易產生毛細管擴散使斑點擴大，而 TLC 使用的無機吸附劑沒有纖維狀結構，故避免了毛細管擴散，可得到更小的斑點，從而提高了分辨力，減少了層析時間。由於斑點小，物質更集中，可以提高分離的靈敏度。濾紙層析可以檢測到的物質量低限為 20~40 μg，薄層層析為 2~4 μg。

(四) 離子交換層析(Ion-Exchange Chromatography)

離子交換層析是將一定量的離子交換劑(ion-exchange agent)填裝於玻璃柱、有機玻璃柱或不銹鋼柱中，利用不同物質在一定 pH 下所帶電荷的差異，而與交換劑的離子交換行為不同，而加以分離的層析技術。

離子交換劑是將一定帶電基團連接於具有化學惰性的高分子載體上，如常用的離子交換樹脂(ion-exchange resin)、離子交換纖維素(ion-exchange cellulose)等。根據可交換基團所帶的電荷不同而分為陽離子交換和陰離子交換。

1. **胺基酸的離子交換分離**：離子交換(ion-exchange)樹脂是具有酸性或鹼性基團的人工合成的聚苯乙烯(polysterol)等高分子化合物。陽離子交換樹脂含有酸性基團（如 $-SO_3H$ 或 $-COOH$），這些酸性基團可以解離出氫離子。當溶液中含有其他陽離子時（如在酸性環境中的胺基酸陽離子），它們可以和氫離子發生交換，而與酸根（$-SO_3^-$ 或 $-COO^-$）發生靜電結合，交換到樹脂上去；當改變 pH，降低胺基酸的正電荷時，胺基酸陽離子又能可逆地被洗脫(elute)下來。同樣，陰離子交換樹脂含有鹼性基團（如 $-N(CH_3)_3^+OH^-$ 或 $-NH_3^+OH^-$），這些鹼性基團解離出的 OH^- 離子可以和溶液裡的陰離子（如在鹼性環境中的胺基酸陰離子）發生交換，後者交換到樹脂上去，然後根據其鹼性由弱到強的順序先後被洗脫（圖 21-5）。

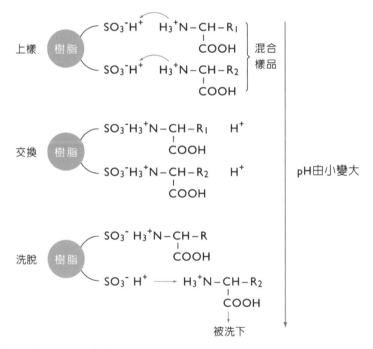

圖21-5 陽離子樹脂分離胺基酸機制

在不同 pH 條件下，各種胺基酸所帶電荷不一樣（見 5.4 節），離子交換行為也就不同，由此達到分離之目的。混合胺基酸在陽離子交換管柱上一般有如下洗脫規律：酸性胺基酸先被洗下，接著是中性胺基酸，鹼性胺基酸最後被洗下；在極性基團相同的情況下，分子量小的比分子量大的先洗下來（圖 21-6）。

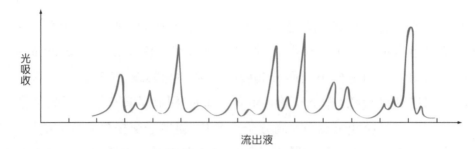

圖21-6 **胰島素(insulin)水解液胺基酸陽離子交換洗脫圖譜（範例）**

2. **核苷酸的離子交換分離**：核苷酸(nucleotide)也是兩性電解質，鹼基環氮原子可質子化而帶正電荷，磷酸基解離帶負電荷。在一定 pH 下各種核苷酸所帶電荷不一樣，所以也可用離子交換進行分離。

(1) 當用陽離子交換分離核苷酸時，幾種核苷酸的磷酸基團解離的 pK'_a 值都非常相近，pK'_{Ip} 在 1.0 左右，pK'_{IIp} 在 6.0 左右，互相差別很小（見第 6 章表 6-4）。因此，主要考慮鹼基環氮 $-N^+H = (pK'_{a_2})$ 的解離。尿苷酸不帶正電荷（環氮不易於質子化），很難被樹脂吸附，因而最先被洗脫下來。其他幾種核苷酸，按其 $-N^+H =$ 解離常數的大小（pK'_a 值越大，表示 $-N^+H =$ 解離釋放質子越難，因而與樹脂吸附越緊密，不容易洗脫下來），按理應依 UMP⟶ GMP⟶ AMP⟶ CMP 的次序洗脫下來，但實際洗脫順序是 UMP⟶ GMP⟶ CMP⟶ AMP。這是因為嘌呤在聚苯乙烯樹脂上的吸附作用比嘧啶大三倍，因此 AMP 比 CMP 吸附得更牢固些，最後被洗脫下來。

(2) 如果用陰離子交換法來分離核苷酸，則會受第一磷酸基團和含氮環二者解離的影響，其洗脫順序為 CMP⟶ AMP⟶ UMP⟶ GMP。

(五) 凝膠滲透層析(Gel Permeation Chromatography)

又稱**凝膠過濾**(gel filtration)或**分子篩層析**(molecular sieve chromatography)。這是將一種凝膠裝在管柱中，按照物質分子量大小來進行分離的管柱層析。凝膠(gel)是一種惰性的大分子交聯聚合物，製備成多孔的珠狀物。其網孔的大小取決於交聯程度，從而確定了分離物質的分子量範圍。常用的凝膠有三種：葡聚糖、聚丙烯醯胺和瓊脂醣。

1. **葡聚糖**(dextran)：是一種人工合成的凝膠，由 α (1→6)糖苷鍵連接葡聚糖鏈，通過 1-氯-2,3-環氧丙烷將鏈與鏈連接，而形成網狀結構，根據交聯劑（1-氯-2,3-環氧丙烷）使用的多少，而形成網孔大小不同的各種凝膠。葡聚糖凝膠商品名

Sephadex，稱為 G-系列的 Sephadex 有各種交聯度，因而具有不同大小的孔徑，用於不同分子量範圍物質的分離。

G 值指的是凝膠珠在水中完全膨脹時的吸水量(ml/g)，因此也可以表示交聯度。G 值越小，表示網孔越小，交聯度越大。G 值表示了凝膠分離分子量範圍不同物質的能力及不同的分子排阻極限。所謂排阻極限(exclusion limit)是指不能進入凝膠網孔的最小分子的分子量。Sephadex G-10 是具最高交聯度的葡聚糖凝膠（乾凝膠的吸水量為 1 ml/g）；Sephadex G-200 則是具有最低交聯度（有最大網孔）的葡聚糖凝膠（乾凝膠的吸水量為 20 ml/g）。

2. **聚丙烯醯胺凝膠**(polyacrylamide gel)：是通過 N,N′-甲烯雙丙烯醯胺(N,N′-methylene bisacrylamide)交聯的丙烯醯胺(acrylamide)聚合物，也是人工合成凝膠，商品名為 "Bio-Gel P"。也有不同規格交聯度和網孔大小的產品，但 Bio-Gel 的孔徑範圍比 Sephadex G 系列更廣。

3. **瓊脂醣凝膠**(agarose gel)：與上兩種人工合成凝膠不同，它是一種天然產物。它是瓊脂的中性多醣部分溶於沸水，再被冷卻時，由於分子間及分子內形成氫鍵而形成凝膠，是一種孔徑大小比交聯葡聚糖和聚丙烯醯胺還要大的凝膠，因此便於分離分子量更大的物質，如蛋白質複合物、染色體 DNA、核糖體、病毒和細胞等。分別有 "Bio-Gel A" 系列、"Sepharose" 和 "Sepharose CL"。

凝膠過濾是利用凝膠具有網孔的特性，將分子量大小不同的物質通過它時，那些比網孔小的分子可以完全進入網孔內，而比網孔大的分子則被排阻在凝膠顆粒外。當進行洗脫時，大分子只能在凝膠顆粒間前進，所經途徑最短，最先被洗下來。而完全能進入網孔內的小分子，由於它先進入一層凝膠網孔內，再可逆地滲透出來，進入下一層凝膠網孔內，在所經過的每一層凝膠中它都要經歷這樣的過程，所以它走的途徑最長，最後才會被洗脫下來（圖 21-7）。所以**凝膠滲透層析**是**按照分子量由大到小的順序**將樣品中的成分依序洗脫出來。

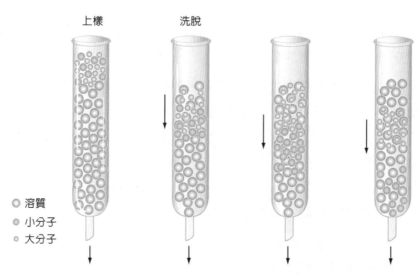

上樣　　　洗脫

○ 溶質
◎ 小分子
◎ 大分子

圖21-7　凝膠過濾層析

(六) 親和層析(Affinity Chromatography)

這是利用某些分子間特異的生物親和性進行生命物質分離的層析方法。在這種層析中，先將一種特定的分子共價結合到如瓊脂醣、葡聚糖或纖維素等惰性固相載體上，這種特殊的分子稱為配體(ligand)，它與待分離物質的混合物中某一種化合物有很高的親和力，這種物質會與它專一、可逆地結合，其他化合物因不能結合而被洗脫。最後才將與配體結合的化合物洗脫下來。

要純化的物質通常為大分子化合物，如蛋白質（酶、抗體、激素等）、多醣或核酸。通常採用與這些物質具有特異親和性的物質作為配體，如分離酶用特異抑制劑(inhibitor)、受質類似物(substrate analogue)、輔酶(coenzyme)等；分離抗體用抗原作配體；分離激素用與它相對應的受體(receptor)；分離某基因用與它相對應的 mRNA 等。

在製備親和層析管柱時，首先用溴化氰(CNBr)或戊二醛(pentane dialdehyde)將固相載體活化(activation)，並以一個連接臂(ligate arm)與配體共價結合，然後將這種已活化並連接配體的載體裝入管柱中，將樣品混合物通過此管柱，被分離物質就會與配體非共價結合（圖 21-8），其他物質被洗脫。最後再改變洗脫條件，使被分離物質被洗下，由此可得到純度很高的產品。

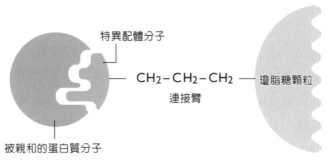

特異配體分子

CH₂–CH₂–CH₂ 瓊脂糖顆粒

連接臂

被親和的蛋白質分子

圖21-8 親和層析原理

(七) 高效液相層析技術(High Performance Liquid Chromatography, HPLC)

這是常用於分析測定的層析方法，優點是快速、靈敏、高效。其特點是層析分離物質是在高壓下（3.4×10^7 Pa，即 25×10^4 mmHg，相當於 330 個大氣壓）進行的，因而也稱為高壓液相層析(high pressure liquid chromatography)。整個裝置如（圖 21-9）。

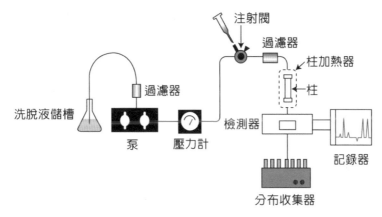

注射閥

過濾器

柱加熱器

柱

過濾器

洗脫液儲槽

泵 壓力計 檢測器

記錄器

分布收集器

圖21-9 高效液相層析裝置示意圖

一般層析使用極性的固定相載體，流動相用相對非極性的有機溶劑；不同物質的分離主要依靠流動相組成的變化。層析管柱中所裝材料必須能夠承受高壓，在高壓下縮短被分離物質所流經的距離，從而提高層析速度。由於強極性分子牢固地吸附在固定相上，因而使得樣品滯留時間過長而可造成「峰」（主要洗脫時間）的拖尾。而 HPLC 的優點包括了：

1. **載體**：使用的載體顆粒很小（5 μm 左右），因而表面積很大。

2. **溶劑系統**：採取高壓注入管柱內，因此洗脫流速增大。可用於分配層析、吸附層析、離子交換層析、凝膠過濾層析等。

3. **逆相層析**(reversed phase chromatography)：它是使用非極性的固定相和極性的流動相。極性分子對流動相有較高的親和力，所以洗脫相對較為迅速。逆相高效液相層析對胺基酸、核苷酸等極性生物分子的分析尤為適用。更換層析管柱可用於不同物質的分離。

　　隨著 HPLC 技術的發展，定量分析胺基酸的混合物已變得比用自動化離子交換法和氣相層析法更為迅速和簡便。在 HPLC 方法中，為了提高分離分析的靈敏度，通常在層析前先在被分離物質上標記一些能產生螢光或在紫外光下有較強吸收的化學物質，這樣經逆相高效液相層析後，可以直接利用螢光檢測儀(spectrofluorometer)或紫外檢測儀(ultraviolet monitor)做高靈敏度的檢測和定量（如：用 HPLC 分離胺基酸時，在加入管柱前先將胺基酸與苯基硫代異腈酸鹽(phenylisothiocya nate)、二甲胺基偶氮苯磺氯(dimethylaminoazo-benzene-sulfonyl chloride, DNBS-Cl)和鄰苯二甲醛(ortho-benzenedimeth ylaldehyde)反應；以提高檢測靈敏度）。

21.2 電泳法

　　電泳是指帶電分子在直流電場中向與本身所帶電荷相反的電極運動的現象，即帶正電荷的分子向負極(negative pole)運動，帶負電荷的分子向正極(positive pole)運動。由於電泳法(electrophoresis)一般不影響生物分子的天然結構，而且對電荷和質量上的很小差別十分敏感，因而是分離、分析生物分子的重要方法。

一、電泳運動的影響因素

　　帶電分子在直流電場運動受到兩個力的影響：一個是外加電場與分子本身所帶電荷的靜電引力，這是推動分子前進的力；另一個是帶電分子前進時受到的阻力，這是阻礙分子前進的力。

1. **靜電引力**：帶電分子在直流電場中由於靜電引力作用，向著與它所帶電荷相反的電極移動，它所受到的這個引力與它本身所帶電荷 Q 和電場強度 E 成正比。

2. **摩擦係數**：帶電分子向前運動時必然受到介質的阻力，其大小由摩擦係數(frictional coefficient)決定。摩擦係數與介質的性質、化合物分子的大小、形狀和運動速度有關。分子越大，摩擦係數越大。像胺基酸這樣的小分子，在溶液中傾向於呈球形，分子的形狀對摩擦係數的影響不如分子大小顯得重要。但對蛋白質、核酸等大分子來說，情況就不一樣了，大小和形狀對摩擦係數都是有重要影響的。對於球狀分子而言，由摩擦係數決定的摩擦阻力為 $6\pi rv\eta$。在平衡狀態下，帶電分子所受到的作用力相等，即 $Q \cdot E = 6\pi rv\eta$，故：

$$v = \frac{Q \cdot E}{6\pi r\eta}$$

由上式可見，帶電分子移動的速度(v)與外加電場強度(E)和本身所帶電荷(Q)成正比，而與介質的黏度(η)及分子本身的大小（r：分子直徑）成反比。當兩種分子（如兩種不同的胺基酸）在同樣條件下電泳時，因為 E 和η為恆量，所以各分子運動的速度取決於它們各自所帶電荷(Q)及分子的大小(r)，所以帶電荷多或質點小，移動就快。

3. **遷移率**：在電泳中，一帶電分子在直流電場中的電泳行為由其遷移率(μ)決定。遷移率(mobility)乃指運動速度與電場強度之比值。

二、電泳法分類

按照支持的介質將電泳分為無區帶電泳(free or moving-boundary electrophoresis)和區帶電泳(zone electrophoresis)兩大類。前者是較古老的方法，被分離物質溶液中進行電泳；後者則是在某種支持的介質上進行電泳，這是現在使用得最多的電泳技術。支持的介質則包括有：濾紙(filter paper)、醋酸纖維素(cellulose acetate)、澱粉(starch)、瓊脂醣(agarose)、聚丙烯醯胺(polyacrylamide)等。支持的介質的主要作用是防止樣品分子對流和其他擾動，而瓊脂醣和聚丙烯醯胺除此之外還有分子篩(molecular sieve)效應或對介質 pH 梯度有穩定作用。

(一) 紙電泳和薄膜電泳(Paper Electrophoresis and Film Electrophoresis)

紙電泳是以濾紙(filter paper)為支援介質，薄膜電泳是將醋酸纖維素(cellulose acetate)製成薄膜為支援介質，將樣品點於其上，然後將它放於電泳槽，再以外加電場進行電泳（圖 21-10）。

　　用紙電泳和醋酸纖維薄膜電泳作血清蛋白分離，在 pH 8.6 巴比妥緩衝液 (barbital buffer)中，250 伏特電壓下電泳 4~5 小時，可將血清蛋白質清楚地分成 5 個區帶，分別代表白蛋白(albumin)和幾種球蛋白(globulin)（圖 21-11），在醫院對病人作診斷中，常用此法求白蛋白與球蛋白的比值。正常人此值為 1.5~2.5：1，若比值減小，甚至倒置，球蛋白增多，表示有某些器質性炎症發生。

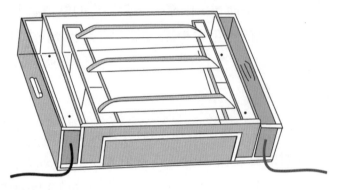

圖21-10 紙電泳及薄膜電泳裝置

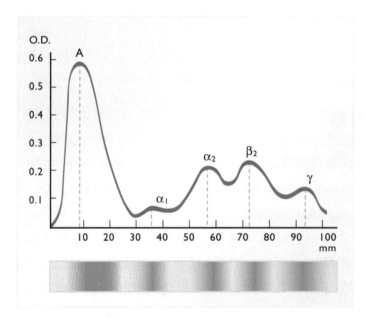

圖21-11 正常人的血清蛋白電泳圖譜

A 為白蛋白，α_1、α_2、β、γ 為球蛋白

(二) 聚丙烯醯胺凝膠電泳(Polyacrylamide Gel Electrophoresis, PAGE)

PAGE 是一種靈敏度很高的電泳技術，廣泛用於分離蛋白質、核酸等生物分子，是在科學研究及實際應用中都很有價值的一項技術。PAGE 是以聚丙烯醯胺凝膠(polyacrylamide gel)為支持的介質，它是由丙烯醯胺(acrylamide, Acr)和交聯劑甲烯雙丙烯醯胺(N, N′-methylene bisacrylamide, Bis)在催化劑(catalyst)的作用下聚合而成。應用不同濃度的 Acr 和 Bis，可以製備成具有不同大小網孔的凝膠，以便分離具有不同分子量的化合物。在分離過程中，聚丙烯醯胺凝膠電泳具有三種效應：濃縮效應(concentrate effect)、分子篩效應(molecular sieve)和電荷效應(charge effect)。根據凝膠的形狀 PAGE 分為棒狀電泳與板狀電泳：

1. **棒狀電泳**：將凝膠裝於玻璃管中，成為棒狀。如果用一種濃度的凝膠進行電泳，稱為**連續電泳**(continuous electrophoresis)；用兩種不同濃度凝膠裝於管內進行電泳，稱為**不連續電泳**(discontinuous electrophoresis)。不連續電泳因凝膠的不連續性(discontinuity)，使得分離出的區帶很像圓盤狀(discoid shape)，取「不連續性」及「圓盤狀」的英文字頭 "disc"。因此，這種電泳又稱為盤狀電泳(disc electrophoresis) （圖 21-12）。

2. **板狀電泳**：是將凝膠製成板狀，樣品加於凝膠板上，然後將凝膠板水平放置或垂直擱置於直流電場中進行電泳（圖 21-13）。板狀電泳的優點是可在一塊凝膠板上同時加入幾個樣品，在相同條件下進行樣品分離而便於相互比較。

無論棒狀電泳還是板狀電泳，在不同 pH 的緩衝液中可用於分離多種物質。電泳完畢後取出膠條或膠塊，用適當染色劑染色。蛋白質通常用胺基黑 10B (amino black 10B)和考馬斯亮藍(Coomassie brilliant blue)染色，RNA 用甲基藍(methylene blue)或派若寧(pyronine)，則各個區帶將清楚地顯現出來，進一步作定性定量；而凝膠電泳除用聚丙烯醯胺作支持介質外，還經常用澱粉、瓊脂醣。在 DNA 研究中更常用瓊脂醣凝膠電泳。

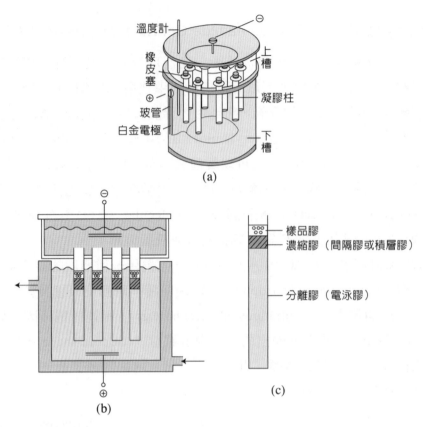

圖21-12 聚丙烯醯胺凝膠電泳裝置

(a)電泳槽整體觀；(b)截面觀；(c)玻璃管中不同膠的分布

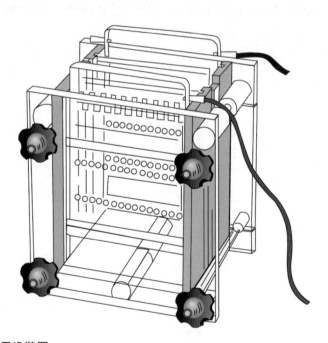

圖21-13 垂直板狀電泳裝置

21.3 比色法

　　比色法(colorimetry)和分光光度法(spectrophotometry)都是根據特定物質會吸收特定波長的光且吸光值在檢量線濃度範圍內與其濃度成正比關係，進而應用於定量測定的方法。這種方法經常用來測定醣、蛋白質、核酸、核苷酸和胺基酸等生命物質。

　　利用物質對於不同波段光波吸收的特點不同而建立了各種的測定方法，包括紫外光波段(200~400 nm)的紫外光譜法(ultraviolet spectrum)、可見光波段(400~700 nm)的可見光譜法(visible spectrum)及紅外光波段的紅外光譜法(infrared spectrum)等。在許多生物分子的定量中，利用這些光譜法是基於前面曾經提到過的（見 5.4 及 6.5 小節）光吸收與物質濃度的關係，即 Lambert-Beer 定律：

$$A = \varepsilon cl \quad 或 \quad c = \frac{A}{\varepsilon \cdot l}$$

式中 A 為光吸收值(absorption number)，ε為消光係數(extinction coefficient)，l 為光徑(light path)，即光所通過的樣品厚度(cm)，c 為被測物質的濃度。

一、醣的測定

　　還原糖(reducing sugar)通常用斐林氏法(Fehling's mothod)進行定量(determination)。斐林試劑(Fehling's reagent)中的二價銅離子可被醣還原成一價的氧化亞銅離子，與標準葡萄糖對照，用滴定法(titration)測定。也可用比色法測定。藍色的斐林試劑在被還原後將脫色，脫色的程度與溶液中還原醣的含量成正比。因此，在 590 nm 波長下測定吸收值的變化即可作還原醣的定量。

　　果糖在酸性條件下可與鉬酸銨(ammonium molybdate)生成藍色化合物；在濃鹽酸或濃硫酸存在下，戊醣可與一些酚類生成有色物質，如戊糖與地衣酚(orcinol)反應，生成藍綠色等。這些呈色反應都有可用比色法對醣進行定量測定。

二、蛋白質測定

　　用比色法對蛋白質作定量測定，更是常用的技術；既可用可見光波段也可用紫外光波段的吸收來進行測定。

(一) 雙縮尿素法(Biuret Method)

雙縮尿素($H_2NCONHCONH_2$)是兩分子肽經 $180^\circ C$ 左右加熱，放出一分子胺後所得到的產物。在強鹼性溶液中，雙縮尿素與 $CuSO_4$ 反應生成紫色，稱為雙縮尿素反應(biuret reaction)。凡具有兩個醯胺基(amide group)或兩個直接連接的胜肽鍵(peptide bond)，或具有二個由碳原子相連的胜肽鍵之化合物都會發生雙縮尿素反應。用於蛋白質測定，除了操作簡便、迅速外，最大的優點是較不受蛋白質的特異性的干擾。但該法靈敏度較差，所需樣品量大，可測定之蛋白質含量範圍在 0.2~1.7 mg/ml。

(二) 福林－酚試劑法(Folin-phenol Reagent Method)

這個方法最早是由 Lowry (1951)建立，所以又稱 Lowry 法。後又經若干修改，出現一些 Lowry 改良法。福林－酚試劑的顯色原理包括兩步反應：第一步是在鹼性條件下，蛋白質與試劑中的銅作用生成蛋白質－銅複合物；第二步是蛋白質－銅複合物還原磷鉬酸－磷鎢酸試劑(phosphomolybdic acid-phosphotungstic acid reagent)，生成藍色物質。在一定條件下，藍色深淺度與蛋白質含量成正比。一般選擇波長 650 nm 或 660 nm 測定光吸收值。若蛋白質濃度較低，在 20~100 μg，也可選用 750 nm；若濃度在 12.5 μg 以上，則採用 500 nm。在 660 nm 所讀取的光吸收值為 750 nm 時的 90%。

本法的優點是靈敏度高，操作簡便。缺點是會受到蛋白質特異性的干擾，即不同蛋白質的顯色強度稍有不同。本法測定範圍為每毫升含 25~250 μg 蛋白質。

(三) 紫外光吸收法(Ultraviolet Absorption Method)

蛋白質分子中所含的苯丙胺酸(Phe)、酪胺酸(Tyr)和色胺酸(Trp)這三種殘基使蛋白質在 280 nm 波長下具有最大吸收值；蛋白質溶液在 238 nm 波長下的光吸收值，其吸收強弱與胜肽鍵的量成正比；另外，因核酸的最大吸收值在 260 nm，若蛋白質樣品中雜有核酸，則進行紫外光吸收測定時尚須除去這種干擾。根據這些特點建立了多種測定蛋白質含量的紫外吸收法。

1. **280nm 光吸收法**：酪胺酸(Tyr)、苯丙胺酸(Phe)和色胺酸(Trp)在 280 nm 有最大吸收。由於在各種蛋白質中這三種胺基酸的含量變化不大，因此，280 nm 的光吸收值是蛋白質的一種普遍性質，在一定範圍內，吸收值的大小與蛋白質的含量成正比。測定時，將蛋白質樣品稀釋到 0.1~1.0 mg/ml，直接在紫外分光光度計(ultraviolet spectrophotometer)讀取吸收值，由 Lambert-Beer 定律即可求得蛋白質含量。

2. **280 nm 和 260 nm 吸收差法**：蛋白質吸收 280 nm＞260 nm，核酸吸收 260 nm ＞280 nm。將蛋白質樣品溶液分別在 280 nm 及 260 nm 波長下測定出吸收值 A_{280} 和 A_{260}，利用下列經驗公式即可求得蛋白質含量：

$$蛋白質濃度(mg/ml) = 1.45\ A_{280} - 0.74\ A_{260}$$

3. **215 nm 和 225 nm 吸收差法**：在蛋白質的稀溶液中因 280 nm 的吸收值很小，而不宜用 280 nm 光吸收法。因在每毫升 20~100 µg 範圍內，215 nm 與 225 nm 吸收差與蛋白質濃度成正比，可由此法測定。

$$吸收差 \triangle A = A_{215} - A_{225}$$

　　測定時，先用標準蛋白質測出 $\triangle A$，然後以 $\triangle A$ 為縱座標，蛋白質濃度為橫座標，製作標準曲線。待測樣品測定 238 nm 吸收值，即可從標準曲線上求得含量。

4. **胜肽鍵測定法**：蛋白質溶液在 238 nm 波長下均有光吸收，這是胜肽鍵的吸收特性，其吸收強弱與胜肽鍵多少成正比。根據這一特性，可將一系列不同濃度 (50~500 µg/ml)的蛋白質溶液在 238 nm 波長測量光吸收值，並以光吸收值為縱座標，蛋白質含量為橫座標繪製標準曲線。利用待測樣品的 238 nm 吸收值，即可從標準曲線上求得含量。

三、核酸測定

　　核酸(nucleic acid)中含有戊醣和磷酸，利用它們的特殊的呈色反應，可在可見光波段比色。又因核酸含有鹼基，因此也能方便地利用紫外光吸收法測定。

(一) 糖定量法(Method by Determining Sugar)

　　核酸中含有核糖(ribose)和去氧核糖(deoxyribose)，它們具有特殊的呈色反應，可用比色法測定。

1. **RNA 測定：地黃酚法**(orcinol method)。RNA 分子中所含的核糖在濃鹽酸或濃硫酸存在下脫水生成糠醛(furfuraldehyde)，糠醛可與地黃酚（orcinol，或稱苷黑酚）反應生成綠色物質；所顯示顏色的深淺與 RNA 的含量成正比，可在 670 nm 或 680nm 波長下利用比色法測定。

2. **DNA 測定：二苯胺法**(diphenylamine method)。DNA 水解後產生的去氧核糖，在冰醋酸或濃硫酸存在下可與二苯胺(diphenylamine)反應生成藍色物質，可在 595 nm~620 nm 波長下利用比色法測定。樣品濃度在每毫升含 DNA 50~500 µg 範圍內，光吸收值與 DNA 含量具有線性關係。

醣定量法多用於大分子核酸的測定，其優點是可以檢測 RNA 及 DNA。但其靈敏度較差（地黃酚法不可小於 40 µg/ml，二苯胺法不可低於 90 µg/ml），且干擾物質較多，影響準確度。

(二) 磷定量法(Method by Determining Phosphate)

RNA 和 DNA 分子中都含有恆定的磷，RNA 含磷量為元素組成的 9%，DNA 為 9.9%，平均 9.5%。因此通過測定樣品中磷的含量，即可求得核酸含量，樣品中每含 1 克磷，即表示含 10.5 克($\frac{100}{9.5}$)核酸。

利用磷定量法測定無機磷酸的含量時，須先將核酸樣品用濃硫酸消化成無機磷，後者與磷試劑中的鉬酸(molybdic acid)反應生成磷鉬酸(phosphato-molybdic acid)，再經過還原作用而生成藍色複合物，在 650 或 660 nm 波長下進行比色法測定，此法測定的磷含量為總磷（核酸磷加上無機磷）量，此量減去無機磷含量即為核酸磷的量。磷定量法準確性好，靈敏度比較高，最低可以測到 10 µg/ml 的核酸濃度，是比較廣泛採用的方法。

(三) 紫外光吸收法(Ultraviolet Absorption Method)

利用核酸分子中鹼基對紫外光的吸收特性可對核酸進行定量。可採用莫耳消光係數法、比消光係數法或磷原子消光係數法（見 6.5 節）測定 RNA 或 DNA 含量。此法準確、簡便、快速、靈敏度高(4 µg/ml)，RNA、DNA 及其成分均可測定。

21.4 墨點法技術

墨點法技術(Blotting Tecnique)是 1970 年代創建的核酸及蛋白質研究方法。它包括 DNA 墨點法、RNA 墨點法和蛋白質墨點法。DNA 墨點法是英國分子生物學家 Southern (1975)首先建立，故又稱 Southern 墨點法（Southern blot，南方墨點法）；繼後 Stark (1977)利用同樣原理又建立了 RNA 墨點法，又稱 Northern 墨點法（Northern blot，北方墨點法）；用類似的方法，也可進行蛋白質分析，因而先後

由 Towin 等人(1979)建立 Western 墨點法，用於單向電泳後的蛋白質分析；以及由 Reinher (1982)建立 Eastern 墨點法，用於分析蛋白質的轉譯後修飾，包括脂化修飾、磷酸化修飾和醣修飾，也常用於碳水化合物抗原決定位(carbohydrate epitopes)的檢測。目前，墨點技術已成為分子生物學研究的常備技術。

一、蛋白質墨點技術

蛋白質墨點法 (Protein Blotting) 又名蛋白質轉移電泳法 (protein transfer electrophoresis)，它是將經過 SDS-PAGE（十二烷基硫酸鈉－聚丙烯醯胺凝膠電泳）後，凝膠中所含的樣品蛋白質借助電泳方法轉移，固定到硝酸纖維素(nitrate cellulose, NC)膜上，然後利用酶標記(enzyme lable)的抗原(antigen)、激素(hormone)或凝集素(lectin)等物質，便可特異地檢出固定在 NC 膜上的成分——抗體(antibody)、受體(receptor)或不同類型的醣蛋白(glycoprotein)。

蛋白質墨點技術中所用電泳常採用 SDS-PAGE。 "SDS" (sodium dodecyl sulfate)是一種陰離子表面活性劑，它破壞蛋白質分子之間或蛋白質與其他物質之間的非共價鍵，尤其是當有強還原劑硫氫基乙醇(β-mercaptoethanol)存在時，蛋白質分子中的雙硫鍵將被斷裂，因此蛋白分子原有的空間立體結構發生改變，伸展後的蛋白質分子與 SDS 結合而成為帶有負電荷的 SDS-蛋白質複合物。此時蛋白質樣品之間的電荷差異被消除或降低，在這種情況下電泳時，其遷移率僅與蛋白質的分子量有關，從而提高了蛋白質樣品的解析度。

電泳後的凝膠平鋪在硝酸纖維素膜上，使蛋白質的厭水鍵和 NC 膜上的一些基團發生相互作用，同時又借助電場的靜電力將蛋白質由凝膠轉移至 NC 膜表面。這樣一方面可以除去蛋白質中的 SDS、恢復蛋白質的立體結構及生物活性，另一方面也有利於後續酶和受質、受體和激素、抗體和抗原、醣蛋白和凝集素等反應專一性步驟。例如，用辣根過氧化物酶(horse-radish peroxidase)標記的刀豆素 A (concanavalin A, ConA)作探針(probe)，能靈敏、專一地檢出血清中含有葡萄糖、甘露糖或果糖鏈的醣蛋白。

二、核酸墨點法

墨點法最早就是由 Southern 將電泳中的 DNA 轉移至濾紙上而創建的，主要用於 DNA 的分子雜交試驗(molecular hybridization)，此稱為核酸墨點法(nucleic acid blotting)。它是將 DNA 的限制酶(restriction enzyme)片段先在瓊脂醣凝膠板上電泳，得到按片段的分子量大小分離的酶切圖譜，再用鹼液處理使 DNA 變性，然後將變性 DNA 墨點轉印到硝酸纖維素濾紙(nitrocellulose filter, NC)膜上，其形狀和相對位置保持不變。

NC 膜具有直徑為 0.025~0.045 μm 的小孔，這種膜具有只能結合單鏈 DNA 而不能結合雙鏈 DNA 和 RNA 的特點。當一個既含有單鏈 DNA 又含有雙鏈 DNA 的溶液通過此濾膜時，只有雙鏈 DNA 能穿過膜，而單鏈 DNA 的糖－磷酸骨架緊緊結合在膜上，但鹼基仍然是自由的。Southern 設計的 DNA 墨點技術就是利用 NC 膜的這一特點（圖 21-14）。該方法的主要步驟為：

1. **準備 DNA 片段**：將某 DNA 經限制酶（見 22.4 節）切割後的片段混合物，經瓊脂醣凝膠電泳展開、NaOH 變性，並轉印到 NC 膜上。

2. **固定 DNA**：用含有某種已被 ^{32}P 標記的 mRNA 或一個基因的溶液浸泡之 NC 膜，保溫若干小時。

3. **進行分子雜交**：此時經 NC 膜固定的單鏈 DNA 若有與作為「探針」的帶放射性的 mRNA（或基因）有互補序列(complementary sequence)，二者即可形成雜合雙鏈，這就是分子雜交試驗(molecular hybridization)。

4. **基因鑑別**：最後將未雜交的 DNA 片段及探針洗去，此時只有已雜交的 DNA 區帶有放射性，經放射性自動顯影後即可作基因鑑定、基因分離、基因定位等。

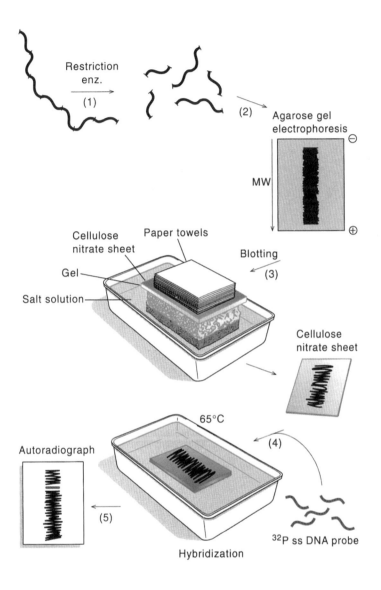

圖21-14 Southern 墨點法裝置

21.5 聚合酶鏈反應技術

聚合酶鏈反應(polymerase chain reaction, PCR)技術是 1985 由美國 Cetus 公司人類遺傳室的 Mullis 發明的，它是根據生物體內 DNA 複製(replication)的某些特點而設計的新技術，能在體外針對特定 DNA 序列進行快速擴增(amplify)。利用這項新技術能夠從複雜的 DNA 分子混合物中選擇性地複製一段特定的序列，使某一 DNA 片段得到擴增。現在 PCR 技術已廣泛地應用於基因研究的各個領域。

一、PCR 的定義

PCR 技術主要是利用一種特殊的 DNA 聚合酶。一般 DNA 聚合酶(DNA polymerase)，是用來催化 DNA 合成的酶（見第 16 章）。它以一條單鏈 DNA 作為模板(template)，另合成一條與它互補的新鏈。這種合成需一小段 DNA 作為引子(primer)，並以四種去氧核苷三磷酸(dNTP)為合成所需要的原料，以 5′→3′ 的方向進行合成。PCR 應用的聚合酶則為 Taq DNA 聚合酶，其來自水生嗜熱菌(*Thermus aquaticus*)，是一種熱穩定性極高的聚合酶，可以耐 95°C 以上的高溫。最初由美國黃石國家公園溫泉細菌中分離出來的是一種低活性的酶（分子量 68,000 左右），後來又分離到一種高活性的酶（分子量 93,910 左右），並根據此酶的結構，Cetus 公司已用基因重組技術進行商業性生產，商品名為 Ampli Taq。Taq DNA 聚合酶作用的最適溫度為 72°C，在這種溫度下其合成速度可以達到每秒加入 150 個去氧核苷酸。

PCR 需要引子，為一段寡聚去氧核苷酸，長約 20~30 個鹼基，現在一般用自動 DNA 合成儀合成。引子的鹼基序列必須與待擴增的 DNA 部分的 3′ 端是互補的。PCR 擴增片段的長度、位置和結果依賴於引子，因而選擇高效而特異性的引子是 PCR 成敗的一個關鍵因素。

二、PCR 的步驟

PCR 技術簡單說來，就是雙鏈 DNA 的高溫變性(denaturation)、引子與模板的低溫黏合(annealing)和適溫下引子延伸(extension)三個步驟的反覆循環。每一循環中所合成的新鏈，又都可以作為後續任何一次循環中的模板（圖 21-15）。

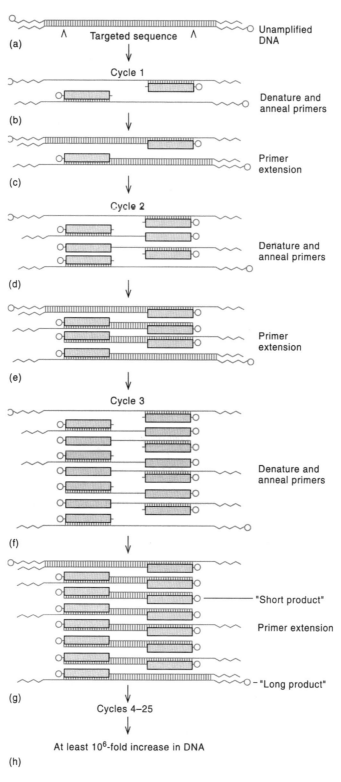

(a) Unamplified DNA
Targeted sequence

Cycle 1
(b) Denature and anneal primers

(c) Primer extension

Cycle 2
(d) Denature and anneal primers

(e) Primer extension

Cycle 3
(f) Denature and anneal primers

(g) "Short product"
Primer extension
"Long product"

(h) Cycles 4–25

At least 10^6-fold increase in DNA

圖21-15 PCR 原理示意圖

(一)「合成－變性－降溫－合成」循環

由圖 21-15 所示，將提取的總 DNA 用限制酶切成片段，加熱變性使之成為單鏈，以作為 PCR 的模板。用 DNA 合成儀(DNA synthesizer)合成引子（引子必須與待擴增的雙鏈 DNA 片段兩條鏈的 3'端互補），然後在 50~60°C 的溫度下將過量的引子加入到少量的 DNA 樣品中，這時 DNA 保持單鏈狀態，而合成的特異性引子能夠與其互補序列雜交，這些與模板雜交上的寡聚核苷酸將作為引子，參與合成模板 DNA 的互補鏈。

加入 dNTP 和 Taq DNA 聚合酶後，合成反應立即開始。反應溫度控制在 72°C。當反應完成時，將反應混合物加熱到 95°C 使新合成的 DNA 雙鏈變性，當溫度下降以後，由於過量引子的存在，另一輪的反應又可以進行。這種合成－變性－降溫－合成的循環可以重複多次，使所需要的 DNA 片段（或基因）得到特異性擴增。在理想的條件下，每一次循環使兩個引子位點之間的 DNA 序列增加一倍。

(二) 擴增特性

PCR 擴增的特定 DNA 序列產量隨著循環次數呈指數增加。由圖 21-15 可見，循環一次，擴增 2 倍；循環 2 次，擴增 4 倍；循環 3 次，擴增 8 倍；循環 4 次，擴增 16 倍，以此類推。

三、PCR 的未來優勢

由於 PCR 所需 DNA 的量甚微，不到 1 μg 的基因組 DNA 序列，就足以進行 PCR 分析。因此它比傳統的 DNA 選殖技術(clone tecnique)優越得多。在比較短的時間，從極微量的樣品即可得到大量的所需基因或 DNA 片段，而且由於 DNA 在不與 DNA 酶(DNase)接觸時是非常穩定的這一特點，可將幾十年、上百年前的生物由 PCR 擴增，甚至可以從幾千年前的埃及木乃伊中分離出來的 DNA 用 PCR 進行擴增，以研究古人類的特徵。

特別是 1990 年以後發展起來的原位 PCR (in situ polymerase chain reaction)技術，能夠檢測單一複製 DNA 或 RNA 序列，並在細胞形態上準確定位。這一新興技術有著重大的發展前景和應用潛力。例如，在愛滋病等病毒病因、潛伏性、隱性感染及發病機制的探討，腫瘤細胞的基因突變、基因重排，良性、惡性腫瘤的鑑別，以及對遺傳性基因缺陷等方面，原位 PCR 都是強有力的手段。可以預料，原位 PCR 技術將會在分子生物學、分子病毒學等多學科領域發揮重大的作用。

21.6 蛋白質純化技術

一、一般原則

採用機械力的或溶菌酶(lysozyme)破壞細菌細胞壁和細胞膜後，用水或緩衝液(buffer)將細胞內容物提取出來，這是細胞內各種物質的混合物。一般說來，將這種細胞粗提取物中除去蛋白質以外的其他物質是比較容易的，而要除去我們不需要的蛋白質（稱為雜蛋白，heteroprotein），相對就較難。因此這是分離純化時應著重考慮的。分離純化蛋白質技術(purification technique)的總原則是：

1. **選材**：在選材時應選擇被提取蛋白含量高，且易於提取者。

2. **分離方法**：按照被分離蛋白質的特異性質而設計分離方法。如分子的大小與形狀、所帶電荷的種類和數量、極性大小（親水或厭水）、溶解度、吸附性質以及對其他生物大分子的特異親和力等。

3. **穩定因素**：弄清被分離蛋白質的穩定因素，如蛋白酶(protease)、變性劑(denaturant)、抑制劑(inhibitor)、多種化學試劑、pH、溫度等。對被分離蛋白質有較好的鑑定、檢測方法。

二、分離純化方法

欲將粗提取液中所含蛋白質分離純化(separation and purification)出來，可根據蛋白質的不同性質而加以選擇。

(一) 根據分子量不同的分離方法

1. **透析**(dialysis)**和超過濾**(ultrafiltration)：這是根據蛋白質分子不能通過半透膜(semipermeable membrane)的性質使蛋白質和其他小分子物質（如無機鹽、單醣、胺基酸等）分開。常用的半透膜材質，賽璐玢(cellophane)、類纖維素(celluloid)等合成材料。

   (1) 透析是將待提純的蛋白質溶液裝在半透膜的透析袋裡放在蒸餾水或流水中，蛋白質溶液中的無機鹽等小分子，會通過透析袋擴散入純水中而被除去（圖 21-16）。

   (2) 超過濾是利用外加壓力或離心力使水和其他小分子通過半透膜，而蛋白質留在膜上（圖 21-17）。超過濾比透析速度快且容量大，適於大規模製備。這兩種方法只能將蛋白質和小分子物質分開，而不能將不同的蛋白質分離開。

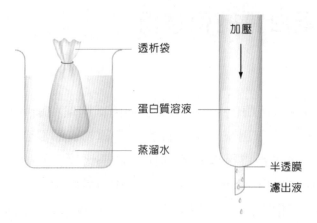

透析袋

蛋白質溶液

蒸溜水

加壓

半透膜

濾出液

圖21-16　透析與超過濾裝置

2. **密度梯度離心法**(density gradient centrifugation)：在離心過程中，蛋白質顆粒的沉降速度不僅決定於它的大小，而且也取決於它的密度。如果蛋白質顆粒在具有密度梯度(density gradient)的介質中離心時，則質量和密度大的顆粒比質量和密度小的顆粒沉降得快，而且每種蛋白質顆粒沉降到與自身密度相等的介質梯度時，即停止不前，最後各種蛋白質在離心管中被分離成各自獨立的區帶。分成區帶的蛋白質可以在管底刺小孔逐滴放出，分部收集，然後再對每個成分進行小樣分析，以確定區帶位置。

　　在離心管中密度梯度常用不同濃度蔗糖(sucrose)或氯化銫(cesium chloride, CsCl)來建立，在管底的密度最大，由管底到管上部逐漸減小。密度梯度離心時對蛋白質有一定穩定作用，即可清除由於溫度的局部變化和機械振動引起的區帶介面的擾動，因此可得到比較好的分離效果。

3. **凝膠過濾**(gel filtration)：這是按分子量由大到小逐漸分離的一種管柱層析。用於蛋白質的分離時，常用葡聚糖凝膠(Sephadex)，根據被分離蛋白質分子量大小範圍選用不同型號的凝膠（表 21-1）。表中的得水值為每克乾膠完全膨脹後所吸水的毫升數，排阻極限是指不能進入凝膠網孔的多胜肽或蛋白質的最小分子量。

▶ 表 21-1　不同型號 Sephadex 的分離範圍

凝膠型號	得水值(ml/g)	排阻極限
Sephadex G-10	1.0	700
Sephadex G-15	1.5	1,500
Sephadex G-25	2.5	5,000
Sephadex G-50	5.0	30,000
Sephadex G-75	7.5	70,000
Sephadex G-100	10.0	150,000
Sephadex G-150	15.0	300,000
Sephadex G-200	20.0	600,000

(二) 利用溶解度差別的分離方法

　　由於不同蛋白質所含極性胺基酸與非極性胺基酸的比例不同，以及極性胺基酸的種類及在分子表面的分布不同，各種蛋白質在水中的溶解度存在差異，根據此特點，選擇適當條件，可對蛋白質進行初步分離。

1. **等電點沉澱法**(isoelectric precipitation)：由於蛋白質分子在等電點(isoelectric point)時淨電荷為零，減少了分子間的靜電排斥力（在非等電點時由於同種蛋白質分子都帶有同種電荷，相互間產生靜電排斥），因而容易聚集而沉澱，此時的溶解度最小。由於不同蛋白質的等電點不同，所以當調節 pH 達到某一蛋白質的等電點時，該蛋白質即沉澱。不斷改變 pH，以達到分離之目的。這種方法分離出的蛋白質仍保持天然立體結構，改變 pH 值又可重新溶解。但若兩種蛋白質的等電點相近，則較難得到很好的分離效果。

2. **鹽溶與鹽析**(salting-in and salting-out)：由於在蛋白質溶液中加入大量中性鹽可以破壞蛋白質分子表面的水化膜(hydration shall)而使之沉澱（見 5.11 節），此謂之鹽析(salting-out)。不同蛋白質表面水化程度及表面電荷不同，加入不同濃度中性鹽可分別沉澱而分離，謂之分段鹽析(fractional salting-out)。這是進行蛋白質初分離時首選之方法，特別是分離活性蛋白（如酶、抗體、醣蛋白等），因為此法分離的蛋白質保持其天然立體結構，不會破壞其活性。然而低濃度的鹽存在卻有助於蛋白質的溶解，此稱為鹽溶(salting-in)，這有助於對某些難溶蛋白質之利用。

3. **有機溶劑沉澱法**(organic solvent precipitation)：酒精(alcohol)等有機溶劑可以破壞蛋白質分子表面的水化膜，不同蛋白質水化程度不同，加入不同濃度的酒精可分別沉澱不同蛋白質，也可達到分離之目的。

 專欄 BOX

21.1 血漿蛋白質的分級分離

1. 硫酸銨分級分離(ammonium sulfate fractionation)：

硫酸銨飽和度[註1](%)	被沉澱蛋白質
20%	血纖蛋白原(fibrinogen)
40%	假球蛋白 I (pseudoglobulin I)：部分α、β、γ-球蛋白(globulin)
50%	假球蛋白 II (pseudoglobulin II)：所有球蛋白
100%	白蛋白(albumin)

註 1：飽和度(satiratopm degree)：在常溫下，100 ml 水中硫酸銨的最大溶解度為 76 g，即 100% 飽和度。

2. 乙醇分級分離(alcohol fractionation)：

乙醇濃度(%)	pH	被沉澱蛋白質
8%	7~7.4	血纖蛋白原(fibrinogen)
25%	6.8~7.0	γ-球蛋白、凝血酶原(thrombin)、纖維蛋白酶(fibrinase)
40%	5.9	α、β-球蛋白、脂蛋白(lipoprotein)
45%	5.3~5.4	白蛋白(albumin)

(三) 根據電荷不同的分離方法

蛋白質是兩性電解質，具有許多個可解離基團。同種蛋白質在不同 pH 條件下解離情況不同；不同蛋白質在同一 pH 值時其帶電情況也不相同。根據這一特性可利用層析或電泳進行分離。

1. **離子交換層析**：分離蛋白質主要用於製備，可用離子交換樹脂(ion-exchange resin)，也可用離子交換纖維素(ion-exchange cellulose)。常用的交換陽離子，如 CM-cellulose（羧甲基纖維素，carboxymethyl cellulose）；常用的交換陰離子，如 DEAE-cellulose（二乙胺乙基纖維素，diethyl aminoethyl cellulose）等。

   此外，更有將離子交換和凝膠過濾相結合，如 DEAE-Sephadex，利用這種載體分離蛋白質，既具有離子交換的特點（帶電性質），又具有分子篩的特點（分子大小），因此可提高分離的靈敏度。

2. **電泳**：主要用於分析測定，但也可用於製備。在用於分析的蛋白質電泳中除已敘述過的之外，常用的還有免疫電泳和等電聚焦電泳。

(1) **免疫電泳**(immunoelectrophoresis)是基於蛋白質的電荷質量比(charge mass ratio) 和抗原性 (antigenicity)。先由瓊脂醣凝膠電泳 (agarose gel electrophoresis)將蛋白質混合物分離,再經擴散使蛋白質與特殊的抗體製劑相互作用。抗體(antibody)在凝膠中擴散,遇到經電泳分離對抗體有親和性的蛋白質則形成沉澱(圖 21-17)。

(2) **等電聚焦電泳**(isoelectric focusing electrophoresis)是將蛋白質放在一個 pH 梯度中,置於直流電場下進行電泳。當蛋白質移動到與它本身等電點相同的介質中某一 pH 處時,不再向前移動,而形成一條穩定的區帶。電泳緩衝液的 pH 梯度由特殊的兩性電解質(ampholyte)來建立,從正極到負極形成 pH 由低到高的梯度。不同蛋白質的等電點不同,在這種介質中電泳時能得到很好的分離結果。等電聚焦電泳既用於分離蛋白質,又常常用來測定蛋白質的等電點。

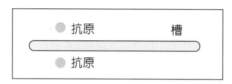

(A) 抗原被放在槽兩側的井中

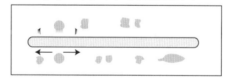

(B)抗原經電泳

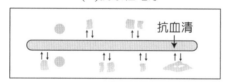

(C) 抗血清(抗體)被放在槽內,抗原和抗血清擴散

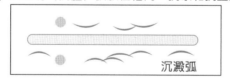

(D)不溶的抗原－抗體複合物形成沉澱弧

圖21-17 免疫電泳原理

(四) 根據特異生物親和性的分離

親和層析(affinity chromatography)是根據生物分子間的特異親和性而設計的分離方法，對於分離多種活性蛋白質很有效。

三、蛋白質的分析測定

(一) 含量測定(Concentration Determination)

測定樣品中的蛋白質含量有多種方法可供選擇。

1. **凱氏氮定量法**：其中比較準確的是凱氏(Johan Kjedehl)氮定量法，這是通過測定蛋白質中氮元素的含量來對蛋白質定量（見 5.2 節）。但此法所需樣品量較多，而且所需時間較長。

2. **紫外吸收法**：最方便莫過於紫外吸收法，通常用測定 280 nm 波長下的吸收值來定量。但若樣品蛋白質中苯丙胺酸(Phe)、酪胺酸(Tyr)和色胺酸(Trp)含量變化較大，則此法誤差較大。

3. **比色法**：用比色法測定蛋白質含量普遍採用**雙縮尿素法**及 **Lowry 法**，尤其是後者，對蛋白質沒有特異性，幾乎所有蛋白質測定都可採用。

(二) 分子量測定(Molecular Weight Determination)

測定蛋白質分子量(Mr)比較準確的方法是**超高速離心法**(ultracentrifugation)（見 5.11 節），但此法需要昂貴的超高速離心機(ultracentrifuge)，這不是所有實驗室都具備的。一般實驗室更常用凝膠過濾法和聚丙烯醯胺凝膠電泳法。

1. **SDS-PAGE 測分子量**：前已述及，在聚丙烯醯胺凝膠電泳(PAGE)中加入十二烷基硫酸鈉(SDS)時，蛋白質的遷移率主要取決於它的分子量，而消除了其電荷效應。蛋白質的分子量(Mr)與遷移率(μ)存在下列關係：

$$10\,Mr = k(10^{b\mu})$$

即 $\log Mr = \log k^{-b\mu} = k_1^{-b\mu}$

　　即分子量(Mr)的對數與相對遷移率(μ)呈線性關係（圖 21-18 中，1~5 代表不同分子量的標準蛋白質）。式中 k 及 k_1 均為常數，b 為斜率(slope)。相對遷移率μ為：

$$\mu = \frac{樣品移動距離}{前沿（染料）移動距離}$$

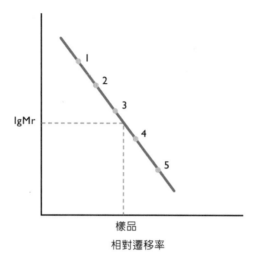

圖21-18 SDS-PAGE 測定分子量

　　在實際測定中常常用幾種已知分子量的單體蛋白質(monomer protein)作為標準，根據分子量和實際遷移率作圖，然後由樣品的遷移率即可從圖上求得其分子量。若在樣品中加入少量硫氫基乙醇(β-mercaptoethanol)並加熱，由於斷裂了雙硫鍵，再作 SDS- PAGE，即可測定寡聚蛋白各次單元的分子量。

2. **凝膠過濾測分子量**：具有不同分子量的蛋白質在 Sephadex 柱上具有不同的洗脫體積(elution volumn)，在一定條件下，分子量(Mr)與洗脫體積(Ve)間存在下列關係：

　　　　$\log Mr = k_1 - k_2 Ve$

　　即分子量的對數與洗脫體積呈線性關係（圖 21-19 中，1~4 代表不同分子量的標準蛋白質）。式中 k_1、k_2 為常數。在實際測定時，用已知分子量的蛋白質作為標準，分別求出在凝膠柱上的洗脫體積，分子量取對數後對洗脫體積作圖。測出待測樣品在同一凝膠柱上的洗脫體積，然後由圖求出分子量。

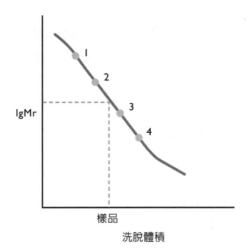

圖21-19 凝膠過濾法測分子量

21.7 核酸純化技術

一、一般原則

　　無論 DNA 還是 RNA，在細胞內都與蛋白質結合成核蛋白(nucleoprotein)形式存在，且二者在提取過程中常混在一起；同時細胞內還有蛋白質、醣、脂等多種物質存在，加之核酸本身在提取過程中易受多種因素影響而破壞，因此在提取核酸時應注意對條件的控制。一般說來，為保持核酸的完整性，在提取過程中應注意下列問題。

1. **防止核酸酶的降解**(degradation)：細胞內凡有核酸存在的部位，幾乎都有降解這種核酸的酶存在，因此在提取和純化核酸時，應盡量降低核酸酶(nuclease)的活性。通常用加入核酸酶的抑制劑(inhibitor)或去活化劑(deactivator)，如檸檬酸鈉(sodium citrate)、乙二胺四乙酸(edetic acid, EDTA)等。

2. **防止化學因素的降解**：主要是避免強酸強鹼的降解作用。

3. **防止物理因素的降解**：核酸（特別是 DNA）是大分子，高溫以及攪拌、振盪等機械作用力都可破壞核酸分子的完整性。因此，核酸的提取過程適於在低溫以及避免劇烈攪拌等條件下進行。

二、DNA 的分離純化

在細胞內，DNA 和 RNA 通常與蛋白質結合成核蛋白複合物，與 DNA 結合在一起的稱為 DNA 蛋白（簡稱 DNP），與 RNA 結合的稱為 RNA 蛋白（簡稱 RNP）。在 0.14M 鹽溶液中 RNP 溶解，而 DNP 此時溶解度最小，利用這一特性可初步將二者分開。將細胞提取物先用 1M NaCl 溶液溶解，然後稀釋到 0.14M，則 DNP 沉澱，離心所得沉澱即為 DNP。進一步必須除去 DNP 中的蛋白質，這可用蛋白質的變性劑(denaturant)或清潔劑(detergent)。常用下列三種方法：

1. **辛醇－氯仿法**：用含辛醇(octanol)或異戊醇(isopentanol)的氯仿(chloroform)振盪核蛋白溶液，蛋白質發生變性，處於水相和氯仿相之間，DNA 處於水相，分離水相，再用酒精將 DNA 沉澱。

2. **SDS 法**：用十二烷基硫酸鈉(sodium dodecyl sulfate, SDS)處理，也可使蛋白質變性，從而與 DNA 分開。

3. **苯酚法**：苯酚(benzenephenol)不僅可使蛋白質變性，而且能抑制核酸酶的活性，可防止核酸的降解。用苯酚處理後，DNA 存在於水相，而變性的蛋白質存在於苯酚相中。

用上述任一種方法所製得 DNA 為粗提取物，須進一步純化才能得到較純的 DNA。例如用密度梯度離心法(density gradient centrifugation)。用蔗糖密度梯度離心可將分子量大小不等的線性 DNA 分開；它可將分子量相同而立體結構不同的同質 DNA（如某些病毒 DNA）分開。用氯化銫密度梯度離心可將雙股 DNA 和單股 DNA 分開。用羥基磷灰石(hydroxyapatite, HA)管柱層析和甲基化白蛋白矽藻土(methylated albumin-kieselguhr, MAK)管柱層析可分離變性 DNA 與天然 DNA 等。

三、RNA 的分離純化

對 RNA 的提取，目前多採用酚提取法，即用緩衝液飽和的酚溶液直接處理組織或細胞以除去蛋白質和 DNA。也可用稀鹼或鹽溶液，並結合調節等電點而沉澱的方法製備 RNA。提取不同種類 RNA 時，最好先以離心法將相關胞器(organelle)分離出來後，再從這種胞器中提取某種 RNA。如從核糖體提取 rRNA，從細胞質提取 tRNA，從多聚核糖體(polyribosome)提取 mRNA。

RNA 的進一步分離純化，有多種方法可選用。不同的 RNA 還有其特有的分離方法。如密度梯度離心、DEAE-纖維素、DEAE-Sephadex、甲基化白蛋白矽藻土等各種特異管柱層析。還可用親和層析，如用 oligo (dT)-纖維素柱或 poly (U)-瓊脂醣柱分離真核 mRNA 等。

四、核酸的測定

(一) 含量測定(Concentration Determination)

根據核酸基本組成的特點對核酸定量常用**紫外光吸收法**(ultraviolet absorption method)，在 260 nm 波長測定光吸收；其次用**定磷法**(method of determine phosphate)或**定糖法**(method of determine sugar)。

(二) 純度測定(Purity Determination)

核酸純度的測定，最簡便的方法也是紫外吸收法。雙鏈和單鏈 DNA 的吸收光譜，以及在雙鏈向單鏈轉化過程（變性）中的光吸收增加（增色性），這些都可以作為測定核酸樣品純度的依據。

通常測定核酸樣品在 230~320 nm 波段的光吸收值，若在 320 nm 的光吸收比在 260 nm 的光吸收值多百分之幾，便表明樣品不純，含有蛋白質等其他雜質；也可測定增色性(hyperchromicity)，當 A_{260} 增色值為 35%時，表明樣品為相對純淨的 DNA；此外，也可通過測定 260 nm 和 280 nm 光吸收比值來確定其純度。純 DNA 的 A_{260}/A_{280} 為 1.8（或 A_{280}/A_{260} 為 0.5），純 RNA 為 2.0。因此，在純化 DNA 時，通常用 $A_{260}/A_{280}=1.8\sim2.0$ 作為純度標準，若大於此值，表示有 RNA 汙染；小於此值則有蛋白質或酚的汙染。

(三) 分子量測定法(Molecular Weight Determination)

用凝膠電泳可測定核酸的分子量，對於 DNA 而言，因其分子量太大，在製備過程中很難得到完整的基因組。在實際應用中，常常是測定 DNA 片段（基因）或限制酶作用產物的分子量。不同凝膠濃度可分離不同長度的片段。例如，用 20%丙烯醯胺，可分離 1~50,000 bp 的片段；10%丙烯醯胺分離 25~500 bp；4%丙烯醯胺分離 100~1,000 bp。用瓊脂醣凝膠可分離更大片段：1.4%瓊脂醣分離 200~6,000 bp；0.7%瓊脂醣分離 300~20,000 bp；0.3%瓊脂醣則可分離 1~50 kb（千鹼基對）。

　　在凝膠電泳中，DNA 分子量的對數與它的遷移率成反比。在測定時，用已知
長度的片段作標準（通常用幾種限制酶處理噬菌體λDNA，得到幾種已知分子量的
片段），未知樣品在相同條件下，根據它的遷移率即可求得分子量（圖 21-20）。
用此法可以求得單個 DNA 分子內（如胞器 DNA）的分子量，也可求得限制酶切
各片段的分子量。

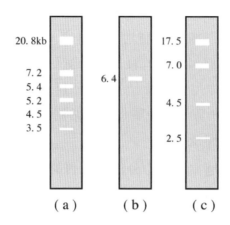

圖21-20　凝膠電泳法測定 DNA（片段）的分子量

(a) λDNA 的一種限制酶切圖譜（標準）；(b)樣品 DNA；(c)一種樣品 DNA 的限制酶切圖譜

摘要

1. 本章介紹一般實驗室必須具備的最基本生物化學技術，了解這些技術的原理和一般的方法要點。生物化學和分子生物學的發展是與這些技術分不開的，而且在某種程度上甚至受著這些技術發展的制約，可見生化技術的發展也是非常重要的。

2. 層析法(chromatography)，又名色譜法、色層法、色層分離法。根據所用載體的不同分為濾紙層析、薄層層析、管柱層析、氣相層析、高效液相層析；根據分離物質的原理（或相互作用）不同，分為分配層析、吸附層析、離子交換層析、凝膠排阻層析、親和層析等。這些層析技術常用於蛋白質（包括酶）及其成分、核酸及其成分、糖等製備及分析。

3. 電泳法(electrophoresis)是在電場中分離電解質的方法。最常用的是薄膜電泳和凝膠電泳。聚丙烯醯胺凝膠電泳(PAGE)具有很高的靈敏度，可將人血清蛋白分出幾十條區帶，在 DNA 的分離上即使僅相差一個核苷酸都能有很好的分離效果，它是應用於 DNA 及基因研究的有力技術。

4. 比色法(colorimetry)和分光光度法(spectrophotometry)是利用物質本身或與某種試劑反應後，對可見光或紫外光具有特徵吸收此一性質，來對物質進行定量。其基本原理是 Lambert-Beer 定律。用於糖、胺基酸、核苷酸、蛋白質、核酸的測定，這是十分方便的。

5. 墨點法(blotting)是近二十多年來新建立的蛋白質、核酸的電泳轉移方法，在分子生物學上得到廣泛的應用，尤其是樣品特別稀少時更為有用。如多胜肽激素、抗體、特異基因等，此法為稀有樣品的進一步研究提供了品質保證。

6. PCR 技術（聚合酶鏈反應）是使基因數量快速倍增的一種簡捷方法，它的發展歷史不過 25 年左右，但對分子生物學、分子遺傳學、分子病理學等在理論及應用上所作的貢獻都具有很大的影響力。

PRINCIPLES OF
BIOCHEMISTRY

生物工程的核心－
基因工程

基 因工程是生物工程的基礎和核心，借助基因工程技術，使人們從認識生物、利用生物的時代，跨進了一個改造和創建新生物的新興時代。基因工程是在 DNA 分子層次上進行的一種分子操作技術，使不同種屬或不同個體的基因人為地發生重組，或發生基因結構的定向變化，以形成新的生物有機體或新的生物功能，並獲得新的遺傳特性。

　　基因工程包括 DNA 重組技術和其他基因結構得以定向改造的技術。本章主要介紹 DNA 重組技術。DNA 的人工重組大體上包括下列幾個步驟：

1. 取得帶有目的基因的 DNA 片段。

2. 體外重組帶有目的基因的 DNA 片段與載體 DNA。

3. 將重組質體轉殖入受體細胞。

4. 篩選和鑑定出已接受重組 DNA 的受體細胞。

5. 使外源基因在受體細胞內表現。

22.1 生物工程概述

　　在生物化學、分子生物學、細胞生物學等學科已有研究成果的基礎上發展起來的生物技術，實際上是生命科學發展分支出來的一門現代應用技術學科，由於其廣泛的應用前景和強大的生命力，使其在短短的 30 年內得到了突飛猛進的發展，其成果和產品給人類帶來巨大的經濟效益和社會效益。

　　生物技術(biotechnology)也稱「生物工藝學」。是 1970 年代初期，在生物化學、細胞生物學等學科的一些最新研究成果的基礎上發展起來的新興技術領域。這些新成就包括基因重組、融合瘤、酵素和細胞固定化，以及動植物細胞大規模培養等技術。這些技術的應用，使人們能定向設計重建具有特定性狀的新物種或新品種，結合發酵和生化工程原理，加工生物材料來生產新型產品，以便廣泛地應用於醫藥、食品、化工、能源、輕工業、農業和環境保護等諸多領域。由於發展時間短，其所涉及的理論、技術和研究內容都尚在不斷發展中，因此，在書刊上有時頻頻出現的生物技術、遺傳工程、基因工程等這些名詞往往難以界定，甚至概念混淆。以下將根據國內外比較普遍的觀點或習慣作粗略的介紹，以使讀者有個初步了解。

　　以人們從認識、利用和發展生物或生物機能，進入改造、創建新生物或生物新機能這一特點來看，生物工程不同於傳統的生物技術。按照普遍的看法，生物工程的技術系統主要包括基因工程（DNA 重組技術）、細胞工程（細胞融合和組織培養技術）、酵素工程（酶的改造與設計技術）和發酵工程（細胞大量培養技術）四個方面。一般發酵工程包括生化工程（生物反應器的設計），但也有將二者分開的。

一、遺傳工程與基因工程

(一) 遺傳工程(Genetic Engineering)

　　遺傳工程是 1960 年代後期所提出的一個概念。在遺傳學，特別是分子遺傳學的發展過程中，在生物雜交(biohybridization)、生命物質可交換性等發現的暗示下，一些生物學家大膽地提出了利用種間遺傳物質的交換，從而可以導向性培養和改造生物品種，即生物學家也可以像工程師構思和設計一個工程一樣，預先構思、設計、繪製藍圖，而後施工，在完全控制的條件下建造生物新品種。現在一般認為，遺傳工程就是研究如何將某一生物體的遺傳物質轉移到另一生物體內，而使後者表現出新的生理與遺傳的特徵。這可在不同層次進行，包括個體層次、細胞層次、次細胞層次和分子層次等。它包括一般的選擇育種，也包括複雜的基因選殖等不同的技術層次。

(二) 基因工程(Gene Engineering)

　　基因工程又稱 DNA 重組技術(DNA recombination technique)、基因操作(gene manipulation)、基因選殖(gene cloning)、分子選殖(molecular cloning)等，使用術語比較混亂。它是指在分子層次上進行遺傳物質的轉移，以改變生物的某些機能或創造新的生物機能；所以它是「分子層次的遺傳工程」。遺傳工程應包括基因工程，但遺傳工程比基因工程所涉及的範圍要廣泛得多。

　　基因工程是生物工程的主體和核心。它是指不同生物的遺傳物質（基因），在體外人工「剪裁」(cut)、「組合」(unite)和「拼接」(splicing)，使遺傳物質重新組建，然後透過適當載體(vector)，將其轉入微生物或細胞內，稱為選殖(cloning)，並使所需要的基因（稱為目的基因）在細胞內表現，產生出人類所需要的新產品，或創建新的生物類型。基因工程主要涉及 DNA 的複製、轉錄和表現，是在分子層次上的一種操作技術，所以它是分子層次的生物工程。

基因工程的發明和應用，不僅為探索生命奧秘展開了嶄新的一頁，而且將會在工、農、醫的實際應用方面，產生難以估量的經濟效益和社會效益。

二、細胞工程

細胞工程(cell engineering)是在細胞層次和次細胞層次的生物技術。包括細胞融合、核轉殖、細胞大規模培養和組織培養快速繁殖技術。

1. **細胞融合**(cell fusion)：是不同種類的細胞，利用生物、化學或物理學方法，使其原生質體(protoplast)融合在一起，這可以克服遠緣種間的不親和性，擴大遺傳重組範圍，篩選雜種後代。透過細胞融合可以產生出兼備兩個親代遺傳性狀的細胞。例如，1975 年，英國 Kohler 和 Milstein 首次創建的淋巴細胞融合瘤技術，是將小鼠的骨髓瘤(myeloma cell)與經綿羊紅血球免疫過的小鼠脾細胞(spleen cell)（主要是能分泌專一性抗體的 B 細胞），用仙台病毒(Sendai virus)使二者融合，成為融合瘤細胞(hybridoma cell)。這種融合細胞承襲了兩個親代細胞的特點，既具有腫瘤細胞在培養基中能迅速增殖、傳代的能力，同時又保存了免疫小鼠脾細胞合成和分泌特異性抗體的能力。由於一個 B 淋巴細胞(B lymphocyte)免疫後只能分泌一種抗體，其融合瘤細胞經選殖後所產生的抗體是免疫性均一的，因此稱為單株抗體(monocloning antibody)。單株抗體生產技術的發明是免疫學上一次重大的技術革命。

2. **核轉殖**：利用顯微或超顯微技術，將一種細胞的細胞核或胞器轉移到另一不同細胞中稱為核轉殖(nuclear transplant)和細胞質轉殖(cytoplasm transplant)技術，可藉此產生具有超級功能的新細胞。

3. **細胞大規模培養**：這是以工業生產為目的，不受氣候、季節等環境條件的限制，從大量培養的細胞中獲得藥物和其他有用物質。

4. **組織培養快速繁殖技術**：這是利用動植物組織和細胞的全能性(totipotence)，進行快速的選殖(cloning)，在比天然生長發育短得多的時間內得到動植物幼苗或組織，便於工業化生產。利用這種技術可以進行良種繁殖、純種栽培、無病毒種苗培育、名貴花卉苗木生產等。例如，利用這種技術已經培育出在 12 個月內開花的荔枝，兩月內開花的玫瑰，以及蘭花、草莓、百合，以及小稻、甘薯、馬鈴薯、大蒜、柑桔等一大批農作物和果蔬植物，現在，利用組織培養技術可獲得植株的植物已在千種以上。

三、酵素工程

酵素工程(enzyme engineering)包括酶的開發與生產、酶的固定化、酶的分子改造與新酶研製等技術。在工業生產上，就是在一定反應器中，利用酶的催化作用，將相對應的原料轉化成所需的產品。酶的固定化技術(fixation technique)，就是將酶（或細胞）與高分子化合物相結合，成為固相(solid phase)，便於長期使用，進行連續化生產，這種酶稱為固定化酵素(immobilized enzyme)。

(一) 酶固定的發展

酶作為一種優良的生物催化劑(biological catalyst)，在催化化學反應中有一系列優點，但是在實際應用中又有一些缺陷。例如酵素反應一般在水溶液中進行，但酶在水溶液中很不穩定，理論上酶作為催化劑可以連續使用一段時間，但在實際應用中往往用破壞酶的辦法來停止反應而不可能被連續使用；此外，工業酶製劑大多不純，在反應液中會帶入不少雜蛋白及有色物質等，因此造成了產品分離純化的困難。為了克服這些缺點，從六十年代以來，即展開不溶性酶的研究，即讓酶與固體支援物相結合，既可保持酶的催化活性，又可連續使用；這種形式的酶稱為水不溶性酶(water-insoluble enzyme)。它是將酶用物理或化學方法處理，使酶與一種惰性載體連接起來，或將酶包埋在一種不溶性的膠囊(capsule)內，做成一種不溶於水的酶，這樣的酶是在被固定的條件下作用於溶液中的受質，故稱為固定化酶。1969 年，日本的千畑一郎第一個使用這種技術，以工業生產規模應用固定化胺基醯化酶(aminoacylating enzyme)由 DL-胺基酸連續生產 L-胺基酸。

用於固定化的酶，起初都是採用經分離純化的酶，後來使用含酶的菌體或菌體碎片進行固定化，用菌體（或碎片）中的酶來催化產品的生成，這種技術稱為「固定化菌體」或「固定化死細胞」。1973 年，日本首次在工業上成功地應用固定化大腸桿菌(E.coli)菌體中的天門冬胺酸酶(aspartase)，由延胡索酸(fumaric acid)連續生產出 L-天門冬胺酸。

在固定化酶的基礎上，七十年代後期出現了固定化細胞技術。這是將活細胞進行固定化，因此稱為「固定化活細胞」或「固定化增殖細胞技術」。1976 年，法國首先用固定化酵母細胞生產酒精和啤酒。1978 年日本用固定化枯草桿菌(Bacillus subtilis)細胞生產α-澱粉酶(α-amylase)。八十年代以後，中國應用固定化細胞或固定化原生質體(protoplast)先後成功生產α-澱粉酶、醣化酶(saccharogenic amylase)、果膠酶(pectate lyase)、鹼性磷酸酶(alkaline phosphatase)、葡萄糖氧化酶

(glucose oxidase)和麩胺酸脫氫酶(glutamate dehydrogenase)等。應用這些固定化技術，提高產品產率和縮短發酵周期，並連續化生產，產生了明顯的經濟效益。

(二) 活酶固定化常用的方法

固定化酶的方法通常有下列四類（圖 21-1）：

1. **吸附法**(absorption method)：酶分子吸附於不溶性載體上。因溫度的變化對吸附能力影響較大，因而此法用得不多。

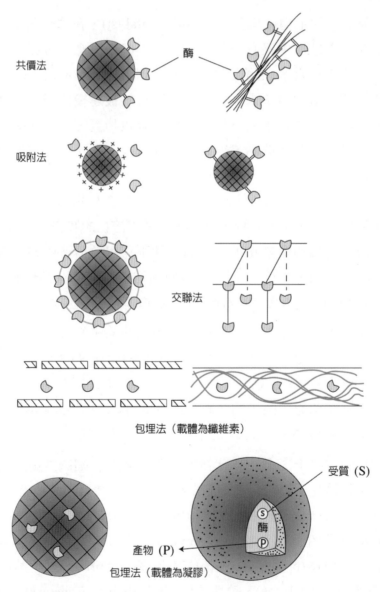

共價法
酶

吸附法

交聯法

包埋法（載體為纖維素）

受質 (S)

產物 (P)

包埋法（載體為凝膠）

圖22-1 固定化酶的模式圖

2. **共價法**(covalent method)：透過適當的化學反應，將酶共價偶聯於適當的載體上（如纖維素、葡聚糖凝膠等）。其方法是先在載體上接一些可與酶蛋白分子起反應的基團，然後再與酶透過共價鍵連接起來。此法現已廣泛被採用。

3. **交聯法**(cross-linking method)：在這種方法中，酶依靠雙功能試劑(bifunctional reagent)造成分子間交聯而成為網狀結構。常用的雙功能試劑有戊二醛(pentadialdehyde)、順丁烯二酸酐(cis-butene diacid anhydride)等。酶蛋白分子中的胺基、酚基、咪唑基及硫氫基均不參與交聯反應。

4. **包埋法**(package method)：這是將酶包埋在凝膠網格中或半透膜微型膠囊中的一種方法。在醫療上用於治療某些疾病時常用此法。

在酵素工程中目前發展比較快的還有對酶分子修飾改造，改變酶分子中的某些基團，特別是活性基團，或對其結構進行適當改造，從而改變酶的催化能力和催化特性。常用的修飾方法有：金屬離子置換修飾、大分子結合修飾、胜肽鏈有限水解修飾、酶蛋白側鏈基團修飾、胺基酸置換修飾等。尤其是八十年代以來，隨著蛋白質工程(protein engineering)的興起與發展，已把酶分子修飾與基因工程技術相結合，利用基因定點突變(site-directed mutagenesis)技術，可將酶分子修飾後的訊息儲存在 DNA 中，經過基因選殖和表達，就可利用生物合成方法不斷獲得具有新的特性和功能的酶。

四、生化工程

生化工程（biochemistry engineering，發酵工程）包括生物反應器的設計、感測器的研製和產品的分離、精製技術。生物反應器(biological reaction vessels)是生物技術開發中的一個關鍵設備，它為微生物、活細胞或酶提供良好的環境，使得細胞可增殖和累積產物。反應器系統的設計應逐步實現自動化和程式控制，具有良好的能量和反應傳遞性能，並適宜於細胞的大量增殖，或在產品的分離、精製中具備高純度、高回收率的特點。這種反應系統如果用於微生物發酵，即稱為發酵工程(ferment engineering)，不同於傳統的發酵技術，發酵工程是將傳統的發酵與DNA 重組、細胞融合等新技術相結合並加以發展的現代發酵技術，所採用的生產菌種應是透過生物工程方法選殖、改造，並具有新的生物機能的所謂的「工程菌」，因此所得到的產品無論產量和品質，都是傳統發酵技術不能比擬的。

22.2 生物工程的應用面

一、應用於工業

(一) 化工及冶金工業

　　隨著生物工程的進步，其在化學工業(chemical industry)方面的應用前景也變得十分廣泛，因為它不僅可提供新的原料和產品，而且能不斷出現低耗能、少汙染的新技術，甚至革新整個化學工業。

　　目前已知利用固定化棒狀桿菌(*Corynebacterium*)的生物反應器，由丙烯腈(acrylonitrile)生產丙烯醯胺(acrylamide)（塗料材料），應用微生物法氧化正烷烴(alkyl hydrocarbons)生產葵二酸(decanedioic acid)，它是生產尼龍(nylon)和香料的原料，利用生物工程的方法將烷烴轉化成多種高碳二元酸(diprotic acid)和二元醇(dihydric alcohol)，由碳水化合物(carbohydrate)生產合成橡膠的原料 2,3-丁二醇(butanediol)等，都在生產上已開始應用。美國、日本等國應用生物工程技術，以乙烯(ethene)或丙烯(acryline)為原料，生產合成纖維原料環氧乙烷(ethyl cyclooxygen)和環氧丙烷(acryl cyclooxygen)已獲得成功。這種技術克服傳統生產技術的易燃、易爆和「三廢」汙染等嚴重弊病，而具有投資少、無公害、省能源及原料等優點，使生產成本大大降低。德國在此基礎上則應用生物技術，再由氧化乙烯(oxidative ethene)生產乙二醇(glycol)，並逐步開發更多的產品。可以設想，由於生物工程技術的應用，高大林立的乙烯生產設備將為精巧的反應器所代替，不僅化學工業的形象因此而煥然一新，由此而為企業帶來的經濟效益則更是巨大。例如位於日本東京一家生產脂肪酸的三好油脂公司工廠，由於採用了生物反應器和酵素工程技術，將原來高達 30 多公尺的反應塔以 8 公尺的反應槽取代，使工廠的占地面積只需原來的二十分之一，能源成本更縮減到只需五十分之一。

　　在冶金工業(metallurgy industry)上可以利用微生物（或生物工程菌）及其代謝產物作為浸礦劑，可以聚集尾礦、貧礦以及海洋中的有色金屬來提高產量。例如，已大規模利用硫桿菌(*Thiobacillus*)浸銅和鈾，以及用細菌於煤炭脫硫。還可以從低品位礦石中回收銀、鋁、鋅、鎳等有色金屬。此外，德國利用生物技術從海水中提取鈾，不僅能保護海洋生態環境，而且大大節約投資，提高經濟效益。

(二) 輕工業和食品工業

用生物工程技術改造傳統食品工業(food industry)，不僅可大大提高產量，改善品質，增進效益，而且可開發新產品，改善和提高人們的膳食攝取結構。目前在這方面主要包括胺基酸的發酵生產、酶製劑的開發利用、新肝醣的開發、酒類釀造新技術，以及新型食品添加劑的研製等。

胺基酸不僅用於食品工業，而且廣泛地用於醫藥、輕工業(light industry)、化工、畜牧業等，可作為食品和飼料添加劑、調味劑、營養劑、代謝改善劑、藥物、化妝品、洗滌劑等，因此胺基酸工業發展十分迅速。20 多種胺基酸中已有 18 種胺基酸可利用生物技術來生產，當中發展較快的是幾種人類必需胺基酸(essential amino acids)，已可採用基因工程和細胞融合技術改造 Lys、Thr、Trp、Arg、His 和 Ile 的產生菌；且其中的 Lys、Thr、Trp 已可藉著工程菌生產來大幅提高產量，縮短發酵周期。

在白酒、麴酒、啤酒等飲料酒類發酵中，已使用固定化酵母和固定化酶技術，以及開發新型酶製劑，採用連續發酵、電腦控制等新技術，使飲料酒的產量和品質大為提高，並降低能耗、物耗以及節省人力。在啤酒生產中，利用基因工程技術把麵包酵母(*Saccharomyces cerevisiae*)的 dex 基因引入到釀酒酵母細胞，此法可產生一種新的酵母菌株，它能將糊精轉化為酒精，來製成含糖分低且味道好的優質啤酒。此外，高產甜味蛋白(sweet taste protein)的基因工程研究和製造奶酪(cheese)用的乳蛋白酶(milk protease)的基因工程都相繼獲得成功，並開始大量生產。

二、應用於農業和畜牧業

農業與人類的生活更為密切，現在不少國家都把生物工程在農業上的開發利用列為重點，促使農業真正向現代化方向發展。採用生物工程技術在細胞和分子層次上研究和改造作物，將導致一場新的「綠色革命」。

(一) 農業應用

在改良農作物品種，提高農產品品質方面，利用基因轉移技術，不僅可培育出具有高蛋白含量的水稻(rice)、小麥(wheat)、玉米(maize)品種，而且將抗性基因(resistance gene)引入這些作物可培育出抗旱、抗病、對溫、抗寒、抗病蟲害和抗除草劑的新品種。例如，將蘇雲金芽孢桿菌(*Bacillus thuringiensis*)的一種毒性蛋白基

因轉入到植物，已經獲得能抗玉米穗蛾(*Heliothis virescens*)、菸草天蛾(*Manduca sexta*)、甜菜夜蛾(*Spodoptera littoralis*)等蟲害的菸草(tobacco)、番茄(tomato)、馬鈴薯(potato)等作物。如果把根瘤菌(Rhizobium)的固氮基因移植到玉米(maize)、小麥(wheat)等作物根際的土壤細菌中去，或直接轉移到這些作物的細胞內，使之具有固氮(nitrogen fixation)能力，這樣就可以大幅減少化學肥料的使用。

採用細胞工程技術快速繁育名貴花卉和瓜果苗木的作法，已正式投入生產應用，蘭花、柑桔、草莓、甘蔗等也已形成工業化生產。

(二) 畜牧業應用

在畜牧業方面，美國、加拿大等國利用生物工程技術，已培育出產奶量提高20%以上，每公斤奶所消耗飼料降低 29% 的新品種乳牛。澳洲甚至已培育出能自動脫毛的大型綿羊；而在牛、羊、豬、雞、鴨和魚等動物中也不斷培育出各種新品種。現在利用基因轉殖(transgenosis)及選殖(cloning)技術已成功地人工培育出羊、牛等高等哺乳動物，2001 年 1 月美國科學家宣布首次培育出「殖猴基因」。這些成果對畜牧業和醫學的發展都具有十分重要的意義。

而在獸用疫苗的生產中，採用基因工程方法，繼利用大腸桿菌生產口蹄疫(foot-and-mouth disease)疫苗後，幼畜腹瀉(diarrhea)疫苗、狂犬病(rabies)病毒疫苗、草魚出血病(bleed)疫苗等也相繼研發成功，使家畜家禽的防病能力大大提高。

三、應用於醫藥

生物工程應用在研製治療和診斷藥物方面的領域上最為活躍且進展迅速。到目前為止，全世界從動物、植物和微生物中獲得的生物藥物約 400 多種，還有 100 多種臨床診斷用試劑。傳統的技術是從生物體的組織、器官、細胞、血液或尿液中提取，而有下列缺點：因受資源限制，導致產量小且價格昂貴。現在透過生物工程的方法，研製了數十種生物製劑，這些藥物包括：激素類（如胰島素、生長激素、生長激素釋放抑制素、胸腺素(thymosin)、鬆弛素(relaxin)、內啡肽(endorphin)及腦啡肽(enkephalin)等數十種）、干擾素(interferon)、抗生素(antibiotic)和疫苗（如B 肝炎疫苗(hepatitis B vaccine)、牛痘病毒疫苗(vacinia virus vaccine)、腹瀉疫苗(diarrhea vaccine)、瘧疾疫苗(malaria vaccine)）等。

利用生物工程技術生產生化藥物不僅克服了傳統技術受資源限制的弱點，且能降低成本，提高經濟效益。例如利用傳統技術生產 1 克胰島素，需要豬胰腺 45

公斤（相當於 450 頭豬的胰臟）；而用基因工程菌生產，只需 24 升發酵液。此外，用基因重組的微生物來發酵生產干擾素，每升菌液的量可生產出相當於 1,200 升人體血中能獲得的量。

應用生物工程技術除了能生產高產、優質、價廉的治療藥物外，還能生產更準確、靈敏、快速的臨床診斷試劑。例如，單株抗體作為一種「生物導彈」，在疾病（包括癌症）的診斷上具有突破性的作用。此外，透過生物工程技術（特別是基因工程）技術，還有可能進一步研製出高效無毒，且可用於疑難病症治療的新藥和診斷試劑。

四、應用於環境保護

生物工程產業除本身都是少汙染工業外，也可用於環境治理，化害為利，不僅減少對人類的危害，而且可增進經濟和社會效益。

(一) 處理汙染

生物工程應用於環境保護方面目前主要是在兩個方面：一是利用生物反應器來連續處理工業廢水或含毒廢液；二是利用基因工程技術，構建「超級菌」，以處理大面積的汙染，如海洋石油汙染。在處理廢水方面，可利用一些特殊微生物或藻類(algae)，一方面可使汙水淨化，另一方面還可以回收金屬等可用物質。目前有一種生物技術，即「利用細菌－藻類聯合系統」處理汙水，細菌使水中的有機物分解，產生二氧化碳、氨和水。藻類則利用太陽能和水中的二氧化碳合成供藻類生長的有機物，而產生大量藻類蛋白並釋放出氧。所以，透過這一系統的循環過程，既能淨化汙水、保護環境，又能獲得大量藻類蛋白，來作為高級飼料用於家禽及漁業，還可作為高級有機肥料用於園藝果蔬栽培等。

(二) 能源應用

此外，在能源工業上生物工程既可用於節能，又可開發新能源，提高石油採收率。在新能源開發方面。主要開發利用纖維素(celluloses)、木質素(lignins)等為原料生產酒精、甲烷和氫，這就涉及產纖維素酶(cellulase)的基因工程。在這方面的研究發展也很快，特別是工業發達國家，透過這些新能源的開發，以解除日益枯竭的石油危機。在石油開採方面，許多國家利用微生物發酵產物聚丙烯醯胺(polyacrylamide)、胞外多醣(exopolysaccharides)等，作為鑽井的乳化劑、破乳劑和泥漿懸浮劑，大大提高鑽井效率。這些產物還可作為二次採油的稠水劑和壓裂液，

可從「枯竭」的油田中再採油 10~20%。如果利用微生物進行三次採油，甚至可進一步從「死井」中採收石油。

22.3 DNA 及 RNA 測序方法

由前述可知，生物工程的基礎與核心價值來自於六十～八十年代基因工程的快速發展；而核酸序列的測定不僅是基因工程中不可缺少的程序，也常常用於核酸結構與功能的研究。

一、DNA 的序列測定

DNA 序列測定(DNA sequence determination)是指於 DNA 中測定去氧核苷酸的方法；常用的有兩種：一是化學修飾法，或稱 Maxam-Gilbert 法，另一種稱為酶法，或雙脫氧法、Sanger 法。這兩種方法的共同點都是並不直接測定鹼基的組成和順序，而是將 DNA 分子裂解（或形成）一些大小不等的片段，在聚丙烯醯胺凝膠電泳(PAGE)上，根據片段的大小直接「讀出」其序列。不過這兩種方法用於產生片段的技術並不相同。

(一) 雙脫氧法(Bideoxy Proceduce)

這是 Fred Sanger 發明的測定 DNA 序列方法，故又稱為 **Sanger 法**。這個方法是用 DNA 聚合酶(DNA polymerase)在體外催化 DNA 合成時，加入 2′, 3′-雙去氧核苷酸(2′, 3′-dideoxynucleotide)，使合成鏈終止來進行測定，因此又稱為**鏈終止法**(chain-termination procedure)。此法的大體步驟為（圖 22-2）：

1. **製備 DNA 片段**：將含有預定序分析的 DNA 模板及引子之樣品混合液分為 4 等分，每一份中加入 4 種去氧核苷三磷酸(dNTP)，其中有一種帶有 ^{32}P 同位素標記和一種 2′, 3′-雙去氧核苷三磷酸(ddNTP)，然後用 DNA 聚合酶 I（Klenow 片段，此片段存有聚合活性，但沒有 5′→3′外切活性）催化合成。合成過程中若有 ddNTP 加入，則合成終止（如加入 ddATP 時，合成的片段 3′ 端即為 A）。這樣每一組中都會合成大小不等的一些片段。

2. **電泳**：將 4 組實驗在同一塊聚丙烯醯胺凝膠(polyacrylamide gel)板上進行電泳，最後用 X 光底片進行放射自動顯影。

3. **讀出序列**：顯影後從電泳圖譜上各區帶所處位置，直接讀出其序列。例如，圖 22-2 中，由下往上讀，其序列即為(5′→3′) AGCATTGCAAC。這是新合成鏈的序列，它的互補鏈（被側鏈）的序列即為(5′→3′) GTTGCAATGCT。用此法可以測定 300 個以上鹼基序列。

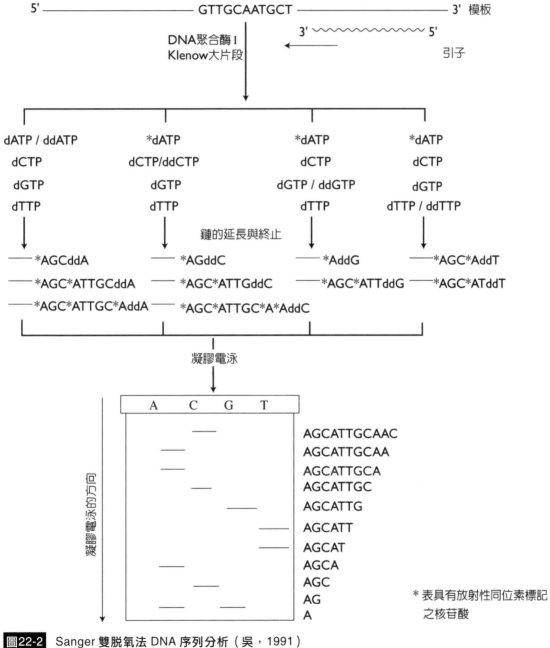

圖22-2 Sanger 雙脫氧法 DNA 序列分析（吳，1991）

在每一個反應試管中，都有加入一種互不相同的 dd NTP 和全部 4 種 d NTP，其中有一種帶有 ^{32}P 同位素標記。反應混合物樣品加在聚丙烯醯胺序列膠中，進行依據片段大小的電泳分部分離。電泳凝膠用 X 光底片作放射自動顯影曝光，產生出可見的譜帶。譜帶的判斷是從膠的底部開始，逐漸讀向頂部，如此所得出的核苷酸鹼基序列，是同模板鏈 5′→3′方向的鹼基序列互補的。圖中*號表示帶有放射性同位素標記的 2'-單去氧核苷酸。

(二) 化學修飾法(Chemical Modification Produce)

由美國哈佛大學 Maxam 和 Gilbert 發明，故又稱 Maxam-Gilbert 法。其原理是用專一性化學試劑處理具末端放射性標記的 DNA 片段，由於這些試劑只作用於特定鹼基，因此裂解產生的是具一定長度的片段。這些片段經凝膠電泳按大小分離和放射自動顯影後，也是從電泳圖譜上直接讀出序列（圖 22-3）。

首先將被分析 DNA（或片段）用磷酸酶(phosphomonoesterase)處理，使其 5′-端磷酸根水解，而後加入γ-^{32}P 標記 ATP，由多核苷酸激酶(polynucleotide kinase)催化，使其所有 DNA 片段的 5′-端均接上 ^{32}P 放射性標記，後續加入二甲基亞碸(DMSO)於 90℃處理成單股 DNA，並以電泳加以分離，隨後將樣品等分成 4 分，分別進行化學修飾斷裂：

1. 第一組－**鳥糞嘌呤斷裂**(guanine cleavage)：硫酸二甲酯(dimethylsulphate)可使鳥糞嘌呤的 7-位和腺嘌呤的 3-位甲基化，被甲基化的 G 和 A 其糖苷鍵不穩定。A和 G 糖苷鍵的水解速度，隨條件而異，在中性 pH 值中加熱，甲基化的 G 之糖苷鍵水解速度比甲基化 A 大 5 倍。然後在稀鹼溶液中加熱，則已斷嘌呤鹼基的核苷酸之磷酸二酯鍵被水解，主要是緊鄰著鳥糞嘌呤所占位置之後的磷酸二酯鍵斷裂。

2. 第二組－**鳥糞嘌呤－腺嘌呤斷裂**(guanine-adenine cleavage)：與硫酸二甲酯反應過的 DNA 在 pH＝2 時用嘧啶甲酸(pyridium formate)處理，此時嘌呤所占位置之後的磷酸二酯鍵斷裂。

3. 第三組－**胸腺嘧啶－胞嘧啶斷裂**(thymine-cytosine cleavage)：肼(hydrazine)可專一性作用於 DNA 的嘧啶，被切去嘧啶鹼基的磷酸二酯鍵可被哌啶(piperidine)水解。從而得到以嘧啶前一個核苷酸作為末端的一組片段。

4. 第四組－**胞嘧啶斷裂**(cytosine cleavage)：為了區別斷裂處究竟是 C 或 T，可使裂解反應在 2 mol/L NaCl 存在下進行，這時會抑制胸腺嘧啶處的斷裂，而只在胞嘧啶處產生斷裂。

　　以上四組反應混合物在同一凝膠板上經電泳和放射自動顯影後，最後從電泳圖譜上讀出其序列。

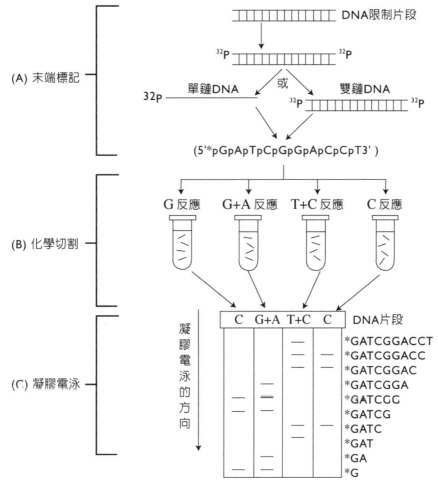

圖22-3 Maxam-Gilbert 化學修飾法 DNA 序列分析（吳，1991）

(A) 用 T₄多核苷酸激酶標記的 DNA 限制片段的5′-末端，或是用 T₄ DNA 聚合酶標記其3′-末端。

(B) 將³²P-末端標記的 DNA 片段（單鏈或雙鏈）分成4個反應試管，進行化學切割反應。

(C) 切割反應物加在聚丙烯醯胺序列膠上，進行依據片段大小的電泳分部分離，再經放射自動顯影後，於 X 光底片上顯現出可判斷的譜帶。

　　*號表示帶有放射性同位素 ³²P 標記的核苷酸。由於在聚丙烯醯胺凝膠中，分子量小的 DNA 片段遷移速度快，所以在本例中，跑在所有區帶的最前面，亦即位於凝膠底部的區帶是單核苷酸分子*G，第二條區帶則是二核苷酸分子*G-A，以此類推；因為硫酸二甲酯是專一性地切割 G 和 A，因此據 G-末端的 DNA 片段，在 G 反應和 G＋A 反應的序列膠中，都將顯現出一條 G 帶。同理，由於胼在 NaCl 條件

下，可專門切割 C；而無 NaCl 時，則專門切割 T 和 C，所以具有 C-末端的 DNA 片段，在 C 反應和 T＋C 反應的序列膠中，都將顯現出一條 C 帶。

化學修飾法經常用於分析較短的 DNA 片段，例如檢測人工合成的寡聚核苷酸和分析蛋白結合區的核苷酸序列。有時一些 DNA 序列由於二級結構的存在很難用雙脫氧法測定，這時使用化學修飾法將更為合適。

二、RNA 的序列測定

借鑑於 DNA 序列分析的原理，利用凝膠電泳的高解析度，亦可直接測定 RNA 的序列(RNA sequence)。首先將 RNA 鏈的 5′-端用 ^{32}P 標記（便於放射自動顯影）。將標記樣品分組分別用特異核酸內切酶(endonuclease)處理，由於不同核酸內切酶對鹼基的選擇性（專一性）不同（見 6.3 節），因此產生具有不同長度的幾組寡核苷酸。接著用板狀聚丙烯醯胺凝膠電泳進行分離，然後經放射自動顯影，直接從電泳圖譜上讀出其序列。例如，有下列一個八核苷酸片段，先用γ-^{32}P-ATP 和多核苷酸激酶標記其 5′-末端，而後分別用 RNase I、RNase T$_1$、RNase U$_2$ 和 RNase Phy I 進行不完全降解，將各自得到不同長度的片段。之後在同一塊凝膠板上進行電泳，電泳後即可從放射自動顯影圖譜上讀出序列（圖 22-4）。

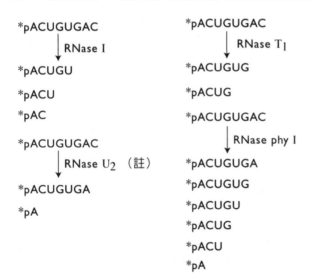

（註：U$_2$ 酶作用的受質用水溶性碳化二亞胺處理後，G可被修飾而不被U$_2$酶作用，在這種情況下U$_2$酶只作用於A。）

從圖譜上即可直接讀出該片段的順序：ACUGUGAC（由下往上）

圖22-4 RNA 序列測定

22.4 基因工程中限制酶的角色

　　要進行基因工程，首先必須獲得所需要的基因，稱為目的基因(purpose gene)，主要有兩個來源：一是從已有生物基因組(genome)中分離，二是人工合成。目前基因工程使用的主要是前者。一個 DNA 上有成千上萬的基因，要將所需要的基因切割下來是較難的，早期曾用物理方法如流體切力、超音波等，但這些方法切割的目的基因較不明確，且切下的 DNA 片段難以控制。自從 1970 年代初發現了一類特殊的核酸內切酶 (endonucleases)，即所謂的「限制性內切核酸酶 (restriction endonuclease)」後，取得較精確的目的基因，此一目標才得以達成。

一、限制酶的種類

(一) 限制酶的定義與命名

　　限制性內切核酸酶，簡稱限制酶(restriction enzymes)，是一類水解雙鏈 DNA 的磷酸二酯酶(phosphodiesterase)。與以往發現的一些 DNA 水解酶相比，限制酶在鹼基專一性及斷裂 DNA 的方式上都有一些特殊的性質。限制酶作用於雙股 DNA，能夠識別 DNA 分子上特異核苷酸序列，造成雙鏈切口，產生獨特的 DNA 片段。由於它具有可控制、可預測的位點專一性切割 DNA 的性質，從而成為在分子層次上解剖、繪製基因圖譜、序列分析、選殖以及重新構建遺傳訊息的極重要工具。目前發現的限制酶都來自於原核生物。

　　限制酶的名稱一般用三個英文字母來表示，第一個字母（大寫）代表細菌的屬名，後兩個字母（小寫）代表種名。若該菌株有品系，其株名字母放在第三個字母之後。如果同一菌株中存在數個限制酶，則用羅馬數字來區分。例如，從大腸桿菌(*Escherichia coli*)中分離出多種限制酶，其中一種從大腸桿菌 RY$_{13}$ 株（RY$_{13}$ 表示該菌株細胞有質體 RY$_{13}$）分離出來，即命名為 EcoR I；從流感嗜血桿菌 d 株（*Haemophilus influenzae* d，d 表示該菌株的血清型）中分離得到三種限制酶，分別命名為 Hind I、Hind II、Hind III。

(二) 限制酶的結構與分類

　　根據酶的結構、斷裂方式、分子量及所需輔助因子的不同，可將限制酶分為三種類型：

1. **第一類酶**：其特點是分子量較大（300,000 以上），結構複雜，常含有三種不同次單元。對 DNA 有專一識別序列，但切割位點在專一識別序列以外至少 1,000 bp（鹼基對）的磷酸二酯鍵上，而且切點是可變的。作用時需要 ATP、Mg^{2+}和 S-腺苷甲硫胺酸(S-adenosylmethionine)為輔助因子。

2. **第二類酶**：是基因工程中最常用的一類酶。這類酶在迄今發現的限制酶中占絕大多數。分子量較小（小於 100,000），由相同次單元組成。對 DNA 不僅有專一識別序列，而且有恆定的切割位點。切割位點在識別序列內或其鄰近處，其作用僅需 Mg^{2+}為輔助因子。

    第二類限制酶識別雙股 DNA 上一段特異序列（通常含 4~6 bp），在這個序列內（或其鄰近）有酶的切割點，而酶所識別的序列常常具有 180°旋轉對稱或**倒轉重複**(inverted repeats)的迴文結構(palindromic structure)。例如 EcoR I，它識別的鹼基序列是 GAATTC，其作用點為：

    $$5'\cdots G\downarrow AATT\ \ C\cdots 3' \xrightarrow{\text{EcoR I}} 5'\cdots G \quad + \quad AATTC\cdots 3'$$
    $$3'\cdots C\ \ TTAA\uparrow G\cdots 5' \qquad\qquad 3'\cdots CTTAA \qquad\qquad G\cdots 5'$$

    Hind III 識別序列 AAGCTT，其作用方式為：

    $$5'\cdots A\downarrow AGCT\ \ T\cdots 3' \xrightarrow{\text{Hind III}} 5'\cdots A \quad + \quad AGCTT\cdots 3'$$
    $$3'\cdots T\ \ TCGA\uparrow A\cdots 5' \qquad\qquad 3'\cdots TTCGA \qquad\qquad A\cdots 5'$$

3. **第三類酶**：也具有專一識別序列和專一切割位點，但切割位點不在識別序列內，一般距識別序列 3′ 端 24~26 bp 處。其作用需要 ATP 和 Mg^{2+}為輔助因子，S-腺苷甲硫胺酸可以提高酶活性。

    上述分類法中的限制酶，當作用於 DNA 後所得產物的 3′ 端存在一個單鏈末端，同一種酶作用的產物其單鏈部分是互補的，可以重新「黏接」起來而形成雙鏈，所以這種末端稱為**黏性末端**(sticky ends)。用這類酶中的同一種酶處理不同來源的 DNA，所得產物透過黏性末端的互補性而連接起來。此外，還有一些限制酶（如 Hind II、Sma I 等）作用於雙鏈 DNA 後，由於它們不是交錯切割，形成的末端為**平端**(blunt ends)：

$$5'\cdots GTPy\downarrow PuAC\cdots \qquad \xrightarrow{\text{Hind II}} \qquad 5'\cdots GTPy \quad + \quad PuAC\cdots 3'$$
$$3' \qquad\qquad\qquad\qquad\qquad\qquad\qquad 3'\cdots CAPu \qquad PyTG\cdots 5'$$

從已發現的限制酶中，有些酶雖然來源不同，但具有相同的識別序列，這種酶稱為**異源同功酶**(isoschizomers)。異源同功酶中，有的不僅識別序列相同，而且切點也相同，稱為同切點酶。如 Sau AI 和 Mbo I 的識別序列和切點都是 5′…↓GATC。有的異源同功酶，雖然識別序列相同，但切點不同。如 Xam I 切點為 5′…C↓CCGGG，而 Sam I 雖與 Xam I 識別序列相同，但切點不同：5′…CCC↓GGG。前者產生黏性末端，後者產生平端。此外，還有一些酶的識別序列不完全相同，但切出的黏性末端相同，稱為**同尾酶**(isocaudamers)。如 Bam HI 切 G↓GATCC，而 Bgl II 切 A↓GATCT，二者可產生相同的黏性末端 CTAG (3′→5′)。現將一些基因工程中常用的限制酶列於（表 22-1）。

▶ 表 22-1　一些常用的限制酶

名　稱	識別序列及切點	來　源
Ava I	C↓PyCGPuG	*Anabaena variabilis*（變鏈藍藻球菌）
Bam H I	G↓GATCC	*Bacillus amyloliquefaciens*（解澱粉芽孢桿菌）
Bcl I	T↓GATCA	*B. Caldolyticus*（嗜乳芽孢桿菌）
Byl II	A↓GATCT	*B. Globigii*（球狀芽孢桿菌）
Cla I	AT↓CGAT	*Caryophanon LatumL.*（闊顯核菌）
EcoR I	G↓AATTC	*Escherichia coliRY13*（大腸桿菌）
Hae III	GG↓CC	*Haemophilus aeqyplius*（埃及嗜血菌）
Hha I	GCG↓C	*H. haemolyticus*（溶血嗜血菌）
Hind III	A↓AGCTT	*H. Influenzae Rd*（流感嗜血菌）
Hpa I	GTT↓AAC	*H. parainfluenzae*（副流感嗜血菌）
Hpa II	C↓CGG	*H. parainfluenzae*（副流感嗜血菌）
Kpn I	GGTAC↓C	*Klebsiella pneumoniae*（肺炎克雷伯氏菌）
Mbo I	↓GATC	*Moraxella bovis*（牛莫拉氏菌）
Pst I	CTGCA↓G	*Providencia stuartii 164*（普羅威登斯菌）
Pvu II	CAG↓CTG	*Proteus vulgaris*（普通變形菌）
Sac II	CCGC↓GG	*Streptomyces achromogenes*（不產色鏈黴菌）
Sal I	C↓TCGAG	*S. albus*（白色鏈黴菌）
SauA I	↓GATC	*Staphylococcus aureus 3A*（金黃色葡萄球菌）

名　稱	識別序列及切點	來　源
Sma I	CCC↓GGG	*Serratia marcesscens*（黏質沙雷氏菌）
Sst I	GAGCT↓C	*S. Stamford*（斯坦福鏈黴菌）
Xba I	T↓CTAGA	*Xaxthomonas badrii*（巴氏黃單胞菌）
Xho I	C↓TCGAG	*X. holcicola*（絨毛草黃單胞菌）
Xma I	C↓CCGGG	*Xl. malvacearum*（錦葵黃單胞菌）

▶ 表 22-1　一些常用的限制酶（續）

二、獲得目的基因的方法

用限制酶將 DNA 切割後，尚需將帶有目的基因(purpose gene)的片段分離出來，常採用下列幾種方法：

(一) 以 DNA 片段直接提取

使用於基因工程的 DNA 經過限制酶處理後，切成大小不等的片段，從這些片段中分離出我們所需要的帶有目的基因的片段，可採用一般製備 DNA 的方法，如凝膠過濾層析 (gel filtration chromatography)、離子交換 (ion exchange chromatography)，以及密度梯度離心法(density gradient centrifugation)等。用這種方法提取的 DNA 片段，其大小變化較大，在提取過程中也有被破壞的危險。由於全部 DNA 片段都被提取，須經過大量篩選工作方能得到目的基因，因此盲目性大。但由於此法簡單，並不需要複雜的操作技術，故也較常採用。

對於所需基因的分離和篩選一般可用與該基因有關的用放射性標記的 mRNA 作指示，因為這種基因與有關的 mRNA 是互補的，可以形成帶放射性的雜合分子，這樣即可檢驗被分離基因的真實性。也可用變異菌株(fluctuation strain)來完成分離與篩選目的基因的任務。例如，分離法中的「散彈槍法」(shot gun approach)，就是利用營養缺陷型(auxotroph)變異株來篩選或鑑定目的基因。這種方法是繞過直接分離基因的難關，利用散彈射擊的原理去「命中」某個基因。其方法就是用限制酶將染色體 DNA 切斷成為基因層次的許多片段，並使它們與一定載體(vector)結合，轉殖入到受體菌種使之增殖。受體菌一般選用目的基因營養缺陷型，然後再從這種營養缺陷型菌株中將重組 DNA 取出，回收目的基因。

(二) 用噬菌體或質體從細胞中將目的基因攜出

　　有些噬菌體(phage)能在宿主(host)染色體的特定位置插入(insertion)，在它離開染色體時，可將之連鎖(linkage)的基因一起帶出。有些噬菌體在比較廣泛的位置插入，則可帶出更多的基因。例如，大腸桿菌乳糖操縱子(Lac operon)的製備，曾採用兩種特定的噬菌體，它們所攜帶的乳糖操縱子方向相反（一個噬菌體接於調節基因一邊，另一個接於結構基因一邊），當將來自二噬菌體帶有正反基因的兩條單鏈（將其變性後得到）進行降溫(annealing)時，操縱子部分可以重新形成雙鏈，再用單鏈核酸酶(single-strand nuclease)將單鏈部分切除後，留下的即是乳糖操縱子部分。

　　許多質體(plasmid)也有整合(integration)到宿主染色體上的特性，在重新游離於染色體外時，有時也會帶上一些基因，將所需基因攜出。如固氮基因 *nif* 就曾先後用噬菌體 P_1 及一種 R 因數(R144 drd3)從肺炎克氏桿菌(*Klebsiella pneumoniae*)轉移到大腸桿菌，完成基因的分離與轉移。

　　用以上方法所得基因，只能取得噬菌體或質體能插入的位點附近的基因，並且必須獲得特異的噬菌體或質體才行。由於某些質體嵌入染色體上的頻率很低，攜帶基因的頻率必然也低。因此這種方法的局限性較大。

(三) 使用相對應的 mRNA 分離基因

　　利用酶法或化學法人工合成的 mRNA，或從細胞中提取的 mRNA，透過反轉錄酶(reverse transcriptase)的作用，即可合成相對應的染色體 DNA 片段；或者用人工合成的 mRNA 做探針(probe)去「找尋」與之相對應的染色體基因。

　　這種方法尤其適用於單拷貝(unique copy)基因。例如球蛋白(globulin)基因。球蛋白β鏈含 146 個胺基酸殘基，相當於 500 個 bp，這在細胞染色體的 2.9×10^9 bp 中僅占千萬分之一，對於這種稀少的物質用上述的幾種方法來分離是十分困難的；因此對這類基因的分離就是採用相對應的 mRNA。其方法是由球蛋白 mRNA 經反轉錄酶作用得到互補 DNA (cDNA)，再複製成雙鏈 DNA。將此 DNA 與載體連接，轉入大腸桿菌進行增殖後，即能得到全長的球蛋白β鏈基因。

　　除了用反轉錄酶合成 cDNA 外，也可用分子雜交試驗(molecular hybridization)方法。即用 DNA 變性劑處理染色體 DNA，使其雙鏈解開，將解開的單鏈 DNA 與人工合成的 mRNA 一起保溫，進行分子雜交，而得到 DNA-RNA 雜合體雙鏈，用特異作用於單鏈的核酸酶把沒有雜交的單鏈部分降解掉，然後再將雙鏈雜合體變性拆開，用 DNA 聚合酶合成雙鏈，即可得到所需基因。

22.5 基因載體

將目的基因得到後，要將它轉移到受體細胞中，通常採用基因載體作為工具來完成這一任務。作為基因工程中所使用的基因載體(gene vectors)必須滿足幾個條件：

1. 能自主複製(autonomous replication)或隨受體細胞染色體 DNA 一起複製。

2. 易於鑑定和篩選。

3. 限制酶對其作用的切割點少。

4. 易於引入受體細胞。

目前基因工程中所使用的載體主要是質體和病毒。

一、質　體

質體(plasmid)是細菌染色體以外的能夠進行獨立複製的遺傳單元，為雙股環狀DNA。質體的複製有的受染色體複製的嚴格控制，稱為嚴謹型控制質體(stringent control plasmid)；有的自行複製時並不受染色體複製的嚴格控制，稱為鬆弛型控制質體(relaxed control plasmid)。

基因工程中常用後一類質體作為基因載體。質體在細胞內所表現的性狀，包括抗藥性、性別決定、產抗生素、產溶血素(produce hemolysin)、產細菌素(produce bacteriocin)、抗金屬離子、分解芳香族化合物等；在基因工程發展初期大多採用天然質體，即未經改造的細菌質體。現多採用經過改造的衍生質體，如 pMB9、pBR322 等均是衍生質體，這種衍生質體比天然質體具有更大的優越性。選作基因載體時，常選用那些表型性狀(phene)清楚，容易鑑別的質體；比如通常選擇具抗藥性和產生細菌素的質體或將其改造後的衍生質體(derived plasmid)。如 pSC101、Col E1、pMB9、pBR322 等；根據不同特點和實驗要求，可以構建各種各樣的質體。分述如下：

1. pSC101 質體：是大腸桿菌 R6-5 質體經機械切割後，產生的一個小質體，這個質體帶有四環素抗性(tetracycline resistance)基因及複製區域，其大小只有 R6-5 的十分之一。pSC101 具有一個限制酶 EcoR I 切點及一個 Hind III 切點，外源DNA 的插入不影響其對四環素的抗性，也不影響質體的複製。

2. **Col E1 質體**：是產生大腸桿菌素 E1 (colicin E1)的質體。它的複製需要 RNA 引子(primer)，由 DNA 聚合酶 I 催化。Col E1 質體作為基因載體具有幾個顯著的優點：

(1) Col E1 為鬆弛型控制質體，容易複製。每個細胞中約有 20~24 個拷貝數。在氯黴素(Chloramphenicol)存在時可大量擴增。在含有 Col E1 的大腸桿菌培養物達到對數生長後期時加入氯黴素，即抑制了蛋白質合成。由於染色體複製需要蛋白質合成，而 Col E1 合成不需要，所以此時染色體複製停止，而 Col E1 複製繼續進行。在加入氯黴素後 10 小時，可使質體拷貝數達到 1,000~3,000。

(2) 對 EcoR I 只有一個切點。

(3) EcoR I 切割損壞了產生大腸桿菌素的基因，因此，外來 DNA 插入至 EcoR I 切點後，大腸桿菌素不能形成，引起了表型(phenotype)變化，可便於鑑別。

(4) 轉化頻率高，即使插入了外源 DNA，轉化頻率一般也可達 10^{-3}~10^{-4}。

3. **pMB9 質體**：是 Col E1 的一種衍生質體，由 Col E1 和 pSC101 建構。它既具有 Col E1 質體複製的優點，又具有 pSC101 四環素抗性易於選擇的優點。此質體對於 EcoR I 和 Hind III 酶切都只有一個切點。

4. **pBR322 質體**：亦是一個人工建構的質體（圖 22-4），它從質體 pMB9 獲得複製起點(Ori)，從質體 pSC 101 獲得抗四環素基因(tetʳ)，從質體 PRSF 2124 獲得抗胺苯青黴素(aminobenzylpenicillin)基因(ampʳ)。這種具有「雙抗性」的質體在基因工程中使用起來就更為方便。EcoR I、Pst I、Hind III、Bam H I、Sal I 等限制酶在 pBR 322 上都只有一個切點，而且 Hind III、Bam H I 和 Sal I 的切點位於抗四環素基因上，Pst I 切點位於抗胺苯青黴素基因上。

將質體 pBR 322 用這幾種限制酶處理後，在這些位點上插入外源基因片段，由於相對應的抗菌素基因被破壞，因此宿主細胞就失去了抗四環素和抗胺苯青黴素的能力，這樣就可以判斷外源 DNA 片段是否插入質體，即對兩種抗生素具有抗性的就沒有插入外源 DNA，不具有抗性的就表明已經插入外源 DNA。

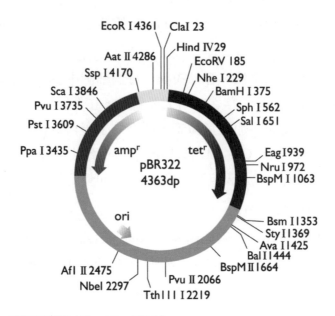

圖22-5 大腸桿菌 pBR322質體（沈、王，1991）

一般說來，一種質體只能在某一種宿主中複製，如 Col E1、pBR322 只能在大腸桿菌中複製，由於枯草桿菌(*Bacillus subtilis*)、酵母菌(yeast)等微生物在工業上有很大的用途，對能在這些微生物中複製的質體的研究發展也很快。如現已用於枯草桿菌的有來自金黃色葡萄球菌(*Staphylococcus aureus*)的質體 pC194（抗氯黴素）、pE194（抗紅黴素）、pUB110（抗卡那黴素）等。

對於能在酵母菌中複製之質體的研究直接涉及到真核生物基因工程。目前用於以酵母菌為受體細胞的質體，比較成熟的是來自酵母菌的 2 μ質體，它是染色體外的一環狀 DNA，因其長 2μm 而得名。但這種質體的缺點是不穩定和易丟失，所以又構建一些新的質體，如 SCP₁、SCP₂、SCP₃ 等。

為了基因工程操作的方便，人們還設計了既能在大腸桿菌中複製又能在酵母菌中複製的質體，稱為**穿梭質體**(shuttle plasmid)。它有兩個複製起點，一個能在大腸桿菌中使質體 DNA 複製，另一個能在酵母菌細胞中使質體 DNA 複製。同樣，也可以建構在大腸桿菌和枯草桿菌中都能複製的穿梭質體，如 pHV14、pHV15 等即是這種質體。

二、噬菌體

(一) 噬菌體載體的種類

　　以噬菌病毒(bacteriophages)或病毒(virus)作為載體，將所需基因或含有此基因的 DNA 片段轉移給受體細胞的過程，稱為**轉導**(transduction)。病毒的轉導作用常常用於基因工程。在基因工程中常用作載體的噬菌體有λ噬菌體及其衍生物、科斯質體(cosmids)及 M13 單鏈噬菌體等，此外還有感染真核生物的猿猴致癌病毒 SV_{40} 等。

1. **λ噬菌體**：其被選作基因工程的載體，理由之一是它的遺傳結構與功能已經研究得較清楚，除了遺傳程式幾乎全部已被確認外，且其宿主大腸桿菌的遺傳結構與功能也知道得較詳盡；另外它也易於使細胞感染，易於使外源 DNA 導入宿主細胞。因為在λDNA 中，有一段對於噬菌體的生長並非是絕對必需的，可以被外源 DNA 片段取代，因而便於外源 DNA 的插入。但是λDNA作為基因載體的缺點是基因組上存在過多的限制酶切位點。例如，λ基因組中有5 個 EcoR I 位點，此點不利於操作。因此，通常會用點突變(point mutation)、基因組中鹼基的置換(replacement)或缺失(deletion)等方法將λDNA 改造，而產生一系列λ噬菌體衍生物載體，有λgt、λgt-λB、λgt-λC、λgtWES-λC 和λgtWES-λB′，以及λdv 自發變異體等。可以分成兩種類型：一類只有一個可供外源 DNA 插入的酶切位點，稱為插入型載體(insertion vectors)；另一類具有兩個酶切位點，兩個位點間的 DNA 片段可被外源 DNA 取代，稱為替換型載體(replacement vectors)。

2. **科斯質體**(cosmids)："cosmid" 一詞乃由 "cos site-carrying plamid" 縮寫而成，其原意是指帶有黏性末端位點(cos)的質體。它是含有λDNA 的 cos 序列和質體複製子(plasmid replicon)的特殊類型的質體載體；即它是由 pBR322 質體 DNA 和λ噬菌體 DNA 的 cos 位點及其控制順序來建構的，既含有抗胺苯青黴素基因和抗四環素基因，又含有λDNA 的 cos 黏性末端位點，由於這種黏性末端可使得此種載體較易包裹到λ噬菌體顆粒中，以便有效地引入細菌。一旦被引進，重組科斯質體在細菌細胞內即可作為一個質體進行複製。此外，科斯質體可用於複製很大的插入物(insert)，其大小可達 45kb。

3. **凱倫噬菌體載體**(Charon bacteriophage)：為λ噬菌體的衍生物載體，由 Blattnter 等建立。Charon 是古希臘神話中的一位老船工，專門在冥河(Styx)上運送亡靈到

陰間。Blattnter 因此意象地將自己建構的噬菌體命名為「Charon 載體」，目前已知的有 30 多種，已成為一個 Charon 系列。這種載體的主要特點是：

(1) 可以攜帶較大幅度的外源 DNA（數個到 24 kb）。質體所攜帶的外源 DNA 就要小得多（僅數個鹼基到數千個鹼基）。

(2) 由於它帶有 β-半乳糖苷酶基因，這使得攜帶有外源 DNA 的重組噬菌體在接種有大腸桿菌的特殊平板培養基上產生的噬菌斑，其顏色與不攜帶外源 DNA 的噬菌體便於區別。

(二) 噬菌體載體的作用方式

噬菌體是感染細菌的病毒。噬菌體對細菌的感染有兩種不同的方式，一種稱為裂解性(lytic)，另一種稱為溶源性(lysogenic)。溶源作用和裂解作用均具備的噬菌體稱為溫和噬菌體(temperate phage)；只有裂解作用而無溶源作用的噬菌體稱為裂解性噬菌體(lytic phage)。基因工程中較常選用溫和噬菌體作為基因載體。

1. **裂解作用**：一個噬菌體首先吸附到細菌細胞壁的一定部位（受體位點）上，通過尾部將其核酸注入細菌細胞，然後噬菌體的基因以一定的時間程式進行表現，複製自己的 DNA，合成其本身的各種成分，裝配成新的噬菌體，並使其宿主細胞破裂，釋放出新繁殖的噬菌體顆粒。這一過程由噬菌體的基因組決定，以菌體裂解和新噬菌體的釋放而告終。噬菌體的整個生活周期即為裂解性周期(lytic cycle)。

2. **溶源作用**：另一種噬菌體的生活周期與上述不同，它們的 DNA 注入宿主細胞後，並不馬上複製和表現，而是嵌入到宿主細胞染色體中去，與宿主染色體構成一個整體，並隨宿主 DNA 一起複製。只有在一定條件下，噬菌體 DNA 才複製與表現。這種方式稱為溶源性周期(lysogenic cycle)。嵌入到宿主染色體上的噬菌體 DNA 稱為原噬菌體(prophage)，而含有原噬菌體的細菌稱為溶源菌(lysogenic bacterium)。一個細菌由非溶源狀態轉變為溶源狀態，稱為溶源化作用(lysogenization)。

載體上有強的啟動子(promoter)，因此使得每個噬菌體顆粒具有幾乎 100% 的感染機率（而一個質體只有大約 0.1% 的轉化機率），這就有利於外源 DNA 的高效表現。在高等真核生物的基因工程中，因為真核細胞不攜帶相當於細菌質體的附加體DNA，所以一般是選用能感染真核細胞的 DNA 病毒或 RNA 病毒基因作為載體。現在最常用的是一種能感染猿和猴使之得癌的 DNA 病毒 SV_{40} 及其衍生物載體。

22.6 轉化與篩選

任何一個 DNA 重組實驗，都包括下列幾個步驟（圖 22-5）：

1. 外源 DNA 片段的產生（選擇適當的限制酶）。

2. 外源 DNA 片段（含有目的基因）同載體 DNA 的體外連接。

3. 將重組質體導入宿主細胞。

4. 篩選獲得了重組質體的受體細胞，並選殖和表現。

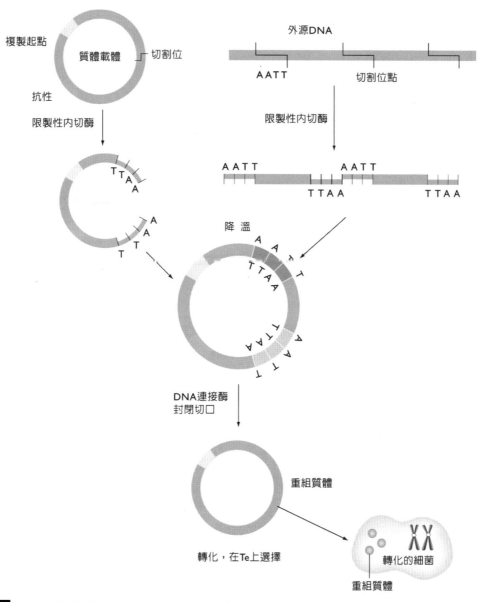

圖22-6 DNA 重組技術示意圖（沈、顧，1993）

一、轉化階段

在基因操作中，**轉化**(transformation)一詞，嚴格說來是指勝任細菌細胞(competent cell)捕獲「**質體載體 DNA 分子**」的生命過程；而**轉染**(transfection)一詞，是專指勝任細菌細胞捕獲「**噬菌體 DNA 分子**」的生命過程。本質上二者並無根本區別，因此習慣上也可將轉染統稱為轉化。

(一) 連接目的基因與載體

獲得目的基因後，應先將它與載體 DNA 連接，形成重組質體(recombinant)，其連接的方法有幾種不同情況。用同一種限制酶處理供體細胞的染色體 DNA 和基因載體，其切口處如果是黏性末端，則帶有目的基因的 DNA 片段可與載體的切口「黏連」起來，再通過 DNA 連接酶(DNA ligase)連接，形成重組質體；如果切口處形成的是平端，DNA 連接酶也可連接，不過效率很低（只有黏性末端的 1%）；或者用末端核苷酸轉移酶(terminal nucleotidyl transferase)催化，分別在載體切口和外源 DNA 片段一條鏈的 3′-OH 末端添加寡聚 T（或寡聚 C），在另一鏈的 3′-OH 末端添加寡聚 A（或寡聚 G），這樣用人為的方法形成黏性末端，便於形成重組質體。

(二) 將重組質體導入受體細胞（轉化）

重組質體形成後，需將重組質體引入受體細胞，即轉化。轉化過程的成功與否，取決於兩個條件：

1. **受體細胞的勝任態**：應確認受體細胞是否處於勝任態(competence)；所謂感受態就是容易吸收外源 DNA 的生理狀態。雖然許多細菌細胞和真核細胞能夠吸收外源 DNA，但其頻率很低，約為 10^{-6}。為了使受體 細胞處於勝任態，現在一般使用 0.01~0.05 mol/L $CaCl_2$ 處理，可以使外源 DNA 比較容易進入大腸桿菌、枯草桿菌等細菌細胞，這可能與 Ca^{2+} 改變了這些細菌細胞膜的通透性有關；另一個辦法是用酶或化學試劑處理，以破壞細菌的細胞壁，形成原生質球(spheroplast)，再用氯化鈣處理，則外源 DNA 就較易被吸收。

2. **避免降解**：引入的重組 DNA 必須避免受體細胞核酸酶(nuclease)的降解。因此，選擇受體菌株最好用核酸酶缺陷菌株。

二、篩選階段

在眾多細菌的群體培養中，從中篩選(screening)出了已轉化（轉導）並含有目的基因的重組質體，其方法可分為兩類：一類是利用遺傳學方法；另一類是利用檢驗含有目的基因的核苷酸序列或基因產物的方法。前者稱為直接法，後者稱為間接法。

(一) 插入失活法(Insertion Inactivation)

在現在的基因工程操作中，所使用的載體通常都是經過加工改造的衍生載體，它們要帶有一個或數個可供選擇的遺傳標記，要具有可被選擇的遺傳功能。例如，質體載體具有抗藥性(drug resistance)或營養標記(nutrition label)，噬菌體載體形成噬菌斑的能力或特徵有所變化。這就使帶有目的基因與不帶目的基因的細菌有明顯區別，便於篩選。當限制酶作用在載體 DNA 的抗藥性基因上並在此位點插入外源 DNA 後，帶有這種重組質體的細菌在培養中就對該藥物由抗性轉為具有敏感性，便可篩選出已被轉化的宿主。

另外，由於插入失活法能使質體 DNA 的轉譯產物發生改變，也可利用這一特性進行篩選。例如，用限制酶 Bam H I 處理外源 DNA 和質體 pBR322，該質體僅有一個 Bam H I 切點，且位於抗四環素基因(tet^r)上（圖 22-4），外源 DNA 的 Bam H I 片段插入此處後，即失去抗四環素的能力。將此重組質體轉化大腸桿菌，可能出現三種情況：

1. 大部分細胞將不被轉化。

2. 一些細胞將被 pBR322 轉化。

3. 有少數細胞被重組質體（帶有外源 DNA）轉化。

將它們放在兩個含普通平板培養基的培養皿中培養，其中一個僅加胺苯青黴素，另外一個加胺苯青黴素和四環素。經過培養後在含胺苯青黴素培養皿中出現，而在含胺苯青黴素和四環素兩種抗生素的培養皿中消失的菌落，就可能是已經轉化帶有外源 DNA 質體的細菌。

(二) 放射性探針檢測法(Radioprobe Examination)

利用 mRNA 可與相對應的 DNA 段落雜交，來檢測有外源 DNA 插入的重組質體，是一種快速而靈敏的方法。有兩種雜交法(hybridization)，一是利用帶發射性 RNA 做探針(probe)，二是形成 R-環。放射性探針檢測法是將轉化菌鋪放在瓊脂

(agar)平板表面的硝酸纖維素濾膜上，再進行培養。然後取出長有菌落的硝酸纖維素濾膜，用鹼溶液處理，使菌落破裂，並使 DNA 變性。因為變性 DNA 同硝酸纖維素濾膜有很強的親和力，便留在濾膜上，在 80°C 以下烘烤濾膜，DNA 就牢固地固定在濾膜上。再用放射性同位素標記的 mRNA（或 cDNA）與濾膜上的菌落雜交。經過一段時間後，用含有一定離子強度的溶液將非專一性結合的、僅僅是吸附在膜上的放射性物質洗去，烘乾濾膜，進行放射自動顯影。凡是含有與放射性探針互補序列的菌落，就會在 X 光膠片上出現曝光點，即代表具雜交的菌落（圖 22-6）。再依據底片上菌落的位置找出培養基上相對應的菌落。如果需要，將它擴大培養後，再做進一步分析。

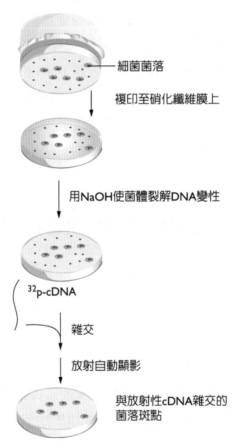

細菌菌落

複印至硝化纖維膜上

用 NaOH 使菌體裂解 DNA 變性

^{32}p-cDNA

雜交

放射自動顯影

與放射性 cDNA 雜交的菌落斑點

圖22-7 放射性探針法篩選 DNA 重組質體（沈、王，1991）

(三) R-環檢測法(R-ring Examination)

利用 RNA 取代與它序列一致的 DNA 鏈，與相對應的另一條 DNA 鏈雜交，被取代的 DNA 鏈與雜交雙鏈 RNA-DNA 可形成一個突環（泡狀），稱為 R-環。形成 R-環的條件是高濃度(7%)的甲醯胺(formylamine)溶液和接近 DNA 變性的溫度。在這種條件下，將 RNA 及 DNA 的混合物降溫，RNA 便同雙鏈 DNA 分子中與它互補的序列降溫而形成 DNA-RNA 雜交分子，因為 DNA-RNA 雜交雙鏈分子比 DNA-DNA 分子更穩定，所以被取代的另一 DNA 鏈就被排斥而呈單鏈狀態。

此方法用於篩選重組質體時，在有利於形成 R-環的條件下，使待檢測的純化質體 DNA，在含有 mRNA 的緩衝液中局部變性。如果質體 DNA 存在著與 mRNA 探針互補的序列，mRNA 就會取代 DNA 其中一條鏈，而與另一條鏈形成雙鏈雜交分子，從而形成 R-環結構。然後在電子顯微鏡下觀察，可直接觀察到 R-環。這樣便可檢出重組質體 DNA。

(四) 免疫測定法(Immunoassay)

當選殖的目的基因能夠在宿主細胞中表現，並合成出外源蛋白質，就可用免疫測定進行檢測。免疫測定法分為放射性抗體測定法(radioantibody assay)和免疫沉澱測定法(immunoprecipitate assay)。放射抗體測定法是將固體培養基上由菌落所產生的蛋白質，轉移到硝酸纖維膜上，再用相對應的帶有放射性標記（如 ^{125}I）的抗體進行反應，洗去非特異性吸附的放射物質後，用放射自動顯影結果。免疫沉澱測定法是用一種特異抗體與外源基因表現產物蛋白質，在固體培養基上發生抗體－抗原沉澱反應，根據沉澱物所產生的白色沉澱圈來加以檢測。

免疫法測定必須在所轉移的外源 DNA 表現後才能進行，而且必須具備有效的特異性抗體。但從基因工程的最終目的而言，免疫測定是其他任何檢測方法所不能取代的。

(五) Real-Time PCR (qPCR)快篩

自含有抗生素之固態培養皿中挑選出轉化後單離的菌落，先於少量純水中加熱溶菌後，離心並吸取上清液（此部分含轉化之質體）。將上清液加入目標基因的專一性引子(specific primers)後進行 Real-Time PCR 快篩。有目標基因被放大者代表該菌落有成功轉化入含目標基因之質體。

22.7 基因表現

　　帶有目的基因的載體轉化到受體細胞成功並篩選出來後，最終目的是要目的基因在受體細胞中得以表現，產生具有功能性的蛋白或胜肽。因為基因表現是在一定調節控制下進行的，外源基因在受體細胞中要能表現，必須滿足一定的條件。特別是真核基因在細胞中的表現，存在著若干問題必須加以考慮。

一、常見問題

1. **結構差異**：真核基因與原核基因比較，在結構上有較大差異。如許多真核基因內具有插入序列（內含子，intron），而原核沒有。因此真核基因即使在細菌中得以轉錄，由於細菌中不存在真核 RNA 加工修飾酶，因而不能正確地將轉錄產物轉變為成熟 mRNA。

2. **轉錄訊息**：真核基因不具備原核基因轉錄訊息，因為真核啟動子與原核啟動子結構不同。因此，細菌 RNA 聚合酶不一定能識別真核啟動子。

3. **「帽」結構**：真核 mRNA5′-末端有一個甲基化鳥苷「帽」結構，3′-末端有 poly A「尾」結構。細菌細胞沒有這一套加工「帽」和「尾」結構的酶系統。

4. **蛋白質修飾**：許多真核基因表現的產物蛋白質，要經過後修飾加工，才轉變為功能蛋白質，而大多數這類修飾作用在細菌中並不存在。而且真核 mRNA 沒有 Shine-Dalgarno 序列，不能與細菌核糖體做很好的結合。細菌的蛋白酶，往往能夠識別外來真核基因所產生的蛋白質分子，並把它們降解。

二、因應策略

　　對於以上問題如果不能正確處理，在基因表現過程中任何一個環節不能正常進行，都將導致基因工程失敗；因此，目前在基因工程中已採取了一些措施，使得某些基因得以正確表現：

1. **轉錄啟動子**：在選殖的目標基因上游接一個原核細胞的啟動子。這樣原核細胞的啟動子作為一種強啟動子就可以啟動真核基因在原核細胞中表現。迄今已廣泛使用的有 4 種原核啟動子：大腸桿菌乳糖操縱子(Lac operon)的 Lac 啟動子，大腸桿菌色胺酸操縱子(trp operon)的 trp 啟動子，λ 噬菌體的 P_L 啟動子和 pBR322 質體載體的 β-內醯胺酶(lactam enzyme)啟動子，

2. **轉譯密碼子**：大腸桿菌 mRNA 的核糖體結合位點是起譯密碼子（AUG 和 GUG）和 SD 序列（見 18.5 節），這在真核基因轉錄產物 mRNA 上是沒有的，為了有效地轉譯真核細胞蛋白，現多採用載體上的核糖體結合位點。

3. **基因序列的插入法**：目的基因插入的方向必須與載體 DNA 方向一致，並要保持目的基因的轉譯相位不產生錯位，保持原有的閱讀框架。為了克服插入序列的障礙，可從兩方面著手：

   (1) 如果能夠從真核細胞中純化出已完成加工的 mRNA，即可以反轉錄酶(reverse transcriptase)合成出 cDNA，並連接到載體上去，在細菌中轉錄後就沒有內含子部分。

   (2) 用化學合成法合成不含內含子的真核 DNA（片段），但這種方法，目前還只能合成分子量不大的去氧寡核苷酸。

4. **避免蛋白酶的降解作用**：為了避免目的基因表現產物蛋白質被受體細胞蛋白酶降解，現在一般採用合成融合蛋白的方法。所謂融合蛋白(fusion proteins)是指它的胺基端是原核細胞序列，羧基端是真核細胞序列。因為在細菌中真核基因表現的融合蛋白比非融合蛋白質穩定，不容易被細菌蛋白酶降解。因此，將真核基因引入原核細胞表現時，通常在真核基因的上游接一個原核基因，接一段訊號序列，以便合成產物能分泌到細胞外，另外接一個原核基因表現的啟動子。這樣，真核基因就便於在原核細胞中表現，合成出所需要的功能蛋白。

摘要

1. 1970 年代以來產生的生物工程，在生物體的不同層次上，使生命物質，特別是遺傳物質的轉移、加工和增殖，產生了一個完全嶄新的技術，這個技術性的學科，是生命科學的基礎理論和應用科學的融合、交叉、發展而產生的。從短短二、三十年的發展所產生的效益，足以證明它的吸引力和光輝前景，引起各國的高度重視。

2. 生物工程或稱遺傳工程，其實質是採用不同技術以達成生物種間或不同細胞間遺傳物質的轉移、重組，從而創建細胞的新機能或創造新的生物品種，以實現人們對某種或某些特殊生物產品的需求。

3. 生物工程可區分為基因工程、細胞工程、酵素工程和生化工程（發酵工程）。這些技術已廣泛地在工、農、醫等的應用層面開始利用，而且這些技術本身和應用正日新月異地向前發展，這種發展本身也有賴於生物化學的進步和研究成果。

4. 基因工程是遺傳工程的核心和基礎。這是在基因層次對遺傳物質進行重組、轉移、表現，從而使生物有機體獲得新的生理功能，甚至形成新的生物品種的一種現代生物技術。這一技術的最終目標是獲得珍貴的藥物、食品或預防和治療某些重大疾病。

5. 為了弄清基因的結構，了解核酸結構與功能之關係，基礎工作之一是測定 DNA 和 RNA 的核苷酸序列。DNA 的測序主要有 Sanger 發明的雙脫氧法和 Maxam-Gillbert 化學修飾法兩種，在這些方法發明之後，又有多種改進和發展的測序法。

6. 用於切割所需基因的酶為限制酶（限制性核酸內切酶），它作用於雙鏈 DNA，一般識別 4~6 鹼基對。這類酶現在發現於細菌中。限制(restriction)與修飾(modification)是細菌細胞的防禦機制之一，前者是指細菌對外源性 DNA 的水解作用，但限制酶對自身的 DNA 並不作用，這是因為 DNA 中被本身限制酶所識別的序列中有部分甲基化作用（稱為修飾），限制酶即不能再作用。不同來源的 DNA 均可被同種限制酶作用，這樣產生的互補末端可以互相「黏連」，因而可實現基因的轉移。

7. 真核基因要轉移到細菌或其他微生物中，要透過基因載體的攜帶。基因工程中常用的載體是質體和噬菌體（或病毒），而且目前更常用改造後的質體和噬菌體。

8. 目的基因與載體連接後轉入細菌等受體細胞，再經過特異篩選、選殖，並促進基因表現；若能克服真核基因在原核細胞裏表現時的調控障礙，即可得到所需的基因產物。

MEMO

PRINCIPLES OF
BIOCHEMISTRY

23
CHAPTER

PRINCIPLES OF
BIOCHEMISTRY

蛋白質工程

蛋 白質工程(protein engineering)是在基因工程的基礎上發展起來的，有人稱它為第二代基因工程。它是在研究基因結構或蛋白質結構功能關係之後，利用基因工程的技術，以更為明確的目的地改造基因結構，然後產生比天然蛋白質更優越的蛋白質（酶）。這是目前蛋白質工程著重的方向。此外，蛋白質工程還包括對現有蛋白質分子結構的直接改造與修飾，例如活性部位的胺基酸取代，特定基團的共價修飾(covalent modification)、蛋白質空間結構的變構(allostery)等。儘管蛋白質工程在現階段還很不成熟，其所涵蓋內容尚無定論，但它的發展速度也很快，不久將會發展成為一門獨立的生命科學技術學科。

23.1 蛋白質工程概述

關於蛋白質工程(protein engineering)的涵義、研究內容及範圍，至今尚無定論。由於基因工程的發展，人們從生物化學理論中對核酸和蛋白質的相互關係，知道基因決定了蛋白質的結構。反過來如果研究了蛋白質的結構以及結構與功能之關係，去設計一個新蛋白質，按照這個人為設計的蛋白質結構，去改變基因結構，就能生產新的蛋白質。這就是 1980 年代初提出的蛋白質工程的基本涵義。即這是一門從改造基因開始來訂做新的蛋白質的技術。

另一方面，隨著蛋白質（特別是酶）結構功能關係研究的深入，對天然蛋白質結構的改造；特別是功能基團的修飾，可以改變天然蛋白質的理化性質和生物學功能。因此提出了依據人們的要求去改造天然蛋白質，甚至從頭設計新的蛋白質等，將這些研究內容也納入了蛋白質工程。所以依據目前的理解，蛋白質工程至少包括這兩方面的研究內容。然而，蛋白質工程的核心內容仍然是「透過改造與蛋白質相應的基因中之鹼基序列，或設計合成新的基因，將它選殖到受體細胞中，透過基因表現而獲得具有新的特性之蛋白質技術」。

一、基因定點突變

基因定點突變(gene site-directed mutagenesis)是根據蛋白質結構研究結果，設計一個新蛋白質的胺基酸序列，透過修飾編碼原蛋白質的 DNA 序列，最後創造出新的蛋白質技術。人們長期以來一直希望能創造出比天然蛋白質性能更好的新蛋白質。

　　過去曾經採用多胜肽合成的方法從頭合成蛋白質，但其局限性很大。雖然有幾個成功的例子，但要合成更大的蛋白質是很難實現的，而且人工合成的蛋白質並不一定能夠折疊成天然蛋白質的構型。因此，受基因工程的啟發，解決合成新蛋白質的捷徑還須從 DNA 分子層次入手；可見蛋白質工程是基因工程與蛋白質結構研究相融合的產物，它是在基因工程之基礎上發展起來的，而且仍然需要基因工程的全套技術。但二者也有明顯的區別：基因工程要解決的問題是把天然存在的蛋白質透過選殖其基因大量地生產出來；而蛋白質工程則致力於對天然蛋白質的改造，製備各種訂做的新蛋白質。

二、蛋白質設計

　　廣義來說，像建築學家們根據建築力學的理論基礎，可隨意設計建造千姿百態的高樓大廈一樣，生物化學和分子生物學家也可以按照蛋白質結構功能的理論基礎，隨意設計出各種各樣的、比天然蛋白質性能優越得多的新型蛋白質。顯然，這種設計強烈依賴於對蛋白質的一級結構、空間構型以及結構與功能關係的清楚了解；然而，直到現在從生物化學發展的水準來看，對這些知識的了解仍然是支離破碎而缺乏系統的理論。所以今天的蛋白質設計，僅能達成對天然蛋白質的修飾。

　　蛋白質設計(protein design)完全依賴於蛋白質結構測定和分子模型的建立。蛋白質結構測定的基本工具至今仍然是以 X-射線晶體繞射技術為主。分子模型的建立過去是用金屬線、木棍及塑膠小球等進行組裝，現在已逐步為電腦所建立的模型所取代。在螢幕上可以清楚地顯示蛋白質結構的骨架，以及在特定環境下的表面結構。能夠從分子的內部或外部觀察蛋白質分子的某一斷面的結構，而且還可以用透視方法，從不同角度觀察其立體形象和彩色圖。在螢幕上組建的模型易於組裝、操作、儲存及修改。所以電腦設計的分子模型已成為蛋白質設計的有力工具。蛋白質設計一般具有下列步驟：

1. **選殖專一性基因**：選定欲研究的某一功能蛋白質後，為了獲得較大量的該天然蛋白質，首先應用基因工程技術選殖出具編碼該蛋白質的基因並加以表達。測定表達產物蛋白質的性質，並估計其應用的價值。

2. **測定結構**：測定該蛋白質的結構，從蛋白質的三度空間結構出發，應用結構與其功能的相關知識選擇適當的修飾位點，在電腦螢幕上設計出第二代蛋白質模型。

3. **運用設計藍圖**：利用蛋白質工程技術，按照設計藍圖生產出新一代的蛋白質。

4. **重複修改設計**：研究第二代蛋白質的三度空間結構，為第三代蛋白質的設計提供資訊指導，上一次設計中未能預見到的細微結構改變，可以在這次設計中考慮進去。如此反覆進行，直到得到滿意的新型蛋白質。

23.2 蛋白質工程的一般技術

一、蛋白質工程的理論設計

(一) 概 論

　　蛋白質工程的理論設計(theory design)，涉及對蛋白質的活性設計、專一性設計、框架設計等方面。

1. **活性設計**(activity design)：涉及選擇化學基團和其空間取向。這有賴於對天然蛋白質研究建立的經驗資料，或借助於量子力學(quantum mechanics)計算，來推論產生活性所需的基團。這種為活性所需的化學基團，常利用胺基酸來提供，或者為一些小分子化學基團。如常作為酶活性中心的胺基酸及酶的輔助因子可作為借鑑。

2. **專一性設計**(specificity design)：是指功能性蛋白質在發揮其生理功能時，總是與其他分子發生專一性相互作用，例如酶與受質、抗體與抗原等。因此，在設計中必須考慮這種結合的專一性或特異性。

3. **框架設計**(frame design)：或稱「Scaffold 設計」，是指對蛋白質分子的立體設計。因為「功能來自構型」，如酶，真正有催化作用的僅僅是分子中二、三個胺基酸的側鏈基團，但這幾個基團要能發揮最佳作用，其關鍵條件就是整個分子的適當框架；也就是說，催化部位（以及和受質結合的部位）必須適當地安排在大分子載體之中，給予各個基團適當的空間分布。

　　以前的生物化學水準，人工設計的蛋白質分子框架不需要像天然蛋白質框架那樣複雜，因為天然蛋白質除了它本身的基本功能外，還涉及到其他方面的一些功能，如異位作用、訊息傳遞、分泌等。所以框架設計不一定需要那麼完美且不需太嚴謹，結構太固定反而會妨礙行使功能，同時因受質的結合，亦常會引起框架的改變。

(二) 蛋白質工程與蛋白質結構

1. **一級結構改造**：在蛋白質工程中對部分蛋白質的一級結構及空間構型進行了部分改造，如透過胺基酸的取代(substitution)、缺失(deletion)或插入(insertion)對一級結構進行改造，包括去羧基端胰島素、異常血紅素的胺基酸取代、高甜度蛋白甜味劑的改造等。

2. **二～三級結構改造**：在構型的改造方面，已進行過胰島素晶體結構改造，使之易於聚集。對羧胜肽酶 B (carboxypeptidase B)及胰凝乳蛋白酶(chymotrypsin)的構型改造，提高了酶活性。在二級結構設計的基礎上，可進一步設計超二級結構、三級及四級結構。從已經設計的一些例子看來，厭水作用(hydrophobic interaction)是形成超二級結構和三級結構的主要驅動力。因此，在一級結構上，特定位置安排適當的厭水胺基酸，對形成三級結構至關重要。此外，半胱胺酸(Cys)之導入或取代以建立或刪除蛋白質分子內雙硫鍵，對於蛋白質三級結構穩定性或活性之影響也相當顯著。在色素蛋白(chromoprotein)中金屬離子和金屬吡咯紫質環(porphyrin ring)對形成三級結構也有重要影響。

3. **α-螺旋**：在對蛋白質的空間結構設計中，從對一些小胜肽的設計，初步累積了一些經驗。蛋白質空間結構的關鍵是二級結構，在已有一級結構對二級結構影響知識的基礎上設計了大量多胜肽，發現當 Lys 和 Glu 以 i, i＋4 序列位置出現在胜肽鏈中時，具有穩定的α-螺旋結構，推測 Lys 和 Glu 間形成離子鍵可促進α-螺旋的形成。胺基酸的組成和位置是形成二級結構的關鍵。Ala、Leu、Glu 和 Lys 是有利於形成α-螺旋的胺基酸，但它們所處的位置不同，對螺旋形成有很大影響。Asp、Glu、Asn、Ser 常位於螺旋的 N 端；Lys、Arg、His 常位於 C 端。這些帶電荷的側鏈基團位於螺旋的兩極，對於平衡螺旋的電荷極性，具有穩定螺旋的作用。

4. **β-轉角**：設計涉及到的殘基數較少，Pro、Gly 常處於轉角中。像 Tyr·Pro·Tyr·Asp、Tyr·Pro·Gly·Asp·Val 等小胜肽很容易形成β-轉角。β-折疊包括兩條以上胜肽鏈（或一條胜肽鏈的兩個特定部分）的遠端相互作用，設計困難得多。

(三) 影響蛋白質空間結構的因素

一般而論，從蛋白質的穩定性考慮，一個蛋白質的第 20 位和第 50 位殘基在無規變性(amorphous denaturation)狀態下它們之間的距離為 2 nm，但在天然狀態時它們之間的距離以 1 nm 為最佳。除厭水作用外，蛋白質空間結構的穩定性還與氫鍵、立體效應和靜電效應緊密相關。

1. **氫鍵**：主要影響蛋白質的堆積方式，只要有利於形成氫鍵，其穩定性也好。

2. **凡得瓦力作用**(Van der Wall's interaction)：與分子的立體鏡效應(stereoscopic effect)關係密切，這種作用越近越好，直至平衡距離。

3. **靜電作用**：對蛋白質的影響很複雜，一般認為將正負電荷埋在分子內部形成離子鍵對穩定性不利，而在分子表面的靜電作用對蛋白質穩定性有利。

4. **電荷**：蛋白質在等電點附近是處於不穩定狀態的 pH 範圍，因此，透過改變蛋白質分子表面的帶電殘基來改變其等電點，可影響蛋白質的穩定性。

二、定點突變方法

　　根據新設計的蛋白質之胺基酸序列，使 DNA 在體外發生突變與重組，形成新基因，然後利用基因工程技術，得到所需的蛋白質。這種對天然存在的結構進行有針對性的突變而產生有活性產物的過程，稱為「寡核苷酸誘導的定點突變」，簡稱「**定點突變**」(site-directed mutagenesis)。蛋白質結構的改變透過基因修飾來完成。改變基因的去氧核苷酸現行有幾種不同的方法，簡述如下。

(一) 基因的化學合成(Genetic Chemical Synthesis)

　　用化學合成方法首先依據蛋白質的胺基酸序列，合成幾個聚核苷酸片段，這些片段中包括蛋白質的結構基因、轉錄的起始信號及終止信號，並設計適當的限制酶切位點。另外，根據設計要求取代幾個胺基酸的密碼子。然後用連接酶將各片段連接起來。合成的基因 DNA 片段末端為黏性末端，以此與質體連接，轉入大腸桿菌或枯草桿菌，最後表現產生新的蛋白質。這種方法的優點是：

1. 可以依據需要在一個或多個位置上任意改變核苷酸序列，以獲得多點突變的蛋白質產物。

2. 可以依據需要在核苷酸序列中安排適當的限制酶切點，便於隨後進一步的修飾及基因操作。

　　該技術的缺陷是消耗大量人工合成的寡核苷酸，因此所需費用較高。已用此法合成了人體血球干擾素、胰島素、生長激素釋放抑制激素、脫乙醯基胸腺素(deacetyl thymosin)等蛋白質基因。

(二) 基因直接修飾法(Gene Direct Modification)

在蛋白質工程中，為了基因得以順利表現，常常需了解一個基因的調控單元(regulation unit)，這可透過調控單元突變來實現，可採取對基因的調控區進行缺失、插入、預定位點的鹼基對置換等突變方法。如果是進行兩個酶切位點之間的DNA片段缺失，可先對一個質體進行部分酶切割，分離得到大量缺失一個內切酶片段的酶切產物，然後將這些純化的 DNA 用連接酶(ligase)連接成環狀，其中相當一部分還會有生物活性。要製造比較短的缺失，可用一種內切酶將要選殖的 DNA 雙鏈切開一個切口，使其由環狀 DNA 變為線狀，然後用一種外切酶（如 Bal$_{31}$）從線性化的 DNA 兩端逐步切掉一到數個鹼基對，最後用連接酶環化（圖 21-1a）。再選殖出所需要的 DNA 缺失。

如果要透過單個鹼基對的改變來進行基因定點突變，即可採用寡核苷酸誘導的定點突變(oligonucleotide-directed mutagenesis)。首先將選殖 DNA 變性使成為單鏈，用一段人工合成的寡核苷酸與選殖 DNA 中欲突變部位進行雜交，以這一段外源寡核苷酸（其中有一個鹼基是不配對的）為引子，用 DNA 聚合酶和連接酶作用，使成為雙鏈，然後轉化細胞，經過複製就產生正常選殖基因和帶有人工引入的突變選殖基因混合物（圖 21-1b），經過進一步篩選就可得到所需要的突變選殖基因。基因直接修飾法避免了化學合成法需消耗大量合成寡核苷酸的缺點，但需要找到一種適宜的內切酶或限制酶，其切點剛好位於被修飾的部位。用此法已做過β-內醯胺酶(β-lactamase)、酪胺醯 tRNA 合成酶(tyrosyl-tRNA-synthetase)、二氫葉酸還原酶(dihydrofolate reductase)等酶蛋白基因的修飾。

(三) 盒式突變技術(Cassette Mutagenesis Technique)

上述方法都能成功地進行基因修飾，發生定點突變，但胺基酸的取代結果，其可預測性很有限。在此情況下，就必須將每一種胺基酸一一取代，顯然這是相當費時費力的做法。Wells 提出的一種稱為**盒式誘變**(cassette mutagenesis)的技術，就可以大大提高工作效率，一組實驗可以同時應用 4~5 個胺基酸進行取代。方法是用幾種不同胺基酸密碼子取代同一位置的合成寡核苷酸片段，插入帶有目的基因載體的限制酶切口來形成幾種不同的質體，用這種混合質體轉化大腸桿菌、篩選出突變體質體，再表現形成幾種具有不同取代的蛋白質（均為僅一個殘基的取代），測定每種產物蛋白質的功能和特性，從而確定哪種取代是最好的。如此經過 4~5 組實驗，即可將 20 種胺基酸全部進行取代。

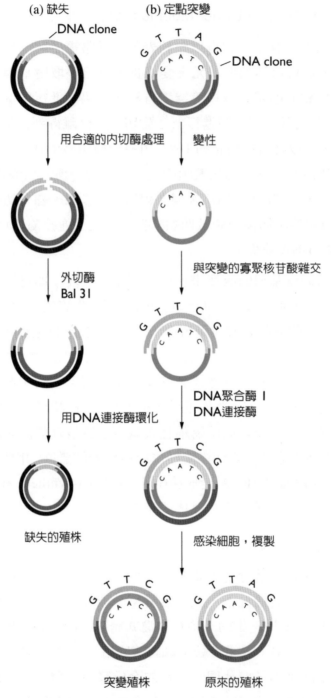

(a) 缺失　　　　　(b) 定點突變

圖23-1　基因直接修飾突變（閻、張，1993）

利用此技術曾經成功地進行枯草桿菌蛋白酶(subtilisin)的定點突變。這個酶活性中心 Ser-221 的鄰位為 Met-222，由於 Met-222 的存在，使該酶易被氧化而失去

活性，於是設計定點突變，將此胺基酸進行取代。但哪種胺基酸取代它最好，既能改善對氧化的穩定性，又能不使酶活性降低？此時即採用盒式突變技術，以每 5 個胺基酸取代的質體進行一組實驗，4 組實驗就可將其餘 19 種胺基酸分別取代 Met-222 而得出最佳實驗結果。

23.3 蛋白質工程改造酶

在應用方面，目前蛋白質工程主要用於酶學研究，改造和修飾酶。其次是在作為藥物的某些蛋白質或胜肽，用蛋白質工程改造和研究新藥。用蛋白質工程改造酶(protein engineering enzyme)，從改變酶的性質而言，主要涉及下列幾個方面。

一、改變酶的催化活性

對酶的活性中心(active center)之必需基團(essential group)進行置換、增加或刪減，很多情況下引起酶的催化活性(catalytic activity)下降，但在某些情況下可使酶活性上升。如酪胺醯 tRNA 合成酶(tyrosyl-tRNA synthetase)，若將第 51 位的 Thr 用 Pro 取代，酶的催化活力提高 25 倍，對 ATP 的親和力提高 100 倍；枯草桿菌蛋白酶(subtilisin)第 222 位的 Met 為 Cys 取代後，其活性也有所提高。

二、改變酶的受質專一性

例如胰蛋白酶(trypsin)受質結合部位第 216 和第 226 位的 Gly 被 Ala 置換後，提高了酶的受質專一性(substrate specificity)。其中第 216 位的取代對含 Arg 受質的專一性提高，第 226 位的取代對含 Lys 受質的專一性提高。枯草桿菌蛋白酶活性中心的 Ser 改為 Cys 後，對蛋白質和胜肽的水解能力消失，但卻出現了催化硝基苯酯(nitrobenzene ester)等受質水解的活性。

三、提高酶的穩定性

T_4 溶菌酶(lysozyme)分子中第 3 位的 Ile 換成 Cys 後，由於它可與第 97 位的 Cys 氧化形成雙硫鍵，結果修飾後的 T_4 溶菌酶其活性不變，但對熱的穩定性(stability)大大提高。β-內醯胺酶第 70 位的 Ser 置換成 Cys 後，其抵禦胰蛋白酶水解的性能可提高三倍。

四、酶的反應特性改變

例如將二氫葉酸還原酶(dihydrofolate reductase)進行雙突變(bimutagenesis)，以改變酶的反應特性(reaction character)；此時第 44 位 Arg 變為 Thr，第 63 位 Ser 變為 Glu 後，對輔酶的需求由 NADPH 變為 NADH；枯草桿菌蛋白酶第 222 位 Met 改為 Lys 後，酶的最適 pH 值由 8.6 變為 9.6；細胞色素 C (cytochrome C)第 87 位 Phe 改為 Ser 或 Gly 後，其還原電位下降 50 mV，表示其傳遞電子的性質發生了改變。

五、產生新酶

Schultz 等用蛋白質工程改造抗體(antibody)。用 His 取代免疫球蛋白(immunoglobulin)輕鏈(light chain)第 37 位的 Tyr，然後用大腸桿菌表現重組的輕鏈，將它再與天然的重鏈(heavy chain)結合，得到既具有抗體免疫性質，又具有酯解活力的新酶(new enzyme)，稱為抗體酶(abzyme)。

23.4 蛋白質工程於藥物設計之應用

一、蛋白質工程與藥物設計的關係

蛋白質工程應用於藥物設計上，為改變藥物特性，研製高效、低毒新藥等方面也已成為重要的方法。例如，抗病毒藥β-干擾素(β-interferon)的穩定性較差，這是因為β-干擾素分子有三個 Cys，其中兩個氧化形成雙硫鍵，而有一個（第 17 位）Cys 的硫氫基游離。兩分子β-干擾素的這個游離硫氫基氧化形成雙硫鍵時，則形成二聚體(dimer)，β-干擾素就失去活性。用蛋白質工程將β-干擾素第 17 位的 Cys 用其他胺基酸（如 Ala 或 Phe）取代，就再不能形成二聚體，就可以保持β-干擾素的活性不易改變。

同樣，抗癌藥－白血球間素 2 (interleukin, IL-2)分子中也有三個 Cys，其中一個游離，容易使分子聚合而降低活性。美國 Cetus 公司利用定點突變蛋白質工程技術，用改造β-干擾素類似的方法，將 IL-2 分子中游離 Cys 用 Ser 置換，從而降低了其聚合傾向，提高了 IL-2 的生物活性，延長了儲存壽命。

　　Wetzel 等人則用蛋白質工程改造胰島素，將胰島素原(proinsulin)基因中與含 35 個胺基酸殘基的 C 胜肽相應片段切除，並裝配上一個僅含 6 個殘基的微型 C 胜肽相應片段，雖然 C 胜肽大大縮短，結果胰島素仍然獲得正確折疊，並保持活性。說明 C 胜肽與它們的功能關係不大。

二、合理藥物設計

　　蛋白質設計在新藥研製中已得到很好應用。在藥物設計上，一種新藥的設計方法稱為「合理藥物設計」(rational drug design)，它不僅須借助於蛋白質結構測定及研究發展的技術，如 X-射線繞射、多度空間核磁共振、電腦影像學，以及分子動力學計算等，而且也由於基因重組、蛋白質測序、蛋白質溶液構型、分子改造等基因工程及蛋白質工程技術的迅速發展，因此有可能為藥物設計提供一定數量，和具高效活性的藥物製劑。

　　例如，對一種治療愛滋病(AIDS)的藥物設計即是一例。愛滋病是由人類免疫不全病毒(human immunodeficiency virus, HIV)引起，主要透過破壞免疫淋巴細胞。HIV 的基因產物──HIV-1 蛋白水解酶，是一種天門冬胺酸水解酶(aspartate hydrolase)，目前已測知它的晶體結構，發現其活性部位具有一個對稱結構。美國 Abbott 公司的一個研究小組首先設計了一種稱為 A-74702 的 HIV-1 蛋白水解酶抑制劑，是一種多胜肽，具有 $180°$ 旋轉對稱結構，能與 IIIV-1 蛋白水解酶結合，但其活力較低。透過對該酶構型的進一步研究，發現其活性部位有一個較大的凹槽，於是將 A-74702 連接兩個含 Val 的對稱側鏈，稱 A-74704，其活力大大提高，對 HIV-1 蛋白水解酶的選擇性結合比其他相關的酶要高出 10,000 倍。

　　儘管蛋白質工程的發展歷史很短，但由於它在理論上對生命科學發展的貢獻，以及商業上可能帶來的巨大價值，促進它的發展方興未艾、迅猛異常。比如，農作物中的核酮糖-1,5-二磷酸羧化酶(ribulose-1,5-diphosphate carboxylase, RuDP) 在光合作用中使 CO_2 固定，轉變為醣類，但它也可利用分子氧進行光呼吸 (photorespiration)，這樣會使大約 50% 被固定的碳白白損失；因此有人提出透過蛋白質工程消除或降低該酶的光呼吸作用，必將大大地提高光合作用的效率，農作物的產量將成倍增長；在家畜育種上，可利用蛋白質工程改良畜禽品種，提高畜禽品質、繁殖力及免疫力等；醫藥上可藉蛋白質工程改造現行藥物和研製新的製劑；甚至可以利用蛋白質工程製造新材料，如適當改變製造蠶絲這樣一些天然蛋白質的基因，就能製造出高強度的纖維等。總之，由於蛋白質工程能依據人的意願定向地改造蛋白質和酶，必然有著無限廣闊的發展前景。

摘要  SUMMARY

1. 蛋白質工程是以基因工程為基礎,並採用基因工程的全套技術來改造蛋白質的一項新的分子生物學技術,按照預先設計好的方案,透過對相關基因的改造,使所需蛋白質的一級結構或高級結構發生變化,目前主要是對一級結構的改造。

2. 按照預先設計好的藍圖也可對蛋白質的某些功能基團進行修飾,或使某些基團發生反應(如硫氫基的氧化還原),從而改變蛋白質的空間構型。

3. 在進行蛋白質工程時,首先要做好理論設計,即在製作藍圖時其目的是改變酶的活性中心,或是改進與受質(或配基)的結合能力,或是對蛋白質分子進行立體設計;其次是選擇方法,常用的定點突變有多個方法可供選用,包括合成突變基因,用突變法直接修飾基因,還有盒式突變技術等;最後,經過突變或修飾後檢驗新產生蛋白質的性能,包括一些理化性質和生物功能。然後再修改、再突變、再檢驗;以同法反覆幾次,即可使蛋白質的功能大為提高,甚至創造新蛋白質。

4. 蛋白質工程目前在應用方面主要用於改造酶和合理藥物設計方面。對酶的改造上主要著眼於改變酶的催化活性,改變受質專一性、提高酶的穩定性和改變酶的反應特性等幾個方面。已經對一些酶和蛋白質或胜肽類藥物進行過改造並取得良好效果。隨著此技術的發展,有可能在農業、醫藥、化學工業等領域得到廣泛應用。

參考資料

王鄂生(1987)・*代謝調控*・高等教育。

吳乃虎(1991)・*基因工程原理*・高等教育。

李建武(1990)・*生物化學*・北京大學。

沈仁權、顧其敏(1993)・*生物化學教程*・高等教育。

沈同、王鏡岩(1991)・*生物化學*（第二版上、下冊）・高等教育。

孫大業等(1998)・*細胞信號轉導*（第二版）・科學。

徐惠麗、林麗玲、張瓊云、謝玲鈴、黃玲琨、張禎祐(2020)・*化學*（第四版）・新文京。

張洪淵(1994)・*生物化學教程*（第二版）・四川大學。

郭勇(1994)・*酶工程*・中國輕工業。

陳惠黎、李文傑・*分子酶學*・人民衛生。

陶慰孫、李惟、姜湧明(1995)・*蛋白質分子基礎*（第二版）・高等教育。

黃翠芬(1987)・*遺傳工程理論與方法*・科學。

閻隆飛、張玉麟(1993)・*分子生物學*・北京農業大學。

Camphell, M. K. (1999)・*普通生物化學*（梁凱莉編譯）・合記。

Fersht, A. (1991)・*酶的結構和作用機制*（杜錦珠等譯）・北京大學。

Levine, J. S., & Miller, K. R. (1997)・*生物學*（李大維、李意旻、林政勳、劉又彰、陳善夫、阮大盛等編譯）・新文京。（原著出版於 1991）

Stryer, L. (1992)・*生物化學*（唐有祺等譯）・北京大學。

Zubay, G. L., Parson, W. W., & Vance, D. E. (2007)・*新版生物化學*（張聰民、彭瓊琿譯）・新文京。（原著出版於 1995）

Alberts, B., Johnson, A., Lewis, J., Morgan, D., Raff, M., Roberts, K., & Walter, P. (2014). *Molecular biology of the cell* (6th ed.). Gorland Publishing.

Berg, J. M., Stryer, L., Tymoczko, J. L. (2002). *Biochemistry*. W.H. Freeman.

Boyer, R. F. (1986). *Modern experimental biochemistry*. Addison-Wesley.

Boyer, R. F. (2000). *Modern experimental biochemistry*. Baker & Taylor Books.

Creighton, T. E. (1984). *Proteins-structure and molecular properties*. W. H. Freeman.

Crick, F. (1970). Central dogma of molecular biology. *Nature, 227*(5258), 561-563.

Darnell, J., Lodish, H. F., & Baltimore, D. (1990). *Molecular cell biology.* Scientific American Books.

Elliott, W. H., & Elliott, D. C. (2001). *Biochemistry and molecular biology.* Oxford University Press.

Lehninger, A. L., Nelson, D. L. and Cox, M. M. (1993). *Principles of biochemistry* (2nd ed.). Worth Publishers.

Nair, D. T., Johnson, R. E., Prakash, L., Prakash, S., & Aggarwal, A. K. (2005). Rev1 employs a novel mechanism of DNA synthesis using a protein template. *Science, 309*(5744), 2219-2222.

Nelson, D. K., & Cox, M. M. (2021). *Principles of biochemistry* (8th ed.). W. H. Freeman.

Ratledge, C., & Kristiansen, B. (2001). *Basic biotechnology.* Cambridge University Press.

Rawn, J. D. (1983). *Biochemistry.* Harper and Row.

Switzer, R. L., & Garrity, L. F. (1999). *Experimental biochemistry* (3rd ed.). W. H. Freeman.

Smith, J. E. (2004). *Biotechnology 4ed (Studies in Biology).* Cambridge University Press.

Stryer, L. (1988). *Biochemistry* (3rd ed.). W. H. Freeman.

Uzawa, T, Yamagishi, A, & Oshima, T. (2002). Polypeptide synthesis directed by DNA as a messenger in cell-free polypeptide synthesis by extreme thermophiles, Thermus thermophilus HB27 and Sulfolobus tokodaii strain 7. *Biochemistry, 131*(6), 849-853. DOI: 10.1093/oxfordjournals.jbchem.a003174

Voet, D., & Voet, J. G. (2004). *Biochemistry.* John Wiley & Sons.

Walker, J. M., & Gingold, E. B. (1992). *Molecular biology and biotechnology* (2nd ed.). Royal Society of Chemistry.

Watson, J. D., Baker, T. A., Bell, S. P., Gann, A., Levine, M., Losick, R. M. (2013). *Molecular biology of the gene* (7th ed.). Pearson.

William Bains (2004). *Biotechnology from A to Z.* Oxford University Press: USA.

Wilson, K. & Walker, J. (2010). *Principles and techniques of biochemistry and molecular biology* (7th ed.). Cambridge University Press.

Zubay, G. (1990). *Biochemistry.* Addison-Wesley Publishing.

中文索引

M E M O

PRINCIPLES OF
BIOCHEMISTRY

國家圖書館出版品預行編目資料

生物化學／陳立功、張洪淵、何偉瓅、詹社紅、
詹恭巨、陳淑茹、陳俊宏作. －第三版－新北
市：新文京開發出版股份有限公司，2022.12
面；　公分

ISBN　978-986-430-897-2（平裝）

1. CST: 生物化學

399　　　111019642

生物化學（第三版）　　（書號：**B114e3**）

總 校 閱	周正俊
作　　者	陳立功　張洪淵　何偉瓅　詹社紅　詹恭巨　陳淑茹　陳俊宏
出 版 者	新文京開發出版股份有限公司
地　　址	新北市中和區中山路二段 362 號 9 樓
電　　話	(02) 2244-8188（代表號）
F A X	(02) 2244-8189
郵　　撥	1958730-2
初　　版	西元 2007 年 10 月 15 日
第 二 版	西元 2009 年 2 月 25 日
第 三 版	西元 2022 年 12 月 16 日

　　建議售價：600 元

法律顧問：蕭雄淋律師

ISBN　978-986-430-897-2

New Wun Ching Developmental Publishing Co., Ltd.

New Age · New Choice · The Best Selected Educational Publications — NEW WCDP

新文京開發出版股份有限公司

新世紀・新視野・新文京 — 精選教科書・考試用書・專業參考書